U0227596

多泥沙河流水库泥沙淤积与控制

张翠萍　张　超　李艳霞
伊晓燕　许琳娟　张中杰　著

黄河水利出版社
·郑州·

图书在版编目(CIP)数据

多泥沙河流水库泥沙淤积与控制/张翠萍等著. —郑州:黄河水利出版社,2018.4

ISBN 978-7-5509-2030-9

Ⅰ.①多… Ⅱ.①张… Ⅲ.①水库泥沙-泥沙淤积-淤积控制 Ⅳ.①TV145

中国版本图书馆 CIP 数据核字(2018)第 078788 号

组稿编辑:李洪良　电话:0371-66026352　E-mail:hongliang0013@163.com

出 版 社:黄河水利出版社　网址:www.yrcp.com

地址:河南省郑州市顺河路黄委会综合楼 14 层　邮政编码:450003

发行单位:黄河水利出版社

发行部电话:0371-66026940、66020550、66028024、66022620(传真)

E-mail:hhslcbs@126.com

承印单位:虎彩印艺股份有限公司

开本:787 mm×1 092 mm　1/16

印张:32

字数:740 千字

版次:2018 年 4 月第 1 版　印次:2018 年 4 月第 1 次印刷

定价:198.00 元

前　言

水库修建是开发利用河流的重要手段，其调节径流使水资源利用率提高，也是清洁能源水电的保障。水库泥沙淤积是世界性问题，多泥沙河流水库泥沙淤积更为严重，水库淤积降低了水库兴利作用，控制水库泥沙淤积是水利行业中长期面临的、亟待解决的问题。三门峡水利枢纽是黄河干流上修建的第一座大型水利枢纽，1960 年 9 月蓄水以来，由于水库泥沙淤积和潼关高程问题突出，先后经历了两次枢纽改建和三次运用方式调整。1973 年 11 月水库采用蓄清排浑控制运用以来，基本达到泥沙冲淤平衡，保持了长期有效库容，取得了显著的防洪、防凌、灌溉、供水、发电、减淤等综合效益，也为其他工程修建（如三峡、小浪底等水库）提供了成功的经验。由于环境条件的不断变化，1986 年后龙羊峡、刘家峡水库联合调度，加之水资源开发利用水平逐步提高，使三门峡水库的来水来沙条件发生了很大变化，三门峡库区出现累积性淤积，潼关高程持续上升，并引发了许多新问题。1999 年 10 月小浪底水库投入运用，也使三门峡水库运用面临着新的变化，通过深入研究来水来沙变化对库区冲淤的影响，并兼顾上下游、整体与局部利益，2002 年 11 月开始，三门峡水库采用非汛期控制最高蓄水位 318 m、汛期洪水敞泄运用，之后潼关高程基本稳定。

作者长期从事黄河干流水库库区河床演变和水库运用方式的研究工作，针对三门峡水库运用初期高滩深槽发展与形成特点、蓄清排浑运用后纵剖面调整规律、水库明流输沙特点和降水冲刷主槽形态、潼关高程演变规律、水库群高含沙洪水运移规律、刘家峡水库拦门沙与异重流排沙等水库泥沙问题，近十多年来系统开展了水库泥沙淤积与控制研究。1990 年硕士研究生毕业来黄河水利科学研究院工作，1991 ~ 1994 年跟焦恩泽前辈一起参加了黄河水利委员会科技项目“潼关高程变化规律研究”，之后 1996 ~ 2005 年，在李文学、姜乃迁两位博士的带领下，与张原锋、曲少军、梁国亭等完成了“九五”国家重点科技攻关课题黄河中下游河道防洪减淤关键技术研究专题“潼关河段清淤关键技术研究”、黄河水利委员会立项开展的“1998 ~ 2002 年黄河潼关河段清淤工程”项目、水利部重点项目“潼关高程控制及三门峡水库运用方式研究”和“2003 ~ 2005 年三门峡水库非汛期运用控制水位原型试验及效果分析”。在此基础上承担和完成了“十一五”国家重点科技攻关课题黄河中下游水沙调控关键技术研究专题“小浪底水库明流排沙和降水冲刷关键技术研究”、“十二五”国家重点科技攻关课题黄河中下游高含沙洪水调控关键技术研究专题“黄河中游水库群高含沙洪水运移规律及控制指标”、水利部公益性行业科研专项经费项目“基于龙刘水库的上游水库群调控方式优化研究”中刘家峡水库冲淤及排沙特性研究专题和陕西省江河库区管理局科研项目“陕西省渭河流域大中型水库联合调度（枯水期）研究”。同时，带领年轻人完成了黄河水利科学研究院基本科研业务经费资助项目“三门峡水库高滩深槽发展与形成特性研究”和“三门峡水库纵剖面变化特点研究”。这些项目针对三门峡、小浪底、刘家峡水库不同运用阶段泥沙淤积、水库排沙、洪水对库区河床形态的影响等，开展了深入研究，本书是这些成果的汇集与提炼。

本书内容总结了作者十几年来的研究成果，不仅丰富了水库泥沙、河床演变学的理论研究，而且为充分发挥水库群综合效益、控制水库泥沙淤积提供了生产实践经验和应用理论基础。

全书共分9章，各章编写人员分别为：第1章张翠萍，第2章张翠萍、张超、李艳霞，第3章伊晓燕、胡恬、张翠萍，第4章伊晓燕、张翠萍、许琳娟，第5章李艳霞、张翠萍、缪凤举、伊晓燕，第6章张翠萍、李艳霞、张中杰，第7章张翠萍、张超、胡恬，第8章张翠萍、李艳霞、张中杰、张超，第9章张翠萍、张中杰、张超、许琳娟。全书由张翠萍统稿。

除本书几位主要作者外，李文学、姜乃迁、曲少军、张原锋、张俊华、梁国亭、李勇、刘红宾、林秀芝、王平、张晓华、尚红霞、郑艳爽、申冠卿、侯素珍、田勇、张智、温红云、王勇、张瑞君、白东阳、陈真、刘梓栋、吴明磊、李书国、张艺等也参与了本书相关专题研究、编写或提供了无私的帮助，在此向他们表示真挚的感谢。

在研究工作中，得到治黄老前辈龙毓骞、钱意颖、赵文林、胡一三、焦恩泽、刘月兰教授的关心、帮助和指导，在此表示衷心的感谢。还要感谢我的家人给予我的理解、支持和帮助。

由于水平有限，书中难免有欠妥和错漏之处，敬请读者批评指正。

张翠萍

2018年4月

目　录

第 1 章　水库淤积概况

1.1　三门峡水库概况及潼关高程变化

1.1.1　三门峡水库运用概况

三门峡水利枢纽是黄河干流上兴建的第一座以防洪为主的大型综合利用水利工程，控制流域面积 68.8 万 km^2，占黄河流域面积的 91.5%，分别控制黄河总来水量、总来沙量的 89% 和 98%。该工程 1957 年 4 月动工兴建，1960 年 9 月开始蓄水运用。在蓄水后的一年半时间内，潼关以下库区发生了大量淤积，因回水淤积影响，潼关以上北干流、渭河和北洛河下游都发生淤积，两岸地下水位抬高，沿岸浸没盐碱化面积增大。若按此发展，将威胁关中平原与西安的安全。为此，国务院决定自 1962 年 3 月起，将水库运用方式由蓄水拦沙运用改为滞洪排沙运用。三门峡水库库区平面图见图 1-1。

改变运用方式后，库区淤积虽有缓和，但因水库泄流排沙能力不足，遇到 1964 年丰水丰沙年，库区仍发生严重淤积。为解决水库淤积问题，在 1964 年 12 月周恩来总理主持召开的治黄会议上，决定对三门峡水利枢纽进行改建，其工程措施为在左岸增建两条进口高程为 290 m 的泄流排沙隧洞，将四条发电钢管改为泄流排沙管，改建后水库在 315 m 水位时泄流能力由 3 080 m^3/s 加大到 6 064 m^3/s，增加近 1 倍。改建对减轻水库淤积起到了一定的作用，潼关以下库区由淤积变为冲刷，但泄流排沙能力仍不能满足要求，潼关高程继续上升。为此，在 1969 年 6 月举行的“晋、陕、鲁、豫”四省会议上，决定对枢纽工程进一步改建。改建的原则是在确保西安、确保黄河下游的前提下实现合理防洪，排沙放淤，径流发电。要求改建的规模为在一般洪水时淤积不影响潼关，坝前 315 m 水位时下泄流量 10 000 m^3/s。改建的工程措施是打开 8 个进口底槛高程为 280 m 的原施工导流底孔，将 1 ~5 号发电引水钢管进口高程由 300 m 下降为 287 m，安装 5 台单机容量为 5 万 kW 的低水头发电机组。经过两次改建后，三门峡水库的泄流能力在 315 m 水位时达到 9 060 m^3/s(不包括机组过流)。

泄流建筑物的增、改建，自 1966 年 7 月开始，1971 年 10 月全部完成并相继投入使用，水电站安装的第一台机组 1973 年底正式运转发电，1978 年底 5 台机组全部安装完毕投入使用。改建工程全部投入运用后，水库淤积得到控制，潼关以下库容恢复约 10 亿 m^3(1964 年 10 月至 1973 年 10 月)，形成高滩深槽地形，潼关河床高程下降 2 m(1970 年 6 月至 1973 年 10 月)。根据“蓄水拦沙”运用和“滞洪排沙”运用的经验教训，水库 1973 年底开始采用蓄清排浑的水沙调节运用方式，即在来沙少的非汛期蓄水防凌、春灌、发电，汛期降低水位防洪排沙，把非汛期淤积在库区内的泥沙调节到汛期，特别是洪水期下排。

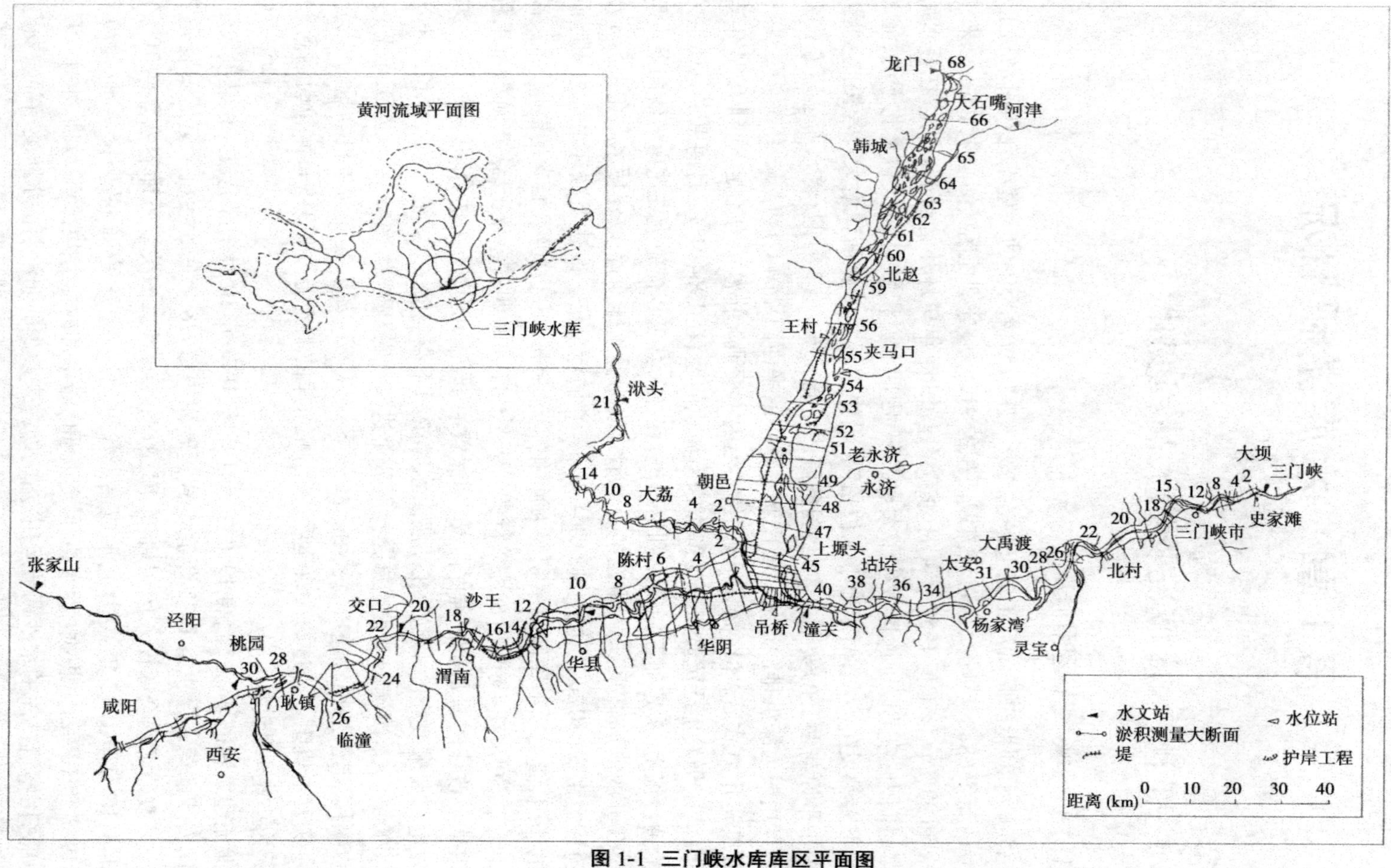

图 1-1 三门峡水库库区平面图

三门峡库区潼关以下库段干流布设 33 个淤积测验断面(见表 1-1),沿程还布设有北村、太安和坫埼水位站,水库运用初期太安是库区水沙因子站。

表 1-1　三门峡库区潼关以下库段断面及水位站位置

断面号、测站	距坝里程(km)	断面号、测站	距坝里程(km)	断面号、测站	距坝里程(km)
黄淤 1	1.01	黄淤 21	37.94	黄淤 32	76.57
黄淤 2	1.88	黄淤 22	42.28	黄淤 33	80.55
黄淤 4	6.0	北村(二)	43.38	黄淤 34	85.35
黄淤 6	7.53	黄淤 24	46.42	黄淤 35	90.23
黄淤 8	9.1	黄淤 25	48.86	黄淤 36	93.99
黄淤 11	13.04	黄淤 26	51.38	坫埼	93.99
黄淤 12	15.06	黄淤 27	55.16	黄淤 37	98.00
黄淤 14	18.17	黄淤 28	59.84	黄淤 38	103.31
黄淤 15	21.29	黄淤 29	62.33	黄淤 39	107.13
黄淤 17	24.62	黄淤 30	67.86	黄淤 40	111.55
黄淤 18	26.63	大禹渡	68.36	黄淤 41	113.52
黄淤 19	30.86	黄淤 31	72.32		
黄淤 20	33.62	太安	74.1		

1.1.2　潼关以下库区淤积与潼关高程变化概况

潼关位于黄河北干流末端从北向南转折为向东流的卡口处,由于潼关的“卡口”作用,潼关高程是渭河下游和黄河小北干流的局部侵蚀基准面。潼关所处的地理位置特殊,影响其变化的因素比较复杂。三门峡水库修建后,受水库运用的回水影响,影响潼关河床变化又增加了水库运用的因素。本书中潼关高程均指潼关水文站相应流量 1 000 m^3/s 对应潼关(六)站的水位。

图 1-2 是三门峡水库潼关以下库区每年汛后累计淤积量和汛后潼关高程变化过程线。从图 1-2 中可以看出,1960 年三门峡水库投入运用到 1964 年汛后潼关以下库区累计淤积 36.5 亿 m^3,经过枢纽改建和运用方式调整,水库产生冲刷,淤积得到控制,到 1973 年汛后潼关以下库区累计淤积泥沙 27.3 亿 m^3,与 1964 年汛后相比淤积泥沙减少 9.2 亿 m^3。1973 年汛后水库蓄清排浑运用,汛后淤积量在 27.3 亿 m^3 至 30.2 亿 m^3 范围变化,2000 年汛后淤积量最大为 30.2 亿 m^3。

1960 年 9 月至 1962 年 3 月水库蓄水拦沙期,随水库泥沙淤积潼关高程从 323.40 m 快速上升到 328.07 m,一年半上升了 4.67 m。1962 年 3 月至 1973 年 10 月水库滞洪排沙期,潼关高程经历了下降、上升、再下降的变化过程,变化范围在325.11~328.65 m,1973年汛后潼关高程为326.64 m。水库蓄清排浑运用40年来汛后潼关高程在326.64~328.78 m变化,2002年汛后潼关高程328.78 m。

三门峡水库蓄清排浑运用40年来,随着入库水沙条件、潼关高程等变化,水库非汛期蓄水位不断调整变化,水库汛期排沙流量不断调整优化,基本维持了潼关以下库区冲淤平衡,保持了水库长期有效库容利用。随着水沙条件的显著变化,在保持潼关高程稳定的前提下,三门峡水库运用方式如何进一步调整是值得关注的。

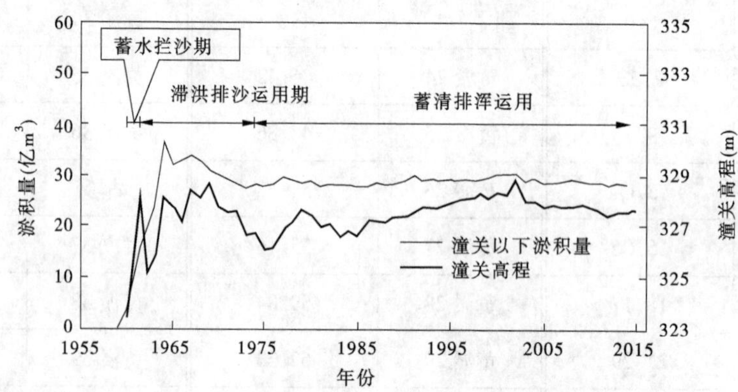

图1-2　三门峡潼关以下库区泥沙累计淤积量与潼关高程变化过程线

1.2　小浪底水库概况

小浪底水利枢纽位于黄河中游三门峡以下约130 km黄河最后一个峡谷出口处,控制黄河流域面积的92.3%,控制黄河径流量的91.2%及近100%的黄河来沙量。小浪底水利枢纽的开发目标为"以防洪(包括防凌)、减淤为主,兼顾供水、灌溉和发电,蓄清排浑,除害兴利,综合利用"。要求达到的目标是:提高黄河下游防洪标准,基本消除下游凌汛威胁,在一定时间内遏制黄河下游河床淤积的趋势,调节径流,提高下游灌溉供水保证率,水电站在系统中担任调峰任务。

小浪底水库原始总库容126.5亿m^3,水库后期运用保持长期有效库容51亿m^3,其余75.5亿m^3库容分为永久性拦沙库容72.5亿m^3和支流拦门沙坎淤堵的支流无效库容3亿m^3。小浪底库区为峡谷型水库,平面形态上窄下宽。根据河道平面形态的不同,可将库区划分为上、下两段。上段自三门峡水文站至板涧河口,长约62.4 km,河谷底宽200~400 m;下段自板涧河口至大坝长约61 km,河谷底宽800~1 400 m,其中距坝25~29 km的八里胡同库段,河谷宽仅200~300 m。小浪底水库库区平面图见图1-3。

小浪底库区干流布设56个淤积观测断面,距坝1.51 km处的桐树岭断面和距坝63.82 km的河堤断面为库区水沙因子站,沿程自下而上还布设有陈家岭、麻峪、五福涧、白浪和尖坪水位站。观测位置分布见表1-2。

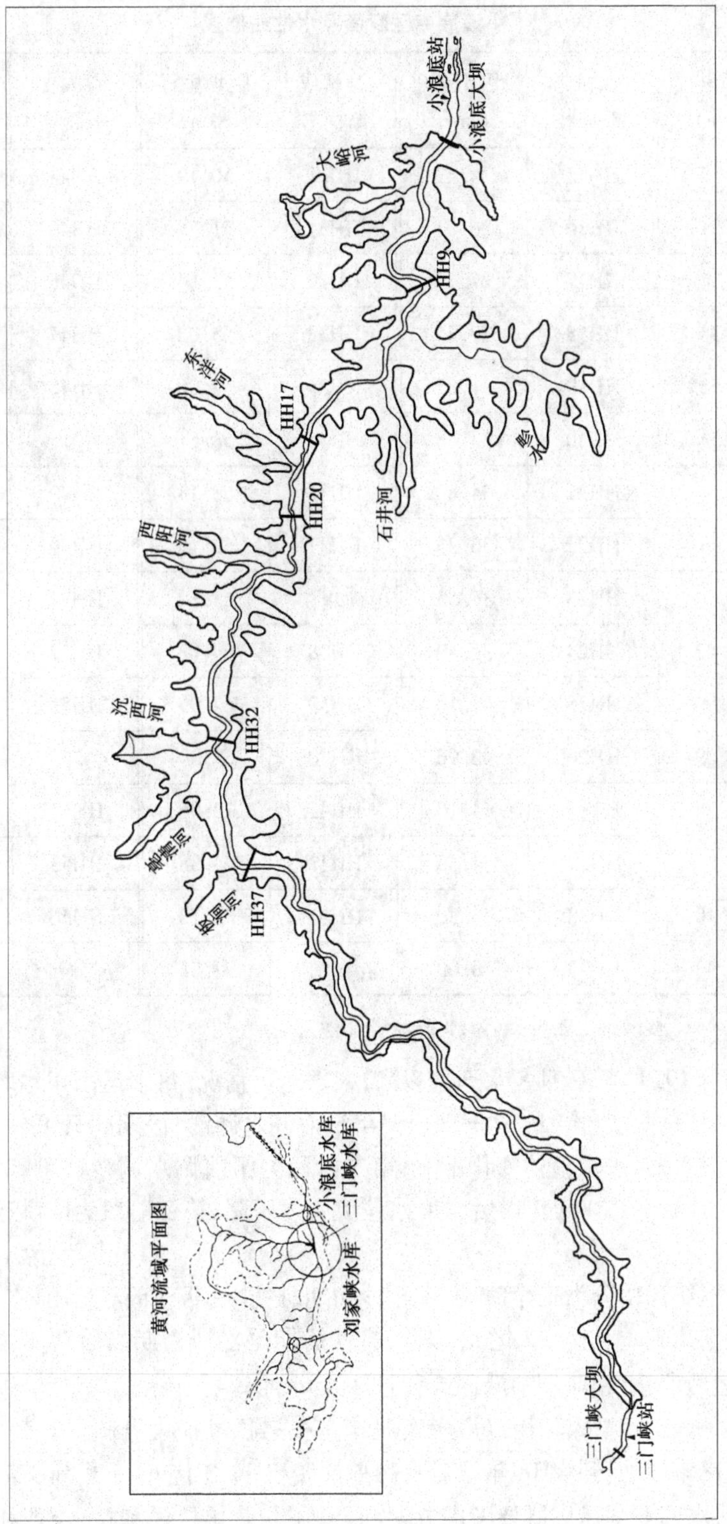

图 1-3　小浪底水库库区平面图

表 1-2　小浪底库区断面及水位站位置

测站或断面号	距坝里程(km)	测站或断面号	距坝里程(km)	测站或断面号	距坝里程(km)	测站或断面号	距坝里程(km)
HH1	1.32	HH15	24.43	HH30	50.19	HH44	80.23
桐树岭*	1.51	HH16	26.01	HH31	51.78	HH45	82.95
HH2	2.37	HH17	27.19	HH32	53.44	HH46	85.76
HH3	3.34	HH18	29.35	HH33	55.02	HH47	88.54
HH4	4.55	HH19	31.85	HH34	57.00	HH48	91.51
HH5	6.54	HH20	33.48	HH35	58.51	白浪△	93.20
HH6	7.74	HH21	34.80	HH36	60.13	HH49	93.96
HH7	8.96	HH22	36.33	HH37	62.49	HH50	98.43
HH8	10.32	HH23	37.55	河堤*	63.82	HH51	101.61
HH9	11.42	HH24	39.49	HH38	64.83	HH52	105.85
HH10	13.99	HH25	41.10	HH39	67.99	HH53	110.27
HH11	16.39	HH26	42.96	HH40	69.39	尖坪△	111.02
HH12	18.75	麻峪△	44.10	HH41	72.06	HH54	115.13
HH13	20.39	HH27	44.53	HH42	74.38	HH55	118.84
HH14	22.10	HH28	46.20	HH43	77.28	HH56	123.41
陈家岭△	22.43	HH29	48.00	五福涧△	77.28	三门峡**	123.41

注：**为水文站，*为水沙因子站，△为水位站，其余为大断面。

小浪底水库自1999年10月蓄水运用以来，根据运用情况，每个运用年水库调度分为3个阶段：第一阶段一般为上年11月1日至翌年汛前调水调沙，该期间又可分为防凌、春灌蓄水期和春灌泄水期，水位整体变化不大；第二阶段为汛前调水调沙试验(2002~2004年)或调水调沙生产运行(2004年以后)期，水位大幅度下降；第三阶段为防洪运用以及水库蓄水期。

小浪底水利枢纽运用分为三个时期，即拦沙初期、拦沙后期和正常运用期。拦沙初期是水库泥沙淤积量达到21亿~22亿m^3以前，拦沙后期是拦沙初期之后至库区形成高滩深槽，转入正常运用期止，相应坝前滩面高程达254 m，水库泥沙淤积总量约75.5亿m^3。小浪底水库1999年10月投入运用以来库区泥沙淤积累积过程线见图1-4，从图中看出，小浪底水库淤积逐年增加，到2016年汛后水库累计淤积34.3亿m^3。当前小浪底水库运用处在拦沙后期，水库调度运用既要考虑近期利益，还需兼顾长远利益，合理利益淤沙库容，塑造合理的库区泥沙淤积形态，保持长期有效库容。

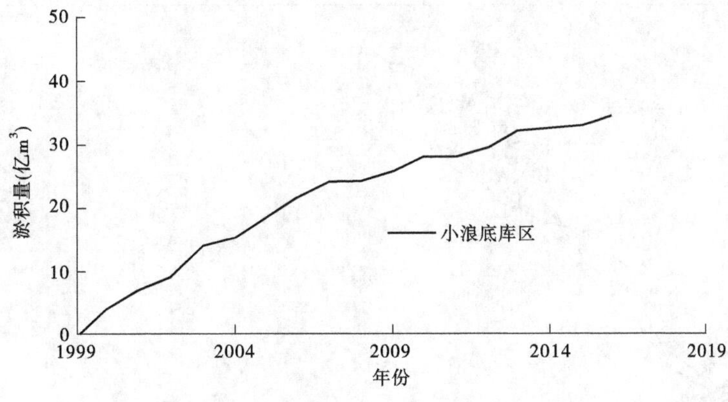

图 1-4　小浪底库区泥沙累计淤积过程线

1.3　刘家峡水库概况

刘家峡水库是黄河干流上的一座大型水库，位于甘肃省永靖县境内黄河干流上（见图 1-5），上距河源 2 019 km，下距兰州市 100 km，控制流域面积 18.18 万 km^2，占黄河全流域面积的 1/4。刘家峡是一个弯曲、深切的峡谷，全长 12 km，坝址距峡谷出口 2 km 左右。该水库是一座以发电为主，兼有防洪、灌溉、防凌、养殖等综合利用效益的大型水利水电枢纽工程，于 1958 年 9 月动工兴建，1961～1963 年停建，1964 年复工，1968 年 10 月正式蓄水，1969 年 4 月第一台机组发电，1974 年 12 月 5 台机组全部安装完毕并投产运用。

刘家峡水电站枢纽工程由河床混凝土重力坝（主坝）、左右岸混凝土副坝、右岸黄土副坝、左岸泄水道、右岸泄洪洞和排沙洞、岸边溢洪道、坝后厂房及地下厂房等建筑物组成。拦河坝全长 840 m，其中主坝 204 m，右岸副坝 300 m，溢流堰 48 m，黄土副坝 236 m，左岸副坝 51 m。坝顶高程 1 739 m，最大坝高 147 m，安装有 5 台水轮发电机组，设计装机 122.5 万 kW，年平均发电量 57 亿 kW·h。泄流建筑物主要由右岸溢洪道（3 孔－10 m×8.5 m）、泄洪洞（1 孔－8 m×9.5 m）、排沙洞（1 孔－2 m×1.8 m）和泄水道（2 孔－3 m×8 m）组成，溢洪道、泄洪洞、排沙洞和泄水道进口底板高程分别为 1 715 m、1 675 m、1 665 m 和 1 665 m。泄洪道是泄洪的主要建筑物，布置在右岸台地的鞍部地带，泄洪洞是利用施工期右岸导流洞改建的，泄水道位于主坝左侧，它除与泄洪洞共同参与泄洪外，还承担排沙（特别是异重流排沙）和降低水库运行水位的任务；排沙洞布设在 1 号、2 号机组进水口前右岸岸壁内，以排泄输移到坝前的泥沙和杂草。

刘家峡水库正常蓄水位 1 735 m，汛期防洪限制水位 1 726 m，死水位 1 694 m。库区由黄河干流、支流大夏河和洮河库区三部分组成。洮河和大夏河分别在坝址上游 1.5 km 和 26 km 处汇入，正常蓄水位 1 735 m 以下原始库容 57.4 亿 m^3，其中黄河干流库区占 94%，洮河库区占 2%，大夏河库区占 4%。死水位 1 694 m 以下库容 15.4 亿 m^3，有效库容 42.0 亿 m^3，水库库容主要由干流永靖川地形成，水库干流回水长度约 60 km。

刘家峡水库的运用原则：为保证兰州市百年一遇洪水控制在6 500 m^3/s 以下，规定限制泄量为 4 540 m^3/s，防洪限制水位 1 725.80 m。当入库流量超过百年一遇洪水控制在

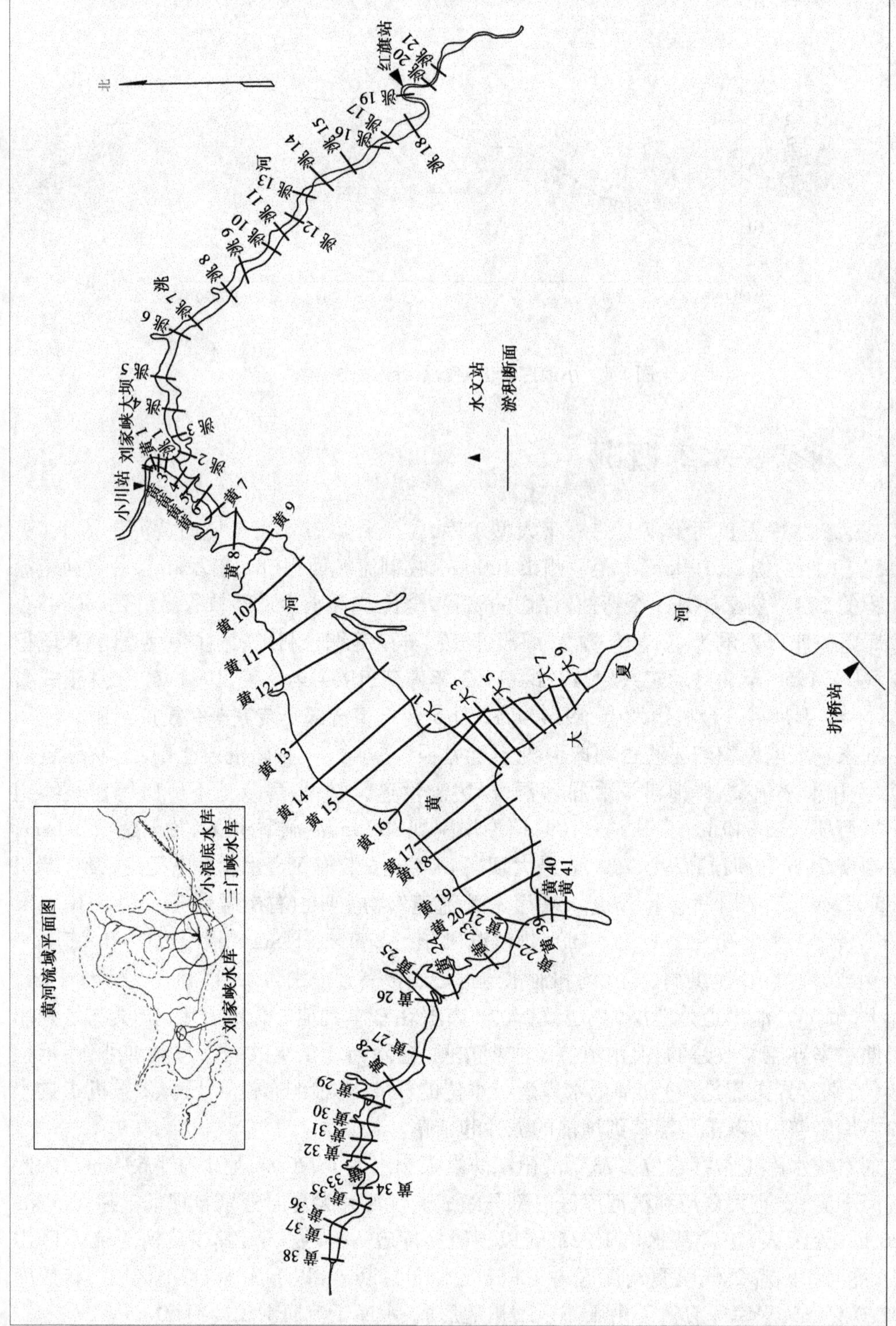

图 1-5 刘家峡水库库区平面图

6 800 m³/s 时，即可认为已超过兰州防洪要求，为保证大坝安全，下泄流量可不受 4 540 m³/s 限制，但不得超过 7 500 m³/s。要求千年一遇洪水 8 720 m³/s 时，下泄量控制在 7 500 m³/s，库水位控制在 1 735.00 m。当入库流量超过千年一遇洪水时，则全部泄水建筑物敞泄，最高水位控制在 1 738.00 m。泄水建筑物开启程序为先开溢洪道，而后开泄水道、泄水洞。

刘家峡水利枢纽的泄水建筑物有泄水道、排沙洞、泄洪洞、溢洪道和电站引水口，泄水道、排沙洞、泄洪洞、溢洪道在坝前水位 1 735 m 时泄流量分别为 1 500 m³/s、106 m³/s、2 150 m³/s和 3 800 m³/s，电站引水约 1 300 m³/s。在各泄水建筑物中泄水道和排沙洞的底坎高程较低，有利于排沙。但因排沙洞的泄流能力太小，只能在 1 号、2 号机进水口前形成排沙漏斗，以减小坝前行近流速，排出临近 1 号、2 号机进水口的粗沙和部分杂草。所以，洮河异重流泥沙主要通过泄水道排泄。

黄河干流库区由刘家峡峡谷、永靖川地和寺沟峡峡谷组成。整个库区呈两端狭窄、中间宽阔的峡谷与川地相间的平面形状。洮河库区由茅笼峡谷和唐汪川地组成。大夏河库区在汇入黄河口处较开阔，向上游河谷变窄，距河口 10 km 处的野谷峡口为库区末端。干支流库区原始地形特征值见表 1-3。库区布设淤积断面 77 个，其中黄河干流布设 43 个淤积断面（黄 0—黄 38），银川河布设 3 个断面（黄 39—黄 41），大夏河布设 9 个断面（大 1—大 9），洮河库段布设 22 个断面（洮 0—洮 21），断面距坝里程见表 1-4。

表 1-3　刘家峡水库不同库段原始地形特征值

河流	黄河			洮河		大夏河
库段	刘家峡峡谷	永靖川地	寺沟峡峡谷	茅笼峡谷	唐汪川地	
长度(km)	8.5	24.0	22.9	19.7	4.2	10
一般宽度(m)	100 ~ 200	3 000 ~ 6 000	100 ~ 200	100 ~ 200	4 000 ~ 1 100	400 ~ 3 500
平均比降(‰)	2.9	1.4	3.4	2.5 ~ 10	1.0	4.5
断面号	大坝—黄 9	黄 9—黄 21	黄 21 以上	洮 0—洮 13	洮 13—洮 21	大 1—大 9

刘家峡水库自 1968 年蓄水运用至 2011 年汛后库区淤积泥沙 16.59 亿 m³，其中黄河干流淤积 15.20 亿 m³，洮河淤积量为 0.96 亿 m³，大夏河淤积量为 0.45 亿 m³，黄河干流、洮河和大夏河淤积量分别占总淤积量的 91.5%、5.8% 和 2.7%。图 1-6 是刘家峡库区泥沙累计淤积过程线，从图中看出，刘家峡库区的淤积量不断增加，1986 年以后淤积速率降低。

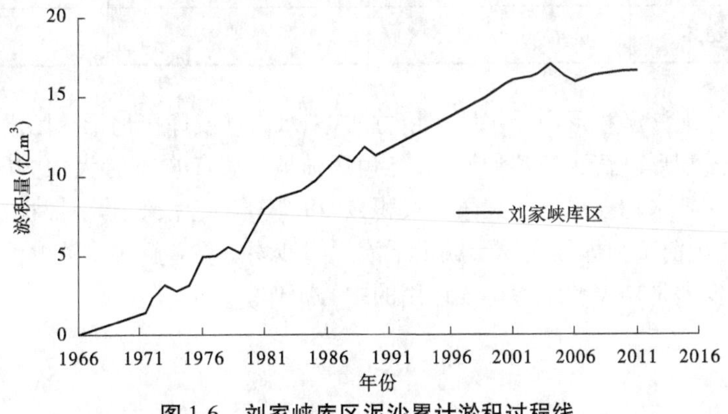

图 1-6　刘家峡库区泥沙累计淤积过程线

表 1-4　刘家峡水库断面位置

断面号	距坝里程（km）	断面号	距坝里程（km）	断面号	距坝里程（km）	断面号	距坝里程（km）
黄 0	0	黄 16－1	24.64	大 1	26.3	洮 0	1.5
黄 1	0.21	黄 16－2	25.34	大 2	27.68	洮 1	1.92
黄 2	0.73	黄 17	26.26	大 3	28.78	洮 2	2.61
黄 3	1.3	黄 18	27.76	大 4	30.28	洮 3	4.12
黄 4	2.26	黄 19	29.45	大 5	31.61	洮 4	5.24
黄 5	3.06	黄 20	31.08	大 6	32.92	洮 5	7.44
黄 6	4.11	黄 21－1	32.59	大 7	34.08	洮 6	9.89
黄 7	5.12	黄 22	33.2	大 8	35.35	洮 7	11.95
黄 8	6.58	黄 23	35.2	大 9		洮 8	13.6
黄 9	8.46	黄 24	38.17			洮 9	15.2
黄 9-1	9.24	黄 25	39.6			洮 10	16.54
黄 9-2	10.1	黄 26	41.08			洮 11	18.4
黄 10	11.21	黄 27	44.51			洮 12	20.17
黄 11	13.15	黄 28	45.71			洮 13	21.24
黄 12	15.58	黄 29	47.41			洮 14	22.58
黄 13	17.9	黄 30	51.35				
黄 14	19.9	黄 39	32.48				
黄 15	21.85	黄 40	33.27				
黄 16	23.94	黄 41	34.38				

刘家峡水库泥沙淤积形态受水库运用方式、来水来沙及库区地形等因素的影响，目前干流库区泥沙淤积形态仍为三角洲淤积，三角洲前坡段逐年向下游大坝方向推进。支流洮河库区在水库蓄水初期也属于三角洲淤积，1978 年死库容淤满后呈带状淤积。洮河泥沙入黄倒灌，在坝前黄河库段淤积形成了干流拦门沙坎。妥善解决支流洮河排沙，并控制干流拦门沙坎发展是刘家峡水库调度运用的中心工作。

第2章　水库明流排沙输沙特点与降水冲刷主槽形态研究

2.1　水库壅水明流排沙特点

维持黄河下游主槽不萎缩是黄河健康修复的目标之一，而维持黄河下游主槽不萎缩所需的水沙条件，需要通过黄河中游水库联合调度对水沙的调控来实现。相关研究结果表明，有利于塑造黄河下游河槽的洪水流量过程特征为2 600～4 000 m^3/s，流量为4 000 m^3/s条件下，下游河道冲淤相对平衡的临界含沙量为50 kg/m^3左右。黄河调水调沙实践表明，控制花园口流量为2 600 m^3/s时，平均含沙量略大于20 kg/m^3可以基本达到黄河下游主槽不淤或略有冲刷。考虑到小浪底至花园口河段含沙量沿程恢复，对应黄河调水调沙有利于塑造黄河下游河槽的流量与含沙量调控指标要求，小浪底出库临界流量范围为2 600～4 000 m^3/s、含沙量为20～40 kg/m^3。

小浪底水库拦沙后期为水库淤积量达22亿m^3之后至全库区形成高滩深槽，坝前滩面高程达到254 m的整个时期。小浪底水库拦沙后期将以明流排沙和降水冲刷排沙为主，在这一时期，小浪底水库不同运用方式、不同出库流量条件下含沙量变化情况如何，三门峡水库对水沙搭配的调节对小浪底水库产生什么影响，什么情况下小浪底水库出库流量和含沙量可以满足有利于塑造黄河下游河槽调控流量和含沙量指标要求，即调控流量在2 600～4 000 m^3/s、含沙量在20～40 kg/m^3，这些都是今后黄河中游水沙调控中的核心问题。本书通过对三门峡水库明流排沙与降水冲刷的研究，为回答这些问题提供技术支撑。

2.1.1　研究概述

为了研究水库冲淤形态及其过程，对水库壅水明流排沙开展了众多研究。研究者大多用水库排沙比建立关系。排沙比有两种表达方法：一种是利用排沙期平均含沙量计算的含沙量排沙比$\eta_1 = S_{出}/S_{入}$（η_1为排沙比，$S_{出}$为出库含沙量，$S_{入}$为入库含沙量）；另一种是利用排沙期平均输沙率计算的输沙量排沙比$\eta_2 = Q_{s出}/Q_{s入}$（$Q_{s出}$为出库输沙率，$Q_{s入}$为入库输沙率）。

清华大学在滞洪淤积量计算中，认为出库含沙量等于坝前断面平均含沙量，利用维列康诺夫水流挟沙能力公式$S_* = K'\dfrac{v^3}{gR\omega}$，并利用$Q_{s入} = K_1 Q_{入}^2$、$v = Q_{出}/(Bh)$和$V = K_2 Bh^2$，经推导得出排沙比$\eta = \dfrac{Q_{s出}}{Q_{s入}} = \dfrac{Q_{出} S_{出}}{Q_{入} S_{入}}$为

$$\eta = \frac{K'K_2^2}{gB\omega K_1}\left(\frac{Q_{出}^2}{VQ_{入}}\right)^2 = f\left(\frac{1}{\frac{V}{Q_{出}}\frac{Q_{入}}{Q_{出}}},\frac{1}{\omega},\frac{1}{B}\right) \tag{2-1}$$

式中 V——水库蓄水量；

$Q_{出}$——出库流量；

$Q_{入}$——入库流量；

ω——泥沙沉速；

B——坝前库段平均宽度。

认为$\frac{VQ_{入}}{Q_{出}^2}$是影响排沙比的主要因素，并根据实测资料点绘了壅水排沙比经验关系（见图2-1），图中三条排沙比曲线以来水含沙量和悬移质泥沙颗粒粗细做参数，依水库实际情况并经验证后合理选择应用。

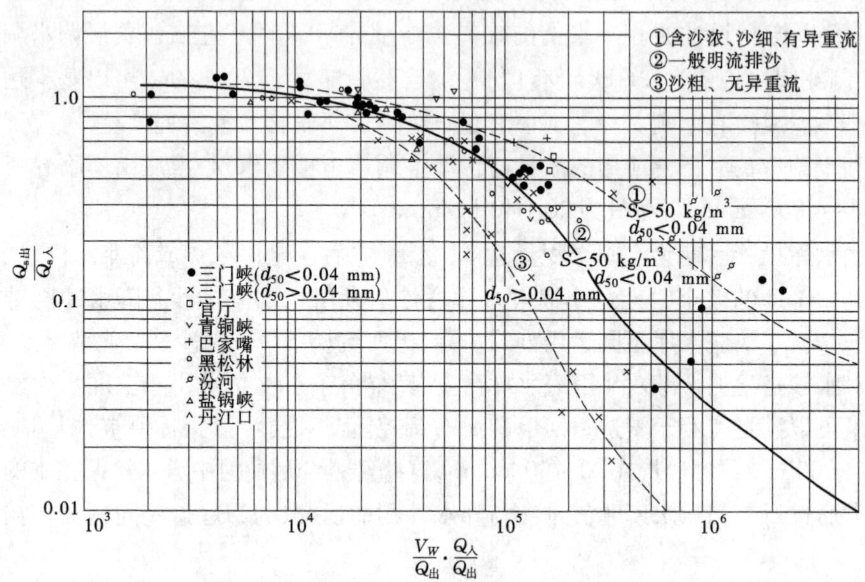

图2-1 水库壅水排沙比 $\eta = f\left(\frac{V_W}{Q_{出}}\frac{Q_{入}}{Q_{出}}\right)$ 经验关系（引自涂启华等(2006)）

张启舜等(1982)认为壅水情况下水库排沙量取决于壅水程度（以V/Q作为衡量指标），并利用国内外水库资料，点绘了排沙比关系（见图2-2），其经验关系式为：

$$\eta = -A\lg\frac{V}{Q_{出}} + B \tag{2-2}$$

式中 V——时段中蓄水量，万m^3，采用水流确实流经的部分河道上的库容，即“流经库容”；

$Q_{出}$——时段平均出库流量，m^3/s；

A、B——系数、常数；

η——排沙比。

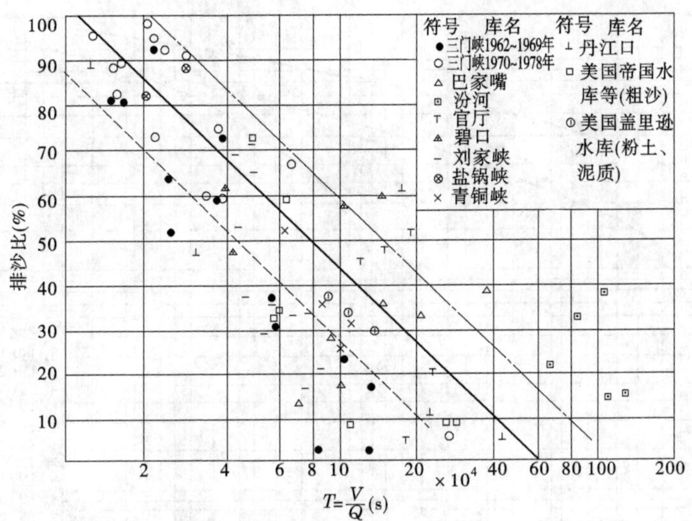

图 2-2 壅水排沙关系(引自张启舜等(1982))

涂启华等(2006)认为出库含沙量等于水流挟沙能力,即 $S_{出} = S^*$,从水流挟沙能力公式 $S^* = k\left(\frac{\gamma'}{\gamma_s - \gamma'}\frac{U^3}{gh\omega_c}\right)^m$ 推导出水库壅水排沙比 $\eta = S_{出}/S_{入}$为:

$$\eta = f\left[\frac{\gamma'}{\gamma_s - \gamma'}\frac{Q_{出}}{V}\frac{Q_{出}}{Q_{入}}\frac{iL}{\omega_c S_{入}}\left(\frac{\bar{h}}{D_{50}}\right)^{1/3}\right] \tag{2-3}$$

式中 γ_s、γ'——泥沙和浑水容重,t/m³;

$Q_{入}$、$Q_{出}$——壅水时段进、出口流量,m³/s;

V——时段中蓄水体积;

i——水面比降;

L——壅水段长度,m;

$S_{入}$——进口含沙量,kg/m³;

ω_c——考虑含沙量影响后的沉速,m/s;

$\bar{h}$——壅水段的平均水深,m;

D_{50}——壅水段河床淤积物中数粒径,mm。

根据实测资料,给出了考虑不同参数的各种实用型水库壅水排沙比计算公式,可以满足不同计算精度要求。考虑多种变量因素的第一种类型是多变量的壅水排沙计算式,根据式(2-3)函数关系,利用三门峡等水库实测资料,得到多变量的壅水排沙计算曲线(见图 2-3),图中三条曲线,曲线Ⅰ是水库形成高滩深槽后汛期壅水排沙关系,曲线Ⅱ是水库未形成高滩深槽时汛期壅水排沙关系,曲线Ⅲ是水库非汛期壅水排沙关系。根据实测资料,简化建立了另外四种考虑不同因素的计算式,即用 $Q_{出}/V$ 分别与 $1/\omega_c$、$\bar{h}/\omega$、$Q_{出}/Q_{入}$ 组合成不同的因子,利用水库实测资料点绘排沙比与不同变量之间的关系,进而给出了排沙比计算式。这五种类型中都包含 $Q_{出}/V$ 这个参数,表明在水库的不同淤积形态或不同入库水沙条件下,其都是影响排沙比的关键因子。

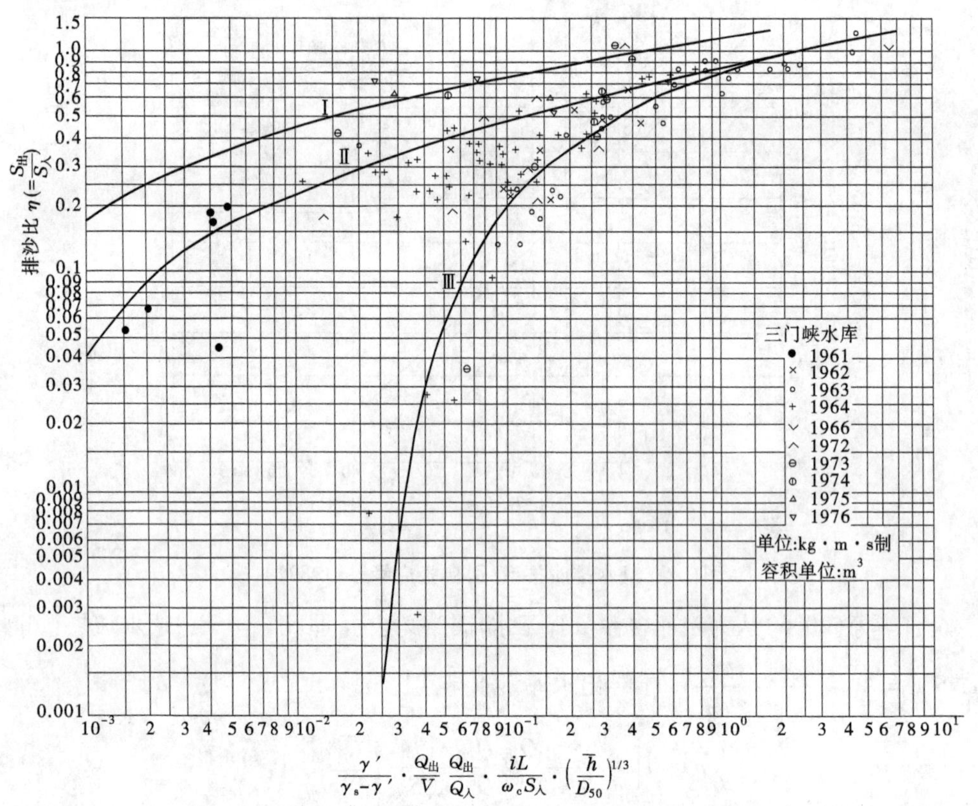

图 2-3 水库壅水排沙关系(引自涂启华等(2006))

韩其为(2003)利用不平衡输沙理论推求出高壅水条件下,短时段进库流量、含沙量变化较大时,推导出出库排沙率为:

$$\eta_i = \left(1 + \frac{Q_i^{1/10}}{K_0 L}\frac{V}{Q_i}\right)^{-2} \tag{2-4}$$

式中 Q_i——时段进库流量;

V——水库的剩余库容,$V = W_c - W$,W 为水库淤积体积,W_c 为水库淤积平衡总淤积体积;

K_0——系数,与水库河槽形态有关;

L——库区长度。

对于单次排沙,由于参数 $Q_i^{1/10}/(K_0L)$ 随 Q_i 变化很小,对于同一水库,排沙比可以近似地看成 V/Q_i 的单值函数。

综上所述,不同研究者都把 V/Q 作为壅水排沙比的主要影响因子,V/Q 是壅水程度的衡量指标,其物理意义为水库的放空时间,反映悬沙在水库中滞留的时间。

2.1.2 水库壅水明流排沙出库含沙量变化特点

三门峡水库非汛期蓄水拦沙、汛期降低水位排沙,运用年内把非汛期的泥沙调至汛期出库。水库非汛期蓄水运用,控制下泄流量,基本没有泥沙出库。一般情况下,在 6 月开始降低水库水位,并在汛期开始的 7 月 1 日水位降至汛限水位 305 m。以下分析的平水或洪水入库场次壅水排沙大部分都选自 6 ~ 7 月。

以入库日均最大流量大于 1 000 m^3/s 或者日均最大含沙量大于 20 kg/m^3 作为划分洪水与平水的分界线,1964 ~ 2006 年三门峡水库平水入库壅水明流排沙 53 场,洪水入库壅水明流排沙场次 144 场。

53 场平水入库明流排沙特征值见表 2-1,对应最大蓄水量 9.7 亿 m^3,入库平均流量和含沙量为 584 m^3/s、8 kg/m^3,出库平均流量和含沙量为 510 m^3/s、5 kg/m^3,出库含沙量比入库减小 3 kg/m^3,平水期出库流量和含沙量没有同时满足黄河调水调沙下游河道调控流量在 4 000 ~ 2 600 m^3/s 和含沙量在 20 ~ 40 kg/m^3 指标者。

表 2-1　壅水排沙场次入出库特征值

特征	场次(次)	潼关(入库)		水库	三门峡	三门峡含沙量		
		流量(m^3/s)	含沙量(kg/m^3)	蓄水量(亿 m^3)	出库流量(m^3/s)	范围(kg/m^3)	S = 20 ~ 40 kg/m^3 场次(次)	占总场次(%)
平水	53	874 ~ 45	12 ~ 0.9	9.7 ~ 0.05	1 802 ~ 71	36 ~ 0	3	5.7
入库	平均值	584	8		510	5		
洪水	144	6 110 ~ 34	170 ~ 5	17 ~ 0.05	5 910 ~ 19	174 ~ 0	35	24.3
入库	平均值	1 200	32		1 220	24		

洪水入库壅水明流排沙场次 144 场对应最大蓄水量 17 亿 m^3,入库平均流量和含沙量为 1 200 m^3/s、32 kg/m^3,出库流量和含沙量为 1 220 m^3/s、24 kg/m^3,含沙量减小 8 kg/m^3,不同出库流量级场次洪水入出库特征值见表 2-2。三门峡出库流量在 6 000 ~ 4 000 m^3/s、4 000 ~ 2 600 m^3/s、2 600 ~ 1 000 m^3/s 和 1 000 m^3/s 以下时,平均入库含沙量分别为 30 kg/m^3、59 kg/m^3、30 kg/m^3 和 22 kg/m^3,平均出库含沙量分别为 28 kg/m^3、39 kg/m^3、25 kg/m^3 和 12 kg/m^3,出库含沙量分别减小 2 kg/m^3、20 kg/m^3、5 kg/m^3 和 10 kg/m^3。144 场洪水中出库含沙量在 20 ~ 40 kg/m^3 的场次为 35 场,占总场次的 24%;场次出库平均流量在 4 000 ~ 2 600 m^3/s 的共有 10 场,其中 4 场对应平均含沙量在 20 ~ 40 kg/m^3,占 10 场的 40%,占 144 场的 2.8%,该 4 场对应入库流量在 3 820 ~ 2 540 m^3/s,且平均含沙量在 67 ~ 17 kg/m^3,蓄水量在 1.3 亿 ~ 0.6 亿 m^3。

表 2-2　洪水入库壅水排沙场次入出库特征值

三门峡出库流量(m^3/s)	场次(次)	潼关(入库)			水库	三门峡含沙量			
		流量(m^3/s)	含沙量(kg/m^3)	平均值(kg/m^3)	蓄水量(亿 m^3)	范围(kg/m^3)	平均值(kg/m^3)	S = 20 ~ 40 kg/m^3 场次(次)	占总场次(%)
6 000 ~ 4 000	4	6 110 ~ 4 080	39 ~ 24	30	1.7 ~ 1.0	40 ~ 22	28	4	100
4 000 ~ 2 600	10	3 820 ~ 1 520	157 ~ 12	59	4.7 ~ 0.64	120 ~ 3	39	4	40
2 600 ~ 1 000	58	3 230 ~ 595	170 ~ 6	30	17 ~ 0.26	174 ~ 0	25	11	19
<1 000	72	1 250 ~ 124	144 ~ 5	22	16 ~ 0.05	79 ~ 0	12	16	22

洪水入库壅水排沙不同出库含沙量级场次分布见表 2-3,从出入库的水沙和水库蓄水情况,可以大致判断有无进一步调节出库流量和含沙量达到黄河调水调沙下游河道调节流量和含沙量指标要求的可能性。出库含沙量小于 20 kg/m³ 的场次洪水,已经没有进一步调节的可能。出库含沙量在 40 ~ 20 kg/m³ 场次洪水,对应出库流量在 6 000 ~ 4 000 m³/s 时,可以控制减小出库流量使其达到 4 000 m³/s 以下,出库流量、含沙量基本达到黄河调水调沙下游河道对流量和含沙量调控指标要求范围;对应出库流量在 2 600 ~ 1 000 m³/s 时,部分场次可以增大出库流量达 2 600 m³/s 以上,使流量和含沙量同时满足流量、含沙量调控指标要求;出库流量在 1 000 m³/s 以下,没有调节的可能使流量和含沙量同时满足流量、含沙量调控指标要求。

表 2-3 洪水入库壅水排沙不同出库含沙量级场次分布

三门峡出库流量(m³/s)	场次(次)	三门峡含沙量 > 40 kg/m³			三门峡含沙量(kg/m³)分级场次(次)			三门峡含沙量在 40 ~ 20 kg/m³	
		入库流量(m³/s)	蓄水量(亿 m³)	含沙量范围(kg/m³)	>40	40 ~ 20	<20	入库流量(m³/s)	蓄水量(亿 m³)
6 000 ~ 4 000	4					4		6 110 ~ 4 080	1.7 ~ 1.0
4 000 ~ 2 600	10	3 468	1.0	120	1	4	5		
2 600 ~ 1 000	58	2 020 ~ 806	0.67 ~ 0.26	174 ~ 44	9	11	38	3 230 ~ 595	1.7 ~ 0.3
<1 000	72	922 ~ 223	0.54 ~ 0.7	79 ~ 44	6	16	50	1 249 ~ 34	1.6 ~ 0.04

出库含沙量在 40 kg/m³ 以上的场次洪水,出库流量在 4 000 ~ 2 600 m³/s 时,出库含沙量达到 120 kg/m³,与含沙量调控指标相差较大,难以进一步调节使之接近含沙量调控指标;对应出库流量在 2 600 ~ 1 000 m³/s 时,部分场次可以增大出库流量达 2 600 m³/s 以上,使流量和含沙量同时满足流量、含沙量调控指标要求;出库流量在 1 000 m³/s 以下,没有调节的可能使流量和含沙量同时满足流量、含沙量调控指标要求。

因此,出库流量在 6 000 ~ 4 000 m³/s 的全部场次和 2 600 ~ 1 000 m³/s 对应出库含沙量在 20 kg/m³ 以上的部分场次,有可能通过进一步调整水库调度,使出库流量和含沙量达到黄河调水调沙下游河道对流量和含沙量调控指标要求范围。

2.1.3 壅水明流出库含沙量

含沙水流进入水库内,水库壅水使水流速度减小,泥沙淤积,含沙量不断减小。可以确定水库壅水明流出库含沙量的主要影响因素是 V/Q 和入库含沙量,利用 144 场洪水入库壅水明流排沙资料分析出库含沙量得出:

$$S_{smx} = 2.24S_{tg} - 0.332S_{tg}\lg(V/Q_{smx}) - 2.04 \tag{2-5}$$

式中 S_{smx} ——三门峡出库平均含沙量,kg/m³;

S_{tg} ——潼关入库平均含沙量，kg/m^3；

V——水库的蓄水量，m^3；

Q_{smx} ——出库平均流量，m^3/s。

式(2-5)复相关系数为 0.94，利用其计算的出库含沙量与实测含沙量关系见图 2-4。53 场平水入库壅水排沙也按式(2-5)计算，并绘入图 2-4 中，也基本符合这一规律，只不过入出库含沙量都较小。

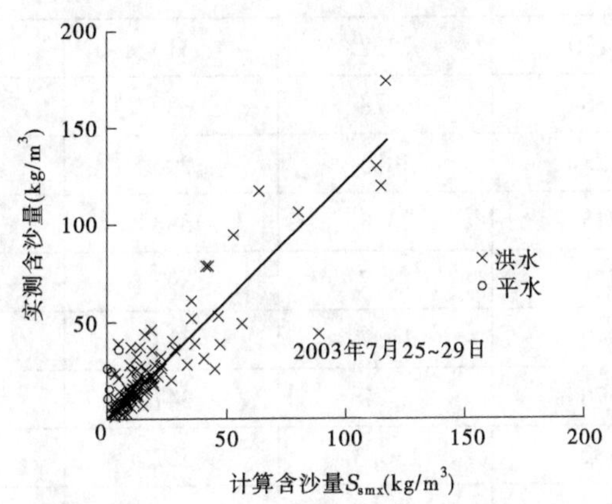

图 2-4　三门峡水库出库含沙量计算值与实测值关系

式(2-5)第一项是入库含沙量影响项，第二项是水库壅水造成的入库泥沙含量的衰减项，公式符合水库泥沙运用理论。从式(2-5)看出，入库含沙量的大小决定了出库含沙量的大小，若洪水入库含沙量较高，且入库流量达到一定值，即使水库蓄水量较大，出库含沙量也会出现较大值。如 1998 年 5 月 22 ~ 30 日，三门峡水库蓄水量 8.1 亿 m^3，洪水入库潼关平均流量 1 080 m^3/s，含沙量 97 kg/m^3，最大日均含沙量 239 kg/m^3；出库流量 347 m^3/s，含沙量达到 37 kg/m^3，最大日均含沙量为 77 kg/m^3，持续 4 d 时间出库含沙量在 50 kg/m^3 以上(见表 2-4)。同时若入库是较高含沙量小洪水，在水库上游段造成沿程淤积，出库含沙量就会较低。如 2003 年 7 月 25 ~ 29 日洪水入库，潼关平均流量 409 m^3/s，平均含沙量 114 m^3/s，最大日均含沙量 258 kg/m^3，水库蓄水量 0.07 亿 m^3，出库流量 360 m^3/s，含沙量 44 kg/m^3，最大日均含沙量 127 kg/m^3。该场洪水是来自渭河的高含沙量小洪水，通过对潼关至大禹渡 7 个水位站水位变化分析表明，该场洪水造成潼关至大禹渡沿程淤积，致使出库含沙量较低。

式(2-5)表明，入库含沙量的大小决定了出库含沙量的大小，小浪底水库调水调沙时，平水入库时入库含沙量小于 10 kg/m^3，出库含沙量很难达到 20 kg/m^3 以上，平水入库出库含沙量很难接近调水调沙的含沙量调控指标，洪水入库含沙量 20 kg/m^3 以上，出库含沙量满足调控指标的场次较多；要使出库含沙量达到一定范围，就要调控入库含沙量。

表 2-4　1998 年 5 月与 2003 年 7 月入库高含沙小洪水特征值

日期（年-月-日）	潼关流量（m^3/s）	潼关含沙量（kg/m^3）	三门峡流量（m^3/s）	三门峡含沙量（kg/m^3）	坝前水位（m）
1998-05-22	782	41.8	407	0	319.60
1998-05-23	1 590	239.0	317	0	320.07
1998-05-24	1 441	145.0	370	0	321.01
1998-05-25	1 170	72.2	313	60	321.75
1998-05-26	988	49.8	339	77	322.18
1998-05-27	828	30.3	296	69	322.54
1998-05-28	815	23.8	338	59	322.78
1998-05-29	771	15.7	397	43	322.93
1998-05-30	940	11.7	324	6	323.08
2003-07-25	576	29.0	347	8	304.52
2003-07-26	432	136.3	557	20	304.33
2003-07-27	454	257.7	310	35	304.32
2003-07-28	327	89.0	321	127	304.93
2003-07-29	257	44.0	264	48	304.46

2.2　水库明流均匀流特点

从水库纵剖面淤积形态看，大致可分为三种类型：三角洲淤积、锥体淤积和带状淤积。无论水库是何种淤积形态，当水库改变蓄水状态，即降低水位时，水库上游段脱离回水影响后成为“天然河道”，成为水库明流均匀流。水库前期蓄水淤积在该河段的泥沙，为水流输沙提供了充足的沙源，为河床重新塑造提供了条件。水库明流均匀流输沙特点是河段水流挟沙能力逐步调整的体现。

2.2.1　输沙能力公式选用

河流输沙能力取决于河道水流条件和河床组成。由于泥沙运动机制十分复杂，现有的输沙理论尚难以解决泥沙输移问题。目前输沙能力研究成果和输沙公式繁多，选择较能反映黄河输沙特点的吴保生－龙毓骞输沙能力公式，利用潼关、大禹渡水文站的实测输沙资料进行验证改进，从而分析水库明流均匀流的输沙特点。吴保生－龙毓骞公式输沙能力如下：

$$S_* = 0.451\,5\left(\frac{\gamma_m}{\gamma_s - \gamma_m}\frac{u^3}{gR\omega}\right)^{0.741\,4} \tag{2-6}$$

式中　γ_m、γ_s——浑水和泥沙容重；

u ——平均流速；

g ——重力加速度；

R ——水力半径；

ω ——悬沙代表沉速。

用潼关河段实测资料对式(2-6)进行检验时，对其公式中的沉速按下式计算：

$$\omega = -6\frac{\nu}{d_i} + \sqrt{36\frac{\nu^2}{d_i^2} + 10.99d_i} \tag{2-7}$$

式中 d_i ——各组泥沙平均粒径；

ν ——运动黏滞系数，$\nu = \eta_r\nu_0 \cdot \gamma/\gamma_m$，$\nu_0$ 为清水黏滞系数，$\eta_r = e^{5.06S_V}$，S_V 为体积含沙量，含沙量对沉速的影响采用式 $\omega = \omega_0(1 - S_V)^7$，平均沉速为 $\overline{\omega} = (\sum P_{is}\omega_i^m)^{1/m}$，$m$ 为指数，P_{is} 为全部总沙中相应于分组平均粒径 d_i 的比例。

用潼关、大禹渡 20 世纪 80 年代 320 组实测资料对式(2-6)验算后，系数和指数重新回归如下：

$$S_* = 0.2\left(\frac{\gamma_m}{\gamma_s - \gamma_m}\frac{u^3}{gR\omega}\right)^{0.85} \tag{2-8}$$

式(2-8)计算输沙率与实测输沙率关系较好，可以利用该式计算输沙能力。

2.2.2　三门峡水库明流均匀流输沙

水库明流均匀流输沙特点主要受上游来水来沙条件、河床边界条件的影响。

2.2.2.1　三门峡库区均匀流输沙特点

水库蓄水淤积，三角洲的顶坡段脱离回水影响后，产生明流均匀流输沙。以 1964 年为典型，分析三门峡水库均匀流变化特点。

1964 年是丰水丰沙年，洪峰连续不断，大于 3 000 m³/s 流量的水量、沙量分别占汛期水沙量的 85% 和 90% 以上，由于水库泄流能力不足，滞洪削峰情况严重。随着滞洪发生，坝前水位随之上升，汛期坝前日均水位最高为 325.84 m，坝前滞洪壅水造成潼关以下库区发生严重淤积。三门峡水库潼关以下库区淤积整体抬升，纵向比降调整变缓，潼关至太安河段比降在 1.8‱左右，太安至北村河段在 2.2‱左右。通过分析坝前水位与太安、北村的水位关系，确定从 1964 年 10 月 15 日太安和北村脱离水库回水影响。分析潼关、太安和北村含沙量变化过程(见图 2-5)，1964 年 10 月 28 日至 12 月 12 日北村含沙量大于太安 10 kg/m³ 以上，北村河段是溯源冲刷发展期；12 月 26 日开始，太安含沙量大于潼关含沙量 10 kg/m³ 以上，表明溯源冲刷发展至太安。因此，1964 年 10 月 15 日至 12 月 25 日，太安既不受水库回水影响，也不受溯源冲刷影响，属均匀流输沙。

太安均匀流流量—输沙率的关系见图 2-6。水流输沙特点是：

$$Q_s = 0.000\,5Q^{1.52} \tag{2-9}$$

式中 Q_s ——输沙率，t/s；

Q ——流量，m³/s。

相关系数为 0.95。

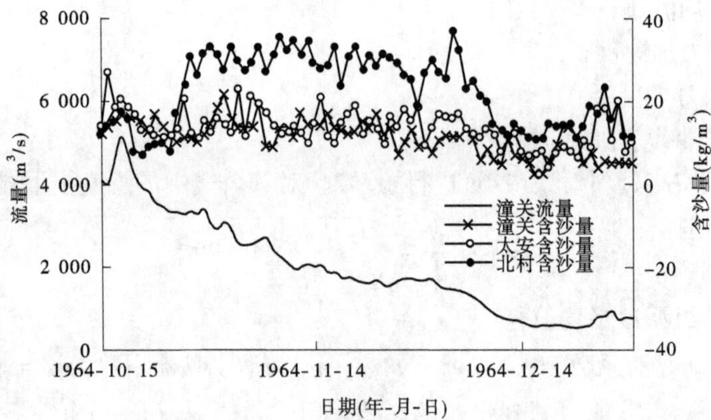

图 2-5　1964 年 10～12 月潼关、太安、北村含沙量变化过程

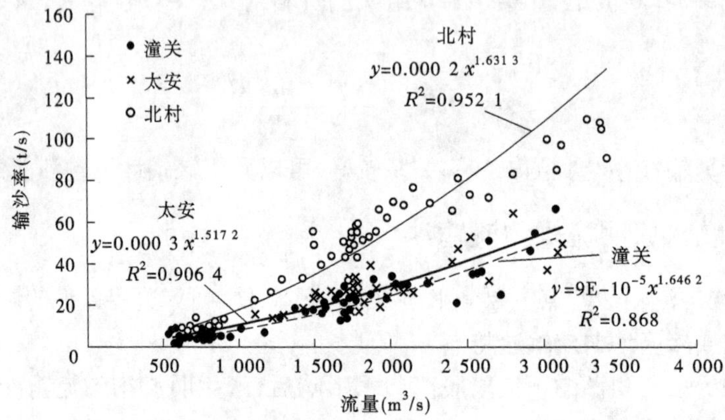

图 2-6　潼关、太安 1964 年 11～12 月流量—输沙率关系

图 2-7 为三门峡水库 1964～1968 年潼关至太安不受回水影响时两站含沙量的关系，表明潼关至太安库段明流均匀流输沙特点。

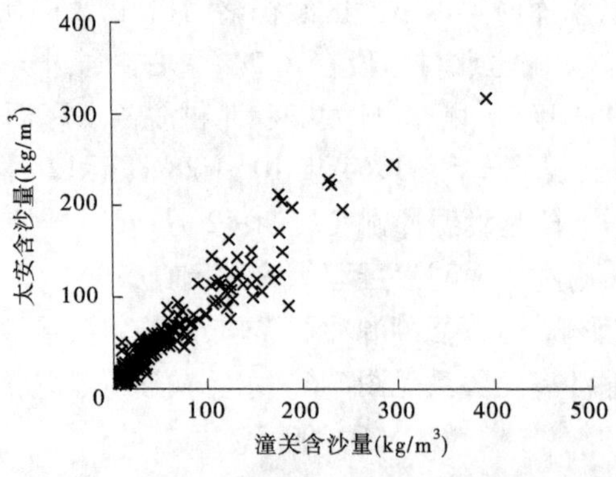

图 2-7　1964～1968 年太安不受回水影响时与潼关含沙量关系

2.2.2.2　三门峡库区均匀流河槽的形成与发展

水库蓄水造成的泥沙淤积使横断面平行淤积抬升，水库水位大幅度降低，水位刚露出淤积面时河槽不明显，但河槽发展十分迅速，10 d 左右时间河槽就能冲出，之后河槽随水沙调整。图 2-8 是太安站在 1964 年 10 月 15 日以后河底高程和河宽发展过程，10 月 15 ~ 25 日，河底高程从 324.48 m 降低至 322.72 m，连续降低 1.76 m，水面宽从 3 350 m 缩窄至 733 m，平均水深从 1.02 m(流量 4 130 m^3/s)增加至 2.25 m(流量 2 930 m^3/s)，这是水库降水后河槽形成期。10 月 25 日至 11 月 5 日，河宽继续缩窄，河底进一步降低。11 月 5 ~ 16 日，随上游水沙条件变化，河槽进一步调整，河底高程从 320.68 m 上升至 321.53 m，上升 0.85 m，河宽从 384 m 增加至 796 m，之后，河底高程和河宽随水沙条件变化。

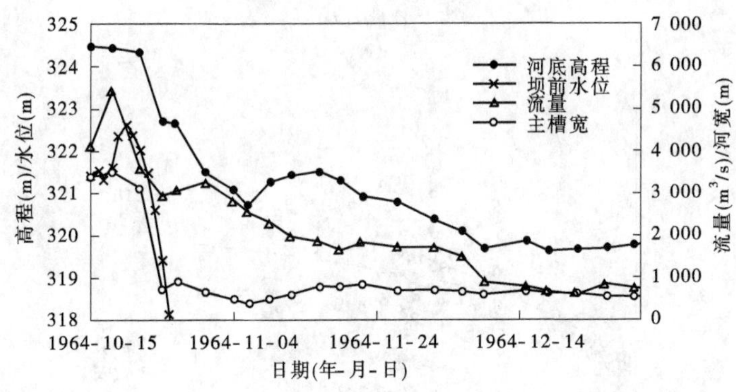

图 2-8　1964 年 10 ~ 12 月太安站河底高程和河宽变化

河槽水力几何形态是河道形态、水流特性与动床阻力特性的综合反映，与河道输沙特性关系极为密切。河槽水力几何形态常用公式为：

$$B = K_1 Q^{\beta_1} \tag{2-10}$$

$$h = K_2 Q^{\beta_2} \tag{2-11}$$

$$v = K_3 Q^{\beta_3} \tag{2-12}$$

水流的连续性决定了 $K_1K_2K_3 = 1, \beta_1 + \beta_2 + \beta_3 = 1$。$K$ 值的大小反映变量的初值，β 值的大小表示水力几何形态随流量的变率。1964 ~ 1968 年太安站实测流量与河宽、水深、流速的关系(见图 2-9)为：

$$B = 17.16Q^{0.47} \tag{2-13}$$

$$h = 0.287Q^{0.24} \tag{2-14}$$

$$v = 0.204Q^{0.29} \tag{2-15}$$

2.2.3　小浪底水库明流均匀流输沙

三门峡水库出库水沙过程就是小浪底水库的入库水沙过程，三门峡水库出库水沙搭配关系变化幅度大(见图 2-10)，这种水沙搭配关系影响着小浪底水库明流均匀流输沙。

2.2.3.1　三门峡水库对洪峰和含沙量的调节作用

受泄流能力和闸门启闭条件的影响，三门峡水库对较大洪峰流量有削峰作用。1974

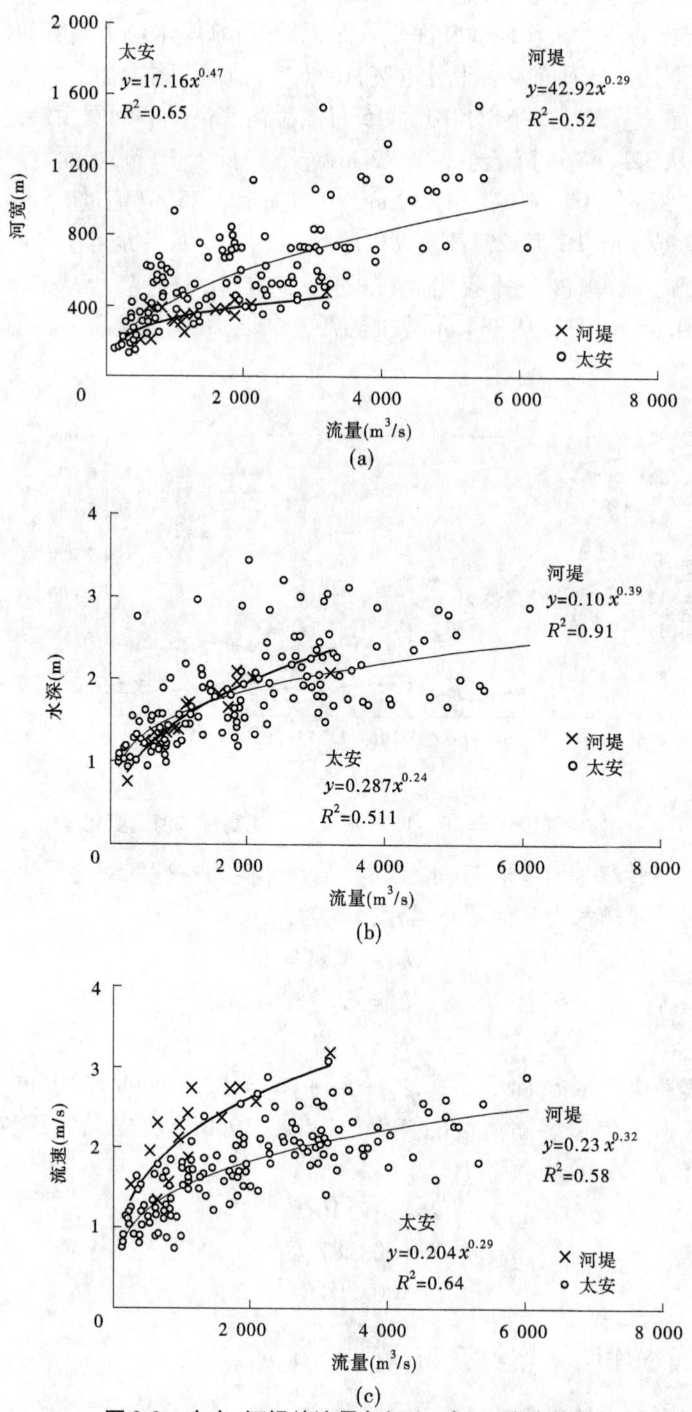

图 2-9　太安、河堤站流量与河宽、水深、流速关系

年以来汛期潼关洪峰流量大于 4 000 m³/s 的洪水削峰情况见表 2-5，分析表明，洪峰流量大于 5 000 m³/s 时，洪峰流量越大，削峰系数越大（见图 2-11），而当洪峰流量在 5 000

m³/s以下时，洪峰削减较小。如洪峰流量为 4 000 ~5 000 m³/s 的洪水平均削峰系数(三门峡洪峰流量/潼关洪峰流量)为 0.94，部分洪水还有增峰，洪峰流量 5 000 ~6 000 m³/s 的洪水平均削峰系数为 0.92，洪峰流量在 6 000 ~10 000 m³/s 的洪水平均削峰系数为 0.78，洪峰流量 10 000 m³/s 以上洪水平均削峰系数为 0.61。

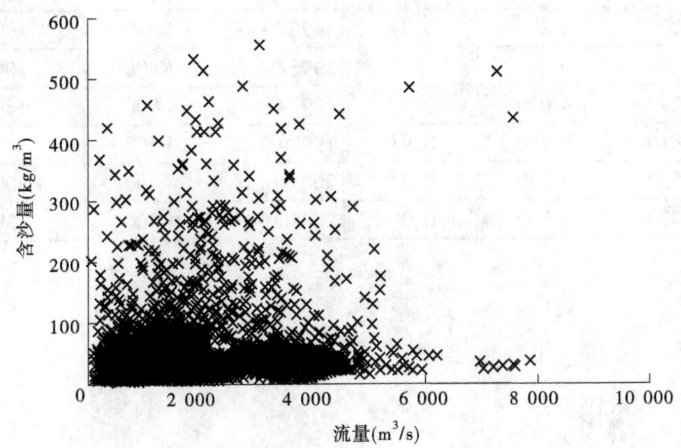

图 2-10　三门峡流量—含沙量关系

表 2-5　三门峡水库洪峰削减特征值

日期(年-月-日)	潼关 Q_{max}(m³/s)	三门峡 Q_{max}(m³/s)	洪峰削减系数	日期(年-月-日)	潼关 Q_{max}(m³/s)	三门峡 Q_{max}(m³/s)	洪峰削减系数
1974-08-01	7 040	4 180	0.59	1984-08-05	6 430	5 820	0.91
1975-07-30	5 860	5 290	0.90	1984-08-28	4 600	4 460	0.97
1975-08-13	4 690	4 250	0.91	1984-09-11	4 800	4 430	0.92
1975-09-01	5 320	4 430	0.83	1984-09-25	4 120	4 520	1.10
1975-10-04	5 910	5 480	0.93	1985-08-07	4 990	4 000	0.80
1976-07-30	5 000	4 510	0.90	1985-08-15	5 310	4 950	0.93
1976-08-03	7 030	5 040	0.72	1985-09-24	5 540	5 620	1.01
1976-08-30	9 220	7 890	0.86	1987-08-27	5 450	4 820	0.88
1977-07-07	13 600	7 900	0.58	1988-07-25	4 330	3 910	0.90
1977-08-03	12 000	7 550	0.63	1988-08-07	8 260	5 680	0.69
1977-08-06	15 400	8 900	0.58	1988-08-19	5 870	5 430	0.93
1978-08-09	7 300	5 170	0.71	1989-07-23	7 280	5 860	0.80
1978-09-18	6 510	5 650	0.87	1989-08-20	4 940	4 570	0.93
1979-08-12	11 100	7 350	0.66	1990-07-08	4 430	3 970	0.90
1981-07-08	6 430	4 160	0.65	1992-08-15	4 040	4 620	1.14
1981-07-16	4 600	4 330	0.94	1993-08-06	4 440	4 020	0.91
1981-07-23	4 220	3 930	0.93	1994-07-09	4 890	4 410	0.90
1981-08-25	4 780	4 740	0.99	1994-08-06	7 360	5 740	0.78

续表 2-5

日期 (年-月-日)	潼关 Q_{max}(m³/s)	三门峡 Q_{max}(m³/s)	洪峰削减 系数	日期 (年-月-日)	潼关 Q_{max}(m³/s)	三门峡 Q_{max}(m³/s)	洪峰削减 系数
1981-09-08	6 540	6 330	0.97	1994-08-11	4 310	3 590	0.83
1982-08-01	4 760	4 840	1.02	1995-07-31	4 160	3 680	0.88
1983-08-01	6 200	5 800	0.94	1996-08-03	4 230	4 130	0.98
1983-08-26	4 000	4 440	1.11	1996-08-11	7 400	5 100	0.69
1983-09-09	4 190	4 010	0.96	1997-08-02	4 700	4 140	0.88
1983-09-29	4 810	4 700	0.98	1998-07-14	6 500	5 170	0.80
1984-07-04	4 530	3 790	0.84	2003-10-03	4 430	4 500	1.02
1984-07-14	4 270	3 830	0.90	2005-10-05	4 500	4 130	0.92

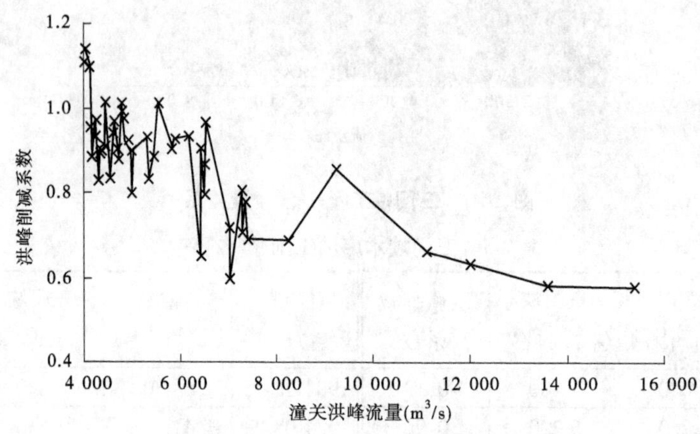

图 2-11　三门峡水库洪峰削减系数

三门峡水库对泥沙的调节主要是通过洪水期排沙，改变出库含沙量来实现的，并影响到出库水沙搭配。汛期各月来水来沙情况不同，且河床可补充的泥沙不同，对出库的水沙搭配也有所不同。1974～2004 年汛期三门峡不同流量级入出库含沙量变化见表 2-6，7 月、8 月入库流量小于 4 000 m³/s 各级流量的出库含沙量都大于入库含沙量，4 000 m³/s 以上时出库含沙量小于入库含沙量，9 月、10 月入库流量 1 000 m³/s 以下时出库含沙量小于入库含沙量，1 000 m³/s 以上各级流量的出库含沙量都大于入库含沙量。

入库流量小于 1 000 m³/s 时，7 月、8 月出库含沙量分别比入库含沙量增大 11 kg/m³ 和 3 kg/m³，9 月、10 月出库含沙量分别比入库含沙量减小 3 kg/m³ 和 4 kg/m³；入库流量大于 4 000 m³/s 时，7 月、8 月出库含沙量分别比入库含沙量减小 55 kg/m³ 和 22 kg/m³，9 月、10 月出库含沙量分别比入库含沙量增大 8 kg/m³ 和 4 kg/m³。

7 月、8 月流量在 1 000～2 000 m³/s、2 000～3 000 m³/s、3 000～4 000 m³/s 时对应出库含沙量比入库含沙量增大值，7 月分别为 26 kg/m³、46 kg/m³ 和 21 kg/m³，8 月分别为 17 kg/m³、18 kg/m³ 和 23 kg/m³。9 月、10 月入库含沙量较小，1 000～2 000 m³/s 流量时出库含沙量与入库含沙量相当，入库流量在 2 000～3 000 m³/s、3 000～4 000 m³/s 时出库

含沙量比入库含沙量增大,9 月增大 10 kg/m³、5 kg/m³,10 月增大 8 kg/m³、7 kg/m³。

表 2-6　1974～2004 年汛期不同流量级入出库特征值

月份	流量级 (m³/s)	天数 (d)	潼关水量 (亿 m³)	潼关沙量 (亿 t)	三门峡沙量 (亿 t)	潼关含沙量 (kg/m³)	三门峡含沙量 (kg/m³)	入出库含沙量差 (kg/m³)
7	<1 000	16.1	6.66	0.203	0.275	30	41	11
	1 000～2 000	9.5	11.80	0.645	0.952	55	81	26
	2 000～3 000	3.7	7.72	0.580	0.936	75	121	46
	3 000～4 000	1.3	3.80	0.155	0.234	41	62	21
	≥4 000	0.5	2.05	0.362	0.250	177	122	-55
8	<1 000	10.0	5.33	0.190	0.204	36	38	3
	1 000～2 000	10.6	13.37	0.649	0.878	49	66	17
	2 000～3 000	6.2	12.97	0.824	1.063	64	82	18
	3 000～4 000	2.8	8.26	0.546	0.736	66	89	23
	≥4 000	1.4	6.43	0.634	0.495	99	77	-22
9	<1 000	9.8	5.76	0.085	0.068	15	12	-3
	1 000～2 000	11.2	13.71	0.327	0.331	24	24	0
	2 000～3 000	3.8	8.23	0.280	0.363	34	44	10
	3 000～4 000	2.7	7.94	0.252	0.292	32	37	5
	≥4 000	2.4	9.65	0.265	0.345	27	36	8
10	<1 000	16.3	8.26	0.079	0.047	10	6	-4
	1 000～2 000	7.7	9.24	0.129	0.144	14	16	2
	2 000～3 000	3.9	7.87	0.130	0.191	17	24	8
	3 000～4 000	2.1	6.39	0.120	0.165	19	26	7
	≥4 000	1.0	4.08	0.087	0.104	21	25	4

水库在不同时间对含沙量调节,不同流量级之间存在差异,与水库运用方式和库区的冲刷形式有关。7 月、8 月发生较大洪水,坝前水位较低,在前期淤积基础上发生溯源冲刷和沿程冲刷,且冲刷强度较大,因此出库含沙量增大幅度大。7 月、8 月中等流量时出库含沙量的调整幅度最大。但是,受泄流能力的限制,当入库流量达到某一量级以上时,水库会壅水抬高水位,影响出库含沙量。根据水库削峰作用的分析,潼关流量大于 4 000 m³/s 时库区有壅水削峰作用,这也是流量在 4 000 m³/s 以上时出库含沙量小于入库时的主要原因。经过 7 月、8 月的冲刷后,河床可冲泥沙量减少,河床粗化,9 月、10 月冲刷能力减弱,使出库含沙量增大幅度减小。

以 500 m^3/s 为级差，把入库流量分成不同的流量级，分析不同时段三门峡水库入库、出库以及出入库含沙量差的变化（见图 2-12），从图 2-12 看出，不同时段各级流量入库含沙量不同，出库含沙量也不同。总体来看，出库含沙量随流量级的分布与入库含沙量分布相似，即入库含沙量大，出库含沙量也大，反之亦然；出入库含沙量差最大值为 90 kg/m^3，一般在 70 kg/m^3 以下。1974～1985 年入库流量级在 2 500～3 000 m^3/s 时，出入库含沙量变化值最大，为 22 kg/m^3；1986～1993 年，由于 1992 年 8 月入库流量级在 3 500～4 000 m^3/s的高含沙洪水，库区发生强烈冲刷，使该流量级出入库含沙量变化值最大，为 90 kg/m^3；1994～2002 年和 2003～2007 年入库流量级在 2 000～2 500 m^3/s 时，出入库含沙量变化值最大，分别为 70 kg/m^3 和 61 kg/m^3。

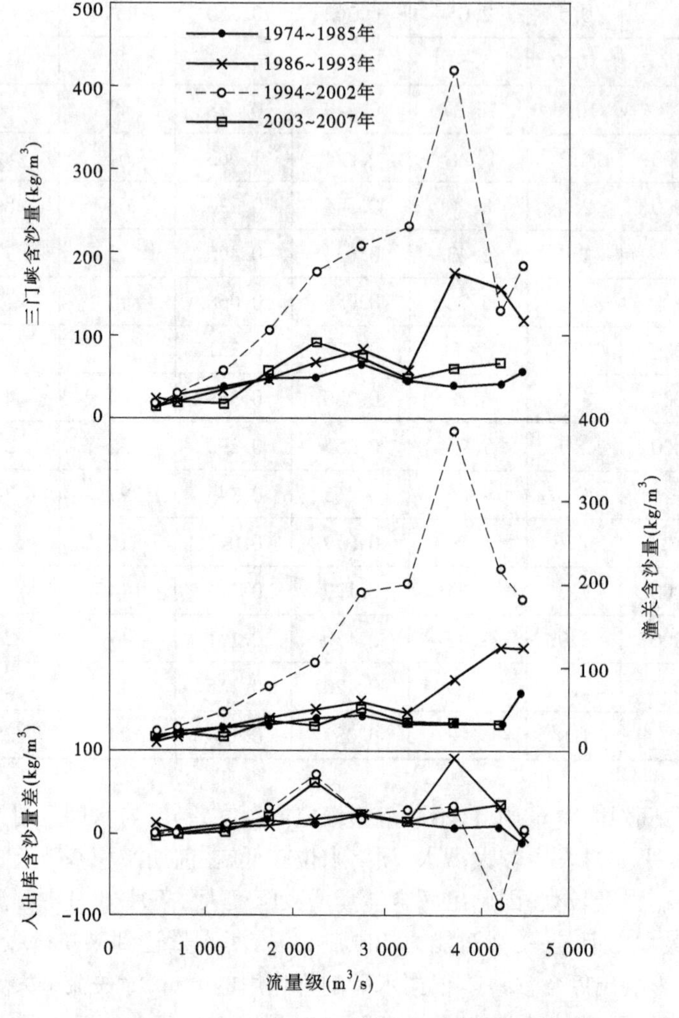

图 2-12　不同时段三门峡入出库含沙量及变化值

2.2.3.2 小浪底水库明流均匀流输沙特点

近年来小浪底水库按照满足黄河下游防洪、减淤、防凌、防断流以及供水等为主要目标,在运用年内进行防洪、春灌蓄水、调水调沙及供水等一系列调度。一般11月1日至翌年3月底为防凌和春灌蓄水期,4月至6月初为保证黄河下游工农业生产、城市生活及生态用水,水库向下游补水。6月主要是调水调沙生产运行期,调水调沙期间,小浪底水库水位基本处于下降过程,到6月底水位下降至225 m左右,并在7~8月维持在225 m左右,9~10月开始蓄水。

小浪底水库2006年6月9~29日是调水调沙生产运行期,坝前水位从253.89 m逐渐下降至224.47 m。6月29日至8月27日小浪底水库水位在225.15~221.09 m变动,三角洲的前坡段基本处于水库回水范围之内。8月27日至10月31日小浪底水库以蓄水为主,库水位持续抬升,最高库水位上升至244.75 m。从小浪底水库干流纵剖面图(见图2-13)看出,2006年7~8月小浪底库水位较低,距水库50 km以上河段脱离回水影响。

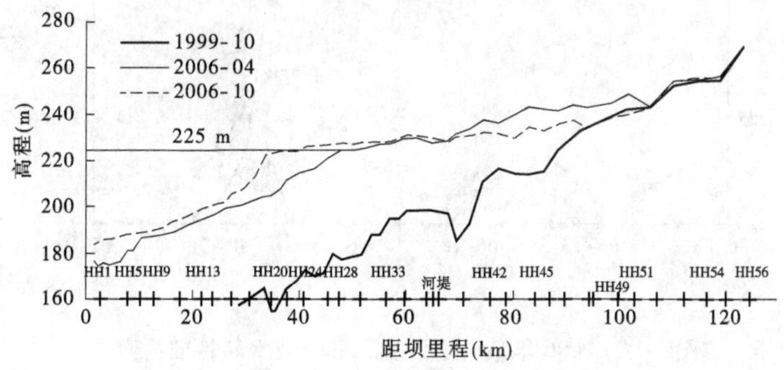

图2-13 2006年汛前小浪底水库纵剖面

从图2-13可以看出,2006年汛前河堤断面以上泥沙淤积较多(可以认为是淤积叠加小三角洲),为水库降水产生冲刷提供了有利条件,6月9~23日小浪底坝前水位降低过程中,河堤以上河段逐渐脱离水库回水影响,此阶段入库水流为清水(见图2-14),产生消落冲刷,冲刷的泥沙淤积在河堤河段,使河堤断面河床高程从4月13日的230.23 m上升至6月23日的232.87 m,上升2.64 m。6月23~29日河堤段脱离水库回水影响,入库洪峰流量2 760 m^3/s,最大含沙量144 kg/m^3,产生消落冲刷并初步形成河槽,河底高程降低3.07 m(见图2-15)。水库水位消落过程中产生冲刷,冲刷由上游发展至下游,上段冲刷的泥沙淤积在下段,随着水库水位的进一步下降,冲刷河段向下游发展。

以2007年汛期为典型分析小浪底水库均匀流河段变化,2007年7~8月坝前平均水位224.35 m,三角洲顶坡段下段基本处于水库回水的影响范围之内,距大坝50 km以上河段不受水库回水影响,且河段纵剖面比较平顺,成为明流均匀流河段,河堤水沙因子站处于这一河段内(见图2-16)。

2007年6月27日河堤脱离回水,至8月底一直不受水库回水影响,河堤断面的冲淤变化是均匀流河段变化的典型代表。从河堤站6月23日至8月31日断面变化和特征值变化来看(见图2-17、图2-18),冲淤变化调整幅度大、速度快(见表2-7)。

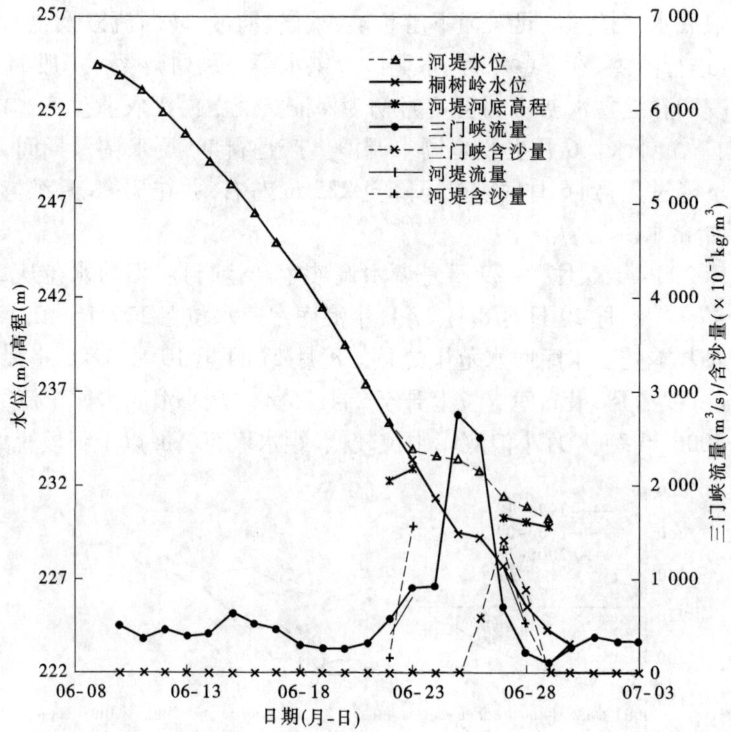

图 2-14　2006 年汛前小浪底和三门峡水库特征值变化

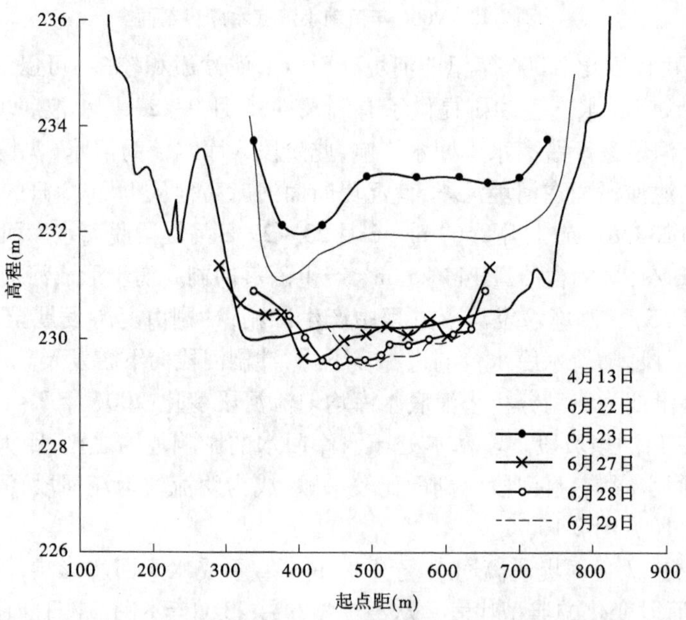

图 2-15　2006 年汛前河堤断面变化

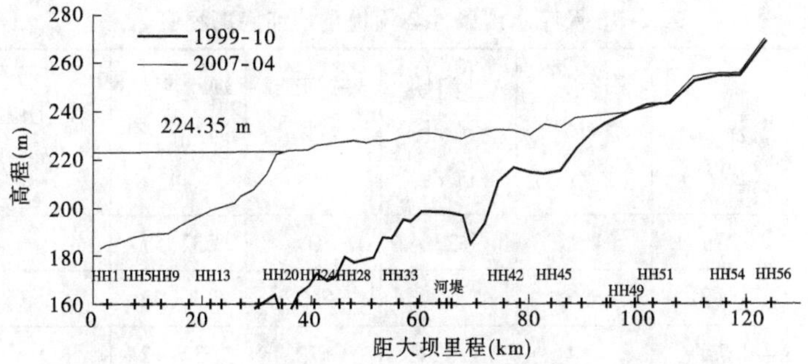

图 2-16　2007 年汛前小浪底水库纵剖面

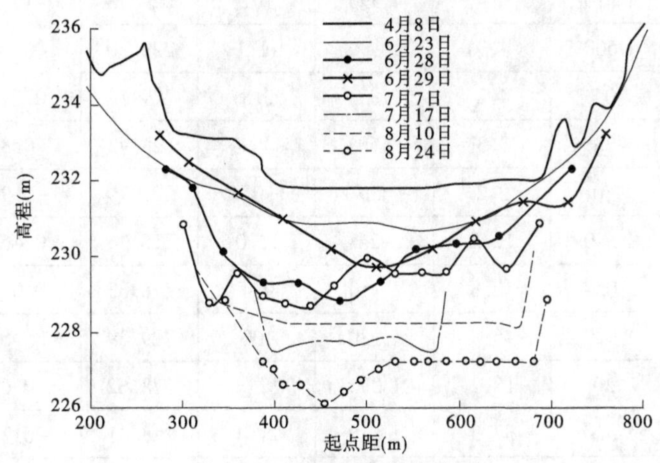

图 2-17　2007 年河堤站断面

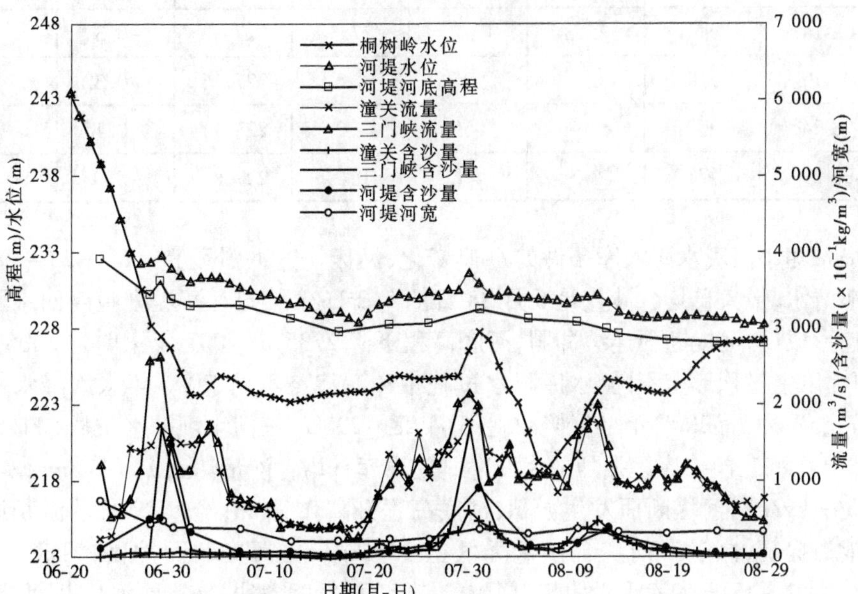

图 2-18　2007 年河堤站断面特征与潼关、三门峡流量和含沙量过程

表 2-7　入库水沙条件与河堤平均河底高程变化

日期（年-月-日）	潼关流量（m^3/s）	潼关含沙量（kg/m^3）	三门峡流量（m^3/s）	三门峡含沙量（kg/m^3）	河堤平均河底高程（m）	变化值（m）	性质
2007-06-23	255	1.1	1 230	0	232.57		
2007-06-28	1 460	6.6	2 590	5.2	230.22	-2.35	冲
2007-06-29	1 710	5.4	2 620	173	231.12	0.90	淤
2007-06-30	1 310	6.4	1 590	101	229.95	-1.17	冲
2007-07-02	1 500	4.9	1 130	11.1	229.50	-0.45	冲
2007-07-07	704	4.2	785	2.3	229.54	0.04	淤
2007-07-12	433	3.3	458	0.9	228.73	-0.81	冲
2007-07-17	380	2.2	439	0	227.79	-0.94	冲
2007-07-22	1 340	12.5	926	12.0	228.25	0.46	淤
2007-07-26	1 050	10.8	1 150	9.4	228.33	0.08	淤
2007-07-31	1 920	46.8	1 980	100	229.29	0.96	淤
2007-08-05	920	13.2	1 090	12.2	228.62	-0.67	冲
2007-08-10	1 320	37.3	1 610	21.4	228.41	-0.21	冲
2007-08-13	1 220	38.1	1 470	34.3	227.95	-0.46	冲
2007-08-14	984	25.3	1 010	27.3	227.58	-0.37	冲
2007-08-19	918	6.5	997	6.5	227.26	-0.32	冲
2007-08-24	909	5.6	955	4.3	227.11	-0.15	冲
2007-08-29	771	4.3	478	0.9	227.06	-0.05	冲

河堤站随小浪底水库入库条件的迅速变化，河床快速冲淤调整。6 月 23 ~ 28 日，三门峡下泄清水，最大日均含沙量是 6 月 28 日的 5.2 kg/m^3，同时河堤刚脱离回水影响，是河槽快速形成期，河堤断面连续冲刷，河底高程下降 2.35 m，2007 年汛前与 2006 年汛前相比，河堤以上淤积形态不同，水库降水过程中冲淤特点不同，2006 年水库降水过程中，河堤是先淤后冲，而 2007 年是直接冲刷；6 月 28 ~ 29 日，三门峡坝前水位从 311.89 m 降低至 295.14 m，三门峡库区强烈的溯源冲刷使出库日均含沙量达到 173 kg/m^3，实测最大含沙量 369 kg/m^3，河堤断面发生淤积，河底高程升高 0.90 m；经过 29 日的淤积调整，30 日输沙能力提高，同时三门峡含沙量降低至 101 kg/m^3，河堤断面冲刷，河底高程降低 1.17 m。7 月 1 ~ 17 日入库无洪水，三门峡控制运用，出库含沙量较低，河堤断面随水沙条件调整。

7 月 18 ~ 31 日，三门峡有入库洪水，潼关日均最大流量 1 920 m^3/s，最大含沙量 60.8 kg/m^3，实测洪峰流量和沙峰分别是 2 080 m^3/s 和 85.2 kg/m^3；三门峡出库日均最大流量

2 150 m³/s,最大含沙量 171 kg/m³,实测洪峰流量和沙峰分别是 4 090 m³/s 和 337 kg/m³。三门峡水库的调节,加大了洪峰流量和沙峰,最大含沙量增大 252 kg/m³;使河堤断面发生淤积,河底高程升高 1.50 m。

8 月 1 ~29 日,潼关最大日均流量 1 780 m³/s,最大含沙量 48 kg/m³,平均含沙量 19 kg/m³。三门峡出库日均最大流量 2 000 m³/s,最大含沙量 34 kg/m³,平均流量 1 064 m³/s,平均含沙量 17 kg/m³。三门峡水库对洪水的调节较弱,基本维持了入库洪水的水沙搭配。河堤断面发生持续冲刷,河底高程降低 2.23 m。

小浪底库区上段明流均匀流河段河床冲淤调整非常迅速,输沙特性随来水来沙条件而变,是河道挟沙能力对来水来沙条件及河道边界条件变化的响应。多泥沙河流的挟沙能力不仅随流量变化而变化,而且随含沙量变化而变化。三门峡水库汛初下泄清水,含沙量极小,水流进入小浪底库区上段,含沙量逐渐恢复,河堤断面河床冲刷;同时河堤站输沙能力随三门峡含沙量的增大而增大,但三门峡出库为过饱和输沙条件时,随河道条件的变化,挟沙能力降低,体现为河堤站含沙量降低。利用输沙能力公式计算与实测含沙量的对比(见表 2-8)也表明了这一点。河堤站距三门峡距离只有 59.6 km,纵坡变化较大,来水来沙条件的水沙搭配关系变化大,是造成河堤河床快速冲淤调整的主要原因。

表 2-8　河堤站输沙能力计算

日期 (年-月-日)	时间 (时:分)	三门峡站					河堤站		
		流量 (m³/s)	流速 (m/s)	水力半径 (m)	含沙量 (kg/m³)	悬沙中数粒径 (mm)	计算挟沙能力 (kg/m³)	实测含沙量 (kg/m³)	悬沙中数粒径 (mm)
2007-06-28	08:42 ~09:42	1 200	2.55	2.268	3.8		70	49.6	0.028
2007-06-29	08:00 ~09:00	2 420	3.24	3.664	312	0.032	165	192	0.027

小浪底水库均匀流河段冲淤与三门峡水库相比,冲淤调整幅度大、速度快。主要原因如下:

(1)三门峡入库水沙关系与小浪底水库入库水沙关系不同。

潼关是三门峡水库的入库站,而三门峡水库的出库水沙就是小浪底水库的入库水沙,小浪底水库入库水沙关系与三门峡入库水沙关系的差异在于三门峡水库的调节作用。

从年内汛期、非汛期来看,三门峡水库把非汛期的泥沙调节至汛期排泄出库,水库调节使汛期含沙量升高。汛初水库下泄清水,含沙量较小,出库水沙是大流量搭配小含沙量;随坝前水位的快速消落,水库呈现溯源冲刷状态,出库水沙出现小流量搭配大含沙量;汛期水库控制 305 m 水位运用时,改变入库洪水洪峰和沙峰的形状,又改变了流量与含沙量搭配;经三门峡水库调节后的不同水沙搭配决定了小浪底库尾段明流均匀流的冲刷、淤积发展。

(2)地形条件差异。

三门峡水库潼关至大坝段,建库前比降约为 3.5‱,潼关至坫垮河段(长 19 km)的比降为 2.67‱。随库区淤积,比降逐渐减小,1973 年 11 月库区河槽比降为 2.68‱,潼关至坫埼河段的比降是 2.33‱。潼关至坫埼河段库岸间距 2.5 km 左右。

与三门峡水库潼关以下河段相比，小浪底水库库尾段属于峡谷河段，比降较大，河谷窄。小浪底库区三门峡站至黄河 52 断面河段长 17.56 km，2007 年汛前河槽比降在 14‱左右，与小浪底水库投入运用前 1999 年接近；黄河 51 断面至黄河 40 断面河段长 32 km，2007 年汛前河槽比降在 3.0‱左右。三门峡站至黄河 39 断面长 55.4 km，两岸距离 500 m 左右，属峡谷型河道，河道窄深。

2.2.3.3 小浪底水库明流均匀流河槽形态特点

实测河堤站流量与河宽、水深、流速关系（见图 2-9），求出其河相关系（见表 2-9）。β_2 和 β_3 较 β_1 大，水深和流速随流量的增加变化较快。小浪底河堤站与三门峡太安站的河相关系变化不同，太安站 β_1 值较大，β_2 和 β_3 较小，表明太安站随流量增加，河宽增加较快。由河相关系公式可得 $B/h = (K_1/K_2)Q^{\beta_1-\beta_2}$。河堤站 $\beta_1 < \beta_2$，$\beta_1 - \beta_2$ 为负值，表明随流量的增加 B/h 减小，属于窄深河槽。

表 2-9　水力几何因子系数与指数

站名	K_1	K_2	K_3	β_1	β_2	β_3
小浪底河堤	43	0.10	0.23	0.29	0.39	0.32
三门峡太安	17	0.29	0.20	0.47	0.24	0.29

2.3 水库降水冲刷分析

2.3.1 研究概述

为了研究水库的冲淤形态及其变化过程，众学者对水库降水冲刷开展了研究。清华大学在对水库冲刷资料分析的基础上，认为水库经过冲刷后达到饱和程度，出库的含沙量等于水流挟沙力，并利用 $S_* = K'\frac{v^3}{gh\omega}$、曼宁公式和水流连续方程，给出出库输沙率为：

$$Q_s = K\frac{Q^{1.6}i^{1.2}}{B^{0.6}} \tag{2-16}$$

式中 Q_s——出库输沙率，t/s；

Q——出库流量，m^3/s；

i——平均水面比降；

B——水面宽，m；

K——系数，取值变化大。

图 2-19 是利用多个水库和河道资料点绘的式（2-16）的关系图，图中给出了淤积物不同抗冲性 K 的取值。对于颗粒不粗的新淤积物取 $K = 650$，对于中等抗冲性能淤积物取 $K = 300$，对于颗粒较粗，或黏性较大的淤积物，或沿程冲淤取 $K = 180$。图 2-19 中Ⅳ线系水库汛期滞洪淤积物呈稀糊泥状，降水冲刷初始极易流动时的出库输沙率，一般历时较短。

张启舜等（1982）利用水库溯源冲刷、沿程冲刷、黄河下游河道清水冲刷以及汾河、渭

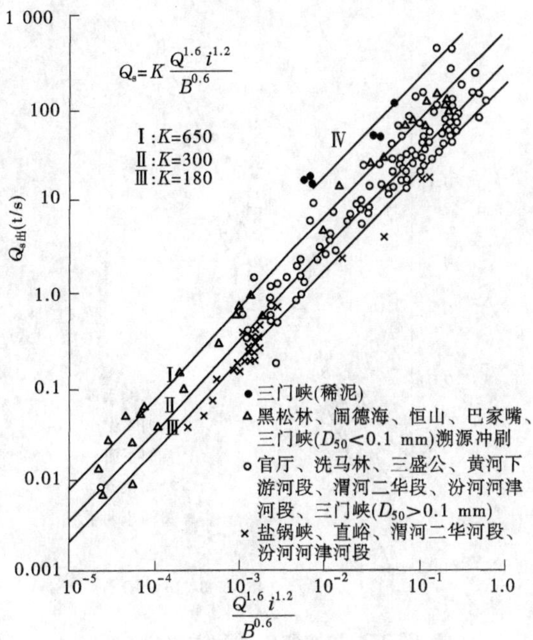

图2-19　冲刷经验关系

（引自《水库泥沙》(1979)）

河等河道的冲刷资料，建立了单宽冲刷输沙率与 $\gamma' qJ$ 的关系：

$$q_s^* = K(\gamma' qJ)^C \tag{2-17}$$

式中　q_s^*——单宽输沙率，t/(s·m)；

γ'——浑水容重，t/m³；

q——单宽流量，m²/s；

J——冲刷段的比降；

C——指数，在水库和河道均可取 $C=2$；

K——挟沙力系数，与河床组成有关，汛期河床淤积物组成较细，较易冲刷，非汛期河床淤积物较粗，较难冲刷，取汛期 $K=25\times10^4$，非汛期 $K=15\times10^4$。

式(2-17)的关系见图2-20。图中实线为汛期冲刷关系线，虚线为非汛期冲刷关系线。

涂启华等(2006)考虑前期河床累计冲淤量和坝前河底冲淤幅度的影响，建立多变量的敞泄排沙计算式：

$$Q_{s出} = 1.15a\frac{S_入^{0.79}(Q_出 J)^{1.24}}{\omega_c^{0.45}} \tag{2-18}$$

其中：

$$a = f(\sum \Delta V_s, \Delta h) \tag{2-19}$$

$$\Delta h = (H_i - H_{i-1}) - k(h_i - h_{i-1}) \tag{2-20}$$

式中　$Q_{s出}$——出库输沙率，t/s；

$Q_出$——出库流量，m³/s；

$S_入$——入库含沙量，kg/m³；

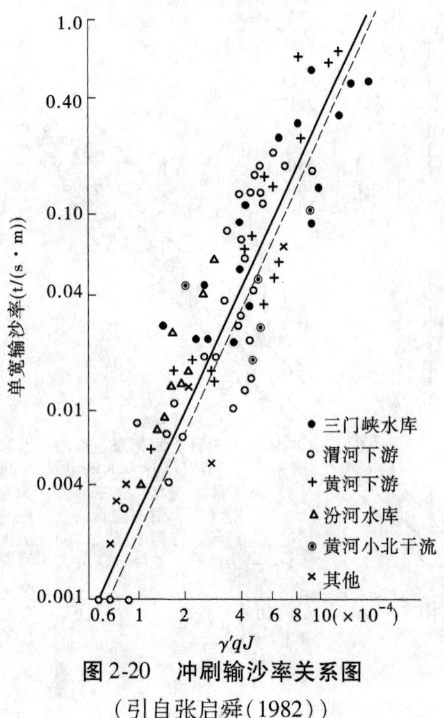

图 2-20　冲刷输沙率关系图

（引自张启舜(1982)）

a ——敞泄排沙系数；

J ——水面比降；

ω_c ——泥沙群体沉速，m/s；

$\sum \Delta V_s$ ——前期河床累计冲淤量，m^3；

H_i ——本时段库水位，m；

H_{i-1} ——上时段库水位，m；

h_i ——本时段坝前水深，漏斗进口断面，m；

h_{i-1} ——上时段坝前水深，漏斗进口断面，m；

k ——坝前河道水深与库区河道正常水深的比值，根据水库实测资料，一般 $k=1.2$。

考虑主要因素的敞泄排沙计算式为：

$$Q_{s出} = K\left(\frac{S}{Q}\right)_{入}^{0.7}(qJ)^2 \tag{2-21}$$

式中　q ——单宽流量，m^2/s；

K ——敞泄排沙系数。

韩其为(2003)认为水库敞泄排沙属于微冲微淤条件下的不平衡输沙，微冲微淤是各组粒径的冲淤性质有差别，一般淤积时粗沙淤积，很细的颗粒可能不淤，甚至冲刷；冲刷时，主要是细沙冲刷，很粗的颗粒可能不冲甚至淤积。根据挟沙能力公式，曼宁公式及流量连续方程，导出出库含沙量公式：

$$S = S_{0,1} + (1-\beta_0)S_{0,1} + (1-\beta)\left[1 - \frac{S_{0,1}}{K_0 \dfrac{Q^{0.55}J^{1.1}}{B^{0.55}\omega_1^{0.92}}}\right]K_0 \frac{Q^{0.55}J^{1.1}}{B^{0.55}\omega_1^{*0.92}} \tag{2-22}$$

式中各符号含义同上。

曹如轩等(1978)通过对三门峡等多个水库实测资料分析,给出了水库冲刷出库输沙率与出库流量和比降的关系:

$$Q_s = KQ^{1.6}J^{1.2} \tag{2-23}$$

式中　K——系数,溯源冲刷取 10。

焦恩泽等(1978)给出水库冲刷排沙比为:

$$\eta = 0.6274\left(\frac{Q}{Q_{入}}\frac{QJ^2}{Q_{入}^{2/3}S_{入}^{2/3}}\frac{Q}{V}\right)^{0.3361} \tag{2-24}$$

梁国亭等(2001)利用 1989～2000 年三门峡水库降水冲刷资料,给出了溯源冲刷出库输沙率为 $Q_s = f(Q^{1.8}J^{1.2})$。

综上所述,文献对水库降水冲刷的计算式共有三种表达形式:一是出库输沙率,二是出库含沙量,三是排沙比。转化输沙率和排沙比为出库含沙量计算式,不难发现出库含沙量的影响因素为出库流量、比降和入库含沙量,影响因子为 Q^xJ^z 或 $Q^xS_{入}^yJ^z$,x 的范围为 0.16～0.8,y 的范围在 0.7～0.84,z 的范围在 0.7～1.2。

2.3.2　降水冲刷出库含沙量影响因素

汛期三门峡水库降低水位排沙或敞泄运用,假定经过冲刷段以后,水流的含沙已达到饱和程度,即冲刷段下游断面的含沙量等于水流的挟沙能力,同时也假定冲刷段水流为均匀流,根据挟沙能力、水流连续、水流运动方程:

$$S = k'\left(\frac{V^3}{gh\omega}\right)^m \tag{2-25}$$

$$V = \frac{1}{n}h^{\frac{2}{3}}J^{\frac{1}{2}} \tag{2-26}$$

$$Q = VhB \tag{2-27}$$

联解得:

$$Q_s = k''Qh^mJ^{1.5m} \tag{2-28}$$

式中:$k'' = f(k',\omega,n)$。

把 $h = k_2Q^{\beta_2}$ 代入式(2-28)得到:

$$Q_s = k'''Q^{1+m\beta_2}J^{1.5m} \tag{2-29}$$

由式(2-29)可得降水冲刷出库含沙量为:

$$S = k'''Q^{\alpha}J^{c} \tag{2-30}$$

式中:$k''' = f(k',\omega,n,k_2)$,$\alpha = m\beta_2$,$c = 1.5m$。

由式(2-30)可以看出,流量与比降是影响水库降水冲刷出库输沙率的关键因素。考虑黄河水流输沙多来多排的特点,水库降水冲刷后的输沙率不仅与入库流量有关,还与入库的含沙量有关,则式(2-30)变为:

$$S = k'''Q^{\alpha}S^{b}J^{c} \tag{2-31}$$

式中　$k''' = f(k',\omega,n,k_2)$,$\alpha = m\beta_2$,$c = 1.5m$。

2.3.3 三门峡水库降水冲刷出库含沙量变化

以入库日均最大流量大于 1 000 m^3/s 或者日均最大含沙量大于 20 kg/m^3 作为划分洪水与平水的分界线。统计 1964～2006 年三门峡水库平水入库水库降水排沙 36 场，洪水入库降水排沙 366 场。平水入库平均流量和含沙量为 506 m^3/s、8 kg/m^3，出库平均流量和含沙量为 536 m^3/s、22 kg/m^3，含沙量增大 14 kg/m^3。平水入库时，没有满足黄河调水调沙下游河道调控流量在 4 000～2 600 m^3/s 和含沙量在 20～40 kg/m^3 指标者，但是有满足含沙量指标者有 15 场。

1964～2006 年汛期 366 场洪水入库水库降水排沙，入库平均流量和含沙量为 1 610 m^3/s、45 kg/m^3，出库平均流量和含沙量为 1 620 m^3/s、57 kg/m^3，含沙量增大 12 kg/m^3，不同出库流量级场次洪水入出库特征值见表 2-10。出库流量在 6 000～4 000 m^3/s、4 000～2 600 m^3/s、2 600～1 000 m^3/s，出库含沙量分别为 41 kg/m^3、56 kg/m^3 和 64 kg/m^3，与入库含沙量相比分别增大 7 kg/m^3、10 kg/m^3 和 15 kg/m^3。出库含沙量在 20～40 kg/m^3 的场次为 136 场，占总场次的 37%；场次出库平均流量在 4 000～2 600 m^3/s 的共有 52 场，其中 27 场平均含沙量在 20～40 kg/m^3，占 57 场的 52%，占 366 场的 7.4%，对应入库流量在 2 490～3 960 m^3/s，且平均含沙量在 13～31 kg/m^3。

表 2-10 洪水入库水库降水排沙场次入出库特征值

出库流量（m^3/s）	场次（次）	潼关（入库）			三门峡含沙量			
		流量（m^3/s）	含沙量（kg/m^3）		范围（kg/m^3）	平均值（kg/m^3）	$S=20\sim40$ kg/m^3 场次（次）	占总场次（%）
			范围	平均值				
6 000～4 000	7	4 978～3 952	87～17	34	86～27	41	4	57
4 000～2 600	52	4 076～2 491	443～13	46	437～17	56	27	52
2 600～1 000	209	2 711～708	291～5	49	367～2	64	66	32
<1 000	98	1 184～189	256～7	28	213～1	39	39	40

根据式(2-31)，三门峡水库出库含沙量与影响因子 $M = Q_{smx}^{a}S_{tg}^{b}J^{c}$ 有关。根据三门峡水库河段输沙特性，m 在 0.8 左右，β_2 在 0.22～0.4，$m\beta_2$ 在 0.17～0.3，b 值在 0.7～0.98；由式(2-29)，$c = 1.5m$ 在 1.0 左右。根据三门峡出库含沙量 $S_{smx} = f(Q^{a}S_{tg}^{b}J^{c})$ 相关程度最优，确定 a、b 和 c 的值。利用 366 场洪水入库降水排沙资料，回归分析确定：

$$S_{smx} = 0.228Q_{smx}^{0.2}S_{tg}^{0.9}J^{0.8} + 10.037 \tag{2-32}$$

式中 S_{smx} ——三门峡平均含沙量，kg/m^3；

Q_{smx} ——三门峡平均流量，m^3/s；

S_{tg} ——潼关平均含沙量，kg/m^3；

J ——北村至坝前水面比降(‰)。

复相关系数为 $R = 0.92$。S_{smx} 与影响因子 M 关系如图 2-21 所示，三门峡计算含沙量与实测含沙量关系如图 2-22 所示。分析表明，偏上方的点子主要是水库降水初期，溯源冲刷造成含沙量增大，几个偏下方的点子主要是入库高含沙较大洪水，水库壅水造成淤积，使出库含沙量偏小。从式(2-32)看出，入库含沙量对出库含沙量影响较大，假设坝前比降为 2‱，若出库流量为 4 000 m^3/s，要使出库含沙量控制在 40 kg/m^3，入库含沙量要控制在 20 kg/m^3 左右。

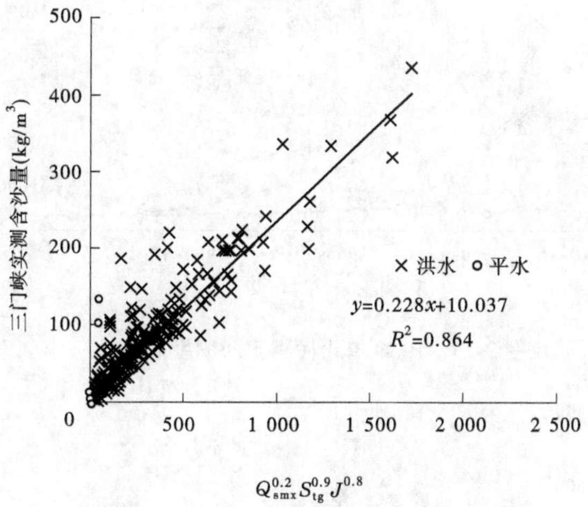

图 2-21　出库含沙量与影响因子 M 关系

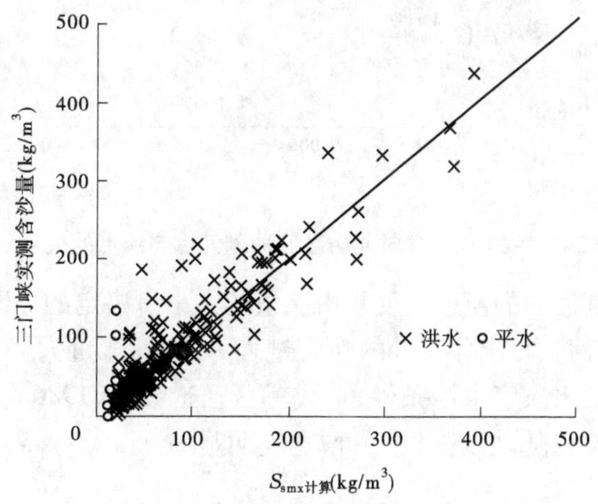

图 2-22　计算含沙量与实测含沙量关系

2.3.4　降水冲刷对水沙及边界条件的响应

2.3.4.1　冲刷河宽

1964 年三门峡汛期壅水淤积之后，水库降水产生溯源冲刷，北村的流量输沙率为 $Q_s = 0.000\,2Q^{1.631\,3}$（见图 2-6），输沙能力明显高于均匀流输沙段。图 2-23 是 1964 年北村降水后溯源冲刷发展期河底高程与河宽变化过程，水库水位消落时，水面宽缩窄，河底高程大幅度下降，主槽迅速形成，之后河宽随水沙条件变化。随降水冲刷的发展，河宽也发生调整。长期来看，溯源冲刷河段的河槽宽度是由流量的大小所决定的。河宽与流量的响应关系为：流量大，河宽变大；流量小，河宽变小。图 2-24 是北村 1964 ~ 1967 年降水冲刷流量与河宽的变化关系，1966 年、1967 年与 1964 年相比，在流量 1 000 m^3/s 以上河宽明显比1964年增大。

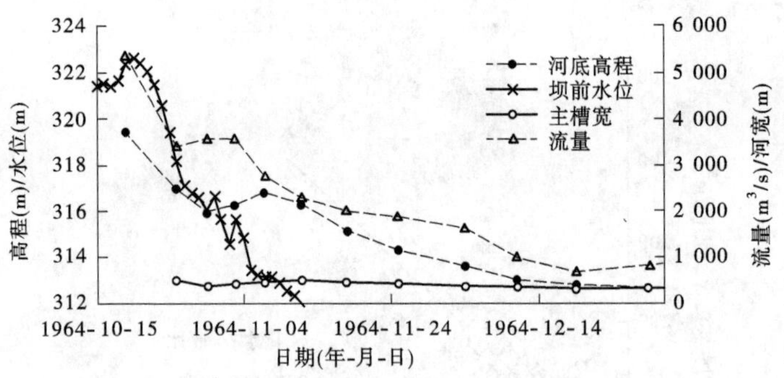

图2-23　1964年北村溯源冲刷发展过程

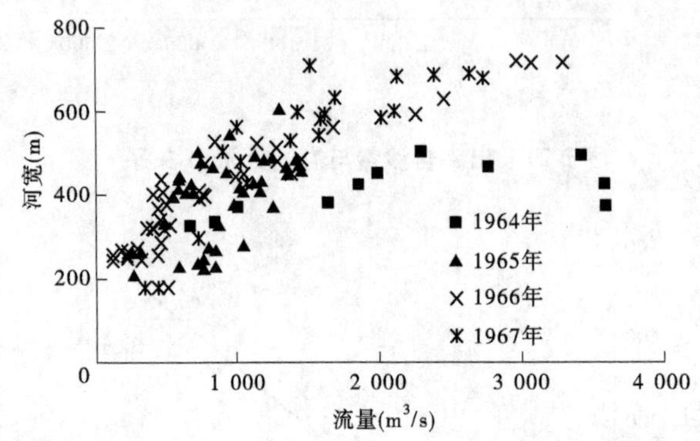

图2-24　1964~1967年北村溯源冲刷河宽与流量的关系

长期来看,溯源冲刷河段的河槽宽度是由流量的大小所决定的。图2-25是河宽与流量变化过程,可以看出,河宽与出库流量的响应过程为:出库流量大,河宽变大;出库流量小,河宽变小。长系列枯水入库水沙条件,造成库区河道萎缩,1986年以来,随着入库水沙条件的变化,出库流量也随之改变,主河槽宽度明显减小,从1985年的660 m降低到2002年的400 m左右。

2.3.4.2　冲刷河宽与水库造床流量的关系

水库溯源冲刷是水流强烈造床作用的具体体现,水库造床过程与冲积河道的造床过程有许多相同之处,也有差别。相同之处是,它们都是在一定来水、来沙过程及一定边界条件下经过反复冲淤而形成相对平衡河槽及岸边滩地。差别在于冲积性河道形成的相对河槽其水位和流量关系是相应的,全年的冲淤变幅均较小,并且全年均有造床作用,仅仅是大流量造床作用大而已。而在水库中形成的相对河槽其水位和流量关系是不相应的,坝前水位被控制。对于三门峡水库,非汛期水库蓄水,泥沙淤积,这个阶段的作用只是淤积一些泥沙在水库中;汛期滞洪期,壅水明显,水库淤积,这一阶段对造床作用也是淤积一些泥沙在水库中。以上两个阶段相当于加大了造床期的排沙量。因此,对于三门峡水库,汛期降低水位排沙,除滞洪期外的其他时段都是水库的造床期。

造床流量是人们研究河床演变时假定的一个单一流量,这个单一流量和实际流量系

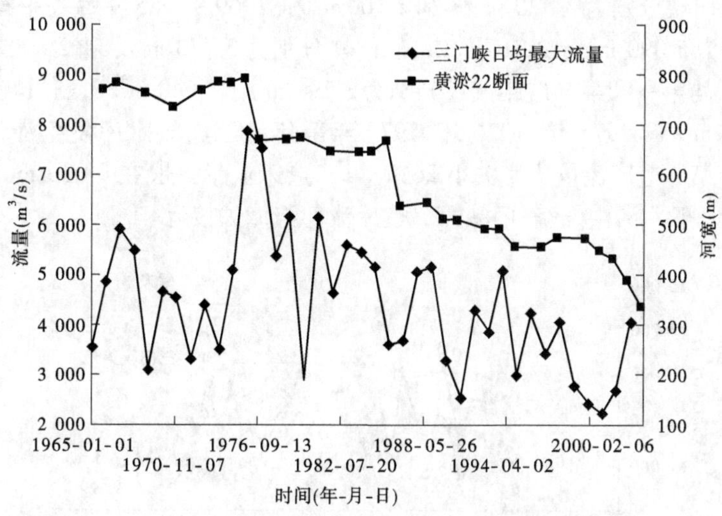

图 2-25　库区河道河宽与出库最大日均流量过程

列的综合造床条件作用相等。确定造床流量,目前理论上还不成熟。同时对流量系列用一个水文年或多少个水文年较合适,也有不同看法。为了分析水库的造床流量,采用一个汛期计算一次。利用三门峡水库入出库站实测资料,根据地貌功(geomorphic work)的概念计算三门峡水库造床流量。扣除汛期滞洪期后,计算每年汛期降低水库水位时间内各级流量的输沙率和频率的乘积,绘出流量与输沙率和频率乘积的关系图,曲线峰值相应的流量作为造床流量,对于三门峡水库潼关和三门峡站,曲线出现两个峰值(见图 2-26 中 A_1 和 A_2)。由于各年份不同流量级出现的频率和输沙率不同,出现两种类型曲线(见图 2-26 中的 A 和 B)。曲线 A 或 B,对应较大流量出现的峰值 A_1 和 B_1,相应流量称为第一造床流量,对应较小流量出现的峰值 A_2 和 B_2,相应流量称为第二造床流量。

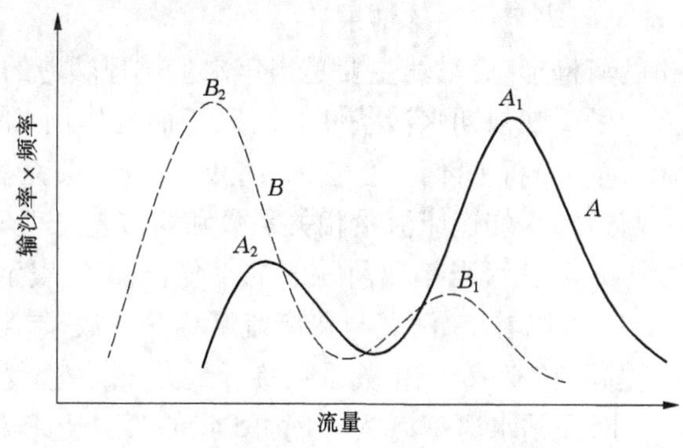

图 2-26　造床流量的确定

从三门峡站所处的河段看,不是冲积性的,但三门峡站造床流量可以代表三门峡水库造床流量,且水库库区内设有水文观测站,为便于分析,利用三门峡站资料作分析。根据以上方法确定 1969～2006 年三门峡水库入出库潼关和三门峡站第一、第二造床流量变化过程(见图 2-27)。1969～2006 年潼关多年平均第一和第二造床流量分别为 4 260 m³/s、

2 120 m³/s,三门峡分别为 3 520 m³/s 和 2 160 m³/s;1969～1985 年潼关平均第一和第二造床流量分别为 5 090 m³/s、2 710 m³/s,三门峡分别为 3 770 m³/s 和 2 800 m³/s;1986～2006 年潼关平均第一和第二造床流量分别为 3 590 m³/s、1 640 m³/s,三门峡分别为 3 370 m³/s 和 1 630 m³/s。1975 年、1976 年、1977 年等年份三门峡水库发生滞洪,使三门峡 1969～1985 年第一造床流量比潼关小 26%;第二造床流量一般在 4 000 m³/s 以下,水库在该流量以下一般不滞洪,故三门峡第二造床流量与潼关接近。

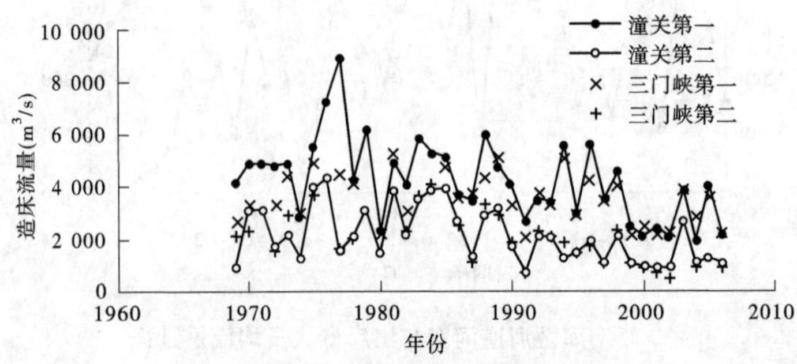

图 2-27 三门峡水库造床流量变化过程

造床流量是决定河床断面状态的关键因素,随着造床流量的变化,河床横断面发生调整。是第一造床流量还是第二造床流量对河床形态起决定作用,取决于两者的造床强度。根据地貌功的概念,图 2-26 中 A 曲线中 A_1 点对应的第一造床流量起决定作用,而 B 曲线中 B_2 点对应的第二造床流量起决定作用。三门峡水库库区断面调整,如果连续多年或持续几年,或者系列年中多数年份是第一造床流量起主导作用,河槽形态就持续表现为中水河槽的形态,如 1970～1985 年黄淤 36 断面河宽维持在 700～800 m,河槽水深在 4～5 m;如果连续多年或持续几年,或者系列年中多数年份是第二造床流量起决定作用,河槽形态就持续表现枯水河槽形态,1986～2006 年黄淤 36 断面河宽持续缩窄,近几年维持在 400 m 左右,就是第二造床流量起决定作用的结果。

对于一个确定年份的河槽形态,虽然主要是当年水沙过程塑造的结果,但是也包含了前期水沙条件的作用。为了反映前期水沙条件对河床断面的作用,采用当年及其之前不同年份数计算平均造床流量,分析平滩河宽与平均造床流量的关系。黄淤 22 和黄淤 36 断面枯水河槽平滩河宽与第二平均造床流量相关系数和均方差见表 2-11,表中平均年份,1 年表示当年的平滩流量,2 年表示当年和前一年的平均值,3 年表示当年和前两年的平均值,其他类同。从表 2-11 可以看出,河宽与造床流量相关系数,与当年相比,2 年和 3 年叠加平均相关系数迅速提高,在 4～5 年相关系数接近最大,相关程度最高,均方差达到最小值。黄淤 22 和黄淤 36 断面枯水河槽河宽与叠加 5 年的第二造床流量关系(见图 2-28)为:

$$B = \alpha Q^{\beta} \tag{2-33}$$

式中 B ——平滩河宽,m;

Q ——5 年叠加平均造床流量,m³/s。

α、β 为系数和指数,黄淤 22 和黄淤 36 断面系数 α 分别为 17.95 和 16.99,指数 β 分别为 0.419 和 0.444。

表 2-11　河宽与不同叠加年份加权平均造床流量相关系数

平均年份	黄淤 22 断面		黄淤 36 断面	
	相关系数	均方差	相关系数	均方差
1 年	0.64	62.6	0.68	63.8
2 年	0.76	53.0	0.80	52.2
3 年	0.82	46.6	0.83	48.5
4 年	0.85	42.9	0.84	47.2
5 年	0.86	41.6	0.85	45.8
6 年	0.86	41.6	0.85	45.8
7 年	0.87	40.2	0.85	45.8

根据式(2-33),可以计算出潼关造床流量分别为 3 000 m^3/s、2 000 m^3/s 和 1 000 m^3/s时,坫埼河宽分别为 594 m、496 m 和 365 m;三门峡造床流量分别为 3 000 m^3/s、2 000 m^3/s 和 1 000 m^3/s 时,北村河宽分别为 514 m、434 m 和 324 m。

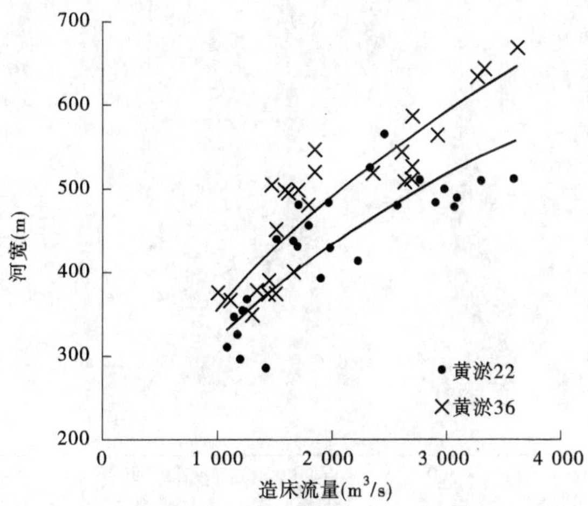

图 2-28　造床流量与河宽之间的关系

2.3.4.3　**冲刷发展距离**

水库降水后溯源冲刷发展的距离,取决于入库水沙过程、坝前控制水位和前期淤积分布及范围。三门峡水库蓄清排浑运用以来,非汛期淤积末端除 20 世纪 70 年代达到潼关外,其他年份都在潼关以下;2003 年三门峡水库控制非汛期最高水位不超过 318 m 运用,非汛期淤积末端位于黄淤 33 断面。

分析 1974～2005 年三门峡水库汛期溯源冲刷范围(见表 3-9)表明,汛期水量越小,溯源冲刷发展的距离就越近。利用汛期入库 1 000 m^3/s 流量以上水量 W 与汛期出库最

大日均流量 Q 的关系 $W_{1\,000}^{0.5}Q^{0.5}$ 作为水流动力,点绘其与溯源冲刷发展距离关系(见图 2-29(a)),当水流动力达到 800 左右时,溯源冲刷距离在 110 km 左右,水流动力小于 800 时,其越小,溯源冲刷的距离也就越近。因此,汛期 1 000 m³/s 以上水量和洪峰流量对溯源冲刷发展起到重要作用。图 2-29(b)是大禹渡汛后 1 000 m³/s 水位与 1 000 m³/s 流量以上的水流动力的关系:水流动力越小,水位越高;水流动力越大,水位越低。

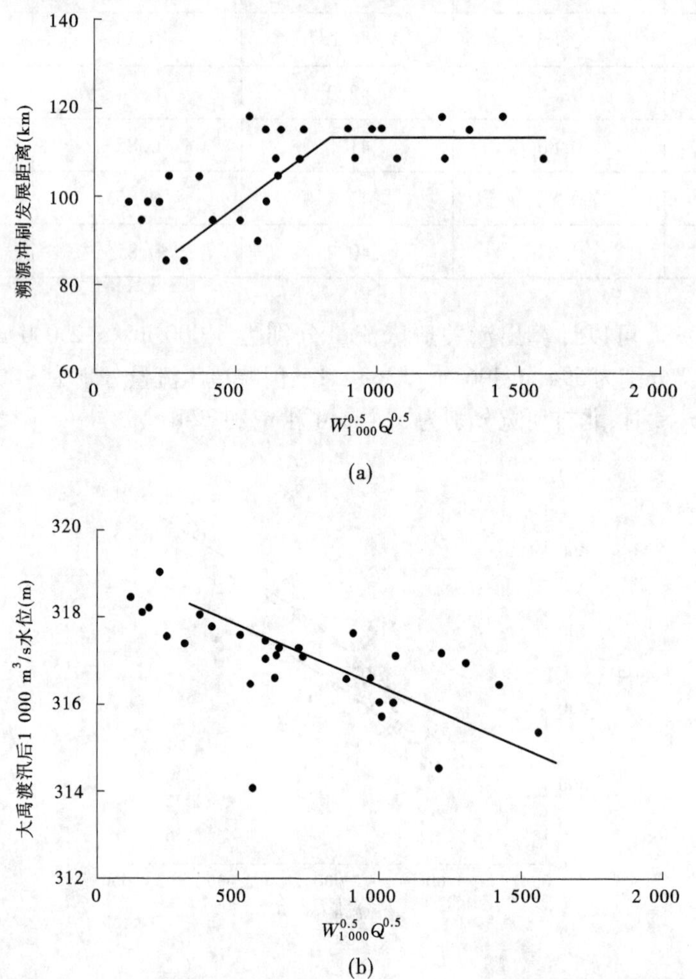

图 2-29　溯源冲刷发展距离与汛期 1 000 m³/s 流量以上水流动力关系

2.4　库区悬沙垂线分布及水库泄流建筑物分沙比

1963 年和 1964 年三门峡水库测验了潼关、太安(二)、北村、茅津、史家滩(二)五站垂线含沙量分布,这些资料中包含畅流、回水、退滩、流冰等多种水库水流状态和防凌蓄水、低水头发电试验、人工洪峰试验、敞泄、降水排沙等多种水库运用方式,涵盖了常见水库运用方式和水流状态。该时期三门峡水库还未改建,泄流规模仍是原建的 12 个深孔,坝前水位 315 m 时下泄流量 3 084 m³/s,泄流能力较小,当来较大洪水时,水库出现滞洪淤积。特别是遇到丰水丰沙的 1964 年,即使 12 个深孔全部敞开泄流,水库滞洪情况仍然十分严重,坝前水位变幅在 306.0 m 与 325.9 m 之间。1964 年 11 ~ 12 月,三门峡水库水位降低,库区产生冲刷。利用这些实测资料来分析库区悬移质泥沙垂线分布,据此有较广的代表性。

2.4.1　库区悬沙垂线分布

2.4.1.1　库区悬沙垂线分布特点

分析三门峡库区实测垂线含沙量分布资料,发现水库库区壅水和降水冲刷时悬移质垂线含沙量分布都有两种:第一种是上小下大型,最大含沙量出现在近河底;第二种是最大含沙量出现在河底偏上的部位,前者是主要形式(见图 2-30)。大多数情况下,悬沙的垂线分布是第一种形式。悬沙垂线分布的第二种形式情况下,最大含沙量一般出现在相对水深 0.2 上下。悬沙垂线分布的第一种形式情况下,在含沙量较高时,近河底底部的含沙量(相对水深在 0.2 ~ 0)大于上部含沙量 2 倍以上,含沙量较低时,差别较小。

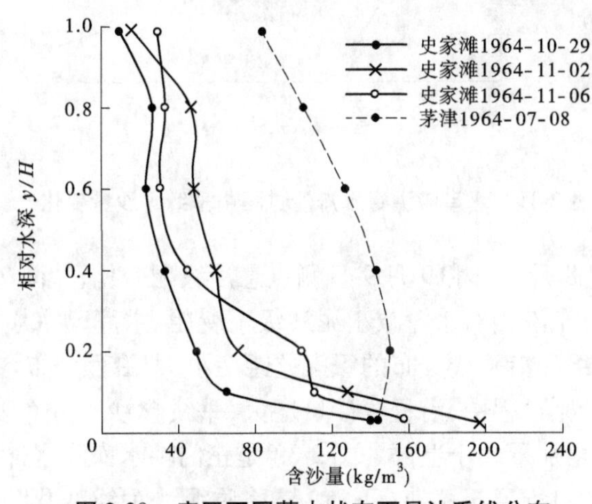

图 2-30　库区不同蓄水状态下悬沙垂线分布

2.4.1.2　库区悬沙垂线分布沿程变化特点

图 2-31 是三门峡水库滞洪壅水排沙时悬移质泥沙含沙量垂线分布变化。水库壅水滞洪排沙过程中,泥沙淤积,沿程含沙量减小,垂线含沙量变化是接近河底底部含沙量减小量大于上部。

1964 年 8 月 7 日三门峡水库滞洪排沙期,坝前水位 320.11 m,潼关入库流量 5 460 m^3/s,含沙量 50.9 kg/m^3,史家滩出库流量 5 230 m^3/s,太安流量 5 140 m^3/s,含沙量 54.2 kg/m^3,太安受到回水影响,太安至史家滩比降为 0.33‱,史家滩在太安下游 73.1 km;受壅水影响,流速减小,沿程泥沙含量降低,悬沙垂线分布也发生变化(见图 2-31),史家滩与太安悬沙垂线分布相比,相对水深 0.2,含沙量从太安的 82.1 kg/m^3 减小至 31.6 kg/m^3,减小 50.5 kg/m^3,占 61.5%;相对水深 0.4,含沙量从 45.1 kg/m^3 减小至 21.3 kg/m^3,减小 23.8 kg/m^3,占 53%;相对水深 0.8,含沙量从 33.4 kg/m^3 减小至 10.5 kg/m^3,减小 22.9 kg/m^3,占 69%。从河底至水面,底部含沙量减小的幅度大于上部。

1964 年 9 月 9 日三门峡水库滞洪排沙运用,坝前水位 322.03 m,潼关入库日均流量 4 510 m^3/s,日均含沙量 54.7 kg/m^3,三门峡出库流量 4 300 m^3/s,含沙量 5.34 kg/m^3,潼关至史家滩比降为 0.61‰，潼关站在相对水深 0.8、0.4、0.2 处含沙量分别为 29.6 kg/m³、50.9 kg/m³ 和 71.2 kg/m³（见图 2-31），而史家滩相对水深 0.8、0.4、0.2 处含沙量分别为 3.49 kg/m³、6.48 kg/m³ 和 5.63 kg/m³，与潼关对应的含沙量相比减小 26.1 kg/m³、44.4 kg/m³ 和 65.6 kg/m³，减小幅度占潼关含沙量的 88%、87% 和 92%。

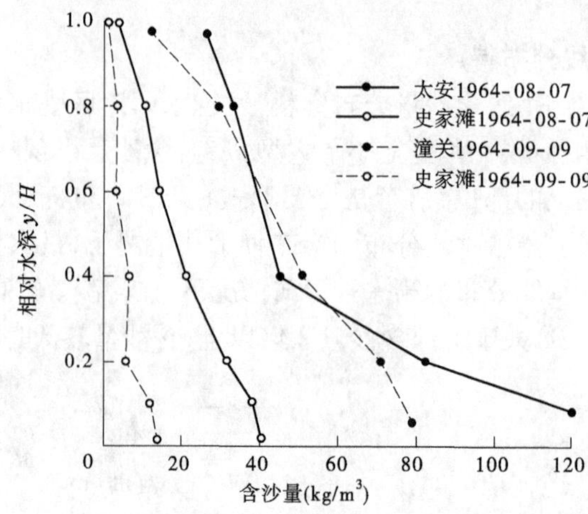

图 2-31　水库滞洪壅水排沙过程中垂线含沙量变化

图 2-32 是 1964 年 8 月 7 日和 9 月 9 日测点悬沙级配变化，从图 2-32 中可以看出，水库壅水库区悬沙垂线分布沿相对水深减小泥沙级配变粗，水库壅水淤积使进入水库的悬沙沿程变细，同时悬沙级配沿垂线分布的级配差距变小，即沿程分布均匀化。

三门峡水库降水冲刷过程中，沿程含沙量增大，垂线含沙量分布变化是，由河底向上逐步增大，底部含沙量增加量大于上部。图 2-33 是三门峡水库降水冲刷过程茅津（上游）至史家滩（下游）、潼关（上游）至茅津（下游）悬移质泥沙垂线变化，从图 2-33 中可以看出，水库降水冲刷过程中，沿程含沙量增大，含沙量垂线分布也发生变化，接近河底底部的含沙量增加的量大于上部。三门峡水库 1964 年 11 月是库区冲刷期，1964 年 11 月 2 日，潼关入库日均流量 3 080 m³/s，含沙量 21.5 kg/m³，三门峡出库日均流量 2 940 m³/s，含沙量 55.5 kg/m³，坝前日均水位 314.57 m。茅津至史家滩水面比降为 1.75‰，茅津在相对水深 0.8、0.4、0.2 处含沙量分别为 15.8 kg/m³、24.8 kg/m³ 和 29.3 kg/m³，对应史家滩相对水深 0.8、0.4、0.2 处含沙量分别为 46.4 kg/m³、59.3 kg/m³ 和 71.3 kg/m³，含沙量分别增大 30.6 kg/m³、34.5 kg/m³ 和 42 kg/m³，增大幅度分别为 194%、139%、143%。1964 年 11 月 4 日，潼关入库日均流量 2 590 m³/s，含沙量 13.9 kg/m³，三门峡出库日均流量 2 940 m³/s，含沙量 52.5 kg/m³，坝前水位 314.87 m。潼关相对水深 0.8、0.4 和 0.2 处含沙量分别为 7.41 kg/m³、13.1 kg/m³ 和 15.2 kg/m³，对应茅津的含沙量分别为 20.3 kg/m³、27.8 kg/m³ 和 42.4 kg/m³，相对水深 0.8、0.4 和 0.2 处含沙量分别增大 12.9 kg/m³、14.7 kg/m³ 和 27.2 kg/m³，增大幅度分别为 174%、112% 和 179%。

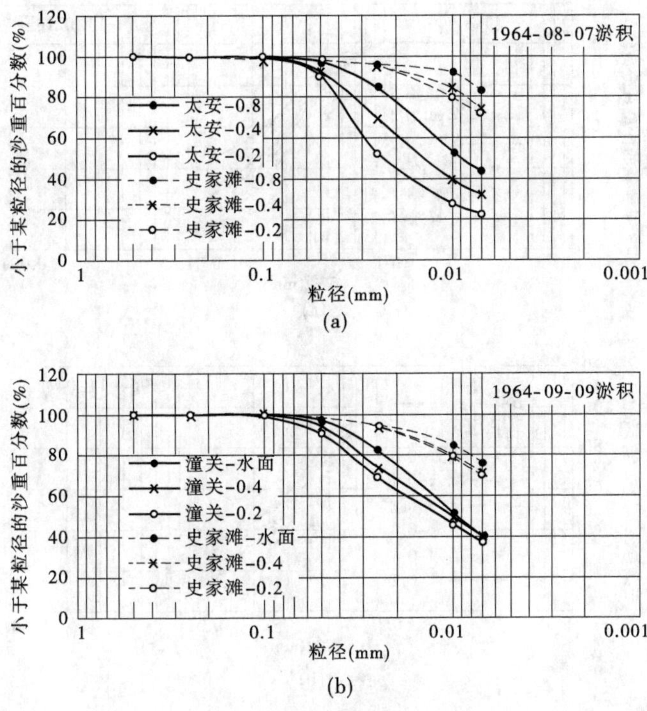

图 2-32　水库滞洪壅水时垂线泥沙级配变化

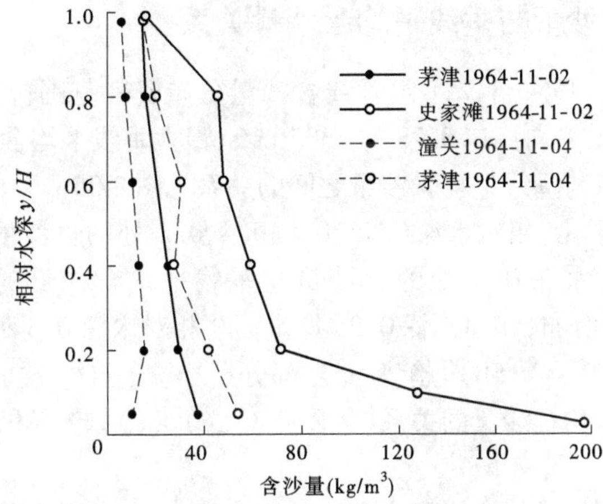

图 2-33　水库降水冲刷过程中垂线含沙量变化

图 2-34 是三门峡水库冲刷时沿垂线的泥沙级配变化情况。从图 2-34 中可以看出，水库冲刷使泥沙级配变粗，0.01～0.05 mm 泥沙冲刷增加的幅度最大。

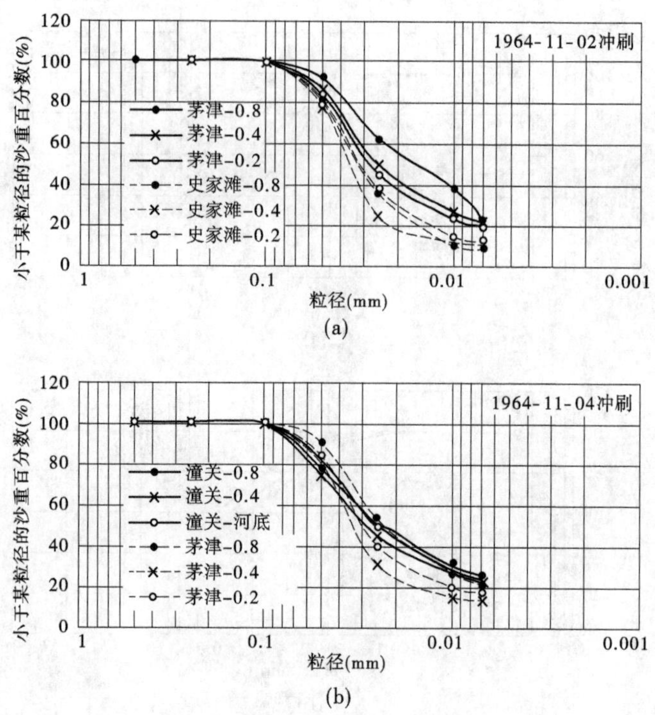

图 2-34 水库降水冲刷运用垂线泥沙级配变化

2.4.2 库区测点含沙量与垂线平均含沙量关系

三门峡库区 1963 ~ 1964 年 221 组垂线含沙量分布资料范围包括:流量 7 110 ~ 452 m^3/s,水深 21 ~ 1.05 m,平均流速 3.78 ~ 0.305 m/s,最大垂线平均含沙量 153 kg/m^3。不同相对水深测点含沙量与垂线平均含沙量之间的关系见图 2-35。

从图 2-35 中可以看出,相对水深 0.95、0.8、0.4、0.2 处的含沙量与垂线平均含沙量的关系较好,其中相对水深 0.4 处的含沙量与垂线平均含沙量的关系最为密切(见图 2-35(c)),点群集中分布;相对水深 0.95 即水面与相对水深 0.8 处含沙量与垂线平均含沙量的关系(见图 2-35(a)、(b))趋势明显,部分点子位于点群下方;相对水深 0.2 和近河底处含沙量与垂线平均含沙量的关系(见图 2-35(d)、(e))趋势也较明显,部分点子位于点群上方。

不同相对水深点含沙量与垂线平均含沙量的点群中,有个别偏离点,特别是近河底处含沙量与平均含沙量点群中偏离较大。分析这些偏高点,都是强烈冲刷或严重淤积时产生的。如史家滩偏离点是发生强烈冲刷(如突然开启闸门等)时出现的,茅津和北村主要是水库滞洪造成严重淤积时出现的(见表 2-12)。

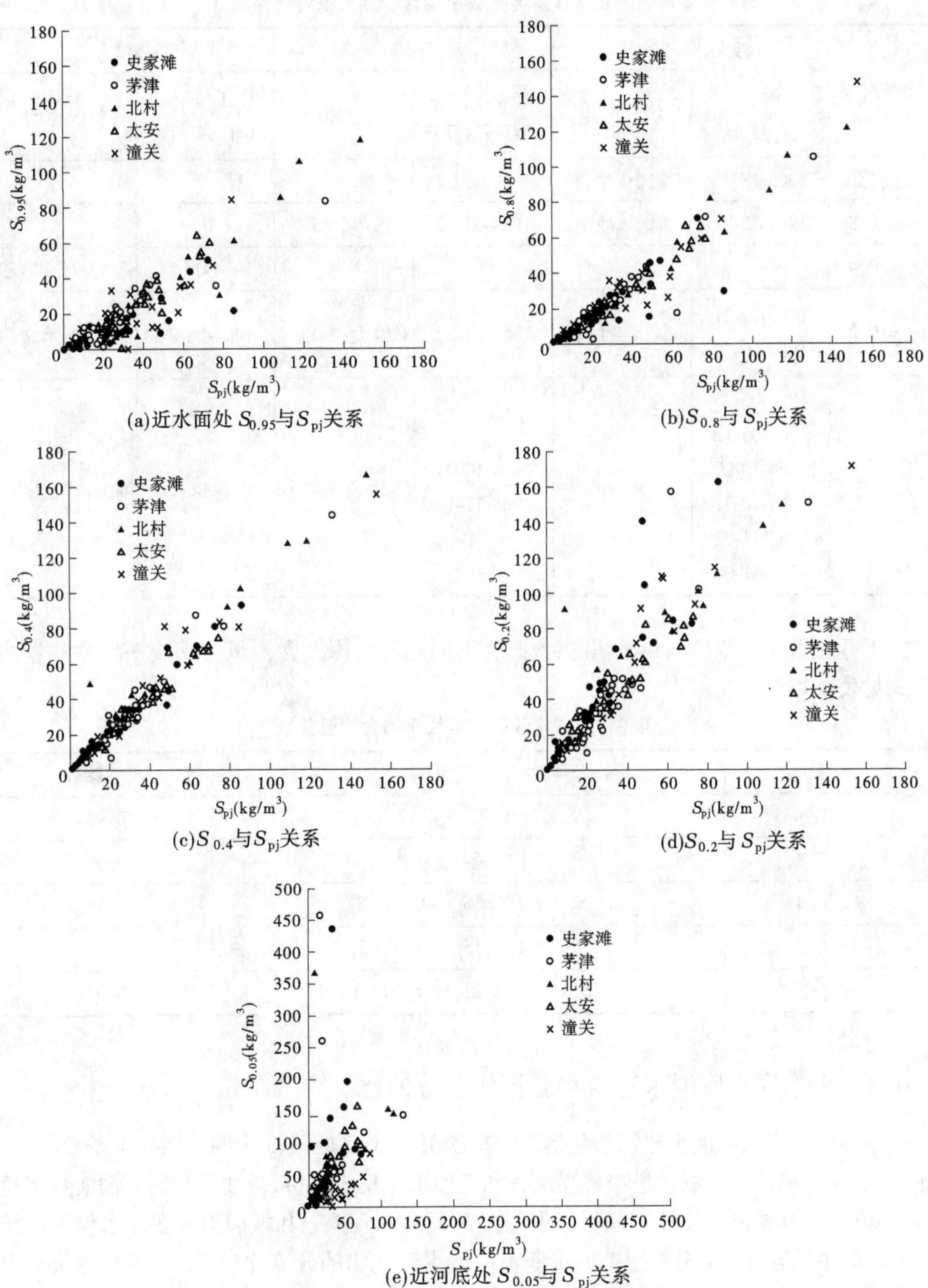

(a)近水面处 $S_{0.95}$与S_{pj}关系

(b)$S_{0.8}$与 S_{pj}关系

(c)$S_{0.4}$与S_{pj}关系

(d)$S_{0.2}$与 S_{pj}关系

(e)近河底处 $S_{0.05}$与 S_{pj}关系

图 2-35　不同相对水深测点含沙量与垂线平均含沙量 S_{pj} 的关系

表 2-12　测点含沙量与垂线平均含沙量关系特殊点统计

<table>
<tr><th rowspan="2">相对水深</th><th colspan="2">史家滩(二)</th><th colspan="2">茅津</th><th colspan="2">北村</th></tr>
<tr><th>时间
(年-月-日)</th><th>状况原因</th><th>时间
(年-月-日)</th><th>状况原因</th><th>时间
(年-月-日)</th><th>状况原因</th></tr>
<tr><td>近水面</td><td>1963-12-21</td><td>偏小,冲刷</td><td></td><td></td><td></td><td></td></tr>
<tr><td>η = 0.8</td><td>1963-12-21</td><td>偏小,冲刷</td><td>1964-01-22</td><td>偏小,冲刷</td><td></td><td></td></tr>
<tr><td>η = 0.4</td><td></td><td></td><td></td><td></td><td>1964-08-21</td><td>偏大,严重淤积</td></tr>
<tr><td>η = 0.2</td><td>1963-12-21
1964-06-20</td><td>偏大,冲刷</td><td>1964-01-22</td><td>偏大,冲刷</td><td>1964-08-21</td><td>偏大,严重淤积</td></tr>
<tr><td>近河底</td><td>1964-05-08
1964-05-12
1964-10-29
1964-10-31
1964-11-02
1964-11-06</td><td>偏大,冲刷</td><td>1964-10-04
1964-11-14</td><td>偏大,严重淤积</td><td>1964-08-21</td><td>偏大,严重淤积</td></tr>
</table>

不考虑水库强烈冲刷和淤积的特殊点,不同相对水深点含沙量与垂线平均含沙量关系式见表 2-13。

表 2-13　点含沙量与垂线平均含沙量关系

相对水深	回归方程	相关系数
近水面	$S_{0.95} = 0.728S_{pj} - 2.65$	0.93
η = 0.8	$S_{0.8} = 0.854S_{pj} - 1.44$	0.98
η = 0.4	$S_{0.4} = 1.086S_{pj} - 0.0768$	0.99
η = 0.2	$S_{0.2} = 1.243S_{pj} + 1.9112$	0.97
近河底	$S_{0.05} = 1.372S_{pj} + 6.5733$	0.90

2.4.3　小浪底水库泄水建筑物分流比和分沙比

小浪底水库主要泄水建筑物包括 3 个排沙洞、3 个孔板洞、3 个明流洞和 1 条溢洪道,排沙洞、孔板洞和明流洞的进口底坝高程和工作水位见表 2-14,排沙洞控制单洞泄量不超过 500 m^3/s,孔板洞运用要求最低库水位为 200 m,并且 1 号孔板洞限制在库水位不高于 250 m 条件下运用。为分析小浪底水库不同泄水建筑物的分流比(指某一泄水建筑物泄流量与总泄流量之比)与分沙比(指某一泄水建筑物出口含沙量与总泄流量平均含沙量之比),根据《小浪底水利枢纽拦沙初期运用调度规程》要求,选择库水位在 200 ~ 250 m,对水库泄水运用模式提出了 10 种组合方案(见表 2-15),方案编号用三位数字表示,第一位表示排沙洞开启的个数,第二位表示孔板洞开启的个数,第三位表示明流洞开启的个数。计算分流分沙比时设定孔洞闸门全部开启。

表 2-14　小浪底泄水建筑物特征值

项目	排沙洞			孔板洞			明流洞		
	1 号	2 号	3 号	1 号	2 号	3 号	1 号	2 号	3 号
断面尺寸（m）	$D=6.5$	$D=6.5$	$D=6.5$	$D=14.5$	$D=14.5$	$D=14.5$	10.5×13.0	10.0×12.0	10.0×11.5
底坎高程（m）	175	175	175	175	175	175	195	209	225
实际最大泄量（m^3/s）	675	675	675	1 727	1 654	1 654	2 680	1 973	1 796
限制运用最大泄量（m^3/s）	500	500	500	1 557	1 654	1 654	2 680	1 973	1 796

表 2-15　小浪底水利枢纽泄水建筑物组合方案

序号	方案编号	排沙洞			孔板洞			明流洞		
		1 号	2 号	3 号	1 号	2 号	3 号	1 号	2 号	3 号
1	1-1-1			开			开	开		
2	3-1-1	开	开	开			开	开		
3	1-2-1			开		开	开	开		
4	1-3-1			开	开	开	开	开		
5	2-1-1		开	开			开	开		
6	2-2-1		开	开		开	开	开		
7	3-2-1	开	开	开		开	开	开		
8	3-1-2	开	开	开			开	开	开	
9	1-1-3			开			开	开	开	开
10	3-3-3	开	开	开	开	开	开	开	开	开

2.4.3.1　泄水建筑物分流比

利用《小浪底水利枢纽拦沙初期运用调度规程》中小浪底水利枢纽泄水建筑物限制运用时的泄流能力明细表得到库水位在 200～250 m 时各泄水建筑物相应下泄流量。由于 3 个排沙洞底板高程和设计结构完全相同，同水位下泄流量相同，把 3 个排沙洞过流量合并计算；2 号、3 号孔板洞在同水位下的泄流能力也相同，也作为整体考虑；3 个明流洞因同高程泄流能力不同，单独进行计算。对应上述 10 种组合方案，分别计算排沙洞、孔板洞和明流洞下泄流量与各孔洞泄流量之和之比,即得各泄水建筑物的分流比,4 种典型方案分流比变化线见图 2-36。

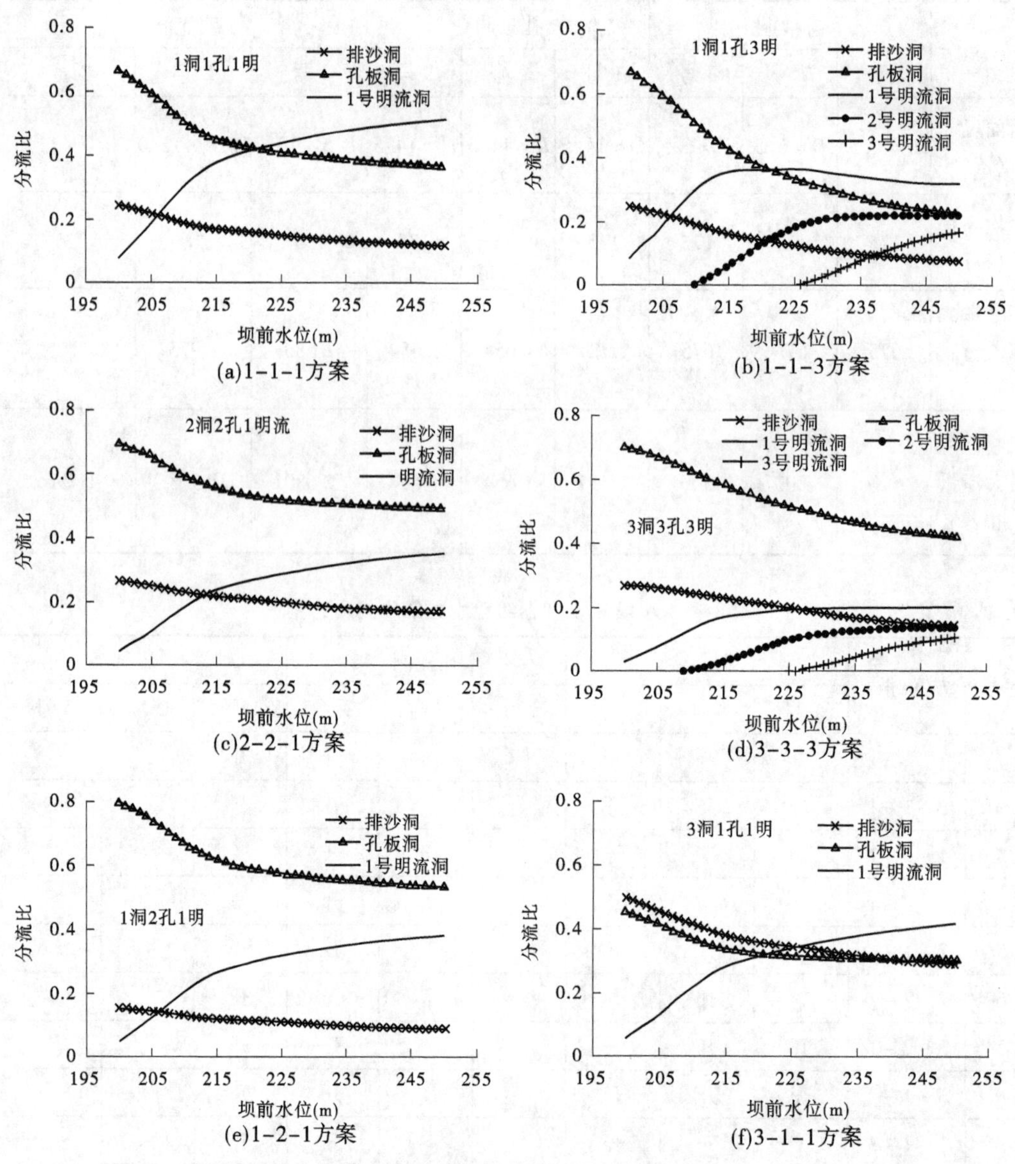

图 2-36　不同方案分流比随水位变化图

10 种方案计算的结果表明,不同的泄水建筑物开启组合,分流比变化范围不同;不同方案中,同类泄水建筑物的分流比随库水位变化趋势相似;与孔板洞和明流洞相比,排沙洞泄流能力较小,单个排沙洞分流比较小,三个排沙洞分流比与一个孔板洞的分流比接近;10 个方案最高分流比最高出现在 1 - 3 - 1 方案中,即在库水位 200 m 时孔板洞的分流比达到 0.86;随着库水位从 200 m 升高至 250 m,排沙洞和孔板洞的分流比逐渐减小,明流洞的分流比逐渐增大,并且变化趋势在库水位达到 214 m 以后逐渐变缓。

2.4.3.2　泄水建筑物分沙比与分沙量比

分沙比是指不同进口高程泄水建筑物出口的含沙量与所有开启泄水建筑物泄流总量平均含沙量之比。分沙量比是指不同进口高程泄水建筑物出口沙量与所有开启泄水建筑物泄流总沙量之比。

1. 三门峡水库泄水建筑物分沙比

三门峡水库泄水建筑物包括泄水底孔、泄水深孔、隧洞。底孔进口底部高程为 280 m；隧洞进口底部高程为 290 m；深孔位于底孔上方，进口底板高程为 300 m。1 ~5 号机组进水口底部高程为 287 m，6 号、7 号机组和 8 号钢管进水口高程为 300 m。

三门峡水库第二次改建工程 1971 年完成并投入运用后，1971 年 7 月、8 月在实测坝区流速、含沙量纵横向分布时，也分别测得各泄水建筑物含沙量。各泄水建筑物的分沙比见表 2-16。底坎高程 280 m 的底孔，取沙相对水深为 0，分沙比在 1.14 ~1.44；进水口高程 290 m 的隧洞取沙相对水深在 0.32 ~0.46，分沙比为 0.86 ~0.98；进水口高程在 300 m 的深水孔，取沙相对水深为 0.63 ~0.91，分沙比为 0.83 ~0.90。进水口高程越低的泄水建筑物，相对水深越低，分沙比越高。

表 2-16　1971 年三门峡水库实测建筑物泄流分沙比

时间（月-日）	库水位（m）	总泄流量（m^3/s）	建筑物名称	分流量（m^3/s）	分流比	相对水深 y/H	含沙量（kg/m^3）	分沙比
07-27	311.64	4 420	底孔	1 190	0.27	0	192	1.14
			隧洞	1 930	0.44	0.316	165	0.98
			深水孔	1 300	0.29	0.632	152	0.90
08-03	302.00	1 300	底孔	340	0.26	0	202	1.20
			隧洞	850	0.65	0.455	160	0.95
			深水孔	110	0.08	0.909	141	0.83
08-23	305.65	1 840	底孔	380	0.21	0	333	1.37
			隧洞	1 040	0.57	0.39	224	0.92
			深水孔	420	0.23	0.78	209	0.86
08-24	304.32	1 600	底孔	370	0.23	0	251	1.44
			隧洞	1 020	0.64	0.411	151	0.86
			深水孔	210	0.13	0.822	155	0.89

在 1994 年和 1995 年三门峡水库汛期发电试验中，实测了有无底孔泄流对通过发电机组含沙量的影响。表 2-17 是 1994 年、1995 年实测的过机含沙量和出库含沙量，表中数据表明，底孔泄流时，发电机组的过机泥沙含量与出库平均含沙量之比，即分沙比为 0.76 和 0.77；无底孔开启时，机组的分沙比为 0.98 和 1.02，过机含沙量接近出库平均含沙量。底孔进口高程较低，分沙效果显著。

表 2-17　三门峡水库有无底孔泄流时发电机组过流分沙比

年份	泄流孔运用	平均含沙量(kg/m³)		机组分沙比
		过机组	出库	
1994	有底孔泄流(36 d)	16.94	22.08	0.76
	无底孔泄流(19 d)	15.44	15.69	0.98
1995	有底孔泄流(28 d)	28.2	36.4	0.77
	无底孔泄流(13 d)	6.22	6.1	1.02

注:摘自《三门峡水利枢纽汛期发电试验研究报告》(2000 年 12 月)。

表 2-18 是 1980 年、1990 ~ 1994 年三门峡水库汛期发电中开启底孔和隧洞时,机组的分沙比。在底孔和隧洞泄流的情况下,机组分沙比在 0.57 ~ 0.88,0.05 mm 以上泥沙机组分沙比比全沙略低,在 0.37 ~ 0.81。

表 2-18　三门峡水库汛期发电机组分沙比

年份	底孔启用率(%)	隧洞启用率(%)	发电机组分沙比	>0.05 mm 发电机组泥沙分沙比
1980	89	85.5	0.72	0.37
1990	91.4	85.7	0.57	0.52
1991	34.6	98.1	0.73	0.81
1992	65	73.6	0.65	0.56
1993	33.3	89.5	0.88	0.70
1994	56.5	59.4	0.73	0.69

注:摘自《三门峡水利枢纽汛期发电试验研究报告》(2000 年 12 月)。

表 2-18 中:底孔启用率 = 底孔运用天数/发电总天数(%),隧洞启用率同。

2. 小浪底泄水建筑物分沙比和分沙量比

考虑到小浪底水库与三门峡水库的泥沙、水流条件相近,可将三门峡水库实测不同相对水深点含沙量与垂线平均含沙量的相关关系运用到小浪底水库,以推求不同泄水建筑物开启方案时的分沙比。为便于计算重新回归了三门峡库区不同相对水深点含沙量和垂线平均含沙量关系式(见表 2-19),相关系数在 0.89 ~ 0.99。

表 2-19　不同相对水深含沙量与垂线平均含沙量关系

相对深度	回归方程(截距设为 0)	相关系数
近水面(η = 0.95)	$S_{0.95} = 0.675S_{pj}$	0.93
η = 0.8	$S_{0.8} = 0.825S_{pj}$	0.98
η = 0.4	$S_{0.4} = 1.084S_{pj}$	0.99
η = 0.2	$S_{0.2} = 1.281S_{pj}$	0.97
近河底(η = 0.05)	$S_{0.05} = 1.516S_{pj}$	0.89

假定不同相对水深点之间,悬沙含沙量沿相对水深呈线性变化,即可利用线性内插的方法,推出垂线任意相对深度点含沙量与垂线平均含沙量的关系。考虑到水库排沙时会产生坝前漏斗,将河底($\eta = 0$)处选在低于排沙洞底板高程 2 m 的 173 m 高程处。以各孔洞水位淹没部分的中心高程确定该孔洞的水深,并以此计算其相对水深之后,利用表 2-19中的方程,推求出该相对水深点对应含沙量与垂线平均含沙量的关系 $S_i = k_i S_{pj}$ $(i = 1, m)$,以 S_i 作为该孔洞出库水流的平均含沙量,各孔洞分沙比为:

$$\xi_i = \frac{S_i}{S} = \frac{k_i S_{pj}}{\dfrac{(\sum_{i=1}^{m} k_i Q_i) S_{pj}}{\sum_{i=1}^{m} Q_i}} = \frac{k_i \sum_{i=1}^{m} Q_i}{\sum_{i=1}^{m} k_i Q_i} \quad (i = 1, m) \tag{2-34}$$

分沙量比为:

$$M_i = \frac{k_i S_{pj} Q_i}{\sum_{i=1}^{m} k_i Q_i \cdot S_{pj}} = \frac{k_i Q_i}{\sum_{i=1}^{m} k_i Q_i} \quad (i = 1, m) \tag{2-35}$$

式中　k_i ——各孔洞相对水深点含沙量与垂线平均含沙量关系中线性关系系数;

S_{pj} ——相应库水位下的坝前垂线平均含沙量;

Q_i ——孔洞在相应库水位下的泄流量;

m ——开启孔洞总个数。

利用式(2-34)计算了 10 个方案各孔洞的分沙比,典型方案分沙比随库水位变化见图 2-37。不同泄水建筑物开启组合,分沙比变化范围不同,分沙比值与三门峡水库实测分沙比接近;不同方案中,同类泄水建筑物的分沙比随库水位变化趋势相似;三种泄水建筑物中,排沙洞分沙比最大,一般在 1.1 ~1.3;孔板洞分沙比次之,一般在 0.95 ~1.25;明流洞分沙比最小,一般在 0.4 ~0.95。10 个方案最高分沙比最高出现在 1 -1 -3 方案中,即在库水位 240 m 左右,排沙洞分沙比达到 1.32;排沙洞分沙比随库水位变化趋势为先增大后减小,孔板洞分沙比一直增大,但随库水位的升高有减小趋势,明流洞分沙比随水位上升一直增大。

在排沙洞和孔板洞的开启孔数增加时,排沙洞、孔板洞和明流洞的分沙比都略有减小,而增开明流洞时,所有孔洞的分沙比都略有增大。主要原因是,在同一库水位下,增开出库含沙量大于出库总水流平均含沙量的孔洞,会加大出库总水流平均含沙量,而各孔洞出库平均含沙量一定,致使分沙比减小;相反,增开出库含沙量小于出库总水流平均含沙量的孔洞,会减小出库总水流的平均含沙量,使分沙比增大。因此,当位置相对较低的排沙洞和孔板洞开启孔数较多时,排沙洞分沙比较小,如 3 -1 -1 方案排沙洞分沙比最大只有 1.15,而 1 -1 -3 方案排沙洞、孔板洞开启孔数较少,明流洞全部开启,排沙洞分沙比高达 1.3 以上。

根据泄流孔洞的分沙比随库水位的变化特点,在小浪底水库今后水沙调控中,要使出库含沙量尽可能大时,要先多开排沙洞,再开孔板洞,若要控制出库含沙量不致太大,要多开明流洞。

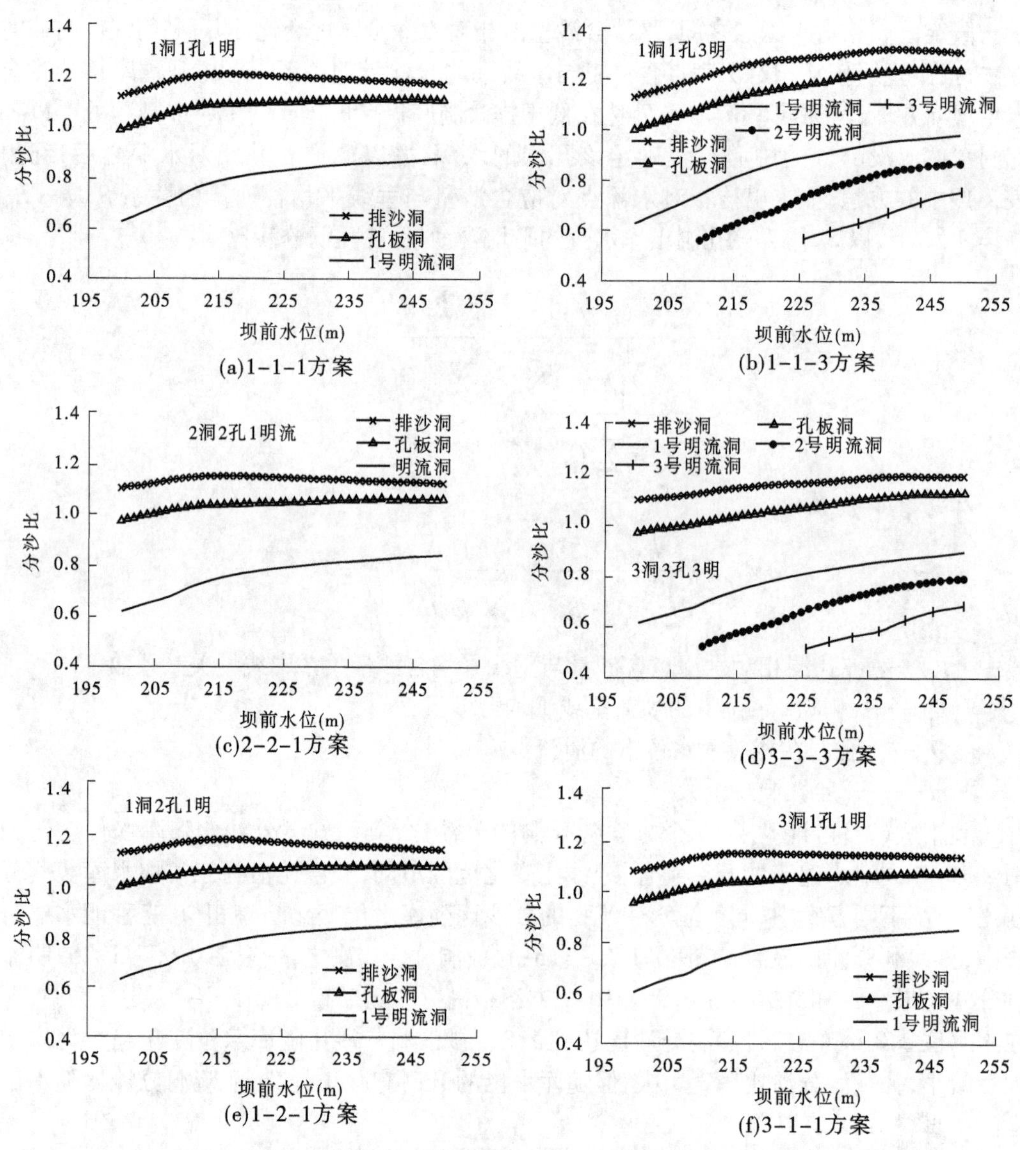

图 2-37　不同方案分沙比随库水位变化图

利用式(2-35)计算了 6 个方案的各孔洞分沙量比,各孔洞分沙量比与库水位关系见图 2-38。从图中看出,不同泄水建筑物开启组合,分沙量比变化范围不同;同类泄水建筑物的分沙量比随库水位变化趋势相似;分沙量比最高出现在 1 - 2 - 1 方案中,库水位 200 m 时的 2 个孔板洞分沙量比达到 0. 8;与孔板洞和明流洞相比,受泄流能力限制,单个排沙洞分沙量比较小,3 个排沙洞分沙量比与 1 个孔板洞的分沙量比接近;随库水位上升,排沙洞、孔板洞的分沙量比逐渐降低,明流洞是逐渐增加的,并且变化趋势在库水位达 214 m 以后逐渐变缓。

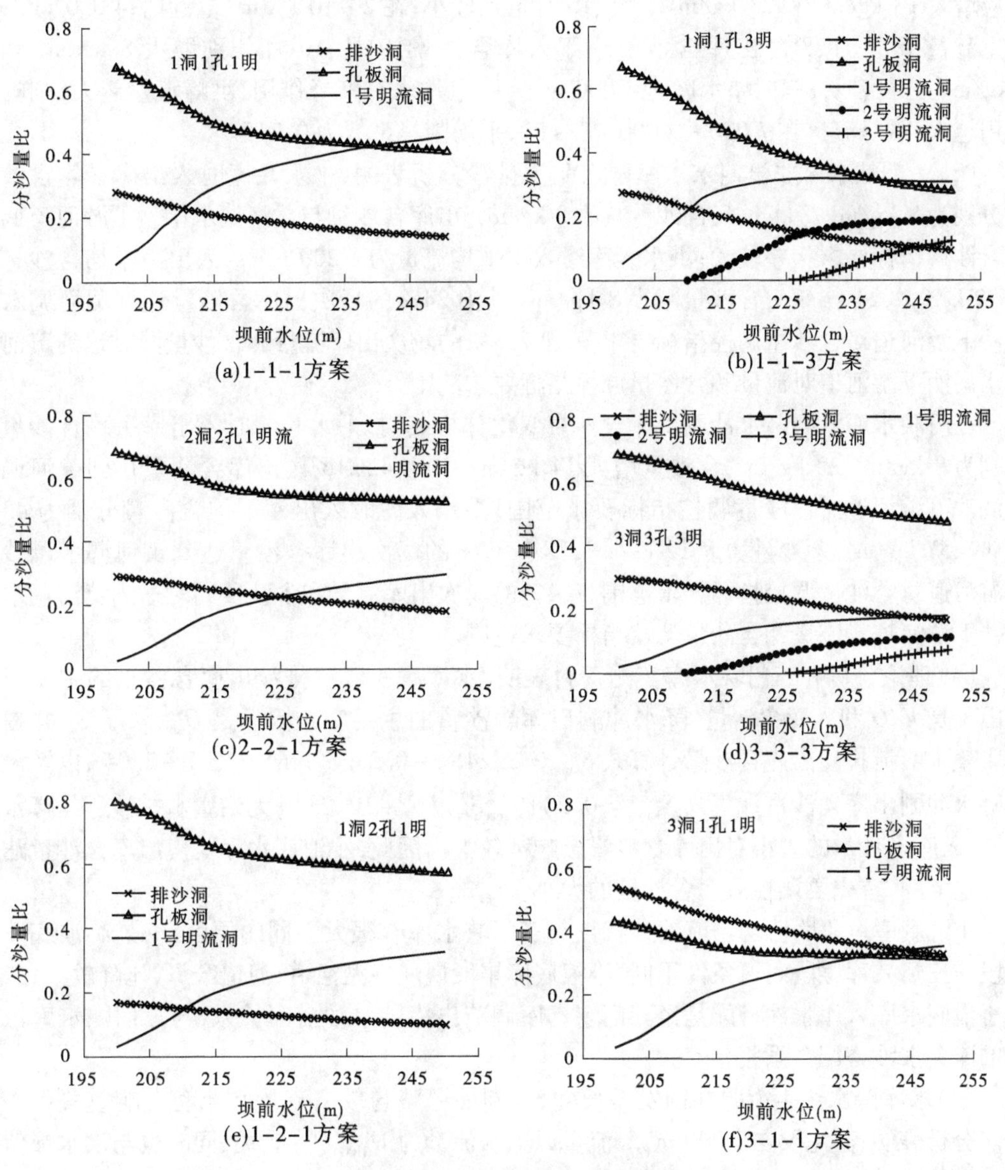

图 2-38　各组合方案不同水位下的分沙量比变化图

2.5　小　结

(1)三门峡水库非汛期蓄水拦沙,汛期降低水位排沙,把非汛期淤积在库内的泥沙调节至汛期排泄出库,总体上使出库汛期含沙量升高,受泄流能力的限制,水库对较高流量级洪水具有削峰滞洪的作用,使出库洪峰降低,水库改变了河流天然水沙搭配关系。

根据 1974 ~ 2004 年汛期入库不同日均流量级对应入出库含沙量变化分析,与入库含沙量相比,出库含沙量 7 月、8 月增幅较大,9 月、10 月增幅较小;对应 2 000 ~ 3 000 m^3/s 和3 000 ~ 4 000 m^3/s流量级,7 月出库含沙量比入库分别增大 46 kg/m^3 和 21 kg/m^3,8 月对应增大 18 kg/m³ 和 23 kg/m³，9 月、10 月增加较小，在 2 ~ 10 kg/m³ 范围内；4 000 m³/s 以上流量级，7 月、8 月出库含沙量小于入库含沙量，9 月、10 月分别增大 8 kg/m³ 和 4 kg/m³。分析表明，三门峡水库对 4 000 m³/s 以上洪水有削峰作用，洪峰流量越大，削峰作用越强，洪峰流量在 7 000 ~ 9 000 m³/s 时，平均削峰系数为 0.715。

（2）三门峡水库非汛期末水库壅水明流排沙分析表明，平水入库时入出库平均含沙量分别为 8 kg/m³、5 kg/m³，含沙量减小 3 kg/m³，出库含沙量与黄河调水调沙下游河道调控含沙量指标要求相差较大；洪水入库时入库平均流量为 1 200 m³/s，入出库平均含沙量为 32 kg/m³、24 kg/m³，含沙量减小 8 kg/m³，其中 24% 的场次出库含沙量达到黄河调水调沙下游河道对含沙量调控指标要求范围，2.8% 的场次出库流量和含沙量同时达到黄河调水调沙下游河道对流量和含沙量调控指标要求范围。

三门峡水库汛期降水冲刷出库含沙量变化分析表明，平水入库时入出库平均含沙量分别为 8 kg/m³、22 kg/m³，含沙量增大 14 kg/m³，其中 42% 场次出库含沙量达到黄河调水调沙下游河道对含沙量调控指标要求范围；洪水入库时入出库平均含沙量分别为 45 kg/m³、57 kg/m³，含沙量增大 12 kg/m³，其中 37% 的场次出库含沙量达到黄河调水调沙下游河道对含沙量调控指标要求范围，7.4% 的场次出库流量和含沙量同时达到黄河调水调沙下游河道对流量和含沙量调控指标要求范围。

（3）理论分析和三门峡水库实测资料表明，水库壅水明流排沙出库含沙量的主要影响因子是 V/Q 和入库含沙量，降水冲刷出库含沙量的主要影响因子是 $Q_{smx}^{0.2}S^{0.9}J^{0.8}$，并提出了壅水明流排沙出库含沙量计算式 $S_{smx} = 2.24S_{tg} - 0.332S_{tg}\lg(V/Q_{smx}) - 2.04$，以及汛期降水冲刷出库含沙量计算式 $S_{smx} = 0.228Q_{smx}^{0.2}S_{tg}^{0.9}J^{0.8} + 10.037$；无论壅水排沙还是降水冲刷，入库含沙量的大小对出库含沙量影响都较大。因此，小浪底水库要使出库含沙量达到一定范围，首先要调控入库含沙量的大小。

小浪底库尾段明流均匀流输沙特点与三门峡水库有很大不同的原因，一是小浪底库尾段与三门峡库尾段河道条件不同，小浪底库尾段属峡谷型河道，河道窄深，比降较大；二是小浪底水库入库水沙搭配是经三门峡水库调节出库的水沙搭配关系，与三门峡水库入库的潼关水沙搭配关系相差较大。

（4）水库降水产生溯源冲刷发展长度、纵剖面调整与较高流量水流动力响应关系密切。分析表明，其主要与 1 000 m³/s 流量以上水流动力 $W_{1\,000}^{0.5}Q^{0.5}$ 有关，同时也与洪水峰值有关。蓄清排浑运用水库的汛期除滞洪期以外的其他时段都是水库的造床期，水库河槽的形成是水库造床的结果；水库冲刷河宽与多年叠加造床流量响应关系表明，水库造床作用的时效时间在 5 年左右。长时间枯水使第二造床流量对造床起决定作用，河槽缩窄。

（5）水库库区不同相对水深点含沙量与垂线平均含沙量之间存在较好的线性关系。根据小浪底水利枢纽拦沙初期运用调度规程，制订了排沙孔、孔板洞和明流洞不同开启组合多种方案，计算了各方案的分流比、分沙比。排沙洞分沙比为 1.1 ~ 1.3，孔板洞分沙比为 0.95 ~ 1.25，明流洞分沙比为 0.4 ~ 0.95。

第 3 章　蓄清排浑期水库纵剖面调整过程及特点

3.1　入库水沙特点及其变化

1974 年以来,三门峡水库非汛期蓄水运用,汛期降低水位排沙,非汛期最高运用水位 326 m,一般情况下,回水都在潼关以下,潼关站可以作为三门峡水库的入库水文控制站。下面以潼关站为入库站分析入库水沙变化特点。

3.1.1　入库水沙特征

1962 ~ 2013 年潼关水文站多年平均(指运用年,下同)来水量为 322 亿 m^3,多年平均来沙量为 8.7 亿 t,多年平均含沙量为 26.9 kg/m^3。最大年来水量为 675 亿 m^3(1964 年),最大年来沙量为 24.3 亿 t(1964 年);最小年来水量为 158 亿 m^3(2001 年),最小年来沙量为 1.1 亿 t(2009 年)。三门峡水库 1962 ~ 2013 年潼关站历年水沙量过程见图 3-1。

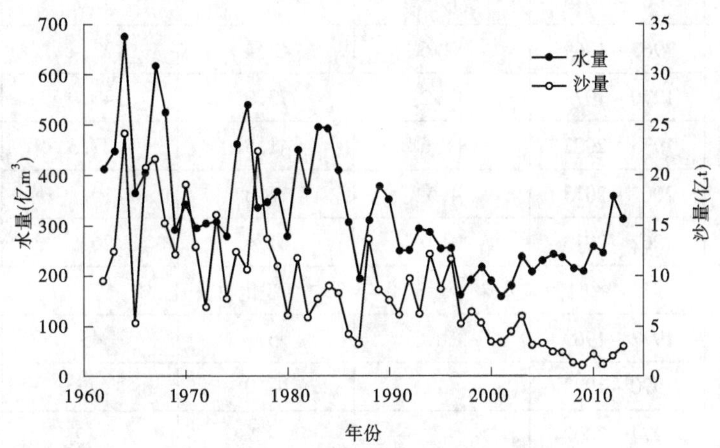

图 3-1　潼关站年水沙量变化过程

潼关站多年平均汛期来水量 169 亿 m^3,占全年来水量的 52%;多年平均汛期来沙量 7.0 亿 t,占全年来沙量的 80%。

3.1.2　水沙变化特点

根据水库不同运用方式及水库排沙运用特点,将 1962 ~ 2013 年潼关站水沙系列划分为不同时段,包括 1962 ~ 1969 年、1970 ~ 1973 年、1974 ~ 2002 年、2003 ~ 2013 年四个时段，各时段水沙特征值见表 3-1。从表 3-1 中可以看出，1962 ~ 1969 年潼关站年来水来沙量较丰，年均来水量 467 亿 m^3，来沙量 15.1 亿 t，分别较潼关站多年（1962 ~ 2013 年，下同）平均值增加了 45% 和 75%；1970 ~ 1973 年年均来水量为 312 亿 m^3，较多年平均值减少了 3%，来沙量 13.7 亿 t，较多年平均值增加了 58%；1974 ~ 2002 年和 2003 ~ 2013 年年均来水量分别为 316 亿 m^3 和 250 亿 m^3，来沙量 8.6 亿 t 和 2.6 亿 t，来水量分别减少了 2% 和 22%，来沙量分别基本持平和偏少了 70%。1970 年以后潼关站年来水来沙量呈减少趋势，2003 年以后更为显著。

表 3-1　潼关站不同时期水沙量特征值

项目	时段	非汛期	汛期	运用年	汛期占年（%）
水量（亿 m^3）	1962 ~ 1969	200	266	467	57
	1970 ~ 1973	160	152	312	49
	1974 ~ 2002	150	166	316	53
	2003 ~ 2013	128	123	250	49
	1962 ~ 2013	153	169	322	52
沙量（亿 t）	1962 ~ 1969	2.5	12.6	15.1	83
	1970 ~ 1973	2.4	11.3	13.7	82
	1974 ~ 2002	1.7	6.9	8.6	80
	2003 ~ 2013	0.6	2.0	2.6	78
	1962 ~ 2013	1.7	7.0	8.7	81
含沙量（kg/m^3）	1962 ~ 1969	12.6	47.4	32.4	
	1970 ~ 1973	15.2	73.9	43.9	
	1974 ~ 2002	11.6	41.5	27.3	
	2003 ~ 2013	4.5	16.6	10.4	
	1962 ~ 2013	10.9	41.4	26.9	
各时段来水来沙量较多年平均值变化百分比（%）					
水量	1962 ~ 1969	31	57	45	
	1970 ~ 1973	4	-10	-3	
	1974 ~ 2002	-2	-2	-2	
	2003 ~ 2013	-17	-27	-22	
沙量	1962 ~ 1969	51	80	75	
	1970 ~ 1973	46	61	58	
	1974 ~ 2002	4	-2	0	
	2003 ~ 2013	-66	-71	-70	

注："-"为减少，"+"为增加。

从年内水沙量变化来看(见图 3-2～图 3-4),来水来沙量的减少主要集中在汛期。1970～1973 年汛期来水量 152 亿 m^3,较汛期多年平均来水量减少了 10%,来沙量 11.3 亿 t,较汛期多年平均来沙量增加了 61%;1974～2002 年汛期来水量 166 亿 m^3,较汛期多年平均来水量减少了 2%,来沙量 6.9 亿 t,较汛期多年平均来沙量减少了 2%;2003～2013 年汛期来水量 123 亿 m^3,较汛期多年平均来水量减少了 27%,来沙量 2.0 亿 t,较汛期多年平均来沙量减少了 71%。

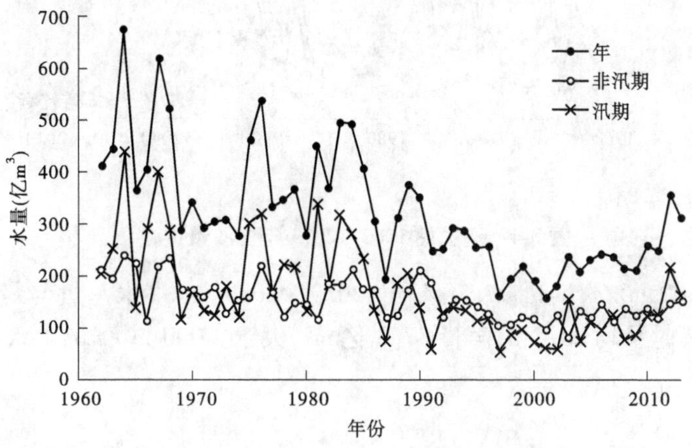

图 3-2　潼关站 1962～2013 年水量过程

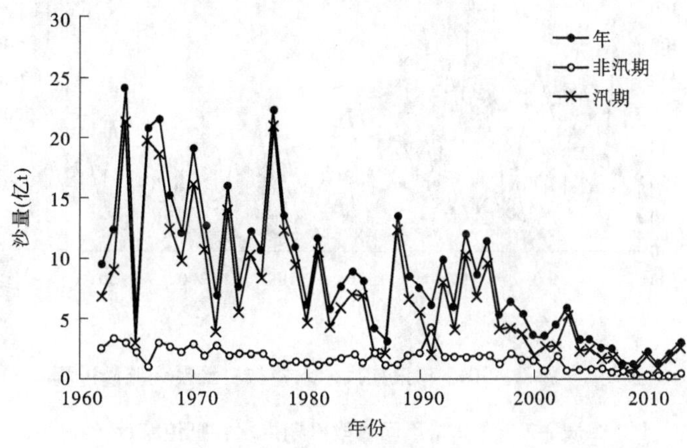

图 3-3　潼关站 1962～2013 年沙量过程

3.1.3　洪水特点

潼关站汛期来水来沙量的大幅度减少集中反映在洪水特性的变化上。1962～2013 年潼关站洪水总量、洪峰流量和持续时间总体呈减少趋势(见图 3-5)。表 3-2 为潼关站不同时段汛期洪水特征值统计,从表 3-2 中可以看出,1962～1969 年,潼关站洪水历时平均 72.4 d,最大洪峰流量 12 400 m^3/s,洪量 210.4 亿 m^3;1970～1973 年,洪水历时平均 36.3 d,最大洪峰流量 10 200 m^3/s,洪量 75.1 亿 m^3;1974～2002 年,洪水历时平均 49.3 d,最

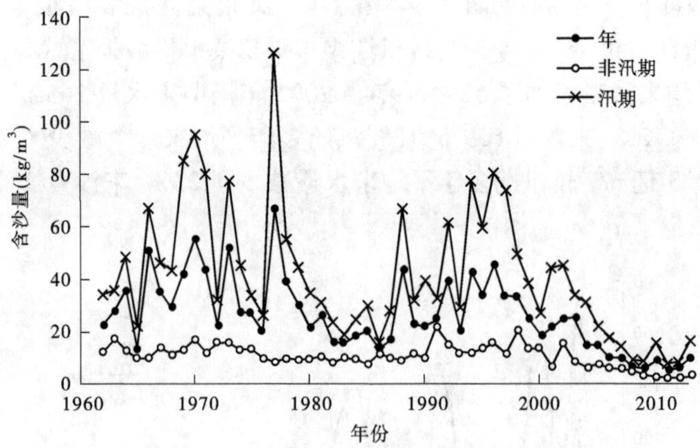

图 3-4　潼关站 1962 ~ 2013 年含沙量过程

大洪峰流量 15 400 m³/s，洪量 97.7 亿 m³；2003 ~ 2013 年，洪水总量与最大流量略微减少，该时段洪水历时平均 80.5 d，洪量 87.3 亿 m³，大于 3 000 m³/s 的洪水水量明显减少，仅有 14.7 亿 m³。

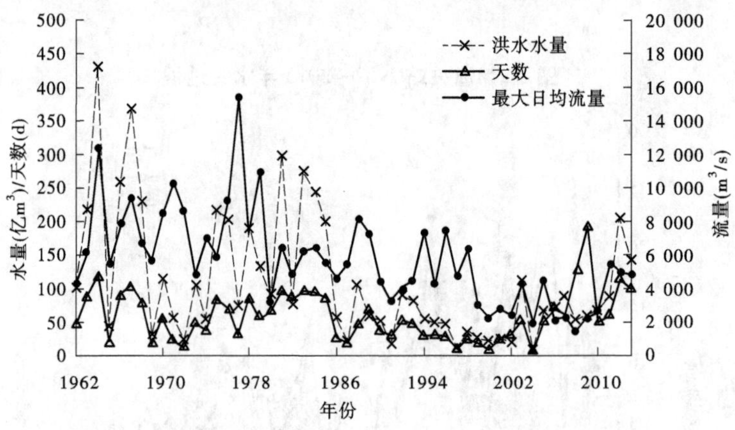

图 3-5　1962 ~ 2013 年汛期洪水水量与日均最大流量过程

表 3-2　潼关站不同时段汛期洪水特征值统计

时段	潼关站汛期洪水				>3 000 m³/s 流量
	历时(d)	水量(亿 m³)	最大流量(m³/s)	日期(年-月-日)	水量(亿 m³)
1962 ~ 1969	72.4	210.4	12 400	1964-08-14	154.6
1970 ~ 1973	36.3	75.1	10 200	1971-07-26	28.2
1974 ~ 2002	49.3	97.7	15 400	1977-08-06	48.5
2003 ~ 2013	80.5	87.3	5 500	2011-09-21	14.7

图3-6、图3-7是潼关站不同时段不同流量洪水天数与水量占汛期百分比变化，从图中可以看出，近年来潼关站大流量出现频率减小，小流量出现频率增加，各流量级水量占汛期的比例发生相应调整（见表3-3）。1962～1969年汛期的水量大部分分布在大流量级，大于3 000 m^3/s流量有42.6 d，水量152.4亿m^3，相应的天数和水量占汛期的34.7%和45.3%，而小于1 500 m^3/s流量相应的天数和水量占汛期的31.2%和20.8%。1970～1973年和1974～2002年大流量出现的频率有所减小，大于3 000 m^3/s流量有9 d和14.6 d，水量28.1亿m^3和50.3亿m^3，相应天数占汛期的7.3%和11.9%，水量占汛期水量的17.6%和19.9%，小于1 500 m^3/s流量相应天数占汛期的61.8%和60.7%，相应水量占汛期的39.5%和46.4%。2003～2013年大流量级出现的天数和相应的水量进一步减少，大于3 000 m^3/s流量仅有4.6 d，水量14.7亿m^3，相应天数占汛期的3.8%和9.3%；小于1 500 m^3/s流量的天数增加至94.4 d，水量66.7亿m^3，相应天数占汛期的76.7%和61.9%。

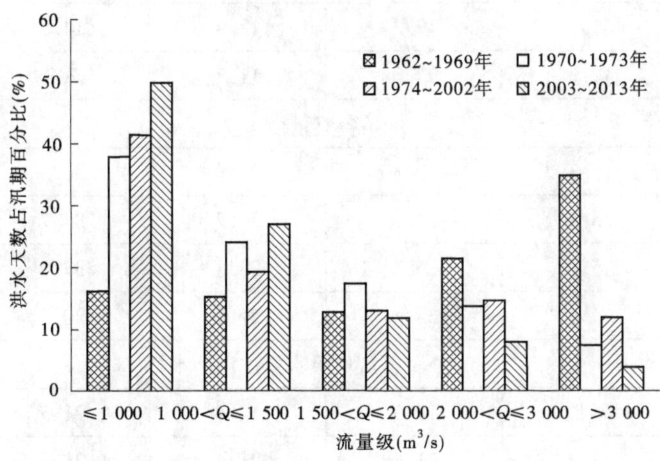

图3-6 潼关站1962～2013年洪水天数占汛期百分比

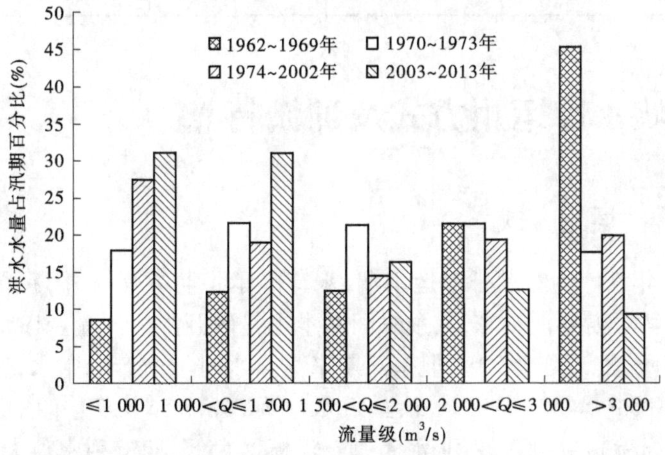

图3-7 潼关站1962～2013年洪水水量占汛期百分比

表 3-3　潼关站不同时段各流量级年均特征值

流量级(m^3/s)	≤1 000	1 000 < Q≤1 500	1 500 < Q≤2 000	2 000 < Q≤3 000	>3 000
时段	各流量级天数(d)				
1962 ~ 1969	19.8	18.6	15.6	26.3	42.6
1970 ~ 1973	46.5	29.5	21.3	16.8	9.0
1974 ~ 2002	50.9	23.7	15.9	17.9	14.6
2003 ~ 2013	61.2	33.2	14.4	9.6	4.6
时段	各流量级天数占汛期(%)				
1962 ~ 1969	16.1	15.1	12.7	21.3	34.7
1970 ~ 1973	37.8	24.0	17.3	13.6	7.3
1974 ~ 2002	41.4	19.3	12.9	14.6	11.9
2003 ~ 2013	49.7	27.0	11.7	7.8	3.8
时段	各流量级水量(亿 m^3)				
1962 ~ 1969	12.3	20.3	23.8	56.6	152.4
1970 ~ 1973	25.4	31.8	31.7	34.7	28.1
1974 ~ 2002	25.7	25.2	23.8	37.5	50.3
2003 ~ 2013	31.3	35.4	21.4	20.0	14.7
时段	各流量级水量占汛期水量(%)				
1962 ~ 1969	8.5	12.3	12.4	21.5	45.3
1970 ~ 1973	17.9	21.6	21.4	21.5	17.6
1974 ~ 2002	27.4	19.0	14.5	19.3	19.9
2003 ~ 2013	31.0	30.9	16.3	12.6	9.3

3.2　三门峡水库运用方式及冲淤特点

3.2.1　水库排沙运用方式

1962 ~ 1973 年水库为滞洪排沙运用期,水库除承担防凌任务外,在特殊干旱年份利用部分防凌蓄水为下游春灌补水,其余时间基本上是敞开闸门泄流。1962 ~ 1969 年由于水库泄流规模有限,虽为敞泄运用,但是汛期来大洪水时坝前产生壅水,这几年汛期运用水位较高,汛期坝前平均水位 311.4 m,最低水位为 298.3 m;1970 年以后由于水库两次泄流规模改建全部完成并投入使用,水库泄流规模增大,汛期运用水位大幅下降,坝前平均水位 297.9 m,最低水位为 285.6 m,均为 1962 ~ 2013 年最低值,坝前水位小于 295 m 的天数达 37 d,小于 300 m 的天数达 86.8 d(见表 3-4、表 3-5),为 1962 ~ 2013 年最大值,

1970～1973 年是水库运用以来汛期敞泄排沙时间最长、运用水位最低的时段。

表 3-4　1962～2013 年汛期水库坝前运用水位特征值

时段	最低水位(m)	平均水位(m)	天数(d)		
			$H<295$ m	295 m≤$H<300$ m	300 m≤$H<305$ m
1962～1969	298.3	311.4	0	1.4	13.0
1970～1973	285.6	297.9	37.0	49.8	21.8
1974～2002	288.7	304.0	2.1	9.0	70.5
2003～2013	286.6	305.1	5.5	5.3	73.7

表 3-5　1962～2013 年非汛期水库坝前运用水位特征值

时段	最低水位(m)	最高水位(m)	平均水位(m)	天数(d)					
				$H<315$ m	315 m≤$H<318$ m	318 m≤$H<320$ m	320 m≤$H<322$ m	322 m≤$H<324$ m	$H\geq$324 m
1962～1969	297.8	330.9	310.7	181.3	13.5	10.8	8.4	6.4	21.8
1970～1973	286.5	326.0	306.2	162.3	10.0	15.0	15.8	24.5	14.5
1974～2002	292.4	326.0	316.2	96.7	43.0	34.1	31.0	30.8	6.7
2003～2013	286.0	319.2	316.8	20.1	216.3	5.9	0	0	0

1974～2002 年为三门峡水库蓄清排浑运用期，非汛期为了防凌、春灌和发电，水库为蓄水运用，最高水位不超过 326 m，一般控制库水位 310 m；汛期平水期按控制库水位 300～305 m 运用，洪水期敞开闸门泄洪，以利于水库排沙和降低潼关高程。按照这种运用原则，实际调度情况分两个阶段：自 1973 年 12 月蓄清排浑运用后，为避免由于水库汛初降低水位运用，产生小流量排沙，造成下游河槽淤积，采用当入库流量大于 3 000 m^3/s 时降低库水位排沙的运用方式；1989～1993 年进行三门峡水库运用经验总结后，发现汛期入库流量减小，如果按入库的流量大于 3 000 m^3/s 调度运用，库区排沙时间不多，提出当入库流量大于 2 500 m^3/s 时降低库水位排沙，1994 年开始试运行，即汛期潼关站流量小于2 500 m^3/s时控制排沙，大于 2 500 m^3/s 时降低坝前水位敞泄排沙，从而达到汛期发电和泄洪排沙的目标。

2003 年水库开始了非汛期最高运用水位不超过 318 m 的原型试验，汛期由于入库水量进一步减少，当汛期入库流量大于 1 500 m^3/s 时水库即进行敞泄排沙运用，坝前运用水位小于 295 m 的天数较 1974～2002 年有所增加，由 2.1 d 增加到 5.5 d，坝前最低运用水位为 286.6 m。

因此，水库的排沙方式主要分为：①降低坝前水位排沙，即汛初 6 月、7 月降低坝前水位过程的排沙；②敞泄排沙，洪水期敞开闸门的排沙，敞泄排沙期主要集中在 1970～1973 年和 2003～2013 年这两个时段；③汛期平水期控制库水位 300～305 m，即低水位控制运用的壅水排沙。

3.2.2 水库冲淤变化特点及分布

3.2.2.1 水库冲淤变化特点

1962～2013年三门峡水库潼关以下库区共累计淤积泥沙14.88亿m^3(见图3-8),由累计淤积过程线可以看出,1962～1964年持续淤积抬升,到1964年累计冲淤量达到历史最大值,为22.91亿m^3,此后开始冲刷下降,到1973年累计冲淤量为13.55亿m^3,冲刷了9.36亿m^3泥沙,1973～2013年累计冲淤量有冲有淤,基本保持了年内的冲淤平衡,变化范围在13亿～17亿m^3。

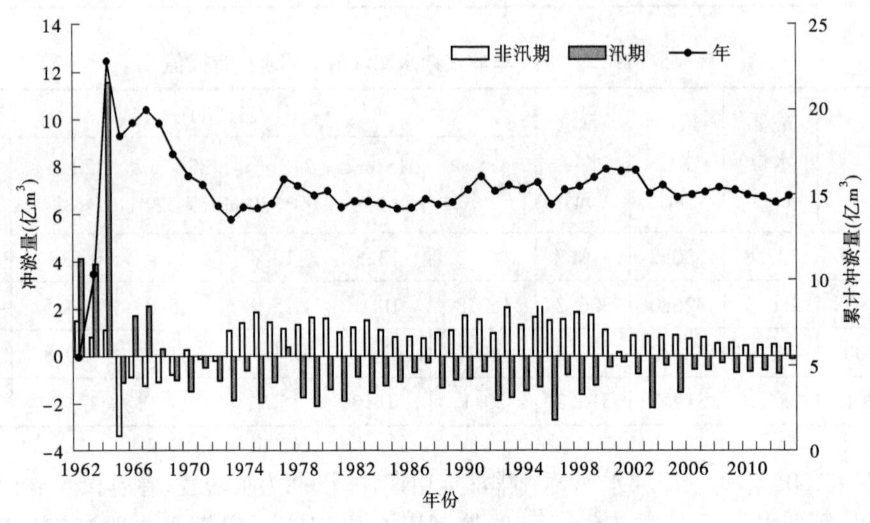

图3-8 1962～2013年潼关以下库区冲淤量变化

从年际间的冲淤变化来看,三门峡水库在滞洪排沙期由于受水库运用方式和来水来沙的影响,1962～1964年潼关以下库区无论汛期还是非汛期均为淤积,1965～1969年改变了水库运用方式,但汛期遇大洪水时坝前仍滞洪淤积严重,所以潼关以下库区泥沙冲淤具有非汛期冲刷、汛期淤积的特点,1970年以后水库泄流规模改建工程全部投入使用,水库的运用方式也由滞洪排沙改为蓄清排浑,利用汛期的洪水将非汛期淤积在库内的泥沙冲刷出库,潼关以下库区泥沙冲淤则具有非汛期淤积、汛期冲刷的特点。

3.2.2.2 水库冲淤分布特点

由于水库非汛期进行蓄水运用,非汛期泥沙淤积量分布呈现两端小、中间大的特点(见图3-9)。受水库蓄水位高低以及来水来沙的影响,不同时段淤积的重心不同,但总体来看,主要集中在坫埼(黄淤36)至北村(黄淤22)河段。受非汛期最高运用水位不断下调的影响,相应的淤积重心也有所变化。

1962～1969年水库非汛期运用水位变幅较大,其中1962～1964年水库非汛期运用水位较高,最高运用水位为330.9 m(1962年11月1日),超过315 m的运用天数为95.7 d,其中有29 d超过324 m,潼关以下库区淤积3.35亿m^3,而1965～1969年非汛期运用水位大幅下降,超过315 m的运用天数仅有39.8 d,潼关以下库区反而冲刷了7.39亿

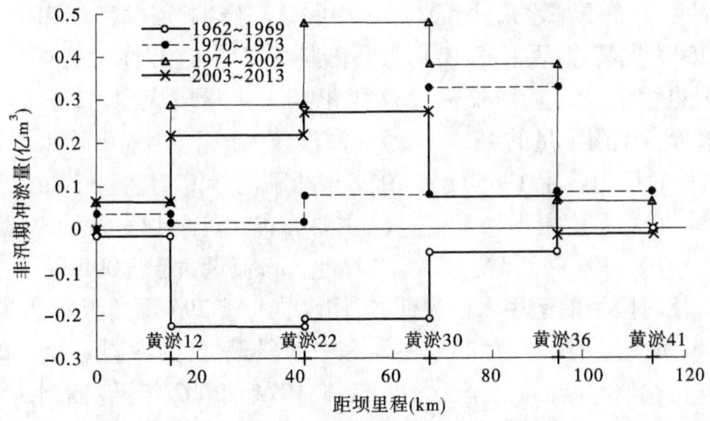

图 3-9　潼关至大坝不同时段各河段非汛期冲淤量分布

m^3,所以从 1962～1969 年来看,非汛期平均冲刷了 0.51 亿 m^3,冲刷重心在黄淤 12—黄淤 30 断面,该河段冲刷量占全河段的 100%;1970～1973 年水库非汛期运用水位较高,最高运用水位 326.0 m(1973 年 4 月 10 日),超过 324 m 的运用天数为 14.5 d,淤积重心在黄淤 30—黄淤 36 断面,淤积量占全河段的 71%;1974～2002 年最高运用水位 326.0 m(1977 年 3 月 1 日),但水库高水位运用的天数有所减少,超过 324 m 的运用天数为 6.7 d,淤积重心下移至黄淤 22—黄淤 36 断面,淤积量占全河段的 68%;2003～2013 年水库最高运用水位不超过 318 m,淤积重心下移至黄淤 12—黄淤 30 断面,淤积量占全河段的 80%(见表 3-6)。

表 3-6　1962～2013 年非汛期不同时段各河段冲淤量　（单位:亿 m^3）

起止断面	1962～1969 年	1970～1973 年	1974～2002 年	2003～2013 年
坝址—黄淤 12	-0.01	0.02	0.06	0.06
黄淤 12—黄淤 22	-0.25	-0.04	0.28	0.22
黄淤 22—黄淤 30	-0.26	0.04	0.47	0.29
黄淤 30—黄淤 36	-0.08	0.18	0.40	0.07
黄淤 36—黄淤 41	0.09	0.05	0.07	-0.01
坝址—黄淤 41	-0.51	0.25	1.29	0.63
占潼关—大坝河段的淤积百分数(%)				
坝址—黄淤 12	3	7	5	10
黄淤 12—黄淤 22	49	-15	22	35
黄淤 22—黄淤 30	51	18	37	45
黄淤 30—黄淤 36	16	71	31	12
黄淤 36—黄淤 41	-18	19	5	-2
坝址—黄淤 41	100	100	100	100

汛期泥沙冲刷分布受来水来沙和水库运用的共同影响,潼关以下库区泥沙冲刷分布也呈两端小、中间大的特点(见图3-10),与非汛期淤积分布相对应,具有非汛期淤积多的河段,汛期冲刷也多的特点。1962~1969年汛期来水量较大,为266亿 m^3,流量大于3 000 m^3/s的水量占汛期水量的45.3%,水库滞洪较为严重,坝前平均水位311.4 m,是各时段的最大值,该时段内除了1965年和1969年冲刷泥沙1.11亿 m^3 和1.01亿 m^3 外,其他年份均为淤积,时段平均淤积2.22亿 m^3,主要分布在黄淤12—黄淤30断面,淤积量占全河段的73%;1970~1973年汛期来水量152亿 m^3,流量大于3 000 m^3/s 的水量占汛期水量的17.6%,该时段坝前运用水位较低,运用水位小于295 m的天数达37 d,坝前平均水位为297.9 m,最低运用水位为285.6 m,是各时段最低,共冲刷泥沙1.00亿 m^3,冲刷重心在黄淤30—黄淤36断面,占全河段的31%;1974~2002年汛期来水量为166亿 m^3,流量大于3 000 m^3/s 的水量占汛期水量的19.9%,水库平均运用水位为304.0 m,冲刷重心在黄淤22—黄淤36断面,冲刷量占全河段的70%;2003~2013年低水位运用的天数较上一时段有所增加,但汛期来水量较少,仅有106亿 m^3,流量大于3 000 m^3/s 的水量占汛期水量的比例为4.5%,冲刷重心下移至黄淤12—黄淤30断面,冲刷量占全河段的74%(见表3-7)。

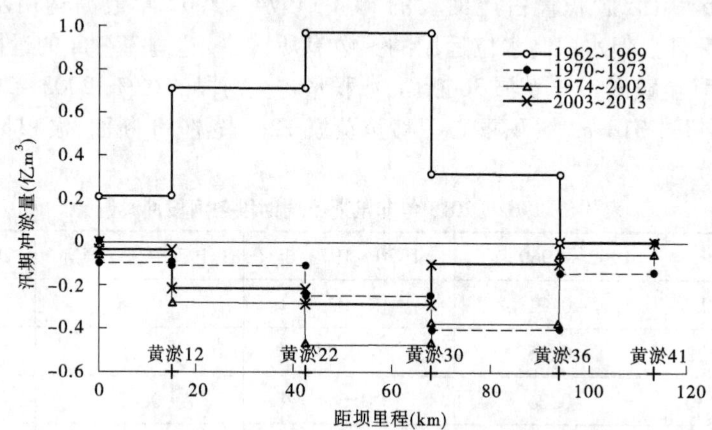

图3-10 潼关至大坝不同时段各河段汛期冲淤量分布

表3-7 1962~2013年汛期不同时段冲淤量 (单位:亿 m^3)

起止断面	1962~1969年	1970~1973年	1974~2002年	2003~2013年
坝址—黄淤12	0.26	-0.16	-0.04	-0.07
黄淤12—黄淤22	0.84	-0.21	-0.25	-0.26
黄淤22—黄淤30	1.14	-0.30	-0.46	-0.32
黄淤30—黄淤36	0.41	-0.37	-0.39	-0.12
黄淤36—黄淤41	0.04	-0.17	-0.06	-0.01
坝址—黄淤41	2.69	-1.22	-1.19	-0.78

续表 3-7

起止断面	1962～1969 年	1970～1973 年	1974～2002 年	2003～2013 年
占潼关—大坝淤积百分数(%)				
坝址—黄淤 12	10	13	4	9
黄淤 12—黄淤 22	31	18	21	33
黄淤 22—黄淤 30	42	24	38	41
黄淤 30—黄淤 36	15	31	32	16
黄淤 36—黄淤 41	1	14	5	1
坝址—黄淤 41	100	100	100	100

3.3　三门峡水库非汛期淤积纵剖面变化特点

1960～1969 年三门峡水库运用初期的蓄水拦沙和滞洪排沙运用，造成库区大量淤积，滩地和主槽大幅度淤高，河道重新塑造。1970～1973 年第二次改建工程先后投入运用，水库泄流能力进一步加大，水库非汛期进行了防凌蓄水运用，1972 年和 1973 年非汛期还进行了灌溉蓄水运用，蓄水最高水位为 319.98～326.03 m，蓄水历时为 30～110 d，库区非汛期淤积。汛期水库低水位敞泄运用，水库冲刷，不仅把当年入库的泥沙冲出库外，前期淤积的部分泥沙也被冲刷出库。潼关以下库区共冲刷 4 亿 m^3，冲刷发生在河槽，形成了高滩深槽的断面形态，主槽纵剖面得到充分的调整。

1970～1973 年汛期泄流孔洞基本打开，水库基本敞泄运用，坝前河段产生溯源冲刷并逐步向上发展，在来水来沙条件有利时，潼关河段发生沿程冲刷，1973 年汛期溯源冲刷与沿程冲刷相衔接，潼关(黄淤 41(三)上游 310 m 处)以下纵剖面得到重新塑造(见图 3-11)，到 1973 年汛后，潼关以下冲刷逐渐趋于稳定，河道持续冲刷，形成了冲刷纵剖面。1973 年汛后潼关以下 1 000 m^3/s 水面平均纵比降 3.32‱，接近天然状态下潼关至三门峡的平均比降 3.5‱，其中黄淤 27 断面至坫垮比降为 2.26‱左右，与三门峡水库淤积三角洲顶坡段的冲刷比降一致，而黄淤 27 断面以下各河段比降逐渐增加，会兴至坝前比降达到 5.14‱。

1974 年以来，三门峡水库实行蓄清排浑控制运用，对泥沙进行年调节。非汛期蓄水防凌、发电、灌溉、供水等，库区泥沙淤积，纵剖面基本为淤积三角洲；汛期洪水期降低水位泄洪排沙，平水期控制水位，纵剖面冲刷调整。图 3-12 是水库典型年份纵剖面图，可以看出，水库不同运用阶段纵剖面变化也不同。

3.3.1　非汛期水库不同运用水位回水影响范围

库区的回水影响范围受水库运用水位和库区边界条件(主要是纵比降)的影响。在库区纵比降变化不大的情况下，库区的回水影响范围主要取决于水库的运用水位。三门峡库区的回水影响范围，可以直接利用库区实测水位资料分析确定，即用库区两水位站的

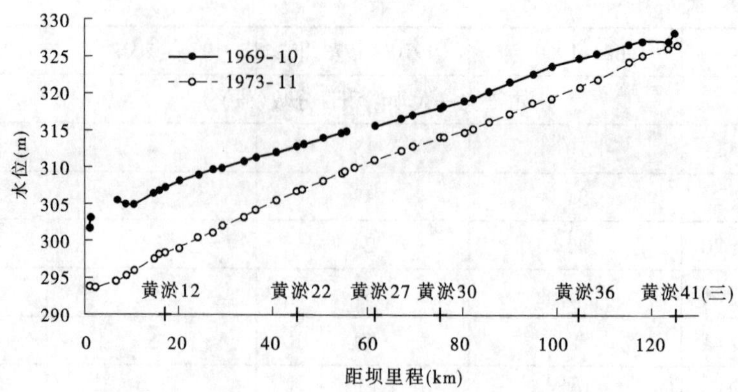

图 3-11　1969 年、1973 年汛后 1 000 m³/s 水面线

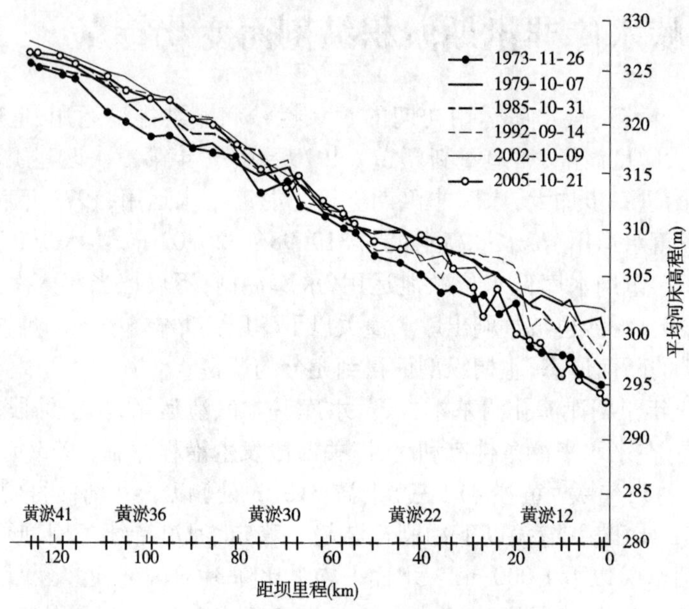

图 3-12　典型年冲刷纵剖面变化

水位差与坝前水位点相关关系，在非汛期入库流量变化不大，当水位差明显变小时，表明两站中的下游水位站直接受到回水影响。分析成果见图 3-13。由图 3-13 可以看出，直接受到回水影响的临界库水位北村为 307 ~ 308 m、大禹渡为 315 ~ 316 m、坫埼约为 320 ~ 321 m。

3.3.2　非汛期水库淤积纵剖面

资料表明，当坝前水位和来水、来沙不发生变化时，水库淤积沿程是不均匀的，即中间某一段淤积最厚，两头淤积则较薄。这种不均匀性往往并不是由于水库地形复杂、水力因素沿程变化大所致；即使对于规则的二维壅水段，也会出现这种现象。这种不均匀性不是偶然的，它符合不平衡输沙时含沙量沿程变化规律。韩其为(2003)认为泥沙沿程的不均

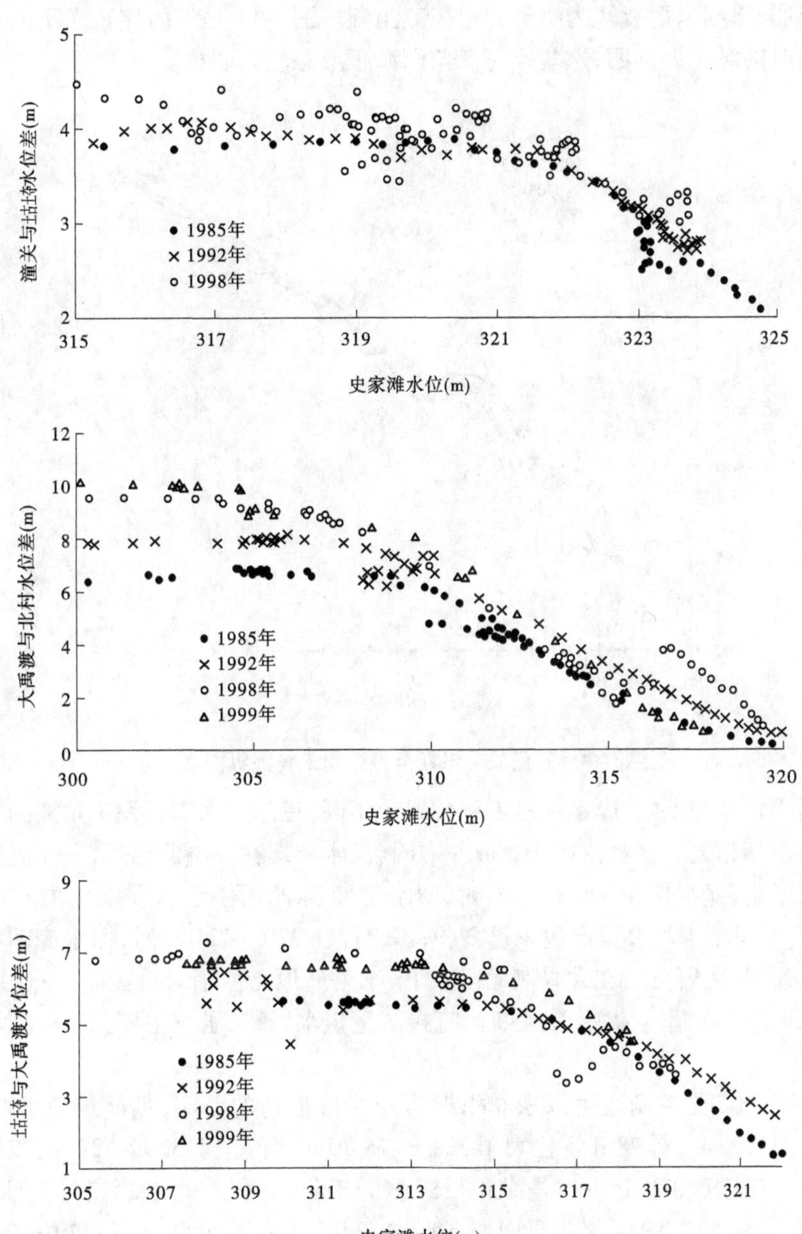

图 3-13　水位差与史家滩水位关系

匀淤积为三角洲的形成提供了内在可能性，即为水库淤积的三角洲趋向性。这就是说，如果坝前水位和来水来沙不变，则淤积将导致三角洲的形成。而当坝前水位、来水来沙变化很大，特别是水位变化很大时，这种趋向性就不能实现，而出现其他形状淤积体。

3.3.2.1　非汛期典型三角洲淤积纵剖面

对三门峡水库来说，在水库非汛期蓄水运用，且水位比较稳定的情况下，将在坝前形成三角洲淤积体，随着蓄水时间的增加，淤积体加大，淤积三角洲向坝前推移，同时向上游淤积延伸,到非汛期末形成较为明显的淤积三角洲。图3-14是三门峡水库不同年份非汛期即将结束时的淤积纵剖面,这些年份三角洲淤积形态较为明显。

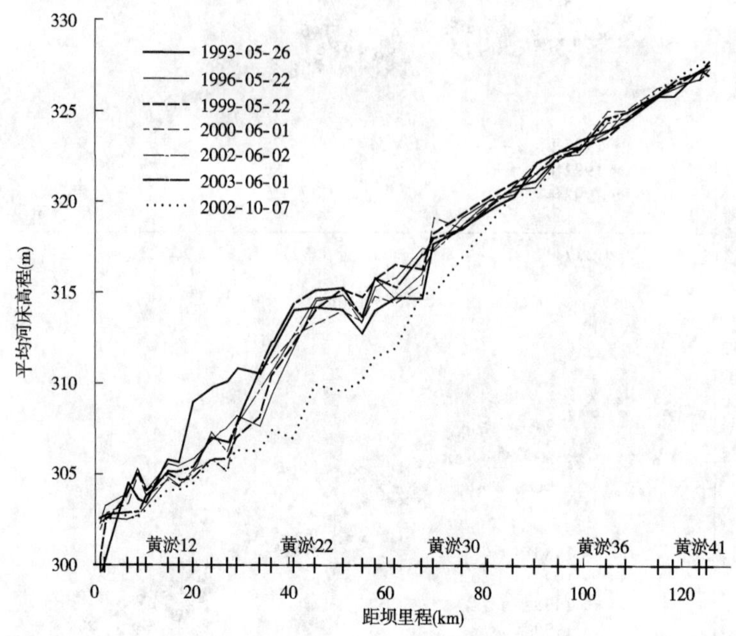

图3-14 三门峡非汛期典型淤积三角洲纵剖面

水库运用水位的不同,库区泥沙淤积位置也不同,三门峡水库淤积三角洲的位置与水库运用水位密切相关。库水位在315 m左右时,回水末端在大禹渡附近,入库泥沙大部分淤积在北村以下;库水位在320 m左右时,回水延伸到坫埼附近,大量泥沙淤积在大禹渡至北村区间,坫埼至大禹渡段产生少量淤积;库水位在320~324 m时,回水变动在坫埼与潼关之间,淤积物主要分布在大禹渡库段上下,三角洲顶点位于大禹渡附近;运用水位达324~326 m时,回水超过潼关,潼关断面直接产生壅水淤积,淤积主要分布在坫埼上下库段。

1977年非汛期是控制运用以来非汛期运用水位最高的一年,坝前最高水位325.96 m,平均水位318.3 m,有78 d水位大于324 m,有40 d水位介于320~324 m,该年非汛期坫埼至潼关淤积达0.389亿m^3,是淤积量最多的年份,淤积三角洲顶点位于坫埼(黄淤36)附近(见图3-15)。1974年非汛期最高水位324.81 m,平均水位314.29 m,库水位高于320 m的天数为121 d,与1977年的118 d比较接近,1974年潼关至坝前淤积量为1.237亿m^3,1977年为1.141亿m^3。1974年非汛期大于324 m的天数比1977年少64 d,而库水位320~322 m和322~324 m的天数,1974年非汛期比1977年非汛期多34 d和33 d。1974年非汛期淤积主要在坫埼—北村库段,淤积三角洲顶点在大禹渡附近,与1977年相比,淤积三角洲顶点从坫埼下移至大禹渡附近。

1993年是控制运用以来非汛期运用水位较低的一年,坝前最高水位321.6 m,平均库水位为314.5 m,有34 d水位大于320 m,有98 d水位在315~320 m,淤积三角洲顶点位于北村附近(见图3-16)。非汛期黄淤1—黄淤41共淤积泥沙2.045亿m^3,大禹渡(黄淤

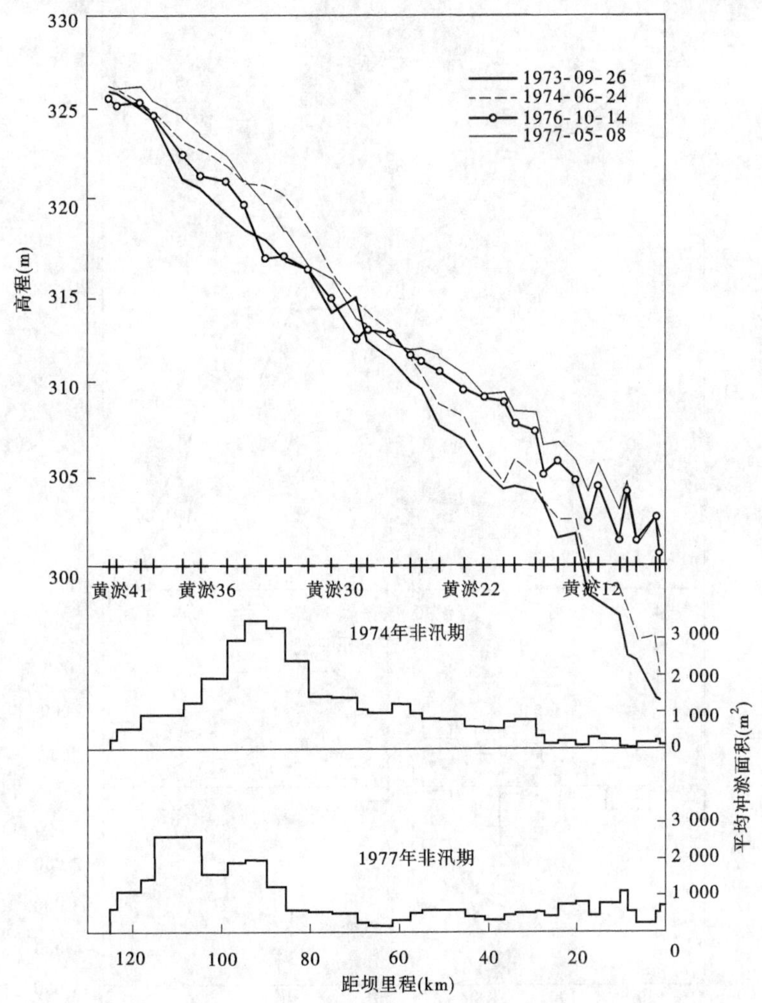

图 3-15　1974 年和 1977 年非汛期淤积分布

31)至坝前淤积泥沙 1.83 亿 m^3，占潼关以下淤积量的 89%。

2003 年非汛期坝前最高水位 317.9 m，平均水位 315.6 m，有 179 d 水位在 315 ~ 318 m，淤积三角洲顶点位于北村附近(见图 3-17)，前坡段是黄淤 12—黄淤 22 断面，顶坡段在黄淤 22—黄淤 32 断面之间，受水库回水影响淤积末端在黄淤 32—黄淤 33 断面。

3.3.2.2　非汛期非完整三角洲淤积纵剖面

受水库非汛期蓄水位变化的影响，三门峡水库非汛期三角洲淤积形态有些年份并不十分显著。如 1985 年非汛期坝前水位变动幅度较大，1984 年 11 月 1 日至 1985 年 1 月 30 日，坝前水位在 305 ~ 318 m 波动，1985 年 1 月 31 日至 3 月 20 日近 50 d 的时段内，坝前水位在 320 m 以上，最高达 324.9 m，这一时段比较平稳的坝前水位有助于形成淤积三角洲，但由于 3 月 21 日至 4 月 10 日桃汛期坝前水位又有一个降低和上升的过程，前期淤积三角洲被冲刷破坏。4 月 10 日至 5 月 31 日，坝前水位维持在 319 m 左右，6 月 1 ~ 15 日

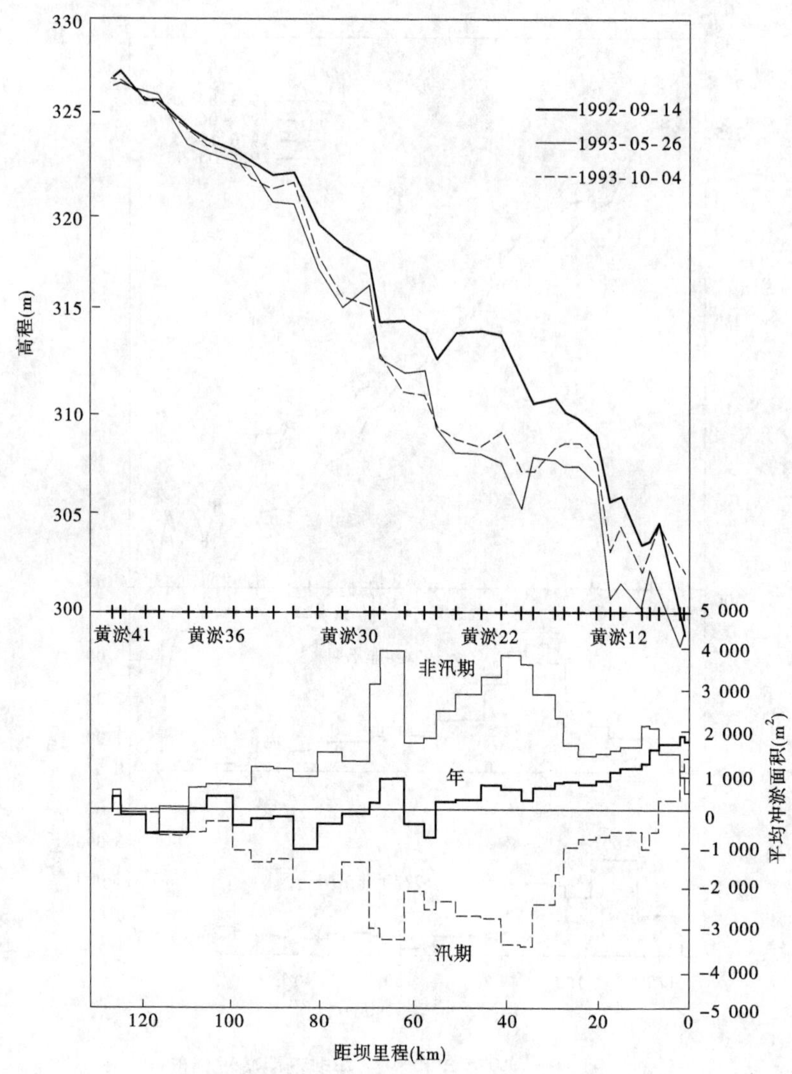

图 3-16　1993 年潼关至大坝冲淤分布

坝前水位为下降过程，从 318 m 降低到 315 m 左右（见图 3-18），受水库水位降低的影响，淤积三角洲上部受到冲刷影响，非汛期末淤积三角洲比并不十分明显（见图 3-19），形成非完整淤积三角洲。

3.3.2.3　不同时段非汛期淤积纵剖面变化

三门峡水库 1974～1979 年非汛期坝前平均水位在 302.1～324.7 m 变化，水位差 22.6 m，水位变幅较大，该时段非汛期泥沙淤积形成的三角洲形态不是特别明显。该时段高水位运用天数较多，淤积三角洲顶点较为靠上，在黄淤 30—黄淤 36 断面变化。

1980～1985 年和 1986～1992 年非汛期坝前水位差较上一时段有所减小，但变化不大，分别为 19.4 m 和 25.5 m。但是这两个时段坝前水位大于 324 m 的高水位运用天数大大减少，只有 5 d 和 1 d，大于 320 m 的天数分别减少至 87 d 和 64 d。由于坝前水位变

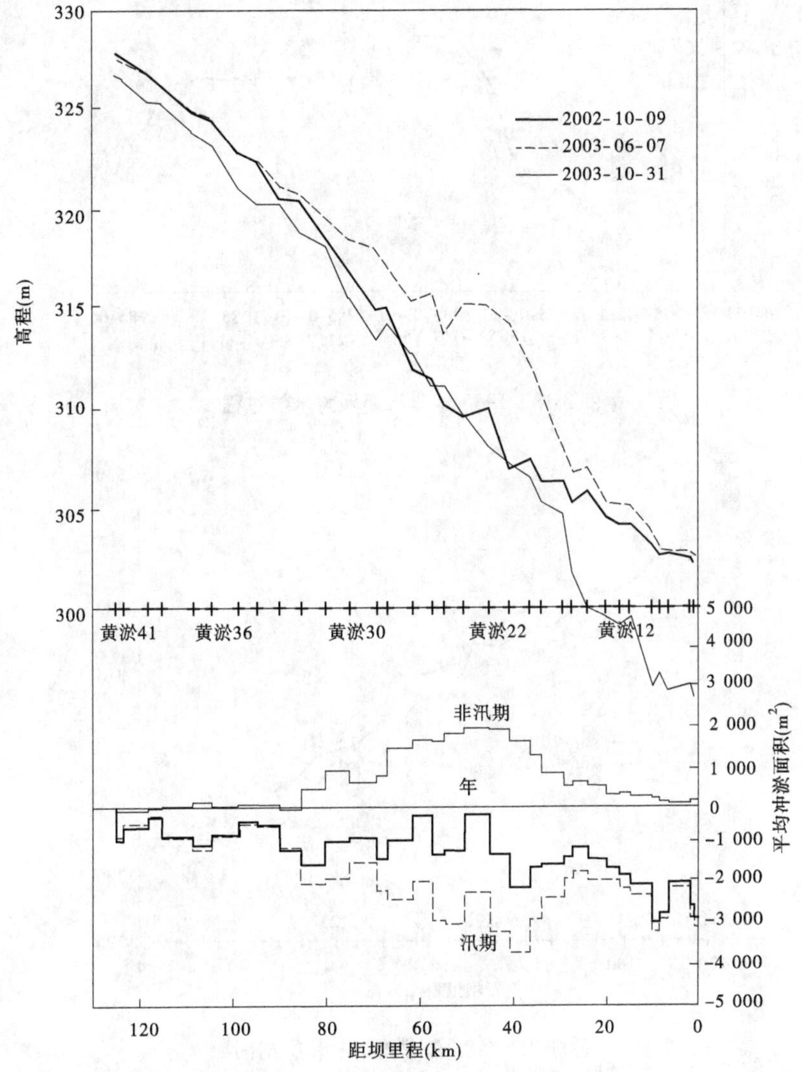

图 3-17　2003 年潼关至大坝冲淤分布

幅较大,这两个时段非汛期泥沙淤积形成的三角洲形态也不是特别明显,但是高水位运用天数的大大减少,使淤积三角洲顶点开始下调至黄淤 30 断面附近(见图 3-20)。

1993 ~2002 年非汛期坝前高水位运用天数进一步减少,最高运用水位均在 324 m 以下,超过 322 m 运用的天数仅为 3 d,小于 320 m 的运用天数增加至 201 d。随着水库最高运用水位降低,非汛期蓄水位变幅减小,该时段非汛期泥沙淤积形成较为明显的三角洲形态。淤积三角洲顶点在黄淤 22 断面附近,前坡段是黄淤 12—黄淤 22 断面,顶坡段在黄淤 22—黄淤 32 断面(见图 3-10)。

2003 ~2005 年三门峡水库开始非汛期控制最高运用水位不超过 318 m 的原型试验,坝前水位变幅较小,非汛期泥沙淤积形成典型的三角洲形态,淤积三角洲顶点在北村附近,前坡段是黄淤 12—黄淤 22 断面,顶坡段在黄淤 22—黄淤 32 断面。

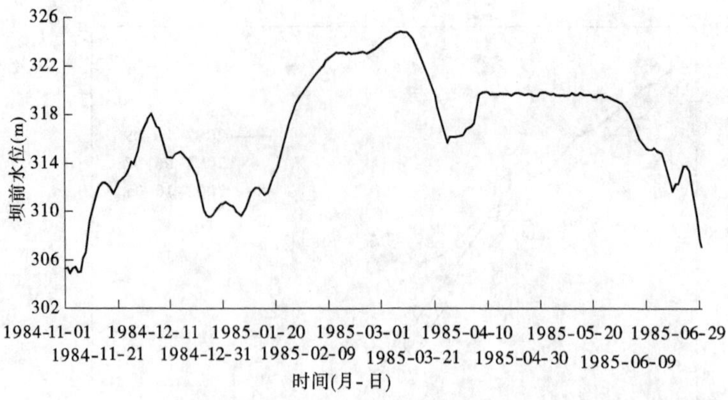

图 3-18　1985 年非汛期坝前水位过程

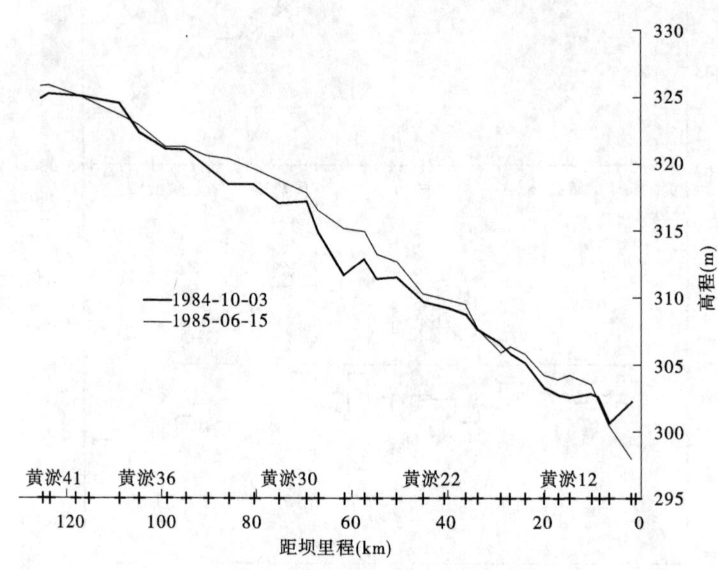

图 3-19　1985 年非汛期淤积纵剖面

1974～2005 年非汛期潼关沙量平均 1.65 亿 t，除 1991 年因 6 月来沙量达到 2.28 亿 t，使非汛期来水量达到 4.16 亿 t 外，大多数年份非汛期沙量在 1 亿～2 亿 t，个别年份在 0.7 亿～1 亿 t。总体来看，非汛期沙量变化幅度较小。分析水库运用水位变化和来水来沙条件与淤积三角洲顶点高程的关系，发现主要是水库运用水位对三角洲的顶点起决定作用。图 3-21 是非汛期水库平均水位与淤积三角洲顶点高程的关系图，随水位的升高，三角洲顶点的位置也升高，两者趋势变化的跟随性比较好，由于水库非汛期水位波动影响，两者的相关程度并不高。把非汛期坝前日均水位值按从高到低排序：第 1 位，即最高日均水位为 H_1；第 2 位，即次高日均水位为 H_2；…；第 n 位，即第 n 位对应日均水位为 H_n；第 110 位，即第 110 位对应日均水位 H_{110}。图 3-22 点绘了非汛期日均水位排序第 110 位对应水位 H_{110} 与三角洲顶点高程 H_d 的关系，两者关系为：

$$H_d = 1.64H_{110} - 205.1 \quad (R^2 = 0.66) \tag{3-1}$$

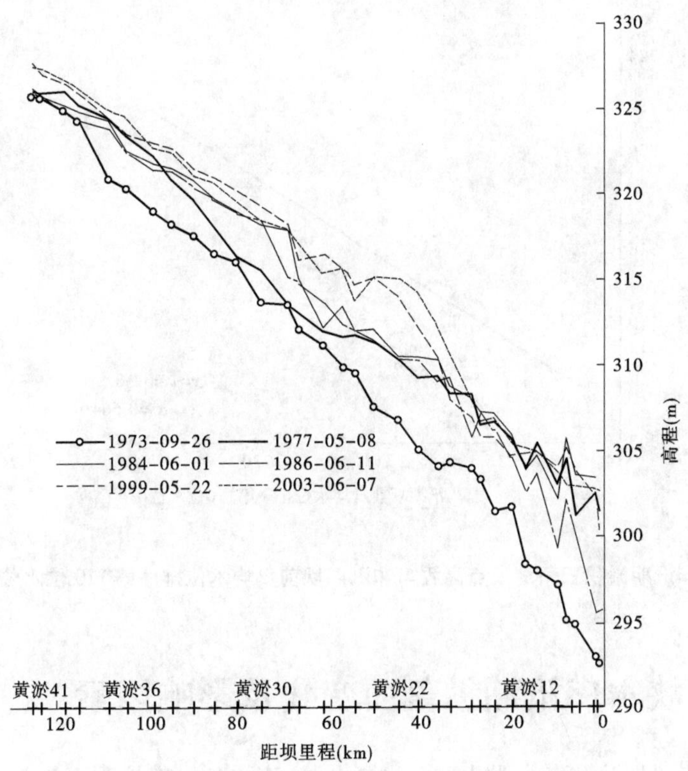

图 3-20　非汛期淤积三角洲

相关系数为 0.81,表明两者关系密切。

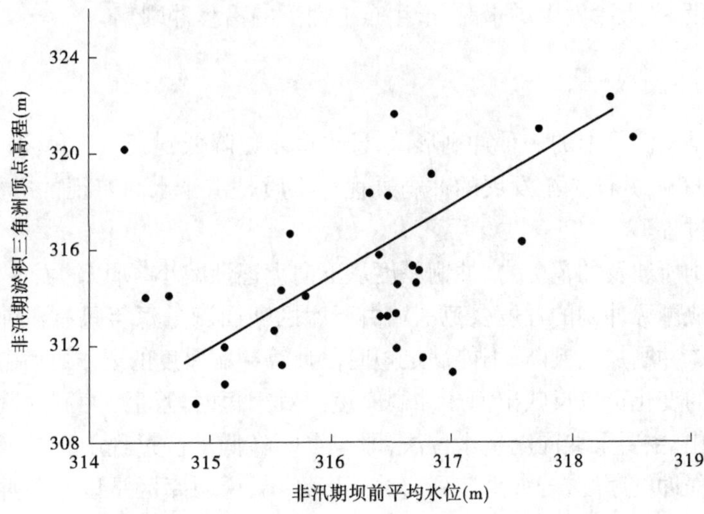

图 3-21　非汛期三角洲顶点高程与非汛期坝前平均水位关系

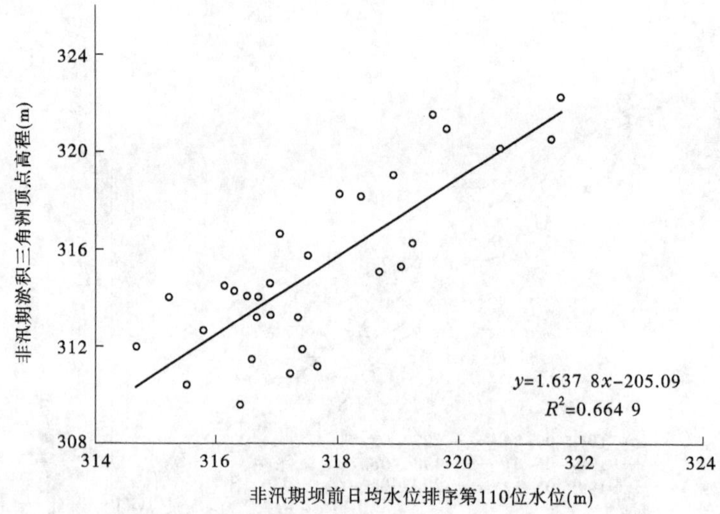

图 3-22 非汛期淤积三角洲顶点高程与非汛期坝前日均水位排序第 110 位水位对应关系

3.4 三门峡水库汛期纵剖面变化及影响因素

三门峡水库汛期除防御大洪水和防洪任务外,库水位一般控制在 305 m 运行,洪水期降低水位排沙。水库运用水位从非汛期平均 316 m 左右降低到 305 m,由于非汛期淤积,水库运用水位下降后产生从下而上的溯源冲刷,在入库发生洪水时,溯源冲刷发展更加充分。水库上游段,在入库发生洪水时,产生自上而下的沿程冲刷。

3.4.1 溯源冲刷

溯源冲刷是逆流而上的一种冲刷形式,即当库水位降低到淤积三角洲顶点以下时,淤积面产生跌水冲刷,并向上游发展的冲刷过程。实质是由于水力特征的突然变化造成河床条件的响应过程。

在溯源冲刷所涉及的范围内,冲刷厚度从下向上逐渐减小,所以冲淤厚度的沿程变化能够很好地反映溯源冲刷的程度及范围。由于库区断面测量每年只有汛前和汛后两次,只能对汛期总体冲刷加以判断,不能满足短时段计算冲刷厚度的要求,而用库区水面比降和同流量水位的变化可以反映出河床冲刷厚度。对于短时段溯源冲刷的判别,结合进出库输沙率的变化,主要采取同流量水位法,即在水库降低水位过程中,用沿程同流量水位下降值代表沿程冲刷厚度,若大禹渡到潼关逐渐减小,说明库区是以溯源冲刷为主,认为是溯源冲刷;否则,认为是沿程冲刷为主。

对于进行蓄清排浑运用的三门峡水库,汛期降低水位控制运用,汛初从降低水位后,坝前水位与非汛期的淤积三角洲产生较大水位落差,形成自坝前向上游发展的溯源冲刷,溯源冲刷的范围和数量对于冲刷非汛期淤积物、调整库区纵剖面十分重要。

3.4.1.1　溯源冲刷影响因素分析

1. 溯源冲刷影响因素

统计 1974 年以来 6 月、7 月水库降低水位冲刷资料,其特征值见表 3-8。汛初降低水位排沙期和敞泄排沙期累计入库沙量为 8.3 亿 t,占汛期总来沙量的 3.81%,同期累计入库水量占汛期的 3.80%;累计排沙量 18.6 亿 t,占汛期总出库沙量的 6.4%,该时期的排沙比为 2.2,其中排沙量 10.3 亿 t,占汛期排沙量的 14.3%。

表 3-8　1974 ~ 2013 年溯源冲刷期排沙特征值

水文站	项目	次数	天数	平均流量(m^3/s)	水量(亿 m^3)	沙量(亿 t)	含沙量(kg/m^3)	排沙量(亿 t)
潼关	降低水位排沙	25	146	597	75.3	2.2	29.5	3.4
	敞泄排沙	25	136	1 319	155.0	6.1	39.2	6.8
	总计	50	282	945	230.3	8.3	36.0	10.3
三门峡	降低水位排沙	25	146	685	86.5	5.6	65.1	
	敞泄排沙	25	136	1 341	157.6	12.9	82.0	
	总计	50	282	361	244.1	18.6	76.0	

(1)降低水位冲刷期。累计 146 d,入库含沙量 29.5 kg/m^3,同期出库含沙量 65.1 kg/m^3,是入库的 2.20 倍;入库总沙量 2.2 亿 t,相应出库沙量 5.6 亿 t,排沙量为 3.4 亿 t,排沙比达到 2.5。

(2)敞泄冲刷期。累计 136 d,进出库流量接近,入库含沙量 39.2 kg/m^3,同期出库含沙量 82.0 kg/m^3,是入库含沙量的 2.09 倍;入库总沙量 6.1 亿 t,相应出库沙量 12.9 亿 t,排沙量为 6.8 亿 t,排沙比达到 2.1。

三门峡水库汛期降低水位排沙或敞泄运用,第 2 章分析表明流量与比降是影响水库溯源冲刷出库输沙率的关键因素。若以 QJ(Q 为三门峡平均流量,J 为北村到史家滩的水面比降)表示汛初坝前河段的水流能量,其与冲刷量的关系见图 3-23。图 3-23 表明,随着水流能量的增加,排沙量呈明显增加的趋势,但两种情况的增加趋势不同。对于降低水位排沙过程,其相关系数为 0.84,相关程度较好。敞泄排沙过程是坝前水位降低后溯源冲刷继续发展的结果,受北村以上河床调整的影响,排沙量与北村以下水流能量的相关系数为 0.75,小于降低水位冲刷时相关系数。点绘潼关站来沙系数和库区水面比降的综合因素 $J/(S/Q)^{0.35}$ 与排沙比的关系(见图 3-24),敞泄冲刷过程的排沙比的相关系数为 0.71,相比之下,降低水位冲刷过程的点群相对散乱,但在相同的 $J/(S/Q)^{0.35}$ 条件下降低水位冲刷的排沙比大于敞泄冲刷的排沙比。

降低水位过程水库排沙是坝前水位直接作用的结果,其效果受坝前河床条件和水流条件的作用大,在同样的条件下排沙比相对较大;敞泄排沙受入库水沙条件和库区河床条

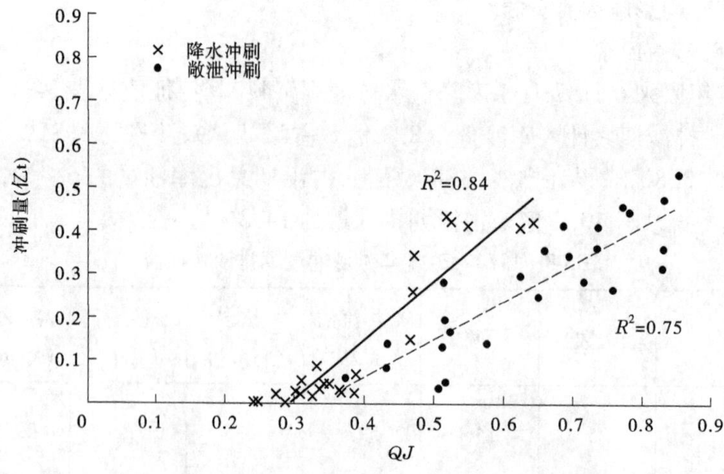

图 3-23　溯源冲刷期排沙量关系图

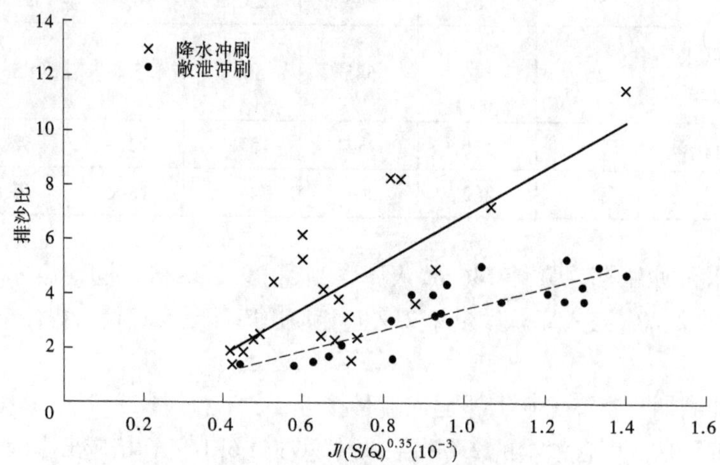

图 3-24　溯源冲刷期排沙比关系图

件的影响相对较大,是沿程冲刷调整和溯源冲刷继续发展的结果。

2. 汛初降低水位冲刷

在三门峡水库蓄清排浑运用期,降低水位冲刷主要发生在每年的 6 月末至 7 月初,坝前库水位一般都要下降到 305 m 上下或者更低,使汛初出现溯源冲刷。影响库区河床冲刷的主要因素是坝前水位与三门峡的出库流量,水位越低,比降和流量越大,冲刷量就越大。根据泥沙运动理论,水流能量是泥沙输移的主要动力,是输沙能力变化的根本原因。以 *WJ* 表示汛初坝前河段的水流能量,同时也是水流、含沙量和运用水位的综合因素的反映,建立其与冲沙量的关系(见图 3-25)。从图 3-25 可以看出,冲刷量随着水流能力的增加呈明显增加的趋势,相关系数为 0.85。

降低水位的排沙效果除了受水流条件的影响,还受坝前非汛期河床淤积量和淤积物分布的影响。分析因降低水位引起的库区溯源冲刷量与潼关以下库区各河段非汛期冲淤

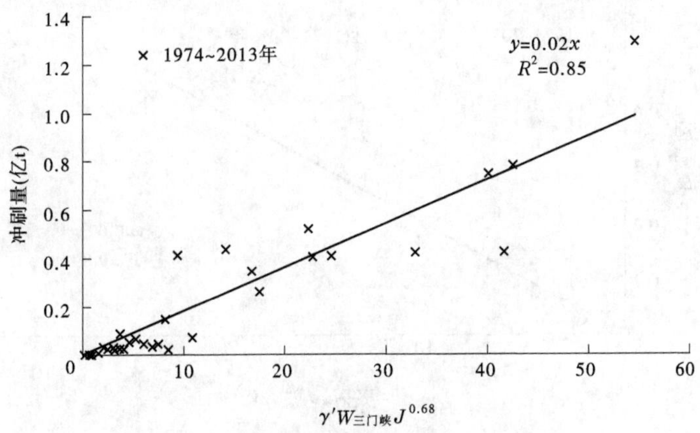

图 3-25　汛初降低水位期冲刷量与水流能量的关系

量的关系,发现溯源冲刷量与黄淤 12—黄淤 22 断面的冲淤量相关性最好。由图 3-26 可以看出,当史家滩平均水位 < 300 m 时,汛初水库降低水位冲刷期的冲刷量与非汛期黄淤 12—黄淤 22 断面淤积量相关性较好,相关系数为 0.78,溯源冲刷量有随着该河段冲淤量增大而增大的趋势,而史家滩平均水位在 300 ~ 305 m 和 305 ~ 310 m 时,则冲刷量并没有随黄淤 12—黄淤 22 断面非汛期淤积量的增加而增加,冲刷量基本在 0.2 亿 t 以下,分散在上方的点群是受入库水量较大的影响,这几年降低水位冲刷时段潼关入库水量在 7 亿 ~ 14 亿 m^3。综合考虑水流条件 $\gamma' WJ$ 和非汛期河床淤积量 ΔW_s 对水库降低水位冲刷期冲刷量的影响(见图 3-27),冲刷量与综合影响因素的相关性提高,相关系数为 0.89。

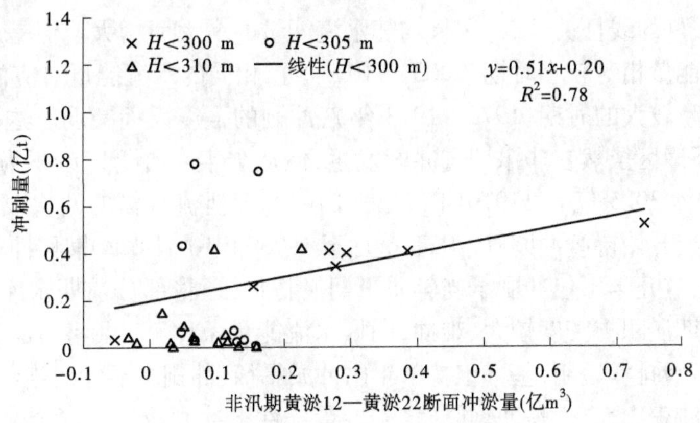

图 3-26　汛初降低水位期冲刷量与非汛期淤积量的关系

3. 敞泄冲刷

敞泄排沙是指库水位下降到水库需水量接近于零、水库基本不蓄水时,库区发生冲刷并将泥沙排出库外的一种排沙方式。敞泄排沙的特点是除输送上游来沙外,还要冲刷前期淤积在河床上的泥沙。所以,敞泄冲刷量由入库沙量和库区冲刷量两部分组成。而根据发生冲刷的条件不同又可分为溯源冲刷、沿程冲刷和其他局部冲刷。

敞泄排沙期以溯源冲刷为主的冲刷(简称为敞泄排沙,下同)主要集中发生在水库滞

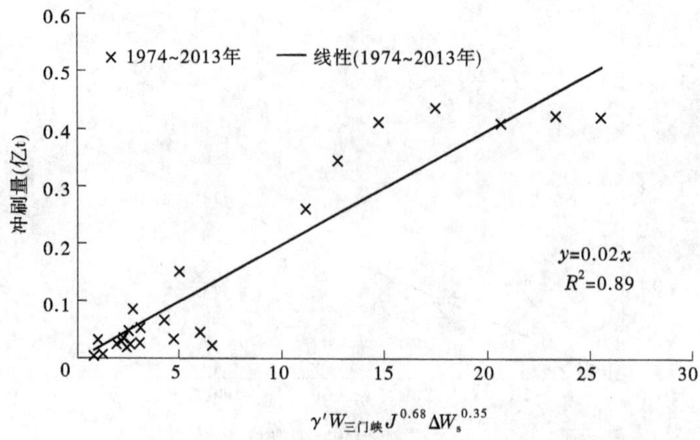

图 3-27 汛初降低水位期冲刷量与综合影响因素的关系

洪运用期(1970～1973年)和蓄清排浑运用时期(2003～2013年)。1970～1973年发生的敞泄排沙是在空库条件下由于来水来沙条件变化形成的,一般发生在洪峰过后的落峰过程中。水库泄空后在空库敞泄运用时的排沙能力,其基本特性和河道水流的输沙相同,都是依靠水流的紊动扩散把泥沙悬浮起来输送出去。2003～2013年发生的敞泄排沙是水库控制305 m低水位运用,遇上游来洪水时降低水位敞泄运用形成的,一般发生在来洪水时水库降低水位运用期,这个时段的敞泄冲刷是根据来水来沙条件和库区冲淤特点,通过水库调度形成的。

在敞泄期产生的冲刷量,主要与比降、入库流量和敞泄时间等因素有关。点绘敞泄期冲刷量与$\gamma' WJ$的关系(见图3-28),发现1970～1973年和2003～2013年冲刷量与水流能量之间都具有较好的线性关系,冲刷量均随水流能量的增大而增大。但是从图3-28中可以看出,在水流能量相对较小时期(2003～2013年),相同的水流能量对应的冲刷量较大;相反,在水流能量较大的时期(1970～1973年),冲刷的强度反而减弱。这是由于在1970年以前潼关以下库区虽然在非汛期有冲刷发生,但从全年来看仍以淤积为主,到1970年6月累积淤积泥沙30.5亿m^3,1970年以后三门峡水库泄流规模的两次改建工程全部投入使用,水库汛期开始持续冲刷,1970年6月至1973年10月水库累积冲刷了4.1亿m^3泥沙,也就是说,这几年不仅冲刷了当年非汛期淤积物,还将部分前期水库累积的淤积物冲刷出库,而前期淤积物密度较大、难冲,同样水流能量条件下冲刷量小。2003～2013年水库经过多年蓄清排浑运用,基本维持了年内冲淤平衡,冲刷主要针对当年非汛期淤积的泥沙,新淤积泥沙密实度小、易冲,同样水流能量条件下冲刷量大。两个时期水流能量段的不同冲刷强度是符合新老淤积物冲刷特点的。

3.4.1.2 溯源冲刷发展范围分析

1. 断面形态变化特点

三门峡水库淤积断面通常在每年汛初和汛末进行测量,1964～1970年时段每年会根据来水来沙和水库运用情况进行加测,但加测的资料基本分布在每年的汛期,而溯源冲刷则主要发生在每年的非汛期末。受实测淤积断面测次的限制,且1964年汛后发生的溯源冲刷较为充分,以1964年为典型年来分析溯源冲刷时断面形态的变化。

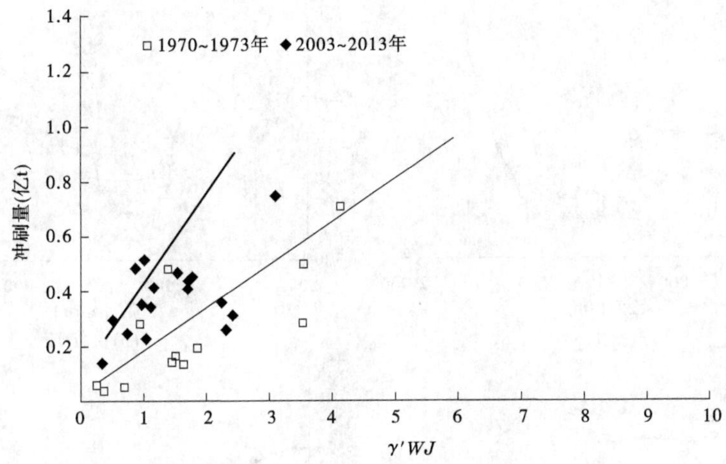

图 3-28　敞泄排沙冲刷量与水流能量的关系

在水库泄空排沙或降低水位排沙过程中,库区内的主槽不断冲刷下切,滩槽高差不断加大,导致失稳崩塌,引起河槽宽度增加。溯源冲刷过程中形成的河槽,具有窄深断面的特点,主槽冲刷宽度和冲刷深度具有沿程减小的特点。1964 年汛期潼关站发生连续的大洪水,由于水库泄流规模不足,潼关以下库区发生严重的淤积,1964 年 10 月主槽的河底高程迅速抬高(见图 3-29),坝前淤积更为严重,纵比降由建库前的 2.83‱降至 1.10‱;1964 年 10 月以后,由于洪水消退,坝前水位不断下降,产生溯源冲刷,冲刷发展至黄淤 36 断面附近,黄淤 36 以下河段主槽在溯源冲刷的作用下下切展宽,主槽深度和宽度由大坝至上游沿程减小(见图 3-29、图 3-30),纵剖面比降恢复至 1.56‱。

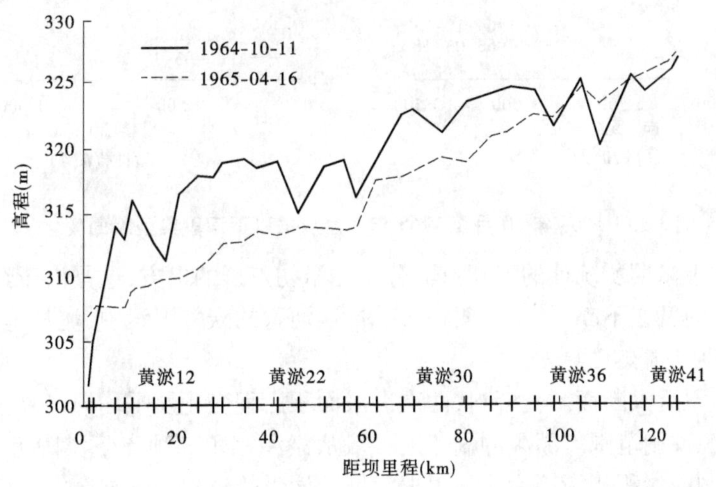

图 3-29　1964 年 10 月至 1965 年 4 月潼关以下河段主槽平均河底高程纵剖面

三门峡水库河谷上宽下窄,河宽沿程变化较大,因溯源冲刷多数情况下仅发展到北村至大禹渡河段,利用 1980 ~ 1986 年大禹渡水文站资料,点绘发生溯源冲刷时段大禹渡站河宽和流量的关系,发现冲刷河宽具有随流量的增大而增大的特点(见图 3-31)。图 3-31

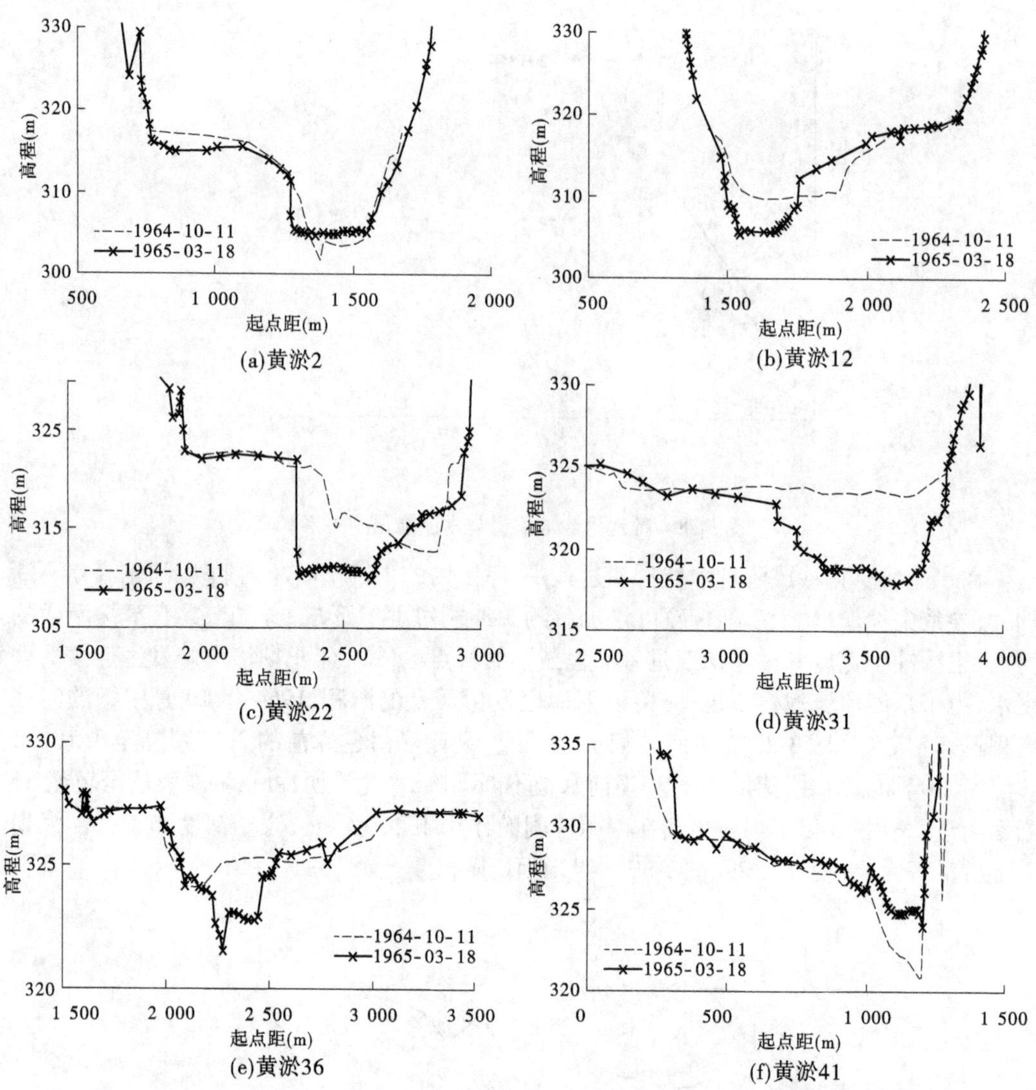

图 3-30　1964 年 10 月至 1965 年 4 月潼关以下河段典型断面变化

中,同流量条件下汛期所统计的河宽点群分布在汛初点群的上方,这是由于经过汛期大洪水的持续冲刷,河宽在不断展宽,说明在影响冲刷河宽的众多因素中,流量是其主要因素。

2. 溯源冲刷范围变化特点

根据汛前、汛后大断面测验资料,两次冲淤面积沿程变化及平均河底高程的沿程变化大致能确定溯源冲刷范围。溯源冲刷范围一般从淤积三角洲顶点下游附近开始,向上发展到与沿程冲刷或淤积相衔接为止。根据汛期冲淤量的沿程变化结合纵剖面变化来判断溯源冲刷发展范围。表 3-9 为 1974 ~ 2005 年汛期溯源冲刷发展范围统计,可以看出 1974 ~ 1985年溯源冲刷发展到黄淤 36—黄淤 38 断面,1986 年以后发展范围有所缩小,有的年份仅发展到黄淤 31 断面,但有的年份如 1988 ~ 1990 年、1992 ~ 1994 年也发展到黄淤 36 断面以上。

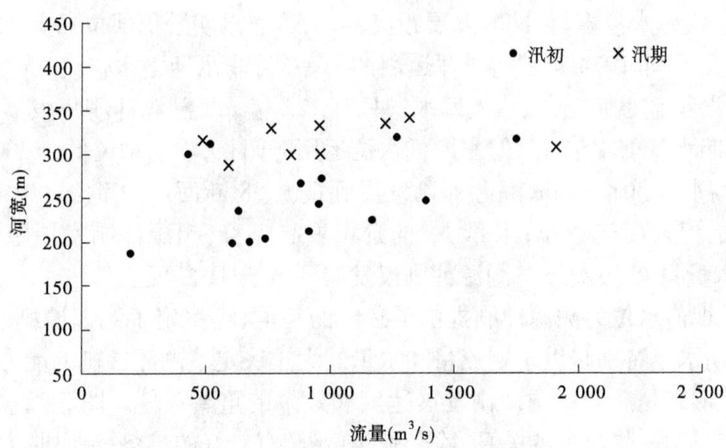

图 3-31　1980～1986 年大禹渡站河宽流量关系

表 3-9　1974～2005 年汛期溯源冲刷发展范围及水量

年份	最远断面	距坝河槽长度(km)	汛期水量(亿 m^3)	年份	最远断面	距坝河槽长度(km)	汛期水量(亿 m^3)
1974	黄淤 38	115.1	122	1990	黄淤 37	108.53	139
1975	黄淤 38	115.1	302	1991	黄淤 33	89.94	61
1976	黄淤 36	104.53	319	1992	黄淤 37	108.53	131
1977	黄淤 30	75.17	166	1993	黄淤 36	104.53	140
1978	黄淤 36	104.53	223	1994	黄淤 36	104.53	133
1979	黄淤 37	108.53	217	1995	黄淤 33	89.94	114
1980	黄淤 38	115.1	134	1996	黄淤 35	98.78	128
1981	黄淤 38	115.1	338	1997	黄淤 31	80.39	56
1982	黄淤 37	108.53	184	1998	黄淤 33	89.94	86
1983	黄淤 37	108.53	314	1999	黄淤 35	98.78	95
1984	黄淤 36	104.53	282	2000	黄淤 34	94.73	73
1985	黄淤 36	104.53	233	2001	黄淤 34	94.73	61
1986	黄淤 34	94.73	134	2002	黄淤 34	94.73	58
1987	黄淤 31	80.39	75	2003	黄淤 37	108.53	156
1988	黄淤 36	104.53	187	2004	黄淤 32	85.53	75
1989	黄淤 37	108.53	205	2005	黄淤 32	85.53	113

溯源冲刷的发展距离与入库水量、坝前水位和非汛期淤积分布等因素密切相关。由表 3-9 可看出，入库水量多时，冲刷发展距离较远；若非汛期淤积部位靠上，那么溯源冲刷发展也就靠上游。如 1974 年蓄清排浑运用的第一年，非汛期蓄水位高，大多淤积在黄淤 31 断面以上，淤积重心靠上，虽然入库水量只有 122 亿 m^3，溯源冲刷仍发展到黄淤 38 断面；1980 年汛期水量 134 亿 m^3，但水库低水位运用时间长，坝前水位低于 300 m 的天数有 27 d，汛期平均水位 301.87 m，溯源冲刷发展到黄淤 38 断面。20 世纪 90 年代以后敞泄运用时间增加，但入库流量小，水量少，且淤积重心下移，溯源冲刷发展距离相对较短。1997 年汛期水量只有 56 亿 m^3，溯源冲刷仅发展到黄淤 31 断面。

汛期降低坝前水位为溯源冲刷提供了必要的势能，还决定了溯源冲刷的下游起始基准面高程；汛期水量特别是洪水期流量和水量的大小决定了溯源冲刷的能力及发展范围；前期河床淤积形态是影响溯源冲刷发展速度和效果的重要条件。图 3-32 点绘了溯源冲刷发展距离与汛期平均流量的关系，除个别年份外，有较好的趋势：流量越大，溯源冲刷发展的距离越远。当流量大于 1 500 m^3/s 时，可以发展到黄淤 36 断面（距坝 104.53 km）以上；当流量小于 1 500 m^3/s 时，随着流量的增加，冲刷范围明显延长；同流量下冲刷发展的变化范围在 10 ~ 15 km。

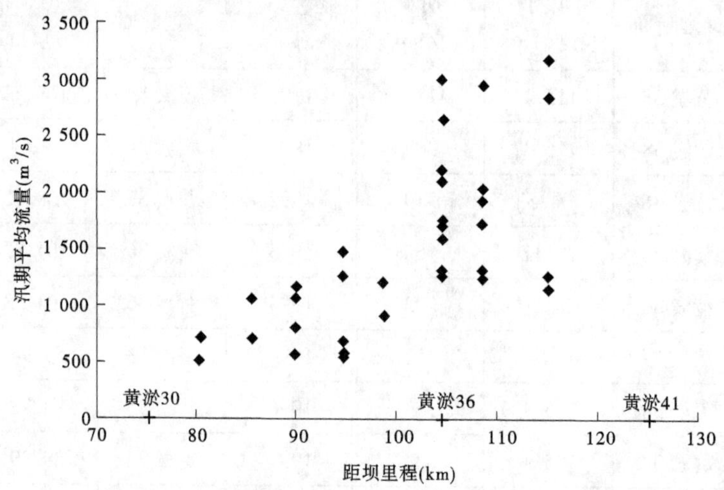

图 3-32 溯源冲刷发展距离与汛期平均流量的关系

3. 溯源冲刷与坝前水位分析

库水位下降是产生溯源冲刷的必要条件，但并不是每次坝前水位下降都会产生溯源冲刷，只有当水位下降到库区淤积三角洲顶点以下时，溯源冲刷才会发生。坝前淤积三角洲顶点的高程与位置主要受水库非汛期平均运用水位和高水位运用天数的影响，表 3-10 统计了三门峡水库 1974 ~ 2013 年的运用特征值。从表 3-10 中可以看出，发生溯源冲刷时坝前水位与非汛期平均运用水位、高水头运用天数有关。汛初坝前水位逐步降低，在入库输沙率变化很小的前提下，出库输沙率突然增大，可认为发生了溯源冲刷。以出库输沙率突然增大时的逐日平均水位作为发生溯源冲刷时的坝前水位。

表3-10　1974～2013年三门峡水库运用特征值

年份	发生冲刷时坝前水位(m)	非汛期水位			最高水位(m)	平均水位(m)
		$H \geqslant 318$ m	$H \geqslant 320$ m	$H \geqslant 322$ m		
1974	305.51	130	121	77	324.80	314.29
1975	305.68	99	72	61	323.99	316.13
1976	306.21	115	73	31	324.50	316.83
1977	308.45	130	118	108	325.95	318.32
1978	306.90	135	101	59	324.25	317.72
1979	302.71	161	132	105	324.55	318.50
1980	306.25	122	100	51	323.94	316.51
1981	304.54	107	94	55	323.57	315.66
1982	309.03	128	101	76	323.94	317.58
1983	306.56	110	80	61	323.73	316.32
1984	306.60	115	93	62	324.57	316.48
1985	306.87	115	49	38	324.90	316.73
1986	306.28	93	25	8	322.62	315.15
1987	308.65	88	66	40	323.73	316.77
1988	306.52	104	77	34	324.03	316.54
1989	304.81	106	66	53	324.06	315.59
1990	306.12	96	81	50	323.93	316.47
1991	308.85	90	47	34	323.83	314.88
1992	306.28	106	89	54	323.89	316.40
1993	303.62	57	34	0	321.60	314.47
1994	305.22	78	43	9	322.64	315.13
1995	304.92	49	23	0	321.79	315.12
1996	307.72	82	62	0	321.70	316.56
1997	303.48	90	61	0	321.79	314.66
1998	305.90	138	72	22	323.73	316.67
1999	304.47	79	20	0	320.74	315.79
2000	304.63	76	37	0	321.91	315.53
2001	288.65	94	24	0	320.55	316.54
2002	311.01	81	25	0	320.25	316.71
2003	307.69	0	0	0	317.91	315.59
2004	288.24	0	0	0	317.97	317.01

续表 3-10

年份	发生冲刷时坝前水位(m)	非汛期水位			最高水位(m)	平均水位(m)
		$H \geqslant 318$ m	$H \geqslant 320$ m	$H \geqslant 322$ m		
2005	289.61	0	0	0	317.94	316.41
2006	295.91	0	0	0	317.95	316.22
2007	295.14	0	0	0	317.93	316.70
2008	294.23	0	0	0	317.97	316.63
2010	289.16	6	0	0	318.14	317.09
2011	298.09	0	0	0	318.00	317.43
2012	300.52	32	0	0	318.86	317.60
2013	303.70	27	0	0	319.17	317.57

图 3-33 点绘了汛初水库发生溯源冲刷时坝前水位与非汛期平均水位的关系，两者有较好的相关性。由图 3-33 可以看出，非汛期平均运用水位越高，发生溯源冲刷时所需的坝前水位降低幅度就越小。1974～2002 年和 2003～2013 年这两个时段，发生溯源冲刷坝前水位与非汛期平均水位的关系呈两条关系带分布，说明发生溯源冲刷时的坝前水位还受汛初水库降低方式的影响。1974～2002 年水库在汛初降低水位过程较为缓慢，通常从春灌蓄水的最高水位降低至 305 m 左右，大概需要 30 d 时间（见图 3-34(a)）；2003～2013 年水库水位降低过程较快而且水位低，在汛初降低水位过程中往往 6～7 d 的时间（见图 3-34(b)），坝前水位就从非汛期高水位降至 290 m 左右。

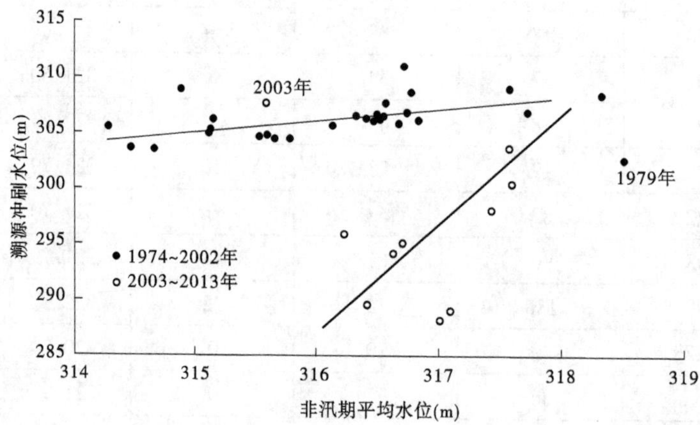

图 3-33　发生溯源冲刷时坝前水位与非汛期平均水位关系

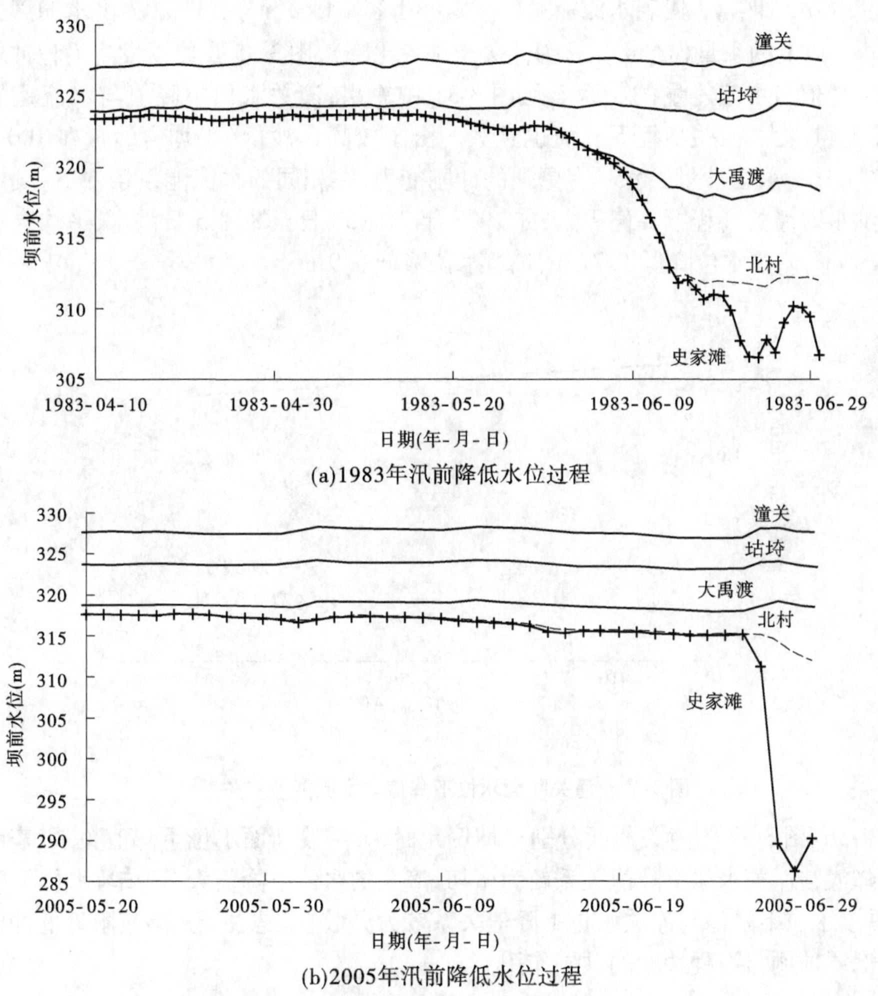

(a)1983年汛前降低水位过程

(b)2005年汛前降低水位过程

图 3-34　三门峡水库典型年汛初降低水位过程

3.4.2　沿程冲刷

沿程冲刷是水流不平衡输沙与河床随之调整的必然结果，冲刷的数量和部位取决于水流输沙能力及沿程床沙的补给情况。

三门峡水库蓄清排浑运用以来，潼关下游河段在洪水期间多发生沿程冲刷。在有利的水沙条件下，潼关附近河床冲刷下降，含沙量沿程增加，随着冲刷向下游发展，含沙水流趋于饱和，河床冲刷幅度逐渐减小。

对 1974 年以来潼关以下库区河段沿程冲刷为主的资料进行统计（见表 3-11），可以看出，一般沿程冲刷可以发展到坫垮以下与溯源冲刷衔接。坫垮水位冲刷下降值小于潼关，大禹渡受沿程冲刷和溯源冲刷的影响，水位冲刷下降值有时大于坫垮水位冲刷下降值。潼关断面水位冲刷下降值大小与来水来沙和河床条件有关。

沿程冲刷发展是来水来沙对河床冲刷的结果，冲刷量的大小也取决于水沙条件和河床条件。利用 $\gamma' W_{1\,000} J$ 代表水流能量（γ' 为浑水容重（kg/m^3），$W_{1\,000}$ 为洪水期潼关流量 1 000 m^3/s 以上的水量（亿 m^3），J 为潼关至坫埼比降），图 3-35 点绘了发生沿程冲刷时潼关高程下降值与水流能量的关系。从图 3-35 中看出，潼关水位下降值与水流能量成正比，水流能量越大，潼关高程下降值也越大。由于较高含沙量（平均含沙量在 100 kg/m^3 以上）洪水比一般含沙量洪水具有更强的冲刷能力，在相同的水流能量条件下，发生较高含沙量洪水时潼关高程下降值更大，如 1997 年 7 月 30 日至 8 月 5 日洪水，平均含沙量为 275.5 kg/m^3，潼关水位降低 1.77 m，坫埼水位降低 0.9 m。

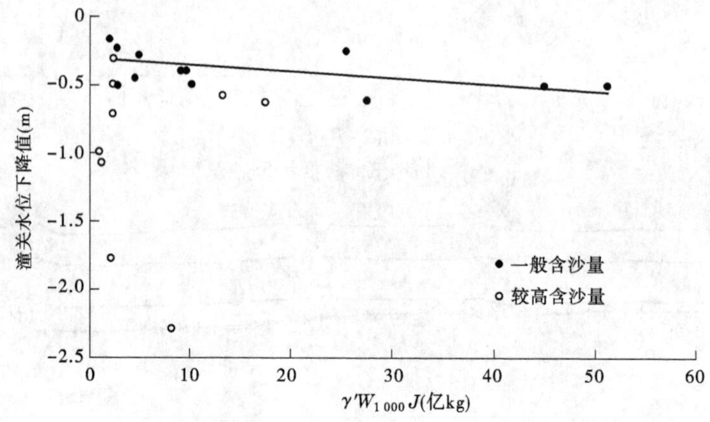

图 3-35　潼关断面水位下降值与水流能量的关系

图 3-36、图 3-37 为潼关断面分别与坫埼断面、大禹渡断面水位下降值关系，表明坫埼水位下降值与潼关水位下降值关系较为密切，潼关的水位下降值大时，坫埼水位下降值也大；大禹渡水位下降值与潼关水位下降值关系较为分散，这是由于大禹渡附近的冲刷变化往往受溯源冲刷与沿程冲刷的共同作用。

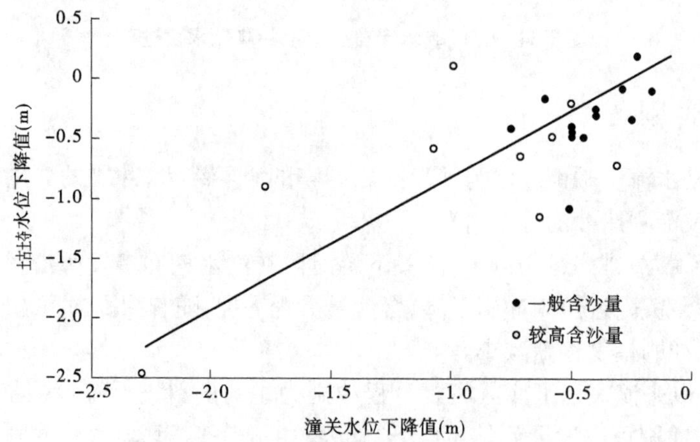

图 3-36　坫埼断面与潼关断面水位下降值关系

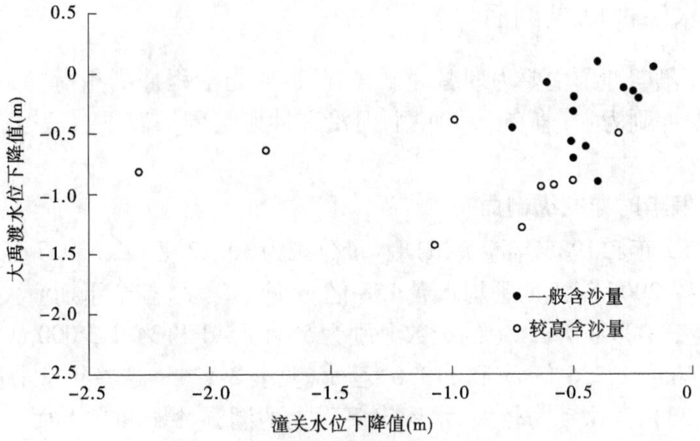

图 3-37　大禹渡断面与潼关断面水位下降值关系

表 3-11　沿程冲刷特征值(1 000 m^3/s 流量水位)

时段(年-月-日)	水位(m)				平均流量(m^3/s)	平均含沙量(kg/m^3)
	潼关	坫埼	大禹渡	北村		
1973-08-24～09-21	-0.63	-1.15	-0.94	-0.27	2 648	124.6
1974-07-28～08-04	-0.71	-0.64	-1.28	0.33	1 563	193.2
1974-10-01～10-10	-0.29	-0.08	-0.11	-0.06	1 991	28.9
1976-08-08～10-19	-0.5	-0.45	-0.3		3 855	27.2
1977-07-01～07-21	-2.29	-2.46	-0.82	0.52	2 255	200
1978-07-11～07-18	-0.31	-0.72	-0.5	-0.28	1 524	173.3
1980-08-07～08-31	-0.5	-0.47	-0.19	-0.58	1 105	40.4
1981-07-03～07-14	-0.45	-0.48	-0.6	-0.29	2 577	46.6
1981-08-17～10-19	-0.51	-1.08	-0.56	0	4 154	28.6
1984-09-22～10-18	-0.4	-0.3	0.1	-0.5	2 320	16
1985-09-09～10-24	-0.25	-0.33	-0.14	-0.15	3 448	24.2
1988-08-04～08-25	-0.58	-0.48	-0.93	-0.46	3 300	109.6
1989-08-12～10-10	-0.61	-0.16	-0.07	-0.07	2 707	20.8
1993-07-22～07-30	-0.23	0.2	-0.2	-0.85	1 810	35.6
1994-07-08～07-14	-0.5	-0.2	-0.89	-2.05	1 916	162.8
1997-07-30～08-05	-1.77	-0.9	-0.64	-2.82	1 712	275.5
1999-07-12～07-18	-1.07	-0.58	-1.43	-0.55	1 213	172.9
2000-10-11～10-18	-0.17	-0.1	0.05	0.85	1 523	26.7
2001-08-19～08-23	-0.99	0.11	-0.39	0.7	1 277	238.9
2003-08-01～08-09	-0.63	-0.43	-0.45	-2.25	985	44.9
2003-08-26～09-15	-0.60	-0.25	-0.89	-1.75	2 458	53.0
2003-09-29～10-18	-0.5	-0.4	-0.7	-0.6	2 785	26.6

3.4.3 汛期水库冲刷纵剖面

三门峡水库汛期冲刷主要为溯源冲刷、溯源冲刷与沿程冲刷相衔接的方式。坫垮至坝前库段以溯源冲刷为主,兼有沿程冲刷,但沿程冲刷范围一般不会超过大禹渡;潼关至坫垮库段主要为沿程冲刷。

3.4.3.1 水量偏丰时冲刷纵剖面

1975 年、1981 年和 1985 年潼关汛期水量分别为 302.2 亿 m^3、338.7 亿 m^3 和 233.1 亿 m^3,水量比 1974~2005 年汛期平均水量 158 亿 m^3 偏丰较多,整个汛期潼关流量几乎都在 1 000 m^3/s 以上,3 000 m^3/s 以上的天数分别为 55 d、58 d 和 34 d,3 000 m^3/s 以上的水量分别为 181.5 亿 m^3、223.6 亿 m^3 和 113.6 亿 m^3(见表 3-12)。这些年份水量丰沛,洪水场次较多(见图 3-38),洪水动力较大,水库自下而上的溯源冲刷和自上而下的沿程冲刷都得到充分发展,两种形式的冲刷向中间发展,共同作用的结果使整个潼关以下库区河床发生了普遍冲刷,如图 3-39 所示,1975 年、1981 年和 1985 年汛后纵剖面基本上为一条直线。

表 3-12 丰水年潼关水量特征值及坝前水位

年份	潼关水量(亿 m^3)			潼关日均最大流量(m^3/s)	>3 000 m^3/s 天数(d)	>1 000 m^3/s 坝前水位(m)	汛期坝前水位(m)
	汛期	>1 000 m^3/s	>3 000 m^3/s				
1975	302.2	296.9	181.5	5 820	55	304.83	304.77
1981	338.7	337.2	223.6	6 290	58	304.81	304.84
1985	233.1	222.1	113.6	5 190	34	304.04	304.07
2003	156.8	137.6	38.5	4 050	13	303.89	304.06

1981 年汛后纵剖面基本上是一条直线,表明溯源冲刷与沿程冲刷相衔接。潼关至大禹渡库段又形成一个相近的比降,平均比降为 2.33‱,其中潼关至坫垮段比降为 2.3‱,坫垮至大禹渡段比降略大一些,为 2.37‱。

2003 年库区河床纵剖面几乎呈一条直线(见图 3-40),说明水库自上而下的沿程冲刷和自下而上的溯源冲刷都较强,两种形式的冲刷向中间发展,共同作用的结果使整个潼关以下库区河床发生了普遍冲刷下降。造成 2003 年全断面冲刷的原因首先是汛期低水位排沙时间较长,更为重要的是,2003 年是近年来少见的丰水枯沙年,水量大,尤其是汛期洪水流量大。两方面因素共同作用使得 2003 年发生较强冲刷。大水是促使 2003 年沿程冲刷和溯源冲刷都能得到充分发展,并形成贯通潼关以下全库区冲刷的主要原因。

3.4.3.2 水量偏枯时冲刷纵剖面

1986 年、1994 年和 1998 年潼关汛期水量分别为 134.3 亿 m^3、133.3 亿 m^3 和 86.1 亿 m^3,水量比 1974~2005 年汛期平均水量 158 亿 m^3 偏枯,整个汛期潼关流量在 3 000 m^3/s 以上的天数分别为 4 d、6 d 和 1 d,3 000 m^3/s 以上的水量分别为 11.3 亿 m^3、19.7 亿 m^3

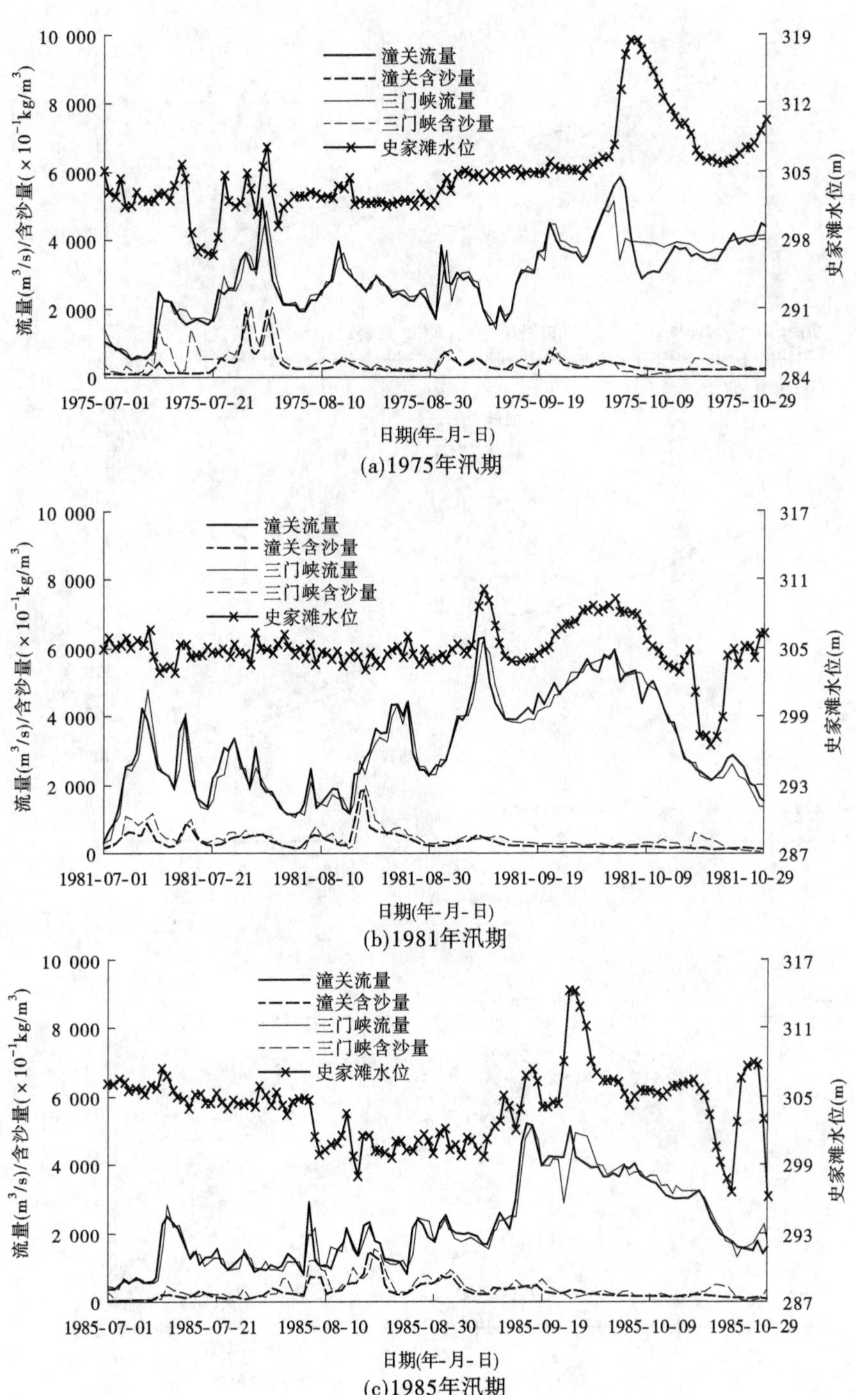

图 3-38　1975 年、1981 年和 1985 年汛期入出库流量及坝前水位

和 4 亿 m^3（见表 3-13）。这些年份水量偏枯，洪水场次较少（见图 3-41），洪水动力较小，水库溯源冲刷和沿程冲刷都较弱，两种形式的冲刷难以衔接，潼关以下库区河床难以发生

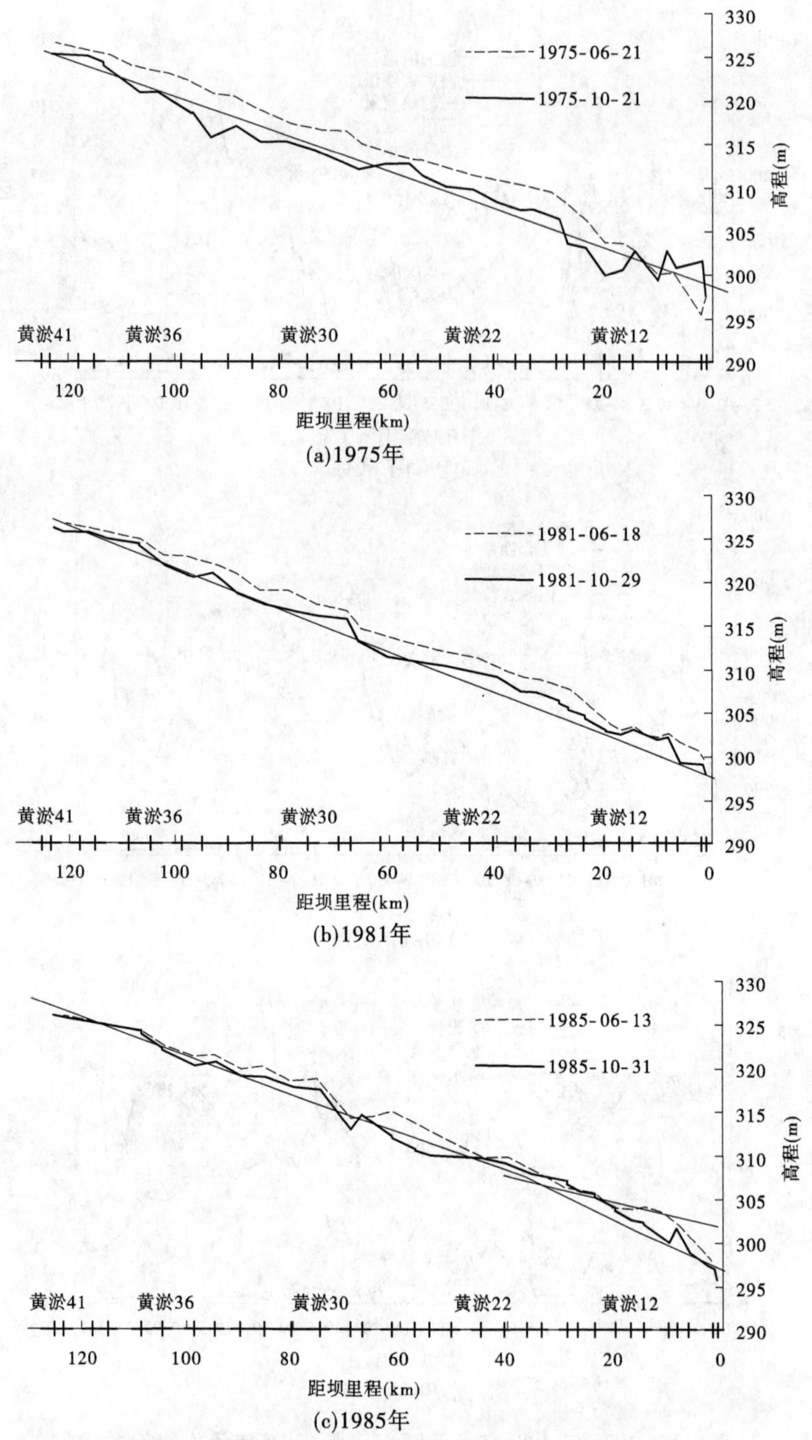

图 3-39　1975 年、1981 年和 1985 年纵剖面

普遍冲刷下降,非汛期高水位时在坫垮附近河段造成的泥沙淤积,在汛期得不到有效冲刷恢复,如图 3-42 所示,1986 年、1994 年和 1998 年汛后该河段比降较缓,一般在 2‱。

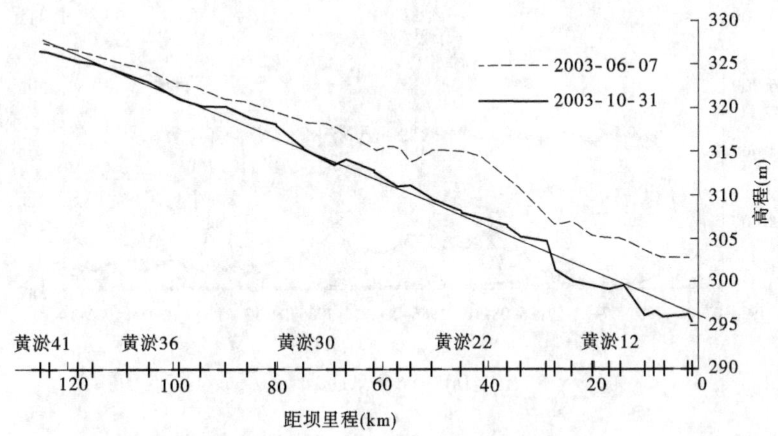

图 3-40　2003 年纵剖面

表 3-13　枯水年潼关水量特征值及坝前水位

年份	潼关水量(亿 m^3)			潼关日均最大流量(m^3/s)	>3 000 m^3/s 天数(d)	>1 000 m^3/s 坝前水位(m)	汛期坝前水位(m)
	汛期	>1 000 m^3/s	>3 000 m^3/s				
1986	134.3	104.0	11.3	3 690	4	301.94	302.45
1994	133.3	104.9	19.7	5 610	6	305.59	306.63
1998	86.1	44.1	4.0	4 616	1	302.94	303.56
2002	57.9	6.6	0	2 100	0	303.41	304.51

从图 3-41、图 3-42 可看出,1986 年汛期平均水位 302.45 m,7 月 14 日至 10 月 7 日,坝前水位一直维持在 300 m 左右,汛期还有几天坝前水位降低到 296 m 以下。因此,坝前段溯源冲刷比较充分,而汛期洪水不足使沿程冲刷较弱,使潼关至大坝纵剖面下陡上缓。

从图 3-41、图 3-42 还可看出,1998 汛期 7 月 16 日至 8 月 18 日坝前一直保持在 300 m 水位,近坝段得到了较为充分的冲刷,但洪水动力不足,坫垮河段仍冲刷不足,使潼关至大坝纵剖面下缓上陡。

2002 年汛期入库水量 57.9 亿 m^3,1 000 m^3/s 以上的水量只有 6.6 亿 m^3,潼关最大日均流量只有 2 100 m^3/s,尽管洪水期坝前水位降低至 300 m 左右(见图 3-43),洪水动力严重不足,坫垮河段冲刷不足,使潼关至大坝纵剖面下缓上陡(见图 3-44)。

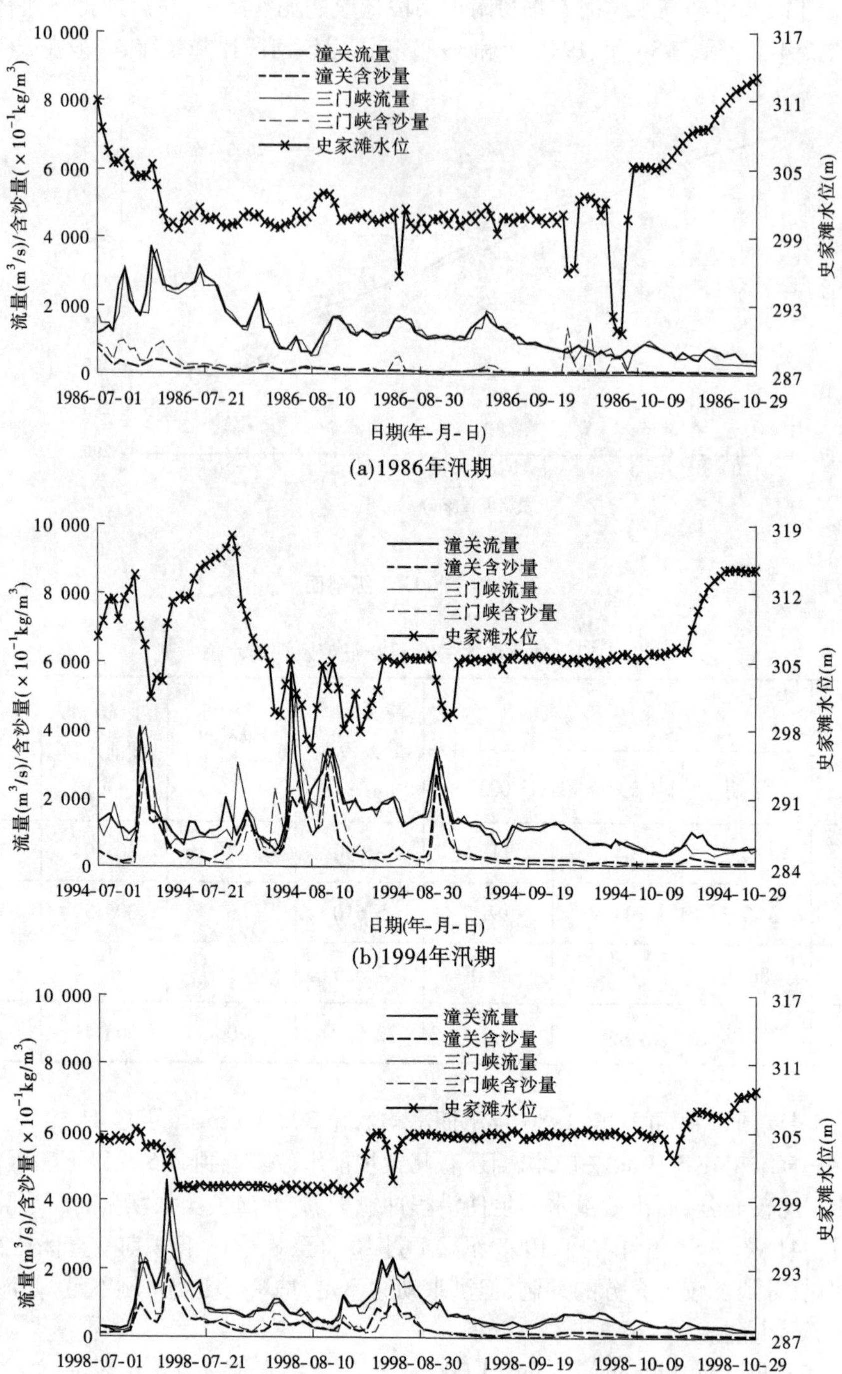

(a)1986年汛期

(b)1994年汛期

(c)1998年汛期

图 3-41　1986 年、1994 年和 1998 年汛期入出库流量及坝前水位

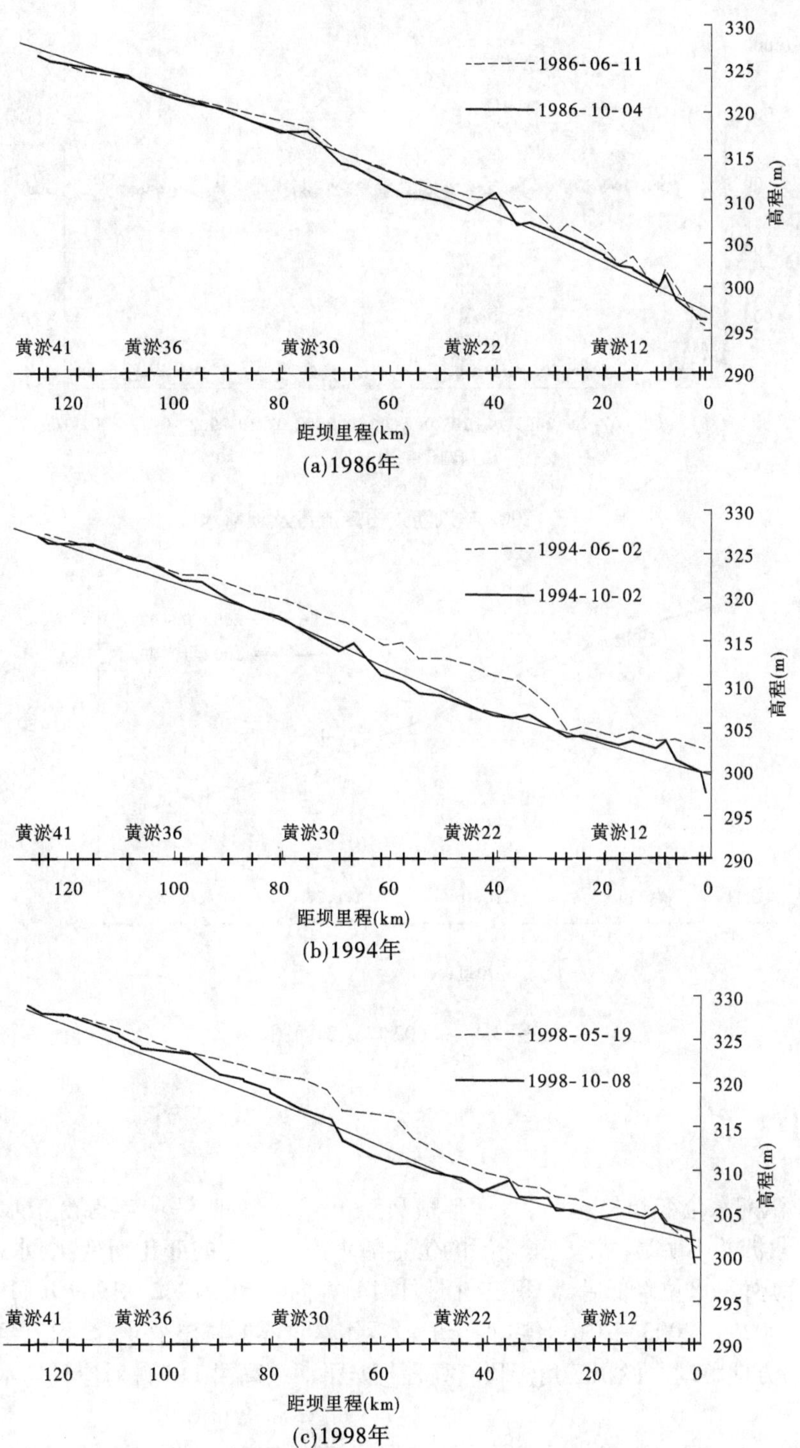

(a)1986年

(b)1994年

(c)1998年

图 3-42　1986 年、1994 年和 1998 年纵剖面

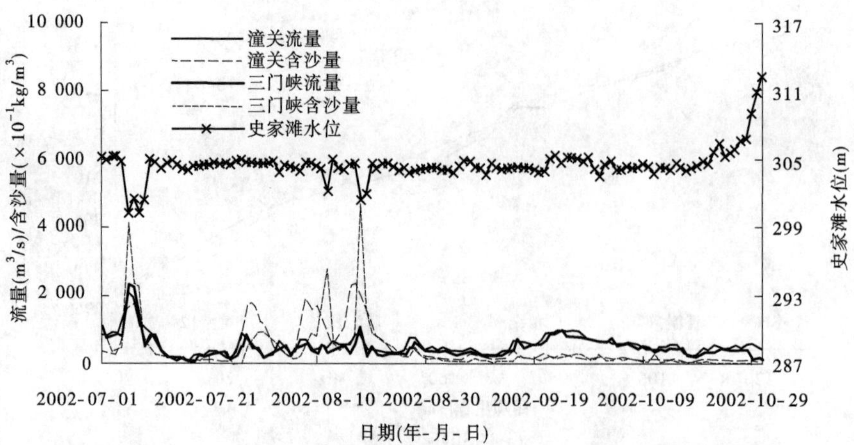

图 3-43　2002 年汛期入出库流量及坝前水位

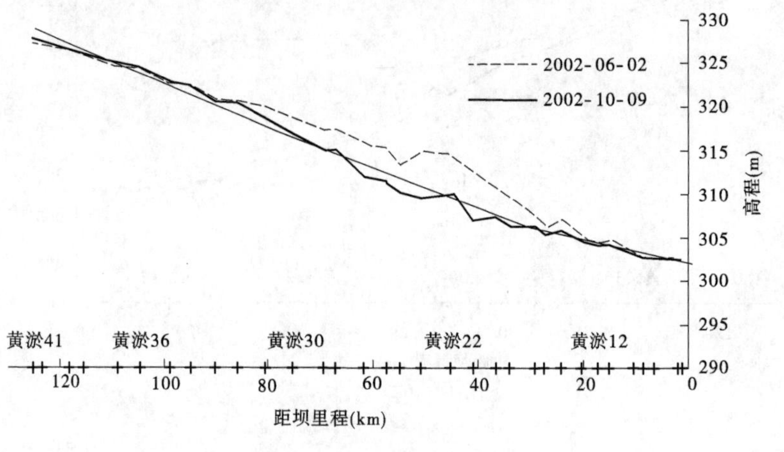

图 3-44　2002 年纵剖面图

3.5　小　结

(1)非汛期水位变幅较小时,水库形成典型淤积三角洲,一些年份由于水位变幅较大,淤积三角洲并不明显。淤积三角洲的位置随水库蓄水位的变化而变化,水位较高时,三角洲在库尾段,水位降低后,淤积三角洲向坝前方向移动。1962～1969 年、1970～1973 年、1974～2002 年、2003～2013 年共四个时段运用水位不断调整变化,淤积三角洲的位置逐渐向坝前方向移动。淤积三角洲顶点高程与非汛期最高第 110 位对应日均水位呈正相关关系。

(2)溯源冲刷发展距离与汛期平均流量有较好的趋势性关系:流量越大,溯源冲刷发展的距离越远。当流量大于 1 500 m^3/s 时,可以发展到黄淤 36 断面以上(距坝 104.53 km);当流量小于 1 500 m^3/s 时,随着流量的增加,冲刷范围明显延长。

汛初水库降低水位冲刷过程中,入库流量往往比较小,当发生溯源冲刷时,其影响范围小,有的发展不到大禹渡(距坝 75.17 km),有的虽然发展到大禹渡以上,但是冲刷厚度很小;在洪水期进行敞泄冲刷,溯源冲刷向上发展较为充分,一般均能发展到坫垮(距坝 104.53 km)以上,基本与沿程冲刷衔接,对主槽纵剖面调整作用较大。

(3)沿程冲刷主要发生在洪水期,是挟沙水流和河床相互作用与调整的过程。沿程冲刷发生时,潼关水位下降值与水流能量成正比;沿程冲刷一般发展到坫垮以下,坫垮的水位冲刷下降值与潼关冲刷下降值关系较为密切,潼关的水位下降值大时坫垮也大;大禹渡附近河段受溯源冲刷与沿程冲刷的共同作用。

(4)三门峡水库汛后冲刷纵剖面取决于溯源冲刷与沿程冲刷共同作用,水流动力是两者的主要影响因素。汛期水量较丰时,水流动力较大,自下而上的溯源冲刷与自上而上的沿程冲刷向中间发展,两者共同作用使潼关以下纵剖面冲刷下降,并基本形成比降一致、接近直线的纵剖面;汛期水量偏枯,洪水动力不足时,溯源冲刷与沿程冲刷难以衔接,或者衔接河段冲刷幅度不足,形成下缓上陡或下陡上缓的纵剖面。

第4章　水库高滩深槽发展与形成规律研究

4.1　1964～1973年入库水沙特点及运用水位变化分析

4.1.1　入库水沙特点

1964～1973年三门峡水库入库年均水量为411.9亿m^3，年均沙量为15.4亿t（见表4-1），与1919～1963年平均值（多年平均值，下同）相比水量偏少2.4%，沙量偏少0.3%。潼关站汛期年均水量228.3亿m^3、年均沙量13.0亿t，分别占年均水量、沙量的55%和84%。潼关站年平均含沙量为37.4 kg/m^3，汛期平均含沙量57.0 kg/m^3，非汛期平均含沙量13.0 kg/m^3。

表4-1　1964～1973年潼关站水沙量

年份	水量（亿m^3）			沙量（亿t）			平均含沙量（kg/m^3）		
	非汛期	汛期	全年	非汛期	汛期	全年	非汛期	汛期	全年
1964	238.2	437.2	675.4	3.0	21.3	24.2	12.6	48.6	35.9
1965	223.5	139.6	363.1	2.2	3.0	5.2	9.8	21.8	14.4
1966	112.5	292.4	404.9	1.1	19.7	20.8	9.6	67.3	51.3
1967	217.7	401.4	619.1	3.0	18.7	21.7	13.9	46.5	35.0
1968	233.4	289.0	522.4	2.7	12.5	15.2	11.6	43.4	29.2
1969	172.1	115.8	287.9	2.2	9.8	12.1	12.9	84.9	41.9
1970	171.8	168.3	340.0	2.9	16.2	19.1	16.9	96.2	56.2
1971	159.9	134.5	294.4	2.0	10.8	12.8	12.4	80.3	43.4
1972	179.9	123.4	303.3	2.8	4.0	6.7	15.5	32.0	22.2
1973	126.9	181.1	308.0	2.0	14.0	16.1	16.0	77.5	52.2
1964～1973	183.6	228.3	411.9	2.4	13.0	15.4	13.0	57.0	37.4
1919～1963	166.2	256.0	422.2	2.5	12.9	15.5	15.3	50.4	36.6

此阶段1964年和1967年为丰水丰沙年，其年水量比多年平均值分别偏多60%和47%，年沙量分别偏多57%和40%。1966年为平水丰沙年，1968年为丰水平沙年。1973年水量为308亿m^3，为枯水平沙年，虽然年水量比多年平均值偏少，沙量与多年平均值持平，但与年水量相当的1971年、1972年（见图4-1）相比，该年的大流量级的洪水量较大。

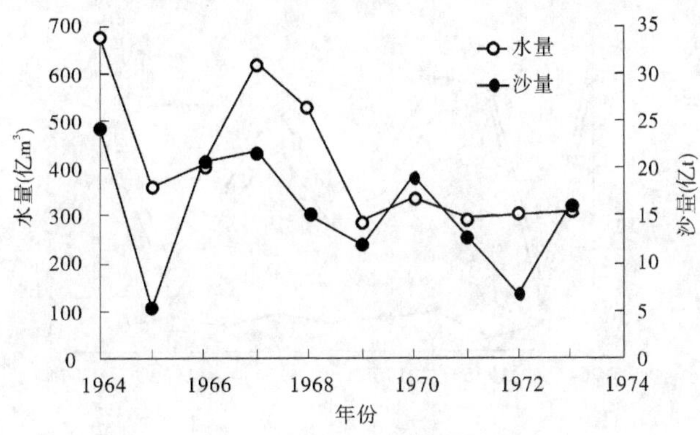

图 4-1　潼关站年水沙量过程

4.1.2　水沙变化特点分析

4.1.2.1　各年水沙量变化

1964～1973 年潼关站来水量年际变化较大，最大来水量是 1964 年 675.4 亿 m^3，最小来水量是 1969 年 287.9 亿 m^3，相差 1 倍多。水库蓄水运用后不久，即遭遇 1964～1968 年连续的丰水年(除了 1965 年)，年均来水量 468.8 亿 m^3，其中 1964 年、1967 年和 1968 年的年来水量分别为 675.4 亿 m^3、619.1 亿 m^3 和 522.4 亿 m^3。之后的 1969～1973 年相对 1964～1968 年来水较枯，平均年来水量为 306.7 亿 m^3，如图 4-2 所示。

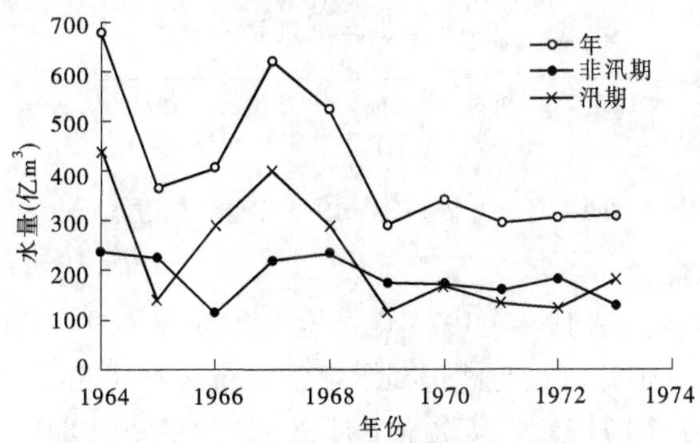

图 4-2　潼关站 1964～1973 年水量过程

汛期来水量的变化与年来水量变化趋势一致，1964～1968 年汛期平均来水量为 311.9亿 m^3，1969～1973 年汛期平均来水量为 144.6 亿 m^3。非汛期水量年际间变化不大，年内来水量分配发生变化主要是汛期来水量的变化引起的。

潼关站来沙量主要集中在汛期(见图 4-3)，1964～1973 年来沙量年际变化幅度较大，最大来沙量为 1964 年 24.2 亿 t，最小来沙量为 1965 年 5.2 亿 t，几乎相差 5 倍。1964～1973 年来沙量较丰，潼关站平均来沙量为 15.4 亿 t，只有 1965 年和 1972 年来沙量少，分别为 5.2 亿 t 和 6.7 亿 t。非汛期沙量变化不大，年际间的变化范围在 2 亿～3 亿 t，除了 1966 年来沙较枯，为 1.1 亿 t。

由于潼关站沙量主要集中在汛期，因此汛期的含沙量值最大(见图 4-4)。1964～

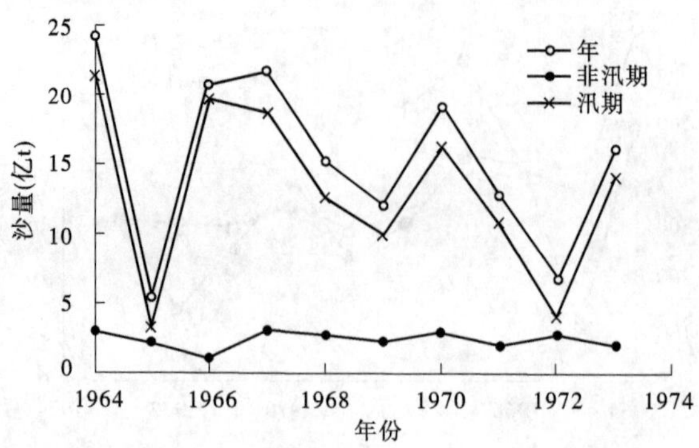

图 4-3　潼关站 1964 ~ 1973 年沙量过程

1973 年汛期最大含沙量为 1970 年 96.2 kg/m³，汛期最小含沙量为 1965 年 21.8 kg/m³。由于 1968 年以后潼关站来水相对较枯，而来沙量变化不大，使含沙量增大，除 1972 年外，1969 ~ 1973 年汛期含沙量都在 70 kg/m³ 以上。

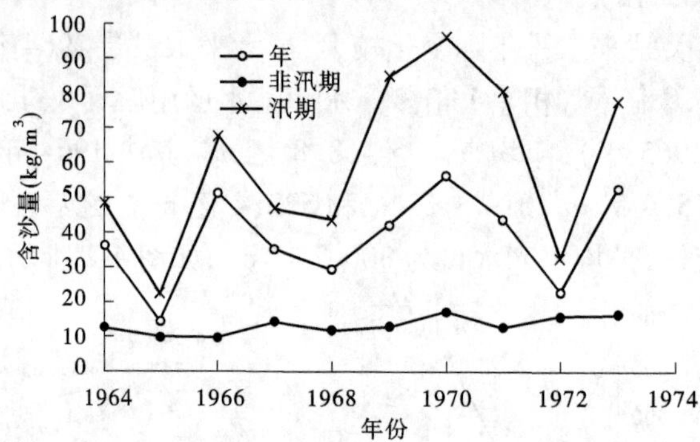

图 4-4　潼关站 1964 ~ 1973 年含沙量过程

4.1.2.2　各月水沙量变化

图 4-5 和图 4-6 为潼关站 1964 ~ 1973 年月均水沙量分布图。可以看出，潼关站来水来沙虽然都集中在汛期，但是水量与沙量在汛期的分布是不同的。1964 ~ 1973 年潼关站月均来水量分布以 9 月、10 月最多，其次是 7 月、8 月，沙量则以 8 月、7 月最多，其次是 9 月，其余月份沙量均较少。这个时段潼关站泥沙集中分布在 7 月、8 月，而后期 9 月、10 月来水相对较清。

1964 ~ 1973 年潼关站表现出水沙不同步的特点，丰水丰沙年更为明显。如 1964 年月均来沙量最多的是 7 月和 8 月，来沙量分别为 8.35 亿 t 和 7.13 亿 t，而来水量最多的是 8 月和 9 月，来水量分别为 118.69 亿 m³ 和 124.14 亿 m³。1966 年月均来沙量最多的是 7 月和 8 月，来沙量分别为 8.19 亿 t 和 5.98 亿 t，而来水量最多的是 8 月和 9 月，来水量分别为 96.71 亿 m³ 和 73.28 亿 m³。

4.1.3　洪水变化特点

以潼关站汛期日均洪峰流量大于 1 000 m³/s 作为标准，进行了场次洪水划分。表 4-2

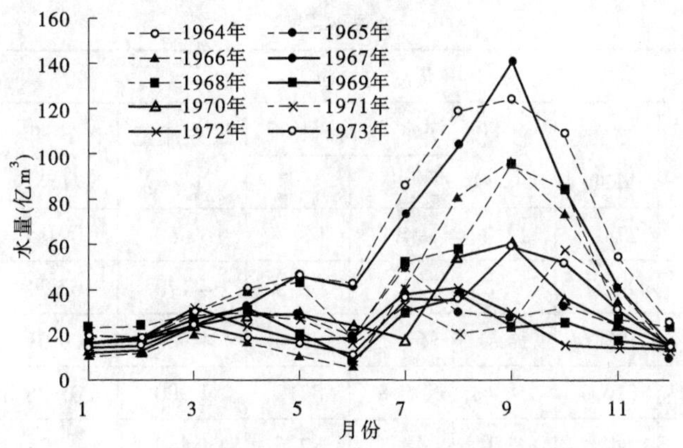

图 4-5　潼关站月均水量过程

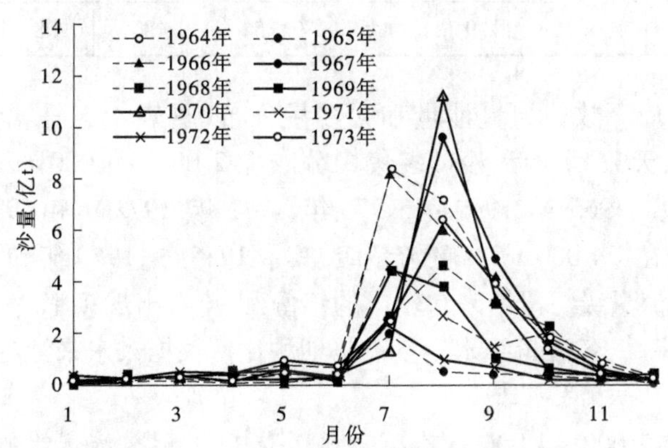

图 4-6　潼关站月均沙量过程

为潼关站汛期洪水特征值，潼关站自 1964～1973 年的汛期共出现了 52 场洪水，平均洪水水量 186.1 亿 m^3，沙量 11.9 亿 t，大于 3 000 m^3/s 流量的平均水量为 120.7 亿 m^3。汛期来水较丰的有 1964 年、1966 年、1967 年和 1968 年这四年，洪水平均持续天数均超过 80 d，1964 年高达 112 d。这四年的洪水水量均超过了 200 亿 m^3，洪水水量分别占汛期水量的 93.0%、88.4%、81.5% 和 94.8%，最大的洪水水量为 1964 年的 406.6 亿 m^3。

表 4-2　1964～1973 年汛期潼关站洪水特征值

年份	汛期潼关站洪水							>3 000 m^3/s 洪水	
	历时(d)	水量(亿 m^3)	沙量(亿 t)	洪水期占汛期(%)		最大流量(m^3/s)	日期(月-日)	水量(亿 m^3)	沙量(亿 t)
				水量	沙量				
1964	112	406.6	20.2	93.0	94.8	9 480	08-14	411	19.96
1965	37	62.9	2.2	45.1	73.3	4 790	07-22	10.2	0.51
1966	91	258.4	18.7	88.4	94.9	6 840	07-03	186.1	13.75
1967	90	327.2	17.0	81.5	90.9	6 250	09-22	311.6	16.73

续表 4-2

年份	汛期潼关站洪水							>3 000 m³/s 洪水	
	历时(d)	水量(亿 m³)	沙量(亿 t)	洪水期占汛期(%)		最大流量(m³/s)	日期(月-日)	水量(亿 m³)	沙量(亿 t)
				水量	沙量				
1968	106	274.0	12.3	94.8	98.4	6 560	09-14	168.7	5.75
1969	69	83.7	9.1	72.3	92.9	4 170	07-31	6.4	1.91
1970	53	108.0	14.0	64.2	86.4	4 930	09-01	42.5	8.19
1971	66	116.7	9.4	86.8	87.0	4 900	07-26	28.7	2.5
1972	61	84.0	3.3	68.1	82.5	4 840	07-21	4.2	0.71
1973	74	139.0	12.4	76.8	88.6	4 910	09-01	37.2	6.93
1964～1973	76	186.1	11.9	81.5	91.5	9 480	08-14	120.7	7.7

从各流量级对应天数、水量、沙量和含沙量分布(见表 4-3)来看,1964 年、1966 年、1967 年和 1968 年,天数、水量和沙量多集中分布在 2 000～4 000 m³/s 和 4 000～6 000 m³/s 这两个流量级。1965 年、1969 年、1970 年、1971 年、1972 年和 1973 年这六年,天数、水量和沙量大部分在 <4 000 m³/s 的流量级,其中 1965 年、1969 年和 1972 年更集中分布在 <2 000 m³/s 的流量级。汛期来水较丰的年份,大流量出现频率高,汛期来水较枯的年份,小流量出现频率高,各流量级水沙量占汛期的比例根据来水来沙的不同发生相应的调整(见图 4-7)。

1964 年分布在 2 000～4 000 m³/s 和 4 000～6 000 m³/s 流量级的水量分别占汛期水量的 36.8% 和 50.3%(见表 4-3),沙量分别占汛期沙量的 33.4% 和 41.0%;1966 年分布在 2 000～4 000 m³/s 和 4 000～6 000 m³/s 流量级的水量分别占汛期水量的 68.4% 和 23.5%,沙量分别占汛期沙量的 50.0% 和 33.9%;1967 年分布在 2 000～4 000 m³/s 和 4 000～6 000 m³/s 流量级的水量分别占汛期水量的 48.6% 和 41.7%,沙量分别占汛期沙

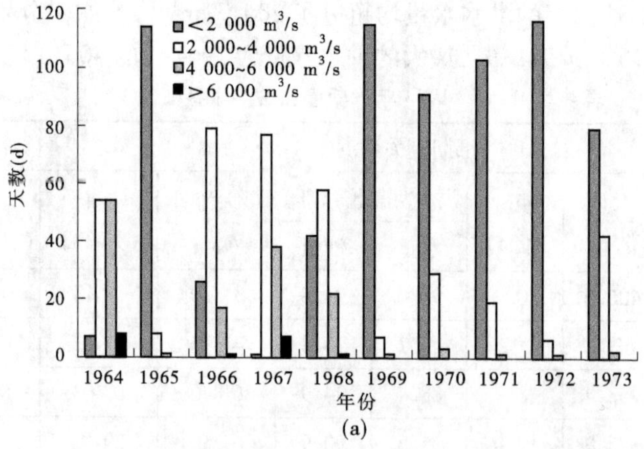

图 4-7　各流量级对应天数、水量、沙量和含沙量分布

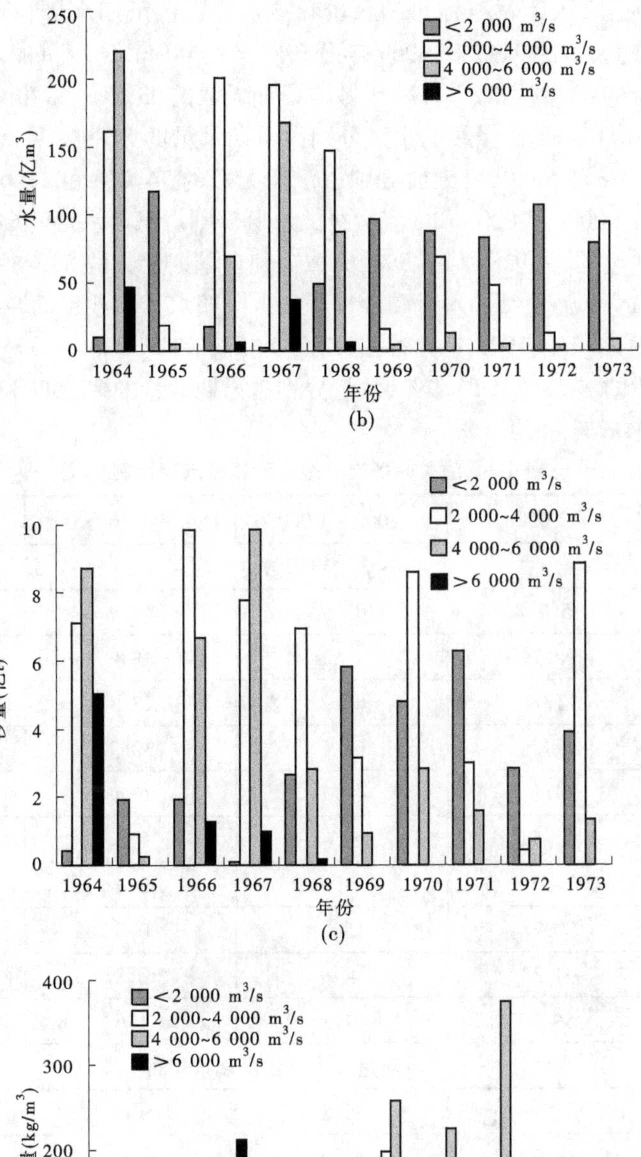

(b)

(c)

(d)

续图 4-7

量的 41.7% 和 52.7%；1968 年分布在 2 000 ~ 4 000 m³/s 和 4 000 ~ 6 000 m³/s 流量级的水量分别占汛期水量的 51.0% 和 30.1%，沙量分别占汛期沙量的 55.4% 和 22.4%。

1965 年分布在 <2 000 m^3/s 流量的水量和沙量分别占汛期水量和沙量的 83.9% 和 62.6%，天数占汛期天数的 92.7%；1969 年分布在 <2 000 m^3/s 流量的水量和沙量分别占汛期水量和沙量的 83.3% 和 58.9%，天数占汛期天数的 93.5%；1970 年分布在 <2 000 m^3/s 和 2 000 ~4 000 m^3/s 流量级的水量分别占汛期水量的 51.9% 和 40.7%，沙量分别占汛期沙量的 29.6% 和 53.0%，天数分别占汛期天数的 74.0% 和 23.6%；1971 年分布在 <2 000 m^3/s 和 2 000 ~4 000 m^3/s 流量级的水量分别占汛期水量的 61.4% 和 35.4%，沙量分别占汛期沙量的 57.9% 和 27.5%，天数分别占汛期天数的 83.7% 和 15.4%；1972 年分布在 <2 000 m^3/s 流量级的水量和沙量分别占汛期水量和沙量的 86.4% 和 71.4%，天数占汛期天数的 94.3%；1973 年分布在 <2 000 m^3/s 和 2 000 ~4 000 m^3/s 流量级的水量分别占汛期水量的 43.8% 和 51.9%，沙量分别占汛期沙量的 27.6% 和 63.0%，天数分别占汛期天数的 64.2% 和 34.1%。

表 4-3　潼关站各流量级水沙量占汛期比例

流量级(m^3/s)	<2 000	2 000 ~4 000	4 000 ~6 000	≥6 000
年份	各流量级天数占汛期百分比(%)			
1964	5.7	43.9	43.9	6.5
1965	92.7	6.5	0.8	0
1966	21.1	64.2	13.8	0.8
1967	0.8	62.6	30.9	5.7
1968	34.1	47.2	17.9	0.8
1969	93.5	5.7	0.8	0
1970	74.0	23.6	2.4	0
1971	83.7	15.4	0.8	0
1972	94.3	4.9	0.8	0
1973	64.2	34.1	1.6	0
年份	各流量级水量占汛期水量百分比(%)			
1964	2.3	36.8	50.3	10.6
1965	83.9	13.2	3.0	0
1966	6.0	68.4	23.5	2.0
1967	0.4	48.6	41.7	9.3
1968	17.0	51.0	30.1	2.0
1969	83.3	13.6	3.1	0
1970	51.9	40.7	7.5	0
1971	61.4	35.4	3.1	0
1972	86.4	10.2	3.4	0
1973	43.8	51.9	4.3	0

续表 4-3

流量级(m^3/s)	<2 000	2 000 ~ 4 000	4 000 ~ 6 000	≥6 000
年份	各流量级沙量占汛期沙量百分比(%)			
1964	2.0	33.4	41.0	23.6
1965	62.6	29.8	7.6	0
1966	9.8	50	33.9	6.4
1967	0.4	41.7	52.7	5.2
1968	21.0	55.4	22.4	1.2
1969	58.9	31.7	9.4	0
1970	29.6	53.0	17.4	0
1971	57.9	27.5	14.6	0
1972	71.4	10.6	18.1	0
1973	27.6	63.0	9.4	0

4.1.3.1　最大洪峰流量的变化

1964 ~ 1973 年潼关站最大洪峰流量出现在 1964 年 8 月 14 日,洪峰流量为 9 480 m^3/s。从图 4-8 可以看出,1964 ~ 1973 年有 4 年最大洪峰流量大于 5 000 m^3/s,分别为 9 480 m^3/s(1964 年)、6 840 m^3/s(1966 年)、6 250 m^3/s(1967 年)和 6 560 m^3/s(1968 年),该时段其余年份最大洪峰流量均在 4 000 ~ 5 000 m^3/s。

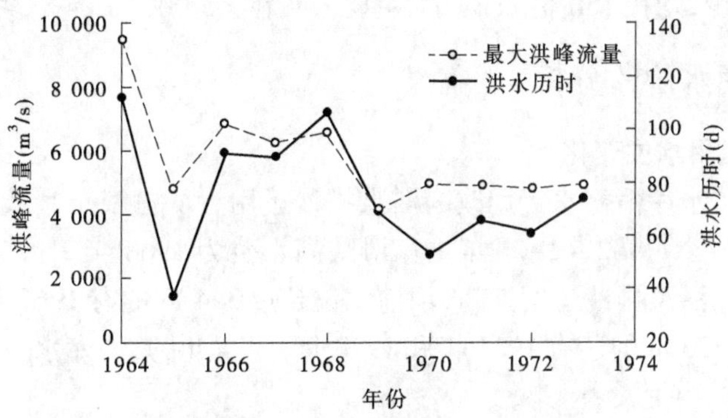

图 4-8　潼关年最大洪峰流量变化

4.1.3.2　不同洪峰流量级的场次洪水水沙量变化

据实测资料统计,1964 ~ 1973 年潼关站汛期共出现了 52 场洪水。由表 4-4 可见,潼关站每年不同洪峰流量级的场次洪水水沙特征各不相同。1964 年、1966 年、1967 年和 1968 年这些汛期来水较丰的年份,大流量出现频率高,洪水水量多分布在洪峰流量级 >5 000 m^3/s的范围;汛期来水较枯的年份,小流量出现频率高,洪水水量多分布在洪峰流量级 <4 000 m^3/s 的范围。

1964 年和 1967 年这两年汛期来水量均超过 400 亿 m^3,不同洪峰流量级场次洪水的水沙分布也较为相似。1964 年共发生洪水 9 场,汛期洪水水量 406.6 亿 m^3,洪峰流量级

5 000 ~6 000 m^3/s 和 >6 000 m^3/s 的洪水分别为 4 场和 3 场,水量分别占汛期洪水水量的 45.5% 和 41.5% 。1967 年共发生洪水 6 场,汛期洪水水量 327.2 亿 m^3,洪峰流量级 5 000 ~6 000 m^3/s 和 >6 000 m^3/s 的洪水分别为 4 场和 1 场,水量分别占汛期洪水水量的 47.5% 和 44.6% 。

1966 年和 1968 年汛期分别发生洪水 5 场和 4 场,洪水水量分别为 258.4 亿 m^3 和 274.0 亿 m^3,洪峰流量级 >5 000 m^3/s 的洪水水量约占汛期洪水总量的 60% 。

1970 年、1971 年和 1973 年这三年汛期洪水水量分别为 108.0 亿 m^3、116.7 亿 m^3 和 139.0 亿 m^3,洪水场次分别为 4 场、5 场和 6 场。1970 年洪水水量有 73.9% 分布在 4 000 ~5 000 m^3/s 洪峰流量级,1971 年洪水水量有 67.9% 分布在 3 000 ~4 000 m^3/s 洪峰流量级,1973 年洪水水量有 41.9% 分布在 3 000 ~4 000 m^3/s 洪峰流量级,41.8% 分布在 4 000 ~5 000 m^3/s 洪峰流量级。

1965 年、1969 年和 1972 年这三年汛期洪水水量分别为 62.9 亿 m^3、83.7 亿 m^3 和 84 亿 m^3,洪水场次分别为 2 场、6 场和 5 场。1965 年只来两场洪水,但有 87% 的洪水水量分布在 4 000 ~5 000 m^3/s 洪峰流量级;1969 年和 1972 年分布在 <3 000 m^3/s 洪峰流量级的洪水水量分别占 74% 和 80% 。

从潼关站各年场次洪水特征值变化来看(见表 4-4),1964 ~1973 年这 10 年除 1964 年、1965 年较为特殊外,其余 8 年出现洪水的频率变化不大,但汛期洪水水量在各洪峰流量级的分布却不相同。1964 年、1966 年、1967 年和 1968 年汛期洪水水量较大,主要分布在 >5 000 m^3/s 的洪峰流量级;1965 年、1969 年、1970 年、1971 年、1972 年和 1973 年这 6 年汛期洪水水量较少,均在 150 亿 m^3 以下,主要分布在 <5 000 m^3/s 的洪峰流量级。

4.1.4 水库运用水位的分析

4.1.4.1 非汛期运用水位变化

1962 年 3 月起,水库由蓄水运用改为滞洪排沙运用。从史家滩非汛期最高水位过程线(见图 4-9)可以看出,1962 ~1973 年史家滩最高水位为 1968 年 2 月 29 日的 327.9 m(见表 4-5)。在水库滞洪排沙运用期间,坝前水位超过 324 m 的有 1967 年、1968 年、1969 年和 1973 年,超过 320 m 的还有 1964 年和 1970 年、1971 年,其中库水位超过 320 m 历时

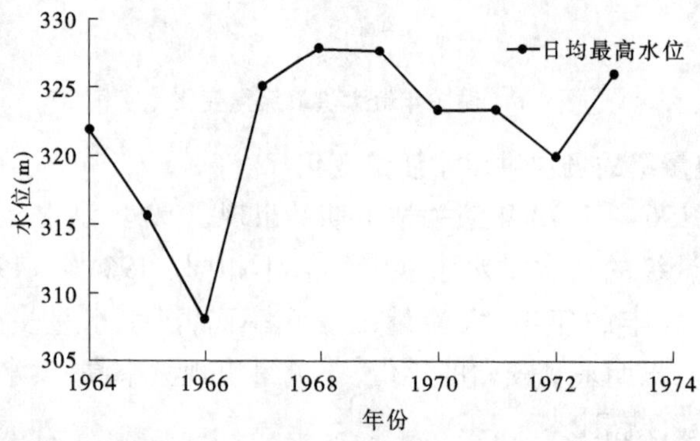

图 4-9 史家滩非汛期最高水位过程线

表4-4　潼关站不同洪峰流量级场次洪水统计

年份	<3 000 m^3/s				3 000~4 000 m^3/s				4 000~5 000 m^3/s				5 000~6 000 m^3/s				>6 000 m^3/s			
	场次	水量(亿m^3)	沙量(亿t)	含沙量(kg/m^3)	场次	水量(亿m^3)	沙量(亿t)	含沙量(kg/m^3)	场次	水量(亿m^3)	沙量(亿t)	含沙量(kg/m^3)	场次	水量(亿m^3)	沙量(亿t)	含沙量(kg/m^3)	场次	水量(亿m^3)	沙量(亿t)	含沙量(kg/m^3)
1964									2	52.6	3.9	74.3	4	185.2	5.9	32.0	3	168.8	10.4	61.5
1965	1	8.3	0.8	94.3					1	54.6	1.4	26.5								
1966					2	50.8	4.6	90.9	1	32.3	2.8	86.9	1	115.7	3.0	26.0	1	59.6	8.2	138.3
1967					1	25.7	1.2	45.4					4	155.5	12.3	79.3	1	145.9	3.5	24.1
1968	1	8.9	0.9	100.1	1	37.2	1.6	44.3	1	63.0	4.8	76.1					1	164.9	4.9	30.0
1969	5	61.6	4.3	70.0					1	22.1	4.8	216.8								
1970					2	28.2	3.3	116.7	2	79.8	10.7	134.5								
1971	3	27.3	3.9	142.3	1	79.3	2.6	32.5	1	10.1	3.0	292.1								
1972	4	67.6	2.0	29.1					1	16.4	1.4	82.8								
1973	2	22.7	1.6	70.8	2	58.2	3.4	59.2	2	58.1	7.3	126.1								

较长的有 1968 年、1969 年、1970 年和 1973 年。

表 4-5 1962 ~ 1973 年非汛期水库运用特征值

时段（年-月-日）	非汛期			防凌蓄水最高水位（m）	春灌蓄水最高水位（m）	大于某水位天数(d)			
	最高水位（m）	出现时间（月-日）	蓄水时段平均水位（m）			≥310 m	≥315 m	≥320 m	≥324 m
1962-11 ~ 1963-06	317.15	02-21	308.38	317.15		59	23	0	0
1963-11 ~ 1964-06	321.93	03-06	313.85	321.93		170	127	20	0
1964-11 ~ 1965-06	315.62	11-01	306.89			40	2		0
1965-11 ~ 1966-06	308.06	03-31	304.71						0
1966-11 ~ 1967-06	325.17	02-21	321.22	325.17		58	44	35	16
1967-11 ~ 1968-06	327.90	02-29	321.82	327.90		133	91	60	36
1968-11 ~ 1969-06	327.72	03-15	322.26	327.72		76	63	49	36
1969-11 ~ 1970-06	323.31	03-08	320.11	323.31		99	86	66	0
1970-11 ~ 1971-06	323.42	03-11	313.17	323.42		75	59	33	0
1971-11 ~ 1972-06	319.97	05-03	314.25		319.97	56	32	0	0
1972-11 ~ 1973-06	326.05	04-01	323.35	323.50	326.05	154	143	121	59

1963 ~ 1964 年，水库除了防凌运用，基本上是敞开闸门泄流排沙，最高运用水位分别为 317.15 m 和 321.93 m，平均运用水位为 308.38 m 和 313.85 m。大于 315 m 运用天数分别为 23 d 和 127 d。1965 年和 1966 年水库没有进行防凌运用，敞开闸门泄流排沙，是 1963 ~ 1973 年这个时段坝前运用水位最低的两年，最高运用水位分别为 315.62 m 和 308.06 m，平均运用水位分别为 306.89 m 和 304.71 m。

1967 年、1969 年和 1970 年史家滩最高水位较高，是由于黄河下游凌情严重，其封河上界都达到开封市以上，特别是 1969 年凌汛期气温忽高忽低，使黄河下游冰凌三封三开，水库承担防凌运用时间长。1967 年、1968 年和 1969 年，水库最高蓄水位分别为 325.17 m、327.90 m 和 327.72 m，回水直接影响潼关，超过 320 m 的时间为 35 d、60 d 和 49 d。

三门峡水库滞洪排沙运用期间，非汛期主要是进行防凌运用，1972 年和 1973 年增加了春灌蓄水运用。非汛期最高水位一般在防凌运用阶段出现，2 月、3 月达到最高运用水位，1972 年和 1973 年的最高水位在春灌蓄水运用阶段出现，分别为 319.97 m 和 326.05 m，1973 年超过 320 m 水位的时间达 121 d。表 4-6 为史家滩各月平均水位，1963 ~ 1973 年 2 月为 314.44 m，3 月为 316.11 m。

表 4-6　史家滩月均水位统计　（单位:m）

年份	11 月	12 月	1 月	2 月	3 月	4 月	5 月	6 月
1963 ~ 1964	318.62	311.32	305.43	315.58	320.02	317.87	312.53	309.72
1964 ~ 1965	311.74	306.97	305.86	305.91	307.34	307.81	307.73	305.78
1965 ~ 1966	306.70	303.92	304.06	304.52	306.04	305.55	304.11	302.75
1966 ~ 1967	307.86	304.68	308.64	323.92	310.82	307.99	308.10	309.04
1967 ~ 1968	308.96	312.52	310.22	325.64	319.26	308.96	309.67	316.04
1968 ~ 1969	307.74	306.68	306.58	322.11	326.02	308.63	304.83	299.73
1969 ~ 1970	299.95	299.86	304.37	322.37	322.16	315.40	304.56	304.26
1970 ~ 1971	297.43	293.91	291.78	304.56	322.10	316.57	299.75	293.17
1971 ~ 1972	293.98	287.79	292.09	299.66	303.47	312.58	315.77	303.56
1972 ~ 1973	295.90	293.44	297.85	320.08	323.83	325.85	324.58	318.13
1963 ~ 1973	304.90	302.11	302.69	314.44	316.11	312.72	309.16	306.22

4.1.4.2　汛期运用水位变化

1964 ~ 1973 年水库滞洪排沙运用期间,汛期库水位的变化(见表 4-7)主要与来水来沙条件和水库泄流能力变化有关。如在原建泄流规模期,若来水流量超过当时泄流能力,常发生削峰滞洪,出现壅水现象,库水位因滞洪而升高,1964 年来水来沙均较丰(见图 4-10),而且洪峰连续不断,大于 3 000 m^3/s 流量的水、沙量分别占汛期水、沙量的 85% 和 90% 以上,由于水库泄流能力不足,滞洪削峰情况比较严重。随着滞洪发生,坝前水位也随之上升,汛期坝前日均水位最高为 325.86 m,为滞洪排沙期的最高值,汛期坝前平均水位达 320.24 m,也是该时期的最高值,超过 320 m 水位的天数达到 73 d(见表 4-7)。1965 年为枯水年,汛期水量为 139.6 亿 m^3,其中汛期的洪水量和大于 3 000 m^3/s 的水量分别为 42.57 亿 m^3和 10.2 亿 m^3,汛期坝前日均水位最高为 318.05 m,汛期坝前平均水位 308.55 m,该年的运用水位多集中在 305 ~ 310 m。

1966 ~ 1968 年虽经过第一次改建,下泄流量有所增大,但遇到大洪水,水库仍出现滞洪现象,这 3 年汛期来水颇丰,汛期坝前日均水位最高分别为 319.45 m、319.97 m 和 318.74 m,汛期坝前平均水位分别为 311.35 m、314.48 m 和 311.35 m,在 315 m 水位以上的运用时间较长,分别为 21 d、47 d 和 11 d。1969 年水量偏枯,汛期水量 289 亿 m^3,汛期坝前日均水位最高为 308.82 m,为 1963 ~ 1973 年的最低值(见图 4-10),汛期坝前平均水位为 302.83 m,该年的运用水位多集中在 300 ~ 305 m。

1970 ~ 1973 年随着第二次改建工程投入使用,315 m 敞泄达到 9 701 m^3/s。另外,这几年汛期来水减少,来水量最大的 1973 年只有 181.2 亿 m^3。汛期坝前日均水位最高均未超过 313 m,汛期坝前平均水位也均未超过 300 m,坝前水位多保持在 290 ~ 300 m。

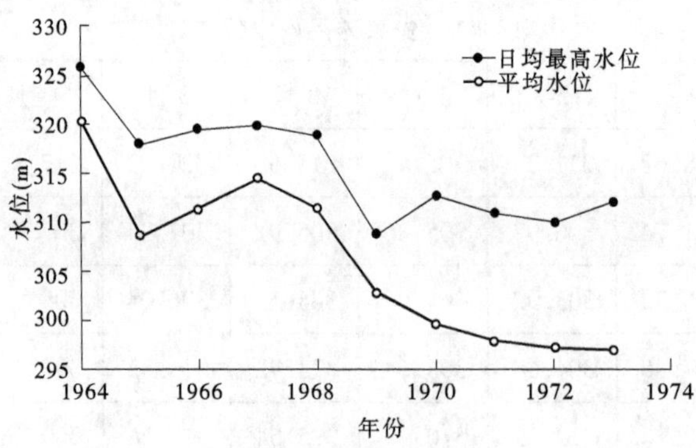

图 4-10　史家滩汛期最高水位过程线

表 4-7　汛期水库运用特征值

年份	日平均最高水位		平均水位(m)	日平均最低水位(m)	大于某级水位天数(d)				
	水位(m)	时间(月-日)			≥305 m	≥310 m	≥315 m	≥320 m	≥ 324 m
1964	325.86	09-26	320.24	308.4	123	120	108	73	27
1965	318.05	07-23	308.55	304.9	120	31	5	0	0
1966	319.45	07-31	311.35	303.1	108	79	21	0	0
1967	319.97	08-05	314.48	308.4	123	120	47	0	0
1968	318.74	09-15	311.35	306.4	123	81	11	0	0
1969	308.82	08-01	302.83	298.3	26	0	0	0	0
1970	312.72	09-02	299.54	291.6	20	5	0	0	0
1971	310.90	07-27	297.94	291.9	4	1	0	0	0
1972	309.93	10-27	297.24	288.4	23	0	0	0	0
1973	312.00	10-01	296.96	285.6	13	4	0	0	0

4.2　纵剖面及典型横断面变化特点分析

4.2.1　库区淤积形态变化

潼关以下库区的淤积形态,不单纯是上游来水来沙与河床组成、岩性的相互作用的结果,很大程度上受水库运用的制约。建库后受坝前水位的控制,库区的河床纵剖面形态在不同运用时期表现不一。

1960 年 9 月至 1962 年 3 月的蓄水拦沙期,由于水库蓄水拦沙,运用水位偏高,93% 的入库泥沙淤积在库内,只有 13% 的细颗粒泥沙在汛期以异重流形式排出库外,其他时间均下泄清水。库区 335 m 高程以下库容原为 97.8 亿 m^3,淤积约 17 亿 m^3,库容损失了约

17%；库区 330 m 高程以下库容原为 60.3 亿 m^3，淤积 15.4 亿 m^3，库容损失了约 26%。由于水库壅水严重，大量泥沙在水库回水区淤积，库区形成三角洲淤积形态，如图 4-11所示。

1962 年 3 月至 1973 年 10 月的滞洪排沙运用期，淤积形态由三角洲发展为锥体，如图 4-11所示。1962 年 3 月至 1964 年 10 月，由于运用方式的改变，库区淤积得到缓和。但由于泄流设施不足，遇丰水丰沙的 1964 年，水库仍然发生严重的滞洪滞沙。在这一期间，水库淤积达 25.66 亿 m^3，其中潼关以下淤积 21.8 亿 m^3，占 85%，淤积形态由三角洲发展为锥体。1965 年 1 月开始三门峡大坝第一期改建，扩大了泄流能力，运用水位降低，潼关以下库区有所冲刷。1969 年 12 月大坝开始第二期改建，水库的泄流能力进一步加大，1970 年 6 月至 1973 年 10 月期间潼关以下库区冲刷 4 亿 m^3，槽库容恢复到接近建库前的水平，并形成高滩深槽的断面形态。据 1973 年汛末实测大断面资料分析，滩面纵比降为 1.20‱，主河槽平均纵比降为 2.37‱。

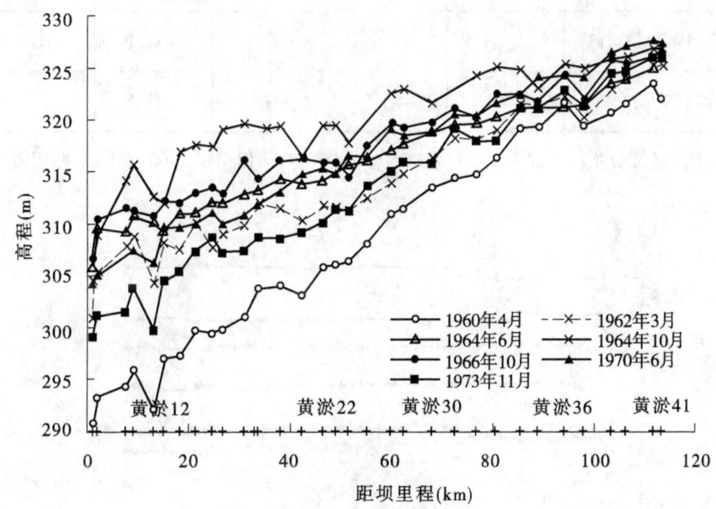

图 4-11　潼关以下河段典型年主槽平均河底高程纵剖面

4.2.2　纵剖面变化特点

4.2.2.1　滩地纵剖面变化

1964 年 10 月滩地的平均高程较 1963 年 10 月抬升了 2.4 ~ 5.6 m（见表 4-8），为1960 ~ 1973 年的最高点（见图 4-12），这是 1964 汛期连续的高含沙洪水和水库严重滞洪共同作用造成的。1966 年 10 月之后，随着增建和改建的水库泄流规模工程陆续投入使用，遇大洪水坝前壅水的情况得到缓解，自 1964 年 10 月以后滩地平均高程变化不大。

1964 年 10 月较 1963 年 10 月抬升的滩地平均高程主要集中分布在黄淤 31—大坝河段，黄淤 31 断面、黄淤 22 断面、黄淤 12 断面和黄淤 2 断面分别抬升了 4.4 m、5.6 m、5.4 m 和 4.9 m，黄淤 41—黄淤 36 河段抬升的幅度为 2.4 ~ 2.8 m；1964 年 10 月至 1966 年 10 月由于潼关站来水减少，滩地平均高程变化基本维持在 1964 年 10 月的状态，黄淤 36—黄淤 12 河段滩地抬升幅度在 0.1 ~ 0.3 m，黄淤 36 断面滩地平均高程降低了 0.4 m，与主

表 4-8　三门峡潼关以下库区典型断面滩地平均高程变化　　（单位：m）

日期（年-月-日）		黄淤 2	黄淤 12	黄淤 22	黄淤 31	黄淤 36	黄淤 41
1963-10-16		312.0	313.0	316.4	320.0	324.0	326.8
1964-10-10		316.9	318.4	322	324.4	326.8	329.2
1966-10-06		316.7	318.5	322.1	324.7	326.4	329.2
1969-10-06			319.1	322	324.6	326.4	329.8
1973-11-20		317.5	318.9	322	324.5	326.5	330
差值	1963-10-16 ~ 1964-10-10	4.9	5.4	5.6	4.4	2.8	2.4
	1964-10-10 ~ 1966-10-06	-0.2	0.1	0.1	0.3	-0.4	0
	1966-10-06 ~ 1969-10-06		0.6	-0.1	-0.1	0	0.6
	1969-10-06 ~ 1973-11-20		-0.2	0	-0.1	0.1	0.2

注：1960 年潼关以下库区部分主槽被淤平，无法读出滩地平均高程，所以采用 1963 年 10 月断面资料。

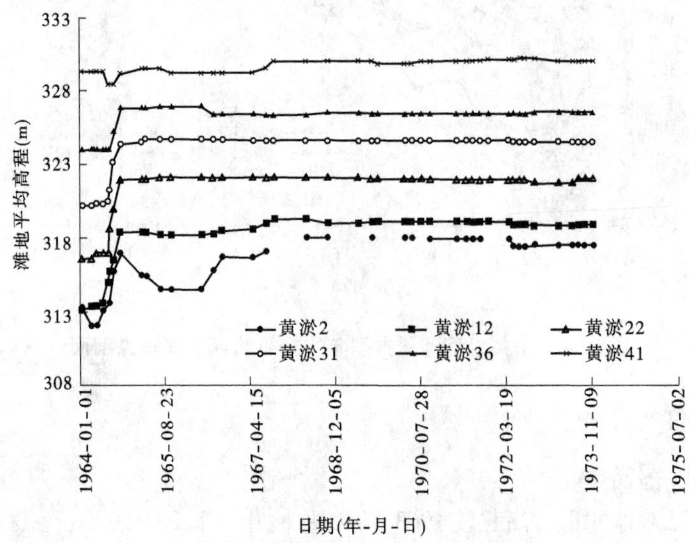

图 4-12　潼关以下库段典型断面滩地高程变化过程

槽摆动引起的滩地坍塌有关，黄淤 2 断面滩地平均高程降低了 0.2 m，主要是近坝段降低水位引起的冲刷下降；1966 年 10 月至 1973 年 11 月，虽然遇到 1967 年、1968 年这样的丰水丰沙年，随着两次改建和扩建工程的陆续投入使用，坝前水位进一步降低，洪水上滩的概率也大大减小，黄淤 41 断面滩地平均高程抬升了 0.8 m，黄淤 36 断面抬升了 0.1 m，黄淤 31 断面和黄淤 22 断面分别下降了 0.2 m 和 0.1 m，黄淤 12 断面抬升了 0.4 m。

随着滩面淤积抬升，滩面比降也随之发生了调整（见图 4-13）。经过 1964 年汛期大洪水的淤积,1964 年 10 月滩面比降较 1963 年 10 月调整较大的是黄淤 36—黄淤 2 河段,黄淤 36—黄淤 22 河段由 1963 年 10 月的 0.7‱调整至 1964 年 10 月的 0.3‱;黄淤 22—黄淤 12 河段由 0.3‱调整至 0.4‱;黄淤 12—黄淤 2 河段由 0.2‱调整至 0.4‱。1964 年 10 月至 1973 年 11 月黄淤 41—黄淤 22 河段滩面基本上维持 1964 年 10 月形成的滩面,冲淤变化幅度不大,纵比降维持不变;黄淤 22—黄淤 12 和黄淤 12—黄淤 2 这两个河段,受坝前水位影响较大,纵比降分别在 0.2‱ ~ 0.4‱和 0.1‱ ~ 0.4‱变化。

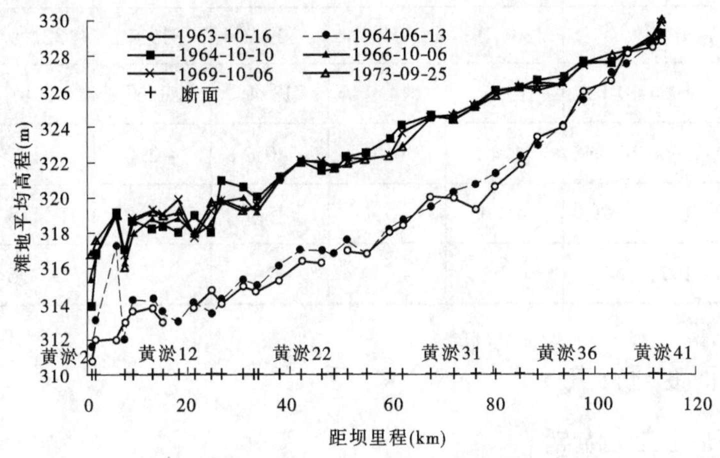

图 4-13　潼关以下库段典型年滩地高程纵剖面

4.2.2.2　主槽纵剖面变化

经过 1964 年汛期,潼关以下库区淤积严重,主河槽平均河底高程迅速抬高,达到 1960 ~ 1973 年的最高值(见图 4-11)。1964 年 10 月主槽的平均河底高程较 1960 年 4 月抬高幅度在 3.8 ~ 15.6 m(见表 4-9),抬高幅度由大坝至潼关逐渐减少。黄淤 22—黄淤 2 断面抬高幅度为 13.4 ~ 15.6 m,黄淤 41—黄淤 31 断面抬高幅度为 4.1 ~ 8.6 m。随后 1965 年和 1966 年潼关站来水来沙减少,潼关以下库区部分河段的主槽河底高程冲刷下降,黄淤 12—黄淤 2 断面抬高 0.3 ~ 1.4 m,黄淤 36—黄淤 22 冲刷下降 0.2 ~ 2 m,黄淤 41 断面抬高了 0.7 m。随着两次改建工程的陆续投入使用,坝前水位进一步降低,1973 年 10 月潼关以下断面,主河槽平均河底高程普遍冲刷下降,黄淤 22—黄淤 2 断面冲刷下降幅度为 7.1 ~ 9.1 m,黄淤 41—黄淤 31 断面冲刷下降幅度为 0.9 ~ 1.9 m。

1964 年连续的高含沙洪水,致使潼关以下库区严重淤积,1964 年 10 月主槽的纵剖面线迅速抬高,纵比降由建库前的 2.83‱降至 1.92‱;1964 年 10 月至 1969 年 10 月,在这一时段虽然第一次增建工程投入使用,但是泄流规模仍不足,汛期大洪水时主槽的纵剖面线淤积上升,非汛期来水减少时主槽的纵剖面线冲刷下降,纵比降在 1.72‱ ~ 1.93‱变化;1970 年以后随着第二次改建工程的投入使用,坝前水位进一步降低,潼关以下断面主槽的纵剖面线冲刷下降,到 1973 年 10 月纵比降调整为 2.37‱。

表 4-9　三门峡库区典型断面主河槽平均河底高程变化　　(单位:m)

日期(年-月-日)		黄淤 2	黄淤 12	黄淤 22	黄淤 31	黄淤 36	黄淤 41
1960-04-01		293.2	296.9	303.1	314.4	321.7	322.0
1964-10-11		308.9	311.9	316.5	323.0	325.4	326.1
1966-10-07		310.3	312.2	316.3	321.0	324.4	326.8
1973-11-26		301.2	304.5	309.2	319.1	322.9	325.9
差值	1962-10-01 ~ 1964-10-10	15.6	14.9	13.4	8.6	3.8	4.1
	1964-10-10 ~ 1966-10-06	1.4	0.3	-0.2	-2.0	-1.1	0.7
	1966-10-06 ~ 1973-11-20	-9.1	-7.7	-7.1	-1.9	-1.5	-0.9
	1964-10-06 ~ 1973-11-20	-7.7	-7.4	-7.3	-3.9	-2.6	-0.2

4.2.3　横断面变化特点

4.2.3.1　断面形态变化特点

三门峡水库蓄水运用初期,坝前壅水水深大、流速小,水流挟沙力小,库内开始淤积,潼关以下库区全断面水平淤积抬高。由典型断面的断面套绘图(见图 4-14)可以看出,水库蓄水运用以后到 1962 年 3 月,大量泥沙淤积在库内,先将主槽淤平,淤积断面呈全断面水平淤积抬升的断面形态,库区横断面不存在明显的滩槽形态,出现淤积一大片的特点。1962 年 4 月以后水库改变运用方式为滞洪排沙,坝前水位有所下降,在库区近坝段冲刷出一新河槽;1964 年汛期潼关站发生连续的大洪水,致使潼关以下库区发生严重的淤积,滩槽同步淤积抬升;1970 年 6 月底 280 m 高程的泄流底孔打开之后,坝前水位下降 20 m,引起强烈冲刷,至 1970 年汛后冲刷发展到潼关以上。至此,三门峡水库高滩深槽基本成型。

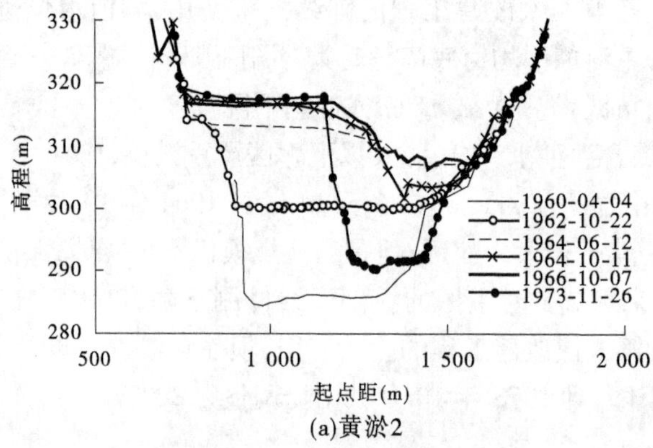

(a)黄淤2

图 4-14　潼关以下库区典型断面变化

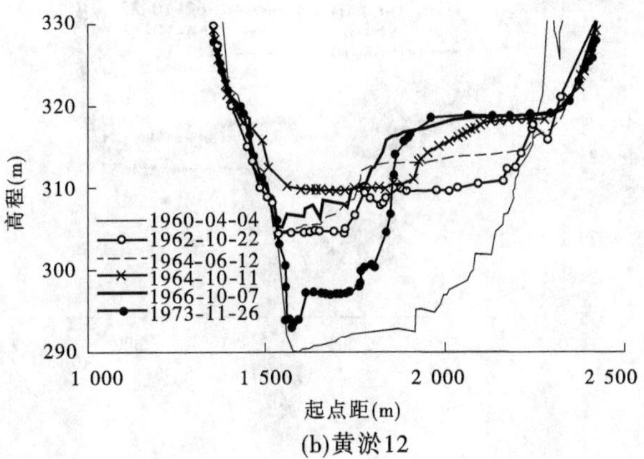

(b)黄淤 12

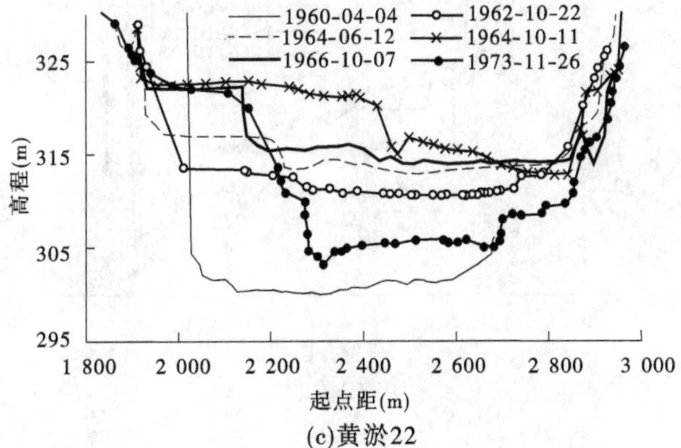

(c)黄淤 22

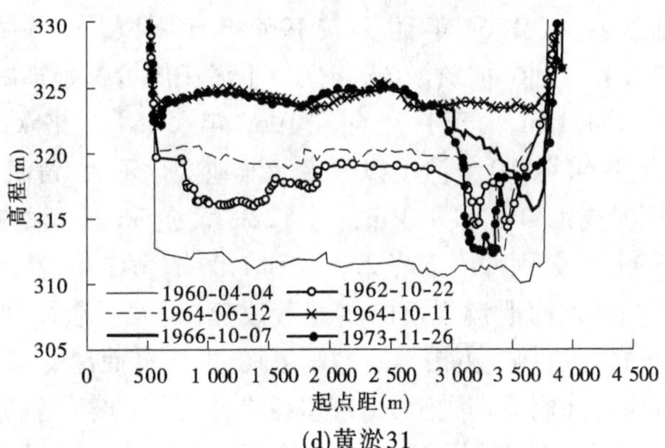

(d)黄淤 31

续图 4-14

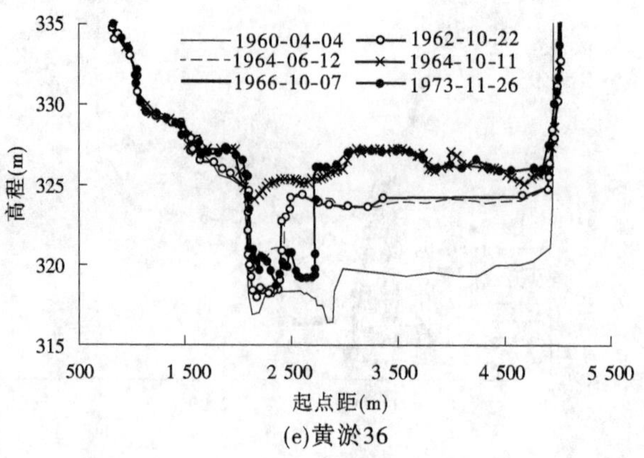

(e)黄淤36

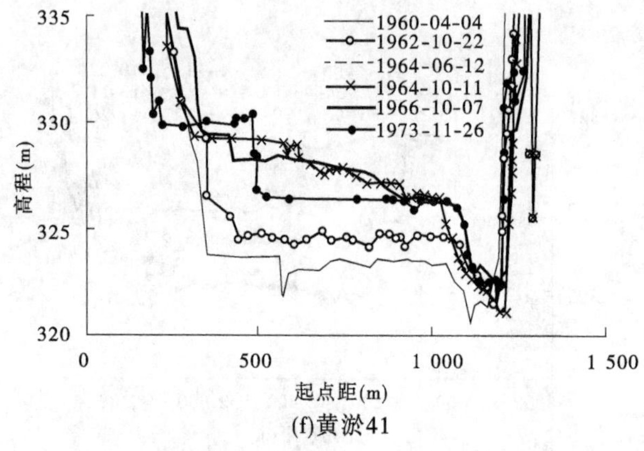

(f)黄淤41

续图 4-14

1964 年汛期连续高含沙洪水，坝前壅水严重，导致潼关以下库段发生全断面淤积，断面形态较为宽浅（见图 4-14），1964 年 10 月较 1962 年 10 月黄淤 2—黄淤 36 断面主槽平均河底高程抬升了 13.4 ~ 15.6 m，黄淤 36 断面以上淤积厚度逐渐递减，到黄淤 41 断面主槽平均河底高程抬升了 4.1 m；由于 1965 年和 1966 年水库上游来水来沙减少，加上敞泄运用，1966 年 10 月较 1964 年 10 月潼关以下库区滩地变化不大，黄淤 2 和黄淤 12 断面主槽平均河底高程分别淤高 1.4 m 和 0.3 m，黄淤 22—黄淤 36 断面则冲刷下降，主要集中在黄淤 31—黄淤 36 断面，分别冲刷下降 2.0 m 和 1.1 m，黄淤 41 断面微淤 0.7 m。

1973 年 10 月三门峡水库泄流规模的增建和改建，增大了泄流规模。由于降低了坝前水位，产生了强烈的溯源冲刷，主槽不断冲刷下切，形成窄而深的河槽，在冲刷下切遇到抗冲性较强的淤积物时，冲刷下切受阻，出现多级台阶下切的窄深河槽。1973 年 10 月较 1966 年 10 月黄淤 2、黄淤 12 和黄淤 22 断面平均河底高程分别下降 9.1 m、7.7 m 和 7.1 m，平均河底高程下降幅度由下游向上游递减，到黄淤 41 断面刷深 0.9 m。

4.2.3.2　断面特征值变化特点

三门峡水库典型年各断面河相关系变化见表 4-10。

表 4-10　潼关以下河段断面河相关系（$\sqrt{B}/H$）统计

断面	1964-06-13	1964-10-11	1966-05-18	1970-06-04	1973-09-25
黄淤 1	3.5	2.0	3.0	1.9	1.4
黄淤 2	6.8	3.3	3.0	1.8	1.4
黄淤 6	8.9	8.6	2.8		2.1
黄淤 8	12.1	43.2	5.0	2.1	1.7
黄淤 11	5.7	4.9	2.4	1.8	1.2
黄淤 12	5.7	4.6	3.6	2.6	1.6
黄淤 14	14.6	18.6	5.2	6.1	3.1
黄淤 15	12.7	46.6	3.2	3.7	2.8
黄淤 17	8.8	25.4	4.0	3.5	2.7
黄淤 18	11.5	22.7	3.6	3.0	2.6
黄淤 19	10.7	30.8	4.7	3.2	2.4
黄淤 20	14.3	11.8	5.8	4.0	3.0
黄淤 21	17.2	16.9	4.8	3.9	2.6
黄淤 22	10.1	4.9	3.9	4.1	2.3
黄淤 24	10.6	13.3	3.4	4.9	2.7
黄淤 25	14.3	22.7	6.1	5.4	3.7
黄淤 26	18.4	5.9	2.6	6.2	3.4
黄淤 27	6.3		4.2	5.5	3.7
黄淤 28	25.3	27.6	5.7	12.4	11.2
黄淤 29	30.6	43.7	5.2	7.5	5.4
黄淤 30		8.6	3.8	4.9	3.3
黄淤 31	25.3		7.4	7.9	6.0
黄淤 32	13.6	20.0	7.2	6.5	5.1
黄淤 33	21.6	49.4	13.2	8.2	5.2
黄淤 34	26.7	19.9	11.7	9.3	11.5
黄淤 35	14.2	8.0	6.6	12.7	6.6

续表 4-10

断面	1964-06-13	1964-10-11	1966-05-18	1970-06-04	1973-09-25
黄淤 36	6.8	19.6	14.5	9.0	8.5
黄淤 37	5.6	2.7	6.7	6.6	3.4
黄淤 38	10.8	17.7	17.9	24.2	10.7
黄淤 39	8.0	16.6	20.5	21.8	10.3
黄淤 40	7.4	15.2	13.9	15.6	8.8
黄淤 41	7.9	8.9	11.9	10.2	6.0
黄淤 1—黄淤 12	7.1	11.1	3.3	2.0	1.6
黄淤 12—黄淤 22	12.5	22.2	4.4	3.9	2.7
黄淤 22—黄淤 30	17.6	20.3	4.4	6.7	4.8
黄淤 30—黄淤 36	18.0	23.4	10.1	8.9	7.1
黄淤 36—黄淤 41	7.9	12.2	14.2	15.7	7.8
黄淤 1—黄淤 41	12.8	18.1	6.8	7.1	4.6

1964 年汛期全断面淤积,使得 1964 年 10 月大部分河段的 $\sqrt{B}/H$ 值均为 1964 年 6 月至 1973 年 9 月的最大值,也就是说,1964 年 10 月河槽断面形态为 1964 ~ 1973 年最为宽浅的一年。1964 年潼关以下河段河槽断面形态 $\sqrt{B}/H$ 值沿程呈两端小、中间大分布(见图 4-15),这与上游来水来沙和水库运用水位有关。1966 年 6 月黄淤 1—黄淤 36 河段的 $\sqrt{B}/H$ 值较 1964 年 10 月迅速减小,但是黄淤 36—黄淤 41 河段的 $\sqrt{B}/H$ 值有略微的增大;1973 年 9 月潼关以下库区除了黄淤 22—黄淤 30 河段,其他河段的 $\sqrt{B}/H$ 值均减小至 1964 年 6 月至 1973 年 9 月这一时段的最小值,河槽断面形态最为窄深,这是水库运用水位、上游来水来沙共同作用的结果。

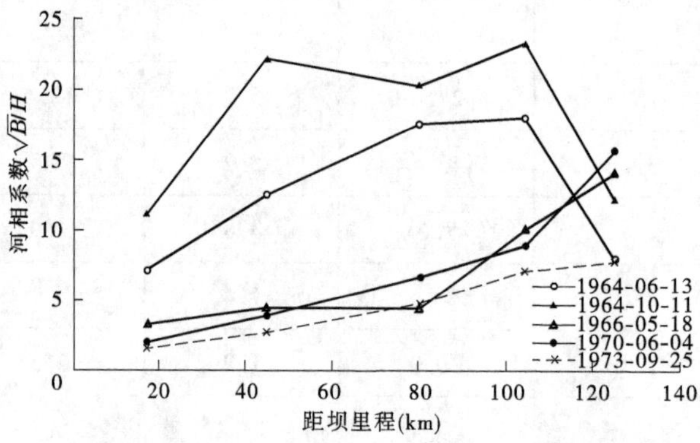

图 4-15　潼关以下河段典型年 $\sqrt{B}/H$ 沿程变化

4.3　库区槽库容变化特点分析

4.3.1　槽库容的概念与意义

修建水库以防洪兴利为目的,但水库蓄水必然会带来库区淤积,在多泥沙河流上修建水库,淤积的问题更为突出。像黄河这样的多泥沙河流,因水库来沙量大,蓄水运用后库容损失迅速,防洪兴利作用降低。因此,保持水库长期可用库容,是多泥沙河流水库运用的关键。对于像三门峡水库一样形成高滩深槽淤积形态的水库来说,可用库容主要是指槽库容。本章所研究的槽库容是指三门峡水库潼关以下库段平滩水位下的槽库容。

4.3.2　槽库容的计算

本次计算槽库容时,采用截锥法公式,其公式为:

$$V = \frac{L}{3}(A + B + \sqrt{A \times B})$$

式中　V——容积,m^3;

L——河槽弯曲间距,m;

A 、B——同一测次相邻两断面的平滩水位下主槽面积,m^2。

确定计算方法后,资料的处理和计算特征值的选取对计算成果精度尤为重要。

4.3.2.1　淤积断面资料处理

三门峡水库潼关至大坝河段共布设 41 个淤积断面,1964 ~ 1973 年共有 46 次测量资料,每次测量 20 ~ 34 个断面。对于滩地变化不大的年份,有些测次只测量了过流主槽部分(简称主槽断面,下同),在利用这些实测资料进行淤积断面特征值分析计算时,需先将其进行接补成全断面。

根据该时期水库运用特点和断面变化特点,原则上后一测次的主槽断面接补前一测次的全断面资料。

对于主槽摆动幅度过大或冲淤剧烈的测次,需要分别对比主槽断面的前、后两次全断面资料,看主槽断面的断面形态与哪次全断面断面形态更接近,选择接近的淤积全断面数据进行接补。例如黄淤 26 断面 1972 年 4 月的淤积断面为主槽断面(见图 4-16),对比 1971 年 10 月的淤积断面,1972 年 4 月的淤积断面发生了强烈的冲刷,若用 1971 年 10 月的断面数据接补,会使主槽面积比用 1972 年 5 月的实测断面数据接补大,综合考虑采用 1972 年 5 月的断面数据进行接补。

4.3.2.2　计算断面特征值的确定

计算槽库容的关键在于淤积断面面积的计算,淤积断面面积的计算方法根据研究目的不同也多种多样,如:历年最高水位全断面法,采用水库运用最高水位作为计算水位,统计历年各次实测断面计算水位以下的断面面积和各测次断面平均河底高程,即可求得各时段或各测次之间的冲淤面积和冲淤厚度,但是该方法计算的冲淤厚度不能代表主槽的冲淤厚度变化;测时水位法,采用实测淤积断面时相应水位作为计算水位,进而计算平均

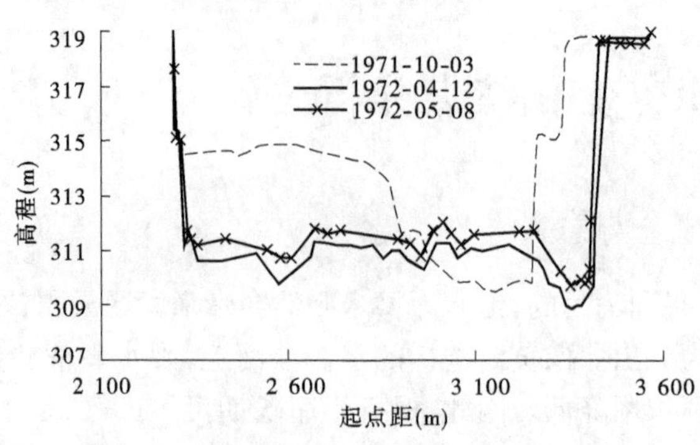

图 4-16 黄淤 26 断面套汇

水深和平均河底高程,但该法计算结果仍受单式、复式断面河宽的影响而导致纵剖面倒比降问题等。本次选择主槽平滩水位法,即以淤积断面主河槽的平滩水位作为计算水位,进而求得各测次平滩水位以下的断面面积和平均河底高程。

主槽是洪水泥沙的主要通道,合理地确定主槽对于计算淤积断面特征值和槽库容至关重要,而确定主槽的关键则在于平滩水位和主槽位置的确定。

1. 平滩水位的确定

天然河流不像试验水槽和灌溉渠道那样,具有规则的矩形或梯形断面,其断面很不规则,在确定平滩水位时需综合考虑。在潼关以下库段,有的河段河谷狭窄,河漫滩不明显,能见到的只是高低不一的台阶;有的库段比较宽浅,河流两岸不存在陡立岸坡,河槽和滩地衔段较为平缓,这时把平滩水位稍微定高一点或定低一点,主槽面积就会差别很大。

对于规则断面河段,在确定平滩水位时,可以通过计算出淤积断面不同计算水位高程下的断面宽深比,并绘制断面宽深比与计算水位高程的关系线,随着计算水位高程的上升,宽深比开始不断减小,当水流漫过滩地以后,宽深比会迅速回升,选取这一转折点的计算水位高程作为平滩水位。但是由于潼关以下库区有些河段河势散乱,为多股河,所以这一方法不适用。

本次平滩水位的确定,主要是根据实测淤积断面资料分析,是按照上游高下游低的原则确定的,这是为了保持上下游断面的计算河床高程的连续性。首先套汇各个测次的淤积断面图,主槽与滩地的衔接点明确的,衔接点对应的水位即为平滩水位,左右岸平滩水位不一样时,取较低的平滩水位。将初次取得的平滩水位绘制成沿程过程线进行检验,看其是否连续性较好,若出现突出的点子,需对其进行修正,重新选取平滩水位。平滩水位选定部分成果见表 4-11。

2. 主槽位置的确定

潼关至大坝为峡谷型河道,两岸山岩夹峙,宽度为 1 ~ 6 km。潼关至大禹渡河段两岸平均宽度为 1.56 km,大禹渡至北村河段两岸平均宽度为 1.26 km,北村至大坝河段两岸平均宽度为 0.84 km。由于天然的地理条件,潼关至北村河段河谷较为开阔,加上水库滞洪的影响,这一河段断面宽浅,河势散乱,主槽摆动大,主槽位置不易确定。

表 4-11　潼关以下库段平滩水位　（单位：m）

断面	1964 年 6 月	1964 年 10 月	1965 年 7 月	1965 年 10 月	1966 年 5 月	1966 年 10 月
黄淤 1	311.60	314.80	313.40	313.40	313.40	315.90
黄淤 2	312.90	316.00	314.60	314.80	314.60	317.00
黄淤 6	312.00	317.60	317.40	317.70	317.50	317.90
黄淤 8	313.10	316.30	315.70	315.80	315.80	317.30
黄淤 11	313.90	317.00	317.60	317.50	317.70	317.80
黄淤 12	313.20	317.20	317.80	317.30	317.20	318.50
黄淤 14	312.80	318.60	318.60	318.60	318.60	316.20
黄淤 15	312.80	318.40	317.00	317.00	316.70	317.90
黄淤 17	315.00	318.60	318.80	318.80	318.80	318.80
黄淤 18	314.20	320.40	319.90	319.80	319.40	318.90
黄淤 19	315.50	320.80	321.10	320.80	320.80	320.80
黄淤 20	315.20	322.40	318.80	318.20	318.20	318.60
黄淤 21	316.20	321.30	320.80	320.80	320.80	320.80
黄淤 22	316.80	321.50	322.50	322.30	322.30	322.30
黄淤 24	316.50	321.90	319.30	319.20	319.30	320.20
黄淤 25	317.00	321.10	318.70	318.80	318.60	319.80
黄淤 26	317.40	321.90	320.40	321.00	321.10	321.00
黄淤 27	317.10		322.50	322.60	322.60	322.30
黄淤 28	318.50	324.00	324.00	324.00	324.00	324.00
黄淤 29	318.70	324.20	323.80	323.90	323.60	323.80
黄淤 30		325.00	325.00	325.00	324.30	324.30
黄淤 31	320.60	325.40	325.10	325.10	325.10	325.10
黄淤 32	321.30	326.20	325.40	325.40	325.60	325.60
黄淤 33	321.70	326.20	325.80	325.90	325.90	325.60
黄淤 34	322.60	326.60	326.30	326.30	326.30	326.30
黄淤 35	323.10	326.10	326.50	326.50	326.50	326.50
黄淤 36	324.10	327.20	327.10	327.10	327.00	327.10
黄淤 37	325.20	327.10	327.60	327.60	327.50	327.60
黄淤 38	327.00	328.00	327.70	327.60	327.50	327.80
黄淤 39	327.50	327.90	328.60	328.80	328.10	328.10
黄淤 40	328.90	328.60	328.40	328.30	328.20	328.60
黄淤 41	329.10	329.00	329.20	329.60	329.10	329.40

续表 4-11

断面	1967 年 5 月	1968 年 5 月	1968 年 10 月	1969 年 10 月	1970 年 6 月	1970 年 10 月
黄淤 1	315.70	316.30	316.10		316.70	
黄淤 2	316.90	318.20	318.20		317.80	317.60
黄淤 6	317.90	318.30	318.40			317.70
黄淤 8	317.20	318.40	318.40	318.40	318.40	318.40
黄淤 11	318.20	318.10	318.20	318.40	318.40	319.30
黄淤 12	318.60	318.90	318.80	319.00	318.80	318.80
黄淤 14	316.20	316.20	316.20	314.20	314.20	313.70
黄淤 15	317.60	318.60	318.50	318.40	317.90	317.50
黄淤 17	319.00	319.60	319.60	319.30	319.30	320.00
黄淤 18	320.00	319.90	320.20	319.50	319.10	319.60
黄淤 19	320.80	320.00	320.00	320.00	319.90	319.90
黄淤 20	318.60	319.90	319.90	319.90	319.90	319.90
黄淤 21	320.80	320.80	320.90	320.90	321.00	321.00
黄淤 22	322.30	322.30	322.30	322.20	322.20	322.20
黄淤 24	320.20	321.30	321.00	321.30	321.30	321.00
黄淤 25	319.80	321.30	321.10	320.10	321.00	321.00
黄淤 26	321.20	322.10	323.00	321.90	321.90	321.90
黄淤 27	322.20	322.30	322.20	322.20	322.10	322.20
黄淤 28	323.70	323.20	323.30	323.40	323.40	323.20
黄淤 29	323.80	323.60	323.60	323.60	323.60	323.60
黄淤 30	324.00	324.30	324.30	324.30	324.30	324.30
黄淤 31	325.10	325.10	325.10	325.10	325.10	325.10
黄淤 32	325.60	325.50	325.50	325.50	325.50	325.50
黄淤 33	325.90	325.60	325.50	325.50	325.50	325.50
黄淤 34	326.30	326.10	326.10	326.10	326.10	326.20
黄淤 35	326.50	326.60	326.60	326.80	326.80	326.80
黄淤 36	327.10	327.00	327.00	327.10	327.10	327.10
黄淤 37	327.50	327.50	327.20	327.30	327.20	327.60
黄淤 38	327.80	327.70	327.60	328.30	328.20	328.40
黄淤 39	328.70	329.00	329.10	328.90	328.90	329.00
黄淤 40	328.60	329.40	329.90	329.70	329.50	330.00
黄淤 41	329.10	330.00	330.20	330.10	329.80	329.90

续表 4-11

断面	1971年6月	1971年10月	1972年5月	1972年9月	1973年7月	1973年9月
黄淤1	316.20	316.70	316.70	316.70	316.70	316.90
黄淤2	317.80	317.70	317.70	317.50	317.70	317.80
黄淤6	317.60	317.60	317.40	316.80	316.80	316.80
黄淤8	318.50	318.30	318.20	318.20	317.80	317.80
黄淤11	319.30	319.30	318.70	319.00	319.20	319.00
黄淤12	318.70	319.20	318.50	318.50	318.50	318.50
黄淤14	313.70	313.70	313.80	313.70	313.70	313.70
黄淤15	317.50	317.50	317.30	317.10	317.40	317.30
黄淤17	320.00	320.00	319.40	319.40	319.40	319.40
黄淤18	320.00	319.90	320.00	319.70	319.90	320.00
黄淤19	319.90	319.90	319.90	319.90	319.90	319.90
黄淤20	319.90	319.90	319.90	319.90	319.90	319.90
黄淤21	321.00	321.00	321.00	321.00	321.00	321.00
黄淤22	321.10	321.60	321.20	321.20	322.00	321.60
黄淤24	321.00	321.00	321.20	321.20	321.20	321.00
黄淤25	321.20	321.20	321.00	321.00	321.20	321.10
黄淤26	321.90	321.90	321.90	321.90	322.00	322.00
黄淤27	322.00	321.70	321.90	322.00	321.70	322.20
黄淤28	323.40	323.00	323.20	323.10	322.80	323.00
黄淤29	323.60	323.60	323.60	323.60	323.40	323.40
黄淤30	324.30	324.30	324.30	324.30	324.30	324.20
黄淤31	325.10	325.10	324.80	324.80	324.80	324.80
黄淤32	325.50	325.50	325.50	325.50	325.50	325.50
黄淤33	325.50	325.50	325.90	325.80	325.80	325.60
黄淤34	326.10	326.10	325.90	325.80	325.90	325.90
黄淤35	326.80	326.80	326.80	326.80	326.80	326.80
黄淤36	327.10	327.10	327.10	327.20	327.10	327.10
黄淤37	327.60	327.70	327.50	327.50	327.50	327.50
黄淤38	328.80	328.30	328.60	328.80	328.70	328.70
黄淤39	329.10	329.10	328.90	329.00	328.90	328.90
黄淤40	329.90	329.90	330.00	329.70	329.70	329.70
黄淤41	330.00	329.90	330.30	330.40	330.30	330.40

在遇到主槽摆动大,出现多股河道主槽位置不易确定的淤积断面时,应结合前、后测次淤积断面主槽位置与主槽宽度,综合考虑后确定主槽。如黄淤 31 断面,1964 年 3 月的主槽与滩地衔接点较为明确,主槽显而易见;1964 年 7 月的主槽与滩地没有明显的衔接点(见图 4-17(a)),不易确定主槽的确切位置;1964 年 4 月的河槽中有两个过水槽 A_1 和 A_2(见图 4-17(b)),主槽选 A_1 还是 A_2,或是 A_1+A_2? 所以在确定 1964 年 4 月和 1964 年 7 月的主槽位置时,可以参考 1964 年 3 月主槽宽度,1964 年 3 月主槽宽度大约为 400 m,结合 1964 年 7 月淤积断面形态,认为 400 m 左右河宽所对应的河槽即为主槽;1964 年 4 月 A_1 和 A_2 的河槽宽度分别为 480 m 和 100 m,参考 1964 年 3 月的河宽,确定 A_1 为主河槽。

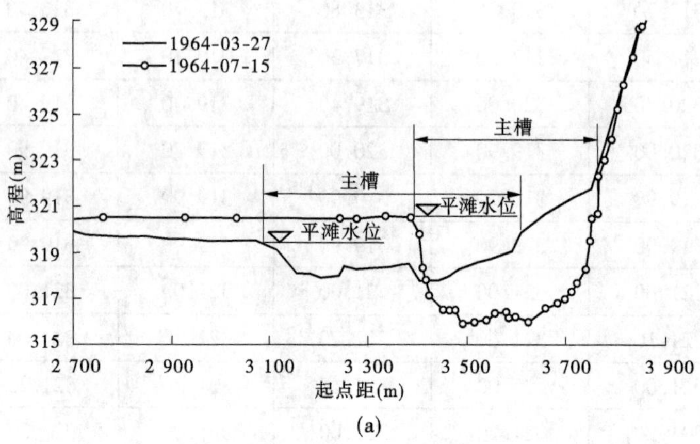

(a)

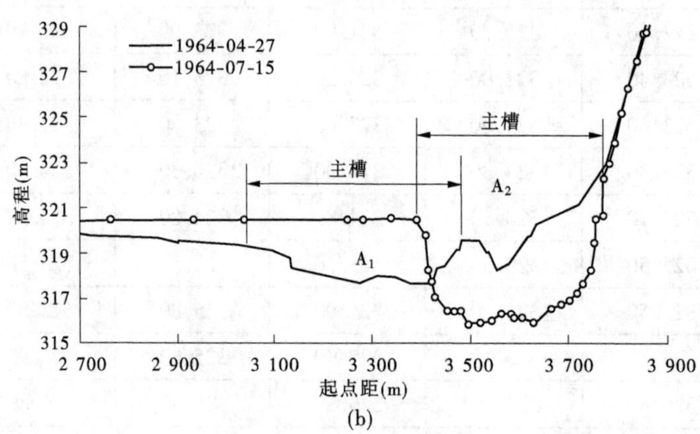

(b)

图 4-17 黄淤 31 断面套汇

根据确定的主槽和平滩水位计算平均河底高程并绘制成纵剖面图进行检验,若纵剖面图上下游连续性差,出现倒比降的情况,就需要对这一断面的主槽进行重新划分和确定。

4.3.2.3 断面间距的选定

1964 ~ 1973 年时段内,三门峡水库只在 1971 年进行了 1/10 000 地形图的测量,根据 1/10 000 地形图量得河槽弯曲间距为 125.1 km(见表 4-12),较潼关至大坝 340 m 高程几何中心线间距 113.2 km,增大了 10.5%,采用河槽弯曲间距进行槽库容的计算。

表 4-12　1971 年实测断面间距　（单位:km）

断面	河槽弯曲间距		340 m 高程几何中心线间距	
	断面间距	距大坝里程	断面间距	距大坝里程
黄淤 1	1.12	1.12	1.01	1.01
黄淤 2	0.91	2.03	0.87	1.88
黄淤 6	6.54	8.57	5.65	7.53
黄淤 8	1.66	10.23	1.57	9.10
黄淤 11	4.61	14.84	3.94	13.04
黄淤 12	2.35	17.19	2.02	15.06
黄淤 14	2.95	20.14	3.11	18.17
黄淤 15	3.89	24.03	3.12	21.29
黄淤 17	3.20	27.23	3.33	24.62
黄淤 18	1.90	29.13	2.01	26.63
黄淤 19	4.75	33.88	4.23	30.86
黄淤 20	2.50	36.38	2.76	33.62
黄淤 21	4.42	40.80	4.32	37.94
黄淤 22	4.31	45.11	4.34	42.28
黄淤 24	5.49	50.60	4.14	46.42
黄淤 25	4.16	54.76	2.44	48.86
黄淤 26	2.61	57.37	2.52	51.38
黄淤 27	4.20	61.57	3.78	55.16
黄淤 28	5.39	66.96	4.68	59.84
黄淤 29	2.32	69.28	2.49	62.33
黄淤 30	5.89	75.17	5.53	67.86
黄淤 31	5.22	80.39	4.46	72.32
黄淤 32	5.14	85.53	4.25	76.57
黄淤 33	4.41	89.94	3.98	80.55
黄淤 34	4.79	94.73	4.80	85.35
黄淤 35	4.05	98.78	3.62	88.97
黄淤 36	5.75	104.53	5.02	93.99
黄淤 37	4.00	108.53	3.80	97.79
黄淤 38	6.57	115.1	5.52	103.31
黄淤 39	2.98	118.08	2.91	106.22
黄淤 40	5.44	123.52	5.33	111.55
黄淤 41	1.62	125.14	1.66	113.21

通过分析计算，槽库容部分计算成果见表 4-13。

表 4-13 1964 年 6 月至 1973 年 11 月潼关以下库区各河段槽库容统计值

（单位：亿 m^3）

时间（年-月）	分段槽库容					
	坝址—黄淤 12	黄淤 12—黄淤 22	黄淤 22—黄淤 30	黄淤 30—黄淤 36	黄淤 36—黄淤 41	坝址—黄淤 41
1964-06	0.30	0.46	0.47	0.44	0.61	2.28
1964-10	0.45	0.63	0.72	0.82	0.42	3.04
1965-07	0.65	1.43	1.67	1.77	0.50	6.02
1965-10	0.78	1.61	1.90	1.73	0.45	6.48
1966-05	0.89	1.73	2.11	1.99	0.38	7.09
1966-10	0.66	1.17	1.49	1.50	0.53	5.34
1967-05	0.89	1.61	1.93	1.76	0.55	6.75
1967-10	0.60	1.10	1.20	1.36	0.54	4.80
1968-05	0.82	1.52	1.73	1.61	0.43	6.11
1968-10	0.80	1.17	1.62	1.66	0.58	5.82
1969-05	0.95	1.57	1.86	1.56	0.51	6.45
1969-10	0.65	1.86	2.15	1.40	0.50	6.57
1970-06	1.01	1.92	2.01	1.26	0.46	6.65
1970-10	1.49	2.21	2.36	1.78	0.78	8.63
1971-06	1.65	2.38	2.37	1.66	0.77	8.83
1971-10	1.63	2.43	2.57	1.89	0.76	9.29
1972-05	1.42	2.39	2.87	1.92	0.91	9.51
1972-10	1.99	2.69	3.02	2.16	0.95	10.81
1973-07	1.92	2.67	2.85	1.65	0.69	9.77
1973-11	2.03	2.87	3.30	2.39	1.11	11.70

4.3.3 槽库容分布变化特点及成因分析

4.3.3.1 槽库容分布变化特点

1. 时段分布特点

图 4-18 为 1964 ~ 1973 年潼关以下库区各个淤积测次对应计算的槽库容变化过程。由图 4-18 可见，1964 ~ 1973 年槽库容从 1964 年 6 月的 2.28 亿 m^3 增加到 1973 年 11 月的 11.70 亿 m^3，增加了 9.42 亿 m^3。槽库容扩大主要集中在 1964 年 6 月至 1966 年 6 月和 1970 年 6 月至 1973 年 11 月这两个时段，槽库容分别增加了 4.81 亿 m^3 和 5.05 亿 m^3。

2. 河段分布变化特点

1964 年 6 月至 1973 年 11 月潼关以下库区槽库容扩大 9.42 亿 m^3，主要分布在坝

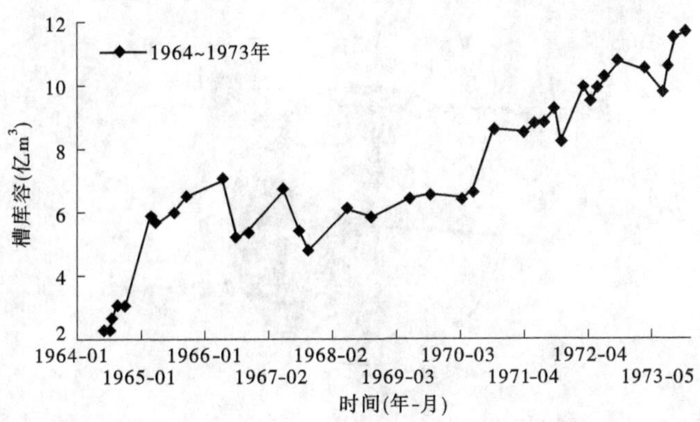

图 4-18　潼关以下库区槽库容过程线

址—黄淤 36 河段(见表 4-14 和图 4-19),为 8.92 亿 m^3,占全河段的 94.7%(见图 4-20)。其中黄淤 22—黄淤 30 河段槽库容扩大得最多,为 2.83 亿 m^3,占全河段的 30.0%;其次是黄淤 12—黄淤 22 河段槽库容增大了 2.41 亿 m^3,占全河段的 25.6%;坝址—黄淤 12 河段和黄淤 30—黄淤 36 河段槽库容分别增大了 1.73 亿 m^3 和 1.95 亿 m^3,分别占全河段的 18.4% 和 20.7%;而黄淤 36—黄淤 41 河段仅扩大 0.50 亿 m^3,占全河段的 5.3%。

表 4-14　1964～1973 年潼关以下库区各河段槽库容统计值　（单位:亿 m^3）

时段(年-月)	分段槽库容变化值					
	坝址—黄淤 12	黄淤 12—黄淤 22	黄淤 22—黄淤 30	黄淤 30—黄淤 36	黄淤 36—黄淤 41	坝址—黄淤 41
1964-06～1966-06	0.59	1.26	1.64	1.55	-0.23	4.81
1966-06～1970-06	0.12	0.19	-0.10	-0.73	0.08	-0.44
1970-06～1973-11	1.02	0.96	1.29	1.13	0.65	5.05
1964-06～1973-11	1.73	2.41	2.83	1.95	0.50	9.42

注:表中正值为槽库容增大,负值为槽库容减少。

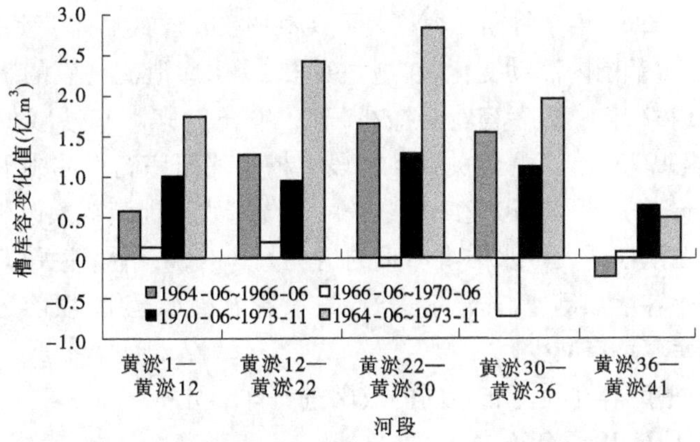

图 4-19　1964～1973 年潼关以下库区各河段槽库容变化值分布

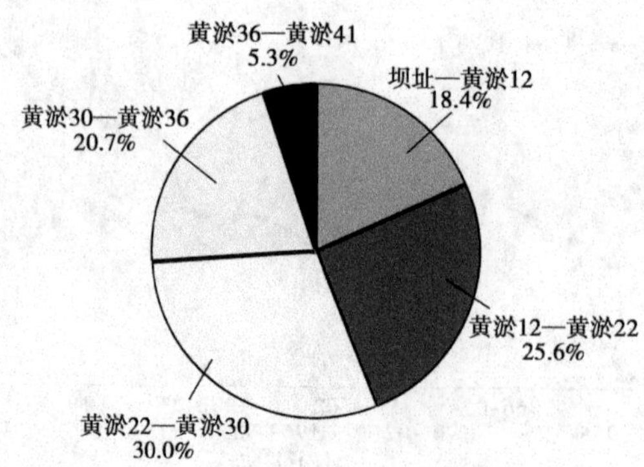

图 4-20　1964～1973 年潼关以下各河段槽库容变化分布比例

4.3.3.2　槽库容分布变化成因分析

对于槽库容扩大的两个集中时段：1964 年 6 月至 1966 年 6 月和 1970 年 6 月至 1973 年 11 月，虽然这两个时段槽库容总的扩大值相近，但是由于来水条件和坝前运用水位不同，槽库容增大的形式和分布的河段也不相同。1964 年 6 月至 1966 年 6 月主槽冲刷主要集中分布在黄淤 36—黄淤 12 河段，槽库容增大 4.45 亿 m^3，而黄淤 41—黄淤 36 河段槽库容减少 0.23 亿 m^3；1970 年 6 月至 1973 年 11 月冲刷主要集中分布在黄淤 36—黄淤 1 河段，滩地几乎没变化而主槽冲刷下降，使槽库容增大 4.4 亿 m^3。

1964 年 6 月至 1966 年 6 月槽库容的增大是滩地淤积抬高和主槽冲刷下降共同作用的结果，滩地平均高程变化范围分别为 -0.1～5.1 m，主槽平均河底高程变化范围分别为 -2.7～3.6 m。1970 年 6 月至 1973 年 11 月槽库容的增大主要是主槽冲刷下降造成的，滩地平均高程变化范围分别为 -0.1～0.2 m，主槽平均河底高程变化范围分别为 -1.4～ -5.5 m。

分析其成因，潼关以下库区河段在来水来沙和水库运用共同作用下，1964 年汛期库区泥沙严重淤积，滩地平均高程变化范围为 -0.1～5 m，主槽平均河底高程变化范围为 -0.7～4.6 m，截至 1964 年 10 月，槽库容仅剩下 3.04 亿 m^3，由于 1965 年来水来沙减少，坝前水位下降，到了 1966 年 6 月槽库容恢复到 7.09 亿 m^3。此后一直到 1970 年 6 月，槽库容在 5 亿～7 亿 m^3 范围内浮动变化，在这一时段，受水库泄流规模的影响，汛期大水大沙年（如 1966 年、1967 年），槽库容就会减少，到了非汛期来水来沙减少，槽库容又会增加。1970 年 6 月至 1973 年 11 月潼关以下河段主槽平均河底高程冲刷下降1.4～5.5 m，槽库容由 6.65 亿 m^3 增加至 11.70 亿 m^3，这是由于随着水库泄流规模改建、增建工程的投入使用，使得水库在汛期遇大洪水滞洪严重的情况大为改善，汛期潼关以下库区主河槽产生强烈的冲刷，槽库容增加迅速，非汛期进行防凌、春灌蓄水运用，坝前运用水位抬高，主槽内产生淤积，槽库容略有减少。

下面分时段对槽库容河段分布不同的成因进行详细分析。

(1)1964 年 6 月至 1966 年 6 月。

1964 年 6 月至 1966 年 6 月潼关以下库区槽库容增大了 4.81 亿 m^3（见表 4-14），主要分布在黄淤 12—黄淤 36 河段（见表 4-14 和图 4-21），槽库容为 4.45 亿 m^3，占潼关以下河段槽库容的 92.5%。其中黄淤 12—黄淤 22 河段、黄淤 22—黄淤 30 河段和黄淤 30—黄淤 36 河段，槽库容分别是 1.26 亿 m^3、1.64 亿 m^3 和 1.55 亿 m^3，分别占潼关以下河段槽库容的 26.2%、34.1% 和 32.2%。这一时段由于水库泄流能力小，虽然水库的运用方式已从"蓄水拦沙"改为"滞洪排沙"，潼关以下库区淤积严重，尤其在丰水丰沙年(如 1964 年)，但是到 1966 年 6 月槽库容却增大了 4.81 亿 m^3，这是当潼关站发生较大洪水时，水库滞洪仍十分严重，潼关以下河段发生全面淤积，滩槽同时淤积抬升造成的。

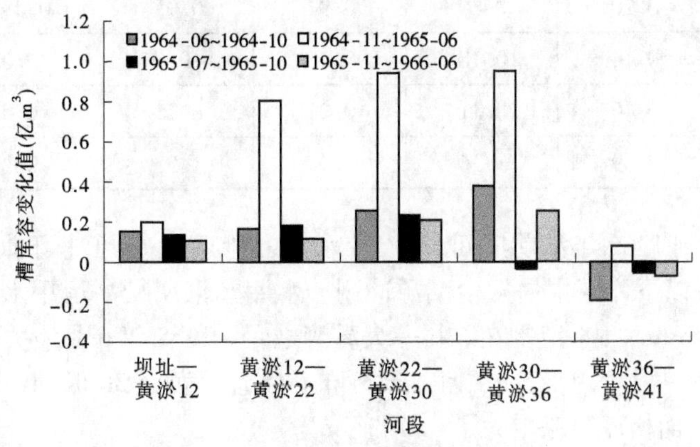

图 4-21　1964～1966 年槽库容分布图

1964 年为丰水丰沙年，汛期洪峰连续不断，潼关站大于 3 000 m^3/s 流量的水、沙量分别占汛期水、沙量的 85% 和 90% 以上，由于水库泄流能力不足，滞洪削峰情况比较严重(见表 4-15)。水库滞洪致使坝前水位随之上升，汛期坝前日均水位最高为 325.86 m，平均水位达 320.24 m，超过 320 m 水位的天数达 73 d，潼关以下断面均处在回水影响范围之内。坝前滞洪壅水位在洪水过程中起了决定性作用，致使潼关以下库区全断面淤积，滩槽同步淤积抬高，1964 年 10 月的槽库容较 1964 年 6 月增大 0.76 亿 m^3(见表 4-16)，增加的槽库容分布在黄淤 36 断面以下，集中分布在黄淤 22—黄淤 36 河段。

表 4-15　1964 年水库削峰比

日期(月-日)	洪峰日均流量(m^3/s)		史家滩日均水位(m)	削峰比(%)
	潼关	三门峡		
05-28	3 470	3 050	314.74	12
07-07	6 350	3 200	315.58	50
07-17	4 810	3 310	316.18	31
07-23	5 910	3 810	318.93	36
08-14	9 480	4 760	324.97	50
08-31	4 980	3 780	319.96	24
09-08	5 300	4 300	322.03	19
09-17	6 280	4 780	325.17	24
09-25	5 500	4 840	325.84	12
10-18	5 140	4 280	322.37	17

表 4-16　1964 年 6 月至 1966 年 6 月潼关以下库区各时段槽库容差值（单位：亿 m^3）

时段（年-月）	分段槽库容					
	坝址—黄淤 12	黄淤 12—黄淤 22	黄淤 22—黄淤 30	黄淤 30—黄淤 36	黄淤 36—黄淤 41	坝址—黄淤 41
1964-06～1964-10	0.15	0.16	0.26	0.38	-0.19	0.76
1964-11～1965-06	0.20	0.80	0.94	0.95	0.08	2.97
1965-07～1965-10	0.14	0.18	0.23	-0.04	-0.05	0.46
1965-11～1966-06	0.10	0.11	0.21	0.25	-0.07	0.61
1964-06～1966-06	0.59	1.26	1.64	1.55	-0.23	4.81

1964 年汛后到 1965 年汛前期间，三门峡水库敞泄运用，由于非汛期入库流量减小，库水位下降，潼关以下库区主槽发生溯源冲刷。水库非汛期最高运用水位 315.62 m，平均运用水位 306.89 m，回水范围在北村—大禹渡之间。1965 年 6 月潼关以下库区槽库容较 1964 年 10 月增大了 2.97 亿 m^3，且主要分布在坝址—黄淤 36 断面，为 2.89 亿 m^3，黄淤 36—黄淤 41 断面槽库容略增大了 0.08 亿 m^3。

1965 年汛期为枯水枯沙年，汛期水沙量分别为 139.6 亿 m^3 和 3.04 亿 t，其中汛期的洪水水量和大于 3 000 m^3/s 的水量分别为 42.57 亿 m^3 和 10.2 亿 m^3，汛期坝前最高水位为 318.05 m，平均水位为 308.55 m，最低水位为 296.36 m。7 月 22 日黄、渭河洪水遭遇，潼关站出现 5 400 m^3/s 的洪峰，为全年的最大洪水。汛期潼关以下河段槽库容增大了 0.46 亿 m^3，集中分布在坝址—黄淤 30 断面之间，槽库容增大了 0.55 亿 m^3，黄淤 30—黄淤 41 断面之间的槽库容则略微减少了 0.09 亿 m^3。

1966 年非汛期最高库水位为 308.06 m，平均运用水位 304.71 m，是"滞洪排沙"期间运用水位最低的一年，潼关以下库区发生溯源冲刷，全河段普遍冲刷，槽库容增大了0.61 亿 m^3。

(2)1966 年 7 月至 1970 年 6 月。

1966 年 6 月至 1969 年 10 月由于水库泄流建筑物增加了"两洞四管"，泄流能力有所增加，但遇到汛期来的大洪水时，坝前仍壅水严重，潼关以下库区主槽发生淤积，槽库容减少；非汛期来水量减少，坝前水位降低时，潼关以下库区主槽发生冲刷，槽库容增大。这一时段潼关以下库区槽库容减少了 0.44 亿 m^3（见表 4-17），主要分布在黄淤 22—黄淤 36 河段，槽库容减少了 0.83 亿 m^3（见图 4-22）。

1966 年平水丰沙、1967 年丰水丰沙、1968 年丰水平沙，这三年汛期洪水量较大，流量大于 3 000 m^3/s 的水量分别为 186.1 亿 m^3、311.6 亿 m^3 和 186.7 m^3，坝前日均最高水位分别为 319.45 m、319.97 m 和 318.74 m，由于水库的泄流能力不足，潼关以下库段发生了淤积。1966 年、1967 年和 1968 年汛期槽库容分别减少了 1.74 亿 m^3、1.96 亿 m^3 和 0.29 亿 m^3，减少的槽库容主要分布在坝址—黄淤 36 河段。这三年非汛期坝前最高水位分别为 308.06 m、325.17 m 和 327.90 m，平均运用水位分别为 304.71 m、321.22 m 和 321.82 m，潼关以下库区槽库容分别增大了 0.61 亿 m^3、1.41 亿 m^3 和 1.31 亿 m^3，增大的槽库容主要分布在坝址—黄淤 36 河段。1967 年和 1968 年非汛期高水位运用天数较多（见表 4-5），但是槽库容却比 1966 年水库敞泄运用增大较多，这是由于 1967 年和 1968 年非汛期分别来了最大洪峰流量为 3 030 m^3/s 和 3 390 m^3/s 的桃汛洪水，而且在桃汛洪水来之前已经分别将坝前水位降至 305.3 m 和 307.8 m，有利的水沙条件加上桃汛洪水前水库低水位运用使得这两年非汛期槽库容增大较多。

表 4-17　1966 年 7 月至 1970 年 6 月潼关以下库区汛期、非汛期槽库容统计值

（单位：亿 m^3）

时段（年-月）	分段槽库容变化值					
	坝址—黄淤 12	黄淤 12—黄淤 22	黄淤 22—黄淤 30	黄淤 30—黄淤 36	黄淤 36—黄淤 41	坝址—黄淤 41
1966-07 ~ 1966-10	-0.23	-0.56	-0.62	-0.49	0.16	-1.74
1966-11 ~ 1967-06	0.23	0.44	0.45	0.27	0.02	1.41
1967-07 ~ 1967-10	-0.29	-0.51	-0.74	-0.40	-0.02	-1.96
1967-11 ~ 1968-06	0.22	0.42	0.53	0.25	-0.11	1.31
1968-07 ~ 1968-10	-0.02	-0.35	-0.11	0.04	0.15	-0.29
1968-11 ~ 1969-06	0.15	0.40	0.24	-0.1	-0.07	0.62
1969-07 ~ 1969-10	-0.3	0.29	0.29	-0.16	-0.01	0.11
1969-11 ~ 1970-06	0.36	0.06	-0.14	-0.14	-0.05	0.09
1966-07 ~ 1970-06	0.12	0.19	-0.10	-0.73	0.08	-0.44

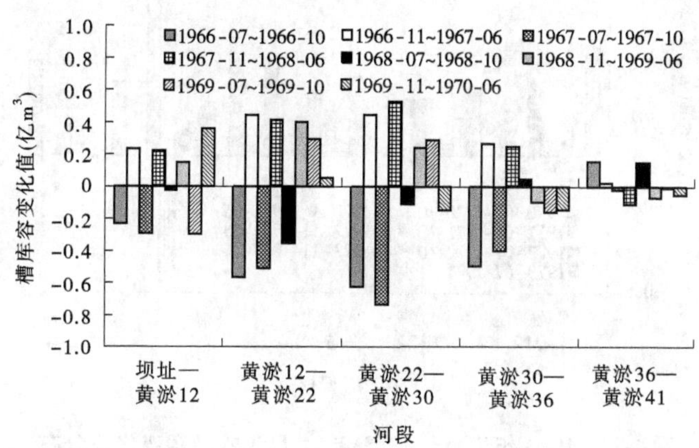

图 4-22　1966 年 7 月至 1970 年 6 月年槽库容变化分布

1969 年非汛期的桃汛洪水的最大洪峰流量为 2 880 m^3/s，但是由于发生桃汛洪水时，坝前水位较高，为 319.41 m，降低了洪水对主槽的冲刷效果，槽库容只增大了 0.62 亿 m^3。1969 年汛期来水量仅为 115.8 亿 m^3，为 1964 ~ 1973 年中最少的一年，最大洪峰流量为 4 170 m^3/s，洪水历时短，坝前壅水不严重，槽库容增大了 0.11 亿 m^3。

（3）1970 年 7 月至 1973 年 11 月。

水库泄流规模的第二次改建工程在这一时段投产使用，经过两次改建的泄流建筑物投入运用，增加了泄流能力，同时，水库汛期低水位运用，潼关以下库区主槽由淤积变为冲刷，1973 年 11 月槽库容较 1970 年 7 月增大了 5.05 亿 m^3（见表 4-18）。由于这一时段水库的冲刷主要是洪水期的溯源冲刷和沿程冲刷及其相互叠加，所以增大的槽库容较均匀地分布在潼关以下河段（见图 4-23）。

表 4-18　1970 年 7 月至 1973 年 11 月潼关以下库区汛期、非汛期槽库容统计值

（单位：亿 m^3）

时段（年-月）	分段槽库容变化值					
	坝址—黄淤 12	黄淤 12—黄淤 22	黄淤 22—黄淤 30	黄淤 30—黄淤 36	黄淤 36—黄淤 41	坝址—黄淤 41
1970-07 ~ 1970-10	0.48	0.30	0.35	0.52	0.33	1.97
1970-11 ~ 1971-06	0.15	0.17	0.01	-0.12	-0.01	0.20
1971-07 ~ 1971-10	-0.02	0.06	0.20	0.23	-0.01	0.46
1971-11 ~ 1972-06	0.02	0.01	0.28	0.15	0.16	0.63
1972-07 ~ 1972-10	0.33	0.24	0.17	0.11	0.03	0.89
1972-11 ~ 1973-06	-0.07	-0.02	-0.17	-0.51	-0.26	-1.03
1973-07 ~ 1973-11	0.11	0.21	0.45	0.74	0.42	1.93
1970-09 ~ 1973-11	1.02	0.96	1.29	1.13	0.65	5.05

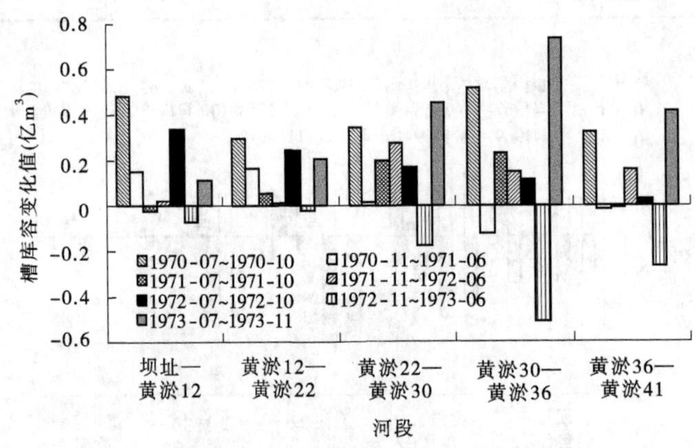

图 4-23　1970 年 7 月至 1973 年 11 月年槽库容变化值分布

1970 年虽为枯水丰沙年，但汛期黄河、渭河的洪峰不断出现，潼关站流量大于 3 000 m^3/s 的洪水有 5 次，最大洪峰流量为 8 420 m^3/s（8 月 3 日），最大含沙量为 631 kg/m^3（8 月 4 日），潼关以下河段发生沿程冲刷。同时在 6 月水库泄流规模的第二次改建工程部分投入使用，使得坝前水位突然降低，汛期坝前最高水位为 312.72 m，平均水位为 299.54 m，库区又发生自下而上的溯源冲刷。随着水库泄流能力增加以及汛期高含沙洪水的冲刷，使溯源冲刷和沿程冲刷相衔接，潼关以下主槽均发生强烈冲刷，到 1970 年 11 月槽库

容增大了 1.93 亿 m^3，较为均匀地分布在潼关以下库区。

1971 年 2 月 11 日至 3 月 21 日为水库防凌蓄水运用，防凌运用期坝前最高水位达到 323.41 m，坝前平均水位为 313.17 m，坝前水位超过 320 m 的天数有 33 d，1971 年 6 月较 1970 年 10 月潼关以下库区槽库容增加了 0.20 亿 m^3，主要分布在坝址—黄淤 22 河段。

1971 年汛期潼关站水沙量分别为 134.5 亿 m^3 和 10.81 亿 t，水沙偏枯，洪峰流量大于 3 000 m^3/s 的洪水只有两次，一次为 10 200 m^3/s（7 月 26 日）的汛期最大洪峰流量，一次为 10 月 8 日至 11 月 5 日洪峰流量为 3 350 m^3/s 的洪水。1971 年汛期坝前最高水位为 310.90 m（7 月 27 日），平均水位为 297.94 m，1971 年 10 月潼关以下库区槽库容较 1971 年 6 月增大了 0.46 亿 m^3，主要分布在黄淤 22—黄淤 36 河段。

1972 年为枯水枯沙年，年水沙量分别为 303.3 亿 m^3 和 6.74 亿 t，汛期水沙量分别为 123.4 亿 m^3 和 3.95 亿 t，其中汛期的洪水量和流量大于 3 000 m^3/s 的水量分别为 24.05 亿 m^3 和 4.2 亿 m^3，为滞洪排沙期的最小值。非汛期水库最高运用水位为 319.97 m，平均运用水位 314.25 m，潼关以下河段槽库容增大了 0.63 亿 m^3，主要分布在黄淤 22—黄淤 41 河段。1972 年汛期由于水量小，洪水场次少且洪峰流量不大，冲刷能力减小，库区没有发生强烈的冲刷，1972 年 10 月潼关以下库区槽库容较 1972 年 7 月仅增大了 0.89 亿 m^3，主要分布在坝址—黄淤 22 断面。

1973 年非汛期水库进行了防凌和春灌蓄水运用，最高坝前水位 326.05 m（4 月 10 日），平均运用水位 323.35 m，回水超过潼关。由于 1973 年非汛期蓄水位高，超过 320 m 水位的天数达 121 d，为 1963 年以来维持时间最长的一年；桃汛期坝前水位达 324 m 以上，桃峰期的 60% 水量和全部沙量拦于库内，没有发挥桃峰的冲刷排沙作用，1973 年 6 月潼关以下槽库容较 1972 年 11 月减少了 1.03 亿 m^3，主要分布在黄淤 22—黄淤 41 河段。

1973 年潼关站年水量和沙量分别为 308.0 亿 m^3 和 16.07 亿 t，汛期水量为 181.2 亿 m^3，沙量为 14.04 亿 t，为枯水平沙年。但汛期洪峰不断出现，汛期洪水量为 106.3 亿 m^3，其中大于 3 000 m^3/s 流量的水量为 37.2 亿 m^3，潼关站洪峰流量大于 3 000 m^3/s 的洪峰共发生 5 次，最大洪峰流量为 5 080 m^3/s（9 月 1 日），其中三次为高含沙洪水。水库泄流规模第二次改建工程也在 1973 年汛期基本完成并投入运用，使洪峰期坝前水位降低，加上连续发生几次高含沙洪水，使溯源冲刷和沿程冲刷相衔接，潼关以下主槽均发生强烈冲刷，1973 年 11 月潼关以下槽库容较 1973 年 7 月增大了 1.93 亿 m^3，主要分布在黄淤 22—黄淤 41 断面。

4.4　高滩深槽形成过程及影响因素分析

4.4.1　高滩深槽的形成过程

修建在多泥沙河流上的水库，每年在蓄水期库区将发生壅水淤积。在排沙期，水库泄流能力不足时，库区也会发生壅水淤积。水库运用初期，这种因水库壅水而产生的淤积是在全断面发生的，也就是说，滩槽都有淤积。洪水过后，库水位降落，回水末端下移，脱离回水影响的库段，便产生自上而下的冲刷。随着库水位的进一步降落，甚至泄空，这时库区不但有自上而下的沿程冲刷，而且还有自下而上的溯源冲刷。两种冲刷的联合作用，在库区淤积面上便冲出一个深槽。滩面的淤积物一般不能冲掉，但由于库区水流的坐弯摆动，也可造成滩坎的坍塌。在回水末端，水流游荡散乱，此冲彼淤，也会造成滩面的变化，不过都是局部或短期现象。水库在水流泥沙的作用下，河槽冲刷下降，但滩面淤积速度越来越慢，逐渐出现高滩深槽的形态。

三门峡水库潼关以下库区在1960～1973年这个时间段受水库运用方式和来水来沙的影响，在"淤积一大片、冲刷一条线"的库区冲淤规律的作用下，形成了高滩深槽的冲淤形态。三门峡水库潼关以下库区在形成高滩深槽淤积形态的过程中，先是由于水库泄流规模不足和潼关站汛期连续的高含沙洪水共同作用下，使潼关以下库区发生了全断面的淤积，滩槽同步淤积抬高，到1964年10月，潼关以下库区河段滩地平均高程淤积至最高点，较1963年10月滩地的平均高程抬升了2.4～5.6 m，形成了高滩，而潼关以下库区的主槽除了近坝段的主槽（大坝—黄淤22河段）受坝前降水冲刷的影响冲刷出了一条新河槽，其余河段的主槽几乎被淤平；1964年10月之后，随着水库泄流规模增建、改建工程陆续投入使用和潼关站发生有利的来水来沙，潼关以下库区主槽不断冲刷下降，1973年10月较1964年10月大坝—黄淤22断面冲刷下降幅度为7.3～7.7 m，黄淤31—黄淤41断面冲刷下降幅度为0.2～3.9 m，冲刷出一条深槽，而潼关以下库区滩地平均高程自1964年10月以后变化不大，滩槽差加大，潼关以下库区形成了较为窄深的高滩深槽淤积形态。三门峡水库高滩深槽的形成是先以滩槽同步淤积抬升，主槽再冲刷下降的过程。

4.4.2 高滩深槽塑造典型时段分析

表4-19为三门峡水库槽库容时段变化统计表，可以看出1965年非汛期和1973年汛期槽库容增加幅度较大，分别为2.98亿 m^3 和1.78亿 m^3，可通过分析这两个典型时段的来水来沙条件和水库运用情况，深入了解高滩深槽的形成过程。

表4-19 三门峡水库槽库容时段变化统计

时间（年-月）	坝址—黄淤41槽库容（亿 m^3）	较上时段差值（亿 m^3）
1964-06	2.28	
1964-10	3.04	0.76
1965-07	6.02	2.98
1965-10	6.48	0.46
1966-05	7.09	0.61
1966-10	5.34	-1.75
1967-05	6.75	1.41
1967-10	4.80	-1.95

续表 4-19

时间(年-月)	坝址—黄淤 41 槽库容(亿 m^3)	较上时段差值(亿 m^3)
1968-05	6.11	1.31
1968-10	5.82	-0.29
1969-05	6.45	0.63
1969-10	6.57	0.12
1970-06	6.65	0.08
1970-10	8.63	1.98
1971-06	8.83	0.20
1971-10	9.29	0.46
1972-05	9.51	0.22
1972-10	10.81	1.30
1973-07	9.77	-1.04
1973-10	11.55	1.78

(1)1964 年 10 月至 1965 年 7 月。

1965 年是枯水枯沙年,潼关站非汛期水量 223.5 亿 m^3,沙量 2.2 亿 t。1964 年 10 月至 1965 年 7 月由于库水位下降,产生了溯源冲刷,槽库容增大了 2.98 亿 m^3。

这一时段主槽的冲刷主要发生在 1964 年 10 月至 1965 年 3 月(见图 4-24),黄淤 36 以下槽库容增大了 2.89 亿 m^3(见表 4-20),主槽平均河底高程大幅度冲刷下降(见图 4-25)。这一时段潼关最大流量 5 140 m^3/s,最大含沙量 21.49 kg/m^3,最高坝前水位 322.62 m,平均水位 309.2 m。1964 年 10 月以后随着潼关站来水量减少,洪水逐渐消退,坝前水位下降(见图 4-26),在坝前发生了溯源冲刷,潼关以下库区的冲刷以主槽冲刷下降为主,断面形态趋于窄深。

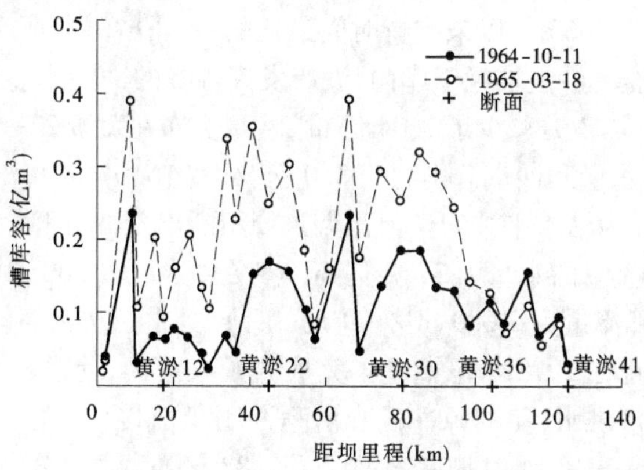

图 4-24　1964 年 10 月与 1965 年 3 月槽库容沿程变化

表 4-20　1964 年 10 月至 1965 年 7 月槽库容变化值　（单位：亿 m^3）

时段（年-月-日）	分段槽库容变化值					
	坝址—黄淤 12	黄淤 12—黄淤 22	黄淤 22—黄淤 30	黄淤 30—黄淤 36	黄淤 36—黄淤 41	坝址—黄淤 41
1964-10-11 ~ 1965-03-18	0.38	1.11	0.85	0.55	-0.08	2.81
1965-03-18 ~ 1965-04-16	-0.03	-0.20	-0.09	0.08	0.07	-0.17
1965-04-16 ~ 1965-07-25	-0.15	-0.11	0.18	0.32	0.09	0.33
1964-10-11 ~ 1965-07-25	0.20	0.80	0.94	0.95	0.08	2.98

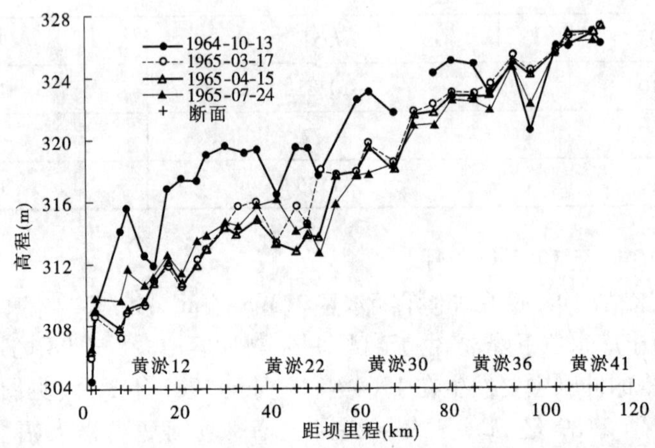

图 4-25　1964 年 10 月至 1965 年 7 月主槽平均河底高程沿程变化

（2）1973 年 3 月至 1973 年 11 月。

1973 年非汛期水库进行了防凌和春灌蓄水运用，最高坝前水位 326.05 m（4 月 10 日），平均运用水位 323.35 m，回水超过潼关。由于 1973 年非汛期蓄水位高，超过 320 m 水位的天数达 121 d，为 1963 年以来维持时间最长的一年；桃汛期坝前水位达 324 m 以上，桃峰期 60% 的水量和全部沙量被拦于库内，没有发挥桃峰的冲刷排沙作用，1973 年 6 月潼关以下槽库容较 1972 年 11 月减少了 1.04 亿 m^3，主要分布在黄淤 22—黄淤 41 河段。

1973 年潼关站年水量和沙量分别为 308.0 亿 m^3 和 16.07 亿 t，汛期水量为 181.2 亿 m^3，沙量为 14.04 亿 t，为枯水平沙年。但汛期洪峰不断出现，汛期洪水量为 106.3 亿 m^3，其中大于 3 000 m^3/s 流量的水量为 37.2 亿 m^3，潼关站大于 3 000 m^3/s 洪峰共发生 5 次（见图 4-27），最大洪峰流量为 5 080 m^3/s（9 月 1 日），其中三次为高含沙洪水。水库泄流规模第二次改建工程也在 1973 年汛期基本完成并投入运用，使洪峰期坝前水位降低，加上连续发生几次高含沙洪水，使溯源冲刷和沿程冲刷相衔接（见图 4-28），潼关以下主槽均发生强烈冲刷，到 1973 年 11 月槽库容增大了 0.88 亿 m^3，主要分布在黄淤 22—黄淤 41 断面（见表 4-21），槽库容沿程变化见图 4-29。

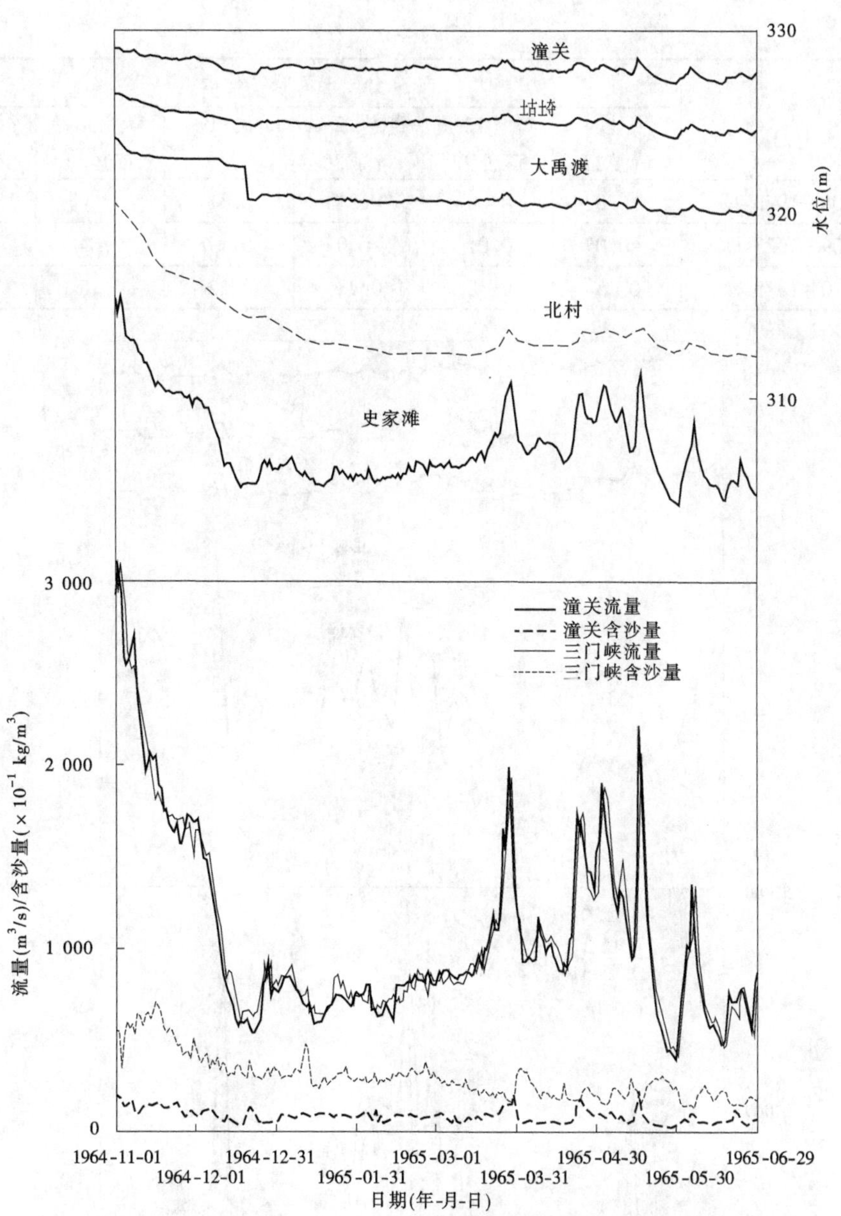

图 4-26　1965 年非汛期入、出库水沙及水位站水位过程线

表 4-21　1973 年潼关以下库区槽库容统计值　（单位：亿 m^3）

时段 （年-月）	分段槽库容变化值					
	坝址—黄淤 12	黄淤 12—黄淤 22	黄淤 22—黄淤 30	黄淤 30—黄淤 36	黄淤 36—黄淤 41	坝址—黄淤 41
1972-10 ~ 1973-03	0.08	0.01	-0.05	-0.24	-0.07	-0.27
1973-03 ~ 1973-07	-0.15	-0.03	-0.12	-0.27	-0.20	-0.77
1973-07 ~ 1973-08	0.26	0.13	0.16	0.23	0.08	0.86

续表 4-21

时段（年-月）	分段槽库容变化值					
	坝址—黄淤 12	黄淤 12—黄淤 22	黄淤 22—黄淤 30	黄淤 30—黄淤 36	黄淤 36—黄淤 41	坝址—黄淤 41
1973-08 ~ 1973-09	-0.07	0.06	0.31	0.31	0.3	0.91
1973-09 ~ 1973-11	-0.07	0.01	-0.02	0.19	0.04	0.15
1972-10 ~ 1973-11	0.05	0.18	0.28	0.22	0.15	0.88

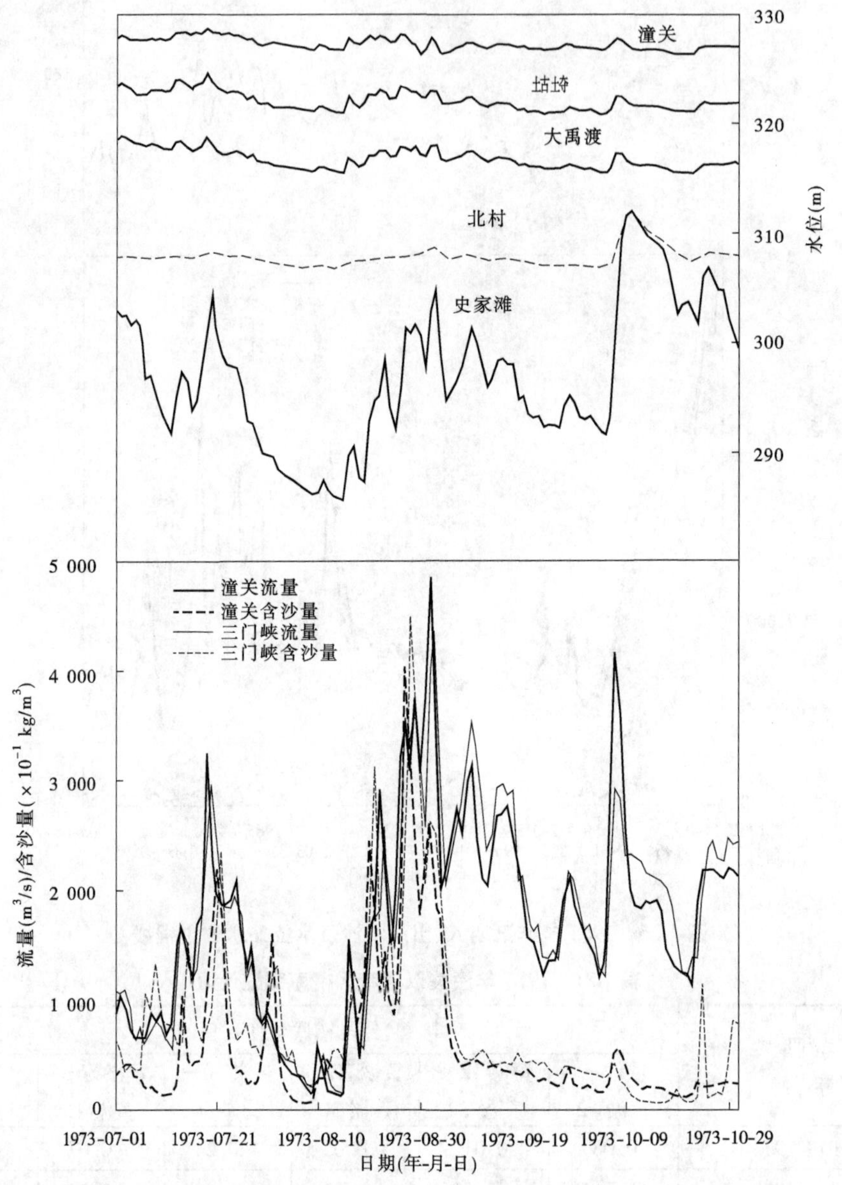

图 4-27　1973 年汛期入、出库水沙及水位站水位过程线

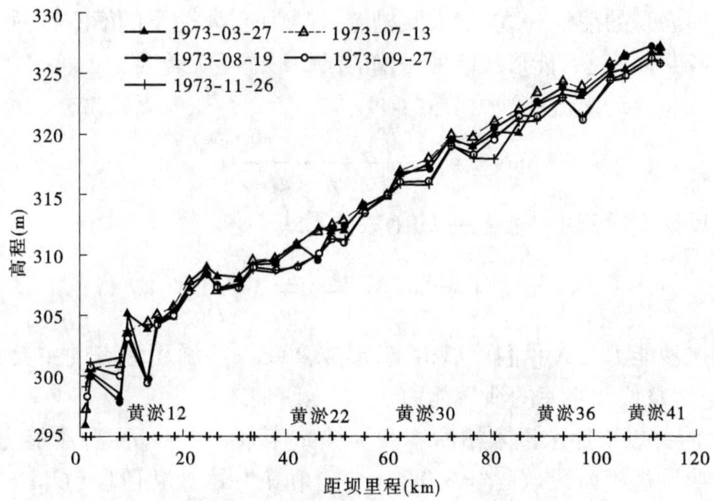

图4-28　1973年3～11月主槽平均河底高程沿程变化

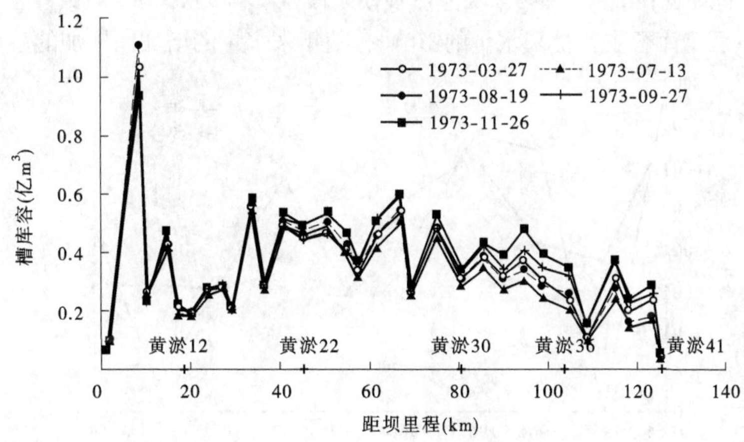

图4-29　1973年3～11月槽库容沿程变化

4.4.3　槽库容变化影响因子分析

水库蓄水使得水深变大,流速减小,破坏了库区河道纵向输沙平衡,受河床自动调整功能的影响,水库会通过不断的淤积变形来提高河道的输沙能力,趋向新的平衡。所以,伴随着水库的淤积,库区河床的输沙能力是在逐渐恢复的。当水库淤积到一定水平时,水库降低水位,逐渐泄空蓄水,库区水面比降增大,水流输沙能力增强,水流就有可能由饱和状态转为次饱和状态,库区就会发生冲刷,从而恢复库容。

三门峡水库就是在蓄水运用期和滞洪排沙运用初期,由于泥沙的严重淤积,潼关以下库区滩地和主槽不断地淤积抬高,在1965年以后随着上游来水来沙条件的改变和水库泄流规模的扩大,库区主槽逐步发生冲刷,到1973年11月形成了高滩深槽的淤积形态。根据前面的分析,三门峡水库高滩深槽形成的过程,是先以滩槽同步淤积抬升,然后主槽再冲刷下降的过程,但是在主槽冲刷的过程中,不仅要把当年入库的泥沙带走,还需要冲刷库区主槽内前期淤积的泥沙，才能增大滩槽差，恢复平滩水位下的槽库容，所以主槽是否冲刷和冲刷量的多少对于是否能形成高滩深槽的淤积形态至关重要。

根据水沙二相紊动水流挟沙力公式：

$$S^* = k\left(\frac{\gamma'}{\gamma_s - \gamma'} \cdot \frac{U^3}{gR\omega_c}\right)^m$$

推导得出反映水库壅水排沙特性的函数关系式：

$$S^* = k'\left[\frac{\gamma'}{\gamma_s - \gamma'} \cdot \frac{Q}{V_W} \cdot \frac{il}{\omega_c} \cdot \left(\frac{\bar{h}}{D_{50}}\right)^{\frac{1}{3}}\right]^m$$

根据水流挟沙能力公式我们可以得出，形成高滩深槽淤积形态的主要影响因素为来水来沙、坝前运用水位和水库的泄流能力。

图4-30为潼关以下库区汛末槽库容和潼关站年来水来沙量、泄流能力变化过程图。当水库在原建泄流规模阶段（Q_{315} = 3 084 m^3/s）和第一次改建阶段（Q_{315} = 6 064 m^3/s），受水库泄流规模不足的影响，在潼关站来大洪水时坝前发生壅水，潼关以下库区槽库容随年来水量增加而减少；随着水库第二次泄流规模阶段（Q_{315} = 9 059 m^3/s）改建工程的投入使用，潼关以下库区槽库容主要受来水量的影响，有随年来水量的增加而增加的趋势。

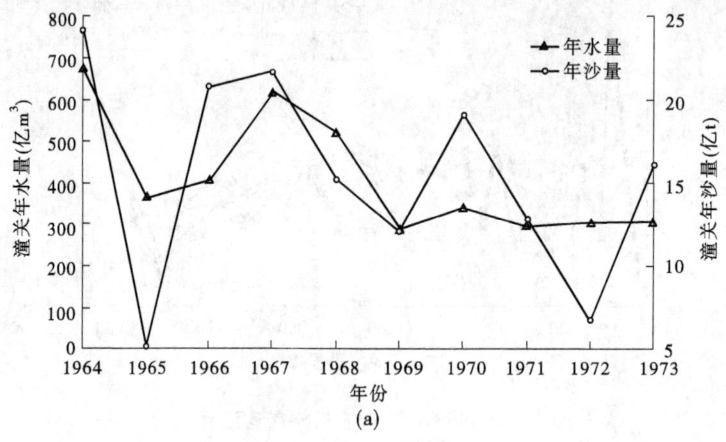

(a)

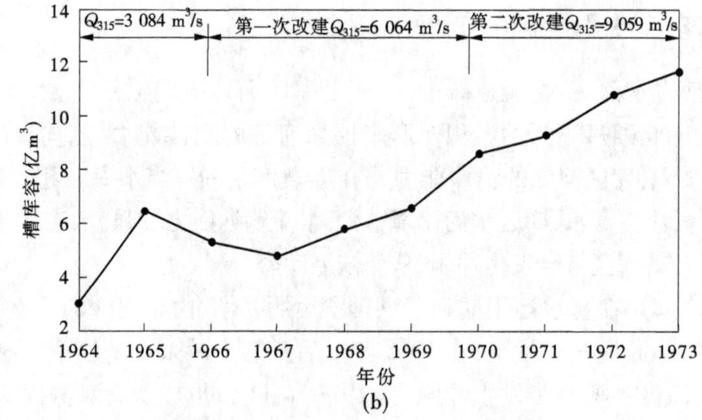

(b)

图4-30　潼关以下库区汛末槽库容和潼关站年来水来沙量变化过程

4.4.3.1　非汛期

1964 ~ 1973 年潼关以下库区槽库容的增大主要发生在非汛期，1973 年 11 月较 1964 年 6 月槽库容增大了 9.42 亿 m^3，其中非汛期就增大了 8.2 亿 m^3，占总增加值的 87%，所以非汛期主槽的冲刷量对槽库容的恢复起到了重要的作用。非汛期槽库容的冲刷又较为集中在 1965 ~ 1969 年。

1964 ~ 1973 年非汛期平均来水量为 183.6 亿 m^3，来沙量为 109.2 亿 t，含沙量为14.8 kg/m^3，由于非汛期潼关来水量减少，且相对汛期来水较清，进入非汛期后潼关站来水减少，坝前水位下降，反而将汛期淤积在主槽内的泥沙冲刷出库。根据图 4-30 可知，1964 ~ 1973 年非汛期槽库容变化还受坝前运用水位的影响。综合考虑槽库容变化值与流量、坝前水位和前期河床的淤积条件的关系，点绘了潼关以下库区非汛期槽库容变化值与 $Q_{tg}J/\Delta H$（Q_{tg}为潼关非汛期平均流量（见图 4-31），J 为潼关以下库区的非汛期平均比降，ΔH 为非汛期坝前平均水深）的关系图，非汛期槽库容变化值与 $Q_{tg}J/\Delta H$ 的关系点按两个关系带分布，水库高水位运用天数多的点群（如 1964 年、1970 年、1971 年和 1973 年）分布在高水位运用天数少的点群的上方，但整体槽库容变化值都有随 $Q_{tg}J/H_{sjt}$ 增大而增加的趋势。

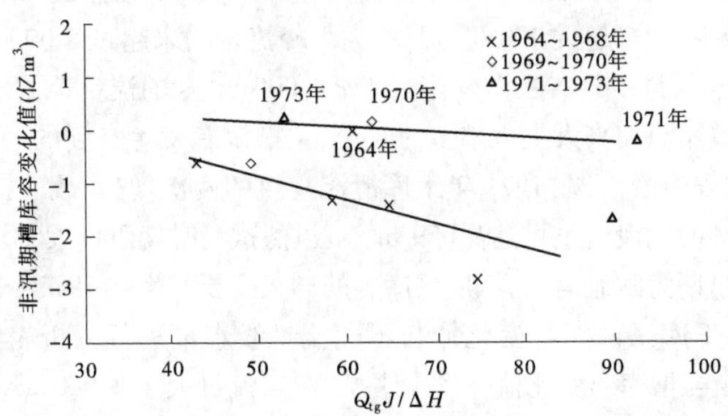

图 4-31　潼关以下库区非汛期槽库容变化值与 $Q_{tg}J/\Delta H$ 的关系

4.4.3.2　汛期

1. 汛期对槽库容的影响

三门峡水库自 1962 年改为滞洪排沙后，汛期为敞泄运用，但潼关站具有来水集中发生在汛期的特点，当潼关站发生大洪水时又受水库泄流规模的影响坝前壅水严重，所以在汛期潼关站的来水量和水库的泄流规模为潼关以下库区槽库容变化的主要影响因素。图 4-32点绘了汛期潼关以下库区槽库容变化值与潼关站水量的关系，1964 年、1966 年、1967 年和 1968 年是由于这几年汛期潼关站来大洪水且超过水库的泄流能力，受水库泄流规模制约的影响这几年分布较为散乱，除此之外，当潼关站汛期来水未超过水库泄流能力时，汛期槽库容变化值的大小与潼关站水量存在着较好的相关性，汛期来水量越大，槽库容增加越多。因此，在水库泄流规模满足要求的情况下，汛期来水量的多少对槽库容的变化起到积极作用。

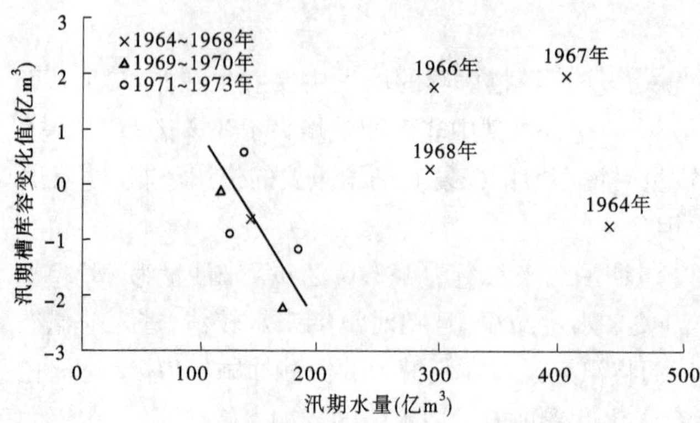

图 4-32 潼关以下库区汛期槽库容变化值与潼关站水量的关系

2. 洪水对槽库容的影响

汛期的来水量主要集中在洪水期，洪水期流量大，水流输沙能力强，对主槽起着冲刷的作用。1964～1973 年汛期来水的特点是汛期大洪水较为集中发生在 1968 年以前，除了 1965 年汛期来水较枯(只有 139.6 亿 m^3)，其他几年来水量均超过 280 亿 m^3，且大流量出现频率高，洪水水量多分布在洪峰流量级 >5 000 m^3/s 的流量范围；而 1968 年以后，汛期来水量普遍减少，均未超过 200 亿 m^3，最大洪峰流量均未超过 5 000 m^3/s，小流量出现的频率增加，洪水水量多分布在洪峰流量级 <4 000 m^3/s 的流量范围。由于水库泄流规模的限制，在潼关站汛期来大洪水较多的时段，主槽没有发生有利的冲刷，反而因为水库严重的滞洪壅水发生淤积；在 1971 年水库泄流规模的两次增建、改建工程全部投入使用后，库水位 315 m 时的泄流量可达 9 059 m^3/s，虽然这一时期汛期大洪水发生的频率减小了，但是水库在汛期为敞泄运用，汛期槽库容的增大主要发生在 1971～1973 年。

对汛期潼关以下库区槽库容变化值与不同流量级水量进行分析表明，当流量小于 1 000 m^3/s 时，水量与槽库容变化值关系不明显；而当流量大于 1 000 m^3/s 时，水量与槽库容变化值具有一定的趋势关系，水量越大，槽库容增加值越大(见图 4-33)。而 1964 年、1966 年、1967 年和 1968 年由于受水库泄流规模制约的影响偏离了点群。

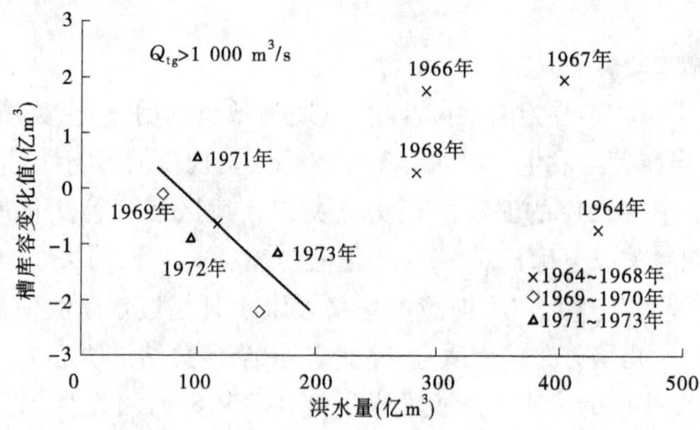

图 4-33 潼关以下库区汛期槽库容变化值与大于 1 000 m^3/s 流量级水量关系

4.5 小　结

(1)1964 年 6 月至 1973 年 11 月潼关以下库区槽库容扩大 9.42 亿 m^3。主要集中在坝址—黄淤 36 河段,该库段增加了 8.81 亿 m^3,占全库段的 94.7%。其中黄淤 22—黄淤 30 河段槽库容扩大得最多,为 2.83 亿 m^3,占全库段的 30.0%。

1964 ~ 1973 年潼关以下库区槽库容的增大主要发生在非汛期,增大了 8.2 亿 m^3,占时段总增加值的 87%,非汛期主槽的冲刷量对槽库容的恢复起到了重要的作用。

(2)槽库容扩大的主要集中时段为 1964 年 6 月至 1966 年 6 月和 1970 年 6 月至 1973 年 11 月,分别增加了 4.81 亿 m^3 和 5.05 亿 m^3。1964 年 6 月至 1966 年 6 月槽库容的增大是滩地淤积抬高和主槽冲刷下降共同作用的结果, 1970 年 6 月至 1973 年 11 月槽库容的增大主要是由主槽冲刷下降造成的。

三门峡水库高滩深槽形成的过程,是先滩槽同时淤积抬升然后主槽再冲刷下降的过程。影响槽库容的主要因素有入库水沙条件、坝前运用水位和水库的泄流能力。

(3)在非汛期,潼关站的流量和坝前运用水位是影响槽库容的主要因素,槽库容变化值都随 $Q_{tg}J/\Delta H$ 的增大而增加。

汛期潼关站的来水量和水库的泄流规模为潼关以下库区槽库容变化的主要影响因素。当潼关站汛期来水量未超过水库泄流能力时,汛期槽库容变化值随潼关站流量大于 1 000 m^3/s 的水量的增大而增加。

第 5 章 潼关高程演变规律

5.1 潼关高程变化概况

潼关位于黄河小北干流(龙门至潼关河段)、渭河和北洛河三河交汇区的出口。河道宽阔的黄河小北干流,至潼关处河道折转 90°,水流由北向南折转为向东流通过潼关。在潼关处河道突然缩窄至 850 m 左右,在平面上形成天然“卡口”。由于潼关的“卡口”作用,潼关高程是渭河下游和黄河小北干流的局部侵蚀基准面。同时,黄河小北干流河道纵比降为 6‰~3‰,渭河下游渭南以下仅为 1‰~1.5‰,两者相差较大,当黄、渭洪水遭遇,且黄河流量大于渭河流量时,常发生黄河顶托或倒灌渭河的现象。潼关河床的升降对渭河下游和黄河小北干流河道的冲淤及防洪产生重要的影响。因此,长期以来,潼关高程的变化一致受到人们的特别关注。

潼关水文站 1929 年设站,根据实测资料,至 1960 年,潼关高程累计抬升 2.22 m,年均抬升 0.07 m;多数年份非汛期(11 月至翌年 6 月)淤积抬高、汛期(6~10 月)冲刷下降;总的变化趋势表现为抬升状态。

三门峡水库投入运用以后潼关高程变化过程见图 1-2。三门峡水库 1960 年 9 月开始蓄水拦沙运用至 1962 年 3 月,由于水库高水位运用,93% 的入库泥沙淤积在库内,潼关高程从 323.40 m 快速上升到 328.07 m,一年半上升了 4.67 m。

1962 年 3 月水库改为滞洪排沙运用后,库区淤积得到缓和。1962 年 4 月至 6 月底,水库降低运用水位至 305 m 左右,潼关高程下降到 325.93 m,下降了 2.14 m。1962 年 6 月至 1964 年 6 月,潼关高程维持在 325.11~326.02 m。1964 年为丰水丰沙年,由于泄流能力不足,到汛后潼关高程又上升到 328.09 m。

第一次改建工程的四条发电钢管在 1966 年 7 月投入运用,两条泄洪洞分别在 1967 年、1968 年汛期投入运用。1966 年汛后潼关高程下降到 327.13 m。1967 年又遇到丰水丰沙年,库区河道大量淤积,当年汛末潼关高程上升到 328.35 m。此后潼关高程连续三年徘徊在 328.5 m 上下。1968 年汛前,潼关高程达到 328.71 m,1968 年汛后至 1970 年汛前,潼关高程维持在 328.10~328.55 m。

1970 年 6 月至 1971 年 10 月先后打开 1~8 号导流底孔。经过第二次改建,泄流规模进一步加大,滞洪水位下降,1970~1973 年汛期各月平均库水位均低于 300 m,潼关至坝前发生持续冲刷。潼关高程由 1970 年汛初的 328.55 m 下降至 1973 年汛末的 326.64 m,下降了 1.91 m。与建库前相比,1973 年汛末潼关高程上升 3.24 m。

三门峡水库自 1973 年底实行“蓄清排浑”控制运用以来,潼关高程的变化过程可分为五个阶段,即 1974~1979 年、1980~1985 年、1986~1992 年、1993~2002 年和 2003~2012 年。在第一阶段,潼关高程从 1973 年汛后的 326.64 m 上升至 1979 年汛后的327.62

m,上升0.98 m,该时段潼关高程经过1975年汛期较大幅度下降后,1976~1979年连年上升。在第二阶段,1985年汛末潼关高程为326.64 m,时段内潼关高程下降0.98 m。在第三阶段,潼关高程于1986~1991年连年上升,1992年汛期大幅度下降,汛后潼关高程为327.30 m,时段内潼关高程上升0.66 m。在第四阶段,1993~2002年潼关高程上升1.48 m,潼关高程在1993~1995年连年上升,1995年汛末潼关高程达到328.28 m,1996~2001年潼关高程基本稳定,2002年潼关高程上升0.55 m,汛后潼关高程为328.78 m,是三门峡水库投入运用后最高值。在第五阶段,随着降低潼关高程多项措施的实施和有利的水沙条件,潼关高程下降,2003~2012年潼关高程下降1.40 m,2003年汛期潼关高程降低0.88 m,是最近十几年来潼关高程下降幅度最大的一年,汛后潼关高程为327.94 m,2004~2012年汛后潼关高程维持在327.38~327.98 m,在328 m以下。2012年10月潼关高程为327.38 m。

5.2 水库蓄水拦沙期潼关高程变化

5.2.1 蓄水拦沙运用情况

三门峡水库从1960年9月15日开始蓄水到1962年3月为蓄水拦沙运用期,其间库水位有三次较大幅度升降过程(见图5-1),其回水均超过潼关。

第一次蓄水,从1960年9月15日开始,1961年达到最高库水位332.58 m,回水超过潼关,渭河回水达华县附近,距坝169 km,黄河干流回水在黄淤49断面附近,距坝145 km。库水位330 m高程以上的持续时间较长,达162 d,其后库水位逐渐下降,1961年6月底降至319.13 m以下,7月31日水位达到最低316.75 m,此次低水位过程持续至8月中旬。此次蓄水库水位从332.58 m降至316.78 m,水位变幅为15.8 m。

第二次蓄水,1961年8月下旬库水位开始上升,同年10月21日升至332.53 m,330 m水位以上的持续时间只有39 d。此时渭河发生2 700 m^3/s的洪水,黄河流量为2 000 m^3/s, 在渭河口段长达十余千米普遍淤高3~5 m,在前期淤积和该场洪水淤积共同影响下,渭河回水上延至赤水附近,距坝约187 km,黄河干流回水至黄淤50断面附近,距坝152 km。其后库水位下降,至12月底降至320 m左右。此次蓄水库水位变幅为12.53 m。

第三次蓄水,1962年2月17日库水位上升至最高327.96 m ,以后下降,3月20日降至312.41 m,6月14日降至最低库水位302.15 m。本次蓄水库水位变幅为25.81 m。

在三次蓄水过程中,蓄水期库区发生淤积,库水位降低时,均发生不同程度的溯源冲刷。

5.2.2 库区冲淤及潼关高程变化分析

潼关至三门峡库区冲淤量及其分布见表5-1。1960年9月15日至1962年3月蓄水拦沙运用期共达562 d,库水位保持在330 m以上的时间长达200 d,除汛期异重流泥沙排出库外,有90%以上的入库泥沙淤在库内。1960年5月至1962年5月潼关以下库区共淤积泥沙15.08亿m^3。表5-1所列数据表明,蓄水拦沙期潼关以下库区淤积泥沙的分布,

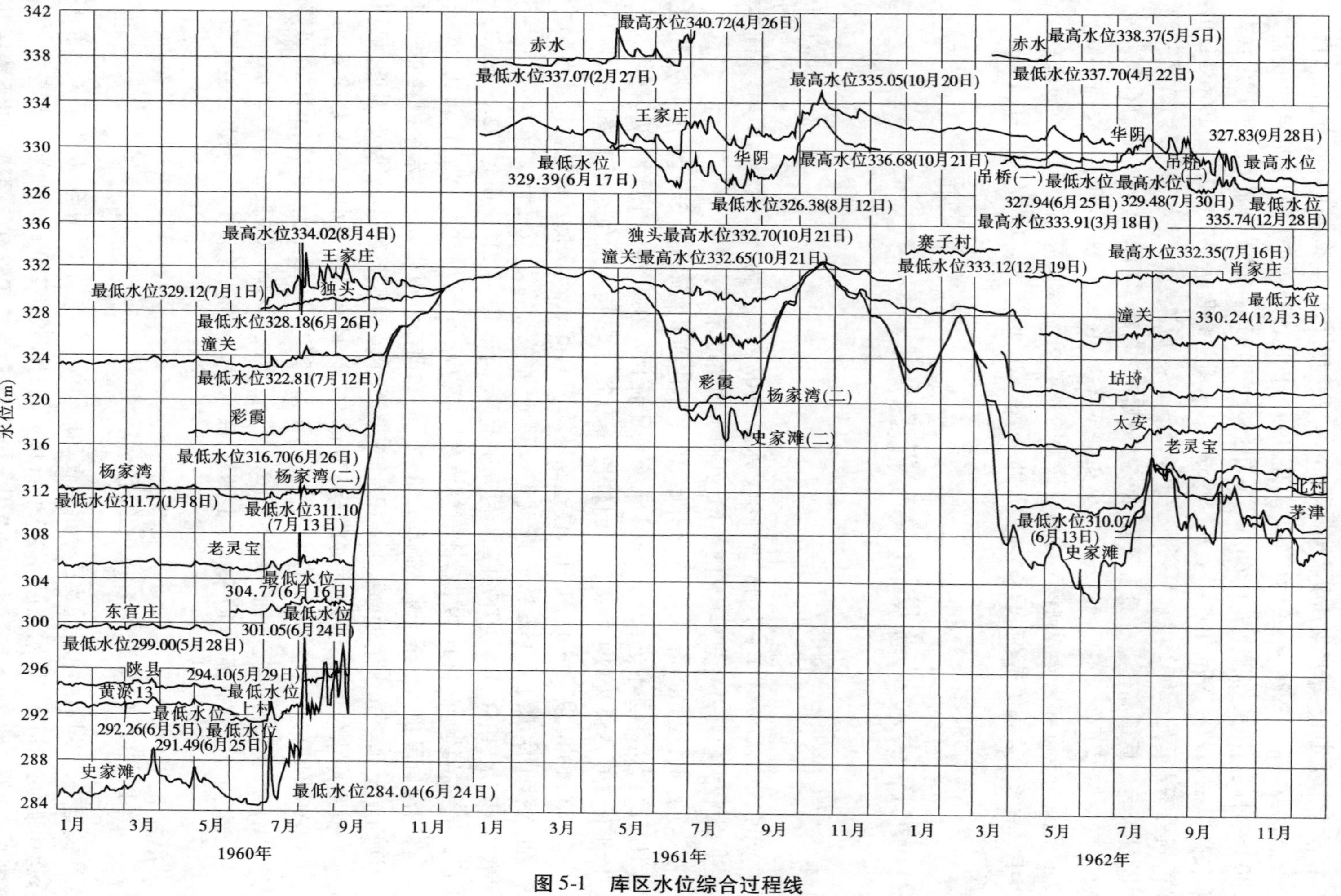

图 5-1　库区水位综合过程线

以黄淤22—黄淤30和黄淤30—黄淤36两库段淤积最多,共淤积泥沙8.72亿m^3,占潼关以下库区淤积量的57.8%,淤积重心部位偏上。水库壅水时淤积分布形成三角洲形态,三角洲顶点在杨家湾(黄淤31断面)附近,顶坡段比降为1.5‱~1.7‱,约为原河床比降的50%,前坡比降为6.0‱~9.0‱。

表5-1　蓄水运用期潼关以下库区冲淤量　(单位:亿m^3)

时段(年-月)	分段冲淤量					
	坝址—黄淤12	黄淤12—黄淤22	黄淤22—黄淤30	黄淤30—黄淤36	黄淤36—黄淤41	合计(坝址—黄淤41)
1959-03~1960-05	0.050	0.524	0.129			0.703
1960-05~1960-11	0.637	0.801	0.569	0.791	0.550	3.348
1960-11~1961-10	0.358	1.686	2.929	4.233	1.051	10.257
1961-10~1962-05	0.343	0.555	0.294	-0.096 6	0.375	1.470
1960-05~1962-05	1.338	3.042	3.792	4.927	1.976	15.075
1959-03~1962-05	1.388	3.566	3.921	4.927	1.976	15.778

1960年9月至1962年3月的三次蓄水过程中,潼关直接受水库回水影响,潼关河床淤积抬升,潼关及以下各典型断面主河槽的淤积厚度呈锥体淤积分布(见表5-2),坝前最厚为12.1 m,由坝前向上游逐渐减小,潼关断面主河槽平均河底高程经过蓄水拦沙运用淤积抬高2.0 m。

表5-2　潼关以下典型断面主河槽淤积厚度　(单位:m)

时段(年-月)	史家滩(2)	茅津(12)	老陕县(15)	北村(22)	老灵宝(2)	太安(31)	坫埼(36)	潼关(41)
1960-04	285.3	291.1	294.3	300.9	305.3	311.5	316.9	323.3
1962-05	297.4	302.3	304.5	308.1	310.3	315.4	319.2	325.2
淤积厚度	12.1	11.2	10.2	7.2	5.0	3.9	2.3	2.0

从潼关以下各典型断面汛前同流量(1 000 m^3/s)水位升降(见表5-3)中,也可看出自下而上的锥体淤积发展特点。表5-3中同流量水位是不受水库壅水影响时的水位,该水位变化可以反映水库畅流情况下河床冲淤的变化。据实测资料分析,若坝前水位与上游某一断面水位差在3 m以上,则该断面不受水库回水影响,处于畅流河段;反之,则受回水影响,此时水位不能如实反映该断面的冲淤变化。由于1962年3月以前,潼关断面处于水库回水区内,而且3月、4月处于水位降落变动之中(见图5-1),故在分析潼关高程变化时,采用1962年6月作为起始比较时间。

表 5-3　同流量水位变化　（单位:m）

时段（年-月）	史家滩水位（m）	1 000 m^3/s 水位		
		太安	坫埼	潼关
1960-06		312.28	317.39	323.40
1962-06	308.78	316.51	320.97	325.93
水位差		4.23	3.58	2.53

5.2.3　小结

三门峡水库自 1960 年 9 月 15 日至 1962 年 3 月的蓄水拦沙期,水库运用经历了三次较大幅度的蓄、泄水过程,坝前最高水位为 332.58 m(1961 年 2 月 9 日),水库回水范围,渭河最远达赤水附近,距坝 187 km,黄河干流达黄淤 50 断面附近,距坝约 152 km。历时 562 d,其中库水位保持在 330 m 以上的时间为 200 d 左右,入库的泥沙除汛期以异重流形式排沙外,有 90% 以上的入库泥沙淤在库内,其中潼关以下库区共淤积泥沙 15.08 亿 m^3。水库壅水时淤积形成三角洲形态,三角洲顶点在杨家湾附近,三角洲顶坡比降为 1.5‱ ~ 1.7‱,前坡比降为 6.0‱ ~ 9.0‱。

由于水库三次蓄水均超过潼关,潼关断面长时段处于水库回水范围之内,潼关高程由蓄水前汛前的 323.40 m 上升到 1962 年 6 月的 325.93 m,上升 2.53 m,潼关高程的上升是水库蓄水泥沙淤积造成的。

5.3　水库滞洪排沙期潼关高程变化分析

5.3.1　来水来沙情况

1962 年 3 月至 1973 年 10 月是水库滞洪排沙运用期。此阶段入库水、沙情况见表 5-4,在此期间进入水库(潼关站,下同)的总水量为 4 980.6 亿 m^3,总沙量为 175.8 亿 t,年平均水量和沙量分别为 415 亿 m^3 和 14.64 亿 t,与多年平均值相比水量偏少 2.0%,沙量偏少 7.9%,属于平水、平沙偏枯系列。

表 5-4　滞洪排沙期潼关站水沙量

年份	水量(亿 m^3)			沙量(亿 t)			含沙量(kg/m^3)		
	非汛期	汛期	全年	非汛期	汛期	全年	非汛期	汛期	全年
1962	210.5	202.6	413.1	2.53	6.93	9.46	12	34	23
1963	194.2	253.0	447.2	3.36	9.10	12.46	17	36	38
1964	238.2	437.2	675.4	2.99	21.26	24.25	13	49	36
1965	223.5	139.6	363.1	2.21	3.04	5.24	10	22	14
1966	112.6	292.4	405.0	1.08	19.67	20.75	10	67	51

续表 5-4

年份	水量(亿 m^3)			沙量(亿 t)			含沙量(kg/m^3)		
	非汛期	汛期	全年	非汛期	汛期	全年	非汛期	汛期	全年
1967	217.7	401.4	619.1	3.03	18.65	21.68	14	46	35
1968	233.6	289.0	522.6	2.70	12.53	15.23	12	43	29
1969	172.1	115.8	287.9	2.22	9.83	12.05	13	85	42
1970	171.7	168.3	340.0	2.90	16.19	19.10	17	96	56
1971	159.9	134.5	294.4	1.98	10.80	12.78	12	80	43
1972	179.9	123.4	303.3	2.79	3.95	6.74	16	32	22
1973	126.8	181.1	308.0	2.03	14.04	16.07	16	78	52
1962～1973	186.7	228.3	415.0	2.48	12.17	14.64	13	53	35
1919～1960	166.1	257.4	423.5	2.56	13.34	15.90	15	52	38

此阶段 1964 年和 1967 年为丰水丰沙年，其年水量比多年平均值分别偏多 59.5% 和 46.2%，年沙量偏多 52.5% 和 36.3%。这两年洪水量也较大，大于 3 000 m^3/s 流量的水量分别为 411.0 亿 m^3 和 311.6 亿 m^3（见表 5-5）。若水库不滞洪，这样的水沙条件对库区和潼关河床的冲刷是很有利的，但由于水库泄流能力不足，发生滞洪，使水库严重淤积。1966 年为平水丰沙，1968 年为丰水平沙。1962 年 和 1963 年为平水枯沙。1973 年为枯水平沙，该年水量为 308 亿 m^3，虽然年水量比多年平均值偏少，沙量与多年平均值持平，但该年的洪水量较大，与年水量相当的 1971 年、1972 年相比，大于 3 000 m^3/s 的水量增大明显，这对冲刷潼关河床是有利的。

表 5-5　滞洪排沙期汛期潼关站洪水特征值

年份	汛期潼关站洪水					相应龙门站最大流量(m^3/s)	相应华县站最大流量(m^3/s)	>3 000 m^3/s 流量	
	历时(d)	水量(亿 m^3)	沙量(亿 t)	最大流量(m^3/s)	日期(月-日)			水量(亿 m^3)	沙量(亿 t)
1962	48	101.98	4.36	4 410	07-30	3 290	3 540	30.3	1.50
1963	89	218.45	8.45	6 120	08-30	6 220	1 600	112.5	4.09
1964	121	431.82	21.12	12 400	08-14	17 300	3 560	411.0	19.96
1965	23	42.57	1.84	5 400	07-22	3 530	2 650	10.2	0.51
1966	93	259.41	19.47	7 830	07-30	10 100	5 180	186.1	13.75

续表 5-5

年份	汛期潼关站洪水					相应龙门站最大流量(m^3/s)	相应华县站最大流量(m^3/s)	>3 000 m^3/s 流量	
	历时(d)	水量(亿 m^3)	沙量(亿 t)	最大流量(m^3/s)	日期(月-日)			水量(亿 m^3)	沙量(亿 t)
1967	106	367.50	18.53	9 530	08-11	21 000	406	311.6	16.73
1968	81	230.82	9.05	6 750	09-14	5 360	5 000	168.7	5.75
1969	18	30.50	6.25	5 680	07-28	8 860	965	6.4	1.91
1970	58	113.58	14.07	8 420	08-03	13 800	2 540	42.5	8.19
1971	24	56.56	4.70	10 200	07-26	14 300	49.6	28.7	2.50
1972	13	24.05	1.64	8 600	07-21	10 900	135	4.2	0.71
1973	50	106.28	11.77	4 840	07-19	4 500	679	37.2	6.93

5.3.2 泄流建筑物的改建与潼关高程变化分析

5.3.2.1 泄流建筑物的改建

1962 年 3 月起水库由蓄水拦沙运用改为滞洪排沙运用,但由于泄流(见表 5-6)能力不足,库区仍淤积发展。为解决水库淤积问题,1964 年 12 月周恩来总理主持召开治黄会议,决定对三门峡水利枢纽进行改建,即在左岸增建两条进口高程为 290 m 的泄流排沙隧洞,并将四条发电钢管改为泄流排沙管,简称“两洞四管”。“两洞四管”投入运用后,对减轻水库淤积起到了一定作用,但泄流能力仍然不足,潼关高程继续上升。为此,1969 年 6 月的“晋、陕、鲁、豫”四省会议上,决定对枢纽泄流工程进一步改建,提出工程改建的原则是在“确保西安、确保下游”的前提下,“合理防洪、排沙放淤、径流发电”。改建规模:打开 1 ~8 号导流底孔,下卧 1 ~5 号发电引水钢管进口高程为 287 m,改建后的枢纽泄流能力为坝前水位在 315 m 高程时,下泄流量达 10 000 m^3/s,一般洪水回水不影响潼关。发电装机 4 台(后改为 5 台)。水库运用原则是:当三门峡以上发生大洪水时,敞开闸门泄洪;当预报花园口出现可能超过 22 000 m^3/s 洪水时,根据上游来水情况,关闭部分或全部闸门,增建的泄水孔,原则上应提前关闭;冬季承担下游防凌任务;发电水位,汛期 305 m,必要时降到 300 m,非汛期 310 m。要求对运用方式在实践中不断总结经验,加以完善。改建的泄流工程于 1971 年 10 月完成,并在改建过程中陆续投入运用(见表 5-7)。

5.3.2.2 潼关高程变化概况

表 5-8 为水库滞洪排沙期潼关高程的变化,从 1962 年 3 月到 1973 年 10 月,滞洪排沙期共经历了 11 年零 8 个月,在此期间潼关高程累计抬升 0.71 m,其中,原泄流规模阶段潼关高程上升 1.2 m;第一次改建后潼关高程上升 1.52 m;随着第二次改建完成并投入运用,潼关以下库区发生冲刷,潼关高程下降 2.01 m(见表 5-8)。其年际间的变化,从表 5-8 可知,原建泄流规模期,由于泄流能力的影响,在丰水丰沙的 1964 年水库淤积严重, 潼关

表 5-6　泄流建筑物改建后泄量

阶段	泄流排沙建筑物	最低泄水孔高程(m)	泄量(m^3/s)					
			300 m	305 m	315 m	320 m	325 m	330 m
原设计	12 深孔	300	0	612	3 084	4 044	4 800	5 460
第一次改建后	12 深孔 +2 洞 +4 管	290	712	1 924	6 064	7 312	8 326	9 226
第二次改建后	12 深孔 +8 底孔 +2 洞 +3 管	280	2 872	4 529	7 227	10 501	11 736	12 864
泄流工程二期改建后	12 深孔 +10 底孔 +2 洞 +3 管	280	3 126	4 859	9 441	10 905	12 160	13 235
扩大两台机床后	12 深孔 +10 底孔 +2 洞 +1 管	280	3 126	4 859	8 991	10 413	11 636	12 681
扩建机组后及打开 11 号、12 号底孔	12 深孔 +12 底孔 +2 洞 +1 管	280	3 633	5 255	9 701	11 153	12 420	13 483

表 5-7　泄流建筑物改建工程投入运用时间

项目	隧洞		钢管			底孔											
	1#	2#	6#	7#	8#	1#	2#	3#	4#	5#	6#	7#	8#	9#	10#	11#	12#
首次过水时间	1967 年 6 月 12 日	1968 年 8 月 16 日	1966 年 7 月 29 日	1966 年 7 月 30 日	1966 年 7 月 30 日	1970 年 6 月 29 日	1970 年 6 月 29 日	1970 年 6 月 30 日	1971 年 10 月 7 日	1971 年 10 月 17 日	1971 年 10 月 15 日	1971 年 10 月 18 日	1971 年 10 月 21 日	1990 年 7 月 3 日	1990 年 7 月 9 日	1999 年 6 月 30 日	2000 年 6 月 27 日

高程大幅度上升。这种典型年对滞洪运用期的潼关变化影响往往是很大的，下文将深入分析。

表 5-8 滞洪排沙期潼关高程变化 （单位:m）

时段（年-月）	潼关高程		潼关高程升降值			
	汛前	汛后	非汛期	汛期	年	累积
1962-06 ~ 1962-10	325.93	325.11		-0.82		-0.82
1962-11 ~ 1963-10	325.14	325.76	0.03	0.62	0.65	-0.17
1963-11 ~ 1964-10	326.03	328.09	0.27	2.06	2.33	2.16
1964-11 ~ 1965-10	327.95	327.64	-0.14	-0.31	-0.45	1.71
1965-11 ~ 1966-10	327.99	327.13	0.35	-0.86	-0.51	1.20
1966-11 ~ 1967-10	327.73	328.35	0.60	0.62	1.22	2.42
1967-11 ~ 1968-10	328.71	328.11	0.36	-0.60	-0.24	2.18
1968-11 ~ 1969-10	328.70	328.65	0.59	-0.05	0.54	2.72
1969-11 ~ 1970-10	328.55	327.71	-0.10	-0.84	-0.94	1.78
1970-11 ~ 1971-10	327.74	327.50	0.03	-0.24	-0.21	1.57
1971-11 ~ 1972-10	327.41	327.55	-0.09	0.14	0.05	1.62
1972-10 ~ 1973-11	328.13	326.64	0.58	-1.49	-0.91	0.71
1962-06 ~ 1966-10（原泄流规模期）			0.51	0.69	1.20	
1966-11 ~ 1969-10（第一次改建期）			1.55	-0.03	1.52	
1969-11 ~ 1973-10（第二次改建期）			0.42	-2.43	-2.01	
1962-06 ~ 1973-10			2.48	-1.77	0.71	

5.3.2.3 水库运用与库区冲淤变化

水库在此阶段的运用情况见表 5-9、表 5-10。1962 年 3 月起，水库改为滞洪排沙运用，在这一时期，水库除承担防凌和春灌运用（1972 年、1973 年）外，基本上是敞开闸门泄流排沙。在此时期水库经历了原泄流规模、第一次改建和第二次改建三个阶段。

从表 5-9 可以看出，非汛期最高运用水位为 327.91 m，坝前水位超过 324 m 的有 1967 年、1968 年、1969 年和 1973 年，超过 320 m 的还有 1964 年和 1970 年、1971 年，其中库水位超过 320 m 历时较长的有 1968 年、1969 年、1970 年和 1973 年。汛期库水位的变化（见表 5-10），主要与来水来沙条件和水库泄流能力变化有关，如在泄流工程改建前（原泄流规模期），若来水流量超过当时泄流能力，常发生削峰滞洪，出现壅水现象，库水位因滞洪而升高，如丰水丰沙的 1964 年，汛期坝前最高水位达 325.86 m，为滞洪排沙期的最高值，回水超过潼关，该年汛期坝前平均水位达 320.24 m，也是该时期的最高值。潼关断面处于水库回水之中，潼关—坫埼段经常受水库回水的影响，对潼关河床带来非常不利的影响。随着泄流改建工程逐渐完成和投入运用,泄流建筑物进口高程由 300 m 降至 280 m,下降 20 m;随着泄流量的增大,汛期坝前水位在不断下降,1971 年以后,坝前平均水位变化在 296.96 ~ 297.94 m。

表 5-9　1963 ~ 1973 年非汛期水库运用特征值

时段 (年-月)	非汛期			防凌蓄水最高水位(m)	春灌蓄水最高水位(m)	大于某水位天数(d)		
	最高水位(m)	出现时间(月-日)	蓄水时段平均水位(m)			310 m	315 m	320 m
1962-11 ~ 1963-06	317.15	02-21	308.38	317.15		59	23	0
1963-11 ~ 1964-06	321.93	03-06	313.85	321.93		170	127	20
1964-11 ~ 1965-06	311.84	05-17	306.89					
1965-11 ~ 1966-06	308.53	04-01	304.71					
1966-11 ~ 1967-06	325.20	02-21	321.22	325.20		58	44	35
1967-11 ~ 1968-06	327.91	02-29	321.82	327.91		133	91	60
1968-11 ~ 1969-06	327.72	03-15	322.26	327.72		76	63	49
1969-11 ~ 1970-06	323.31	03-08	320.11	323.31		99	86	66
1970-11 ~ 1971-06	323.42	03-11	313.17	323.42		75	59	33
1971-11 ~ 1972-06	319.98	05-03	314.25		319.98	56	32	0
1972-11 ~ 1973-06	326.05	04-01	323.35	323.50	326.05	154	143	121

注:1965 年、1966 年非汛期为敞泄运用。

表 5-10　1963 ~ 1973 年汛期水库运用特征值

年份	日平均最高水位		平均水位(m)	大于某级水位天数(d)							
	水位(m)	时间(月-日)		280 m	290 m	300 m	305 m	310 m	315 m	320 m	324 m
1963	319.22	09-25	312.29				123	88	32	0	0
1964	325.86	09-26	320.24				123	120	108	73	27
1965	318.05	07-23	308.55			123	120	31	5	0	0
1966	319.45	07-31	311.35			123	108	79	21	0	0
1967	319.97	08-05	314.48				123	120	47	0	0
1968	318.74	09-15	311.35				123	81	11	0	0
1969	308.82	08-01	302.83		123	112	26	0	0	0	0
1970	312.72	09-02	299.54		123	43	20	5	0	0	0
1971	310.90	07-27	297.94		123	23	4	1	0	0	0
1972	308.89	07-21	297.24	123	107	39	23	0	0	0	0
1973	312.00	10-10	296.96	123	102	40	13	4	0	0	0

滞洪排沙期潼关以下库区冲淤变化见表 5-11，在泄流建筑物改建前，特别是在 1962 年 5 月至 1964 年 10 月期间，泥沙淤积与当时枢纽的泄流能力小，汛期常出现滞洪关系很大，非汛期水位对库区的淤积分布也有影响。在此期间潼关以下库区共淤积泥沙21.44亿 m^3，淤积主要分布在黄淤 22—黄淤 36 断面区间，以黄淤 22—黄淤 31 区间淤积最多，这与库区形态有一定关系，黄淤 22—黄淤 36 断面的库面宽度比其上下游段宽。1964 年的水沙量特丰，1965 年的水沙量特枯，虽然水库的泄流条件和运用方式与其前完全相同，而 1964 年 10 月至 1966 年 5 月库区为冲刷的，表明库区淤积随着来水来沙条件的变化而发生变化，也反映三门峡水库潼关以下库区淤积调整的速度较快。

表 5-11 滞洪排沙期各时段潼关以下库区冲淤量

时段（年-月）	分段冲淤量（亿 m^3）					
	坝址—黄淤 12	黄淤 12—黄淤 22	黄淤 22—黄淤 30	黄淤 30—黄淤 36	黄淤 36—黄淤 41	合计（坝址—黄淤 41）
1962-05 ~ 1964-10（原规模）	2.181	5.867	7.977	4.845	0.572	21.444
1964-10 ~ 1966-05（原规模）	-0.468	-1.636	-1.782	-1.498	-0.001	-5.386
1966-05 ~ 1970-06（第一次改建）	-0.080	-0.144	0.027	0.207	0.102	0.110
1970-06 ~ 1973-10（第二次改建）	-0.605	-0.902	-1.189	-0.751	-0.500	-3.950
1962-05 ~ 1973-10（滞洪排沙期）	1.028	3.185	5.033	2.803	0.173	12.220

第一次改建后，枢纽泄流能力增加，黄淤 22 断面（北村）以下发生冲刷，北村以上还是发生淤积，表明枢纽的泄流能力仍不足。第二次改建后，枢纽泄流能力进一步扩大，潼关以下库区全部发生冲刷，部分库容也得到恢复。实测资料表明，库区冲刷只发生在河槽，滩地淤积后极难冲刷（河道横向摆动时，塌岸会造成滩地冲刷），这个"死滩活槽"的冲淤特点为保持有效库容提供了依据。

5.3.2.4 滞洪排沙期潼关高程变化分析

根据泄流建筑物改建和投入运用的不同情况，将滞洪排沙期分为三个阶段，各阶段潼关高程变化特点分析如下。

1. 原建泄流工程规模阶段

1962 年 3 月至 1966 年 6 月，水库泄流建筑物规模为原建的 12 个深水孔，进口高程为 300 m，坝前水位 315 m、320 m 和 330 m 时的泄量分别为 3 084 m^3/s、4 044 m^3/s 和5 460 m^3/s（见表 5-6）。由于泄流能力小，且泄流建筑物的位置高，虽然水库已改变了运用方式，但当来水量超过水库某高程的泄量时，常出现水库滞洪淤积，由削峰滞洪作用使出库的水沙搭配及过程发生变化，对水库下游也带来不利影响。特别是遇到丰水丰沙年，水库滞洪引起的水库淤积十分严重。如 1964 年是丰水丰沙年，汛期来水来沙很大，水库泄流能力小,滞洪削峰比较严重,潼关以下库区淤积泥沙达11.560亿m^3(见表5-12)。库区呈锥体形态淤积。

表5-12　滞洪排沙期各时段潼关以下库区冲淤量

时段(年-月)	分段冲淤量(亿m^3)					
	坝址—黄淤12	黄淤12—黄淤22	黄淤22—黄淤30	黄淤30—黄淤36	黄淤36—黄淤41	合计(坝址—黄淤41)
1962-05～1962-10	0.604 9	1.973 0	1.626 7	0.062 6	-0.160 0	4.108
1962-10～1963-07	0.279 5	0.079 6	0.329 3	0.064 8	0.051 1	0.804
1963-07～1963-10	0.530 0	1.175 0	1.639 6	0.571 7	-0.028 0	3.888
1963-10～1964-06	0.066 5	0.079 3	0.369 6	0.509 4	0.059 0	1.084
1964-06～1964-10	0.700 4	2.560	4.012 2	3.636 3	0.650 0	11.560
1964-10～1965-04	-0.333 0	-1.225 0	-1.042	-0.859 8	0.062 0	-3.398
1965-04～1965-10	-0.064 1	-0.226 6	-0.401 4	-0.359 5	-0.060 0	-1.112
1965-10～1966-05	-0.071 4	-0.184 8	-0.338 1	-0.278 3	-0.003 1	-0.876
1962-05～1966-05	1.713	4.230	6.196	3.347	0.571	16.058

本时段各年来水来沙情况变化大,库区河床发生相应的冲淤调整,潼关高程变化比较复杂。1962年3月改为滞洪运用,坝前水位较低,将水库蓄水运用时的淤积三角洲向坝前搬移(见表5-12),该年汛期潼关以下库区淤积4.108亿m^3,潼关高程下降0.82 m(见表5-8);1963年汛期来水来沙量几乎比1962年汛期多1倍(见表5-5),而库区淤积量为3.888亿m^3,比1962年还小,说明水库淤积调整,水库的排沙能力增加,而潼关高程升高0.62 m,说明淤积向上延伸。

1964年为丰水丰沙年,而且洪峰连续不断,大于3 000 m^3/s流量的水、沙量分别占汛期水、沙量的85%和90%以上(见表5-5),由于水库泄流能力不足,滞洪削峰情况比较严重(见表4-15)。随着滞洪发生,坝前水位也随之上升(见图5-2),汛期坝前日均水位最高为325.84 m,8月14日潼关站出现最大流量为12 400 m^3/s的洪峰,坝前水位为325.26 m,9月渭河连续出现洪峰,使坝前水位继续升高,8月26日瞬时最高滞洪水位达325.90 m。由于水库连续滞洪影响,潼关同流量水位(1 000 m^3/s)不断抬升,从6月30日的326.10 m(Q=1 130 m^3/s)到12月10日的328.07 m(Q=1 040 m^3/s),上升1.97 m(见图5-3)。1964年7月下旬和8月上旬的洪水过程中,黄河小北干流和渭河发生"揭河底"冲刷,若此时水库泄流能力大且坝前水位较低,渭河的"揭河底"冲刷或渭河高含沙洪水对潼关河床冲刷下降有作用,即使小北干流的来水使潼关河床淤积上升,潼关高程经过渭河上述洪水冲刷也会下降。但此时由于潼关断面正处在回水影响范围之内,坝前滞洪壅水位在洪水过程中起了决定性作用,致使潼关以下库区发生严重淤积,潼关河床大幅度上升。

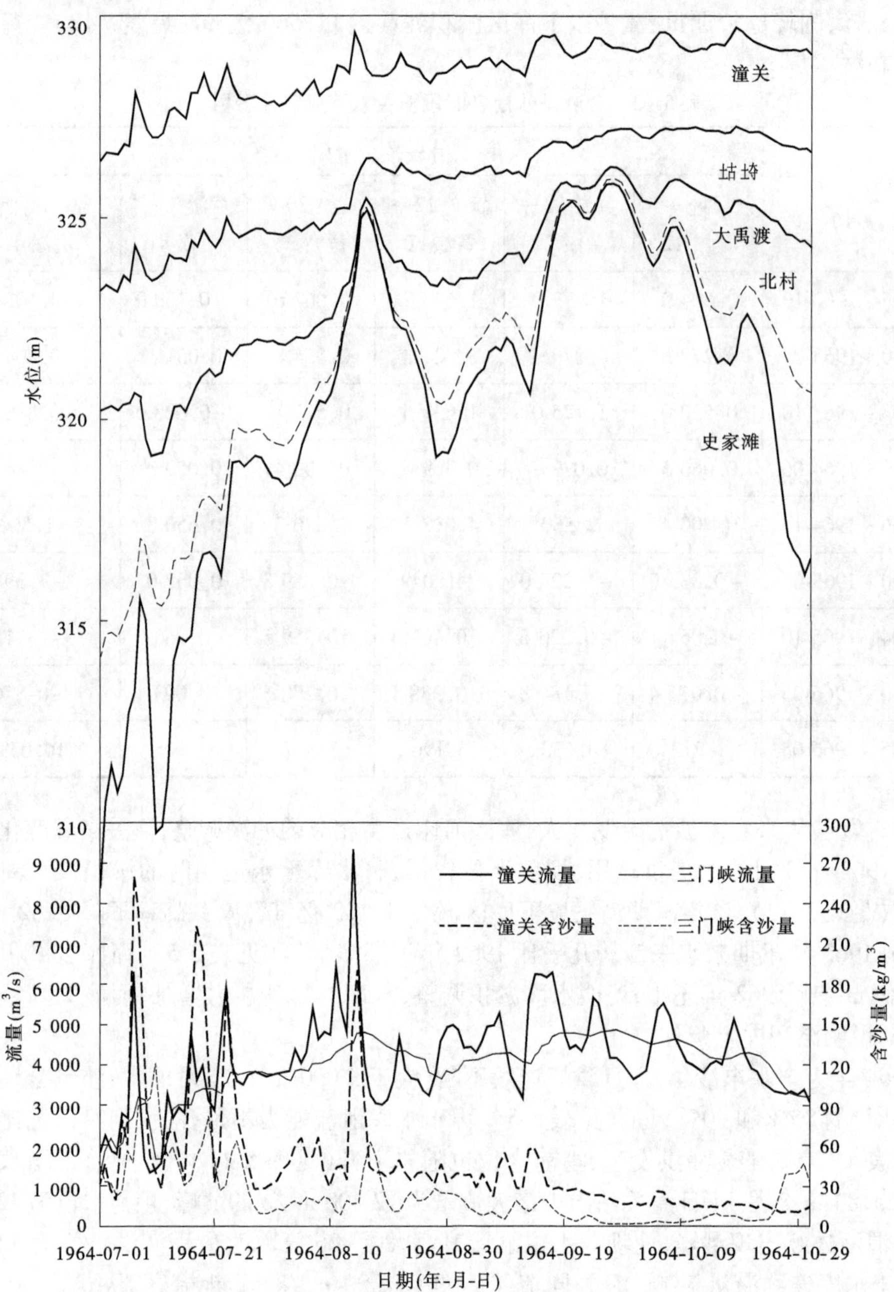

图 5-2　1964 年入、出库水沙及水位站水位过程线

纵剖面图(见图 5-4)、表 5-13 及表 5-14 反映出 1964 年潼关以下各典型断面的滩、槽淤积情况。1964 年 10 月主河槽和滩地平均高程均达年最高值,黄淤 36 断面(坫垮)以下主河槽比 1960 年淤高 10 ~ 25 m,滩地比 1960 年滩高 5 ~ 8 m;黄淤 37—黄淤 45 断面主河槽比 1960 年淤高 3 ~ 5 m,滩地比 1960 年淤高 2 ~ 5 m。

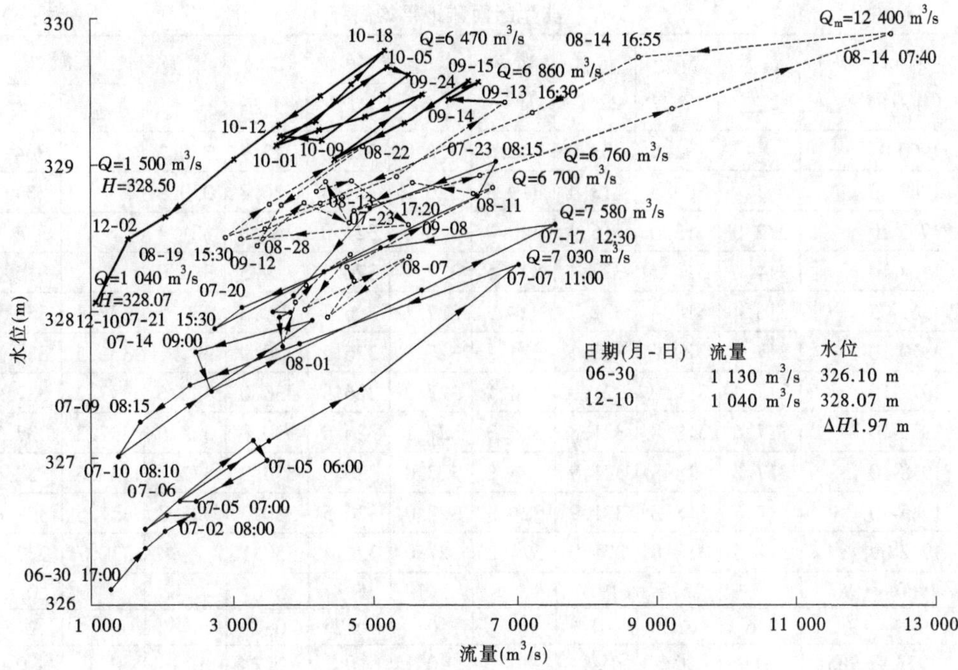

图 5-3　1964 年潼关水位—流量关系

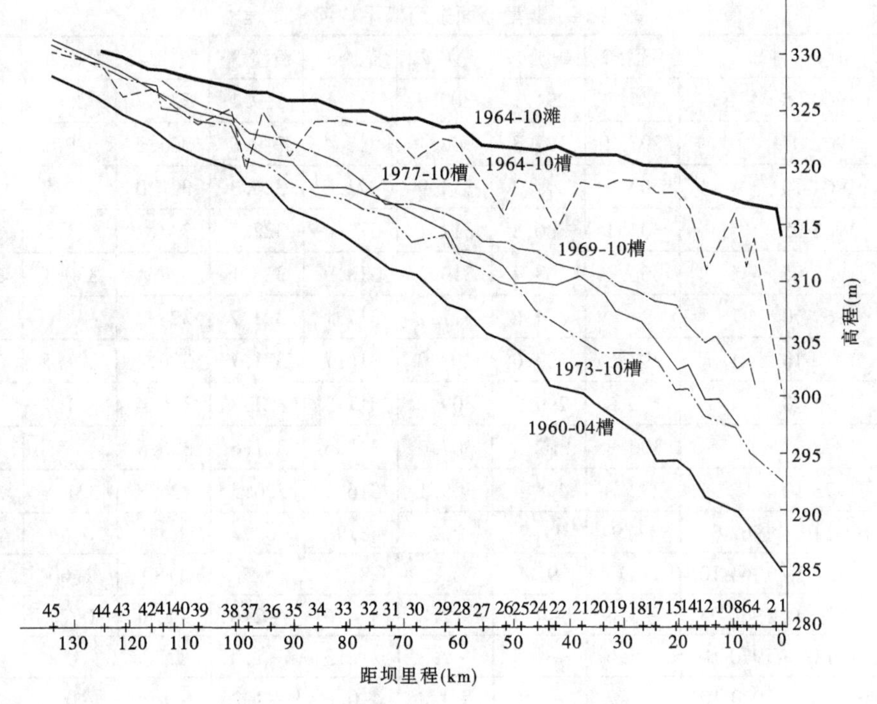

图 5-4　水库纵剖面

表 5-13　典型断面滩地平均高程　（单位:m）

时间（年-月）		黄淤2左	黄淤12右	黄淤22左	黄淤31左	黄淤36		黄淤41左	黄淤45右	黄淤49	
						左	右			左	右
1960-04			292.5	303.0	312.5	326.0	321.0	323.7	330.2		334.5
1962-10			309.5	313.4	319.5	326.0	324.5	326.8	330.9		334.5
1963-10		312.0	313.0	316.4	320.0	326.0	324.0	326.8	331.4		334.5
1964-10		314.0	318.2	322.4	324.5	327.1	326.3	329.3	332.0		335.1
1967-05		316.4	318.4	322.2	324.2	327.1	326.3	329.3	332.5	337.1	335.7
1970-10		317.9	319.9	322.1	324.2	327.0	326.3	330.0	332.7	336.5	336.8
1972-10		317.4	319.0	321.9	324.1	327.2	326.5	330.0	332.6	337.3	337.7
1973-10		317.6	318.8	321.8	324.3	327.1	326.5	330.0	332.6	337.2	337.7
1978-10		317.6	318.8	321.9	324.3	327.0	326.5	330.2	332.7	337.6	337.6
1985-10		317.6	318.8	321.9	324.3	327.0	326.5	330.2	332.7	337.6	337.6
1992-09		317.5	318.8	321.0	324.2	327.0	326.4	330.1		337.7	337.7
差值	1960～1964		25.7	19.4	12	1.1	5.3	5.6	1.8		0.6
	1964～1973	3.6	0.6	-0.6	-0.2	0	0.2	0.7	0.6		2.6
	1973～1985	0	0	0.1	0	-0.1	0	0.2	0.1	0.4	-0.1
	1985～1992	-0.1	0	-0.9	-0.1	0	-0.1	-0.1		0.1	0.1

表 5-14　典型断面主河槽平均河床高程　（单位:m）

时间(年-月)		黄淤2	黄淤12	黄淤22	黄淤31	黄淤36	黄淤41	黄淤45	黄淤49
1960-05		285.3	291.1	300.9	311.5	319.1	323.3	328.8	334.6
1962-05		297.2	302.3	308.1	315.4	319.8	325.2	329.2	334.5
1964-10		304.9	311.3	314.9	323.6	325.3	327.0	330.8	334.0
1966-05		304.1	306.8	312.1	319.0	322.7	325.2	331.5	335.4
1968-05		306.1	308.4	313.3	318.9	323.1	327.4	330.1	333.8
1969-10			304.6	311.7	317.1	323.2	328.2		
1970-10		298.5	302.0	309.9	316.7	321.7	326.4	331.5	335.9
1971-10			299.3	309.8	317.3	321.3	326.4	331.7	336.3
1972-05		300.8	302.5	307.6	317.5	321.6	326.5		
1973-10		292.8	298.4	305.1	316.1	320.5	325.8	331.4	336.5
差值	1960-05～1962-05	11.9	11.2	7.2	3.9	0.7	1.90	0.40	-0.1
	1962-05～1964-10	7.7	9.0	6.8	8.2	5.5	1.80	1.60	-0.5
	1964-10～1966-05	-0.8	-4.5	-2.8	-4.6	-2.6	-1.80	0.70	1.4
	1966-05～1970-10	-5.6	-4.8	-2.2	-2.3	-1.0	1.20	0	0.5
	1970-10～1973-10	-5.7	-3.6	-4.8	-0.6	-1.2	-0.60	-0.1	0.6
	1960-05～1973-10	7.5	7.3	4.2	4.6	1.4	2.5	2.6	1.9
	1962-05～1973-10	-4.4	-3.9	-3.0	0.7	0.7	0.6	2.2	2.0

1964 年 10 月下旬以后,入库流量减小,库水位下降,潼关以下库区发生溯源冲刷。

1965 年为枯水枯沙年,洪水峰少,峰型单一。7 月 22 日黄、渭河洪水相遭遇,潼关站出现 5 400 m^3/s 的洪峰,为全年的最大洪水。但在前期库区淤积严重的情况下,潼关以下冲刷 1.112 亿 m^3,潼关以下库区发生普遍冲刷(见表 5-15),汛后潼关高程下降为 327.64 m,与汛前相比下降 0.31 m。

综上所述,本时段潼关高程的冲淤变化,是三门峡水库运用初期库区迅速淤积及调整过程中产生的相应调整。潼关高程的冲淤变化,既受水库运用方式的影响,又受枢纽泄流能力的限制。洪水期发生壅水,在大流量时回水影响超过潼关,使潼关高程发生严重淤积升高的现象。而在前期严重淤积情况下,小流量时库区则发生冲刷,向上发展到潼关时,潼关高程也能下降,从而改变了建库前潼关高程"汛期冲刷下降,非汛期回淤,洪水冲刷,峰后回淤"的特点。

2. 第一次改建阶段

1966 年 6 月至 1970 年 5 月改建的四条泄流钢管于 1966 年 7 月投入运用,增建的两条进口高程为 290 m 的泄流隧洞也分别于 1967 年 6 月和 1968 年 8 月投入运用(见表 5-7)。库水位 315 m 时的泄流能力由改建前的 3 084 m^3/s 增加为 6 064 m^3/s。

表 5-15　1965 年潼关以下各站同流量水位

日期(月-日)	流量(m^3/s)	潼关(m)	坫埼(m)	太安(m)
07-06	925	327.75	324.72	320.22
08-14	950	327.58	324.22	320.05
水位差(m)		-0.17	-0.50	-0.17

水库非汛期进行防凌运用,1967 年、1969 年和 1970 年黄河下游凌情严重,其封河上界都达到开封市以上,特别是 1969 年凌汛期间气温忽高忽低,使黄河下游冰凌三封三开。非汛期水库运用水位一般都在 323 m 以上(见表 5-9),1967 年、1968 年和 1969 年,最高蓄水位分别为 325.20 m、327.91 m 和 327.72 m,回水直接影响潼关。大于 320 m 的时间在 35 ~ 66 d。

汛期,1969 年坝前最高日均水位 308.82 m,汛期平均水位为 302.83 m。其余各年坝前最高水位都在 318 m 以上,1967 年汛期最高水位为 319.97 m,汛期日平均库水位较原泄流规模阶段有所降低(见表 5-10)。

本时段内由于泄流建筑物增加了"两洞四管",泄流能力有所增加,同时,水库调整了运用方式,与 1966 年以前相比,潼关以下库区淤积减缓,各库段也发生了不同程度的冲淤变化。1966 年 5 月至 1970 年 6 月(见表 5-16),黄淤 22 断面以下库段发生了冲刷,共冲刷泥沙 0.225 亿 m^3,黄淤 22—黄淤 41 断面仍在淤积,淤积泥沙 0.335 亿 m^3。

表 5-16 滞洪排沙第一次改建期潼关以下库区冲淤量

时段(年-月)	分段冲淤积量(亿 m³)					
	坝址—黄淤 12	黄淤 12—黄淤 22	黄淤 22—黄淤 30	黄淤 30—黄淤 36	黄淤 36—黄淤 41	合计(坝址—黄淤 41)
1966-05 ~ 1966-10	0.323 1	0.587 7	0.662 2	0.172 3	-0.098 8	1.647
1966-10 ~ 1967-05	-0.177 4	-0.444 5	-0.478 9	-0.142 5	-0.010 0	-1.253
1967-05 ~ 1967-10	0.132 5	0.600 0	0.801 9	0.471 8	0.066 0	2.072
1967-10 ~ 1968-06	-0.025 0	-0.391 0	-0.583 9	-0.191 7	0.098 0	-1.094
1968-06 ~ 1968-10	0.029 3	0.356 6	0.092 4	-0.093 4	-0.095 4	0.290
1968-10 ~ 1969-05	-0.186 1	-0.436 2	-0.294 2	0.049 5	0.097 7	-0.76 9
1969-05 ~ 1969-10	-0.141 7	-0.332 4	-0.351 2	-0.206 4	0.018 0	-1.014
1969-10 ~ 1970-06	-0.035 4	-0.084 9	0.179 0	0.147 5	0.026 0	0.232
1966-05 ~ 1970-06	-0.081	-0.144	0.027	0.207	0.102	0.110

1966 年 6 月至 1970 年 5 月,尽管潼关以下库区淤积大幅度减缓,但潼关以上小北干流和渭河下游的淤积仍在发展。1960 年 5 月至 1970 年 6 月潼关以下库区累积淤积泥沙共计 31.2 亿 m³,主要是 1966 年以前淤积的;潼关以上黄河小北干流河段 1960 年 5 月至 1966 年 5 月共淤积泥沙 5.93 亿 m³,而 1966 年 5 月至 1970 年 6 月淤积泥沙 10 亿 m³,淤积仍在发展;渭河下游华县(渭淤 10)以下(渭淤 10—渭淤 1 区间),1960 年 6 月至 1970 年 5 月共淤积泥沙 6.45 亿 m³,其中 1960 年 6 月至 1962 年 5 月淤积 0.733 亿 m³,特别是平水丰沙的 1966 年和丰水丰沙的 1967 年分别淤积 2.096 亿 m³ 和 1.454 亿 m³,再加上 1967 年黄河和北洛河洪水遭遇,渭河河口段严重淤积,致使渭河淤积末端再次向上游延伸,1966 年和 1967 年汛期渭淤 10—渭淤 1 断面分别淤积 2.1 亿 m³ 和 1.45 亿 m³,淤积也在不断发展。

1966 年和 1967 年,这两年黄河小北干流多次出现"揭河底"冲刷。"揭河底"冲刷是高含沙水流泥沙运动的特殊现象。渭河下游也有这种特殊的冲刷现象出现。当冲刷发生时,沿程冲刷的强度递减,纵向冲刷深度向下游逐渐减小。在冲刷河段,主河槽冲刷窄深,滩地大量淤积,形成高滩深槽。而上段冲刷的泥沙,一部分淤积在"揭河底"冲刷范围以下河段的滩地上和主河槽内,另一部分通过潼关进入潼关以下库区和通过水库排向下游。1966 年和 1967 年的"揭河底"冲刷范围均在潼关以上,冲刷没有发展到潼关,从表 5-17 可以看出,黄河小北干流"揭河底"冲刷,冲刷河段以下的河段淤积,1966 年和 1967 年汛期黄淤 41—黄淤 50 断面间淤积量分别占(黄淤 41—黄淤 68)全河段淤积量的 56% 和 58%。这种状况对潼关河床的冲淤演变带来不利影响。因为潼关处在黄河小北干流的末端,潼关高程变化也受黄河干流河床调整的影响。当水库蓄水超过潼关时,潼关受水库回水直接影响而淤积抬升,当潼关脱离回水影响时,其又受黄河小北干流河床沿程冲淤调整的影响。1967 年潼关高程的变化,不仅有水库影响,也受上游河段沿程冲淤变化影响,从而使该年汛期潼关高程淤积上升 0.62 m,汛后潼关高程为 328.35 m,全年上升 1.22 m,仅次于 1964 年的 2.33 m。

表 5-17　小北干流河段 1966 年和 1967 年汛期冲淤量

时段 (年-月)	分段冲淤量(亿 m^3)			
	黄淤 41—黄淤 45	黄淤 45—黄淤 50	黄淤 50—黄淤 59	黄淤 41—黄淤 68
1966-05 ~ 1966-10	0.474	1.936	1.093	4.297
1967-05 ~ 1967-10	0.087 5	2.262	0.929	4.040

总之,本时段由于枢纽泄流能力的不断增大和库区淤积的调整,潼关高程在一般情况恢复“汛期冲刷,非汛期回淤”的特点,但遇到丰水年潼关高程还是淤积升高。

3. 第二次改建阶段

1970 年 5 月至 1973 年 10 月是枢纽第二次改建阶段。根据四省(晋、陕、鲁、豫)会议确定的改建原则和规模,1970 年 6 月打开了 3 个底孔,1971 年 10 月又打开了 5 个底孔,并先后相继投入运用。在此期间将原发电机组的进水钢管进口高程从 300 m 降到 287 m,1973 年 12 月 26 日第一台机组投入发电运行。

经过两次改建的泄流建筑物投入运用,增加了泄流能力,同时,水库汛期低水位运用。1970 年 6 月至 1973 年 9 月潼关以下库区共冲刷泥沙 3.95 亿 m^3(见表 5-18)。水库的冲刷主要是洪水期的溯源冲刷和沿程冲刷,以及溯源冲刷与沿程冲刷相互衔接,使潼关高程逐渐下降。

表 5-18　1970 年 6 月至 1973 年 9 月潼关以下库区冲淤量

时段 (年-月)	分段冲淤积量(亿 m^3)					
	坝址— 黄淤 12	黄淤 12— 黄淤 22	黄淤 22— 黄淤 30	黄淤 30— 黄淤 36	黄淤 36— 黄淤 41	合计(坝址— 黄淤 41)
1970-06 ~ 1970-10	-0.198 2	-0.279 7	-0.351 1	-0.411 6	-0.245 0	-1.486
1970-10 ~ 1971-06	-0.090 6	-0.170 4	0.001 4	0.110 1	0.052 4	-0.097
1971-06 ~ 1971-11	-0.057 8	-0.161 1	-0.512 1	-0.429 4	-0.104 8	-1.265
1971-11 ~ 1972-06	0.260 6	0.092 6	0.103 3	0.086 6	-0.071 9	0.470
1972-06 ~ 1972-10	-0.391 1	-0.258 8	-0.163 6	-0.093 1	0.008 3	-0.898
1972-10 ~ 1973-07	0.040 1	0.070 6	0.196 6	0.518 9	0.236 8	1.059
1973-07 ~ 1973-09	-0.168 0	-0.195 5	-0.462 3	-0.532 2	-0.376 0	-1.734
1970-06 ~ 1973-09	-0.605	-0.902	-1.189	-0.751	-0.500	-3.950

第二次改建阶段潼关高程变化见表 5-6。随着改建工程的陆续投入运用,水库泄流能力不断增加,潼关以下库区由淤积变为冲刷,潼关高程也随着冲刷而下降,经过第二次改建的完成,潼关高程从 1969 年汛后 328.65 m,到 1973 年汛后下降为 326.64 m,下降 2.01 m。现按运用年分析潼关高程冲淤变化如下:

(1)1969 年 11 月至 1970 年 10 月。

水库非汛期承担防凌任务,1970 年 1 月 24 日水库从坝前水位 306.70 m 开始蓄水,到 3 月 8 日坝前水位为 323.31 m,3 月 16 日开始泄水,5 月 20 日库水位降至最低 301.55 m,历时 116 d。桃汛期间水库没有降低水位排沙。蓄水期间库水位大于 310 m 的天数为 99 d,其中 310 ~ 315 m 的天数为 13 d,315 ~ 320 m 的天数为 20 d,大于 320 m 的天数为 66 d(见表 5-9)。

汛期坝前最高水位为 312.72 m,平均水位为 299.54 m,最低库水位为 291.50 m,各级水位变化见表 5-10。

1970 年 6 月打开三个原施工导流底孔后,泄流建筑物进口高程由 300 m 下降到 280 m,下降 20 m。同年 6 月 22 ~ 30 日原 1 ~ 3 号施工导流底孔的斜闸门全部提起后,坝前水位突然降低,库区发生自下而上的溯源冲刷,至 7 月 31 日溯源冲刷发展到太安(黄淤 31 断面)附近(见图 5-5)。在坝前库段发生了强烈的溯源冲刷期间,胶泥质组成的库段(异重流淤积层)出现明显的跌水。表 5-19 和图 5-5 为 6 月 22 日至 7 月 31 日库区溯源冲刷期间沿程同流量水位变化情况。

表 5-19　1970 年 6 ~ 7 月同流量水位变化

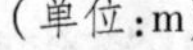
(单位:m)

日期(月-日)	流量(m^3/s)	史家滩	会兴	北村	太安	坩埚	潼关
06-22	1 000	302.00	306.10	312.56	319.84	324.57	328.45
07-31	1 010	297.71	304.63	312.03	319.66	324.70	328.71
水位差(m)		-4.29	-1.47	-0.53	-0.18	0.13	0.26

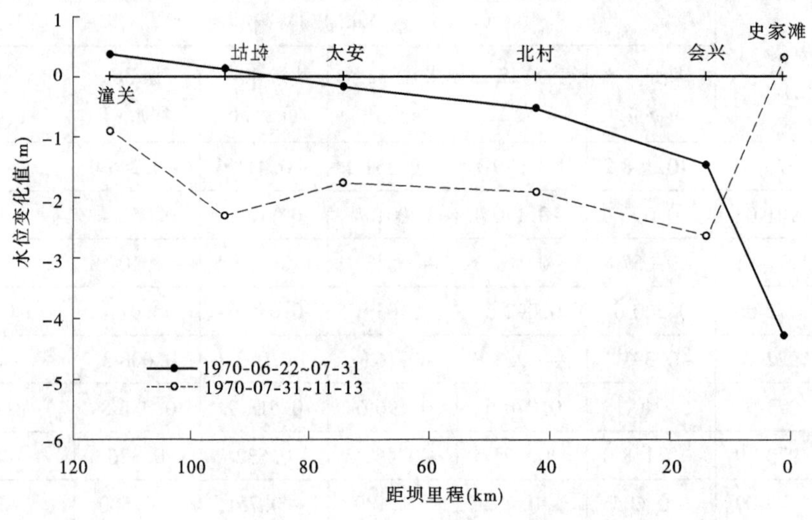

图 5-5　1970 年潼关以下库区水位变化

1970 年虽然是枯水丰沙年,但黄河、渭河的洪峰不断出现,黄河龙门站大于 5 000 m^3/s 的洪水有 3 次,最大洪峰流量为 13 800 m^3/s(8 月 2 日),最大含沙量为 826 kg/m^3(8 月 3 日);渭河华县站大于 2 000 m^3/s 的洪水出现 4 次,最大洪峰流量为 4 320 m^3/s(8 月

31 日),最大含沙量为 702 kg/m³(8 月 3 日);潼关站大于 3 000 m³/s 的洪水有 5 次,最大洪峰流量为 8 420 m³/s(8 月 3 日),最大含沙量为 631 kg/m³(8 月 4 日)。多次出现高含沙洪水,对冲刷潼关河床十分有利。如 8 月 2～10 日,黄河龙门站出现 13 800 m³/s 洪峰,渭河华县站出现洪峰流量为 2 540 m³/s、含沙量为 702 kg/m³ 的高含沙洪水,使潼关同流量水位下降 1.46 m;8 月 25 日至 9 月 7 日渭河华县站出现洪峰流量为 4 320 m³/s、含沙量为 863 kg/m³ 的高含沙洪水,使潼关同流量水位下降 0.62 m。这些洪水不但使潼关河床冲刷下降,而且使潼关以下库区发生沿程冲刷与溯源冲刷相衔接。经过洪水冲刷及冲刷后的回淤(见图 5-6),从 7 月 31 日至 11 月 13 日,潼关以下沿程各站的同流量水位也发生变化(见表 5-20)。随水库泄流能力增加及汛期高含沙洪水的冲刷,溯源冲刷和沿程冲刷相衔接,潼关平均河底高程及同流量水位也随之冲刷下降,到 1970 年汛后潼关高程降为 327.80 m。

表 5-20　1970 年 7～11 月同流量水位沿程变化　　(单位:m)

日期(月-日)	流量(m³/s)	史家滩	会兴	北村	太安	坫埼	潼关
07-31	1 010	297.71	304.63	312.03	319.66	324.70	328.71
11-13	1 060	298.00	301.98	310.11	317.90	322.39	327.80
水位差		0.29	-2.65	-1.92	-1.76	-2.31	-0.91

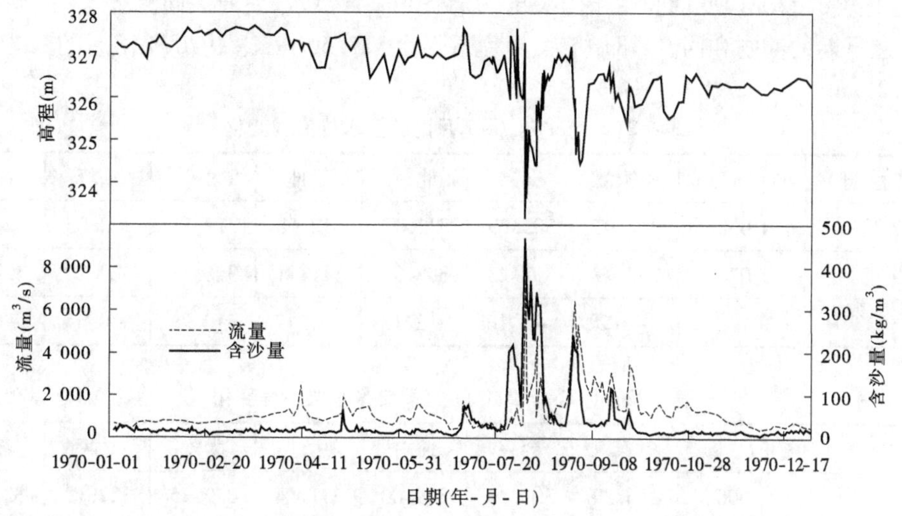

图 5-6　1970 年潼关断面平均河底高程及流量、含沙量过程

(2)1970 年 11 月至 1971 年 10 月。

水库非汛期自 2 月 11 日起防凌蓄水,3 月 11 日坝前(史家滩)水位最高达到 323.42 m,3 月 21 日前后开始泄水,坝前水位降至 319.36 m 时,遇 4 月 17 日桃汛洪峰流量为 1 720 m³/s,坝前水位又复升到 320.05 m,5 月 25 日坝前水位降至最低,为 292.34 m。防凌运用期坝前平均水位为 313.17 m,超过 310 m 的历时为 75 d,其中,310～315 m 为 16 d,315～320 m 为 26 d,超过 320 m 为 33 d(见表 5-7)。超过 320 m 的天数比 1970 年减少 33 d。

汛期坝前最高水位为310.90 m(7月27日),平均水位为297.94 m。10月7~21日原施工导流4~8号底孔相继投入运用,泄流建筑物的高程降低,为冲刷库区及降低潼关高程提供了有利条件。

非汛期防凌蓄水最高坝前水位为323.42 m,5月下旬坝前水位降到292.34 m,因此北村(黄淤22)以下库区发生冲刷,北村同流量水位为310.12 m(6月上旬),与1970年11月13日的310.11 m相接近。而北村以上库段发生淤积(见表5-18),使潼关高程有所上升(见表5-8),应该属于防凌蓄水及非汛期小流量回淤引起的。

汛期潼关站水沙量分别为134.5亿 m^3 和10.81亿t,水沙偏枯,大于3 000 m^3/s 的洪水只有两次,一次为10 200 m^3/s(7月26日)的汛期最大洪峰流量,一次为10月8日至11月5日洪峰流量为3 350 m^3/s 的洪水。另外两次洪水分别为发生在7月中旬洪峰流量为2 680 m^3/s 的洪水,发生在8月下旬洪峰流量为2 200 m^3/s、洪峰含沙量为305 kg/m^3 的高含沙洪水。7月28日至9月17日共计52 d,潼关平均流量为844 m^3/s,水量为37.93亿 m^3,其间潼关以下库区发生溯源冲刷和沿程冲刷,在这两种冲刷的共同作用下,潼关同流量水位下降0.77 m(见表5-21及图5-7),从平均河床高程的变化(见图5-8)也可得到反映。在潼关出现最大洪峰流量时,水库泄流的3个底孔、2~3号发电钢管、7个深水孔、两条隧洞全部敞开泄洪。10月7~21日4~8号底孔相继投入运用,史家滩水位相继下降,坝前段发生强烈冲刷,同流量水位北村以下库段下降较多(见表5-22),而坫埼还是上升0.22 m。此期间由于潼关出现3 350 m^3/s 洪水,使潼关同流量水位下降0.12 m。经过汛期的冲刷和回淤,汛后潼关高程下降为327.50 m,比1970年汛后的327.71 m下降0.21 m。

表5-21 1971年7~9月同流量水位沿程变化 (单位:m)

日期(月-日)	流量(m^3/s)	史家滩	会兴	北村	后地	太安	坫埼	潼关
07-28	1 030	302.97	305.39	311.11	312.58	317.11	322.65	327.86
09-17	1 070	297.77	302.23	308.93	311.11	316.83	322.20	327.09
水位差		-5.2	-3.16	-2.18	-1.47	-0.28	-0.45	-0.77

表5-22 1971年10~11月同流量水位沿程变化 (单位:m)

日期(月-日)	流量(m^3/s)	史家滩	会兴	北村	后地	太安	坫埼	潼关
10-05	1 000	296.20	301.43	309.00	311.54	317.25	322.19	327.64
11-16	1 000	290.50	300.41	308.59	311.25	316.79	322.41	327.52
水位差		-5.7	-1.02	-0.41	-0.29	-0.46	0.22	-0.12

(3)1971年11月至1972年10月。

非汛期水库没有进行防凌蓄水运用,3月26日桃汛洪峰最大流量为3 150 m^3/s(日平均),桃汛后进行双层孔过水试验,4月6日开始蓄水,下泄流量为0,4月14日后仅开一号隧洞,控制下泄流量500~600 m^3/s。5月3日史家滩水位为319.98 m(见表5-9),进行双层孔过水试验,6月8日坝前水位降至306.97 m。

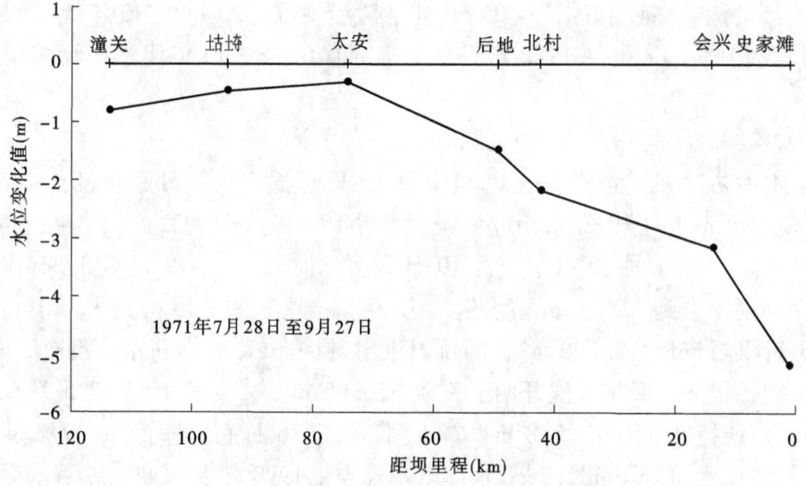

图 5-7　1971 年 7～9 月潼关以下库水位变化

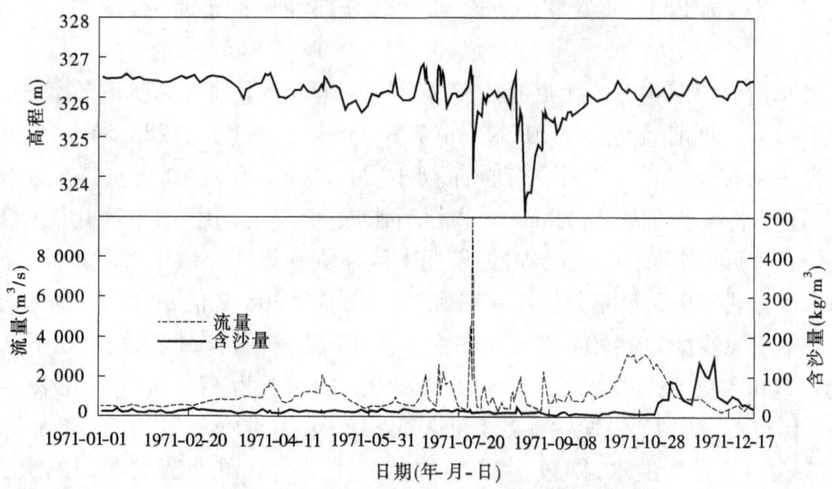

图 5-8　1971 年潼关断面平均河底高程及流量、含沙量过程

汛期坝前最高水位为 308.89 m,平均水位为 297.24 m(见表 5-10)。6 月中旬至 7 月中旬,因闸门槽施工等原因,关闭底孔。10 月 18 日开始蓄水,控制下泄流量 400 m^3/s,10 月 23 日坝前水位达 308.94 m,11 月 4 日后坝前水位降至 300 m 以下。

1972 年为枯水枯沙年,年水沙量分别为 303.3 亿 m^3 和 6.74 亿 t,汛期水沙量分别为 123.4 亿 m^3 和 3.95 亿 t,其中汛期的洪水量和大于 3 000 m^3/s 的水量分别为 24.05 亿 m^3 和 4.2 亿 m^3,为滞洪排沙期的最小值。龙门站大于 5 000 m^3/s 流量的洪水仅一次,最大洪峰流量为 10 990 m^3/s(8 月 20 日 19 时 30 分),最大含沙量为 387 kg/m^3(8 月 20 日 19 时);渭河华县站最大洪峰流量仅为 1 800 m^3/s (9 月 3 日),北洛河未出现大于 600 m^3/s 的洪水。从 1972 年的水沙条件可以看出,由于汛期水量小、洪水次数少且洪峰流量也不大,冲刷能力就大大减小,库区没有发生强烈的冲刷现象。由于打开了 8 个底孔,水库库区近坝段(黄淤 22)至坝前相对来看冲刷较多,而坫垮至潼关库段处于微淤状况(见

表5-18),该年的潼关高程上升了0.05 m,处于微淤情况。20世纪90年代的水沙条件与1972年的情况相似,不同的是1972年只是一年,而20世纪90年代是连续多年水沙条件恶化。

(4)1972年11月至1973年10月。

非汛期水库防凌和春灌蓄水运用,自1月19日起蓄水到6月底止,历时163 d,最高坝前水位326.05 m(4月10日),相应最大蓄水量18.3亿m^3(见图5-9)。在此期间,大体上可分为三个阶段:①1月19日至4月10日为蓄水阶段,1月19日至3月10日库水位由296.6 m逐渐上升到325.5 m,蓄水量约13亿m^3,这一水位维持到3月下旬。3月25日潼关站出现洪峰流量为2 190 m^3/s的桃汛洪水,桃峰入库时坝前水位没有下降,桃汛期水库又蓄水约5亿m^3,坝前水位开始上升到326.05 m。② 4月10日至5月6日高水位运行,坝前水位维持在326~325.8 m。③ 5月6日至6月底水库泄水,以满足下游用水需要,到6月底库水位降至305.7 m,水库基本泄空。1973年非汛期水库蓄水运用的特点是:蓄水位高,超过320 m水位的历时达121 d,为1963年以来维持时间最长的一年;桃汛期坝前水位达324 m以上,桃峰期的60%水量和全部沙量拦于库内,没有发挥桃峰的冲刷排沙作用。

汛期水库泄流建筑物有8个底孔、2条隧洞、10个深水孔和1根5号钢管先后投入运用。汛期7~8月,坝前最高水位305.25 m(7月20日),最低水位285.56 m(8月16日),平均水位为294.05 m。9~10月,坝前最高水位312.0 m(10月10日),最低水位291.50 m(10月5日),平均水位为299.93 m。入汛后水库为敞泄运用,由于改建工程基本完成并投入运用,洪峰期坝前水位降低,这为汛期库区冲刷和排沙提供了有利条件。

入库水沙条件:1973年潼关站年水量和沙量分别为308.0亿m^3和16.07亿t,汛期水量为181.2亿m^3,沙量为14.04亿t,为枯水平沙年(见表5-4)。但汛期洪峰不断出现,汛期洪水量为106.3亿m^3,其中大于3 000 m^3/s流量的水量为37.2亿m^3(见表5-5),潼关站大于3 000 m^3/s的洪水共发生5次(见表5-23),最大洪峰流量为5 080 m^3/s(9月1日),其中3次为高含沙洪水,即表5-23中的前3次洪水。汛期黄河龙门站最大洪峰为6 210 m^3/s(8月26日),洪峰最大含沙量为334 kg/m^3,渭河华县站最大洪峰流量为5 010 m^3/s(9月1日),洪峰最大含沙量为572 kg/m^3。8月下旬潼关站的两场高含沙洪水,第一场洪水系吴堡以下山陕区间来水为主,渭河也有洪峰加入,第二场则由泾、渭河来水组成,但黄河洪水先于渭河,这对冲刷潼关河床特别有利,这样的高浓度挟沙水流是1973年汛期洪峰水沙的特点之一。

非汛期水库回水及淤积分布:1973年非汛期水库蓄水水位较高,高水位持续时间较长。根据两站水位差过程线和水位—流量关系,可得出潼关以下各主要水位站受回水影响的情况及回水范围,见表5-24。在5月17日潼关脱离回水影响,此时坝前水位为324.80 m。据初步估计,这次蓄水的影响范围,黄河干流可到上源头(黄淤45)附近,渭河在渭淤2断面附近。而淤积末端黄河在汇淤6—汇淤4之间,渭河在吊桥—渭淤1之间。据资料统计,潼关以下库区非汛期共淤积泥沙1.059亿m^3(见表5-18)。由于水库蓄水位高,而且高水位持续时间较长,库内淤积相对比较集中,淤积重心部位偏上,具有明显的三角洲外形(见图5-10)。有71.3%的泥沙淤积在黄淤30以上,而黄淤30至黄淤36区间

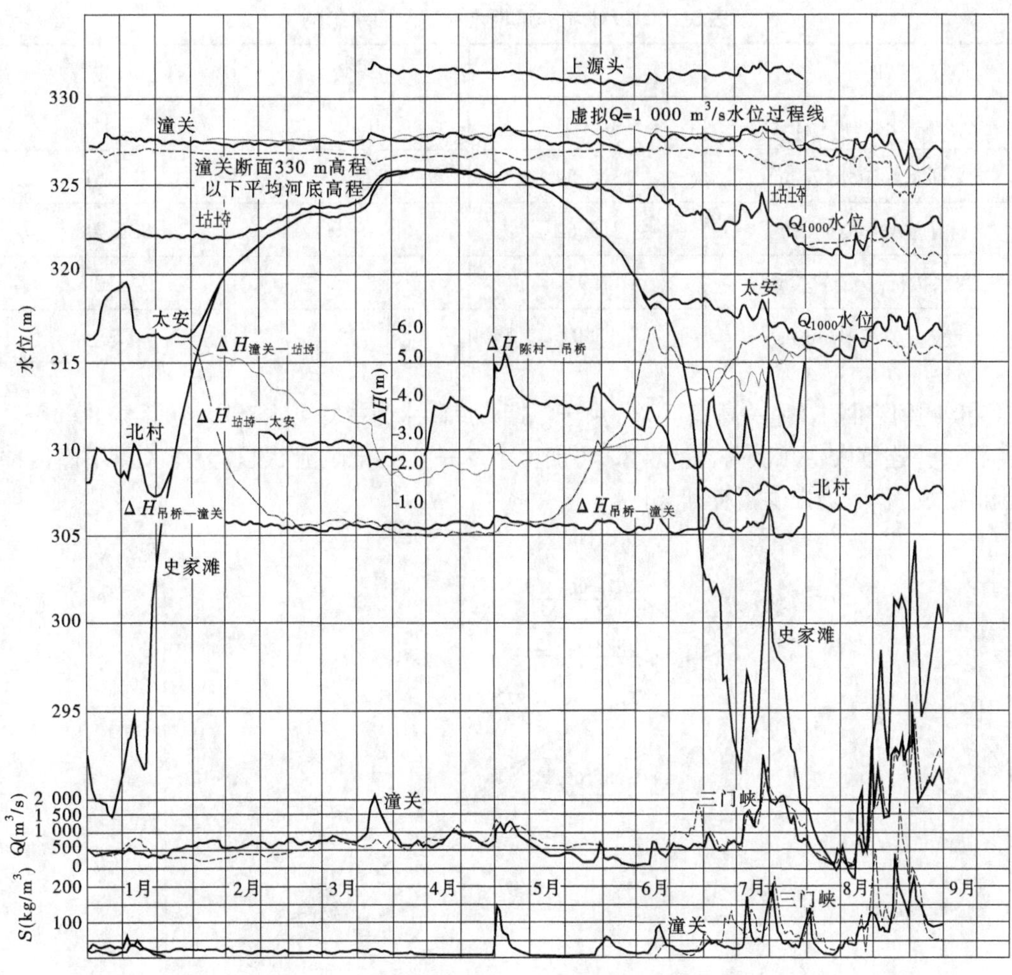

图5-9　1973年1月至9月上旬各种水文要素过程线

淤积达0.518 9亿m^3，占49.0%，黄淤30以下淤积占29.0%，淤积三角洲的顶点在黄淤34断面附近，三角洲洲面比降为1.5‱，前坡比降为6‱，前坡下端至坝前河床比降为2.7‱，这一纵比降对河床冲刷是有利的。

表5-23　1973年汛期潼关洪峰流量大于3 000 m^3/s洪水特征值

时段（月-日）	历时（d）	最大流量（m^3/s）	最大含沙量（kg/m^3）	水量（亿m^3）	沙量（亿t）	平均含沙量（kg/m^3）	坝前水位(m)	
							最高	平均
07-16～07-28	13	4 840	207	21.22	1.868	88	304.40	297.11
08-20～08-25	6	3 550	359	10.01	1.388	139	298.59	294.99
08-26～09-03	9	5 080	527	26.65	6.444	242	304.91	300.39
09-04～09-19	16	3 450	49.7	34.34	1.494	44	301.30	297.32
10-05～10-10	6	4 270	60.8	14.06	0.579	41	312.00	306.29

表 5-24　1973 年非汛期水库蓄水回水影响

项目	太安	坫埼	潼关
受回水影响时间(月-日)	01-31	02-08	03-15
受回水影响水位(m)	316.54	322.18	327.51
相应坝前水位(m)	313.62	319.00	323.41
回水指标(水位差,m)	2.91	3.18	4.10
相应潼关流量(m^3/s)	580	745	850

汛期库区冲刷及潼关高程下降。由于汛期入库洪水为中常洪水,最大流量 5 080 m^3/s,历时长,并连续发生几次高含沙洪水,再加上水库一直处于敞泄状态,为潼关以下库区冲刷和潼关高程下降提供了有利条件。

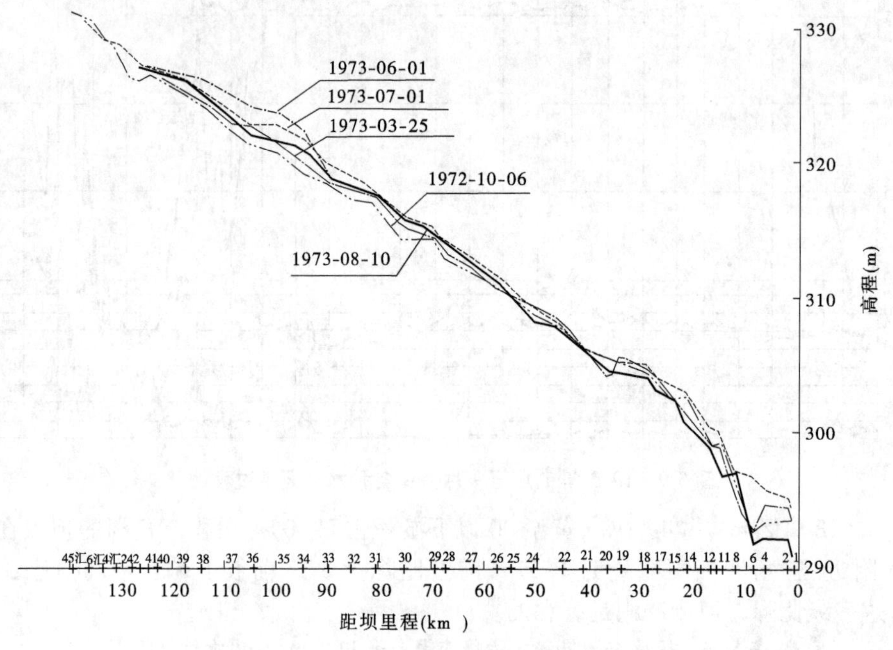

图 5-10　1973 年潼关以下库区平均河底高程纵向变化

入汛以来,潼关以下库区普遍发生冲刷,冲刷泥沙 1.734 亿 m^3。其冲刷沿程分布与非汛期淤积分布相对应,即非汛期淤积较多的库段,汛期冲刷也较多,如非汛期黄淤 22—黄淤 31 库段淤积 0.948 亿 m^3,汛期在该段冲刷 1.37 亿 m^3,汛期不但将非汛期淤积的泥沙全部冲完,而且还冲刷了以前淤积的泥沙。库区其他库段也存在同类情况。库区冲刷的形式主要是溯源冲刷和沿程冲刷,以及两种冲刷相互衔接。其沿程冲刷下降值及冲刷图形见图 5-11 和表 5-25,从 7 月 16 日至 10 月 3 日潼关高程由 328.05 m 下降到 326.58 m,下降 1.47 m。从汛期潼关平均河底高程变化图(见图 5-12)也可以得到反映,从图 5-12中还可以看出河床在被洪水冲刷后回淤的特性。

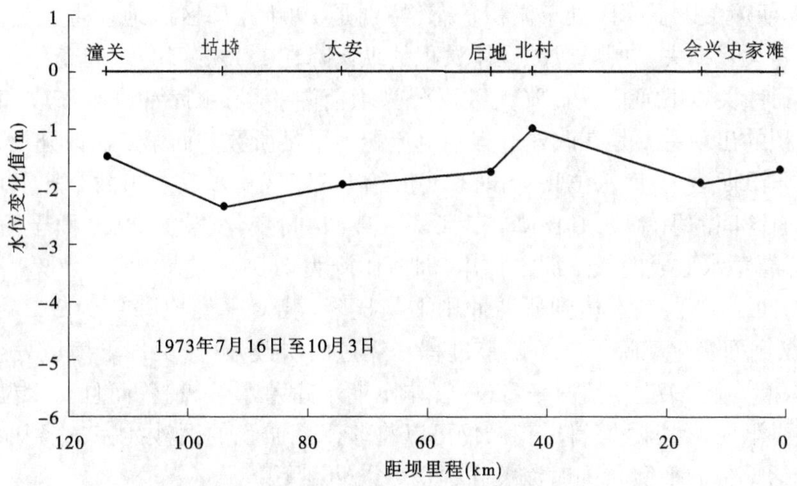

图 5-11　1973 年潼关以下沿程冲刷变化

表 5-25　1973 年汛期同流量水位沿程变化　（单位:m）

日期(月-日)	史家滩	会兴	北村	后地	太安	坫埼	潼关
07-06	292.41	299.61	307.55	310.69	317.38	322.98	328.05
10-03	290.72	297.68	306.57	308.97	315.44	320.65	326.58
水位差	-1.69	-1.93	-0.98	-1.72	-1.94	-2.33	-1.47

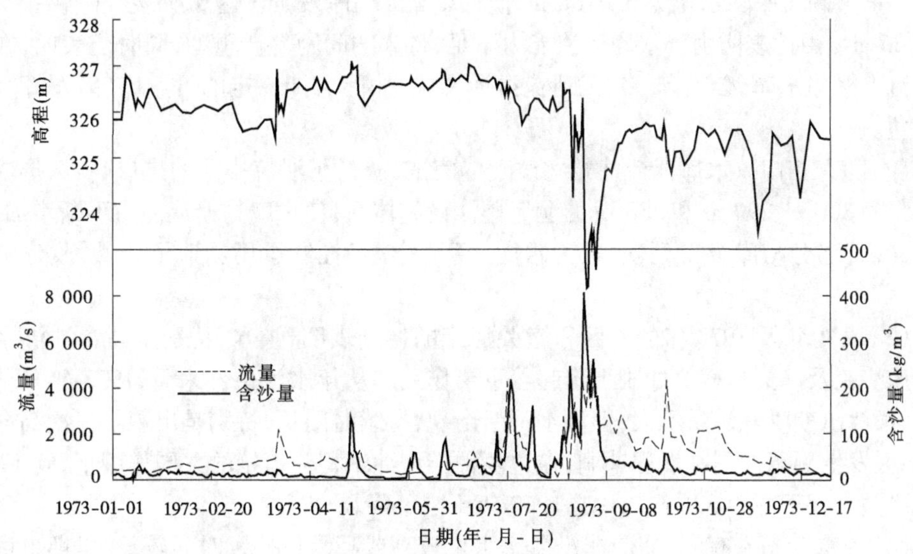

图 5-12　1973 年潼关平均河床高程及流量、含沙量过程

随着泄流建筑物的改建及三门峡水库运用方式的变化，河床纵剖面不断发生调整，从图 5-4 的潼关以下滩槽纵剖面可以看出改建过程中三个主要运用阶段纵剖面变化的特

点。未改建期潼关以下库区处于淤积状态,特别是 1964 年库区滩地发生大量淤积,形成高滩,滩库容大量损失。所形成的锥体淤积的纵比降在 1.1‰~1.7‰间变化。1969 年第一次改建后,潼关以下河槽纵比降大致可分为坝前漏斗段、水库冲刷平衡段和尾部淤积段,尾部淤积的出现主要是在改建过程中泄流能力不足所致。而第二次改建后,特别是经过 1973 年非汛期运用,库水位高、历时长,潼关以下库区初步反映出两个比降段,坝前—黄淤 29 断面区间的坝前段,其比降在 1.6‰~1.8‰间变化,黄淤 29 断面至潼关是非汛期防凌或春灌蓄水形成的三角洲淤积体,洲面比降为 1.5‰,前坡比降为 6‰。在汛期经过了强烈的冲刷过程,基本达到所谓冲刷平衡比降(相对平衡比降),为 2.2‰~2.3‰,1973 年的纵剖面变化反映了这一调整过程。经过两次改建,潼关以下库区发生冲刷,形成了高滩深槽。从 1973 年情况来看,尽管非汛期水库蓄水位较高,而且高水位持续时间较长,但只要汛期来水来沙条件有利,仍可以将非汛期淤积的泥沙冲完,达到库区年内冲淤平衡(包括部位的平衡),同时潼关高程也可以冲刷下降。

5.3.3　小结

(1)三门峡水库泄流建筑物改建前,由于水库泄流能力不足,水库不断出现滞洪削峰情况。水库的淤积与汛期滞洪关系很大,特别当遇到丰水丰沙年时,库区发生大量淤积。如 1964 年,由于该年不断出现大于其泄流能力的洪水,库区的滞洪现象不断发生,造成严重淤积,使滩地和河槽大幅度抬升,库容损失严重。1964 年汛期潼关以下库区淤积达 11.56亿 m^3,占滞洪排沙运用期潼关以下库区淤积量 12.22 亿 m^3 的 94.6%,而且该年汛期由于水库滞洪,坝前水位较高,大于 320 m 的天数有 73 d,超过 324 m 的天数为 27 d,滞洪时坝前最高日平均水位为 325.86 m,使坫垮至潼关库段淤积达 0.65 亿 m^3,潼关高程抬高 2.06 m。由此表明由于水库泄流能力不足,带来的问题是严重的,同时还表明,在多泥沙河流上修建水库,必须有一定的泄流排沙设施,才能保持一定的可用库容,发挥水库综合效益。

(2)随着三门峡水库泄流建筑物改建的完成,降低了泄流排沙的进口高程,形成了进口高程为 300 m、290 m 和 280 m 的泄流排沙设施体系,使水库的泄流能力不断增加,库区发生冲刷,部分槽库容得到恢复,为水库"蓄清排浑"控制运用创造了条件,改建是成功的。

(3)1971 年及 1973 年的库区和潼关河床的冲刷表明,洪水,特别是高含沙洪水对库区河床演变及潼关高程的冲刷下降起着重要作用。从年水沙条件来看,1973 年是枯水平沙年,虽然汛期洪峰流量不大,但洪水不断出现,持续时间长,特别是出现了三次高含沙洪水,库区发生溯源冲刷和沿程冲刷,在这两种类型冲刷相互衔接的共同作用下,到 1973 年汛末潼关高程下降为 326.64 m,比 1969 年汛末下降 2.01 m。

(4)若水沙条件有利,即使非汛期库水位较高或高水位持续时间较长,汛期也可以将非汛期淤积的泥沙全部冲刷出库,达到年内库区冲淤平衡,1971 年及 1973 年的情况就是如此,而且有的年份不但达到年内库区冲淤平衡,还冲刷了以前淤积的部分泥沙。但遇到不利水沙条件,则情况相反。如 1972 年,枯水枯沙,洪峰少,虽然非汛期最高库水位在 320 m 以下,水库回水在坫垮以下,但由于水沙条件不利,冲刷能力小,潼关高程上升了

0.05 m，处于微淤状态。20 世纪 90 年代的情况基本上与 1972 年相似，不同的是 20 世纪 90 年代是连续出现恶化的水沙条件。

（5）随着泄流设施改建和增建的完成及三门峡水库运用方式的改变，在水库滞洪排沙运用期三个主要阶段，潼关以下库区纵剖面变化的特点是：在未改建期潼关以下库区处于淤积状态，呈锥体淤积形态，锥体淤积的纵比降在 1.1‰ ~ 1.7‰变化；第一次改建后，潼关以下纵剖面比降大致可分为坝前漏斗段、库区冲刷段和尾部淤积段，尾部淤积段的出现主要是在改建过程中泄流能力不足所致；第二次改建后，特别是 1973 年非汛期运用的特点，即库水位高、历时长，库区严重淤积，潼关以下库区初步反映出两个比降库段，即大坝至 29 断面为坝前段，其比降在 1.6‰ ~ 1.8‰间变化，黄淤 29 断面至潼关是非汛期防凌或春灌蓄水形成的三角洲淤积体，洲面比降为 1.5‰左右，前坡比降为 6‰。总之，经过两次改建，枢纽的泄流排沙能力增大，潼关以下库区由淤积转变为冲刷。枢纽排沙设施硬件和库区的冲刷调整，都为水库“蓄清排浑”控制运用创造了条件。

5.4　蓄清排浑运用期潼关高程变化规律及影响因素

5.4.1　三门峡水库蓄清排浑运用的特点及其运行概况

5.4.1.1　三门峡水库蓄清排浑运用特点

三门峡水库改建后，根据黄河水沙不均匀性的特点和兼顾对水库上下游冲淤影响，水库运用采用“蓄清排浑”的年水沙调节方式。在两个确保（确保西安和确保下游）原则下，保持一定的有效库容可以长期使用，以实现多沙河流水库的综合利用。

黄河水沙不均匀性可以从陕县 1919 ~ 1960 年系列资料看出（见表 5-26）；汛期水、沙量分别占与年水、沙量的 61% 和 84%。

表 5-26　1919 ~ 1960 年陕县平均水、沙量

项目	汛期	非汛期	全年
水量（亿 m^3）	257.4	166.1	423.5
水量占全年比例（%）	61	39	100
沙量（亿 t）	13.4	2.56	15.96
沙量占全年比例（%）	84	16	100

来水来沙主要在汛期，而且汛期又集中在洪峰时段。从 1970 ~ 1979 年的 10 年汛期 67 次洪峰水沙资料统计，洪峰的水、沙量分别占整个汛期水、沙量的 52% 和 76%。年水、沙量越大，水、沙峰也较为集中，如 1977 年 8 月一次洪水最大洪峰流量达 15 400 m^3/s，最大含沙量为 911 kg/m^3，洪水沙量达 7.37 亿 t，占汛期沙量 20.6 亿 t 的 36%。这样水沙年内分配不均匀的特点，非汛期来沙量少，水库可以蓄水运用，汛期来沙量多，水库控制水位进行“排浑”运用，一方面把库区的泥沙排出库外，保持库区冲淤平衡，另一方面要有利于下游河道输沙，减轻河道淤积，这是水库“蓄清排浑”运用的依据。

1973 年底以来,水库按预定计划进行“蓄清排浑”运用,这种非汛期蓄水兴利、汛期防洪排沙,全年运用方式的典型图形见图 5-13。水库从上年 11 月起到本年 10 月底为一个运用年。

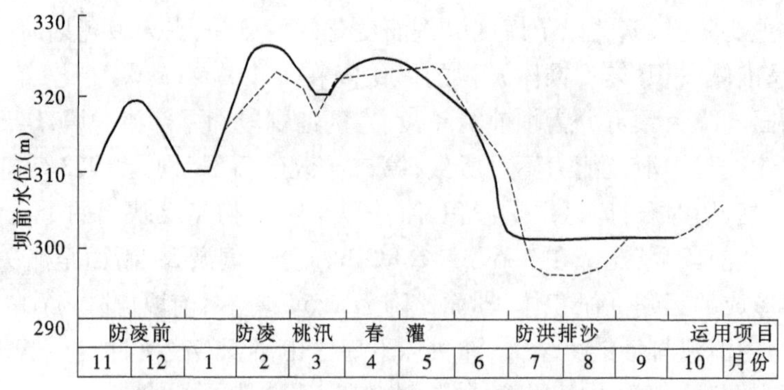

图 5-13 三门峡水库运用过程示意图

非汛期水库运用分为以下几个时期:

(1)防凌前蓄水:每年 11 月至翌年 1 月水库进行防凌前蓄水,蓄水位各年略有不同,一般控制水位为 315 m 左右,相应蓄水量为 5 亿 ~7 亿 m^3。主要是在上中游封河时,常出现小流量过程,在黄河下游容易形成小流量封河,对防凌不利,为此水库提前蓄水,待下游封冻时加大泄量,推迟下游河道封冻时间,抬高形成冰盖水位,增大冰盖下过水流量,可以减轻下游凌汛的负担。

(2)防凌蓄水:一般在 1 月中、下旬到 2 月下旬,最迟到 3 月初。此间,水库根据下游凌情,控制下泄流量,以保证下游凌汛安全。

(3)春灌蓄水:防凌蓄水后水库放水,库水位降低到 315 ~ 320 m,迎接桃汛洪峰入库,到 3 月末至 4 月初桃峰入库期,水库再次回蓄部分桃峰水量,一般控制水位为 323 ~ 324 m,相应蓄水 13 亿 m^3左右。一般水库 5 月开始泄水,到 6 月底库水位降至 305 m,进入汛期控制运用。

1999 年 10 月小浪底水库开始蓄水,一般年份,三门峡水库防凌前蓄水、防凌蓄水和春灌蓄水的任务转由小浪底水库承担。同时,为了控制潼关高程的上升,从 2002 年 11 月开始三门峡水库非汛期控制最高水位 318 m 运用。

(4)汛期:除防御大洪水和防洪任务外,库水位一般控制在 305 m 运行,洪水期降低水位排沙,进行径流发电。2003 年开始,洪水期潼关流量大于 1 500 m^3/s 时,三门峡水库敞泄运用。

5.4.1.2 三门峡水库蓄清排浑运用期的水库运行概况

三门峡水库蓄清排浑运用期的水库运用情况(见表 5-27),大概可以分为五个时段:

第一时段为 1973 年 11 月至 1979 年 10 月,水库运用水位较高,非汛期和汛期平均库水位分别为 316.96 m 和 305.18 m,非汛期高水位运行时间长,库水位超过 320 m 的时间平均达 103 d,汛期每年最高库水位的平均值为 313.53 m,电站全年发电。

表 5-27　蓄清排浑运用期水库运用特征值

年份	非汛期水库运用特征值									汛期坝前水位	
	最高水位(m)	平均水位(m)	防凌前最高水位(m)	防凌最高水位(m)	春灌最高水位(m)	春灌起蓄水位(m)	非汛期运用>320 m(d)	防凌运用>320 m(d)	春灌运用>320 m(d)	平均(m)	最高(m)
1974	324.81	314.29	311.06	324.81	323.43	320.41	121	28	93	303.56	308.14
1975	324.03	316.13	320.07	312.98	323.99	319.44	72	3	69	304.77	318.33
1976	324.53	316.83	317.98	315.03	324.53	320.61	73	0	73	306.73	317.43
1977	325.99	318.32	317.24	325.99	325.33	323.40	118	42	76	305.54	316.76
1978	324.26	317.72	320.09	320.81	324.26	322.30	102	12	90	305.88	310.32
1979	324.56	318.50	321.08	322.98	324.56	322.32	132	30	102	304.59	310.19
1980	324.03	316.51	317.19	321.25	323.94	319.41	100	15	85	301.87	310.95
1981	323.59	315.66	316.13	322.56	323.59	319.15	94	33	61	304.84	310.09
1982	323.99	317.58	315.65	322.91	323.99	317.96	101	26	75	303.41	309.50
1983	323.73	316.32	312.46	320.42	323.73	316.80	80	9	71	304.66	310.50
1984	324.58	316.48	313.60	324.58	323.36	317.24	94	33	61	304.15	314.28
1985	324.94	316.73	318.14	324.94	319.92	315.71	49	49	0	304.07	314.25
1986	322.62	315.15	314.49	322.62	319.99	315.96	25	25	0	302.45	313.08
1987	323.73	316.77	316.12	316.28	323.73	316.22	66	0	66	303.13	307.71
1988	324.09	316.54	314.46	319.88	324.09	319.61	77	0	77	302.30	308.79
1989	324.11	315.59	316.06	316.11	324.11	315.87	66	0	66	304.21	310.54
1990	323.99	316.47	315.68	321.25	323.99	316.30	81	18	63	301.61	308.22
1991	323.84	314.88	315.41	318.95	323.84	316.38	47	0	47	302.03	305.78
1992	323.91	316.40	317.18	323.04	323.91	321.48	89	42	47	302.68	311.70
1993	321.61	314.47	315.81	318.25	321.61	314.88	34	0	34	303.14	310.73
1994	322.66	315.13	315.08	319.54	322.66	315.46	43	0	43	306.63	317.66
1995	321.80	315.12	318.51	316.28	321.80	311.37	23	0	23	303.74	311.47
1996	321.71	316.56	315.08	321.44	321.31	315.90	62	24	38	303.37	306.05
1997	321.81	314.66	312.81	321.39	321.81	317.15	61	23	38	303.56	306.77
1998	323.80	316.67	315.22	320.88	322.18	316.66	72	30	42	303.56	308.59
1999	320.78	315.79	318.43	319.87	320.78	318.36	20	0	20	306.09	318.17
2000	321.93	315.53	319.83	319.61	321.92	312.97	37	0	37	305.40	314.74

续表 5-27

年份	非汛期水库运用特征值									汛期坝前水位	
	最高水位(m)	平均水位(m)	防凌前最高水位(m)	防凌最高水位(m)	春灌最高水位(m)	春灌起蓄水位(m)	非汛期运用>320 m(d)	防凌运用>320 m(d)	春灌运用>320 m(d)	平均(m)	最高(m)
2001	320.62	316.54	317.48	320.30	320.55	318.06	25	0	25	304.46	313.45
2002	320.25	316.71	317.14	318.60	320.25	316.80	27	0	27	304.51	312.19
2003	317.92	315.59								304.04	316.09
2004	317.97	317.01								304.78	317.69
2005	317.94	316.41								303.54	315.65
2006	317.95	316.22								304.74	316.72
2007	317.93	316.70								305.09	317.13
2008	317.97	316.63								304.97	317.23
2009	317.94	317.04								305.58	317.97
2010	318.14	317.09								304.70	317.71
2011	318.00	317.43								305.93	318.18
2012	318.86	317.60								306.21	317.90
1974~1979	324.67	316.96	317.92	320.43	324.35	321.41	103.0	19.2	83.8	305.18	313.53
1980~1985	324.11	316.55	315.53	322.78	323.09	317.71	86.3	27.5	38.8	303.83	311.60
1986~1992	323.73	315.97	315.63	319.73	323.38	317.40	64.4	12.1	52.3	302.63	309.40
1993~2002	321.67	315.72	316.54	319.52	321.49	315.76	40.4	7.7	32.7	304.45	311.98
2003~2012	318.06	316.77								304.96	317.23

第二时段为1979年11月至1985年10月，由于第一时段水库运用水位较高，引起潼关高程升高，本时段水库运用水位普遍降低，非汛期和汛期平均库水位分别为316.55 m和303.83 m，分别比上一时段降低0.41 m和1.35 m，非汛期库水位超过320 m的时间平均为86.3 d，缩短16.7 d，汛期每年最高库水位的平均值为311.60 m。由于汛期发电、水头低，含沙量大，电站运行工况恶劣，机组气蚀、磨损严重，电站运行方式改为非汛期发电、汛期调相运行，基本不发电。

第三时段为1985年10月至1992年10月，水库运用方式基本没有变，由于闸门启闭设备的更新和改造，缩短闸门开关时间，以及管理经验的积累，水库调度更为合理，水库运用水位进一步降低，高水位运行时间进一步缩短。如非汛期和汛期的平均库水位分别为315.97 m和302.63 m，非汛期库水位超过320 m的时间平均为64.4 d，分别比第二时段又减少0.58 m、1.20 m和21.9 d。从1988年至1993年汛期进行浑水发电试验，主要试验研究水轮机抗磨蚀的防护材料，浑水发电试验时间避开黄河高含沙洪水，一般在8月中下旬以后进行。

第四时段为1992年11月至2002年10月，1992年汛前潼关高程达328.40 m，接近三门峡水库改建前的水平，非汛期运用水位最高水位为321.67 m，平均库水位315.72 m，比第三时段又降低0.25 m，库水位超过320 m的时间为40.4 d，又缩短24.0 d。在此时期内根据三门峡水库实践经验，在入库流量不断减少的条件下，在1994～1999年汛期进行"洪水排沙，平水发电"试验，即当入库流量达到或超过2 500 m^3/s时，水库敞泄。为防止小流量排沙，加重下游河道淤积，库水位控制不得低于298 m，试验能减少库区的淤积，规定三门峡流量1 000 m^3/s时北村水位降到309 m以下才能进行发电，这个高程比不发电时间低1 m。试验期间除由于1994年2号隧洞加固施工和1999年小浪底水库投入运用，要求三门峡水库预前蓄水，使这两年汛期平均水位和最高水位偏高外，其余各年还是比较低的。

第五阶段为2002年11月至2012年10月，水库非汛期控制最高水位318 m运用，汛期潼关洪水流量大于1 500 m^3/s敞泄运用，该时期非汛期平均水位316.77 m，汛期平均水位304.96 m。

5.4.2 入库水沙变化及特点

蓄清排浑运用期间的入库水沙量和洪水特征值见表5-28、表5-29。可以看出，与多年（1919～1960年）的年平均水量423.5亿m^3和年平均沙量15.9亿t相比，在时段内，1975年、1976年、1981年、1983年和1984年四年的年平均水量都在450亿m^3以上，水量较丰。1985年为平水枯沙年，1977年为枯水丰沙年，年水量334.1亿m^3，沙量达22.41亿t。其余各年的年水沙量均小于多年平均值。

表5-28 三门峡水库蓄清排浑以来潼关站水、沙量

运用年	水量(亿m^3)			沙量(亿t)			平均含沙量(kg/m^3)		
	非汛期	汛期	全年	非汛期	汛期	全年	非汛期	汛期	全年
1974	153.5	121.8	275.3	2.02	5.52	7.54	13	45	27
1975	158.2	302.3	460.5	2.08	10.30	12.39	13	34	27
1976	219.5	319.2	538.8	2.15	8.45	10.60	10	26	20
1977	167.2	166.9	334.1	1.40	21.01	22.41	8	126	67
1978	122.3	222.9	345.1	1.20	12.37	13.58	10	56	39
1979	149.8	217.1	366.9	1.38	9.59	10.97	9	44	30
1980	142.5	134.0	276.5	1.36	4.66	6.02	10	35	22
1981	114.3	338.3	452.6	1.19	10.56	11.75	10	31	26
1982	181.7	183.7	365.4	1.48	4.33	5.81	8	24	16
1983	181.5	313. 9	495.4	1.75	5.86	7.61	10	19	15

续表 5-28

运用年	水量(亿 m^3)			沙量(亿 t)			平均含沙量(kg/m^3)		
	非汛期	汛期	全年	非汛期	汛期	全年	非汛期	汛期	全年
1984	210.5	281.9	492.4	2.00	7.00	9.00	9	25	18
1985	175.0	233.1	408.0	1.31	6.88	8.18	7	29	20
1986	171.3	134.3	305.6	2.07	2.11	4.18	12	16	14
1987	117.7	75.4	193.1	1.15	2.08	3.22	10	28	17
1988	122.1	187.1	309.2	1.13	12.47	13.60	9	67	44
1989	171.7	205.0	376.8	1.94	6.59	8.54	11	32	23
1990	211.4	139.6	351.0	2.11	5.50	7.61	10	39	22
1991	187.3	61.1	248.4	4.16	1.99	6.15	22	33	25
1992	120.4	130.9	251.3	1.87	8.05	9.92	16	62	39
1993	155.1	139.6	294.7	1.93	4.08	6.02	13	29	20
1994	153.3	133.3	286.6	1.81	10.30	12.12	12	77	42
1995	140.8	113.7	254.6	1.87	6.78	8.65	13	60	34
1996	127.5	120.0	255.4	2.01	9.63	11.64	16	75	46
1997	104.7	55.6	160.3	1.22	4.11	5.33	12	74	33
1998	105.8	86.1	191.9	2.17	4.26	6.43	21	50	33
1999	120.6	97.0	217.6	1.63	3.73	5.36	14	38	24
2000	114.8	73.1	187.8	1.54	1.97	3.51	14	27	19
2001	96.9	61.1	158.0	0.66	2.71	3.37	7	44	21
2002	122.5	58.1	180.6	1.86	2.64	4.50	15	45	25
2003	81.2	156.5	237.7	0.69	5.33	6.01	8	34	25
2004	130.8	74.7	205.5	0.93	2.66	3.60	7	36	18
2005	117.3	113.3	230.5	0.91	2.48	3.39	8	22	15
2006	146.7	95.9	242.6	0.88	1.70	2.57	6	18	11
2007	111.5	126.1	237.6	0.63	1.83	2.46	6	15	10
2008	137.1	77.7	214.7	0.69	0.71	1.40	5	9	7
2009	123.4	84.8	208.3	0.38	0.75	1.13	3	9	5
2010	136.5	122.2	258.7	0.36	1.92	2.28	3	16	9
2011	119.8	125.5	245.3	0.26	0.97	1.23	2	8	5
2012	145.1	214.0	359.0	0.29	1.79	2.08	2	8	6
1974 ~ 1979	161.7	224.9	386.7	1.71	11.15	12.85	11	50	33

续表 5-28

运用年	水量(亿 m^3)			沙量(亿 t)			平均含沙量(kg/m^3)		
	非汛期	汛期	全年	非汛期	汛期	全年	非汛期	汛期	全年
1980～1985	167.6	247.5	415.0	1.51	6.55	8.06	9	26	19
1986～1992	157.4	133.2	290.6	2.06	5.54	7.60	13	42	26
1993～2002	124.2	94.6	218.8	1.67	5.02	6.69	13	53	31
2003～2012	124.9	119.1	244.0	0.60	2.01	2.62	5	17	11
1974～2012	142.8	151.4	294.2	1.45	5.52	6.97	10	36	24

表 5-29　蓄清排浑期潼关站洪水特征值

年份	洪水		>3 000 m^3/s 的水量(亿 m^3)	最大洪峰流量		相应龙门站流量(m^3/s)	相应华县站流量(m^3/s)
	历时(d)	水量(亿 m^3)		流量(m^3/s)	出现日期(月-日)		
1974	37	55.0	5.4	7 040	08-01	9 000	590
1975	85	216.0	181.5	5 910	10-04	2 011	4 010
1976	72	204.3	195.8	9 220	08-30	4 930	4 900
1977	30	73.7	36.4	15 400	08-06	12 700	1 450
1978	88	190.2	82.0	7 300	08-09	3 970	667
1979	55	134.4	62.0	11 100	08-12	13 000	442
1980	65	88.4	0	3 180	10-09	3 190	199
1981	98	300.2	223.6	6 540	09-08	2 560	5 360
1982	83	76.0	15.1	4 760	08-01	5 050	1 620
1983	97	276.2	209.1	6 200	08-01	4 900	3 170
1984	94	243.8	152.3	6 430	08-05	4 220	2 870
1985	87	200.3	113.6	5 540	09-24	4 160	2 660
1986	28	57.0	11.3	4 620	06-29	2 220	2 980
1987	20	23.0	3.0	5 450	08-27	6 840	777
1988	47	107.0	45.7	8 260	08-07	10 200	1 150
1989	60	148.5	70.6	7 280	07-23	8 310	694
1990	37	51.6	3.5	4 430	07-08	1 360	3 250
1991	30	18.7	0	4 510	06-12	4 590	900
1992	53	88.7	12.2	4 040	08-15	7 720	3 950

续表 5-29

年份	洪水		>3 000 m^3/s的水量（亿 m^3）	最大洪峰流量		相应龙门站流量（m^3/s）	相应华县站流量（m^3/s）
	历时（d）	水量（亿 m^3）		流量（m^3/s）	出现日期（月-日）		
1993	48	81.6	5.8	4 440	08-06	4 600	1 650
1994	29	54.3	19.7	7 360	08-06	10 600	154
1995	31	47.6	5.4	4 160	07-31	7 880	192
1996	28	49.6	10.6	7 400	08-11	11 100	1 330
1997	9	10.4	3.1	4 700	08-02	5 550	1 100
1998	25	38.9	4.0	6 500	07-14	7 100	755
1999	19	25.0	0	2 990	07-25	2 610	1 350
2000	9	21.8	0	2 290	10-13	990	1 850
2001	25	23.0	0	3 000	08-21	3 400	925
2002	24	22.9	0	2 550	07-07	2 320	555
2003	7	115.0	38.5	4 220	10-04	1 420	2 680
2004	57	30.0	0.0	2 300	08-22	1 530	1 050
2005	30	87.2	15.0	4 500	10-05		4 880
2006	69	69.6	0	2 620	03-27	2 170	
2007	65	86.8	0	2 850	03-23	2 950	
2008	75	40.7	0	2 790	03-26	2 640	
2009	45	53.7	0	2 370	09-16	1 260	1 010
2010	45	89.0	0	3 320	09-21	1 750	
2011	62	91.1	31.5	5 800	09-21		4 970
2012	68	144.1	60.3	5 350	09-03	3 080	2 250
1974～1979	61.2	145.6	93.9				
1980～1985	87.3	197.5	119.0				
1986～1992	39.3	70.6	20.9				
1993～2002	24.7	37.5	4.9				
2003～2012	52.3	80.7	14.5				
1974～2012	49.6	95.8	41.5				

1974～1979 年潼关非汛期水量 161.7 亿 m^3，汛期水量 224.9 亿 m^3，年水量 386.6 亿 m^3，汛期水量占年水量的 58.2%。汛期沙量 11.15 亿 t，年沙量 12.85 亿 t，是五个时段中年沙量最大的时段，汛期沙量占年沙量的 86.8%。汛期洪水场次较多，洪水历时 61.2 d，

洪水水量145.6亿m^3,潼关日均流量大于3 000 m^3/s的水量达到93.9亿m^3。在五个时段中,水沙量属于较丰。

1980~1985年潼关非汛期水量167.6亿m^3,汛期水量247.5亿m^3,年水量415.1亿m^3,汛期水量占年水量的59.6%。汛期沙量6.55亿t,年沙量8.06亿t,沙量为1974~1979年的62.7%。该时段洪水场次较多,洪水历时87.3 d,洪水水量197.5亿m^3,潼关日均流量大于3 000 m^3/s的水量达到119亿m^3。在五个时段中,水量属于最丰,沙量较少。

1986~1992年潼关非汛期水量157.4亿m^3,汛期水量133.2亿m^3,年水量290.6亿m^3,汛期水量占年水量的45.8%。年沙量7.60亿t,与上一时段相比,沙量减少。洪水场次减少,洪水历时39.3 d,洪水水量70.6亿m^3,潼关日均流量大于3 000 m^3/s的水量20.9亿m^3。与前两个时段相比,水沙量减少,水量减少幅度大于沙量减少幅度。

1993~2002年潼关非汛期水量124.2亿m^3,汛期水量94.6亿m^3,年水量218.8亿m^3,汛期水量占年水量的43.2%。年沙量6.69亿t,与1986~1992年相比,沙量变化不大。洪水历时减少,洪水历时24.7 d,洪水水量37.5亿m^3,潼关日均流量大于3 000 m^3/s的水量只有4.9亿m^3。五个时段中,汛期、年水量最小,洪水历时最短,洪水量最少。

2003~2012年潼关非汛期水量124.9亿m^3,汛期水量119.1亿m^3,年水量244.0亿m^3,汛期水量占年水量的48.8%。年沙量2.62亿t,与前几个时段相比,沙量大幅度减少。洪水场次减少,洪水历时52.3 d,洪水水量80.7亿m^3,潼关日均流量大于3 000 m^3/s的水量达到14.5亿m^3。五个时段中,汛期、年水量较少,沙量最少。洪水历时较短,洪水量较少。

对比五个时段,潼关水沙量的变化是巨大的,年水量最大的是1980~1985年的415.0亿m^3,1993~2002年年水量只有218.8亿m^3,占1980~1985年的52.3%;沙量变化的幅度大于水量,2003~2012年沙量为2.62亿t,占1974~1979年沙量12.85亿t的20.4%;洪水历时与水量相差较大,潼关流量大于3 000 m^3/s的水量,1980~1985年达到119.0亿m^3,而1993~2002年只有4.9亿m^3,占前者的4.1%。

5.4.3　蓄清排浑运用期库区冲淤概况

三门峡水库蓄清排浑控制运用后,潼关至坝前库段,在前期敞泄排沙的河床边界条件下,经历了年内非汛期淤积和汛期冲刷,入库泥沙在库内有一个冲淤交替周期的调节造床过程。

不同时段、不同库段非汛期和汛期冲淤变化列于表5-30。总的来看,自1973年11月至2012年10月的39年运用中,潼关以下库区共淤积泥沙0.766 2亿m^3,其中非汛期淤积43.729 4亿m^3,汛期冲刷42.962 9亿m^3。从库区的冲淤分布看,非汛期由于水库运用水位不同,淤积分布也不同,黄淤22—黄淤30和黄淤30—黄淤36两库段的淤积较多,分别为16.643 7亿m^3和12.237 2亿m^3;汛期黄淤22—黄淤30和黄淤30—黄淤36两库段冲刷较多,分别冲刷16.512 6亿m^3和12.357 2亿m^3,可以看出,非汛期淤积多的库段也是汛期冲刷较多的库段。

受非汛期水库运用和汛期入库水沙条件影响,非汛期和汛期各时段冲淤变化各不相同。

表 5-30　蓄清排浑潼关以下库区冲淤分布

时段(年-月)	项目	坝址—黄淤 12	黄淤 12—黄淤 22	黄淤 22—黄淤 30	黄淤 30—黄淤 36	黄淤 36—黄淤 41	合计(坝址—黄淤 41)
1973-11~1979-10	时段冲淤量(亿 m^3)	0.493 8	0.765 6	0.322 7	-0.521 0	0.239 5	1.300 8
	非汛期冲淤量(亿 m^3)	0.748 7	1.618 3	1.998 1	3.167 3	1.005 0	8.537 4
	汛期冲淤量(亿 m^3)	-0.254 9	-0.852 5	-1.675 4	-3.688 3	-0.765 5	-7.236 6
	非汛期各段占全段(%)	8.8	19.0	23.4	37.1	11.8	100
	汛期冲淤量占非汛期(%)	34.0	52.7	83.8	116.4	76.2	84.8
1979-11~1985-10	时段冲淤量(亿 m^3)	-0.271 7	-0.170 5	-0.219 4	0.192 0	-0.382 1	-0.851 7
	非汛期冲淤量(亿 m^3)	0.578 5	1.345 4	2.093 6	2.782 6	0.386 0	7.186 1
	汛期冲淤量(亿 m^3)	-0.850 2	-1.515 9	-2.313 0	-2.590 6	-0.768 1	-8.037 8
	非汛期各段占全段(%)	8.1	18.7	29.1	38.7	5.4	100
	汛期冲淤量占非汛期(%)	147.0	112.7	110.5	93.1	199.0	111.9
1985-11~1992-10	时段冲淤量(亿 m^3)	0.084 0	-0.145 4	0.254 9	0.569 3	0.323 5	1.086 3
	非汛期冲淤量(亿 m^3)	0.039 4	1.944 7	3.116 0	2.263 0	0.466 1	7.829 2
	汛期冲淤量(亿 m^3)	0.044 6	-2.090 1	-2.861 1	-1.693 7	-0.142 6	-6.742 9
	非汛期各段占全段(%)	0.5	24.8	39.8	28.9	6.0	100
	汛期冲淤量占非汛期(%)	-113.2	107.5	91.8	74.8	30.6	86.1
1992-11~2002-10	时段冲淤量(亿 m^3)	0.299 9	0.487 6	0.149 5	0.118 8	0.200 3	1.256 1
	非汛期冲淤量(亿 m^3)	0.435 2	3.255 4	6.554 9	3.314 3	0.139 0	13.716 8
	汛期冲淤量(亿 m^3)	-0.153 3	-2.767 8	-6.405 4	-3.195 5	0.061 3	-12.460 7
	非汛期各段占全段(%)	3.3	23.7	47.8	24.2	1.0	100
	汛期冲淤量占非汛期(%)	33.8	85.0	97.7	96.4	-44.1	90.8
2002-11~2012-10	时段冲淤量(亿 m^3)	0.421 0	-0.464 7	-0.376 6	-0.479 3	-0.282 7	-2.025 3
	非汛期冲淤量(亿 m^3)	0.623 4	2.400 8	2.881 1	0.711 0	-0.155 7	6.459 6
	汛期冲淤量(亿 m^3)	-1.044 4	-2.865 5	-3.257 7	-1.189 3	-0.127 0	-8.484 9
	非汛期各段占全段(%)	9.7	37.2	44.6	11.0	-2.4	100
	汛期冲淤量占非汛期(%)	167.5	119.4	113.1	167.5	-81.6	-131.4
1973-11~2012-10	时段冲淤量(亿 m^3)	0.185 0	0.472 8	0.131 1	-0.120 2	0.098 5	0.766 2
	非汛期冲淤量(亿 m^3)	2.443 2	10.564 6	16.643 7	12.237 2	1.840 4	43.729 1
	汛期冲淤量(亿 m^3)	-2.258 2	-10.091 8	-16.512 6	-12.357 2	-1.741 9	-42.962 9
	非汛期各段占全段(%)	5.6	24.2	38.1	28.0	4.2	100
	汛期冲淤量占非汛期(%)	92.4	95.5	99.2	101.0	94.6	98.2

1973年10月至1985年10月的12个运用年,前六年水库的入库水沙条件有丰有枯,但由于非汛期水库运用水位较高,有时回水直接影响潼关,库区淤积部位偏上,时段内没有达到库区冲淤平衡,黄淤1—黄淤41库段还有15.2%泥沙没有冲出库外,而在部位上,大部分库段也没有达到冲淤平衡。在后六年运用中,由于水库非汛期的运用水位做了调整,再加水沙条件有利,库区经过汛期的冲刷,潼关以下库区不但量达到平衡有余,而且在部位上也达到了平衡,即不但冲走了本时段非汛期淤积的泥沙,还冲刷了前时段淤积在库内的部分泥沙,所以反映在潼关高程上,1985年汛后又恢复到蓄清排浑运用前1973年汛后的326.64 m。

1985年11月至2002年10月的16年运用中,非汛期运用水位及各级水位的持续时间不断调整(见表5-27),水库最高运用水位不断下降,特别是1993～2002年很少超过322 m,由于水库最高蓄水位降低,高水位运用时间逐渐减少,使水库非汛期淤积库段下移到黄淤22—黄淤30库段(见表5-31),但由于水沙条件不利,特别是1997年以来,出现少见的连续枯水枯沙时段,水沙的不断恶化,使水库库区达不到冲淤平衡(包括量和部位),1985年11月至1992年10月黄淤1—黄淤41河段有14.9%的泥沙没有冲出库外,1992年11月至2002年10月黄淤1—黄淤41河段有9.2%的泥沙没有冲出库外,致使潼关高程缓慢累计抬升。

表5-31　水库非汛期各级水位、各库段特征值

非汛期时段(年-月)	非汛期沙量(亿t)	各级水位时间(d)				各段淤积量占全库段(%)				黄淤1—黄淤41淤积量(亿 m³)	潼关非汛期变化值(m)
		315～320 m	320～322 m	322～324 m	≥324 m	黄淤12—黄淤22	黄淤22—黄淤30	黄淤30—黄淤36	黄淤36—黄淤41		
1973-11～1974-06	2.02	19	44	63	14	8.6	26.2	45.8	12.2	1.236	0.55
1974-11～1975-06	2.08	57	11	61		29.1	31.6	24.8	7.7	1.832	0.53
1975-11～1976-06	2.15	76	42	14	17	20.0	28.4	37.1	3.0	1.411	0.67
1976-11～1977-06	1.40	49	10	30	78	12.8	11.5	32.8	34.1	1.141	1.25
1977-11～1978-06	1.20	73	43	46	12	19.8	25.7	32.2	11.5	1.304	0.51
1978-11～1979-06	1.38	52	27	61	44	18.2	14.2	51.3	8.3	1.614	0.67
1979-11～1980-06	1.36	48	49	51		12.7	21.4	53.7	7.9	1.583	0.20
1980-11～1981-06	1.19	29	39	55		29.2	26.7	32.6	2.0	1.010	0.57
1981-11～1982-06	1.48	58	25	76		14.7	29.4	36.0	10.5	1.205	0.50
1982-11～1983-06	1.75	50	18	62		24.5	26.6	35.4	6.0	1.500	0.33
1983-11～1984-06	2.00	38	32	47	15	24.4	13.7	32.4	8.7	1.090	0.61
1984-11～1985-06	1.31	103	11	26	12	4.6	72.8	35.6	-8.8	0.799	0.21
1985-11～1986-06	2.07	113	17	8		17.1	46.9	36.0	-2.2	0.805	0.44
1986-11～1987-06	1.15	77	25	41		17.9	38.9	40.3	8.5	0.747	0.12

续表 5-31

非汛期时段（年-月）	非汛期沙量（亿 t）	各级水位时间(d)				各段淤积量占全库段(%)				黄淤 1—黄淤 41 淤积量（亿 m^3）	潼关非汛期变化值（m）
		315 ~ 320 m	320 ~ 322 m	322 ~ 324 m	≥324 m	黄淤 12—黄淤 22	黄淤 22—黄淤 30	黄淤 30—黄淤 36	黄淤 36—黄淤 41		
1987-11 ~ 1988-06	1.13	61	43	32	2	19.9	38.2	29.2	6.1	0.985	0.21
1988-11 ~ 1989-06	1.94	76	13	48	5	25.8	38.9	33.1	5.8	1.080	0.54
1989-11 ~ 1990-06	2.11	62	31	50		22.4	42.7	28.5	5.4	1.716	0.39
1990-11 ~ 1991-06	4.16	80	13	34		43.1	34.8	7.9	4.8	1.536	0.42
1991-11 ~ 1992-06	1.87	59	35	54		16.0	40.0	43.5	13.6	0.961 1	0.50
1992-11 ~ 1993-06	1.93	98	34			36.3	36.6	13.6	0.7	2.044 6	0.48
1993-11 ~ 1994-06	1.81	90	34	9		21.8	47.7	24.8	3.5	1.296 5	0.17
1994-11 ~ 1995-06	1.87	79	23			33.3	43.2	16.2	-0.6	1.680	0.43
1995-11 ~ 1996-06	2.01	89	62			21.7	47.4	25.0	1.8	1.509 8	0.14
1996-11 ~ 1997-06	1.22	57	61			17.5	41.6	26.8	3.8	1.544 5	0.33
1997-11 ~ 1998-06	2.17	90	49	23		12.9	51.3	30.4	2.8	1.834	0.35
1998-11 ~ 1999-06	1.63	133	20			19.3	52.4	23.6	2.1	1.732	0.15
1999-11 ~ 2000-06	1.54	102	37			24.0	42.2	33.6	2.1	1.103 7	0.36
2000-11 ~ 2001-06	0.66	143	25			-38	270	132	-35	0.137 3	0.23
2001-11 ~ 2002-06	1.86	197				35.0	50.1	16.0	-7.0	0.834	0.49
2002-11 ~ 2003-06	0.69	179				34.8	52.3	9.0	-0.2	0.825	0.04
2003-11 ~ 2004-06	0.93	236				34.6	53.2	13.3	-3.5	0.850	0.30
2004-11 ~ 2005-06	0.91	213				31.0	41.5	9.5	-4.0	0.865	0.17
2005-11 ~ 2006-06	0.88	213				47.3	37.0	3.7	-2.2	0.726	0.35
2006-11 ~ 2007-06	0.63	216				39.0	32.3	3.4	-0.2	0.767	0.17
2007-11 ~ 2008-06	0.69	227				31.6	50.9	17.5	-1.1	0.521	0.32
2008-11 ~ 2009-06	0.38	228				49.2	39.0	13.5	-12.0	0.563	0.30
2009-11 ~ 2010-06	0.36	228				46.9	48.0	13.5	-11.6	0.431	0.23
2010-11 ~ 2011-06	0.26	234				27.3	44.9	20.5	8.1	0.443	0.41
2011-11 ~ 2012-06	0.29	234				30.8	49.4	15.4	3.4	0.468	0.13
1974 ~ 1979	1.71	54.3	29.5	45.8	27.5	19.0	23.4	37.1	11.8	1.423	0.70
1980 ~ 1985	1.52	54.3	29.0	52.8	4.5	18.7	29.1	38.7	5.4	1.198	0.40
1986 ~ 1992	2.06	75.4	25.3	38.1	1.0	24.8	39.8	28.9	6	1.119	0.37
1993 ~ 2002	1.67	107.8	34.5	3.2	0	23.7	47.8	24.2	1.0	1.372	0.31
2003 ~ 2012	0.60	220.8	0	0	0	37.2	44.6	11.0	-2.4	0.646	0.24

2002 年 11 月至 2012 年 10 月的 10 个运用年中,非汛期控制最高水位不超过 318 m 运用,水库非汛期库段下移至黄淤 12—黄淤 22 和黄淤 22—黄淤 30 库段。非汛期黄淤 12—黄淤 22 淤积量占潼关以下总淤积量的比例从 1973 年 11 月至 1979 年 10 月的 19.0% 增加至 2002 年 11 月至 2012 年 10 月的 37.2%,黄淤 22—黄淤 30 从 23.4% 增加至 44.6%,而黄淤 30—黄淤 36 从 37.1% 下降至 11.0%。黄淤 36—黄淤 41 从 11.8% 降低至 1.0%,即基本不受水库回水淤积影响。水库运用水位的降低使淤积中心下移,同时在几个有利水沙年份的作用下,库区不同库段都产生冲刷,潼关高程下降。

5.4.4　蓄清排浑运用期潼关高程变化

三门峡水库运用前,潼关高程年内变化是汛期冲刷降低、非汛期淤积上升。根据 1930 年、1939 ~ 1942 年、1950 ~ 1959 年的实测资料分析,潼关高程非汛期年均上升 0.23 m,汛期下降 0.16 m,年均上升 0.07 m。

三门峡水库蓄清排浑控制运用以来,潼关高程具有非汛期淤积抬升、汛期冲刷下降的变化特点(见图 5-14)。表 5-32 是五个时段潼关高程变化值。从表 5-32 看出,1985 年以前非汛期、汛期潼关高程变幅均较大;1974 ~ 1979 年汛期、非汛期潼关高程升降变幅均最大,非汛期平均升高 0.70 m,汛期平均降低 0.53 m。1980 ~ 1985 年潼关高程非汛期上升值降低到 0.40 m,汛期下降值增大到 0.56 m。1986 年以后汛期、非汛期潼关高程升降变幅均较小,但汛期下降幅度减小更甚。1986 ~ 1992 年年均上升 0.09 m,非汛期平均升高 0.37 m,汛期平均下降 0.28 m;1993 ~ 2002 年年均上升 0.15 m,非汛期平均升高 0.31 m,汛期平均下降 0.16 m;2003 ~ 2012 年年均下降 0.14 m,非汛期平均升高 0.24 m,汛期平均下降 0.38 m。

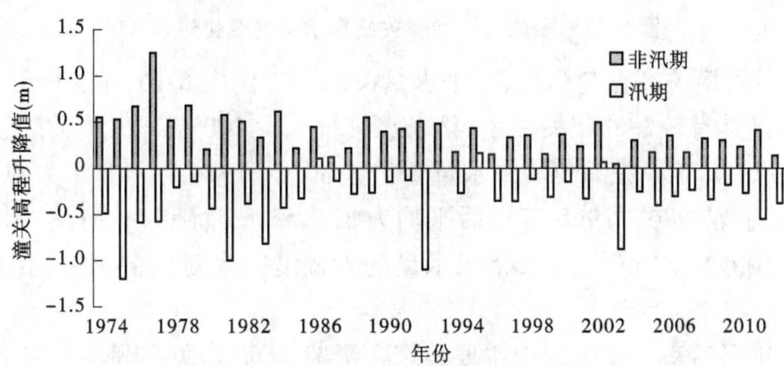

图 5-14　潼关高程汛期、非汛期变化值

图 5-15 为潼关高程和潼关站年来水量的变化过程。由图 5-15 可见,自 1974 年蓄清排浑运用以来,潼关高程随年来水量的增加而下降,随年来水量的减少而上升,两者之间具有良好的同步性。仔细观察 1976 ~ 1979 年的上升、1980 ~ 1985 年的下降、1986 ~ 1995 年的上升等各个阶段,不难发现,所有上升时段均与相应时段年来水量的减少趋势相对应;同样,所有下降时段均与相应时段汛期、年来水量的增加相对应。

表 5-32　各时段潼关高程变化值

时段	潼关高程变化(m)		年均非汛期变化(m)	年均汛期变化(m)
	总量	年均值		
建库前		0.07	0.23	-0.16
1974～1979	0.98	0.16	0.70	-0.53
1980～1985	-0.98	-0.16	0.40	-0.56
1986～1992	0.66	0.09	0.37	-0.28
1993～2002	1.48	0.15	0.31	-0.16
2003～2012	-1.40	-0.14	0.24	-0.38

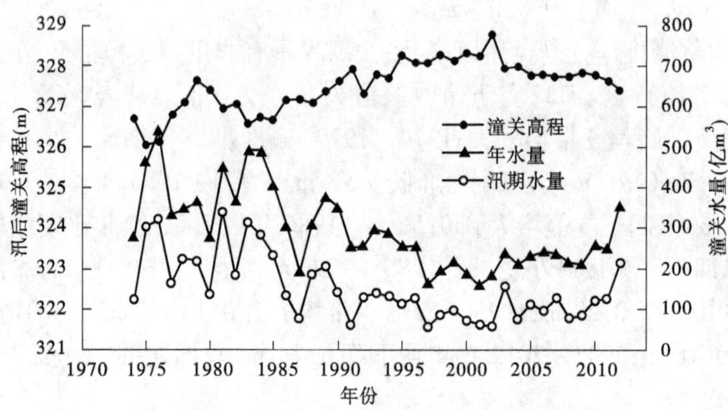

图 5-15　潼关高程和潼关站来水量的变化过程

图 5-16 是汛后潼关高程与汛期、年来水量关系图。由图 5-16 可以看出，汛后潼关高程与汛期、年水量具有较好的相关关系，年来水量每减少 100 亿 m^3，潼关高程可抬升 0.5 m 左右。1986～1995 年潼关站年均来水量 287 亿 m^3，比 1974～1985 年的 401 亿 m^3 减少 114 亿 m^3；潼关高程 1986～1995 年汛后平均为 327.53 m，而 1974～1985 年汛后平均为 326.81 m，两者相差 0.72 m。显然，年来水量的大幅度减少对潼关高程的抬升产生了直接的影响。

由于 1986 年以后来水量的减少主要表现在汛期，因而潼关高程与年来水量之间的关系实际上反映的是潼关高程与汛期来水量之间的关系。

蓄清排浑运用以来，汛前和汛后潼关高程变化见图 5-17 和表 5-33。从总的变化趋势看，潼关高程年际间起伏波动，年内呈现出非汛期淤积上升、汛期冲刷下降的周期性变化。1974 年以来潼关高程各年际间的变化，基本在 327.5 m 上下波动，其上升和下降的幅度为 1～1.5 m，这种变化主要与汛期水沙条件变化有关。而年内非汛期潼关高程的上升幅度变化，主要与水库非汛期运用水位及高水持续时间长短有关。

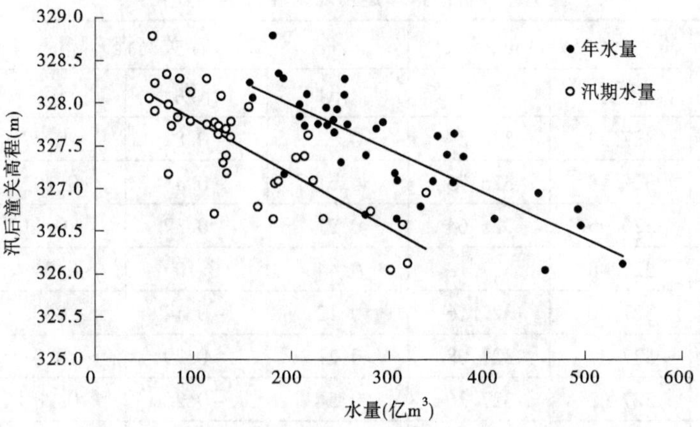

图 5-16　历年汛末潼关高程与汛期、年来水量关系

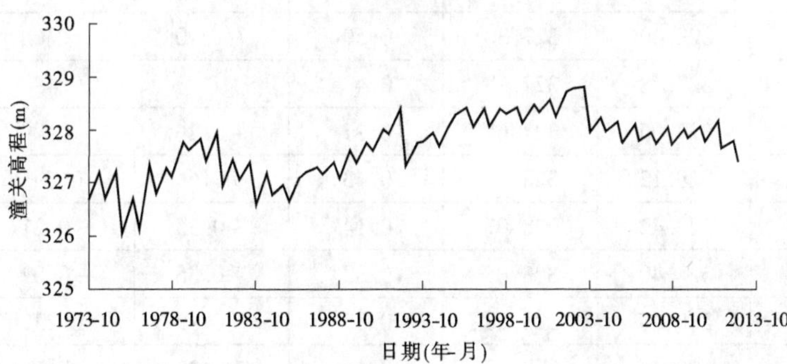

图 5-17　潼关高程变化

表 5-33　蓄清排浑运用以来潼关高程变化　　(单位:m)

年份	潼关(六)1 000 m³/s 水位		潼关高程升降值			
	汛前	汛后	非汛期	汛期	年	累计
1973	328.13	326.64	0.58	-1.49		
1974	327.19	326.70	0.55	-0.49	0.06	0.06
1975	327.23	326.04	0.53	-1.19	-0.66	-0.60
1976	326.71	326.12	0.67	-0.59	0.08	-0.52
1977	327.37	326.79	1.25	-0.58	0.67	0.15
1978	327.30	327.09	0.51	-0.21	0.30	0.45
1979	327.76	327.62	0.67	-0.14	0.53	0.98
1980	327.82	327.38	0.20	-0.44	-0.24	0.74
1981	327.95	326.94	0.57	-1.01	-0.44	0.30
1982	327.44	327.06	0.50	-0.38	0.12	0.42

表 5-33　蓄清排浑运用以来潼关高程变化　　（单位：m）

年份	潼关(六)1 000 m^3/s 水位		潼关高程升降值			
	汛前	汛后	非汛期	汛期	年	累计
1983	327.39	326.57	0.33	-0.82	-0.49	-0.07
1984	327.18	326.75	0.61	-0.43	0.18	0.11
1985	326.96	326.64	0.21	-0.32	-0.11	0
1986	327.08	327.18	0.44	0.10	0.54	0.54
1987	327.30	327.16	0.12	-0.14	-0.02	0.52
1988	327.37	327.08	0.21	-0.29	-0.08	0.44
1989	327.62	327.36	0.54	-0.26	0.28	0.72
1990	327.75	327.60	0.39	-0.15	0.24	0.96
1991	328.02	327.90	0.42	-0.12	0.30	1.26
1992	328.40	327.30	0.50	-1.10	-0.60	0.66
1993	327.78	327.78	0.48	0	0.48	1.14
1994	327.95	327.69	0.17	-0.26	-0.09	1.05
1995	328.12	328.28	0.43	0.16	0.59	1.64
1996	328.42	328.07	0.14	-0.35	-0.21	1.43
1997	328.40	328.05	0.33	-0.35	-0.02	1.41
1998	328.40	328.28	0.35	-0.12	0.23	1.64
1999	328.43	328.12	0.15	-0.31	-0.16	1.48
2000	328.48	328.33	0.36	-0.15	0.21	1.69
2001	328.56	328.23	0.23	-0.33	-0.10	1.59
2002	328.72	328.78	0.49	0.06	0.55	2.14
2003	328.82	327.94	0.04	-0.88	-0.84	1.30
2004	328.24	327.98	0.30	-0.26	0.04	1.34
2005	328.15	327.75	0.17	-0.40	-0.23	1.11
2006	328.10	327.79	0.35	-0.31	0.04	1.15
2007	327.96	327.73	0.17	-0.23	-0.06	1.09
2008	328.05	327.72	0.32	-0.33	-0.01	1.08
2009	328.02	327.83	0.30	-0.19	0.11	1.19
2010	328.06	327.77	0.23	-0.29	-0.06	1.13
2011	328.18	327.63	0.41	-0.55	-0.14	0.99
2012	327.76	327.38	0.13	-0.38	-0.25	0.74

根据潼关高程的变化，可以分为五个时段（见表 5-34）：

(1)1973 年 11 月至 1979 年 10 月，水库运用水位较高，潼关高程上升 0.98 m，年平均上升 0.163 m。

表5-34　潼关高程时段升降值　（单位:m）

时段（年-月）	历时（年）	非汛期		汛期		年	
		时段升降	平均升降	时段升降	平均升降	时段升降	平均升降
1973-11～1979-10	6	4.18	0.70	-3.20	-0.53	0.98	0.16
1979-11～1985-10	6	2.42	0.40	-3.40	-0.56	-0.98	-0.16
1985-11～1992-10	7	2.62	0.37	-1.96	-0.28	0.66	0.09
1992-11～2002-10	10	3.13	0.31	-1.65	-0.16	1.48	0.15
2002-11～2012-10	10	2.42	0.24	-3.82	-0.38	-1.40	-0.14

(2)1979年11月至1985年10月,水库运用改善及来水来沙条件有利,中水流量水量大,含沙量低,潼关高程下降0.98 m,年平均下降0.163 m。

潼关高程从1973年汛末的326.64 m,到1979年汛末上升到327.62 m,至1985年汛末又下降到滞洪排沙运用后的326.64 m,这两个时段潼关高程维持相对平衡。

(3)1985年11月至1992年10月,水库运用继续改善,坝前段河床冲刷,北村同流量水位下降,但潼关高程上升,表明潼关高程升高的原因,主要是受来水来沙条件的影响。到1992年汛前潼关高程上升至328.40 m,接近三门峡水库改建前水平。经过1992年汛期的“92·8”以渭河来水为主的高含沙洪水冲刷,汛末潼关高程为327.30 m,与汛初相比下降1.1 m,与1986年汛后相比升高0.12 m。

(4)1992年11月至2002年10月, 1992年11月至1995年10月潼关高程由327.30 m上升到328.28 m,1995年以后至2002年潼关高程在328.37 m上下变化,2002年汛末为328.78 m,该时段潼关高程共升高1.48 m。

(5)2002年11月至2012年10月,潼关高程由328.78 m下降至327.38 m,下降1.40 m。水库非汛期控制最高水位318 m,控制了非汛期的淤积末端,加上2003年有利的水沙条件,使潼关高程较大幅度下降。2003年汛后潼关高程为327.94 m,2004～2012年汛后潼关高程都在328 m以下,介于327.98～327.38 m。

5.4.5　非汛期水库控制运用特点及潼关高程变化

5.4.5.1　回水影响的临界水位及回水长度分析

根据黄河水沙特点,三门峡水库非汛期蓄水进行防凌、供水和发电运用,库水位抬高,流速减小,挟沙水流进入回水区以后,泥沙淤积。因此,回水影响的范围决定了非汛期泥沙淤积部位。同时非汛期潼关高程变化又与非汛期淤积部位有关,回水影响的临界水位的确定十分重要。

三门峡水库非汛期回水影响的临界水位的确定,是在水库蓄水过程中入库流量相对稳定的情况下,点绘两站间的水位差与坝前水位点相关图,以水位差出现明显变小为标志,即下站水位受回水影响,此时的库水位为回水影响该站的临界库水位,由此得出影响各站临界水位。由于库区各库段的河床不是一成不变的,随着河床的冲淤变化,影响各站的临界水位有一个变化幅度,这是多泥沙河流上水库淤积与回水变化的一个特点。

根据图 5-18,确定各站临界水位为:

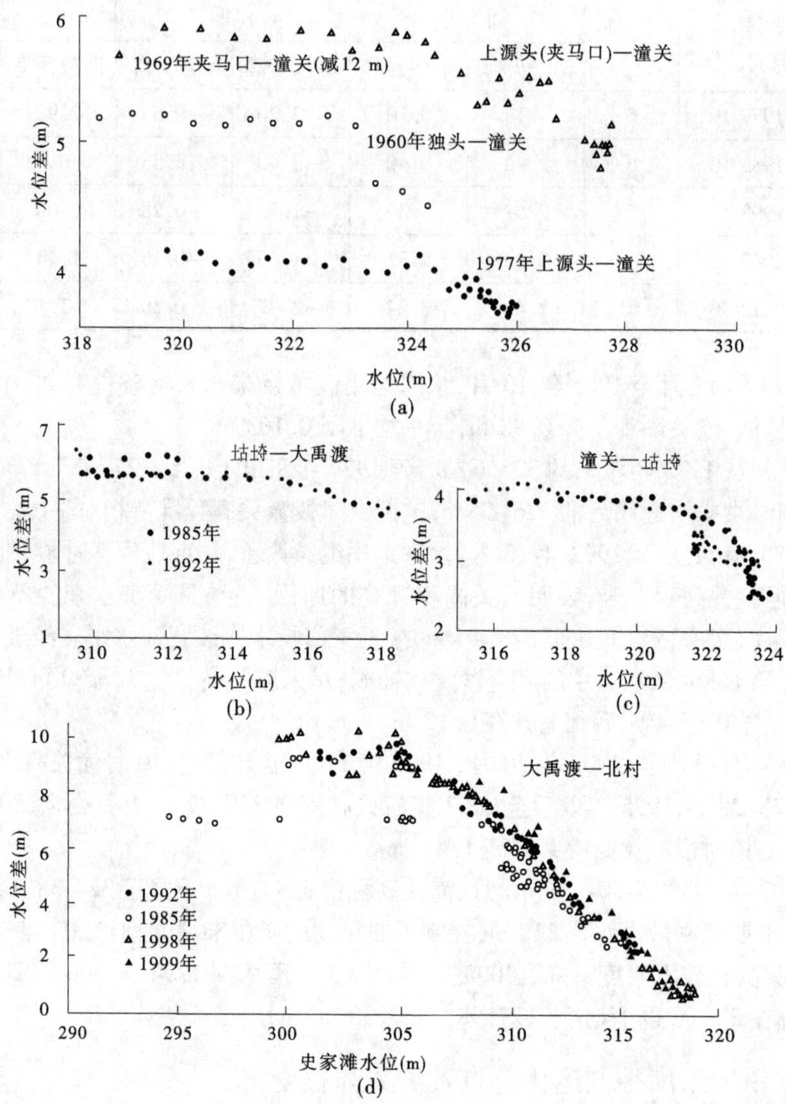

图 5-18 水位落差与运用水位关系

(1)回水影响北村站(黄淤 22)的临界库水位为 307 ~ 308 m;

(2)回水影响大禹渡站(黄淤 30)的临界库水位为 315 ~ 316 m;

(3)回水影响坫埼站(黄淤 36)的临界库水位为 320 ~ 321 m;

(4)回水影响潼关站(黄淤 41)的临界库水位为 323.5 ~ 324.5 m。

非汛期枯水流量时,水库运用水位与回水长度关系如图 5-19 所示。

5.4.5.2 非汛期各阶段水库的运用及对潼关高程的影响

1. 防凌前蓄水期

一般年份 11 月至翌年 1 月进行防凌前蓄水运用,历时 30 ~ 67 d(最长的年份是 1977 ~ 1978 年,历时达 73 d),最高库水位在 311 ~ 321 m(见表 5-27),最高库水位平均值为

316.37 m,大部分泥沙淤在太安以下。

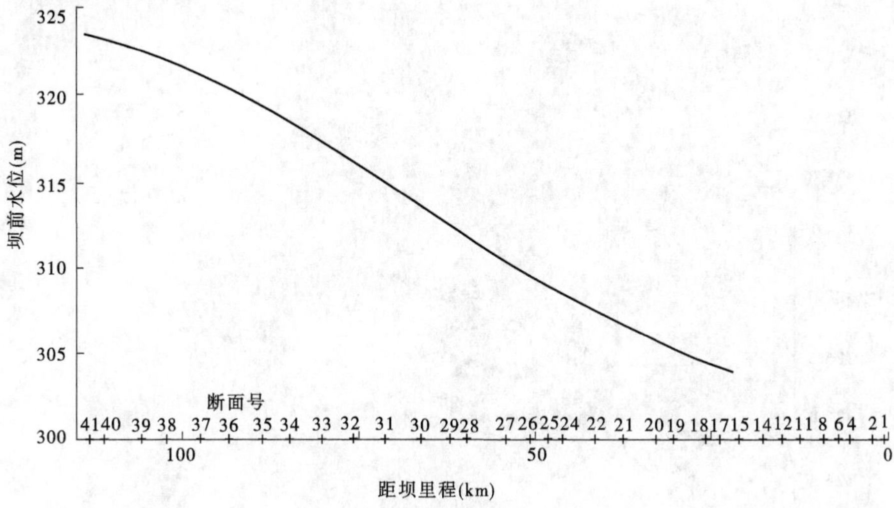

图 5-19　非汛期运用水位与回水长度关系

此时期最高水位都在 321 m 以下,潼关在水库的回水影响范围之外。

潼关不受水库回水影响时,每年 11 月至翌年 1 月潼关河床有自然回升现象(见图 5-20),回升幅度一般为 0.2 ~0.5 m。点绘潼关 11 月至翌年 1 月沙量与潼关高程自然回升值的关系(见图 5-21),虽然点群有些分散,但趋势明显。

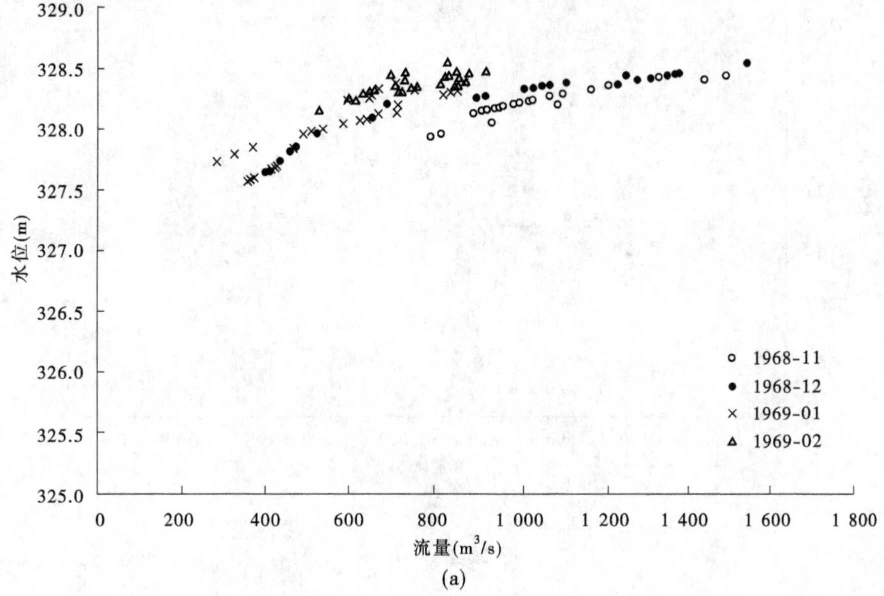

图 5-20　潼关站水位—流量关系

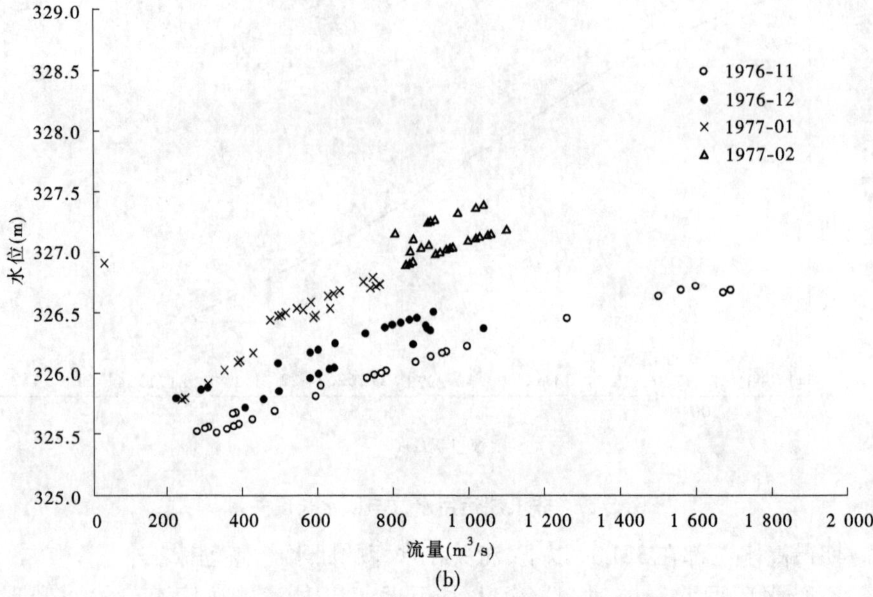
329.0
328.5
328.0
327.5
327.0
326.5
326.0
325.5
325.0
水位(m)
1976-11
1976-12
1977-01
1977-02
0
200
400
600
800
1 000
1 200
1 400
1 600
1 800
2 000
流量(m³/s)
(b)

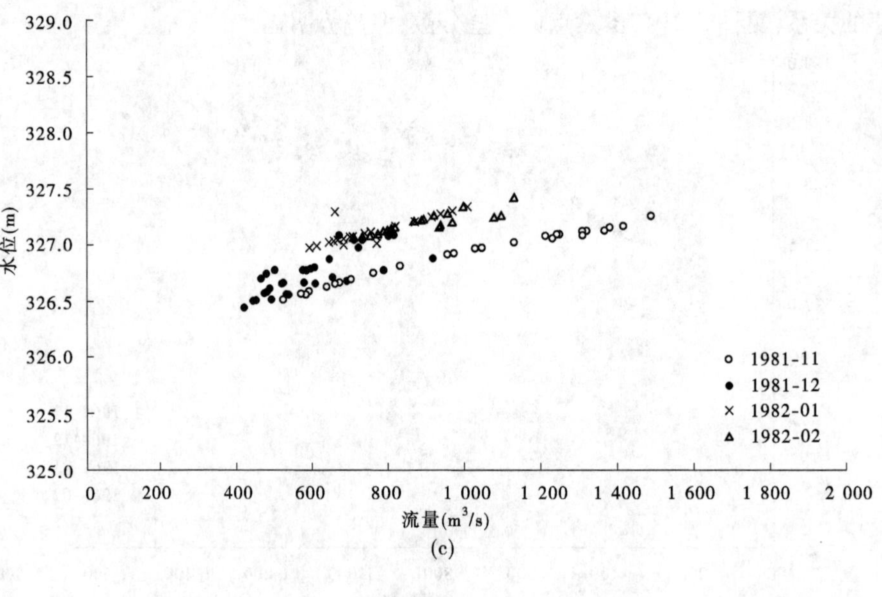
329.0
328.5
328.0
327.5
327.0
326.5
326.0
325.5
325.0
水位(m)
1981-11
1981-12
1982-01
1982-02
0
200
400
600
800
1 000
1 200
1 400
1 600
1 800
2 000
流量(m³/s)
(c)

续图 5-20

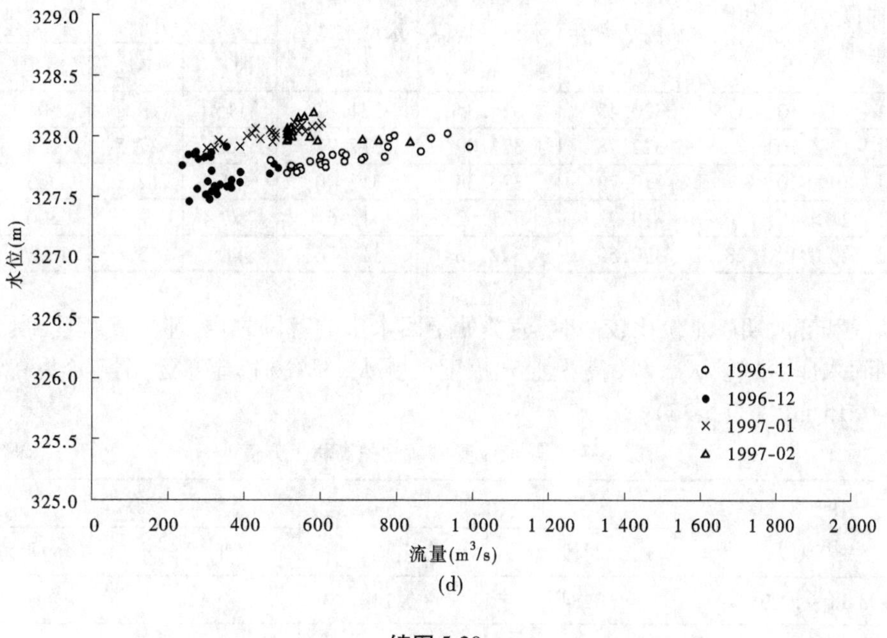

(d)

续图 5-20

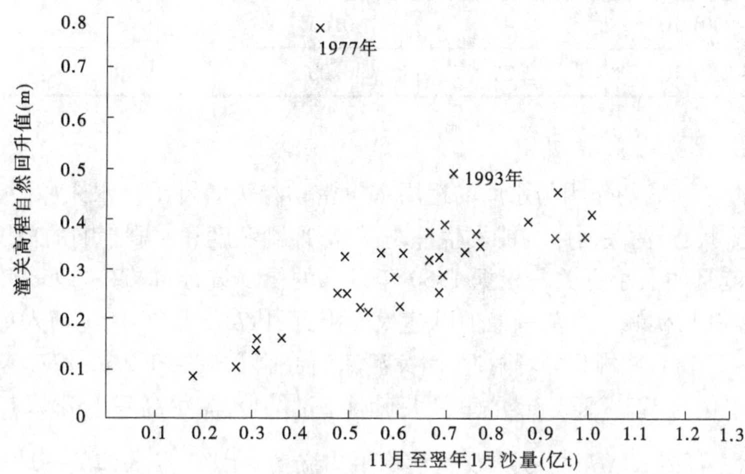

图 5-21　潼关回升值与 11 月至翌年 1 月沙量关系

2. 防凌与春灌蓄水期

三门峡水库控制运用以来,非汛期防凌运用在 1 月中旬至 3 月下旬,桃汛在 3 月下旬至 4 月上旬发生,春灌蓄水运用在 3 月下旬(或 4 月上旬)至 6 月下旬。

水库防凌和春灌运用特征值见表 5-35。在 1979 年以前,除防凌运用外,春灌运用起调水位和最高水位都比较高,且高水位持续时间也较长。1980 年以后,防凌和春灌、春灌起调水位下降,库水位超过 320 m 的历时也减少。

表 5-35　水库防凌和春灌各时段运用特征值

时段 (年-月)	历时 (年)	防凌最高水位平均值 (m)	春灌最高水位平均值 (m)	春灌起调水位平均值 (m)	防凌 > 320 m 天数(d)		春灌 > 320 m 天数(d)	
					时段	平均	时段	平均
1973-11 ~ 1979-10	6	320.43	324.35	321.41	115	19.2	501	83.5
1979-11 ~ 1985-10	6	322.78	323.09	317.71	165	27.5	353	58.8
1985-11 ~ 1992-10	7	319.73	323.38	317.40	85	12.1	366	52.3
1992-11 ~ 2001-10	9	319.72	321.62	315.64	77	8.6	300	33.3
1973-11 ~ 2001-10	28	320.53	322.96	317.76	442	15.8	1 520	54.3

防凌和春灌期库水位比较高时，潼关处于回水影响范围之内，潼关高程受到影响，若在此期间入库沙量较大，潼关高程上升幅度就更大。防凌和春灌运用期潼关高程上升0.05 ~ 0.15 m(见表5-36)。

表 5-36　防凌及春灌期潼关高程上升值　(单位:m)

时段 (年-月)	防凌期		春灌期	
	时段	平均	时段	平均
1973-11 ~ 1979-10	0.84	0.14	0.90	0.15
1979-11 ~ 1985-10	0.59	0.098	0.47	0.078
1985-11 ~ 1992-10	0.84	0.12	0.49	0.070
1992-11 ~ 2001-10	0.46	0.051	0.43	0.048
1973-11 ~ 2001-10	2.29	0.082	2.29	0.082

3. 桃汛

桃汛对潼关河床的作用与水库的运用水位密切相关。桃汛洪水入库时，若潼关以下河段处于畅流状态，潼关河床均能发生冲刷下降，冲刷深度和冲刷影响的范围与库水位的高低和桃峰流量的大小有关。根据1960年以来的桃峰统计，1962 ~ 1968年的库水位在315.15 m左右时，桃峰冲刷范围最远可达太安附近；1974 ~ 1976年桃峰入库时的水库起蓄水位319 ~ 320 m，冲刷到坫埼附近，潼关河床尚冲刷0.09 ~ 0.2 m；1977 ~ 1979年桃峰入库时起蓄水位为322 ~ 323 m，水库回水影响超过坫埼，潼关高程上升0.15 m。点绘桃峰期潼关高程升降值(ΔH)与$\overline{Q}J$($\overline{Q}$为桃峰平均流量(m^3/s)，J为潼关—坫埼段桃峰期水面比降(‱))的关系(见图5-22)可见，当$\overline{Q}J > 0.30$时，潼关高程冲刷下降。1974 ~ 1979年桃峰期水库起蓄水位为323.4 ~ 319.44 m，水位较高，桃峰没有起到冲刷降低潼关高程的作用。

水库非汛期蓄水运用中，桃汛洪峰的蓄泄问题影响到潼关高程升降和春灌蓄水。桃峰入库时潼关以下河段处于畅流状态，潼关河床能发生冲刷，并可减小后期春灌蓄水淤积上升的幅度；同时，桃汛洪峰的冲刷作用，使潼关以下河段前期蓄水淤积的泥沙搬向下游，有利于汛期冲刷出库，以保持年内冲淤平衡。

5.4.5.3　非汛期水库淤积和淤积部位的变化特点

1. 非汛期水库淤积及淤积部位变化特点

水库蓄水运用，水位相对稳定的情况下，将形成三角洲淤积。随着蓄水时间的增加，淤积体加大，淤积三角洲向坝前推移，同时向上游淤积延伸。所以，水库蓄水期泥沙淤积部位与水库运用水位有关。

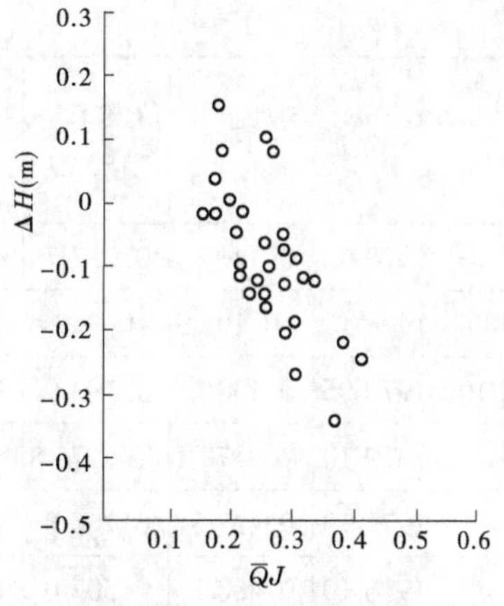

图5-22　桃汛期 $\Delta H \sim \overline{Q}J$ 关系图

根据兴利要求，三门峡水库非汛期蓄水运用，由防凌前蓄水、防凌和春灌三个蓄水阶段组成，三个阶段蓄水运用过程不同，其运用水位高低、各级运用水位历时长短及来沙组合，是决定库区淤积分布的主要因素。

实测资料分析表明，运用水位310 m时，回水末端变动在黄淤26断面(老灵宝)附近，壅水淤积的泥沙从回水末端至坝前沿程增加，黄淤26断面以上处于天然畅流区；库水位升至315 m时，回水末端延伸到大禹渡附近，入库泥沙大部分堆积在北村以下，一般年份非汛期有80～110 d库水位低于315 m。库水位上升到320 m时，回水延伸到坫埼附近，坫埼至大禹渡段产生少量淤积，大量泥沙堆积在大禹渡至北村区间；库水位升至320～324 m时，回水变动在坫埼与潼关之间，淤积物主要分布在大禹渡库段上下，三角洲顶点位于大禹渡附近。运用水位达324～326 m时，回水超过潼关，潼关断面直接产生壅水淤积，淤积主要分布在坫埼上下库段。

1977年非汛期有30 d库水位介于320～324 m，有78 d库水位大于324 m，最高库水位为325.99 m(见表5-27)，是控制运用以来非汛期运用水位最高的一年，该年非汛期坫埼至潼关淤积达0.389亿m^3(见表5-37)，是淤积量最多的年份，淤积三角洲顶点位于坫埼(黄淤36)附近(见图5-23)。

表5-37　1974～1979年潼关以下库区冲淤量及分布　（单位：亿m^3）

时段(年-月)	坝址—黄淤12	黄淤12—黄淤22	黄淤22—黄淤30	黄淤30—黄淤36	黄淤36—黄淤41	合计(坝址—黄淤41)	年	累计
1973-09～1974-06	0.090 0	0.105 7	0.323 9	0.566 2	0.150 3	1.236 1	0.605 4	0.605 4
1974-06～1974-11	0.073 9	0.139 3	−0.175 8	−0.541 6	−0.126 5	−0.630 7		
1974-11～1975-06	0.124 9	0.532 6	0.578 6	0.455 1	0.140 6	1.831 8	−0.141 1	0.464 3
1975-06～1975-10	0.081 1	−0.413 2	−0.500 0	−0.823 8	−0.317 0	−1.972 9		
1975-10～1976-06	0.162 3	0.281 8	0.400 7	0.524 1	0.038 0	1.410 8	0.297 0	0.761 3
1976-06～1976-10	−0.052 0	−0.139 2	−0.330 9	−0.675 5	0.084 0	−1.113 8		
1976-10～1977-05	0.100 3	0.146 6	0.131 0	0.374 1	0.389 0	1.141 0	1.487 2	2.248 5
1977-05～1977-10	0.019 1	0.167 2	0.141 8	0.213 5	−0.195 4	0.346 2		

续表 5-37　（单位：亿 m^3）

时段（年-月）	坝址—黄淤 12	黄淤 12—黄淤 22	黄淤 22—黄淤 30	黄淤 30—黄淤 36	黄淤 36—黄淤 41	合计（坝址—黄淤 41）	年	累计
1977-10 ~ 1978-05	0.141 1	0.257 7	0.335 2	0.420 2	0.150 0	1.304 2	-0.450 1	1.798 4
1978-05 ~ 1978-10	-0.198 9	-0.329 8	-0.553 0	-0.601 6	-0.071 0	-1.754 3		
1978-10 ~ 1979-06	0.130 1	0.293 9	0.228 7	0.827 6	0.134 0	1.614 3	-0.497 4	1.301 0
1979-06 ~ 1979-10	-0.178 1	-0.276 8	-0.257 5	-1.259 3	-0.140 0	-2.111 7		
1973-11 ~ 1979-10	0.493 8	0.765 8	0.322 7	-0.521 0	0.239 7	1.301 0		
1973-11 ~ 1976-10	0.480 2	0.507 0	0.296 5	-0.495 5	-0.026 9	0.761 3		
1976-10 ~ 1979-10	0.013 6	0.258 8	0.026 2	-0.025 5	0.266 6	0.539 7		

1974 年和 1977 年，非汛期库水位高于 320 m 的天数比较接近，分别为 121 d 和 118 d，潼关至坝前的淤积量分别为 1.237 亿 m^3 和 1.141 亿 m^3，也较为接近。1977 年非汛期库水位 320 ~ 322 m 和 322 ~ 324 m 的天数，比 1974 年同期少 34 d 和 33 d，而大于 324 m 的天数相应多 64 d。非汛期平均运用水位 1974 年为 314.33 m，1977 年为 318.32 m，相比 1974 年高差近 4 m。水库运用水位的不同，使库区淤积分布也不同，淤积重点库段从 1974 年的坫埼—北村库段，上移至潼关—大禹渡库段（见图 5-23 和表 5-37），致使 1977 年非汛期潼关河床上升达 1.25 m。

1993 年是控制运用以来非汛期运用水位较低的一年（见表 5-27），平均库水位为 314.47 m，最高库水位为 321.61 m，有 98 d 库水位变动在 315 ~ 320 m，仅有 34 d 库水位大于 320 m（见表 5-31）。淤积三角洲顶点位于北村附近（见图 5-24），非汛期黄淤 1—黄淤 41 共淤积 2.045 亿 m^3，大禹渡（黄淤 30）至坝前淤积泥沙 1.752 亿 m^3，占潼关以下淤积量的 85.6%，淤积泥沙靠近大坝，为汛期排沙创造了有利条件。但由于该年汛期入库水沙较枯，特别大于 3 000 m^3/s 的水量只有 5.8 亿 m^3（见表 5-29），水沙条件不利，潼关高程反而有所上升。

2. 潼关至坫埼库段冲淤变化及对潼关河床影响

1974 ~ 1985 年非汛期防凌和春灌运用期间，水库运用水位较高，非汛期库水位超过 320 m 的时间较长，1974 ~ 1979 年和 1980 ~ 1985 年分别为平均每年 103 d 和 86.3 d（见表 5-27），潼关至坫埼段常处于变动回水区内，受回水影响的时间较长，泥沙淤积部位偏上，给潼关高程带来不利影响。点绘潼关至坫埼库段非汛期冲淤量和相应潼关高程升降值关系图（见图 5-25），从图 5-25 中可以看出，非汛期潼关高程上升值随潼关至坫埼库段淤积量增加。

三门峡水库修建前潼关以下杨家湾（一）水位站（黄淤 31 断面以上 1 500 m 处），1959 年 10 月开始观测，1960 年 5 月该站下移至黄淤 31 断面，改为杨家湾（二）站。从 1959 年汛后至 1960 年汛前潼关和杨家湾（一）站同流量水位变化（见表 5-38）来看，非汛期潼关上升 0.41 m，杨家湾（二）上升 0.24 m。1960 年汛期，潼关和杨家湾（二）同流量水位（因

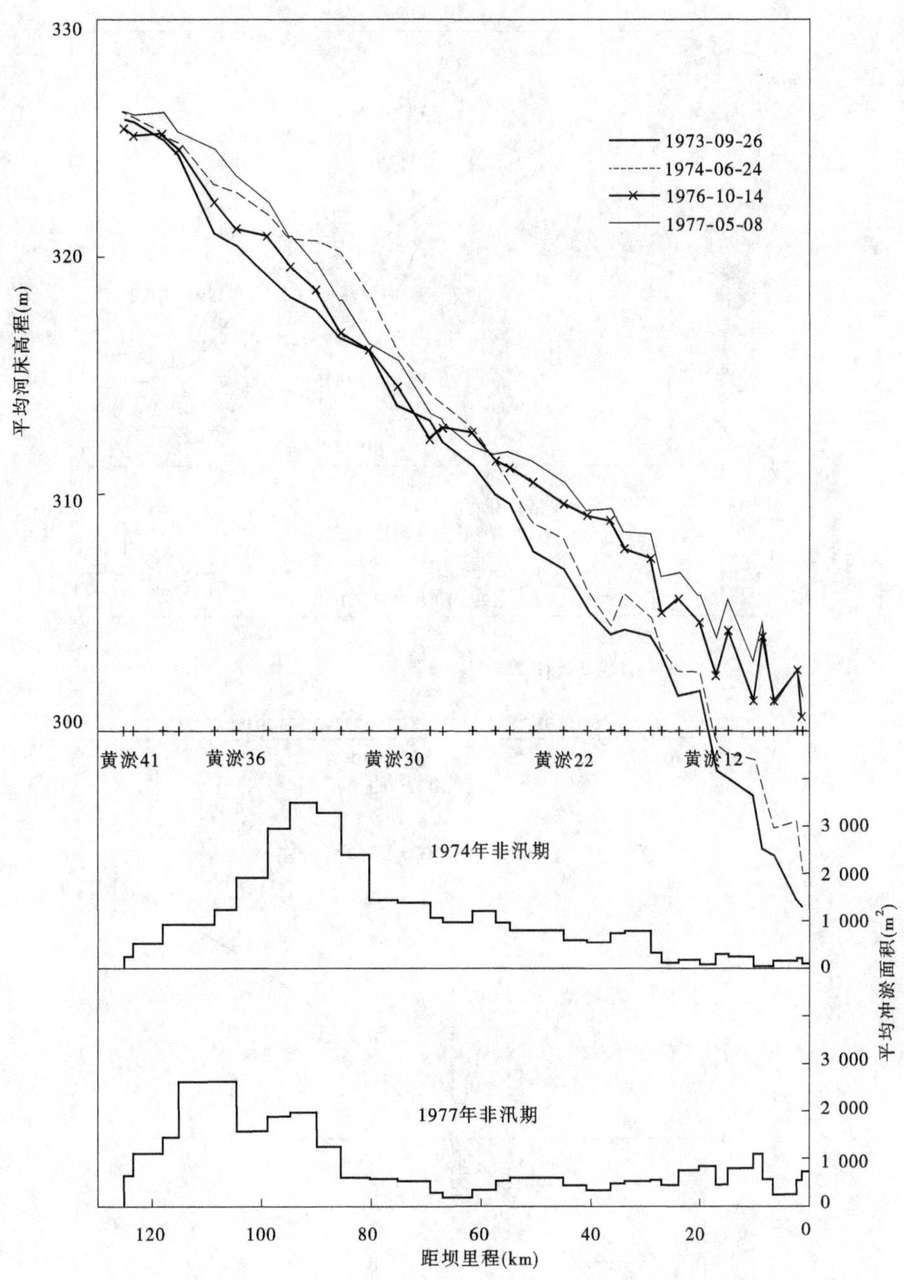

图5-23　1974和1977年非汛期淤积分布

资料所限采用1 700 m^3/s)相比,分别下降0.24 m和0.10 m。从定性上来说,天然状态下,潼关至大禹渡河段在非汛期是淤积的,汛期是冲刷下降的。另外,据多位研究人员分析,在建库前,汛期和洪水期潼关河床是冲刷下降的,非汛期和小流量时则为淤积上升的。据1929~1959年实测资料,非汛期潼关河床上升的幅度每年为0~0.99 m不等,汛期多数年份是冲刷的,下降幅度每年为0.1~1.51 m。个别年份如1930年、1957年和1959年汛期是上升的,上升幅度为每年0.12~0.33 m。从多年平均值来说,潼关高程变化与时

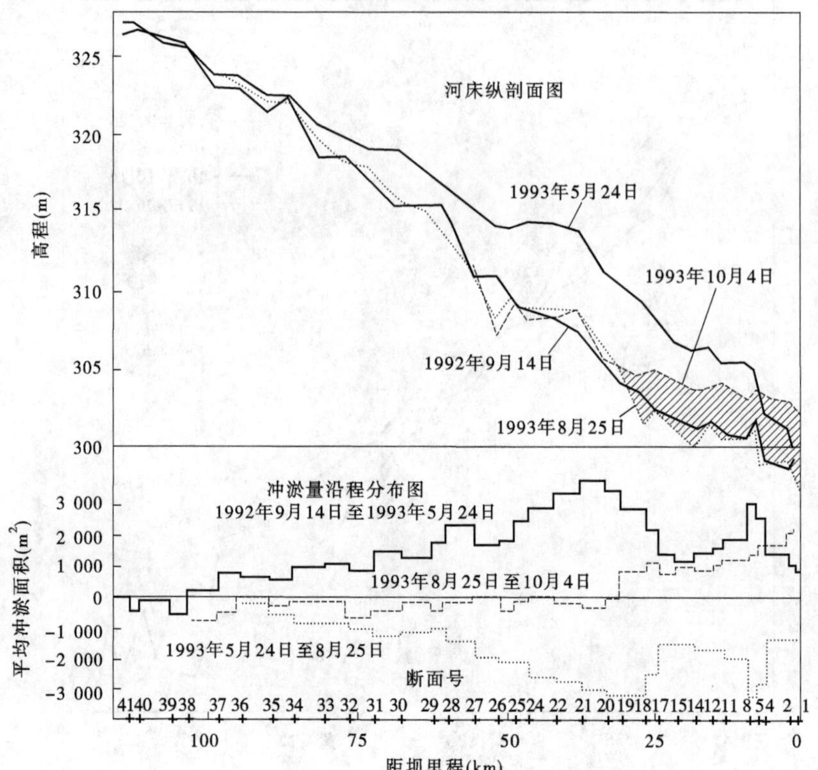

图 5-24　1993 年潼关至大坝冲淤分布

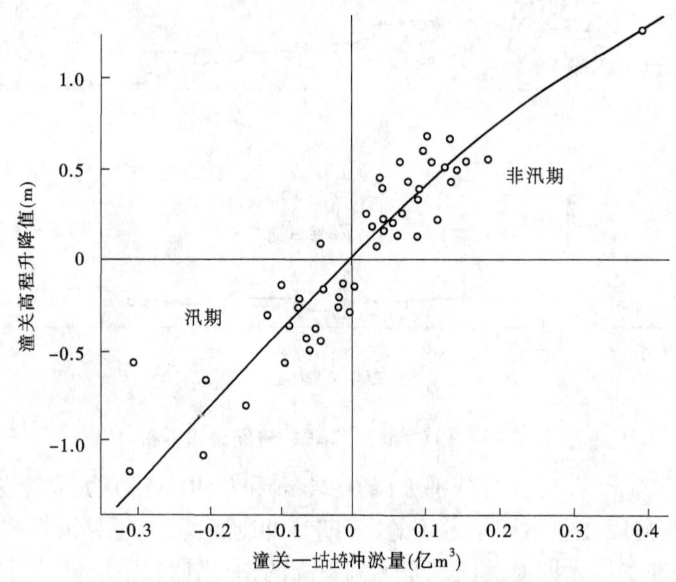

图 5-25　潼关高程升降与潼关—坫垮段冲淤量关系

段来水来沙条件有关，如 1929 ~ 1939 年平均每年上升 0.069 m，1950 ~ 1960 年平均每年上升 0.035 m，表明建库前潼关高程长期是缓慢上升的。

表5-38　建库前潼关、杨家湾同流量水位

时期	日期(年-月-日)	潼关流量(m^3/s)	潼关水位(m)	杨家湾(一)、(二)水位(m)
非汛期	1959-10-30	1 020	323.07	312.08
	1960-04-30	1 020	323.48	312.32
汛期	1960-07-06	1 720	323.92	311.81
	1960-09-11	1 710	323.68	311.71

5.4.6　汛期水库冲淤及其对潼关高程影响的分析

5.4.6.1　汛期水库运用及潼关高程变化

从水库运用条件、水库冲淤、水沙条件及潼关高程变化，分五个时段分述如下：

(1)1973年11月至1979年10月。非汛期水库运用如前所述，运用水位高(见表5-27)，库区泥沙淤积部位偏上。汛期在洪水期和平水时段水库运用水位一般控制在305 m左右，各年平均库水位303.58～306.73 m(见表5-39)。汛期在洪水期和平水期，运用水位控制在305 m左右，坝前水位随洪水过程而波动(见图5-26)。水库运用初期经验不足，同时受闸门启闭条件等的影响，水库也出现滞洪现象，如1977年汛期两次较大洪水，洪峰流量13 600 m^3/s和15 400 m^3/s，洪峰尖瘦，水库出现滞洪现象，且滞洪水位较高，未能充分利用泄流能力，大大影响了水库的排沙效率，失去了使潼关高程充分冲刷下降的有利时机。

表5-39　汛期运用水位、潼关水沙量等特征值

年份	坝前水位(m)		潼关水量(亿m^3)		潼关沙量(亿t)	潼关以下冲淤量(亿m^3)			潼关高程变化值(m)
	平均	最高	汛期	洪水		非汛期	汛期	年	
1974	303.56	308.14	121.83	55.0	5.52	1.237	-0.631	0.606	-0.49
1975	304.77	318.33	302.27	216.0	10.30	1.831	-1.973	-0.142	-1.19
1976	306.73	317.43	319.24	204.3	8.45	1.407	-1.114	0.293	-0.59
1977	305.54	316.76	166.91	73.7	21.01	1.141	0.346	1.487	-0.58
1978	305.88	310.32	222.88	190.2	12.37	1.304	-1.754	-0.45	-0.21
1979	304.59	310.19	217.11	134.4	9.59	1.614	-2.112	-0.498	-0.14
1980	301.87	310.95	133.96	88.4	4.66	1.583	-1.403	0.180	-0.44
1981	304.84	310.09	338.28	300.2	10.56	1.010	-1.906	-0.896	-1.01
1982	303.41	309.50	183.71	76.0	4.33	1.205	-0.839	0.366	-0.38
1983	304.66	310.50	313.89	276.2	5.86	1.500	-1.560	-0.06	-0.82
1984	304.15	314.28	281.89	243.8	7.00	1.090	-1.248	-0.158	-0.43
1985	304.07	314.25	233.11	200.3	6.88	0.799	-1.083	-0.284	-0.32

续表 5-39

年份	坝前水位(m)		潼关水量(亿 m^3)		潼关沙量(亿 t)	潼关以下冲淤量(亿 m^3)			潼关高程变化值(m)
	平均	最高	汛期	洪水		非汛期	汛期	年	
1986	302.45	313.08	134.27	57.0	2.11	0.805	-0.695	0.11	0.1
1987	303.13	307.71	75.43	23.0	2.08	0.747	-0.245	0.502	-0.14
1988	302.30	308.79	187.07	107.0	12.47	0.985	-1.332	-0.347	-0.29
1989	304.21	310.54	205.03	58.6	6.59	1.080	-0.993	0.087	-0.26
1990	301.61	308.22	139.62	51.6	5.50	1.716	-0.974	0.742	-0.15
1991	302.03	305.86	61.13	18.7	1.99	1.527	-0.616	0.911	-0.12
1992	302.68	311.93	130.88	88.7	8.05	0.961 1	-1.887	-0.926	-1.1
1993	303.14	310.82	139.59	81.6	4.08	2.044	-1.765	0.279	0
1994	306.63	318.82	133.30	54.3	10.30	1.296	-1.469	-0.173	-0.26
1995	303.74	311.56	113.73	47.6	6.18	1.680	-1.303	0.377	0.16
1996	303.37	306.88	127.97	49.6	9.63	1.390	-2.253	-0.863	-0.35
1997	303.56	306.86	55.56	10.4	4.11	1.383	-0.683	0.70	-0.35
1998	303.56	308.67	86.14	38.9	4.26	1.213	-1.119	0.094	-0.12
1999	306.09	318.22	96.97	25.0	3.73	1.732	-1.230	0.502	-0.31
2000	305.40	314.90	73.08	21.8	1.97	1.104	-0.490	0.614	-0.15
2001	304.46	313.45	61.13	23.0	2.71	0.137	-0.233	-0.096	-0.33
2002	304.51	312.19	58.1	22.9	2.64	0.834 2	-0.802 4	0.031 8	0.06
2003	304.04	316.09	156.5	115.0	5.33	0.825 3	-2.203 2	-1.377 9	-0.88
2004	304.78	317.69	74.7	30.0	2.66	0.850 0	-0.409 0	0.441 0	-0.26
2005	303.54	315.65	113.3	87.2	2.48	0.865 0	-1.577 0	-0.712 0	-0.40
2006	304.74	316.72	95.9	69.6	1.70	0.726 2	-0.571 0	0.155 2	-0.31
2007	305.09	317.13	126.1	86.8	1.83	0.767 1	-0.600 1	0.167 0	-0.23
2008	304.97	317.23	77.7	40.7	0.71	0.521 4	-0.285 5	0.235 9	-0.33
2009	305.58	317.97	84.8	53.7	0.75	0.562 6	-0.709 0	-0.146 4	-0.19
2010	304.70	317.71	122.2	89.0	1.92	0.431 0	-0.702 0	-0.271 0	-0.29
2011	305.93	318.18	125.5	91.1	0.97	0.443 0	-0.605 0	-0.162 0	-0.55
2012	306.21	317.90	214.0	144.1	1.79	0.468 0	-0.823 1	-0.355 1	-0.38

汛期潼关的稳定下降有赖于潼关以下库区在洪峰期发生沿程冲刷和溯源冲刷两者的联合作用。1978 年和 1979 年两年汛期枯水枯沙,加上上一个非汛期蓄水位较高,淤积部位靠上(见表 5-31),汛期溯源冲刷与沿程冲刷没有衔接起来,出现两头冲刷、中间上升

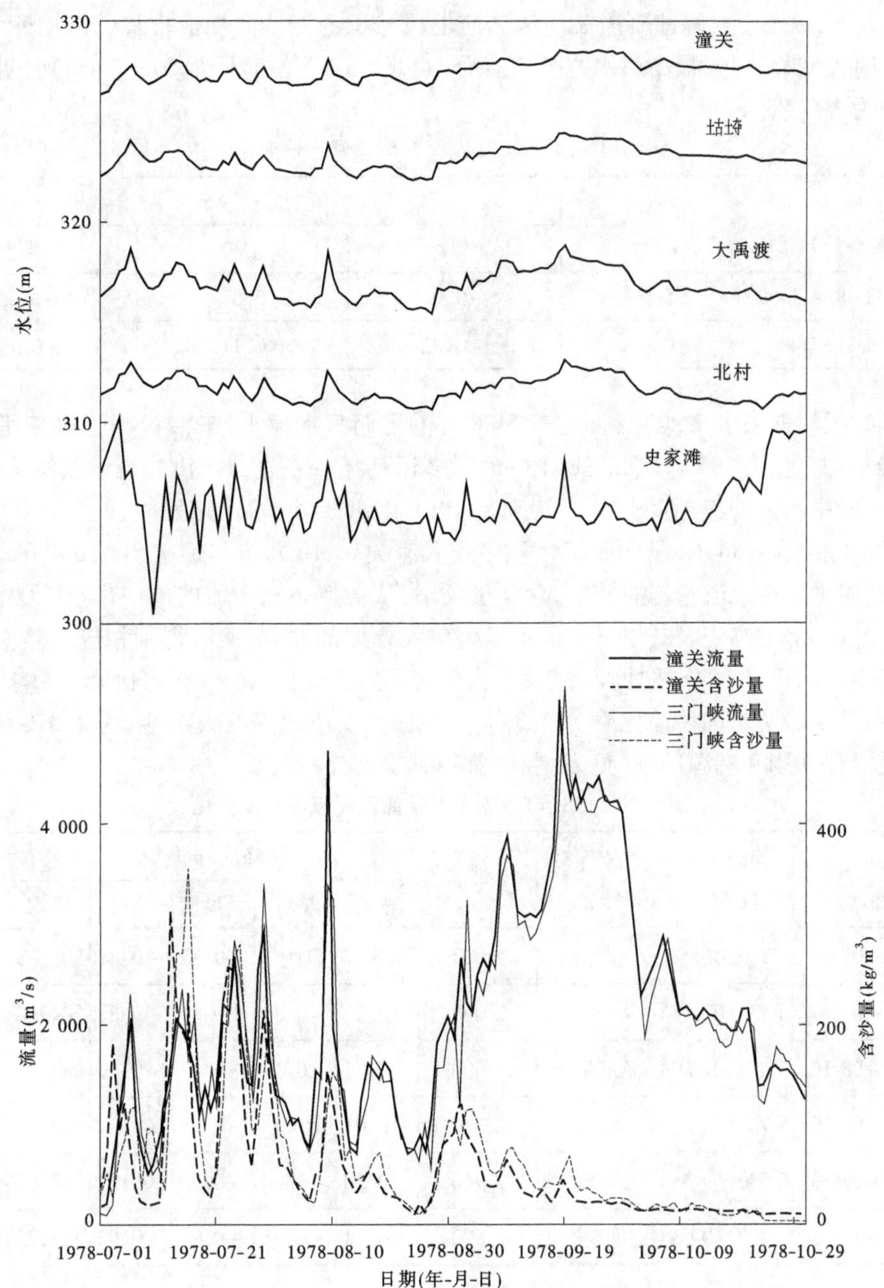

图 5-26　1978 年汛期入出库水沙及库水位过程

(见表 5-40),使水库上段纵剖面明显出现上凸部分,库段形成两段折线,出现坫埼—太安和潼关—坫埼两段纵比降的差别,潼关古段比降减小为 1.98‱,与坫埼—太安段比降的比值约为 0.79,对潼关高程的降低产生不利影响。

(2)1979 年 11 月至 1985 年 10 月。经过总结上一时段水库运用的经验教训,从 1980 年起非汛期水库各运用阶段的库水位有所降低(见表 5-27),特别是春灌的起蓄水位降至

320 m 以下,以至于桃峰冲刷潼关河床和使上段淤积的泥沙向坝前推移。汛期库水位也较上一时段明显下降,最高库水位平均值为 311.60 m(上一时段为 313.53 m),汛期平均库水位为 303.83 m。

表 5-40　1978 年和 1979 年同流量水位变化值

时段(年-月-日)	流量(m^3/s)	水位差(m)		
		潼关	坫埼	大禹渡
1978-08-08 ~ 11	2 500	-0.05	0.07	-0.55
1979-08-11 ~ 14	2 000	-0.02	0.11	-0.15

该时段汛期来水来沙有利(见表 5-28):①汛期来水偏丰,来沙量小于多年平均值;②洪峰年均水量为 197.5 亿 m^3,比上一时段多近 52 亿 m^3;③最大洪峰流量虽然没有上一时段大,但中水流持续时间较长。特别是 1981 年汛期,洪峰接踵发生,9 月上游发生洪水,洪峰矮胖,含沙量小(见图 5-27),洪水进入潼关后,10 月 3 日潼关出现 6 420 m^3/s 的洪峰,这次洪水中水流量历时较长,含沙量较小,从黄河小北干流的禹门口至潼关沿程普遍发生冲刷,潼关高程及其以下库区也发生较大幅度的冲刷,河床得到相应调整,上时段纵剖面出现的上凸部分被冲掉,潼关—太安库段又形成一个相近的比降,平均比降为 2.33‱,其中潼关—坫埼段比降为 2.3‱,坫埼—太安段比降略大一些,为 2.37‱。这次洪水使沿程冲刷和溯源冲刷(见表 5-41)都得到了充分的发展。

表 5-41　1981 年汛期潼关及库区同流量水位变化

洪峰时段(月-日)	洪峰流量(m^3/s)	洪水主要来源	同流量(m^3/s)	水位升降值(m)				史家滩水位(m)	
				潼关	坫埼	大禹渡	北村	平均	最高
06-21 ~ 07-03	1 980(06-22)	渭河	1 000	0.31	0.15	-0.15	-0.61	305.52	308.34
07-03 ~ 07-14	6 430(07-08)	龙门以上	2 000	-0.26	-0.33	-0.80	-0.81	304.64	308.03
07-29 ~ 08-16	4 050(07-29)	龙门以上	2 000	-0.11	-0.17	-0.63	-0.50	304.74	308.61
08-17 ~ 08-29	4 780(08-24)	渭河	2 320	-0.01	0.06	-0.68	0.15	304.36	306.62
08-29 ~ 09-13	6 540(09-08)	渭河	3 940	-0.20	-0.20	-0.30	0.19	305.63	310.38
09-13 ~ 10-13	6 420(10-03)	龙羊峡以上	3 800	-0.24	-0.58	-0.25	-0.02	306.25	309.58

时段内水库库区达到冲淤平衡有余(见表 5-30),潼关高程得到持续下降。

(3)1985 年 11 月至 1992 年 10 月。水库非汛期运用方式与上一时段基本相同,最高水位进一步降低,高水位运用历时减少(见表 5-31)。汛期 7 ~ 9 月不发电,汛期运用水位,最高水位平均值为 309.45 m,汛期平均库水位为 302.63 m,都较前时段有所降低。水库泄流底孔大修于 1989 年完成,为弥补因底孔的大修而减少的泄流能力,于 1990 年 7 月又打开 9、10 号底孔并投入使用。这样 305 m 水位泄流为 4 860 m^3/s,315 m 水位时泄量为 9 440 m^3/s(设计值,未计入机组泄量)。

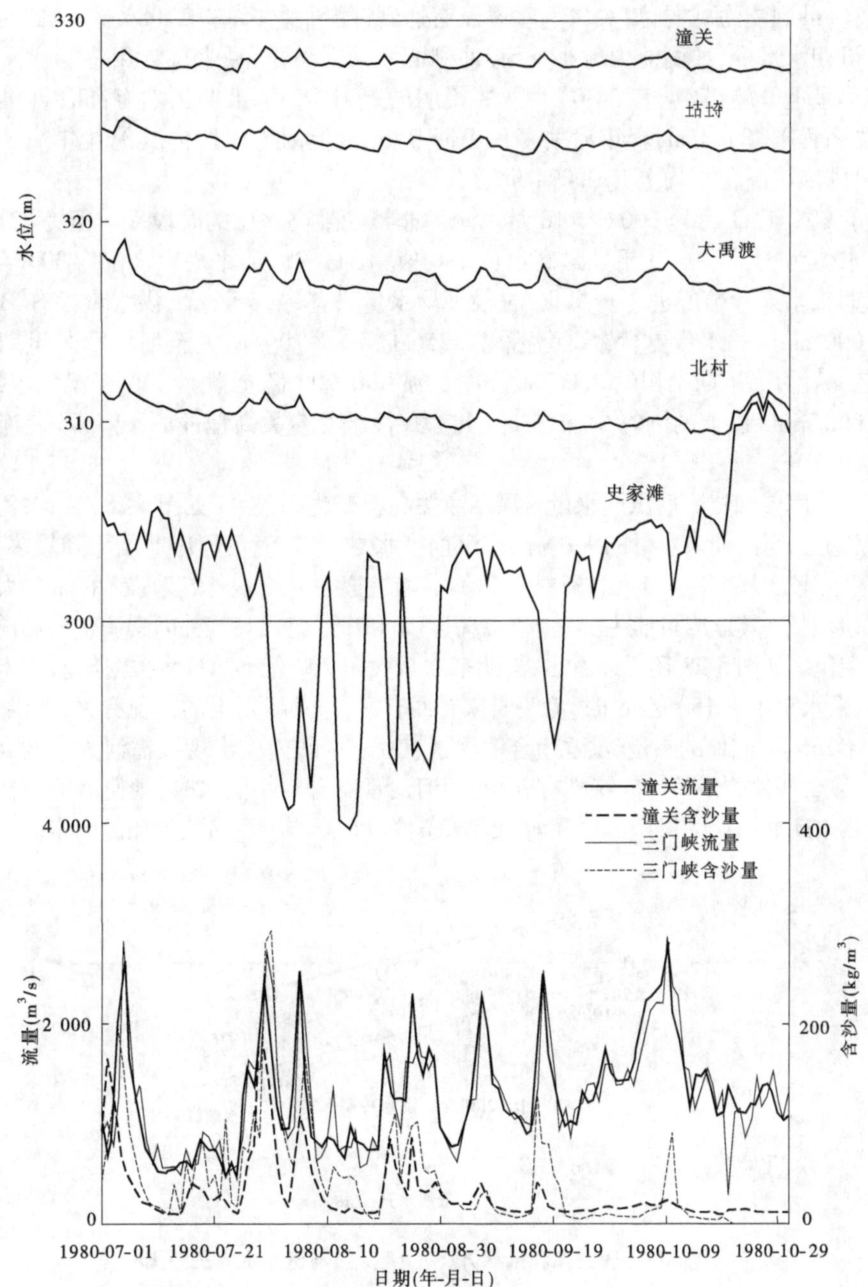

图5-27　1980年汛期入出库水沙及水位过程

本时段来水来沙较小,时段平均汛期为133.2亿 m^3(见表5-28),分别比第一和第二时段减少91.6亿 m^3 和114.3亿 m^3。大于3 000 m^3/s 的洪水量也较前两个时段大为减少(见表5-29)。汛期来水量减少,再加上1986年10月龙羊峡水库开始初期蓄水运用,改变了汛期和非汛期年内来水量的分配比例。

虽然非汛期库水位降低,库区淤积重心部位下移,汛期运用水位也有所降低,但水沙条件不利,冲刷能力减弱,潼关以下库区没有达到冲淤平衡,尚有 1.086 亿 m^3 的泥沙没有冲完。汛期水量少,冲刷能力较小,沿程冲刷的效果很小,溯源冲刷与沿程冲刷不相衔接。潼关高程呈上升趋势(见表 5-30)。需要说明的是,1992 年汛期虽然有高含沙洪水的冲刷,潼关高程下降 1.1 m,全年潼关高程下降 0.6 m,但因为时段内其他几年潼关高程升高,时段内潼关高程年均上升 0.094 m。

(4)1992 年 11 月至 2002 年 10 月。水库非汛期最高水位的时段平均值为 321.67 m,平均库水位为 315.72 m。汛期最高水位平均值为 311.98 m,平均库水位为 304.45 m。

汛期来水来沙情况进一步恶化,时段平均水量只有 94.6 亿 m^3,洪水量仅有 31 亿 m^3,大于 3 000 m^3/s 的水量更少,库区淤积 1.256 亿 m^3 泥沙。潼关至坫垮段非汛期淤积了 0.139亿 m^3,加上汛期淤积的 0.061 亿 m^3,共淤积 0.200 亿 m^3 泥沙。由于汛期水量小,特别是 3 000 m^3/s 以上的洪峰少,没有冲刷能力,很难使潼关高程冲刷下降,致使潼关高程逐年累积抬升。

点绘建库前和建库后汛期水量与汛期潼关高程变化的关系(见图 5-28),潼关河床的冲刷下降和上升与汛期来水量的大小有关,汛期来水量大时,潼关河床冲刷下降较多,反之则上升或下降较少。建库前、后的资料点群都基本上遵循同一规律,建库前的点群大部分偏上,建库后偏下,其原因可能主要是水库淤积河床和床沙组成等有关因素调整的影响导致输沙能力变化。从图 5-28 还可以看出,汛期来水量大于 200 亿 m^3时,潼关河床基本上是冲刷下降的,来水量小于 150 亿 m^3时,潼关河床有冲有淤,与洪峰发生的情况有关,即洪量大小、大于 3 000 m^3/s 流量的水量、洪水组合等因素有关。一般潼关出现以渭河为主的高含沙洪水或大洪水,对冲刷潼关河床特别有利,而渭河出现高含沙小洪水时,则使潼关河床发生淤积。当然水库非汛期的淤积部位和前期河床条件也是影响冲刷潼关河床的因素。

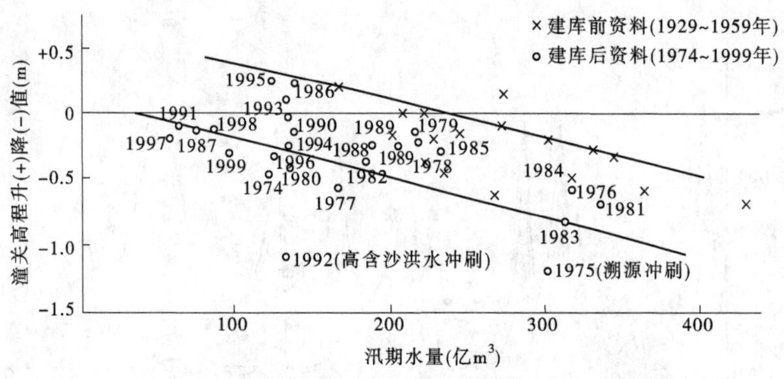

图 5-28　潼关高程汛期升(+)降(-)与汛期水量关系图

(5)2002 年 11 月至 2012 年 10 月。这一时段水库非汛期控制最高水位 318 m 运用,平均库水位为 316.77 m,汛期平均库水位为 304.96 m。潼关汛期水量 119.1 亿 m^3,沙量 2.01 亿 t,沙量大幅度减少。时段内 2003 年和 2012 年汛期水量较丰,洪水水量较大,汛期库区产生较大幅度冲刷,时段内累计冲刷 2.025 亿 m^3。潼关高程从 2002 年汛后的 328.78 m 降低至 2012 年汛后的 327.38 m,降低 1.40 m。

5.4.6.2　汛期洪峰对潼关河床的作用

汛期潼关高程的冲淤变化与来水来沙有关,特别是与洪水期来水来沙有关。这是因为:①黄河来水来沙主要集中在汛期,而汛期来水来沙主要集中在几场洪水中;②洪峰涨水期,洪水波造成附加比降,使涨水期的水面比降大于落水期的水面比降,加强了洪峰对河槽的冲刷;③黄河洪峰与沙峰的特征,一般有沙峰落后于洪峰的现象,这就使涨水期的含沙量小于落水期,也增大了涨水阶段的河槽冲刷,落水阶段出现回淤。据 1974 ~ 2001 年 84 次洪峰资料统计,其中潼关发生冲刷的洪峰有 58 次,占洪峰总数的 69%(见表 5-42)。在潼关河床发生冲刷的 58 次中,小于 3 000 m^3/s 的洪水占 27.6%。潼关河床下降 0.5 m 以上者基本是在洪峰流量较大时出现的。图 5-29、图 5-30 和图 5-31 是 1974 年、1976 年、1977 年汛期潼关平均河底高程和潼关流量过程,从图中可以看出,洪峰期的洪峰涨落与平均河底高程的变化过程互为倒影,即洪峰期间,平均河底高程下降,之后有所回淤,反映出洪峰对潼关河床的冲刷作用。图 5-32 是 1981 年汛期潼关流量、1 000 m^3/s水位和 330 m 以下面积过程线,随着洪峰的出现,1 000 m^3/s 水位不断下降,330 m 以下面积不断增加,也反映出洪峰对潼关河床的冲刷作用。

表 5-42　1974 ~ 2001 年不同洪峰流量潼关高程升降次数统计

流量(m^3/s)		潼关高程下降			潼关高程升高		
		<0.3 m	0.3 ~ 0.5 m	>0.5 m	<0.3 m	0.3 ~ 0.5 m	>0.5 m
<3 000	小计	15	1		5	1	1
	合计	16			7		
3 000 ~ 5 000	小计	22	4	1	9	1	3
	合计	27			13		
>5 000	小计	7	1	7	6		
	合计	15			6		

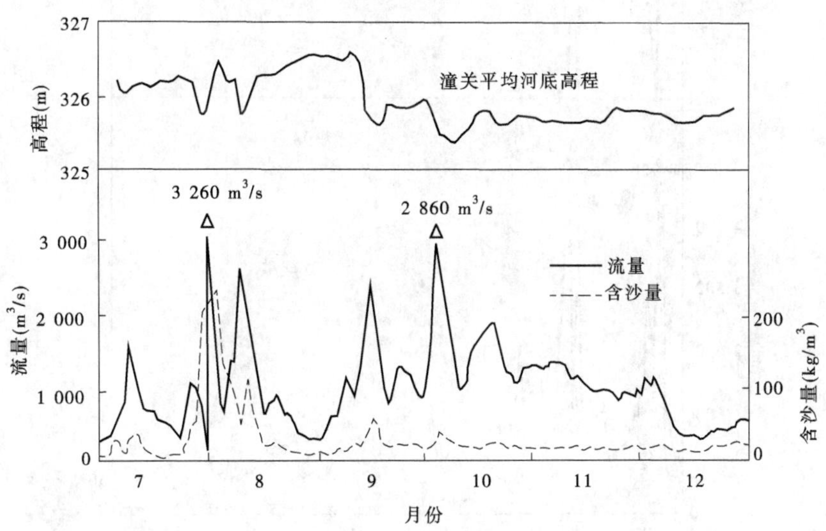

图 5-29　1974 年汛期潼关河床高程与水沙过程线

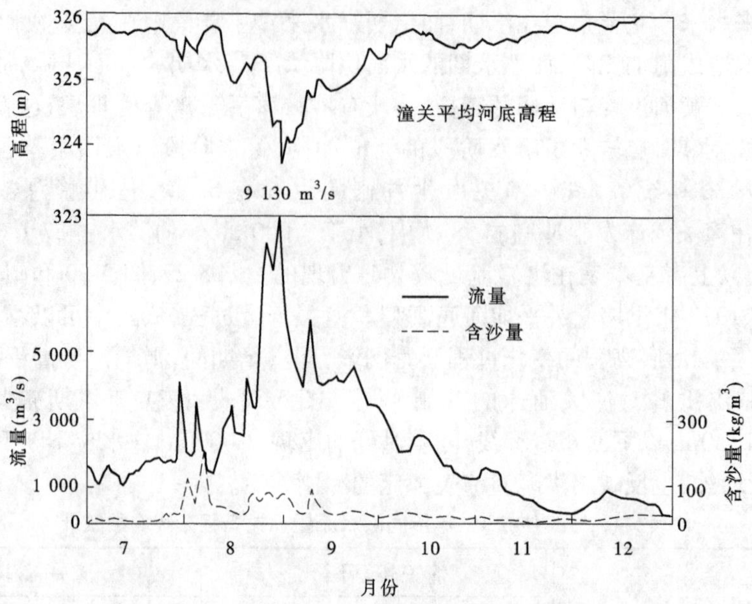

图 5-30　1976 年汛期潼关河床高程与水沙过程线

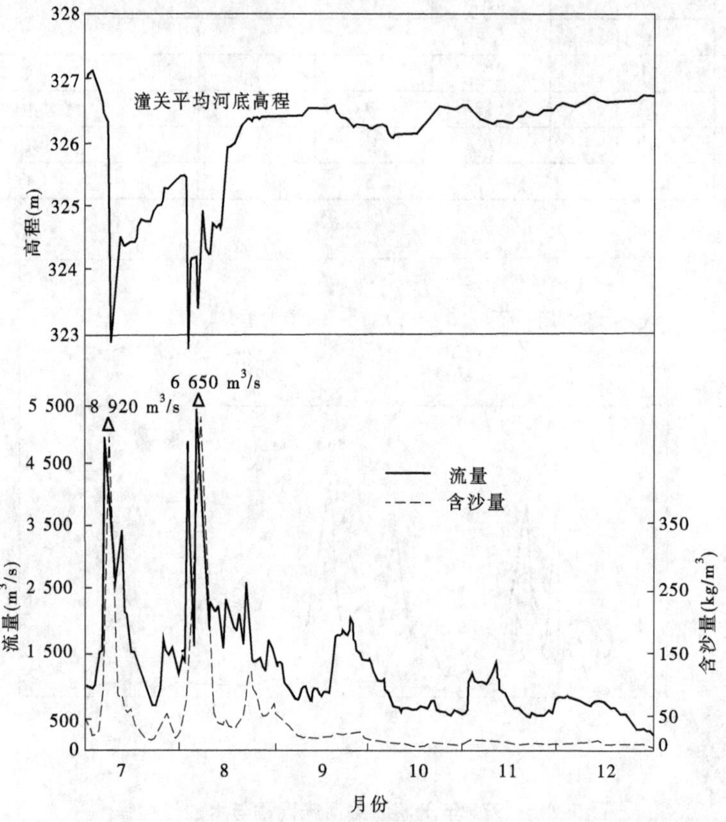

图 5-31　1977 年汛期潼关河床高程与水沙过程线

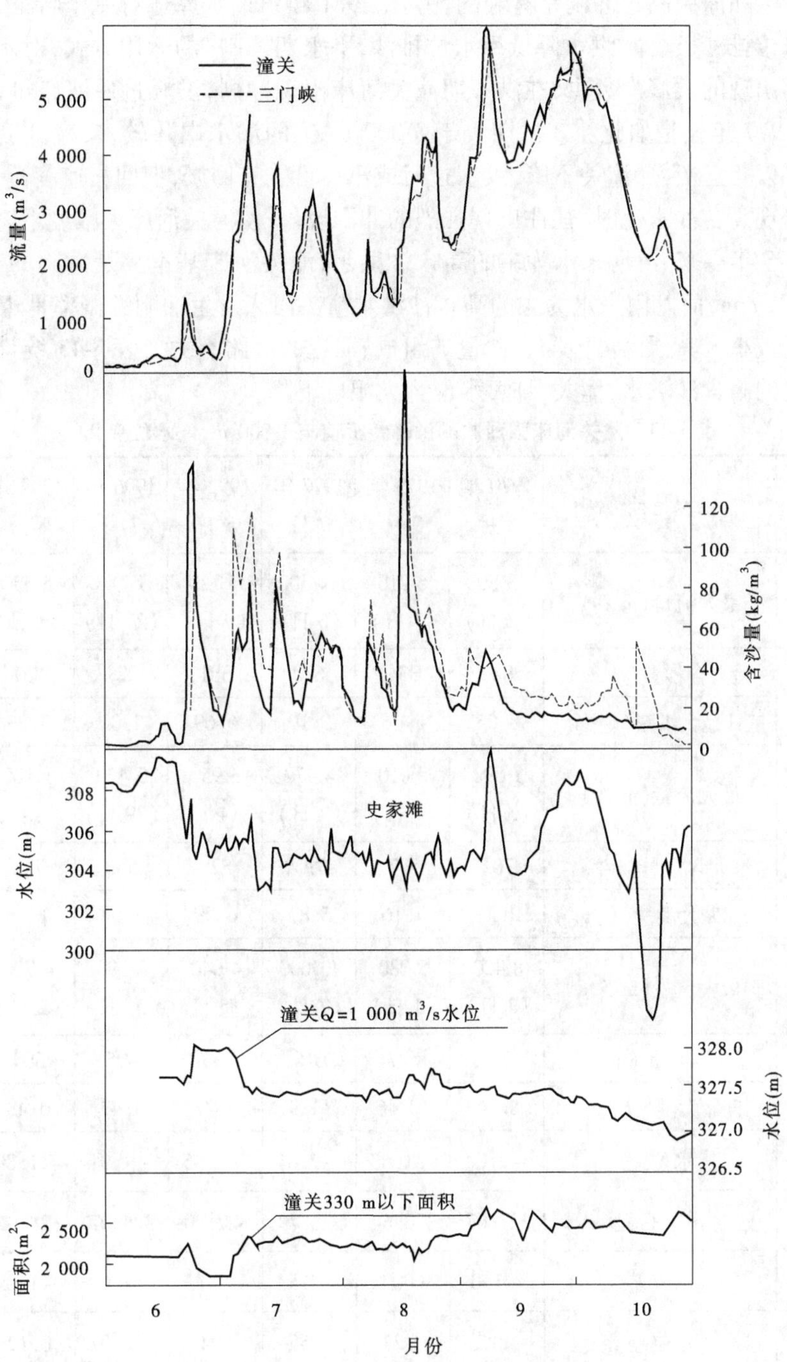

图 5-32　1981 年 6 ~ 10 月入出库水沙等过程线

从图 5-29 ~ 图 5-32 中可以看出几种情况：①汛期水量较大，而洪峰接连不断出现，对潼关以下库区和潼关高程冲刷是有利的，另外，1981 年汛期水库还有一个特征，即洪峰期水库降低水位排沙，这种“洪水降低库水位排沙，平水期控制”的运用方式，对水库排沙有利。②汛期出现的洪峰次数少，在洪峰期潼关河床出现冲刷，洪峰过后河床迅速回淤，如 1976 年和 1977 年就是如此。③汛期大于 3 000 m^3/s 的洪水次数较多，库区溯源冲刷和沿程冲刷可以相互衔接，潼关下降，洪水过后或汛后可能有回淤，但回淤速度慢。

潼关出现高含沙水流时，往往出现强烈的冲刷现象，使潼关河床大幅度下降。据资料统计，自 1973 年以来，渭河来水为主的高含沙洪水，潼关河床基本上是冲刷的，其冲刷幅度为 0.2 ~ 1.7 m，而龙门来水为主的高含沙洪水潼关河床发生冲刷的概率是 4% 左右，而且冲刷幅度较小。其原因可能与含沙量的组成、河道的流路有关。表 5-43 统计了几场冲刷幅度较大的高含沙洪水，潼关、坫埼水位都大幅度下降。

表 5-43　潼关河床强烈冲刷洪峰特征值与 1 000 m^3/s 水位变化

站名		洪水特征值	1970 年 8 月	1973 年 9 月	1977 年 7 月	1992 年 8 月	1996 年 7 月	1997 年 8 月	1999 年 7 月
水沙条件	龙门	最大流量(m^3/s)	13 800 (2 日)	6 210 (1 日)	14 500 (6 日)	7 720 (9 日)	1 180 (27 日)	5 550 (1 日)	1 370 (13 日)
		最大含沙量(m^3/s)	826	334	690	381	221	351	137
		三日最大洪量(亿 m^3)	8.05	5.66	9.19	5.69	2.09	4.73	1.81
	华县	最大流量(m^3/s)	1 590 (3 日)	5 010 (1 日)	4 470 (7 日)	3 950 (14 日)	3 450 (29 日)	1 100 (1 日)	1 360 (15 日)
		最大含沙量(m^3/s)	702	527	795	528	565	749	636
		三日最大洪量(亿 m^3)	2.54	7.16	5.82	6.29	3.84	1.48	2.19
	潼关	最大流量(m^3/s)	8 420 (3 日)	5 080 (1 日)	13 600 (7 日)	4 040 (15 日)	2 290 (31 日)	4 700 (2 日)	2 220 (16 日)
		最大含沙量(m^3/s)	631	527	616	297	495	504	442
		三日最大洪量(亿 m^3)	8.74	10.46	11.9	9.27	4.42	6.48	3.68
同流量水位(m)	潼关(六)	水位差	−2.04	−1.68	−2.61	−1.45	−1.91	−1.80	−1.01
		汛末高程	327.67	326.64	326.79	327.30	328.07	328.02	328.12
	坫埼	水位差	−1.0	−0.72	−2.53	−1.33	−1.09	−1.05	−0.77
	上源头	水位差	−0.27	0.27	0.55	0.40	−0.07	0.12	0.07

据对潼关河段挟沙能力的分析（见图 5-33），含沙量大于 300 kg/m^3 洪水的点群在一般洪水的点群之上，表明高含沙水流的冲刷强度比一般含沙量洪水大。

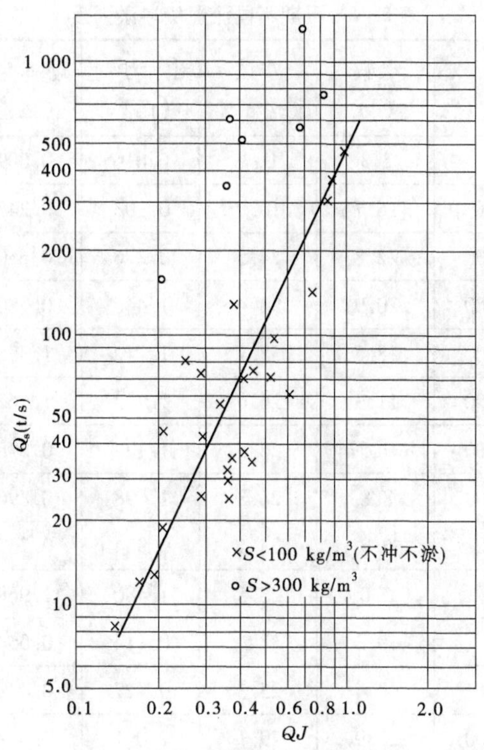

图 5-33　潼关挟沙能力图

5.4.6.3　水库汛期排沙特性分析

1. 汛期不同流量级排沙强度

表 5-44 为三门峡水库蓄清排浑控制运用以来不同运用时段各级流量汛期水量、沙量及冲淤强度。从表 5-44 可以看出:不同流量级天数分配发生明显变化,1974 ~ 1985 年时段流量 1 000 ~ 2 000 m^3/s 的天数最多,而 1986 年以后各时段流量 500 ~ 1 000 m^3/s 的天数最多;1974 ~ 1985 年和 1986 ~ 1992 年流量 2 500 ~ 3 000 m^3/s 对应的冲刷量最大,1993 ~ 2002 年在流量 2 000 ~ 2 500 m^3/s 时冲刷量最大,2003 ~ 2012 年流量 1 500 ~ 2 000 m^3/s 时冲刷量最大;四个时段小于 1 000 m^3/s 库区冲刷量和冲刷强度都较小,对库区排沙作用较小;2 000 ~ 4 000 m^3/s 流量级冲刷强度较大。

表 5-45 是汛期大于 2 000 m^3/s 流量的天数和水量。从表 5-45 看出,1986 年以来汛期入库流量大于 2 000 m^3/s 的天数和水量都迅速减小,1986 ~ 1992 年汛期大于 2 000 m^3/s的天数和水量占 1974 ~ 1985 年的 34.1% 和 30.5% ,而 2002 ~ 2012 年占 1974 ~ 1985 年对应天数和水量的 22.7% 和 19.8% ,即从约 1/3 减少为约 1/5。因此,三门峡水库要根据汛期来水来沙条件,充分利用较大流量排沙。

表 5-44　汛期不同流量级冲淤强度

时段（年）	流量级（m^3/s）	天数（d）	水量（亿 m^3）	出库沙量（亿 t）	进库沙量（亿 t）	冲淤量（亿 t）	冲淤强度（t/m^3）
1974～1985	<500	2.3	0.7	0.010	0.009	-0.001	-0.001
	500～1 000	16.7	10.9	0.303	0.247	-0.056	-0.005
	1 000～1 500	22.8	24.5	0.896	0.650	-0.246	-0.010
	1 500～2 000	20.9	31.4	1.446	0.980	-0.466	-0.015
	2 000～2 500	18.5	35.7	1.712	1.355	-0.358	-0.010
	2 500～3 000	11.3	26.6	1.743	1.162	-0.581	-0.022
	3 000～3 500	9.5	26.5	1.174	0.848	-0.326	-0.012
	3 500～4 000	8.8	28.3	1.098	0.896	-0.202	-0.007
	4 000～4 500	6.3	23.1	0.934	0.732	-0.202	-0.009
	>4 500	6.0	28.5	1.480	1.968	0.488	0.017
1986～1992	<500	19.3	5.5	0.114	0.054	-0.060	-0.011
	500～1 000	40.4	25.5	0.427	0.449	0.022	0.001
	1 000～1 500	27.9	29.1	1.041	0.809	-0.232	-0.008
	1 500～2 000	14.9	21.8	1.094	0.926	-0.168	-0.008
	2 000～2 500	6.3	12.1	0.890	0.680	-0.210	-0.017
	2 500～3 000	7.7	18.4	1.438	1.056	-0.382	-0.021
	3 000～3 500	3.7	10.3	0.524	0.396	-0.128	-0.012
	3 500～4 000	1.1	3.6	0.624	0.307	-0.317	-0.088
	4 000～4 500	0.9	3.1	0.475	0.389	-0.086	-0.027
	>4 500	0.9	3.9	0.366	0.474	0.108	0.028
1993～2002	<500	34.5	8.8	0.157	0.187	0.030	0.003
	500～1 000	47.9	29.4	0.749	0.765	0.016	0.001
	1 000～1 500	22.0	23.1	1.114	0.969	-0.145	-0.006
	1 500～2 000	10.8	16.2	1.413	1.070	-0.343	-0.021
	2 000～2 500	5.6	10.6	1.370	0.867	-0.503	-0.047
	2 500～3 000	0.7	1.7	0.371	0.267	-0.104	-0.062
	3 000～3 500	1.0	2.8	0.621	0.521	-0.100	-0.035
	3 500～4 000	0.1	0.3	0.124	0.119	-0.004	-0.014
	4 000～4 500	0.1	0.3	0.040	0.076	0.036	0.102
	>4 500	0.3	1.4	0.164	0.247	0.083	0.061

续表 5-44

时段(年)	流量级(m^3/s)	天数(d)	水量(亿 m^3)	出库沙量(亿 t)	进库沙量(亿 t)	冲淤量(亿 t)	冲淤强度(t/m^3)
2003~2012	<500	24.0	7.0	0.067	0.085	0.018	0.003
	500~1 000	39.5	24.8	0.293	0.327	0.035	0.001
	1 000~1 500	32.8	34.7	0.495	0.438	-0.057	-0.002
	1 500~2 000	13.0	18.9	0.735	0.422	-0.313	-0.017
	2 000~2 500	5.2	9.8	0.457	0.199	-0.258	-0.026
	2 500~3 000	3.9	9.1	0.428	0.256	-0.172	-0.019
	3 000~3 500	2.5	7.0	0.247	0.145	-0.102	-0.015
	3 500~4 000	1.1	3.6	0.123	0.082	-0.041	-0.012
	4 000~4 500	0.6	2.2	0.070	0.036	-0.034	-0.015
	>4 500	0.4	1.8	0.038	0.026	-0.012	-0.007

表 5-45　汛期各时段大于 2 000 m^3/s 流量级天数和水量

时段(年)	天数(d)	水量(亿 m^3)
1974~1985	60.4	168.7
1986~1992	20.6	51.4
1993~2002	7.8	17.1
2003~2012	13.7	33.4

2. 充分利用泄流能力发挥洪水冲刷作用

蓄清排浑期水库运用实践表明,汛期排沙效率大小不仅与来水来沙有关,还要求泄流建筑物的闸门设备灵活,以适应黄河洪水陡涨猛落的特点,提高排沙效率,充分发挥泄流能力的作用。

在蓄清排浑运用初期,由于缺乏水库调度运用经验,汛期水库运用不论洪水期和平水期都控制一定的库水位不变,运用方式单一。以后随着运用经验的不断积累,水库运用不断改进,汛期在洪水期采用降低库水位排沙,平水控制 305 m 水位发电,即汛期采用“洪水排沙,平水控制”的运用方式。

1975 年与 1977 年汛期的两种不同运用情况,冲刷效果也不同。1975 年 7~9 月史家滩水位一般保持在 301~305 m,在 5 860 m^3/s 洪峰流量的较大洪水入库之前,因电站机组检修,水库泄空,坝前水位 300 m 的天数共 7 d,最低库水位为 296.03 m,洪峰到来之后历时6 d,滞洪水位 308.7 m,由于洪水前库水位较低,水库排沙效果较好。

1977 年的 7 月 6~13 日和 8 月 6~10 日两场较大洪水,入库洪峰流量分别为 13 600 m^3/s(7 月 7 日)和 15 400 m^3/s(8 月 6 日),洪峰尖瘦,时段平均流量分别为 3 910 m^3/s 和 4 100 m^3/s,由于闸门启闭设备不灵活,启闭时间过长,造成滞洪削峰作用较大,出库流量只有7 900 m^3/s和8 900 m^3/s,滞洪水位最高达317.18 m。洪峰虽然进库时水流集中,潼关以下自由库段发生较大冲刷,但因坝前滞洪水位较高,上段冲刷的泥沙不能及时有效地排出库外,由于漫滩淤积和河槽贴边淤积,使冲刷量减少,水库仅冲刷了0.065亿t。若能及时开闸门,按当时具有的泄流规模,坝前最高水位可降到309 m左右,时段平均水位可降到305 m以下,粗略估计水库可以冲刷近1亿t。

1981年的情况与1977年近似,洪水进入潼关站后,泄流建筑物因工程原因未能全部打开(有5个深孔和1个底孔没有启开),对1981年汛期库区冲刷与排沙产生一定影响。1981年汛期使用泄流能力与全部泄流能力(不包括电站机组泄流)见表5-46。根据1981年汛期使用的泄流能力,按照1981年汛期入库洪水情况和发电控制运用水位进行敞泄运用计算表明,在下泄流量$Q_{出}>4\ 000\ m^3/s$时,泄流能力便受到影响。1981年汛期入库流量大于4 000 m^3/s的天数为42 d(见表5-47),这些天泄流能力受到影响。然后用"全部泄流能力敞泄运用与实测比较的方法"和"汛期或洪峰排沙经验关系方法"进行计算,估计未全部开启泄流建筑物对库区冲刷其影响冲刷量为0.27亿~0.32亿t,平均少冲0.3亿t左右,约占汛期冲刷量的9%,估计对潼关高程的影响约为0.2 m。

表5-46 1981年使用泄流能力与全部泄流能力对比

坝前水位(m)	295.0	297.5	300.0	302.5	305.0	307.5	310.0	312.5	315.0
全部泄量$q_{全}$(m^3/s)	2 046	2 548	2 885	3 900	4 980	6 070	7 230	8 170	9 180
使用泄量$q_{用}$(m^3/s)	1 821	2 286	2 754	3 360	4 067	5 225	6 049	6 840	7 489
$\Delta Q=q_{用}-q_{全}$(m^3/s)	-225	-262	-131	-540	-913	-845	-1 181	-1 330	-1 691
$\Delta Q/q_{全}\times100\%$(%)	-11.0	-10.3	-4.5	-13.8	-18.3	-13.9	-16.3	-16.3	-18.4

表5-47 1981年汛期不同流量级天数

流量级(m^3/s)	>3 000	3 000~4 000	4 000~5 000	5 000~6 000	>6 000
天数(d)	53	11	26	14	2

以上的实例给我们启示,在多泥沙河流上的水库调水调沙调度运用中,汛期水库排沙,不但要求应有一定的泄流规模,重要的是泄流设备启闭调度灵活,在洪峰期应充分利用已有的泄流规模,降低库水位(包括滞洪水位),调整比降,抓住时机加大泄量,充分发挥洪水的冲刷作用,排除非汛期淤积在库内的泥沙。

据1970~1979年67次不同洪峰级大小对库区冲淤影响的分析,在洪峰流量超过5 000 m^3/s时,库水位超过310 m,库区多为淤积,个别为冲刷。在310~308 m时各有冲淤,冲的次数较多。如库水位低于308 m时,则库区基本是冲刷的,这说明在滞洪壅水段形成一个浑水的排沙漏斗,这个漏斗起着调节水沙冲淤作用。根据1970~1979年汛期低水位运用时排沙作用的分析,在库水位300 m以下,如流量小于1 000 m^3/s,排沙比小于1,如流量在1 000 m^3/s以上,则排沙比大于1,这说明即使把水位降得很低运用,但流量小,水库冲刷效果也不大,甚至是淤积的。从多年与多年汛期平均情况看,在库水位300~305 m控制运用(包括300 m以下)时,如果下泄流量占该水位相应泄流能力的50%以上,排沙比例大于 1,反之则小于 1。

关于汛期运用排沙问题,需要一提的是,经水利部批准在 1994 ~ 1999 年进行的“水库汛期发电试验成果”表明,通过分析研究提出汛期采取“洪水排沙,平水发电”的运用原则,即洪水期降低坝前水位为 300 ~ 298 m 排沙,平水期按四省会议规定的控制 305 m 水位发电,较好地处理了排沙与发电的关系,取得良好效果。

另外,在水库闸门的启闭设备问题上,自 1986 年以来陆续进行了改造。原来要求在发生特大洪水时三门峡水库即时调度错峰,保证下游防洪安全。但 1986 年前,全部闸门的启开时间长达 18 h,达不到防洪要求,经 1986 年以来对闸门启闭设备的改造,达到了灵活调度要求,在 1990 年 7 月 13 日 25 个泄流孔的启闭演习中,仅用了 6 h 全部闸门关闭,大大缩减了闸门启闭时间,达到了防洪设计关闭闸门 8 h 的要求。

5.4.7 小结

(1)蓄清排浑运用以来,1973 年 11 月至 1979 年 10 月的六年运用中,潼关高程上升的原因主要是非汛期水库运用水位高,回水直接影响潼关。在六年运用中,几乎每年的最高运用水位都超过 324 m,高水位历时长,最高运用水位为 1977 年的 325.99 m。非汛期淤积重心库段为黄淤 30—黄淤 36 断面。淤积重心偏上,又遇到不利的水沙条件,汛期洪水峰高量小,含沙量高,闸门启闭不及时,库区发生壅水淤积,使潼关高程上升。

1979 年 11 月至 1985 年 10 月,水库运用最高水位有所降低,水库淤积较多的库段位置有所下移,同时,汛期水沙条件有利,在汛期溯源冲刷和沿程冲刷联合作用下,水库达到冲刷平衡,而且还多冲刷了前时段的淤积物,潼关高程恢复到 1973 年汛后的 326.64 m。

1986 ~ 2002 年的 17 年运用中,水库非汛期的最高运用水位不断降低,库区淤积重心库段再次下移至黄淤 22—黄淤 30 断面,即下移至大禹渡以下,潼关至坫垮断面间基本不受水库回水影响。由于汛期水量减少很多,且大流量出现概率明显减少。水量减少使冲刷非汛期泥沙的能力降低,水库达不到年内冲淤平衡,致使潼关高程呈上升趋势。

2003 ~ 2012 年非汛期最高水位进一步降低,淤积重心在黄淤 22—黄淤 30 断面,汛期水量和大于 3 000 m^3/s 的水量增加,潼关高程有所降低。

(2)非汛期潼关高程的变化与非汛期水库防凌前、防凌和春灌三次蓄水过程的运用水位高低及历时组合有关。如 1976 ~ 1977 年的运用年,凌前蓄水位 317.98 m,防凌蓄水位 325.99 m,防凌后运用水位下降不多,桃汛的起蓄水位高达 323.4 m,春灌蓄水位为 325.53 m,这种连续并历时较长的高水位运用,使水库库区淤积成几个三角洲重叠上延,对潼关特别不利,这一年非汛期潼关高程上升 1.25 m。实践表明,这种连续三次高水位运用的组合方式,是不可取的。非汛期各时期的蓄水位,应按照水库前期运用情况,综合分析,确定各阶段的运用水位,合理进行调度,前期水库淤积多了,后期运用水位可降低,防凌水位高了,春灌水位应该降低,这是多泥沙河流水库调度运用的特点。

(3)每年 11 月至翌年 1 月潼关河床有自然回升现象,由 11 月至翌年 1 月来沙量与潼关高程升降值关系图表明,两者有一定关系,回升幅度一般为 0.2 ~ 0.5 m。

(4)根据黄河来水来沙特点及洪峰的水流特征,在洪峰入库时,适当降低坝前水位排沙,将会取得较好的效果。根据汛期发电试验的经验,汛期洪峰入库时,库水位可降低在

300～298 m 进行排沙。如果库水位进一步下降，则洪水排沙比降加大，冲刷能力将进一步增加。

(5)汛期各级流量的输沙强度及排沙时机的分析表明，一般 2 000～4 000 m^3/s 流量级冲刷强度较大，其中 2 500～3 000 m^3/s 流量级冲刷强度最大；而小于 1 500 m^3/s 流量时，库区冲刷强度较小。2003 年以后，2 000～2 500 m^3/s 流量级的冲刷强度较大，这可能与非汛期水库淤积部位有关。总之，依上述分析，在出现对排沙有利的流量级时，应抓住时机降低库水位进行排沙，充分利用水库的泄流排沙设施，提高排沙效率。

(6)汛期水库调度实践表明，多泥沙河流上采取调水调沙运用方式的水库，汛期泄流建筑物闸门的启闭调度应保持灵活，以充分利用已有的泄流能力，在洪水到来时能及时根据洪水涨率，适时开启泄水孔洞泄流，使一般洪水不滞洪或少滞洪，充分发挥洪水排沙作用，最大限度地排出非汛期淤在库内的泥沙，降低潼关高程。

5.5 小 结

(1)蓄水拦沙期潼关高程升高，主要是水库高水位蓄水拦沙运用，回水超过潼关，潼关断面长时间处于水库回水范围之内，泥沙淤积使潼关高程上升；滞洪排沙期，由于水库泄流能力不足，再加上遇丰水丰沙年，水库滞洪水位较高，发生较大的削峰滞洪情况，库区发生严重淤积，潼关高程上升；经过二次改建后，水库泄流能力增加，在水沙条件的共同作用下，库区发生沿程冲刷与溯源冲刷，并且两者相互衔接，在两者的共同作用下，潼关高程下降 2.01 m。

(2)蓄清排浑的运用实践表明，水库非汛期蓄水位的高低影响淤积末端的位置，不同库水位历时的长短不但影响淤积数量，还影响库区的淤积分布。运用水位 307 m 左右时，回水末端变动在黄淤 22 断面(北村)附近，壅水淤积的泥沙从回水末端至坝前沿程增加；库水位 315 m 左右时，回水末端延伸到黄淤 30 断面(大禹渡)附近，入库泥沙大部分堆积在黄淤 22 断面(北村)以下；库水位 320 m 左右时，回水延伸至黄淤 36 断面(坫埼)附近，坫埼至大禹渡库段发生少量淤积，大量泥沙堆积在大禹渡至北村区间；库水位 320～324 m 时，回水变动在坫埼与潼关之间，淤积泥沙主要分布在大禹渡上下库段，三角洲顶点一般位于大禹渡附近；库水位 324～326 m 时，回水超过潼关，潼关断面处于回水范围之内，潼关河床直接产生壅水淤积，淤积泥沙主要分布在坫埼上下库段。

(3)保持潼关高程的相对稳定，是三门峡水库运用的控制指标之一，蓄清排浑控制运用以来，潼关高程的变化与非汛期运用有关，汛期冲刷、非汛期淤积的泥沙，潼关高程的冲刷下降与来水来沙密切相关。水库的冲淤和潼关高程的升降变化，在一定的运用方式下，很大程度上受来水来沙条件制约。1973 年 11 月至 1979 年 10 月，由于非汛期水库运用水位偏高，回水直接影响潼关，高水位历时长，水位超过 324 m 的历时长达 78 d，水库淤积部位偏上，致使潼关在 1979 年汛末上升为 327.62 m，比开始蓄清排浑运用前 1973 年 11 月的 326.64 m 上升 0.98 m，年平均上升 0.163 m；1979 年 11 月至 1985 年 10 月，经过总结前时段运用的经验与教训，水库运用条件有了改善，非汛期运用水位有所降低，超过 324 m 高程的历时大大缩短，库区淤积部位有所下移。再加上来水来沙比上个时段增加，六年平均年水量415.0亿m^3,汛期为247.5亿m^3,在汛期溯源冲刷和沿程冲刷联合作用下,水库不但带走了本时段非汛期淤积的泥沙,而且还冲刷了上个时段的部分泥沙,潼关高程下降为326.64 m,又恢复到1973年汛末的水平;1986年以后非汛期最高运用水位逐渐降低,库区淤积重心部位下移至大禹渡以下,三角洲顶点在北村上下。1992~2002年潼关至坫埼库段基本不受水库回水影响,处于畅流的天然河流状态。由于天然来水来沙条件不断恶化,再加上龙羊峡等上游水库的调节影响,汛期水量减少很多,特别是1997年以后汛期水量不超过100亿m^3,最小的1997年为55.6亿m^3,而且洪峰水量也大大减小,冲刷能力降低,水库达不到年内的冲淤平衡,致使潼关高程呈上升趋势。

2003~2012年水库非汛期控制最高水位318 m运用,非汛期主要淤积在大禹渡以下,汛期潼关流量1 500 m^3/s以上基本敞泄,同时在几年有利的水沙条件下,潼关高程下降。

(4)库区发生沿程冲刷时对水库淤积末端有影响,即冲刷有遏止淤积末端上延的作用。溯源冲刷是保持库区冲淤量年内平衡的重要影响因素,而溯源冲刷与沿程冲刷两者相互衔接的共同作用,是恢复水库的有效库容和有利潼关高程稳定下降的重要条件。因此,利用这些自然规律,对三门峡水库调水调沙运用具有重要作用。

第 6 章 三门峡运用方式调整后 2003 年效应分析

6.1 三门峡运用方式调整的缘由与实施措施

6.1.1 缘由

潼关高程是三门峡水库运用的限制条件。三门峡水库蓄清排浑运用以来,潼关高程的变化主要受来水来沙、水库运用等影响,为了减弱水库运用对潼关高程的影响,三门峡水库非汛期的最高运用水位不断下调,高水位运用天数也不断减少。1986 年以来,随着上中游工农业用水的增加、大型骨干水库的调节作用以及受降水的影响,三门峡水库入库年水量大幅度减少,年内汛期、非汛期水量比例发生变化,汛期洪水场次大幅度减少,洪峰降低,潼关高程上升。

为缓解潼关高程上升带来的问题,黄委和有关专家进行了长期的探索与不懈的努力。除继续扩大三门峡水库的泄流规模(相继打开了 9 号、10 号和 11 号、12 号底孔),进一步优化三门峡水库调度,降低水库最高蓄水位,减少高水位运用天数外,从 1996 年开始在潼关河段开展射流清淤。实践表明,清淤措施的实施,对抑止潼关高程上升产生了明显的作用。

水利部对于潼关高程及三门峡水库运用等有关问题也十分重视。2002 年 9 月 6 日,汪恕诚部长主持召开专题办公会,清华大学、中国水科院、陕西理工大学及黄河水利科学研究院等就三门峡水库敞泄运用对降低潼关高程的作用等问题进行了汇报。会议认为:敞泄试验,事关重大,要列专题进一步研究降低潼关高程的工程措施和非工程措施。为此,水利部成立了“潼关高程控制及三门峡水库运用方式研究”领导小组,张基尧副部长任组长,水利部总工高安泽和黄委主任李国英任副组长。领导小组于 2002 年 9 月 20 日召开了第一次工作会议,会议围绕降低潼关高程进行了全面讨论,提出了“潼关高程控制及三门峡水库运用方式研究”项目的研究任务、内容、方法,以及项目分工意见。同时会议指出,为控制潼关高程,2002 年汛后到 2003 年汛前三门峡水库运用水位必须加以控制,保证年内冲淤平衡,潼关高程不再抬升。会议要求黄委在 2002 年 10 月 15 日前提出 2002 年 11 月至 2003 年 6 月三门峡水库最高控制水位的运用方案,并征求晋、陕、鲁、豫四省意见后,报水利部确定。

根据黄委规划计划局的安排,在综合各方面研究成果的基础上,2002 年 10 月黄河水利科学研究院提出《关于 2002 年 11 月至 2003 年 6 月三门峡水库运用控制水位的初步意见(征求意见稿)》。对此,黄委以黄规计函〔2002〕20 号文《关于征求 2002 年 11 月至 2003 年 6 月黄河三门峡水库运用控制水位意见的函》征求了陕西、山西、河南、山东四省人民政府的意见。陕西省的意见是不同意黄委提出的 320 m 方案，要求桃汛期（3 月 20 日至 4 月 10 日）控制在 300 m 以下，其余非汛期控制在 309 m 以下。山西省的意见是方案调整要考虑灌溉取水的要求，应进一步就方案进行协商和论证。河南省的意见是非汛期控制水位以不超过 322 m 为宜。山东省的意见是暂不改变三门峡水库非汛期运用控制水位，应进一步论证。

在综合四省人民政府的意见后，黄委以黄规计〔2002〕160 号文呈报水利部《关于 2002 年 11 月至 2003 年 6 月三门峡水库运用控制水位的意见》，建议 2002 年 11 月至 2003 年 6 月三门峡水库运用水位控制不超过 320 m。

2002 年 10 月 25 日，水利部以办函〔2002〕378 号文《关于黄河三门峡水库今年汛后运用控制水位方案的复函》致函黄委，“鉴于你委所提方案与四省尤其是陕西省的反馈意见分歧较大，在各省意见不能达成一致的基础上，我部难以对你委提出的控制水位方案进行批复。请你委进一步协调四省意见，在基本取得一致意见后，将调整方案意见重新报部审批”。

按照水利部批示精神，黄委于 2002 年 11 月 27 日在郑州组织召开了 2002 年 11 月至 2003 年 6 月黄河三门峡水库运用控制水位协调会。会议由水利部“潼关高程控制及三门峡水库运用方式研究”领导小组副组长、黄委主任李国英主持，陕西省水利厅、防办，山西省水利厅、三门峡库区管理局，河南省计委、水利厅、三门峡市人民政府，山东省水利厅，黄委有关部门和单位的代表参加了会议，水利部副总工程师刘宁和规划计划司关业祥处长应邀到会。会议上，陕西省的意见是三门峡最高运用水位控制在 310 m，山西省的意见是最高运用水位保持现状，河南省的意见是运用水位不超过 322 m，山东省的意见是运用水位维持现状，黄委的意见是按 318 m 控制为宜，并建议三门峡水库 2002 年 11 月至 2003 年 6 月控制运用水位暂定为 318 m，待“黄河潼关高程控制及三门峡水库运用方式研究”结果审定后调整。会后，鉴于三门峡水库运用控制水位涉及问题多，影响范围大，为慎重起见，黄委又函请四省人民政府（黄规计函〔2002〕29 号）对三门峡水库 2002 年 11 月至 2003 年 6 月运用控制水位及协调意见再次提出意见。各省反馈意见依然有较大分歧。针对这种情况，经黄委认真研究，认为 2002 年 11 月至 2003 年 6 月三门峡水库运用水位按 318 m 控制为宜。黄委把该意见以黄规计〔2002〕201 号文《关于报送 2002 年 11 月至 2003 年 6 月黄河三门峡水库运用控制水位协调会会议纪要及意见的报告》呈报水利部。

2002 年 12 月 31 日，水利部以水规计〔2002〕588 号文《关于黄河三门峡水库运用控制水位试验方案的请示》呈报国务院，指出“我部认为，小浪底水库建成后，三门峡水库原承担的防洪、防凌、下游供水等任务大部分可由小浪底水库承担，对三门峡水库的运用方式做进一步调整已具备条件。但是，三门峡水库运用方式调整涉及诸多复杂问题，需要在充分论证和试验的基础上合理确定。原型试验拟从 2002～2003 年度非汛期开始”，还指出“当前为了控制潼关高程不再提高，并为研究工作提供有关数据，在开展专题研究的同时，进行降低三门峡水库非汛期运用控制水位的试验，为今后确定三门峡水库方式调整提供原型试验基础”。

2003 年 1 月 28 日，水利部以办函〔2003〕31 号文《关于黄河三门峡水库运用控制水位试验方案的复函》致函黄委，“经研究，我部原则同意你委提出的 2002～2003 年度非汛期三门峡水库运用最高水位试验按 318 m 控制的方案,并已将本次试验的目的、方案的协调情况和试验的具体方案向国务院呈报”,复函还指出,“请你委暂按 318 m 方案抓紧组织三门峡水库运用控制水位试验,做好水库实时调度,把握来水冲沙时机,并辅以河道清淤等措施,以更好地达到试验的目的和效果。在试验中……及时监测并分析降低水位运用对控制潼关高程抬升的效果”。

根据水利部指示,2003 年 2 月黄委安排黄河水利科学研究院编写了《2002 年至 2003 年度黄河三门峡水库运用控制水位原型试验效果分析任务书》,提出了原型试验中除正常水文观测外需要加测的项目、内容和测次,提出了研究内容和调查内容。2 月下旬,任务书通过了黄委组织的审查,审查后上报水利部,据此,黄河水利科学研究院和有关单位开展了本项工作。

6.1.2　原型观测

三门峡水库运用控制水位试验的结果直接影响到今后水库运用方式的确定,生产性强,水利部和社会各界也极为关注,项目实施直接由黄委规划计划局负责原型试验组织,原型测验、引水量和生态环境分析由黄委水文局负责,黄河水利科学研究院负责完成原型试验效果分析和总报告的编写。

三门峡水库运用最高水位 318 m 控制试验,与近几年水库运用相比,最高运用水位下降 2 m 多,对试验达到的目标要求较高,因此为了对试验过程中水库回水影响范围、泥沙淤积末端和部位、2003 年汛期库区冲刷发展变化,以及潼关高程的变化情况进行分析,从 2002 年 11 月至 2003 年 10 月,开展了水文泥沙加测工作。具体工作如下:

(1)水位观测。在原有的上源头、潼关(六)、潼关(八)、坫埼、大禹渡、北村、史家滩 7 处水位或水文测站的基础上,增加老灵宝(黄淤 26)、礼教(黄淤 33)、盘西(黄淤 35)、鸡子岭(黄淤 37)4 处水位站,洪水期间以上测站增加了测验次数,系统地反映整个洪水期变化过程,同时也及时收集了渭河华阴和吊桥水位站的水位资料。

(2)流量、输沙率观测。潼关(八)水文站在正常测流测沙基础上,进一步加密了测次,系统地反映试验期的水沙变化过程。同时,加测了潼关(八)大断面,非汛期根据实测流量资料整理了潼关(八)大断面 31 次,汛期测量了 25 次,汛期比一般年份测验 3 次增加了 22 次。

(3)水库泥沙淤积测验。施测范围为大坝—汇淤 2。

断面观测:非汛期在桃汛后 4 月 15 日和非汛期结束前的 6 月 1 日测验了两次,汛期在 7 月 28 日、8 月 9 日和 10 月 20 日又测验 3 次。与一般年份相比,除正常的汛前、汛后两次测验外,非汛期加测了一次,汛期加测了两次。

淤积物级配观测与断面测量同时进行,取样断面同库区正常淤积观测(包括黄淤 2、黄淤 8、黄淤 12、黄淤 15、黄淤 19、黄淤 22、黄淤 26、黄淤 29、黄淤 31、黄淤 33、黄淤 36、黄淤 38、黄淤 41(三)、汇淤 2 共 14 个断面),与淤积断面测验加测次数相同,淤积物级配也加测了 3 次。

河势观测:在进行断面测验的同时,共测 5 次,全年加测了 3 次。

项目实施以来,黄河水利科学研究院、黄委水文局极为重视,积极工作。黄委水文局及时提供了水文泥沙测验资料，黄河水利科学研究院对水文泥沙资料实施跟踪分析，及时完成并提交中间试验分析报告。2003 年 6 月，根据非汛期试验结果，黄河水利科学研究院提出《对三门峡水库 2003 年汛期运用的建议》，并及时提交给有关部门决策，对三门峡水库汛期的运用发挥了积极的作用。

原型试验过程中，三门峡水利枢纽管理局严格按照黄河防办的调度指令，实施调度，严密监视水库水位变化，保证了水库最高运用水位在 318 m 以下。汛期进行了四次泄洪排沙，特别是在 8 月 25 日至 9 月 15 日洪水期实施了 15 d 的完全敞泄排沙运用，改变了洪水期控制库水位 300 m（或 298 m）的运用方式，并在三次洪水到来前，进行了预泄，空库迎洪，为汛期水库泥沙冲刷创造了有利的条件。

6.1.3　为降低潼关高程 2003 年实施的其他措施

2003 年 3 月，水利部部长汪恕诚在《关于潼关高程控制及三门峡水库运用方式问题》的批示中指出，降低潼关高程必须采取综合治理、重点突破的办法。2003 年 4 月 4 日，黄委召开主任办公会，会议决定，把降低潼关高程作为近期治黄工作的重要目标之一，抓紧进行相关的研究工作，采取一系列工程措施，努力使潼关高程在近期降低到预期目标。李国英主任在会议上指出，近期一是在河湾发育的河段研究进行“裁弯取直”；二是抓紧进行库区河段的河道整治；三是减少三门峡水库的入库泥沙，在库区上游的小北干流河段进行有计划的放淤试验，同时研究论证将含沙量较高的北洛河由现行流入渭河改为直接入黄河的可行性；四是要坚决控制三门峡水库的运用水位，确保在 318 m 高程以下运行。

在抓紧开展一系列研究的同时，为控制和降低潼关高程，2003 年实施了三门峡库区大禹渡至稠桑河段裁弯疏导稳定流路试验工程（简称裁弯试验工程，下同）和潼关河段射流清淤措施。

裁弯试验工程是对有畸形河湾的大禹渡至稠桑河段，采取淤堵老河口的措施使流路缩短 9 km，从而产生溯源冲刷，对降低潼关高程和潼关高程降低后再进一步稳定产生有利影响。裁弯试验工程 6 月 18 日开工，当日，黄委李国英主任一行赶赴施工现场，明确要求试验工程的建设、施工和监理单位，要抓住当前的有利时机，加快施工进度，赶在黄河主汛期到来之前完成施工任务，既保工期，又保质量，使试验工程发挥作用。在各方的努力下，试验工程 7 月 31 日全部完工。8 月 1 日，黄河中游一号洪水到达潼关，为确保试验工程的安全，有关单位进行了抢护，使裁弯试验工程及时发挥了作用。

潼关河段射流清淤，2003 年投入 9 艘专业射流清淤船，利用桃汛和汛期进行了清淤。桃汛 3 月 15 日开工，4 月 15 日结束，清淤河段为黄淤 39—黄淤 41 断面（潼关以下约 7 km 河段）；汛期清淤时间为 9 月 4 日至 10 月 10 日，清淤河段为黄淤 39+2—黄淤 41 断面（潼关以下约 6 km 河段）和渭河入黄口河段。射流清淤为洪水冲刷降低潼关高程产生了有利影响。

6.2 入库水沙特征

2002 年 11 月至 2003 年 10 月,即 2003 运用年(简称 2003 年,下同)潼关水量 238 亿 m³,沙量 6.05 亿 t。与近 10 年 1993~2002 年相比,水量增加 19 亿 m³,沙量减少 0.69 亿 t。与 1974~2002 年相比,水量偏少 73 亿 m³(23%),沙量偏少 2.44 亿 t(29%)。与长时段相比,2003 年仍是枯水枯沙年,与近几年枯水枯沙时段相比,水量有所增加。

6.2.1 非汛期

2002~2003 年度非汛期(2002 年 11 月至 2003 年 6 月,简称 2003 年非汛期,下同)潼关水量 81 亿 m³,沙量 0.67 亿 t,平均含沙量 8 kg/m³。与 1993~2002 年相比,水量减少 43 亿 m³,沙量减少 1.01 亿 t ,含沙量减少 5 kg/m³。与 1974~2002 年相比,水量偏少 68 亿 m³,沙量偏少 1.42 亿 t。

各时段潼关站非汛期各月水沙量见表 6-1,各月水沙量都有所减少,且沙量减少幅度大于水量。与 1993~2002 年非汛期各月平均相比,2003 年非汛期水量减少 3 亿~9 亿 m³,幅度为 25%~41%;沙量减少 0.07 亿~0.22 亿 t,幅度为 39%~87%。潼关流量、含沙量过程见图 6-1。

表 6-1　潼关站各月水沙量

时段		项目	11 月	12 月	1 月	2 月	3 月	4 月	5 月	6 月	非汛期	7 月	8 月	9 月	10 月	汛期	年
1974~1979 年		水量(亿 m³)	31	17	16	19	27	24	18	9	162	40	63	68	54	225	387
1980~1985 年			26	18	16	19	25	27	19	19	168	49	63	68	66	247	415
1986~1992 年			18	15	17	18	28	26	15	21	157	32	44	36	21	133	290
1993~2002 年			15	15	12	15	25	22	10	10	124	21	32	24	17	95	219
1974~2002 年			21	16	15	18	26	24	15	14	149	33	48	46	36	162	311
2003 年			11	11	7	10	16	13	7	6	81	10	28	59	61	157	238
与 1993~2002 年差	差值		-4	-4	-5	-5	-9	-9	-3	-4	-43	-11	-4	35	44	62	19
	%		-25	-28	-41	-34	-36	-41	-30	-40	-35	-52	-13	146	259	65	9
1974~1979 年		沙量(亿 t)	0.40	0.19	0.20	0.21	0.29	0.21	0.13	0.09	1.71	3.55	4.66	1.99	0.95	11.15	13.72
1980~1985 年			0.22	0.16	0.12	0.16	0.21	0.19	0.18	0.26	1.51	1.39	2.44	1.74	0.97	6.55	8.79
1986~1992 年			0.18	0.18	0.17	0.18	0.30	0.22	0.18	0.65	2.06	1.81	2.60	0.89	0.25	5.54	7.80
1993~2002 年			0.18	0.22	0.14	0.18	0.37	0.21	0.14	0.23	1.68	1.75	2.38	0.72	0.21	5.07	6.75
1974~2002 年			0.23	0.19	0.16	0.18	0.30	0.21	0.16	0.31	1.74	2.06	2.92	1.24	0.53	6.75	8.87
2003 年			0.11	0.12	0.03	0.09	0.15	0.11	0.03	0.03	0.67	0.33	2.18	1.47	1.40	5.38	6.08
与 1993~2002 年差	差值		-0.07	-0.10	-0.11	-0.09	-0.22	-0.10	-0.11	-0.20	-0.98	-1.43	-0.20	0.75	1.19	0.31	-0.67
	%		-39	-45	-79	-50	-60	-48	-79	-87	-58	-81	-8	104	567	6	-10

2003 年潼关桃汛从 3 月 29 日至 4 月 8 日,水量 7 亿 m³,沙量 0.10 亿 t(见表 6-2),洪

峰流量 1 120 m^3/s,桃汛起调水位 314.87 m(见图 6-2)。与 1993~2002 年桃汛洪水相比,水量减少 8 亿 m^3,沙量减少 0.17 亿 t。

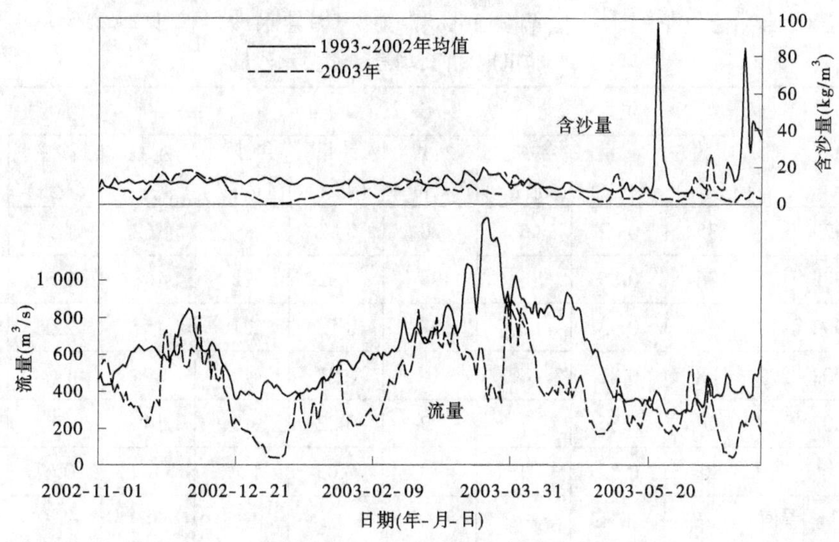

图 6-1　潼关站非汛期流量、含沙量过程

表 6-2　潼关站桃汛水沙量及潼关高程变化

时段	天数(d)	水量(亿 m^3)	沙量(亿 t)	洪峰流量(m^3/s)	平均流量(m^3/s)	平均含沙量(kg/m^3)	潼关高程变化值(m)
1974~1979 年	11	12	0.16	1 470~3 100	1 317	14	-0.04
1980~1985 年	11	13	0.15	1 960~2 840	1 344	11	-0.08
1986~1992 年	10	12	0.17	1 460~2 890	1 466	14	-0.11
1993~2002 年	13	15	0.27	1 340~3 160	1 364	19	-0.15
2003 年	11	7	0.10	1 120	767	13	-0.17

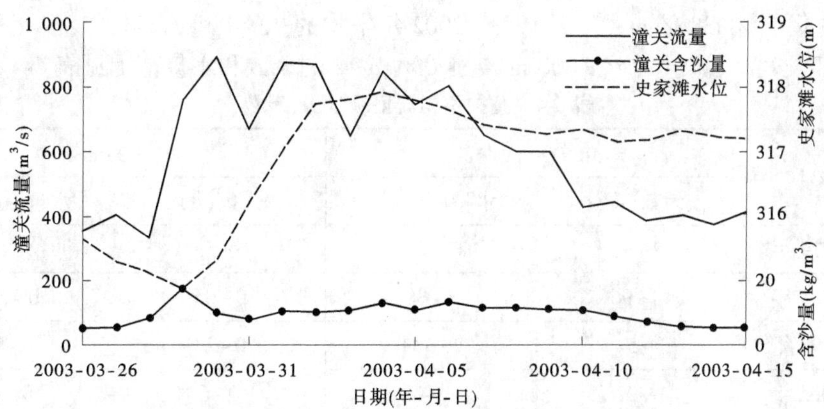

图 6-2　2003 年桃汛潼关流量、含沙量过程

2003 年非汛期黄河干流和渭河的来水来沙量都有大幅度减少。与 1993～2002 年相比,龙门水、沙量减少 28 亿 m^3 和 0.49 亿 t,华县站减少 6.9 亿 m^3 和 0.24 亿 t(见表 6-3)。与 1993～2002 年相比,龙门水沙量偏少 26%和 60%,华县水沙量偏少 43%和 89%。

表 6-3　非汛期龙门、华县和潼关水沙量

时段		龙门			华县			潼关		
		水量(亿 m^3)	沙量(亿 t)	含沙量(kg/m^3)	水量(亿 m^3)	沙量(亿 t)	含沙量(kg/m^3)	水量(亿 m^3)	沙量(亿 t)	含沙量(kg/m^3)
1974～1979 年		135	0.82	6	20	0.12	6	162	1.71	11
1980～1985 年		136	0.85	6	28	0.32	12	168	1.51	9
1986～1992 年		127	0.93	7	28	0.58	21	157	2.06	13
1993～2002 年		108	0.82	8	16	0.27	17	124	1.68	13
1974～2002 年		124	0.85	7	22	0.32	15	149	1.74	12
2003 年		80	0.33	4	9.1	0.03	4	81	0.67	8
与 1993～2002 年差	差值	-28	-0.49	-4	-6.9	-0.24	-13	-43	-1.01	-5
	%	-26	-60	-50	-43	-89	-76	-35	-60	-38

6.2.2　汛期

2003 年汛期潼关水量 157 亿 m^3,沙量 5.38 亿 t,含沙量 34 kg/m^3。与 1993～2002 年相比,年均水量增加 62 亿 m^3,沙量增加 0.31 亿 t。与 1974～2002 年相比,水沙量减少 5 亿 m^3 和 1.37 亿 t,分别偏枯 3%和 20%(见表 6-1)。

潼关汛期 7 月、8 月水量较少,9 月、10 月水量较丰。7～8 月水量只有 38 亿 m^3,与 1993～2002 年相比,水量减少 15 亿 m^3。而 9～10 月水量 120 亿 m^3,是 1993～2002 年的 2.9 倍。

潼关 2003 年汛期流量大于 2 000 m^3/s、3 000 m^3/s 的天数分别达到 38 d 和 13 d,对应水量 93 亿 m^3 和 38 亿 m^3,大于 1993～2002 年平均的 7.9 d 和 1.5 d、17 亿 m^3 和 4.9 亿 m^3。不同时段潼关流量大于 2 000 m^3/s、3 000 m^3/s 的天数和水量范围见表 6-4。

表 6-4　潼关不同流量级水量、天数

时段	>2 000 m^3/s		>3 000 m^3/s	
	天数(d)	水量(亿 m^3)	天数(d)	水量(亿 m^3)
1974～1979 年	12～96	27～271	5～55	2～196
1980～1985 年	14～96	28～304	0～65	0～224
1986～1992 年	1～54	2～141	0～23	0～71
1993～2002 年	1～22	2～44	0～6	0～20
2003 年	38	93	13	38

与 1993～2002 年相比，2003 年汛期龙门、华县站水量分别增加 3 亿 m^3、56 亿 m^3，龙门沙量减少 2.08 亿 t，华县沙量增加 0.93 亿 t（见表 6-5）。与 1974～2002 年相比，水量龙门偏少 50%，华县偏多 50%；沙量龙门偏少 66%，华县偏多 20%。

表 6-5　龙门、华县和潼关汛期水沙量

时段		龙门			华县			潼关		
		水量（亿 m^3）	沙量（亿 t）	含沙量（kg/m^3）	水量（亿 m^3）	沙量（亿 t）	含沙量（kg/m^3）	水量（亿 m^3）	沙量（亿 t）	含沙量（kg/m^3）
1974～1979 年		175	7.69	44	41	3.28	80	225	11.15	50
1980～1985 年		172	3.60	21	62	2.58	42	247	6.55	27
1986～1992 年		93	4.05	44	34	2.30	68	133	5.54	42
1993～2002 年		74	3.62	49	19	2.01	106	95	5.07	53
1974～2002 年		120	4.56	38	36	2.46	68	162	6.75	42
2003 年		77	1.54	20	75	2.94	39	157	5.38	34
与 1993～2002 年	差值	3	-2.08	-29	56	0.93	-67	62	0.31	-19
	%	4	-57	-59	295	46	-63	65	6	-36

6.2.3　洪水特点

2003 年汛期潼关最大洪峰流量 4 430 m^3/s（10 月 3 日），最大含沙量 396 kg/m^3（7 月 27 日）。从图 6-3 潼关汛期流量过程线可以明显看出，2003 年汛期共有 5 场洪水，除 8 月 1～9 日洪水主要是黄河干流来水外，另外 4 场洪水以渭河来水为主（见图 6-4）。场次洪水水沙特征值见表 6-6，潼关洪水水量 115 亿 m^3、沙量 4.42 亿 t，分别占汛期水量的 73%和 82%。

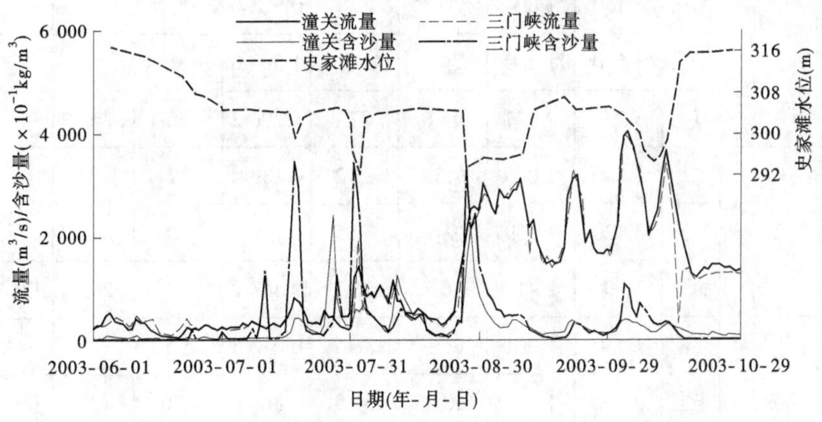

图 6-3　2003 年汛期坝前水位与潼关、三门峡流量、含沙量过程

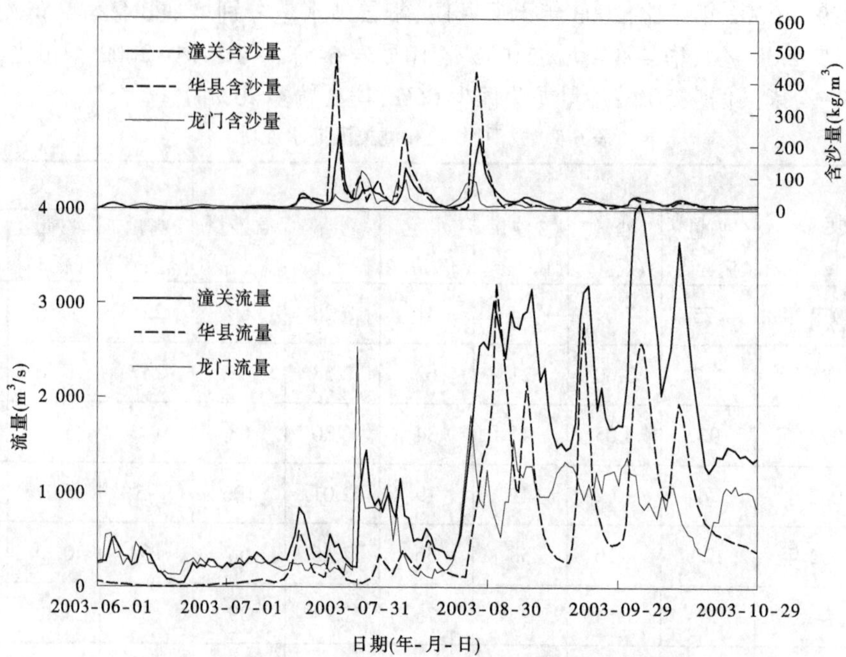

图 6-4　2003 年汛期潼关、华县、龙门流量、含沙量过程

表 6-6　2003 年场次洪水潼关、华县、龙门水沙特征值及潼关高程变化值

序号	日期(月-日)	天数	站名	最大流量(m^3/s)	平均流量(m^3/s)	水量(亿 m^3)	最大含沙量(kg/m^3)	沙量(亿 t)	平均含沙量(kg/m^3)	潼关高程(m)		
										洪水前	洪水后	水位差
1	08-01～08-09	9	龙门	7 230	858	6.67	133	0.387 7	58			
			华县	385	171	1.33	116	0.069 8	53			
			潼关	2 150	985	7.66	84	0.344 2	45	329.23	328.60	-0.63
2	08-25～09-15	22	龙门	3 150	1 094	20.8	148	0.525 0	25			
			华县	3 540	1 300	24.7	664	1.500 0	61			
			潼关	3 250	2 397	45.6	272	2.390 2	52	328.70	328.10	-0.60
3	09-19～09-26	8	龙门	1 840	1 086	7.51	23.2	0.130 0	17			
			华县	3 120	1 359	9.4	39.5	0.188 6	20			
			潼关	3 500	2 410	16.7	41.7	0.448 2	27	328.10	328.10	0
4	10-01～10-09	9	龙门	1 540	1 001	7.79	8.15	0.042 5	5.5			
			华县	2 740	1 767	13.7	33.9	0.368 6	27			
			潼关	4 430	3 208	24.9	43.5	0.778 7	31	328.10	327.93	-0.17

续表 6-6

序号	日期(月-日)	天数	站名	最大流量(m^3/s)	平均流量(m^3/s)	水量(亿 m^3)	最大含沙量(kg/m^3)	沙量(亿 t)	平均含沙量(kg/m^3)	潼关高程(m)		
										洪水前	洪水后	水位差
5	10-10~10-18	9	龙门	1 220	705	5.5	8.2	0.025 3	4.6			
			华县	2 010	1 291	10	23.5	0.184 9	18			
			潼关	3 830	2 598	20.2	32	0.460 0	23	327.93	327.80	-0.13
合计		57	龙门		981	48.3		1.110 5	23			
			华县		1 200	59.1		2.311 9	39			
			潼关		2 335	115		4.421 3	38			-1.53

6.2.3.1 黄河干流洪水

受7月29~30日黄河中游山陕区间北部出现局部地区强降雨影响,皇甫川、孤山川、窟野河等支流洪水暴涨。各支流洪水汇入黄河干流后,黄河龙门站7月31日13时18分出现最大流量7 230 m^3/s(这场洪水编为2003年黄河中游1号洪峰,即“03·7”洪水),潼关站8月1日20时30分出现最大流量2 150 m^3/s。

黄河中游“03·7”洪水龙门站流量陡涨陡落,有拖尾,主峰高、历时短,洪水总量较小,含沙量峰滞后于流量峰,峰型低平、历时较长,含沙量较小,最大含沙量仅为133 kg/m^3。潼关站洪水起涨时流量仅为205 m^3/s,但起涨平缓,峰型呈矮胖状且拖尾较长,峰后流量一直维持在1 000 m^3/s上下,洪水总量较小;含沙量较小,峰型不明显,仅在40~80 kg/m^3范围内波动。

受黄河小北干流河道严重萎缩、平滩流量大幅度减小的影响,黄河中游“03·7”洪水在传播过程中漫滩严重,洪峰在该河段传播历时达31 h,洪峰削减率为70%,远超过“96·8”洪水26 h的传播历时和“92·8”洪水53%的洪峰削减率等20世纪90年代出现的历史极值。

6.2.3.2 渭河洪水

2003年8月25日至10月12日渭河流域相继出现6次强降雨过程,相应发生了6场洪水过程,其中第1场洪水主要来源于泾河景村水文站以上,其他5场洪水主要来源于渭河咸阳水文站以上以及南山各支流。

8月25日泾河支流马莲河流域出现大暴雨,泾河支流马莲河庆阳水文站8月26日1时6分出现最大流量4 010 m^3/s,为设站以来第三大洪峰;张家山水文站8月26日22时6分出现最大流量3 600 m^3/s,洪水向渭河下游传播过程中坦化衰减,8月29日16时48分华县水文站出现1 500 m^3/s的洪峰流量,为渭河第1场洪水。

渭河咸阳站8月30日20时出现了1981年以来的最大洪峰流量5 340 m^3/s(渭河第2场洪水),9月1日11时该场洪水在华县站形成3 540 m^3/s的洪峰流量。此后,华县断面于9月8日、9月21日、10月4日和10月13日出现第3、4、5、6场洪水的洪峰,流量分别为 2 290 m^3/s、3 120 m^3/s、2 730 m^3/s、2 010 m^3/s。

根据 1999 年复核渭河下游各站 10 年一遇设计洪水，咸阳、临潼和华县的洪峰流量分别是 5 480 m^3/s、7 280 m^3/s 和 6 730 m^3/s，对应 5 年一遇设计洪水洪峰分别为 4 210 m^3/s、5 760 m^3/s 和 5 320 m^3/s。从洪峰流量来看，2003 年咸阳洪水不足 10 年一遇，临潼和华县都不足 5 年一遇。

2003 年汛期渭河洪水有以下特点：

(1) 洪峰流量不大，第 1 场洪水洪峰水位创历史最高，以后几场洪水水位降低。咸阳洪峰水位 387.86 m，比 1981 年洪峰流量 6 170 m^3/s 水位 387.32 m 高出 0.54 m。华县站洪峰水位 342.76 m，比 1996 年洪峰流量 3 500 m^3/s 水位 342.25 m 高 0.51 m。随着洪水对河槽的冲刷，河槽明显加宽（见图 6-5），第 2 场及以后几场洪水水位大幅度降低（见图 6-6、图 6-7）。

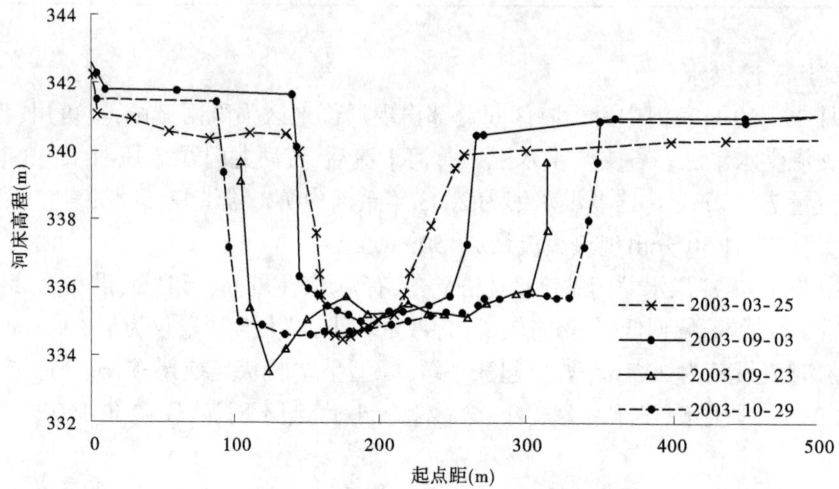

图 6-5 华县水文站断面

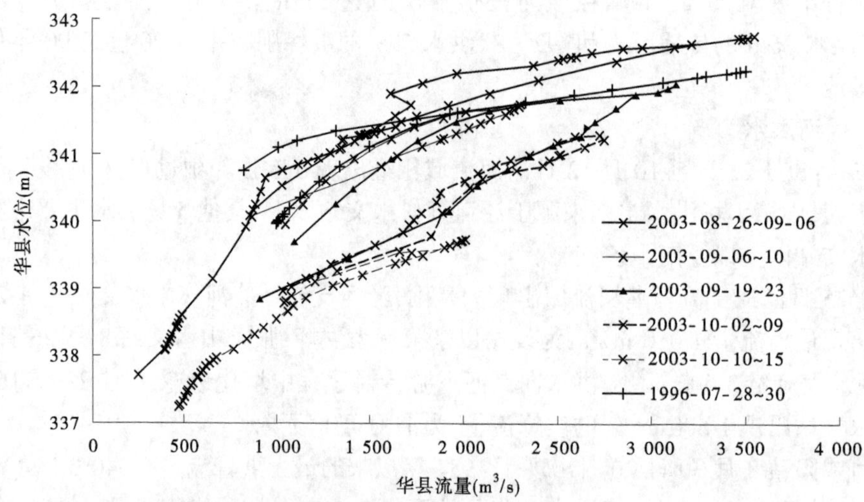

图 6-6 华县水文站水位—流量关系

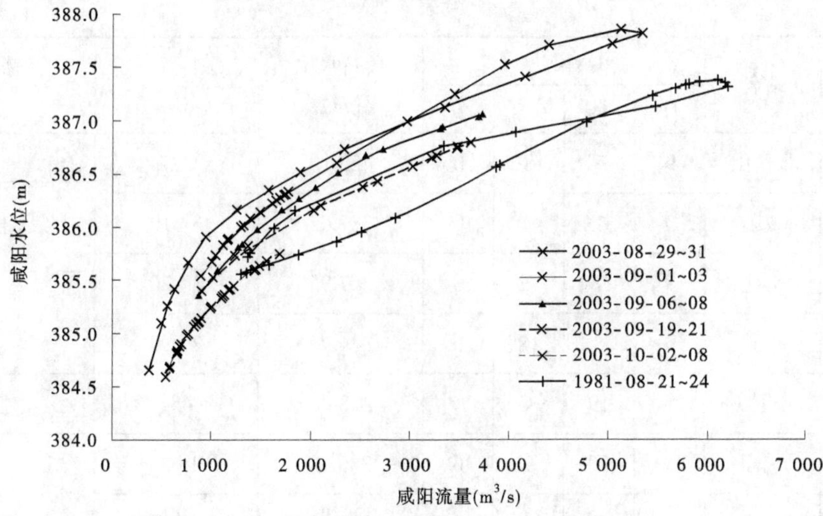

图 6-7　咸阳水文站水位—流量关系

(2)洪水演进速度缓慢,洪峰削减、变形剧烈。长期极枯水沙条件以及小流量高含沙洪水的频繁发生,使渭河下游河槽严重枯萎,平滩流量大幅度减小,造成 2003 年洪水的大范围漫滩,洪水演进速度极为缓慢,临潼至华县河长 77.3 km,1 号洪峰传播时间 53.8 h,平均传播速度只有 0.4 m/s,2 号洪峰使河槽产生冲刷,主槽过流量的增加,2~6 号洪峰传播时间在 30~14 h,平均传播速度 0.72~1.53 m/s。

2003 年渭河洪水特征值见表 6-7。可以看出,1 号、2 号洪峰在临潼站出现时间相差 95 h,洪水传播到华县站后,1 号洪峰过程从 1 500 m^3/s 仅落到 1 350 m^3/s 又开始上涨,使 1 号、2 号洪峰演变成一个很胖的洪水过程,两者时间差只有 66.2 h,1 号洪峰削减率达到 53%。

表 6-7　2003 年渭河洪水特征值统计

序号	站名	洪峰时间				最高水位 (m)	洪峰流量 (m^3/s)	传播历时 (h)
		月	日	时	分			
1 号洪峰	张家山	8	26	22	0	430.75	3 600	
	咸阳	8	28	6	54	386.09	1 180	
	临潼	8	27	11	0	357.80	3 200	53.8
	华县	8	29	16	18	341.32	1 500	
2 号洪峰	张家山	8	29	19	30	426.30	987	14
	咸阳	8	30	20	0	387.83	5 340	
	临潼	8	31	10	0	358.34	5 100	23
	华县	9	1	11	0	342.76	3 540	

续表 6-7

序号	站名	洪峰时间				最高水位（m）	洪峰流量（m³/s）	传播历时（h）
		月	日	时	分			
3号洪峰	张家山	9	7	8	0	423.10	377	
	咸阳	9	7	0	0	387.05	3 710	
	临潼	9	7	12	0	357.95	3 820	12
	华县	9	8	18	0	341.73	2 290	30
4号洪峰	张家山	9	19	4	12	423.40	452	
	咸阳	9	20	9	0	386.79	3 620	
	临潼	9	20	17	0	357.92	4 320	8
	华县	9	21	21	0	342.03	3 120	28
5号洪峰	张家山	10	2	5	0	423.60	502	
	咸阳	10	2	14	0	385.75	1 690	
	临潼	10	3	10	0	356.96	2 660	20
	华县	10	4	20	0	341.28	2 730	16
6号洪峰	张家山	10	12	14	0	423.86	579	
	咸阳	10	11	20	0	385.14	892	
	临潼	10	12	16	0	355.88	1 790	20
	华县	10	13	6	0	339.73	2 010	14

洪峰持续时间长，洪量大。渭河 2003 年洪水 6 次洪峰过程历时 40 d，形成历史上少有的洪水过程。华县站日均流量大于 1 000 m³/s、2 000 m³/s 的天数分别达到 31 d、12 d，水量分别达到 49 亿 m³、25 亿 m³，水量和天数基本接近水量较丰的 1981 年、1983 年和 1984 年（见图 6-8）。华县水文站洪水水量达 59 亿 m³（见表 6-6），占汛期水量的 79%。

渭河洪水水位高、演进速度缓慢，主要是渭河下游主槽严重萎缩造成主河槽过流量大幅度减少，以及滩地种植大量农作物形成的。1994 年、1995 年多场高含沙小洪水造成渭河下游严重淤积，平滩流量大幅度下降，华县平滩流量从 1992 年以前的 4 000 m³/s 左右下降至 1 500 m³/s 左右，近 10 年来渭河来水极枯，华县站平滩流量一直在 1 000～1 500 m³/s 变化，临潼水文站的平滩流量也大幅度下降，从 20 世纪 90 年代初期的 4 000 m³/s 以上下降到 2 500 m³/s 左右。平滩流量的降低，主槽过流能力减小，使 2003 年汛期洪水漫滩,水位升高。

总之,2003年潼关水沙特点如下:

(1)水量偏枯程度减弱,属枯沙年份。汛期来水来沙与长系列多年平均值相比,属枯水枯沙。

(2)最大洪峰流量不大,洪水场次和洪水量较多,渭河洪水量较大。大于2 000 m^3/s的洪水有5次,大于3 000 m^3/s的洪水有4次。

(3)华县洪水量占汛期水量的79%,这对库区冲刷和潼关高程降低是有利的。

(4)汛期含沙量较小。

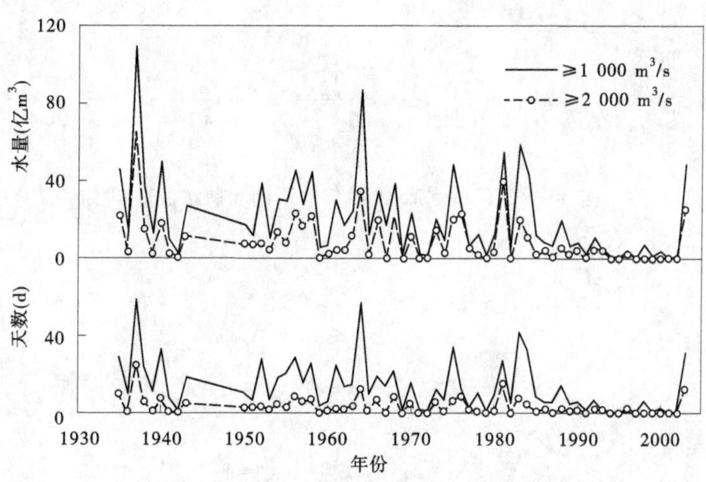

图6-8　华县不同流量级天数和水量过程

6.3　水库运用与库区冲淤特性

2003年非汛期三门峡水库最高库水位试验按318 m控制运用,汛期按照"洪水排沙,平水发电"的基本原则运用。

6.3.1　水库运用情况

6.3.1.1　非汛期运用

根据2003年1月28日水利部办公厅(办函〔2003〕31号)《关于黄河三门峡水库运用控制水位试验方案的复函》的精神,黄河防汛总指挥部办公室以黄防总办电〔2003〕12号下达《关于非汛期三门峡水库试验运用水位的通知》,通知指出,2003年非汛期三门峡水库最高库水位试验按318 m控制运用。2003年非汛期三门峡水库遵照这一要求,严格控制坝前水位在318 m以下,最高水位是4月4日的317.98 m,平均水位315.59 m。2003年非汛期三门峡水库坝前水位变化过程见图6-9。

2003年非汛期最高水位按318 m控制,比最近10年1993~2002年最高水位平均值降低3.7 m,比2002年最高水位降低2.3 m(见图6-10),平均水位变化不大(1993~2002年非汛期平均水位315.72 m)。与其他时段水位相比,11月至翌年1月水位偏高,2~5月水位偏低(见图 6-11);从非汛期整个时段的变化过程来看,2003 年非汛期水位变化平缓,变幅较小。

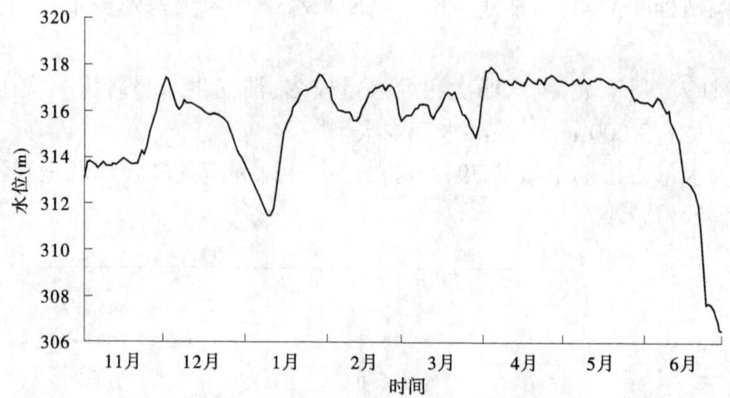

图 6-9　三门峡水库 2003 年非汛期坝前水位过程

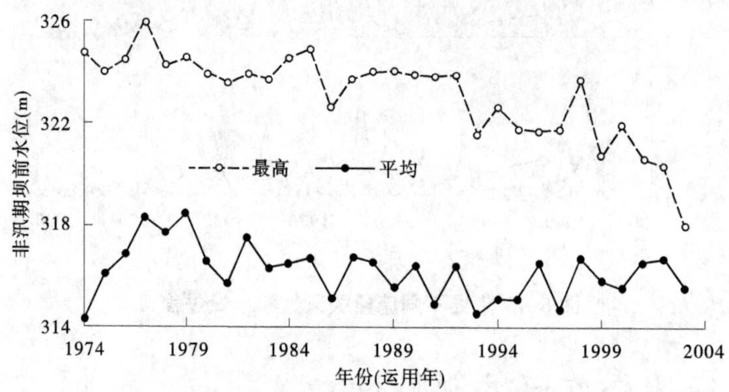

图 6-10　三门峡水库非汛期坝前最高水位与平均水位变化过程

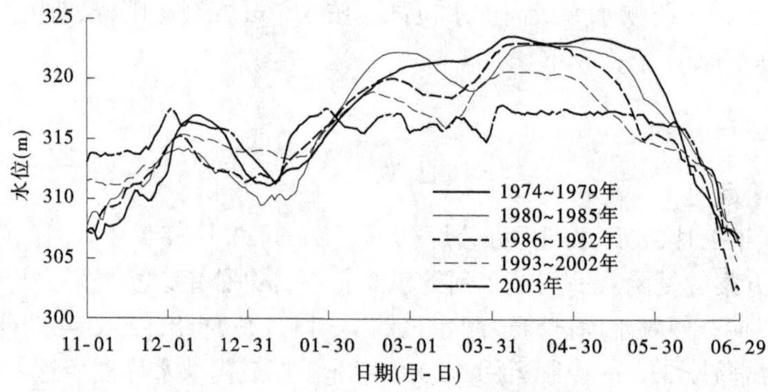

图 6-11　三门峡水库不同时段非汛期坝前平均水位过程

非汛期不同时段分级水位天数变化见表 6-8。可以看出,非汛期水位在 318 m 以上的天数 1993~2002 年是 82 d,2003 年是 0 d。2003 年非汛期水位在 315~318 m 的天数较多,达 179 d,占非汛期天数的 74%;水位在 310~315 m 的天数占 23%,310 m 以下的天数占 3%。1993~2002 年 315 m 以上的天数 146 d，占非汛期天数的 60%，水位在 310~315 m 的天数占 31%，310 m 以下的天数占 9%。

1993~2002 年小于 315 m 的天数是 96 d，大于 315 m 的天数为 146 d。2003 年小于 315 m 的天数是 63 d，大于 315 m 的天数为 179 d。2003 年与 1993~2002 年相比，小于 315 m 的天数少了 33 d，大于 315 m 的天数增加 33 d。

2003 年桃汛起调水位在 314.87 m，比 1993~2002 年桃汛平均起调水位 315.80 m 降低 0.93 m（见图 6-12）。

表 6-8　三门峡水库蓄清排浑运用以来非汛期平均每年坝前水位分级天数

时段	各级水位天数						平均水位（m）	最高水位（m）
	<310 m	310~315 m	315~318 m	318~320 m	320~324 m	>324 m		
1974~1979 年	36	49	29	26	75	27	316.94	325.95
1980~1985 年	29	72	25	30	82	4	316.55	324.90
1986~1992 年	27	76	42	33	63	1	315.97	324.06
1993~2002 年	21	75	63	42	40	0	315.72	323.71
1974~2002 年	27	69	43	34	62	7	316.21	325.95
2003 年	8	55	179	0	0	0	315.59	317.98

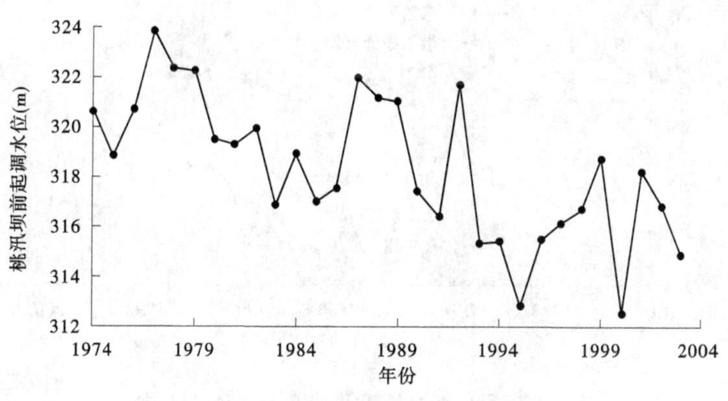

图 6-12　三门峡水库桃汛起调水位

6.3.1.2　汛期运用

2003 年非汛期从 6 月初开始降低水位，7 月 1 日降至 304.53 m。最低瞬时水位 283.49 m（8 月 1 日），最低日均水位 291.96 m（8 月 2 日）。2003 年汛期按照“洪水排沙，平水发电”的运用原则，进行了四次泄流排沙运用（见图 6-13），累计排沙历时 30 d 左右，特别是在 8 月 25 日至 9 月 15 日洪水期间实施了长达 15 d 的敞泄排沙运用，改变了洪水期控制库水位的运用方式。汛初 7 月 18 日利用潼关 836 m^3/s 的洪水过程控制水位 298 m 进行排沙,其余三次排沙均在洪水到来前,开启底孔、隧洞、深孔进行预泄空库迎洪,排沙期平均水位 296.47 m。

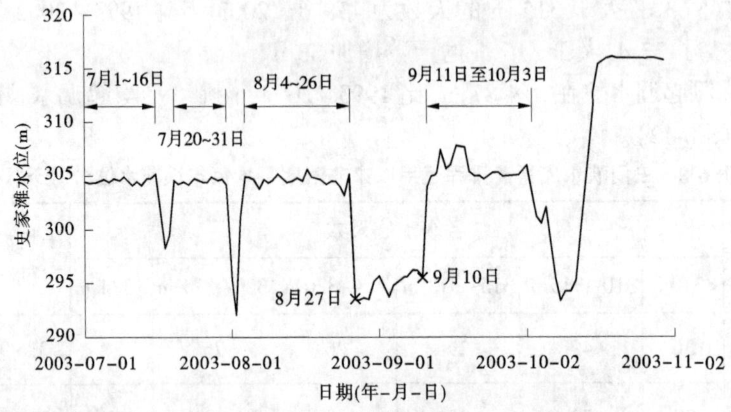

图 6-13　三门峡水库汛期坝前水位过程线

汛期平水期库水位控制在 305 m 以下,9 月因应对突发事件有几天水库水位超过 305 m(突发事件:根据黄河防汛总指挥部办公室明传电报,黄防总办电〔2003〕280 号,陕西华阴市 501 基地库房流失炮弹有 48 箱没有找到,据分析估计,装有炮弹的箱子正在向库区推进。为避免炮弹给枢纽造成不必要的危害,根据领导指示,并电请国家防办,商陕西防指同意,三门峡水库蓄水位可暂时抬高至 308 m 运用)。

2003 年汛期坝前平均水位 304.06 m,与 1974~2002 年汛期平均水位 304.03 m 接近(见图 6-14)。

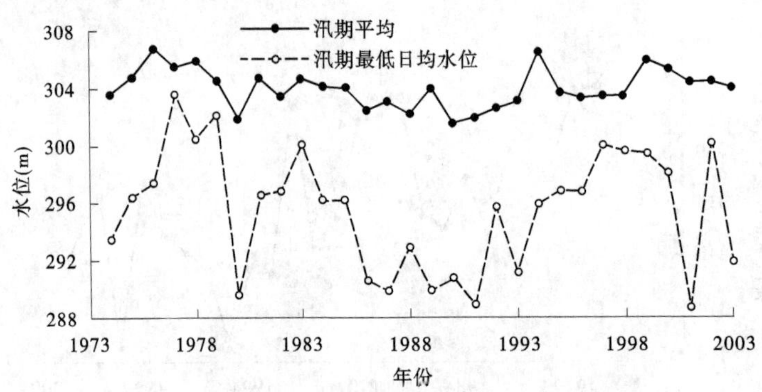

图 6-14　三门峡水库汛期坝前水位变化过程

不同时段汛期坝前分级水位天数见表 6-9,2003 年汛期低于 300 m 的天数明显增多,有 26 d;300~305 m 略有减少,为 60 d。根据黄防总电〔2003〕33 号《关于当前小浪底与三门峡水库联合运用方案的报告》确保小浪底水库大坝运行安全的指示,为了控制小浪底水库水位不再进一步抬升,三门峡水库自 10 月 16 日起逐步抬高水位向非汛期蓄水运用过渡。

表 6-9　三门峡水库不同时段平均汛期坝前水位分级天数(7 月 1 日至 10 月 31 日)

时段	各级水位天数		
	<300 m	300~305 m	305~310 m
1974~1979 年	3	66	40
1980~1985 年	9	68	30
1986~1992 年	18	79	23
1993~2002 年	12	70	32
1974~2002 年	11	70	36
2003 年	26	60	21

6.3.2　库区冲淤特性

根据库区淤积断面测量成果，2002~2003 运用年潼关以下非汛期(2002 年 10 月 7 日至 2003 年 6 月 1 日)淤积 0.825 亿 m^3，汛期(2003 年 6 月 1 日至 10 月 20 日)冲刷 2.203 亿 m^3，全年(2002 年 10 月 7 日至 2003 年 10 月 2 日)共冲刷 1.378 亿 m^3，是 1974 年以来冲刷量最大的年份。潼关以下各断面都发生了冲刷(见图 6-15)，黄淤 22 断面以下冲刷量占总冲刷量的 56%(见表 6-10)。2002~2003 年运用年库区泥沙冲淤不但达到了量的平衡，而且达到部位平衡。

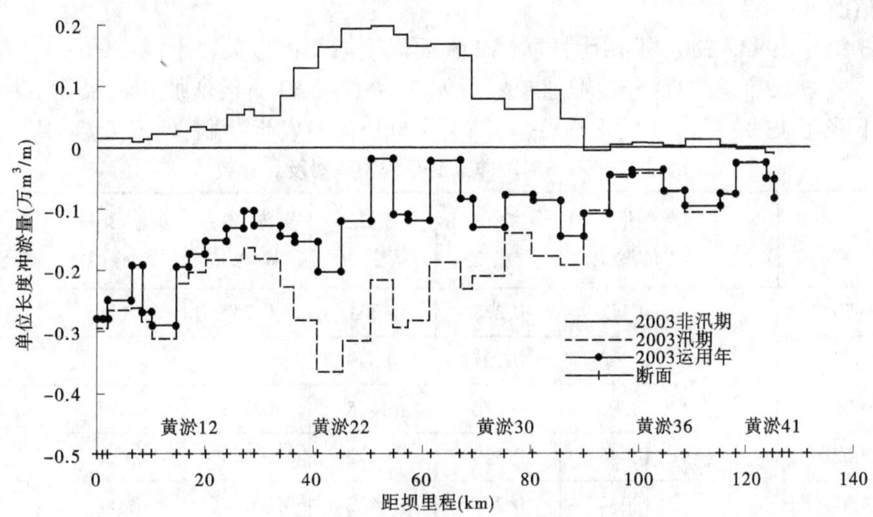

图 6-15　潼关至大坝沿程冲淤分布

表 6-10　潼关至大坝冲淤量　(单位：亿 m^3)

时段	大坝—黄淤 12	黄淤 12—黄淤 22	黄淤 22—黄淤 30	黄淤 30—黄淤 36	黄淤 36—黄淤 41	大坝—黄淤 41
2002-10-07~2003-06-01	0.034	0.287	0.432	0.075	−0.002	0.826
2003-06-01~2003-10-20	−0.407	−0.690	−0.650	−0.321	−0.136	−2.203
2002-10-07~2003-10-20	−0.373	−0.403	−0.218	−0.246	−0.138	−1.378
2002-10-07~2003-10-20 各河段所占百分数(%)	27	29	16	18	10	100

表 6-11 是潼关及其以下各水位站汛期与非汛期 1 000 m^3/s 水位变化值。从表 6-11 看出，汛期水位下降值都大于非汛期上升值，2003 年水位都有下降。

表 6-11　2003 年潼关至大坝各水位站 1 000 m^3/s 水位变化　（单位：m）

时段	潼关	坫垮	大禹渡	北村
非汛期	0.04	0.05	1.30	4.92
汛期	-0.88	-0.85	-2.50	-7.20
年	-0.84	-0.80	-1.20	-2.28

6.3.2.1　非汛期

1.淤积特点

1）实测断面法淤积量分析

不同时段潼关以下库区非汛期淤积量见表 6-12。黄淤 36—黄淤 41 河段（潼关至坫垮）淤积占潼关以下库区淤积的百分数从 1974～1979 年的 12%下降到 1993～2002 年的 0.8%；黄淤 30—黄淤 36 河段（坫垮至大禹渡）的淤积百分数从 38%下降到 24%；黄淤 22—黄淤 30（北村至大禹渡）和黄淤 12—黄淤 22（会兴至北村）的百分数分别从 23%、19%增加到 46%、26%。随着水位的变化，淤积重心也从黄淤 30—黄淤 36 河段下移至黄淤 22—黄淤 30 河段。

2003 年与 1993～2002 年相比，黄淤 12 断面以下淤积占潼关以下淤积的百分数相同，黄淤 12—黄淤 22 河段的百分数增加 9%，黄淤 22—黄淤 30 河段增加 6%，黄淤 30—黄淤 36 河段下降了 15%，只占 9%，而 2003 年潼关—坫垮河段发生冲刷，处于天然河段。

表 6-12　不同时段非汛期平均淤积量及百分数

时段	项目	坝址—黄淤 12	黄淤 12—黄淤 22	黄淤 22—黄淤 30	黄淤 30—黄淤 36	黄淤 36—黄淤 41	坝址—黄淤 41
1974～1979 年	淤积量（亿 m^3）	0.115	0.273	0.331	0.557	0.171	1.447
1980～1985 年		0.096	0.224	0.349	0.464	0.064	1.198
1986～1992 年		0.006	0.276	0.445	0.323	0.067	1.117
1993～2002 年		0.048	0.328	0.592	0.303	0.011	1.281
2003 年		0.034	0.287	0.432	0.075	-0.002	0.826
1974～1979 年	占潼关至大坝的百分数（%）	8	19	23	38	12	100
1980～1985 年		8	19	29	39	5	100
1986～1992 年		1	25	40	29	6	100
1993～2002 年		4	26	46	24	0.8	100
2003 年		4	35	52	9	-0.2	100

2）同流量水位变化

潼关至大坝间各水位站 1 000 m^3/s 流量水位变化也可以反映非汛期水库蓄水淤积影

响程度(见表 6-13)。从蓄清排浑运用以来,随着高水位运用天数的减少和最高水位的降低,非汛期潼关 1 000 m^3/s 流量水位上升值逐渐减少。坫埼水位从 1974~1979 年平均上升 1.70 m,降低至 1993~2002 年的 0.50 m。随着水库运用水位的调整,淤积的重心也不断下移,大禹渡和北村水位变化幅度上升。特别是 1993~2002 年,淤积三角洲的顶点基本在北村上下,其水位上升幅度最大,达到 4.36 m。

表 6-13　不同时段非汛期各站 1 000 m^3/s 流量水位变化值　(单位:m)

时段	潼关	坫埼	大禹渡	北村
1974~1979 年	0.70	1.70	1.99	1.73
1980~1985 年	0.40	1.06	1.61	1.42
1986~1992 年	0.37	0.80	1.57	2.31
1993~2002 年	0.31	0.50	2.25	4.36
2003 年	0.04	0.05	1.30	4.92

2003 年大禹渡同流量水位上升 1.30 m,比 1993~2002 年低 0.95 m;北村水位上升 4.92 m,比 1993~2002 年高 0.56 m。三门峡水库建库前潼关、彩霞和杨家湾的非汛期水位上升基本在 0.2~0.5 m,2003 年潼关 1 000 m^3/s 流量水位上升 0.04 m、坫埼 1 000 m^3/s 流量水位上升 0.05 m,表明坫埼以上河段不受水库回水影响。

2.水库淤积形态

三门峡水库非汛期一般都会形成三角洲淤积,三门峡水库非汛期蓄水位在不同时段有变化,同时水沙条件也不同,非汛期淤积体是不同时段三角洲淤积体的重叠形成的。

1)纵向形态

三门峡水库 2003 年非汛期坝前蓄水位在 311.48~317.92 m 变化,特别是从 1 月 16 日至 6 月 12 日的近 5 个月中,坝前水位基本在 315~317.92 m 变化,水位变幅较小,非汛期泥沙淤积形成典型的三角洲形态(见图 6-16)。淤积三角洲顶点在黄淤 22 断面附近,前坡段是黄淤 12—黄淤 22,顶坡段是黄淤 22—黄淤 32。

1993 年以来,随着水库最高运用水位的降低,非汛期蓄水位变幅较小,泥沙淤积基本是三角洲淤积。淤积三角洲顶点基本在黄淤 22 附近(见图 6-17)。

(1)三角洲顶点高程。当水库运用水位变幅不大时,三角洲顶点高程主要与库水位有关。对三门峡水库来说,库水位变幅不大时,三角洲顶点的高程与水库平均运用水位有关。

(2)三角洲洲面长度。三角洲的洲面长度在水库运用水位变化不大的情况下,随水库的蓄水运用逐渐发展,与水库的运用时间和来沙量相关。三门峡水库非汛期蓄水时间基本不变,因此三角洲的洲面长度主要与来沙量有关。

(3)三角洲顶坡段比降。利用淤积断面资料计算,2003 年非汛期淤积三角洲顶坡比降 1.5‰。

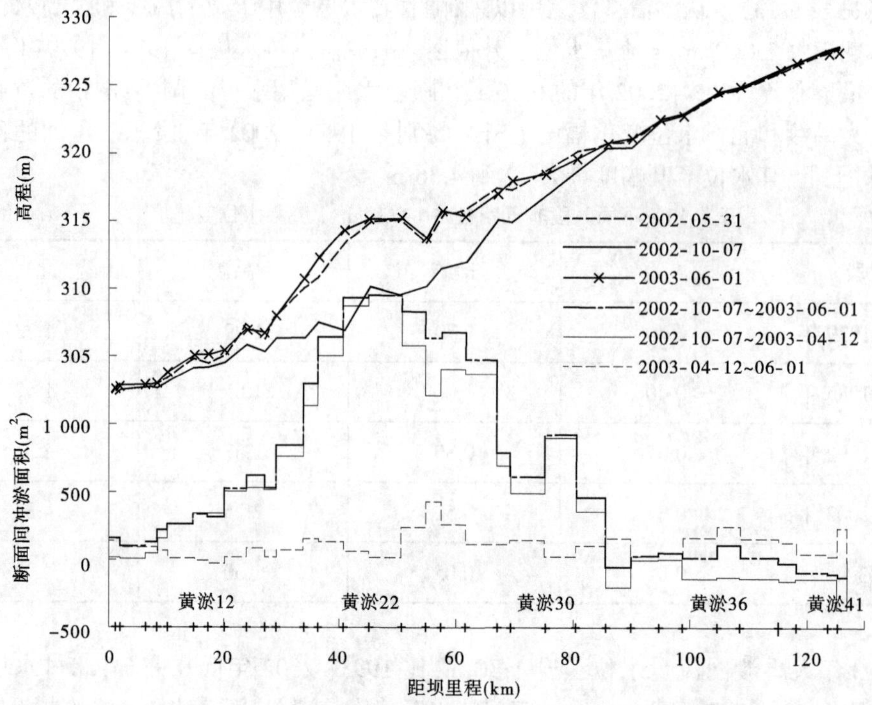

图 6-16　三门峡 2003 年非汛期淤积纵剖面及各断面间淤积面积

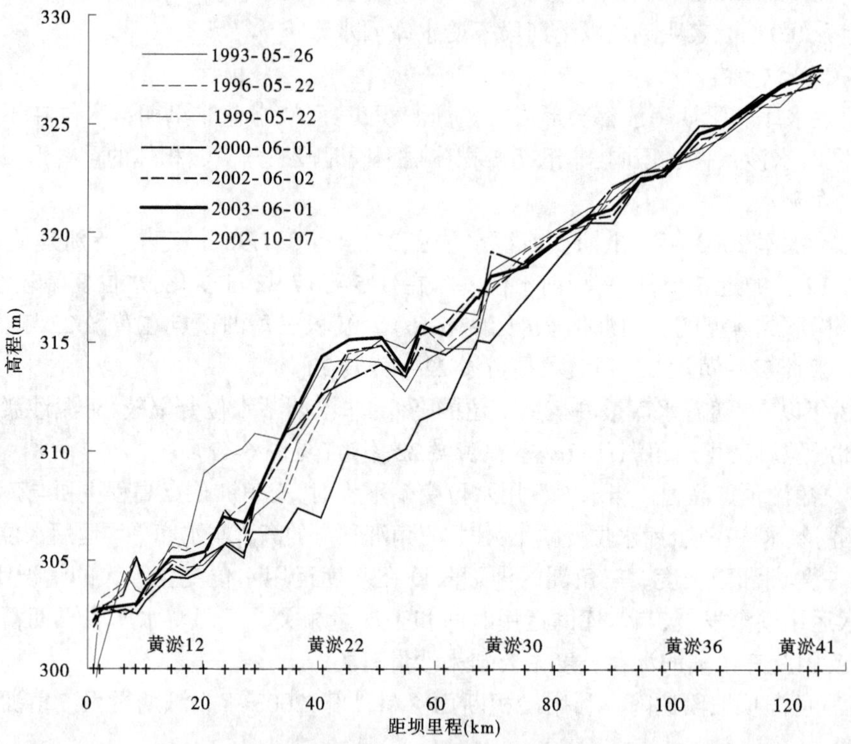

图 6-17　三门峡非汛期淤积三角洲纵剖面

2）横向形态

淤积横向形态指横断面上的淤积分布情况。影响水库横剖面淤积形态的因素很多，包括含沙量及悬移质级配、流速、水深等在横向的分布，附近的河势、断面形态及水库淤积体的形态等也有影响。根据库区壅水程度的不同、淤积量的多少，横向淤积形式主要有淤槽为主、淤滩为主、沿四周等厚淤积、淤积面水平抬升等。

近坝段黄淤 1—黄淤 12 河段，颗粒较细，断面水深较深，形成沿湿周淤积。黄淤 14—黄淤 30 河段淤积面水平抬高。黄淤 31—黄淤 33 河段是回水影响的尾部段，挟沙水流进入回水区以后，含沙量和级配沿断面分布不均匀，主槽含沙量大、级配粗，以淤槽为主（见图 6-18）。

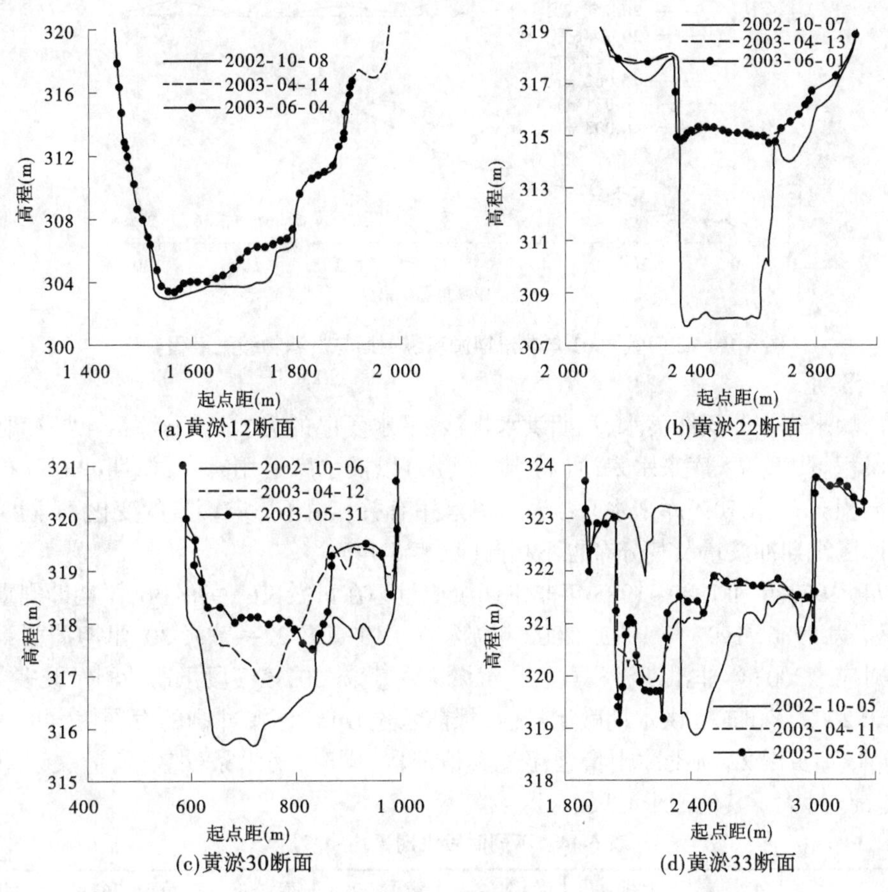

图 6-18　三门峡非汛期淤积横断面

3.淤积物级配

悬移质泥沙在沉降过程中，在相同的条件下，粗颗粒泥沙比细颗粒要沉得快，淤积在偏上游地方。在淤积过程中，水流的含沙量不仅沿程递减，其含沙组成也沿程趋细，因此淤积物的组成也同样沿程趋细。

图 6-19 是 6 月 1 日前后所测的淤积物的级配沿程变化。黄淤 33—黄淤 26 淤积物小于 0.062 mm 的级配变化不大，但是对大于 0.062 mm 的泥沙淤积物分选作用明显，从黄淤

33 的 53%降低到黄淤 26 的 3%，表明大于 0.062 mm 的泥沙主要淤积在这一河段。黄淤 29—黄淤 19 对较细淤积物分选作用更加明显，粒径小于 0.062 mm 的沙重百分数从黄淤 29 断面的 63%增加到黄淤 19 断面的 98%，粒径小于 0.031 mm 的沙重百分数从黄淤 29 断面的 5%增加到黄淤 19 断面的 91%，粒径小于 0.008 mm 的沙重百分数从黄淤 29 断面的 0.6%增加到黄淤 19 断面的 57%。

根据 6 月 1 日所测的淤积物级配成果计算，黄淤 29—黄淤 33 断面淤积物中数粒径在 0.05～0.07 mm。

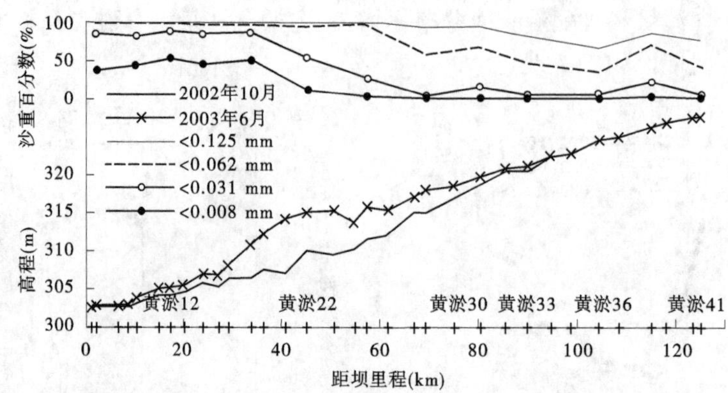

图 6-19 三门峡 2003 年非汛期淤积纵剖面与淤积物级配沿程变化

6.3.2.2 汛期

三门峡水库按非汛期蓄水，汛期洪水排沙、平水发电的方式运用，库区汛期冲刷量与非汛期淤积量、汛期入库来水来沙（特别是洪水）以及水库运用有关，汛期冲刷分布也与非汛期淤积分布、汛期入库来水来沙及水库运用有关。由于影响因素的变化，不同时段潼关以下库区汛期冲淤量及其分布也不相同（见表 6-14）。

1974～1979 年和 1980～1985 年非汛期淤积重心在黄淤 30—黄淤 36，汛期冲刷重心也在这一河段，1986～1992 与 1993～2002 年淤积重心在黄淤 22—黄淤 30，汛期冲刷重心也与之相对应。2003 年非汛期淤积重心在黄淤 22—黄淤 30，该河段汛期冲刷量较多。

由于 2003 年汛期在洪水期敞泄排沙，坝前水位较低，溯源冲刷的发展使大坝—黄淤 12、黄淤 12—黄淤 22 河段冲刷量远超过其他河段，同时，来水条件较好，潼关以下冲刷 2.203亿 m^3，远大于其他四个时段。

表 6-14 不同时段汛期平均冲淤量

时段	项目	大坝—黄淤 12	黄淤 12—黄淤 22	黄淤 22—黄淤 30	黄淤 30—黄淤 36	黄淤 36—黄淤 41	大坝—黄淤 41
1974～1979 年	淤积量（亿 m^3）	−0.042	−0.142	−0.279	−0.615	−0.128	−1.206
1980～1985 年		−0.142	−0.253	−0.386	−0.432	−0.128	−1.340
1986～1992 年		0.006	−0.299	−0.409	−0.242	−0.020	−0.963
1993～2002 年		−0.019	−0.282	−0.553	−0.290	0.009	−1.135
2003 年		−0.407	−0.690	−0.650	−0.321	−0.136	−2.203

续表 6-14

时段	项目	大坝—黄淤 12	黄淤 12—黄淤 22	黄淤 22—黄淤 30	黄淤 30—黄淤 36	黄淤 36—黄淤 41	大坝—黄淤 41
1974~1979 年	占潼关至大坝的百分数（%）	4	12	23	51	11	100
1980~1985 年		11	19	29	32	10	100
1986~1992 年		−1	31	42	25	2	100
1993~2002 年		2	25	49	26	−1	100
2003 年		18	31	29	15	6	100

从 2003 年汛期不同时段冲淤量（见表 6-15、图 6-20）可以看出，汛期冲刷主要发生在 8 月 9 日至 10 月 20 日，冲刷量 1.35 亿 m^3，占汛期总冲刷量的 61%。

表 6-15　汛期不同时段入库流量和坝前水位冲淤量

河段		6 月 1 日至 7 月 28 日	7 月 28 日至 8 月 9 日	8 月 9 日至 10 月 20 日	6 月 1 日至 10 月 20 日
潼关平均流量（m^3/s）		305	759	2 010	1 220
坝前水位（m）		308.59	302.56	302.55	304.99
冲淤量（亿 m^3）	大坝—黄淤 12	−0.156	−0.136	−0.115	−0.407
	黄淤 12—黄淤 22	−0.116	−0.125	−0.449	−0.690
	黄淤 22—黄淤 30	−0.184	−0.112	−0.353	−0.650
	黄淤 30—黄淤 36	0.005	−0.038	−0.288	−0.321
	黄淤 36—黄淤 41	−0.016	0.020 6	−0.140	−0.136
合计	冲淤量（亿 m^3）	−0.467	−0.390	−1.346	−2.203
	百分数（%）	21	18	61	100

6 月 1 日至 7 月 28 日入库平均流量只有 305 m^3/s，冲刷主要发生在汛初坝前水位降低引起的溯源冲刷，坝前段冲刷较多。

7 月 28 日至 8 月 9 日入库平均流量 759 m^3/s，该时段又发生洪水，坝前水位只有 302.56 m，黄淤 30 以下冲刷量都较多，该时段单位时间平均冲刷量最大。同期，来自渭河的小洪水高含沙洪水造成黄河 36—黄淤 41 河段淤积。

8 月 9 日至 10 月 20 日入库 4 场洪水，潼关平均流量达到 2 010 m^3/s，潼关河道发生沿程冲刷；洪水期由于坝前水位降低，敞泄排沙，使溯源冲刷向上发展，溯源冲刷与沿程冲刷相衔接。

由表 6-11 可知，2003 年汛期潼关、坫埼 1 000 m^3/s 水位分别下降 0.88 m 和 0.85 m，大禹渡和北村 1 000 m^3/s 水位分别下降 2.50 m 和 7.20 m。

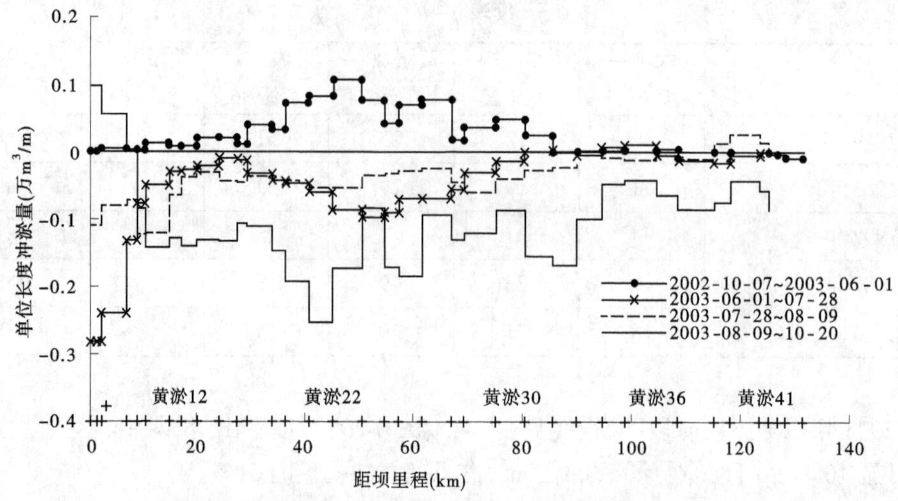

图 6-20　三门峡 2003 年汛期不同时段沿程冲淤分布

6.4　水库非汛期蓄水运用回水影响范围和淤积末端分析

根据缓坡明渠水力学计算,当蓄水水库的坝前水深达到一定程度后,近坝段的水面曲线接近水平线;随着距坝里程的增加,水面比降单调增大,即水面线是一条下凹的壅水曲线;在上游端,水面线以对应正常水深的水面线作为渐近线。水库蓄水的回水末端一般就是壅水水面线最接近于河道正常水深水面线的位置。回水末端以下就是水库蓄水的回水范围。对同一水库,如果库水位固定不变,则入库流量越大,回水曲线的长度就越短,回水范围就越小,即回水末端距坝越近;入库流量越小,回水末端距坝越远,回水范围就越大。同一水库,库区比降越大,回水影响范围越小。

对清水河流,没有泥沙淤积,当入库流量不变时,对应一个坝前蓄水水位来说,不管水库蓄水时间的长短,回水末端的位置不变,也即回水范围不变。而对多泥沙河流来说,挟沙水流进入回水区之后,流速降低,泥沙淤积。泥沙淤积发生后,当入库流量和坝前水位不变时,回水范围增大,回水范围增大的结果又促使泥沙淤积进一步向上游发展;如上游发生较大洪水,淤积的泥沙可能发生冲刷,进尔使回水末端下移,因此泥沙淤积和回水末端是相互影响的。由于三门峡水库非汛期蓄水位变化,以及入库水沙条件的变化,非汛期存在一个回水变动区。三门峡水库对应一个非汛期蓄水运用过程,也存在一个最远的回水末端。

6.4.1　非汛期蓄水位不超过 318 m 的回水影响范围

6.4.1.1　回水影响的临界库水位分析

对于三门峡水库的回水影响的临界库水位的确定,不同研究者利用不同的方法进行分析。黄河水利科学研究院在确定潼关以下某一水位站受回水影响的临界库水位时,采用与其相邻的上游水位站作为参证站,在流量相对稳定的蓄水过程中,以两站间的水位差明显变小为标志,即认为该站水位因受回水影响而开始上涨,此时的库水位即为回水影响该站的临界库水位。

确定回水影响的另一种方法是,利用非汛期上下两个水位站的水面比降与坝前史家滩水位的关系。在坝前水位上升的过程中,若两站的水面比降有一个明显的转折点,对应这个转折点,坝前水位就影响到这个河段(或者说回水影响到下游站的水位)。对应转折点的坝前水位就是影响该河段(或下游站)的临界库水位。

确定回水影响范围的第三种方法是,直接用库区某一水位站与坝前史家滩水位的关系,当入库流量变化不大时,若坝前水位没有影响到该站水位,该站水位不随史家滩水位的升高而变化;当史家滩水位达到某一水位后,该站水位随史家滩水位的上升而上升,此时的史家滩水位就是该站水位受到坝前水位回水影响的临界库水位。

虽然三种确定回水影响的临界库水位的方法表达的方式不同,是从事物的不同方面来反映和表达受回水影响后的各因素变化过程,但对确定水库回水影响范围的实质是一样的。

利用水库蓄水过程中入库流量基本稳定的库水位,运用上述三种方法分别点绘相关图(见图 6-21)。根据图 6-21 中的变化分别确定北村、大禹渡受回水影响的临界库水位(见表 6-16)。综合分析确定,回水影响北村站的临界库水位为 307～308 m,大禹渡站的临界库水位为 314 m 左右。

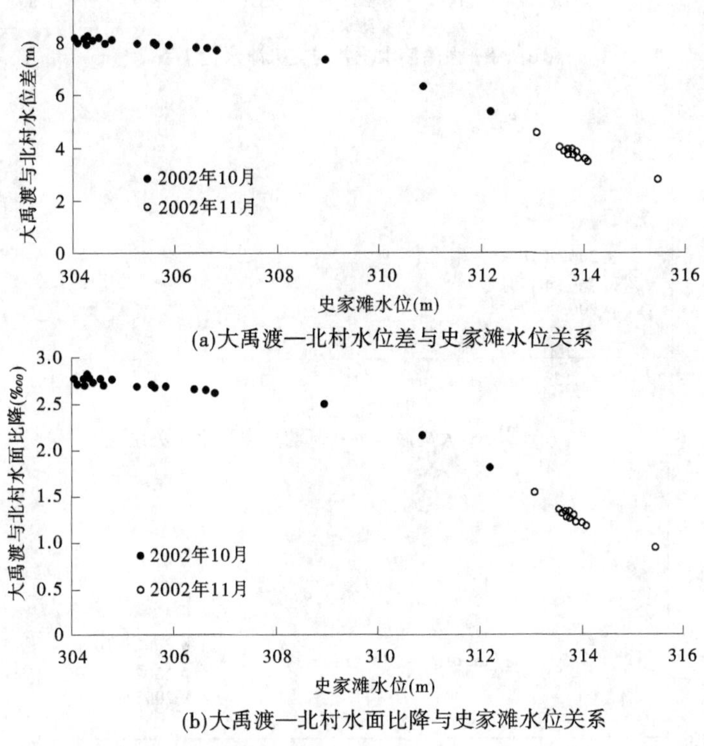

(a)大禹渡—北村水位差与史家滩水位关系

(b)大禹渡—北村水面比降与史家滩水位关系

图 6-21

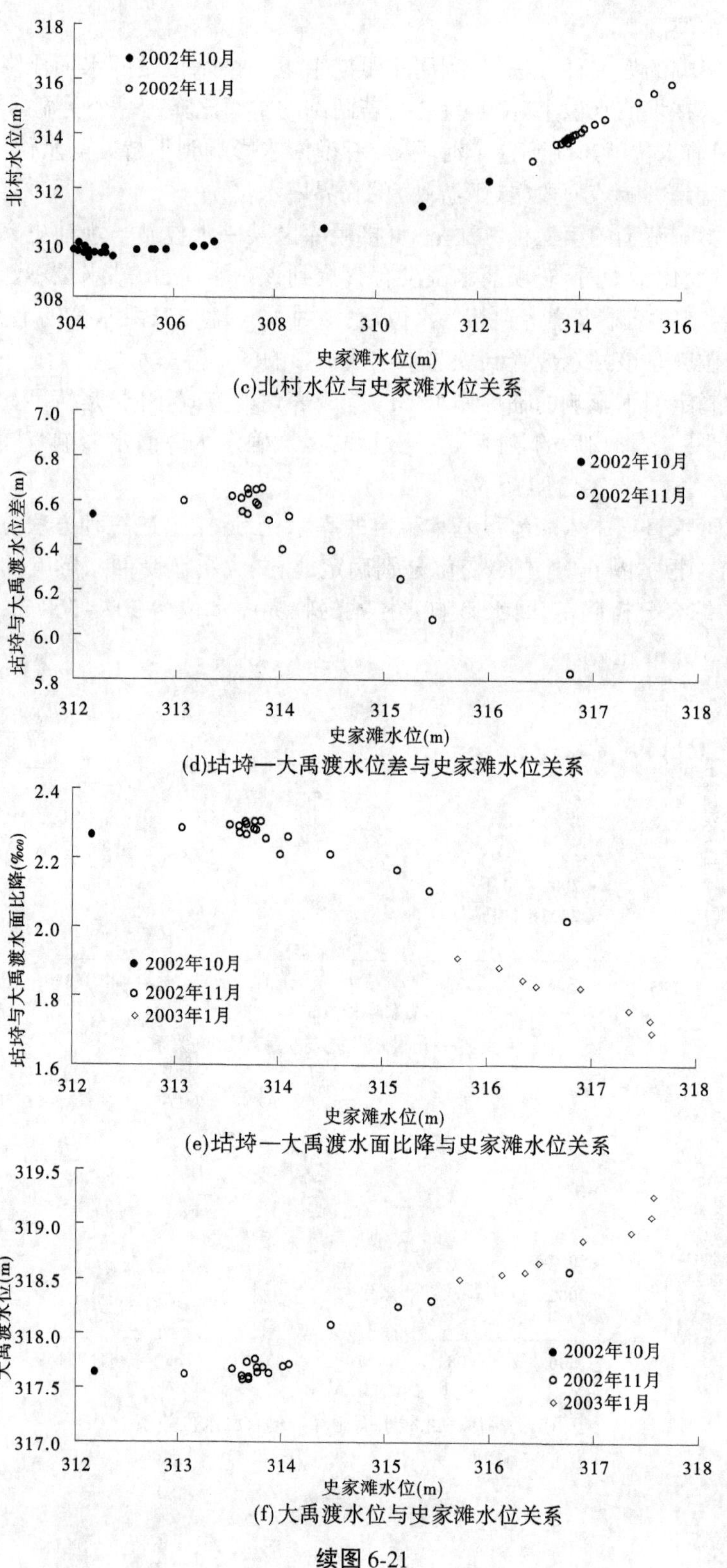

(c)北村水位与史家滩水位关系

(d)坫埼一大禹渡水位差与史家滩水位关系

(e)坫埼一大禹渡水面比降与史家滩水位关系

(f)大禹渡水位与史家滩水位关系

续图 6-21

表 6-16　各水位站回水影响范围

站名	第一种方法	第二种方法	第三种方法
北村	307 m 左右	307 m 左右	308 m 左右
大禹渡	314 m 左右	314 m 左右	314 m 左右

6.4.1.2　2003 年非汛期回水影响范围

根据上述几种方法确定某一个水位站受水库回水影响的临界库水位,根据以往的研究成果,回水影响坫垮站的临界库水位在 320 m 左右,回水影响大禹渡站的临界库水位在 314~315 m。若假定水位在 315~320 m,回水末端位置随水位的上升呈线性变化,可推出水位 318 m 时,回水末端在距大坝 93 km 处,即介于黄淤 33—黄淤 34 断面之间。

非汛期泥沙淤积对回水产生影响。从 2003 年 1 月下旬至 2003 年 6 月上旬,坝前水位基本在 316.50 m 左右变化。到 6 月初,库区的淤积已发展,为分析淤积对回水的影响,选择 1 月 21 日和 6 月 7 日的水面线变化。1 月 21 日和 6 月 7 日,潼关流量分别为 321 m^3/s 和 333 m^3/s,坝前水位分别为 316.47 m 和 316.54 m,两者都较接近,这两日的水面线见图 6-22,从各水位站水位变化看出,6 月 7 日与 1 月 21 日相比,潼关、坫垮水位变化不大,而大禹渡水位上升 0.8 m,北村上升 0.46 m。因此,大禹渡受淤积对回水的影响程度较大。

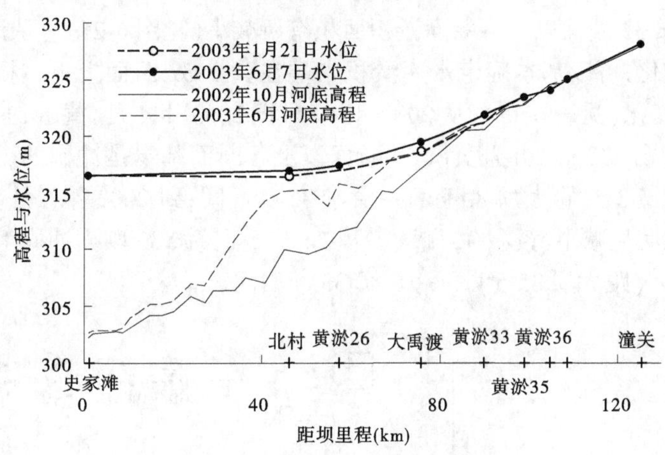

图 6-22　淤积对回水的影响

非汛期水库回水受淤积的影响,如水库运用水位不变,淤积到后期,水库回水末端将达到最远的位置。2003 年三门峡坝前水位在 4~5 月基本在 317~317.5 m 变化,历时较长,6 月水位开始下降,因此基本上 5 月底的回水末端可以认为是 2003 年非汛期最远回水末端。

图 6-23 是 5 月中下旬黄淤 35—黄淤 33(距坝分别为 89 km 和 81 km)之间的水位差和史家滩水位的关系,表明黄淤 33 已明显受到回水影响。同时期坫垮—黄淤 35 之间水位差与史家滩水位关系(见图 6-24),表明黄淤 35 没有受到回水影响。因此,2003 年非汛期最远的回水末端在黄淤 33—黄淤 35 断面之间,回水没有影响到黄淤 35 断面。

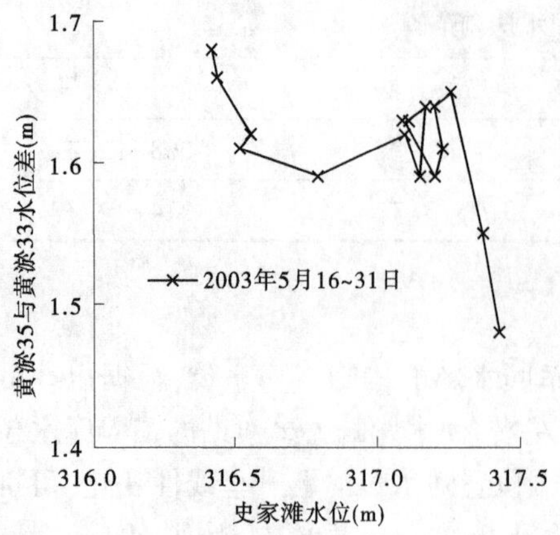

图 6-23　黄淤 35—黄淤 33 水位差与史家滩水位关系

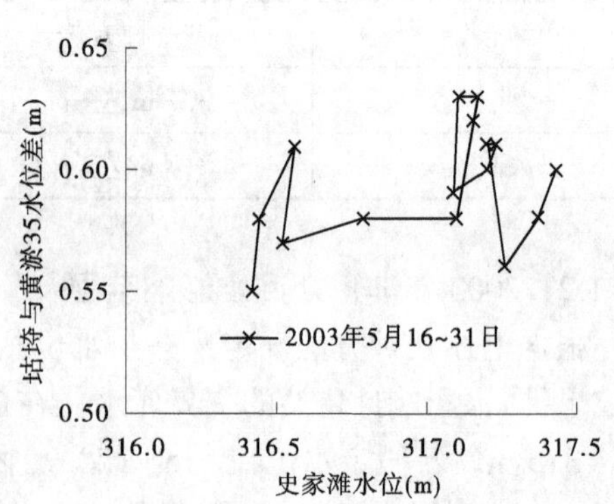

图 6-24　坩埚—黄淤 35 水位差与史家滩水位关系

6.4.2　淤积末端分析

6.4.2.1　淤积末端

2002 年 10 月至 2003 年 6 月两测次间黄淤 12—黄淤 31 河段各断面的淤积面积在 500 m^2以上，黄淤 32 断面以上各断面淤积面积有所减小(见图 6-25)。从潼关至大坝河段各断面的面积变化，可以基本确定水库淤积末端在黄淤 32 断面上下。根据黄淤 30—黄淤 41 断面面积变化(见表 6-17)，从 2002 年 10 月至 2003 年 4 月，黄淤 31 断面淤积 1 302 m^2，而 32 断面冲刷 230 m^2，并且黄淤 32 断面以上各断面基本是冲刷的。因此，可确定 4 月淤积末端在黄淤 31 (距大坝 80 km)—黄淤 32 断面间；到 2003 年 6 月 1 日，黄淤 32 断面以上淤积面积明显减小，黄淤 32 断面淤积 76 m^2，而黄淤 33 断面冲刷 135 m^2，6 月初淤积末端在黄淤 32 (距大坝 85.5 km)—黄淤 33 断面间。

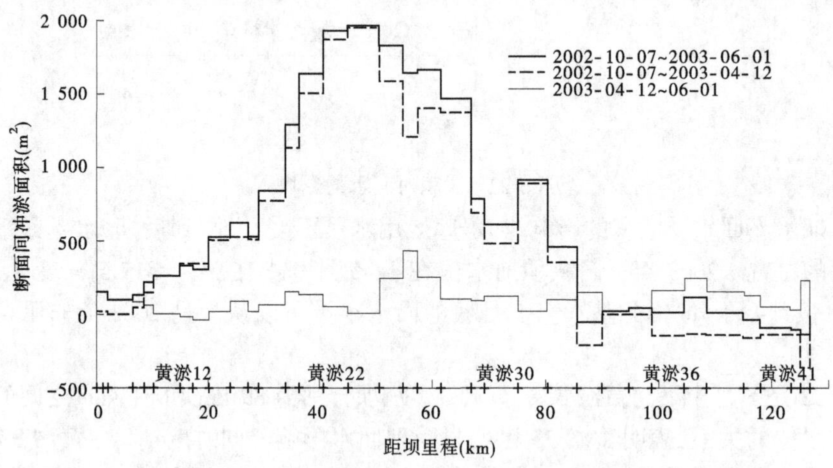

图 6-25　潼关至大坝各断面冲淤面积

表6-17 黄淤断面面积变化

断面	断面面积(m^2)			面积变化(m^2)	
	2002年10月	2003年4月	2003年6月	2002年10月至2003年4月	2002年10月至2003年6月
黄淤30	2 222	1 675	1 597	547	625
黄淤31	8 311	7 009	7 010	1 302	1 301
黄淤32	5 828	6 058	5 752	-230	76
黄淤33	9 595	9 771	9 730	-176	-135
黄淤34	5 668	5 486	5 467	182	201
黄淤35	3 643	3 817	3 726	-174	-83
黄淤36	1 192	1 300	1 058	-108	134
黄淤37	4 447	4 606	4 353	-159	94
黄淤38	3 625	3 743	3 670	-118	-45
黄淤39	2 133	2 326	2 141	-193	-8
黄淤40	1 133	1 216	1 261	-83	-128
黄淤41	1 548	1 737	1 603	-189	-55

根据断面间冲淤量分布(见图6-26),黄淤12—黄淤32断面之间呈明显的淤积三角洲,黄淤32断面以上淤积量明显减小。因此,淤积末端在黄淤32上下。2002年10月至2003年4月,且黄淤31—黄淤32断面间淤积184万m^3(见表6-18),而黄淤32—黄淤33断面间冲刷89万m^3,且黄淤33断面以上基本是冲刷的,因此到4月淤积末端在黄淤32断面上下。2002年10月至2003年6月,黄淤31—黄淤32断面间淤积236万m^3,而黄淤32—黄淤33断面间冲刷22万m^3,黄淤32断面以上淤积量明显减少,并且某些断面间是冲刷,因此到6月淤积末端也在黄淤32断面上下。6月与4月的淤积末段比较接近,主要是由于4月12日测量断面时,桃汛刚结束,黄淤32断面以上发生冲刷,使淤积末段下移。

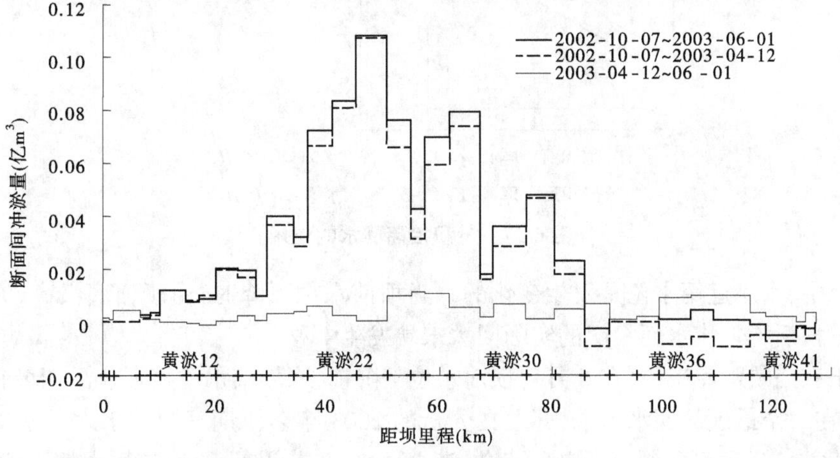

图6-26 潼关至大坝各断面间冲淤量分布

表 6-18　断面间冲淤量　（单位：万 m^3）

断面	2002 年 10 月至 2003 年 4 月	2003 年 4~6 月	2002 年 10 月至 2003 年 6 月
黄淤 30—黄淤 31	469	13	482
黄淤 31—黄淤 32	184	52	236
黄淤 32—黄淤 33	−89	67	−22
黄淤 33—黄淤 34	1	14	15
黄淤 34—黄淤 35	1	20	21
黄淤 35—黄淤 36	−80	92	12
黄淤 36—黄淤 37	−53	99	46
黄淤 37—黄淤 38	−91	101	10
黄淤 38—黄淤 39	−46	37	−9
黄淤 39—黄淤 40	−73	25	−48
黄淤 40—黄淤 41	−21	5	−16

6.4.2.2　淤积末端与回水末端的关系

水库蓄水运用泥沙淤积之后，减小了过水面积，在坝前水位和来水流量不变的条件下，将抬高水位，随着淤积的发展，回水末端上延（见图 6-27）。

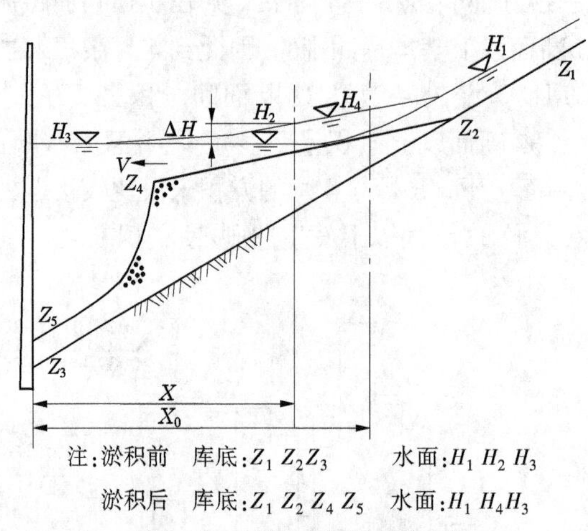

注：淤积前　库底：Z_1 Z_2Z_3　　水面：H_1 H_2 H_3

淤积后　库底：Z_1 Z_2 Z_4 Z_5　水面：H_1 H_4H_3

图 6-27　淤积抬高回水的作用

实际中，水库运用水位是发生变化的。当坝前水位下降时，由于河底淤高，淤积后水面线与淤积后均匀流水面相交的实际回水末端发生下移。

对于三门峡水库来说，在 6 月初坝前水位下降前，当坝前水位接近非汛期最高运用水位时，存在一个最远的回水末端，即上文分析的 2003 年非汛期三门峡水库回水末端在黄淤 33—黄淤 35 断面间，最远不超过黄淤 35 断面。在非汛期蓄水结束，淤积的泥沙未冲刷前，即非汛期淤积的三角洲形态没有冲刷前，对于淤积三角洲顶坡段和前坡段，与非汛期前相比,同一断面所受回水影响的临界库水位要高。

水沙条件的变化,会引起河床的冲淤变化,尤其是多沙河流的沙质河床,冲淤变化很大。随着河床冲淤变化,淤积末端一般也进进退退。有利的水沙条件,不仅延缓了淤积末端上延的时间,而且是限制淤积末端上延的重要因素。在桃汛期,三门峡水库坝前水位降低,充分利用桃汛洪水也是为了达到冲刷淤积末端的作用。2003 年 4 月 12 日所测的淤积断面资料,是桃汛期刚刚结束,回水末端处受到一定的冲刷。

6.4.3　水库非汛期最高运用水位降低对回水和淤积的影响

2002 年非汛期水库蓄水运用时段,入库水沙与 2003 年非汛期接近,水库水位变化过程也相似,因此可做对比分析。

2002 年非汛期潼关水量 123 亿 m^3、沙量 1.90 亿 t,龙门和华县的水沙量见表 6-19,2002 年 6 月下旬,黄河干流和渭河都发生高含沙小洪水,龙门和华县月沙量分别为 0.73 亿 t 和 0.67 亿 t,使潼关 6 月沙量达到 1.03 亿 t,造成 2002 年非汛期潼关沙量较多(见表 6-20)。但是,2002 年和 2003 年非汛期中 11 月至翌年 5 月沙量基本接近,并且 6 月大部分时间坝前水位已经降低,5 月以前的来沙对水库淤积三角洲影响较大,因此 2002 年非汛期可以作为 2003 年非汛期的对比年。

表 6-19　非汛期水沙量

年份	龙门			华县			潼关		
	水量(亿 m^3)	沙量(亿 t)	含沙量(kg/m^3)	水量(亿 m^3)	沙量(亿 t)	含沙量(kg/m^3)	水量(亿 m^3)	沙量(亿 t)	含沙量(kg/m^3)
2002	108	1.06	10	18	0.72	40	123	1.90	15
2003	80	0.33	4	9.1	0.03	4	81	0.67	8

表 6-20　潼关各月水沙量对比

月份	2002 年非汛期			2003 年非汛期		
	水量(亿 m^3)	沙量(亿 t)	含沙量(kg/m^3)	水量(亿 m^3)	沙量(亿 t)	含沙量(kg/m^3)
11	16	0.15	9	11	0.15	14
12	11	0.10	9	11	0.11	10
1	9	0.08	9	7	0.03	4
2	15	0.16	11	10	0.09	9
3	18	0.18	10	16	0.15	9
4	16	0.10	6	13	0.11	8
5	15	0.10	7	7	0.03	4
6	21	1.03	49	6	0.03	5
11 月至翌年 6 月	123	1.90	15	81	0.70	9
11 月至翌年 5 月	102	0.83	9	75	0.67	9

2002 年与 2003 年非汛期三门峡水库坝前水位过程线基本相似(见图 6-28)。1 月至 3 月中旬坝前水位基本在 315 m 上下波动。只有在水库蓄水运用的后 2 个月(4～5 月)有较大差异,2002 年 4～5 月坝前水位基本在 320 m 左右,而 2003 年在 317 m 左右。2002 年坝前最高水位为 320.31 m,平均水位为 316.71 m。2003 年最高水位为 317.98 m,平均水位为 315.59 m,两者相差分别为 2.33 m 和 1.12 m。各级水位的天数见表 6-21。

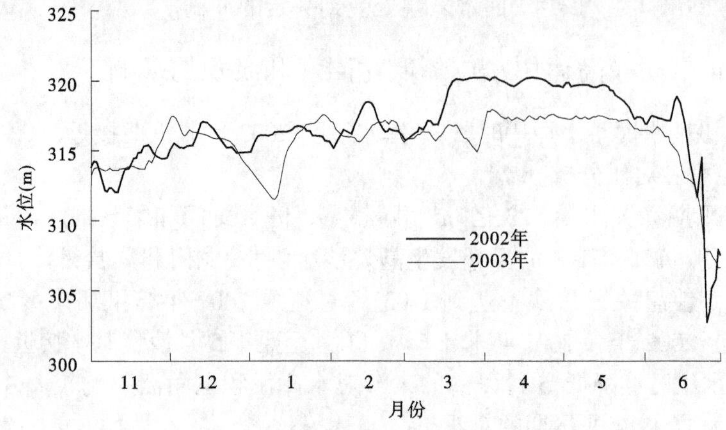

图 6-28　2002 年和 2003 年非汛期史家滩水位过程线

表 6-21　非汛期史家滩各级水位天数

年份	各级水位天数					非汛期平均水位(m)	最高水位(m)
	<310 m	310～315 m	315～318 m	318～320 m	≥320 m		
2002	6	39	116	54	27	316.71	320.31
2003	8	55	179	0	0	315.59	317.98

6.4.3.1　回水影响变化

2002 年与 2003 年的运用水位在 3 月中旬以前比较接近,4 月和 5 月水位有差异,分析这一时段水位的变化,可以对比 2002 年、2003 年水库运用水位的变化对回水的影响。

2003 年 4～5 月(潼关流量 369 m^3/s)与 2002 年 4～5 月(潼关流量 595 m^3/s)相比,史家滩水位降低了 2.23 m,北村水位下降最明显,下降 2.12 m,大禹渡水位下降 1.00 m,黄淤 33 断面下降 0.29 m,黄淤断面 35 下降 0.19 m(见表 6-22、图 6-29)。坫埼以上水位站水位的变化,主要是河道自身的变化。这表明坝前水位降低,大禹渡以下河段受到的影响最大。

受库水位降低的影响,不同河段的比降也发生明显变化(见图 6-29),与 2002 年 4～5 月平均比降相比,2003 年 4～5 月平均比降增大最明显的河段是北村—大禹渡、大禹渡—黄淤 33 河段,比降分别从 0.29‱增大到 0.69‱,从 1.09‱增大到 1.52‱。

根据以往研究成果,坫埼受回水影响的临界库水位是 320 m,2002 年非汛期坝前最高水位超过了 320 m,坫埼受到回水的影响。潼关—黄淤 37 水位差与史家滩水位的关系(见图 6-30)表明,黄淤 37 断面非汛期没有受到水库回水影响。因此,2002 年非汛期水库最远回水影响范围在黄淤 36—黄淤 37 断面间。

表 6-22　2003 年 4~5 月与 2002 年 4~5 月平均水位

站名	距坝里程(km)	2002 年 4~5 月		2003 年 4~5 月		2003 年与 2002 年水位差(m)
		水位(m)	上下两站水位差(m)	水位(m)	上下两站水位差(m)	
潼关	124.6	328.02	3.00	328.08	3.11	0.06
黄淤 37	105.6	325.02	0.89	324.98	0.92	-0.04
坫埼	99.9	324.13	0.48	324.05	0.59	-0.08
黄淤 35	95.8	323.65	1.42	323.46	1.53	-0.19
黄淤 33	86.7	322.22	1.78	321.93	2.48	-0.29
大禹渡	70.4	320.45	0.83	319.45	1.95	-1.00
北村(二)	41.9	319.62	0.12	317.50	0.22	-2.12
史家滩(二)	1.12	319.50		317.27		-2.23

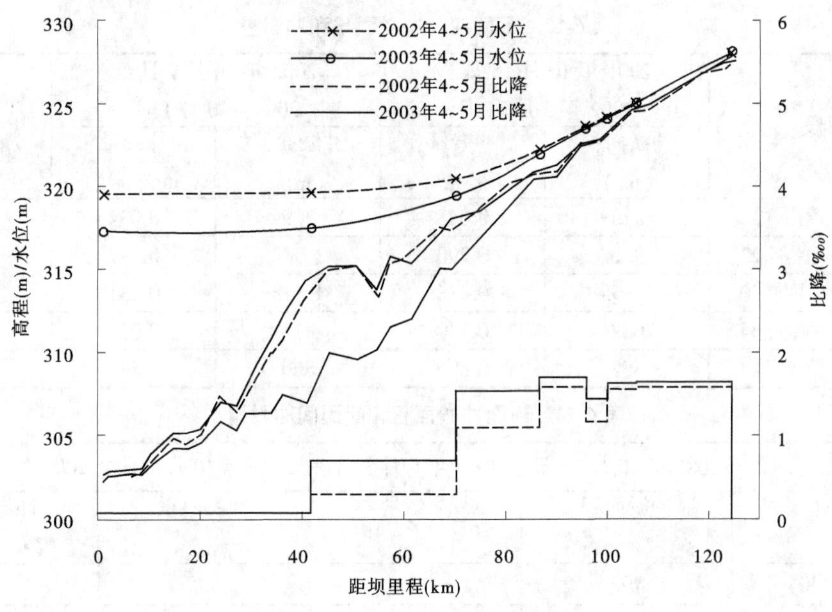

图 6-29　2002 年和 2003 年非汛期对比

2003 年水库最远回水影响在黄淤 33—黄淤 35 断面间，与 2002 年的最远回水影响范围相比，向坝前下移了 10~15 km。

6.4.3.2　淤积变化

虽然 2003 年库区非汛期淤积 0.825 亿 m^3，与 2002 年非汛期淤积 0.834 亿 m^3 相近，但是水库最高运用水位的降低，使回水影响范围缩短，泥沙的淤积分布也产生一定变化。

2003 年与 2002 年非汛期相比，黄淤 34 断面以下淤积量减少 0.071 6 亿 m^3，大禹渡以下河段的淤积量基本接近，主要是黄淤30—黄淤34河段淤积量减少造成的，黄淤30—黄淤34河段淤积量的减少量占黄淤34断面以下总减少量的97%(见表6-23)。

黄淤30—黄淤37断面各断面间冲淤变化见表6-24，2003年非汛期与2002年非汛期相比，黄淤30—黄淤34河段淤积量的减少主要发生在黄淤30—黄淤32断面间。

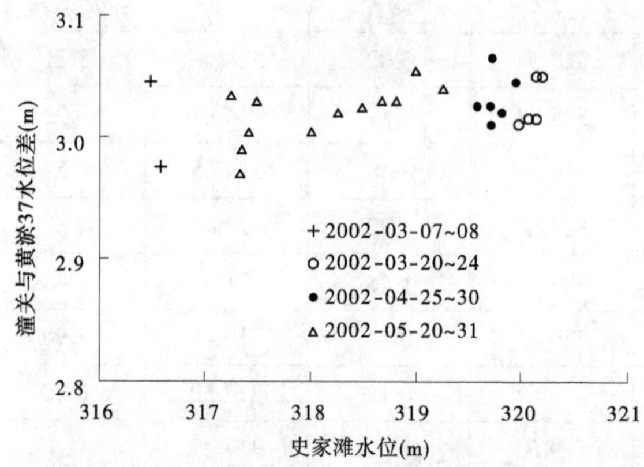

图6-30 2002年潼关至黄淤37水位差与史家滩水位关系

表6-23 不同河段冲淤面积和冲淤量

河段	2001年10月15日至2002年5月31日		2002年10月7日至2003年6月1日		冲淤量差(亿 m^3)
	冲淤面积(m^2)	冲淤量(亿 m^3)	冲淤面积(m^2)	冲淤量(亿 m^3)	
大坝—黄淤12	315	0.048	209	0.034	-0.014
黄淤12—黄淤22	956	0.290	1 088	0.287	-0.003
黄淤22—黄淤30	1 365	0.418	1 345	0.431	0.013
黄淤30—黄淤34	689	0.140	414	0.071	-0.069
大坝—黄淤34	852	0.896	809	0.823	-0.073

表6-24 断面冲淤面积和断面间冲淤量

断面号	2001年10月15日至2002年5月31日		2002年10月7日至2003年6月1日	
	冲淤面积(m^2)	冲淤量(亿 m^3)	冲淤面积(m^2)	冲淤量(亿 m^3)
黄淤30	793		625	
黄淤31	2 024	0.071	1 301	0.048 2
黄淤32	125	0.045	76	0.023 6
黄淤33	319	0.009	-135	-0.002 2
黄淤34	273	0.015	201	0.001 5
黄淤35	-393	-0.002	-83	0.002 1
黄淤36	74	-0.006	134	0.001 2
黄淤37	-195	-0.002	94	0.004 5
黄淤30—黄淤34		0.140		0.071 1

2002 年非汛期黄淤 34 断面淤积面积 273 m^2，黄淤 35 断面冲刷了 393 m^2，据此可以确定淤积末端在黄淤 34—黄淤 35 断面之间。从淤积分布也可得出相同结论。非汛期前后 1 000 m^3/s 流量水位的变化见表 6-25，黄淤 33 水位上升 0.90 m，大禹渡水位上升 1.54 m，北村水位上升值达到 4.20 m，黄淤 33 以下明显是淤积造成水位上升。分析认为，2002 年潼关和坫埼的水位上升主要是非汛期的回淤和 6 月小流量高含沙洪水造成的。

表 6-25　非汛期前后同流量（1 000 m^3/s）水位变化　（单位：m）

年份	潼关（六）	坫埼	黄淤 33	大禹渡	北村
2002	0.49	0.32	0.90	1.54	4.20
2003	0.04	0.05	0.20	1.30	4.92

2003 年非汛期的淤积末端在黄淤 32—黄淤 33 断面间。与 2002 年非汛期相比，淤积末端下移了 8～10 km。

2002 年和 2003 年非汛期泥沙淤积纵向形态都是三角洲淤积，三角洲的顶点基本上在黄淤 22 断面附近（见图 6-31）。但与 2002 年相比，2003 年淤积三角洲的前坡段向坝前推进，顶坡段高程略高。

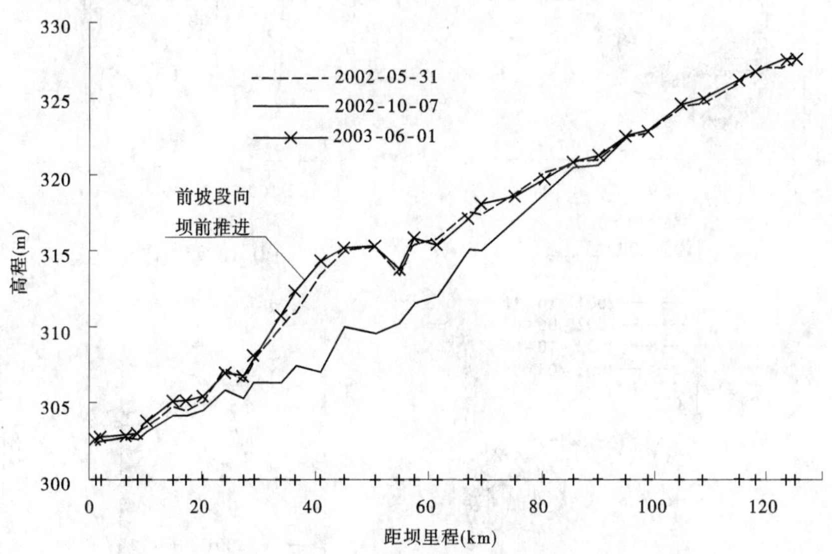

图 6-31　2003 年与 2002 年非汛期淤积三角洲

淤积的横向分布见图 6-32，可以看出，前坡段断面黄淤 12、三角洲顶点断面黄淤 22、三角洲顶坡段断面黄淤 30，2003 年非汛期与 2002 年非汛期泥沙淤积部位相同。三角洲尾部段断面的淤积位置略有差异，如黄淤 33 断面。

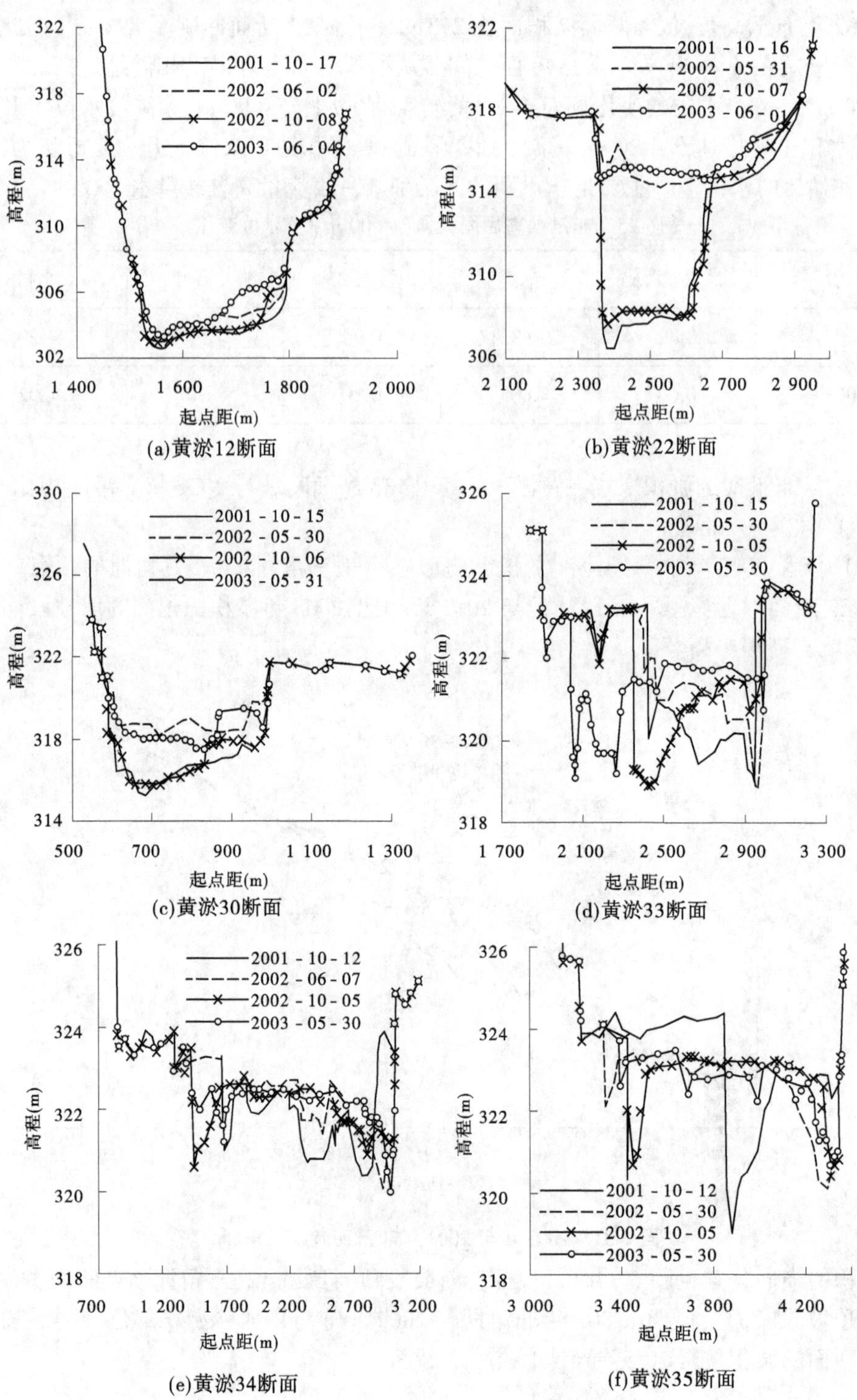

图 6-32　2003 年与 2002 年非汛期断面淤积形态对比

6.5　溯源冲刷和沿程冲刷的发展

6.5.1　汛期冲刷排沙特点

为分析水库排沙特点,根据潼关与三门峡水文站输沙量计算潼关以下库区的冲刷量。2003 年 7 月 1 日至 10 月 31 日,潼关以下库区冲刷 2.38 亿 t。从各月冲刷量来看,8 月最多,冲刷 1.01 亿 t(见表 6-26)。

表 6-26　2003 年汛期冲刷量

月份	潼关			三门峡			冲刷量（亿 t）
	水量（亿 m^3）	沙量（亿 t）	含沙量（kg/m^3）	水量（亿 m^3）	沙量（亿 t）	含沙量（kg/m^3）	
7	8.6	0.33	34	8.6	0.66	76	0.33
8	28.0	2.18	78	25.2	3.19	127	1.01
9	58.6	1.47	25	58.4	1.90	33	0.43
10	60.5	1.40	23	54.7	2.01	37	0.61
7~10	156.7	5.38	34	146.9	7.76	53	2.38

2003 年汛期按“洪水排沙,平水发电”的基本原则运用,汛期 4 次泄流排沙运用,共冲刷泥沙 3.061 亿 t,大于整个汛期冲刷量(见表 6-27)。特别是 8 月 27 日至 9 月 10 日洪水期敞泄排沙运用,冲刷泥沙 1.293 亿 t,占汛期冲刷总量的 54%。

表 6-27　水库低水位和敞泄运用期排沙量

日期(月-日)	天数	潼关		三门峡沙量（亿 t）	冲刷量（亿 t）	坝前平均水位(m)	冲刷耗水量（m^3/t）
		水量（亿 m^3）	沙量（亿 t）				
07-17~07-19	3	1.9	0.067	0.484	0.417	300.17	5
08-01~08-03	3	3.2	0.188	0.649	0.461	295.98	7
08-27~09-10	15	35.1	2.179	3.472	1.293	294.82	27
10-03~10-13	11	30.1	0.870	1.760	0.890	297.86	34
合计	32	70.3	3.304	6.365	3.061	296.47	23

2003 年汛期洪水期库区冲刷排沙量见表 6-28,汛期排沙主要靠几场较大洪水。8 月 25 日至 9 月 15 日洪水冲刷 1.223 亿 t,10 月 1~9 日洪水冲刷 0.829 亿 t,分别占汛期冲刷量的 51%和 35%。汛期 7 月至 8 月中旬入库的 4 场小洪水,有 2 场发生淤积,9 月 19~26 日洪水由于突发事件坝前水位抬高,10 月 10~18 日坝前水位也较高,都发生淤积。

表 6-28　2003 年汛期洪水期库区冲刷排沙量

日期(月-日)	天数	史家滩水位(m)	潼关						三门峡				排沙量(亿 t)
			洪峰流量(m^3/s)	流量(m^3/s)	水量(亿 m^3)	沙量(亿 t)	含沙量(kg/m^3)	最大含沙量(kg/m^3)	流量(m^3/s)	水量(亿 m^3)	沙量(亿 t)	含沙量(kg/m^3)	
08-01~08-09	9	301.68	2 150	985	7.66	0.344	45	84	929	7.22	0.826	114	-0.482
08-25~09-15	22	298.06	3 250	2 397	45.56	2.390	52	272	2 293	43.59	3.613	83	-1.223
09-19~09-26	8	305.39	3 500	2 410	16.66	0.448	27	41.7	2 421	16.74	0.357	21	0.091
10-01~10-09	9	300.69	4 430	3 208	24.94	0.779	31	43.5	3 150	24.49	1.608	66	-0.829
10-10~10-18	9	303.60	3 830	2 598	20.20	0.460	23	32	2 031	15.79	0.398	25	0.062
合计													-2.381

从汛期水库低水位运用和洪水期冲刷量来看，汛期冲刷排沙主要发生在较大洪水期且水库低水位运用(敞泄)时期。

汛期洪水期敞泄排沙，库区产生冲刷作用，冲刷强度随时间的增长而衰减。2003 年 8 月 27 日至 9 月 10 日三门峡水库敞泄排沙，强烈冲刷的时间在前 5 天，出库含沙量与入库含沙量差都大于 50 kg/m^3，第 1 天达到 180 kg/m^3；第 6~15 天冲刷强度减弱，出入库含沙量差 20~50 kg/m^3(见图 6-33)；1973 年汛期 9 月 2 日至 10 月 6 日三门峡水库敞泄排沙，同样，强烈冲刷时间在前 3 天，出入库含沙量差在 40 kg/m^3以上，第 4 天以后冲刷强度减弱，第 4~10 天出入库含沙量差基本在 5~24 kg/m^3，第 11~25 天维持在 10 kg/m^3左右。如果入库流量较大，在较长时间仍可维持冲刷，虽然冲刷量较小，但此时对库区纵剖面的调整影响较大。

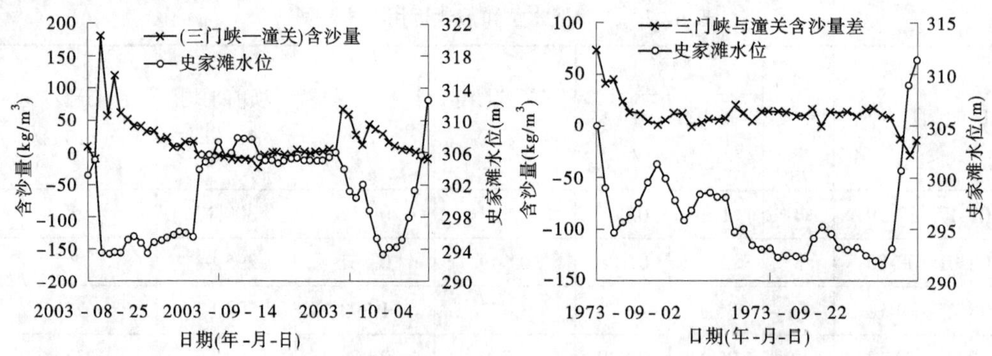

图 6-33　1973 年和 2003 年敞泄运用及低水位运用坝前水位与入出库含沙量差

6.5.2　潼关以下纵剖面调整

6.5.2.1　溯源冲刷发展和范围

对于进行蓄清排浑运用的三门峡水库，汛期降低水位进行排沙，汛初降低水位后，坝前水位与非汛期的淤积三角洲产生较大水位落差，形成自坝前向上游发展的溯源冲刷，溯源冲刷的范围和数量对于冲刷非汛期淤积物与恢复有效库容以及库区纵剖面的调整十分重要。

1.敞泄运用时溯源冲刷能力

溯源冲刷段下游断面输沙率计算公式为：$Q_s = kQ^{1.6}J^{1.2}$，点绘 1973 年和 2003 年敞泄运用时流量与 $M = Q_{tg}^{1.6}J^{1.2}$ 的关系(见图 6-34)，流量较小时，M 也较小，随着流量的增大，M 也增大，流量在 4 000 m³/s 左右时，M 有一个极大值，流量再继续增大，M 值减小(2003 年缺少大流量点)。图 6-34 表明，在入库流量较小时，尽管水库降低水位敞泄，J 较大，M 值较小，水流冲刷能力有限。流量在 4 000 m³/s 以下时，流量对 M 值的影响较大，M 值增大，水流冲刷能力增大。流量在 4 000 m³/s 以上时，受水库泄流规模的限制，坝前水位上升，比降减小，比降对 M 值的影响较大，M 值也减小，使坝前段的冲刷作用减弱。因此，近坝段主要靠中等流量的洪水冲刷。

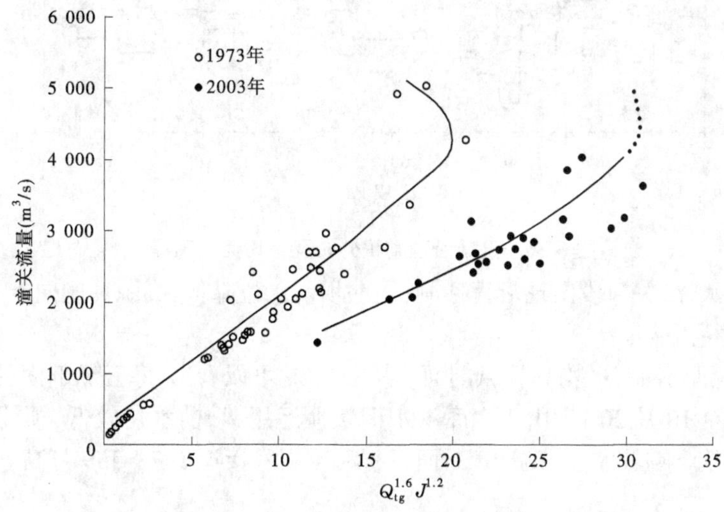

图 6-34　潼关流量与 M 的关系

与 1973 年泄流规模相比，2003 年又多了 9~12 号底孔，敞泄时相同的泄流量，坝前水位较低，使 2003 年点群偏右。

2.2003 年汛期溯源冲刷发展

水库在溯源冲刷过程中，一般是从坝前向上游发展，靠近坝前冲刷深度大、冲刷速度快，随着向上游的发展，溯源冲刷幅度逐渐减小，冲刷速度逐渐衰减，以致溯源冲刷逐渐消失。

根据汛前、汛后大断面测验资料，两次冲淤面积沿程变化及河底平均高程的沿程变化大致能确定溯源冲刷范围(见图 6-35)，2003 年汛期溯源冲刷末端在黄淤 37 断面上下。

根据 2003 年汛期洪水及水库运用特点，7 月 28 日以前溯源冲刷是水库非汛期后期到汛前的水库降水产生，冲刷发展到黄淤 31 断面(见图 6-35)。7 月 28 日至 8 月 9 日，潼关洪峰流量 2 150 m³/s，洪水期排沙，洪水水量小，黄淤 31 断面以上沿程冲刷变化不大，洪水期水库降低了坝前水位排沙，黄淤 31 断面以下仍发生溯源冲刷。8 月 9 日以后，潼

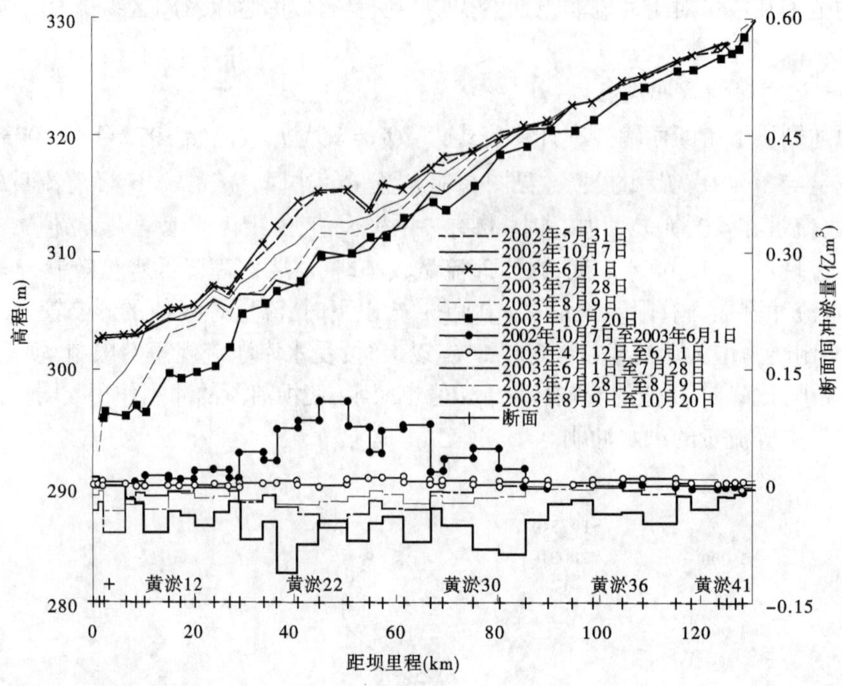

图 6-35　汛期沿程淤积分布及平均河底高程

关连续出现洪水，潼关河段出现沿程冲刷，同期坝前水位降低，溯源冲刷向上发展，溯源冲刷与沿程冲刷相衔接。

图 6-36 是汛期河底平均高程纵剖面。从图 6-36 可以看出，库区纵剖面的调整主要发生在 8 月 9 日至 10 月 20 日，由于水库洪水期敞泄运用，坝前水位较低，坝前段的溯源冲刷对纵剖面调整影响较大。黄淤 18 断面以下河床高程接近 1973 年 9 月高程。

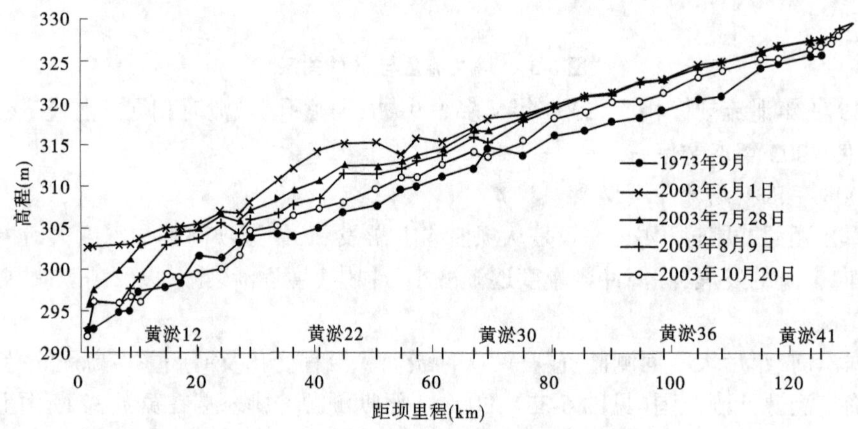

图 6-36　河底平均高程纵剖面

根据 2003 年汛期潼关以下水位站同流量(1 000 m³/s)水位变化分析(见图 6-37～图 6-39)，溯源冲刷的发展主要发生在水库汛初低水位运用初期和汛期的洪水期。从图 6-37 可以看出，6 月 21 日至 7 月 18 日北村和黄淤 26 断面水位分别下降 2.56 m 和 2.28

m,大禹渡下降 0.2 m,黄淤 33 和黄淤 35 断面水位还稍有上升。因此,此时溯源冲刷发展到黄淤 30 断面。7 月 18~31 日由于来自渭河的高含沙小洪水造成潼关至黄淤 33 河道淤积,溯源冲刷仍发展到大禹渡附近。

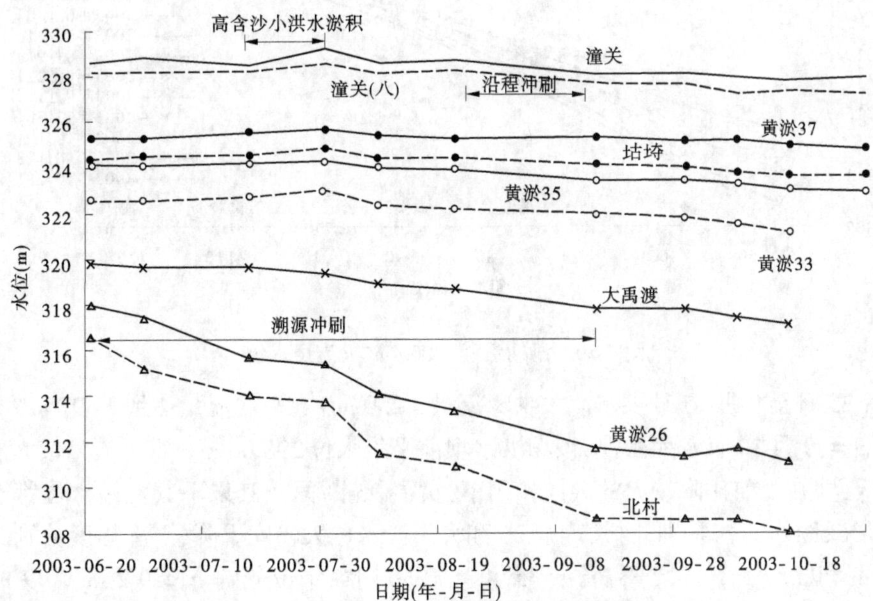

图 6-37 汛期 1 000 m^3/s 流量水位变化过程

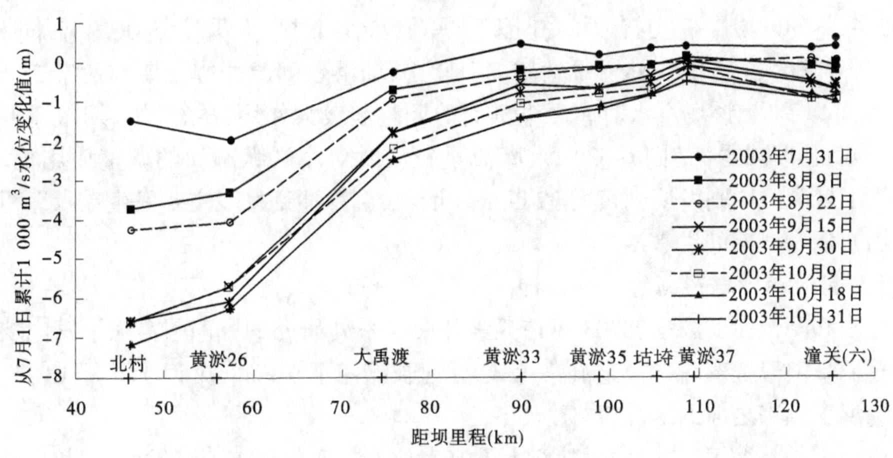

图 6-38 汛期 1 000 m^3/s 流量水位与 7 月 1 日水位差

8 月 1~9 日洪水潼关洪峰流量 2 150 m^3/s,潼关(六)和潼关(八)水位下降幅度与 7 月 18~31 日上升幅度接近,黄淤 37 和黄淤 36 水位下降幅度略大于 7 月 18~31 日上升幅度,而黄淤 35 和黄淤 33 水位下降幅度大于 7 月 18~31 日上升幅度 0.2~0.35 m。同期,大禹渡、黄淤 26 和北村水位分别下降 0.44 m、1.32 m 和 2.24 m,因此溯源冲刷发展到黄淤 35 附近。此场洪水大禹渡水位下降幅度以及溯源冲刷向上游的发展,与大禹渡至稠桑河段自然裁弯后的流路实施淤堵试验工程缩短了河长,利于溯源冲刷密不可分。

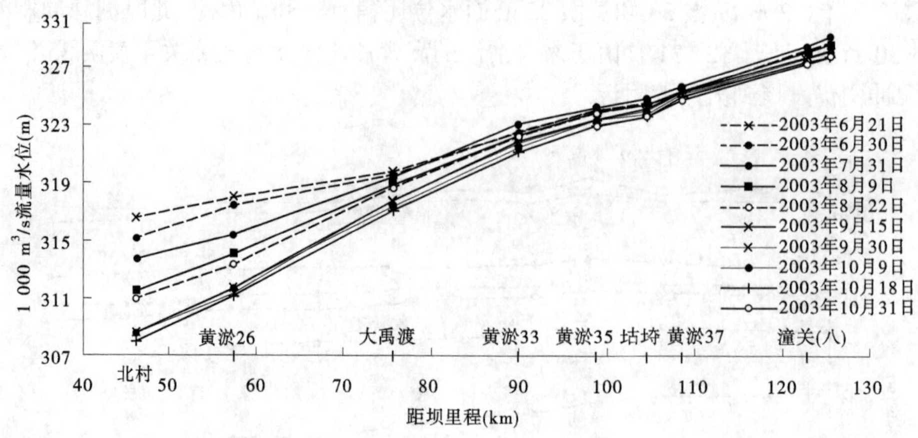

图 6-39　汛期沿程 1 000 m^3/s 流量水位

8 月 25 日至 9 月 15 日洪水潼关洪峰流量 3 250 m^3/s,平均流量达到 2 397 m^3/s,同时 8 月 27 日至 9 月 10 日水库敞泄,该场洪水坝前平均水位 298.06 m。洪水流量较大和坝前水位较低,即在坝前比降较大的共同作用下,黄淤 35 断面及其以下其他站水位都有下降(见图 6-36、图 6-37),特别北村、黄淤 26 和大禹渡水位大幅度下降,下降幅度分别为 2.35 m、1.65 m 和 0.87 m。黄淤 33、黄淤 35 和黄淤 36 断面水位分别下降 0.2 m、0.49 m、0.31 m,黄淤 37 断面水位上升 0.03 m。从图 6-40 水位—流量关系线中可以看出,8 月 25 日至 9 月 15 日洪水中 8 月 29 日至 9 月 10 日溯源冲刷使北村水位大幅度下降,大禹渡、坫埼水位受溯源冲刷的发展影响,也有下降,但下降幅度较小;北村、大禹渡、坫埼水位下降次序是北村在先,其次是大禹渡,然后是坫埼。因此,该场洪水溯源冲刷发展到黄淤 36 断面。从图 6-39 可以看出,该场洪水对库区纵剖面的调整起较大作用,尽管洪水期敞泄冲刷第 6~15 天冲刷强度减弱(见图 6-33),入库流量较大时对库区纵剖面的调整作用仍较大。到 10 月 31 日溯源冲刷发展到黄淤 37 断面。因此,溯源冲刷发展主要发生在水库汛初低水位运用初期和汛期的洪水期。

3.裁弯对溯源冲刷影响的初步分析

为控制和降低潼关高程,2003 年在抓紧开展一系列研究的同时,实施了三门峡库区大禹渡至稠桑河段裁弯疏导稳定流路,裁弯后河长缩短了 9 km。工程于 6 月 18 日开工,在第一场洪水到来之前的 7 月 31 日完工。

河湾的增长与缩短,明显地反映在上下游水位差的变化。东垆湾发育,河长增加。据实测资料计算,1984 年大禹渡(东垆湾上游)与黄淤 27 断面(东垆湾下游)河长 20.8 km,1992 年河长达到 27.6 km,比 1973 年对应河长 14.1 km 长 13.5 km。河长增加,使河湾上下游水位差增大,1973 年黄淤 30 与黄淤 27 断面水位差在 3 m 左右,到 1992 年达到 5 m 以上。同样,湾道上下游水位差的变化,也可以反映裁弯的作用。

2003 年汛末,黄淤 30 与黄淤 27 水位差为 4.49 m,比 1992 年水位差 5.31 m 减少了 0.82 m。也即裁弯取直产生的溯源冲刷,在黄淤 30 断面处的作用是降低水位 0.82 m。利用同样的办法,可分析出裁弯对黄淤 33 断面处的作用是降低水位 0.32 m。

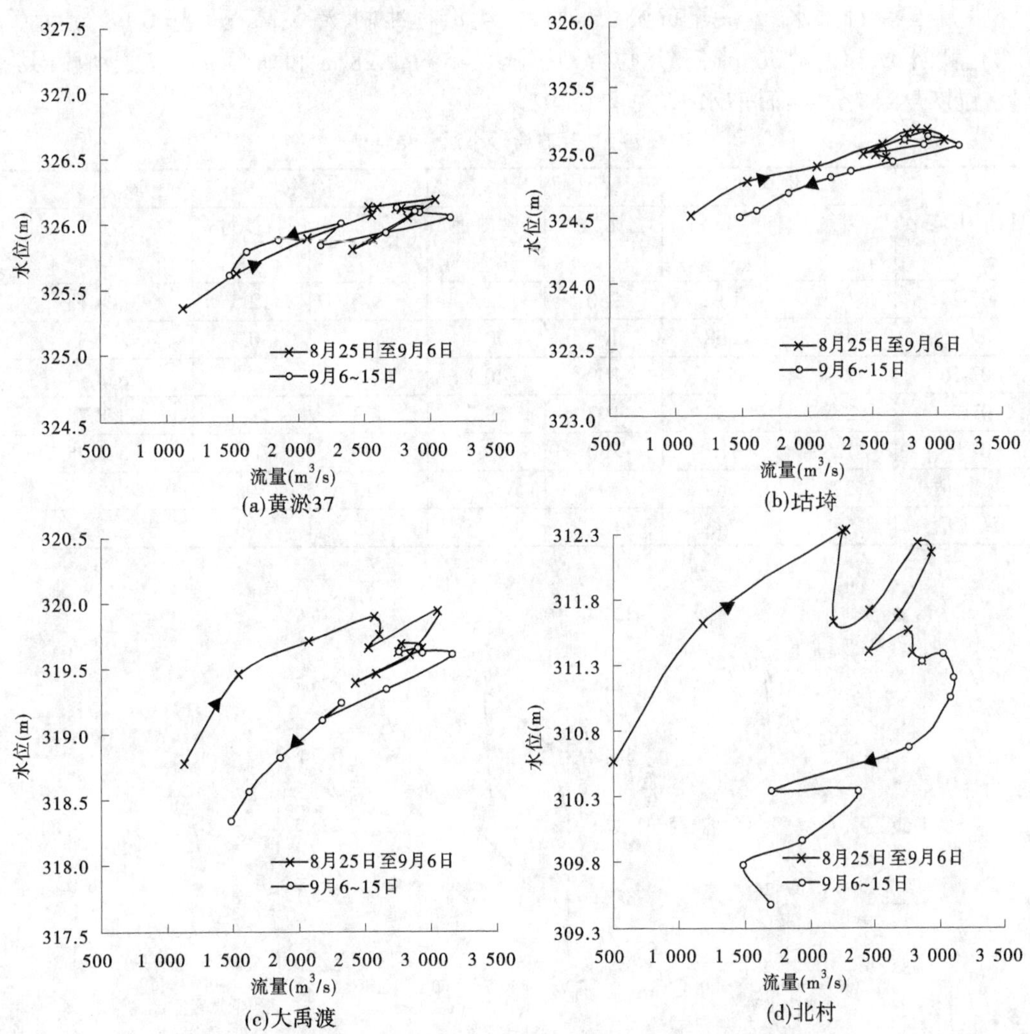

图 6-40　8 月 25 日至 9 月 15 日洪水各水位站水位—流量关系

6.5.2.2　沿程淤积和冲刷的发展

潼关至黄淤 37 河段的冲刷下降主要是洪水期水流不饱和输沙产生沿程冲刷使水位下降。如果来水来沙条件不利，也会造成该河段沿程淤积。近几年来，在汛期初期渭河易发生高含沙小洪水，同时黄河干流流量也较小，这些高含沙小洪水造成潼关河段沿程淤积。2003 年 7 月 24~28 日来自渭河的高含沙小洪水，华县洪峰流量 551 m^3/s，最大含沙量 743 kg/m^3，最大来沙系数 2.9 $kg \cdot s/m^6$，对应潼关站洪峰流量 805 m^3/s，最大含沙量 396 kg/m^3，最大来沙系数 0.75 $kg \cdot s/m^6$(见表 6-29)。这场高含沙小洪水造成潼关—黄淤 33 河段沿程淤积，水位上升。同时，淤积的发展是从上到下发展，潼关(六)、潼关(八)和黄淤 37 的水位上升是从 25 日至 27 日，坫埼、黄淤 35 与黄淤 33 是 28 日淤积上升的(见图 6-41)。400 m^3/s 流量水位潼关(六)、黄淤 37、坫埼和黄淤 35 分别上升 0.43 m、0.17 m、0.16 m 和 0.15 m。

8 月 1~9 日洪水，潼关至黄淤 35 河段发生沿程冲刷，潼关高程下降 0.63 m，潼关（八）、黄淤 37 和黄淤 36 同流量水位分别下降 0.46 m、0.28 m 和 0.43 m。潼关河段同流量水位恢复到 7 月 24 日前水平（见图 6-39）。

表 6-29　7 月高含沙小洪水特征值

日期(月-日)	华县		龙门		潼关		潼关(六)
	流量 (m^3/s)	含沙量 (kg/m^3)	流量 (m^3/s)	含沙量 (kg/m^3)	流量 (m^3/s)	含沙量 (kg/m^3)	水位 (m)
07-24	101	16.2	250	12.6	310	12.5	328.13
07-25	402	308	160	20.2	562	30.2	328.33
07-26	244	506	209	40.1	428	137	328.44
07-27	238	132	197	29.0	453	243	328.75
07-28	128	61.0	160	19.1	320	78.1	328.48
平均值	223	259	195	24.1	415	103	
洪峰值	551	743			805	396	

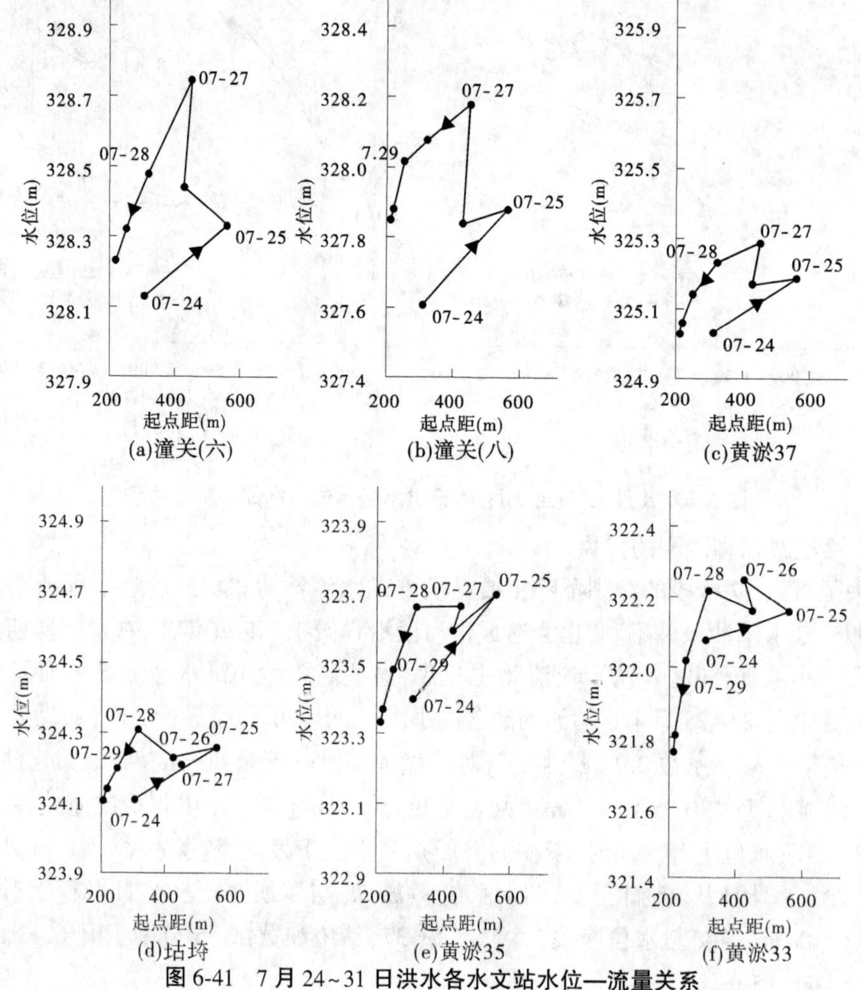

图 6-41　7 月 24~31 日洪水各水文站水位—流量关系

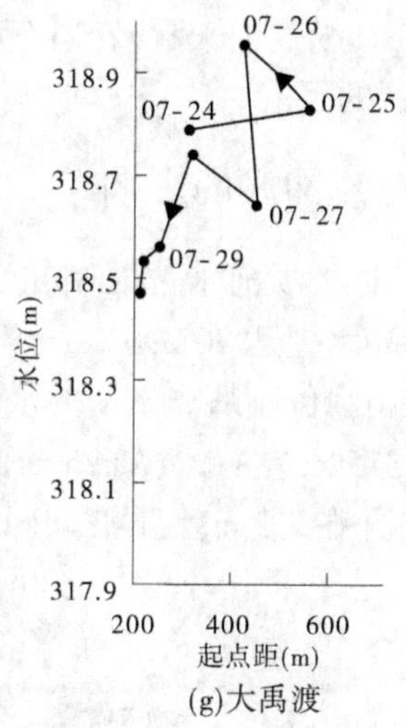

(g)大禹渡

续图 6-41

8月25日至9月15日洪水潼关流量较大,潼关至黄淤37河段又产生沿程冲刷,该场洪水冲刷下降幅度较大,潼关高程下降0.6 m,潼关(八)下降0.57 m。

9月中旬以后的三场洪水,也分别产生了沿程冲刷,但从水位变化分析,沿程冲刷的范围基本在黄淤37以上河段。汛期潼关高程下降0.88 m,潼关(八)和黄淤37分别下降0.93 m和0.5 m,坩埚水位下降0.85 m,黄淤35下降1.2 m。各水位站汛期同流量水位沿程变化见图6-42,从图6-42可以明显看出,汛期沿程冲刷和溯源冲刷衔接,潼关至黄淤37河段是沿程冲刷,黄淤37以下是溯源冲刷,沿程冲刷和溯源冲刷衔接点在黄淤37。

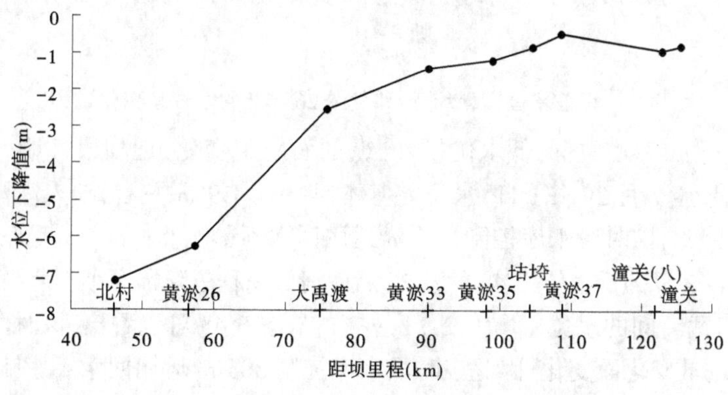

图 6-42　汛期沿程水位下降

6.5.2.3　纵剖面变化

经过2003年汛期水库洪水敞泄排沙,溯源冲刷和沿程冲刷相衔接,纵剖面得到调整。从图6-36可以看出,2003年汛后平均河底高程与1973年9月平均河底高程相比,2003年汛后黄淤18以下断面平均河底高程低于或基本接近1973年9月河底高程,黄淤18—黄淤30断面平均河底高程高于1973年9月河底高程1~2 m,而黄淤31—黄淤38河段高于1973年9月河底高程2~3 m。

从图 6-36 中 2003 年 10 月 20 日纵剖面来看,若遇有利来沙条件且水库敞泄,黄淤 22 河段以上存在冲刷仍可能继续发展的可能。

6.5.3　汛期控制运用对库区泥沙冲淤的影响

汛期水库调度运用中,有四个时段坝前水位控制在 305 m 上下(见图 6-13),其中 9 月因突发事件水位超过 305 m,最高水位达 307.96 m。

汛初的 7 月 1~16 日,水库运用水位刚从非汛期的水位下降到 305 m 左右,处于非汛期淤积三角州顶点位置的北村在 315 m 左右,黄淤 26 断面与北村水位差从受水库回水影响时的 1 m 左右上升到 2 m 以上,并在 2.3 m 上下波动(见图 6-43),表明该时段水库控制 305 m 水位运用,北村不受回水影响。

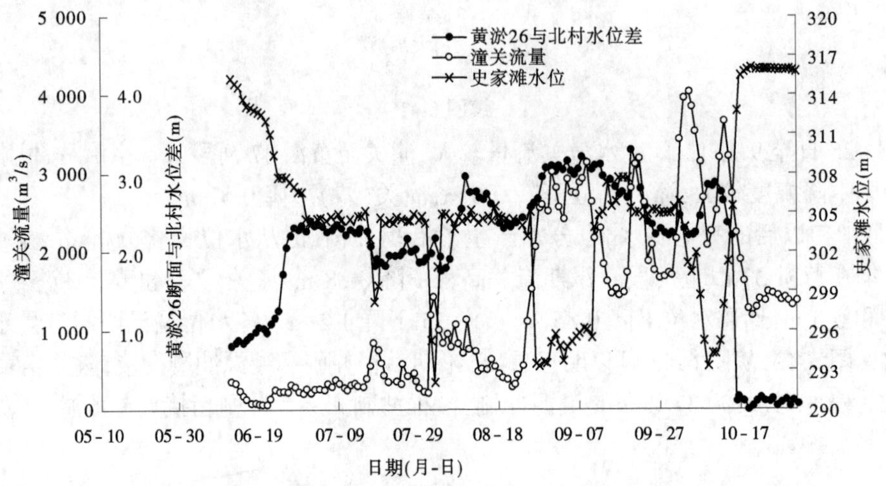

图 6-43　坝前水位、入库流量和黄淤 26 与北村水位差变化过程

经过 7 月 17~19 日的低水位排沙,纵剖面发生变化,近坝段冲刷,黄淤 26 断面与北村水位差变小,7 月 20~31 日,水位差基本维持在 1.9 m 左右,随入库流量上下波动(见图 6-43)。因此,该时段水库控制 305 m 运用回水不影响北村。

经过 8 月 1~3 日的低水位排沙,黄淤 26 断面河底高程下降幅度小于北村(见图 6-36),使 8 月 4~26 日两者间的水位差增大 2.5 m 左右,从图 6-43 可以看出,该时段两站的水位差主要随入库流量变化而变化,因此该时段水库控制 305 m 运用回水不影响北村。

经过 8 月 27 日至 9 月 10 日水库洪水敞泄排沙,库区纵剖面进一步调整,北村河底高程进一步降低,北村至黄淤 26 河段比降变陡,两站水位差增大到 3 m 以上。9 月 11 日至 10 月 2 日,水库最高控制运用水位 307.96 m,从图 6-44 黄淤 26 与北村水位差与史家滩水位关系可以看出,该时段北村已受回水影响。

汛期四个坝前水位控制运用期库区共淤积泥沙 0.41 亿 t,不同时段淤积量见表 6-30。从表看出,7 月 1~16 日,潼关平均流量 285 m^3/s、含沙量 5 kg/m^3,出库流量 245 m^3/s、含沙量 16 kg/m^3。该时段潼关至大坝间泥沙冲刷 351 万 t,主要发生在 7 月 10 日和 11 日,水库泄流量增大产生冲刷,两日冲刷量 291 万 t,冲刷主要发生在坝前段。

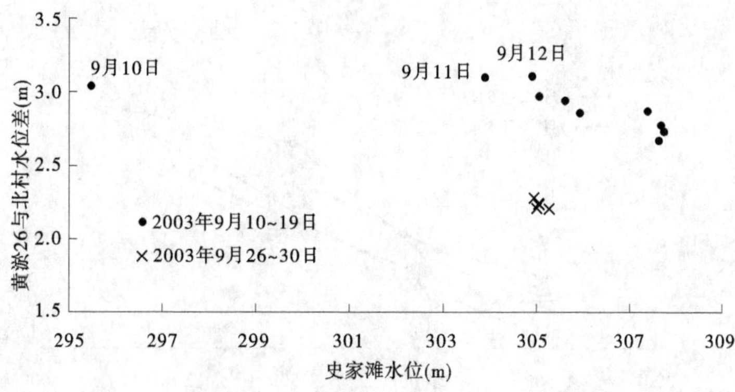

图 6-44　黄淤 26 与北村水位差与史家滩水位关系

7 月 20~31 日库区淤积泥沙 1 189 万 t，主要是由于 7 月 26~27 日渭河小流量高含沙洪水使潼关出现流量不大、含沙量较高的水沙条件，造成潼关至大禹渡河段泥沙淤积（见图 6-41），淤积量 1 265 万 t。

表 6-30　2003 年汛期水库控制坝前水位运用时段入出库特征值

日期(月-日)	天数	史家滩水位(m)	潼关				三门峡				冲淤量(万 t)
			流量(m^3/s)	水量(亿 m^3)	沙量(万 t)	含沙量(kg/m^3)	流量(m^3/s)	水量(亿 m^3)	沙量(万 t)	含沙量(kg/m^3)	
07-01~07-16	17	304.55	285	3.93	189	5	245	3.39	540	16	-351
07-20~07-31	12	304.46	365	3.78	2 409	64	348	3.61	1 220	34	1 189
08-04~08-26	23	304.55	695	13.8	5 873	43	626	12.4	4 376	35	1 497
09-11~10-02	22	305.57	2 073	39.4	8 297	21	2 022	38.4	6 552	17	1 745
合　计	74			60.9	16 768			57.8	12 688		4 080

8 月 4~26 日库区淤积泥沙 1 497 万 t。其中 8 月 10~12 日，渭河高含沙小洪水造成潼关最大含沙量 127 kg/m^3，3 d 淤积 1 025 万 t。分析表明泥沙主要淤积在潼关至大禹渡河段，大禹渡至北村河段发生冲刷。8 月 25~26 日潼关最大含沙量 54 kg/m^3，流量较大，坝前段淤积，淤积量 349 万 t。

9 月 11 日至 10 月 2 日水库蓄水运用，坝前平均水位 305.66 m，最高水位 307.96 m，其间水库发生淤积，库区淤积泥沙 1 745 万 t。该时期内，北村、黄淤 26、大禹渡同流量水位没有发生上升（见图 6-37）。因此，泥沙主要淤积在北村以下。从图 6-45 可以看出，该时期水库蓄水运用不影响黄淤 26 断面水位下降，即不影响回水末端以上溯源冲刷的发展。

6.5.4　潼关高程变化分析

以往研究结果表明，潼关高程的变化是汛期冲刷下降，非汛期回淤上升；非汛期上升的幅度与汛期下降的幅度有关，汛期下降幅度大，一般非汛期回淤的幅度也大。2002 年

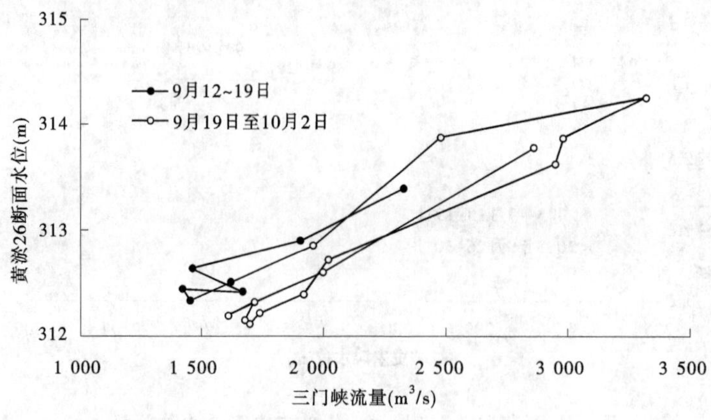

图 6-45　黄淤 26 断面水位与三门峡流量关系

汛末潼关高程 328.78 m,2003 年汛前、汛后分别为 328.82 m 和 327.94 m,非汛期上升 0.04 m,汛期下降 0.88 m,全年下降 0.84 m。

6.5.4.1　非汛期潼关高程变化

三门峡蓄清排浑运用以来,非汛期各个运用时段的回水情况及相应时段的来沙条件,是决定库区淤积分布的主要因素,也是影响潼关高程变化的主要因素。潼关高程运用年内变化规律是汛期冲刷下降、非汛期淤积上升。实测资料分析表明,汛期冲刷下降幅度越大,非汛期回淤上升的幅度也越大,即潼关高程非汛期变化值与汛期变化值有关。由此,利用 1974~2002 年实测资料回归分析,非汛期潼关高程变化值 $\Delta H_{非汛}$ 为:

$$\Delta H_{非汛} = 1.85\ W_{s1} + 0.12\ W_{s2} + 0.068 W_{s3} - 0.29 \Delta H_{上汛} + 0.11 \tag{6-1}$$

式中　W_{s1}——史家滩 $H_{sjt} \geqslant 324$ m 对应潼关来沙量,亿 t;

W_{s2}——320 m>$H_{sjt} \geqslant 324$ m 对应潼关来沙量,亿 t;

W_{s3}——H_{sjt}<320 m 对应潼关来沙量,亿 t;

$\Delta H_{上汛}$——非汛期前一个汛期潼关高程变化值,m,下降为负值,上升为正值。

式(6-1)的相关系数为 0.9,其计算值与实测值对比见图 6-46。

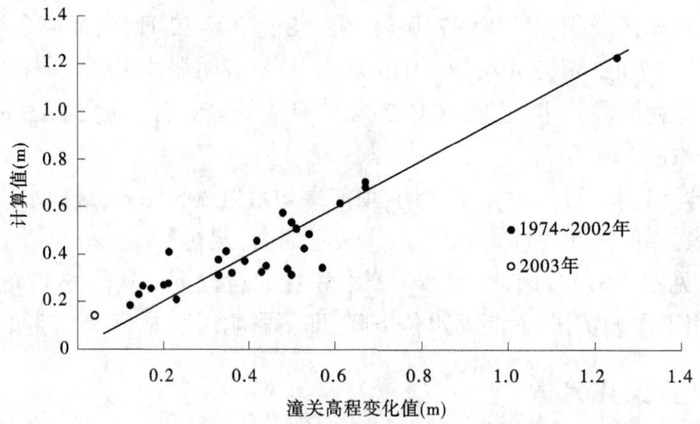

图 6-46　潼关变化值计算值与实测值关系

根据前文分析,2003 年非汛期控制最高水位 318 m 运用,回水末端在黄淤 33—黄淤 35 断面之间,泥沙淤积末端在黄淤 32—黄淤 33 断面之间。潼关至坫垮河段是自然河道,因此潼关高程的变化是河道自动调整的体现。

从式(6-1)可以看出,史家滩不同蓄水位时潼关来沙量对潼关高程的影响程度不同,史家滩水位超过 324 m 时,对潼关高程上升影响的系数是 1.85,史家滩水位在 324~320 m 范围,影响系数是 0.12,而水位低于 320 m 时影响系数只有 0.068,坝前水位降低,影响系数大幅度减小。一方面,2003 年非汛期史家滩最高水位在 318 m 以下,W_{s1} 和 W_{s2} 都为零,W_{s3} 对潼关高程的影响程度较小;另一方面,非汛期潼关来沙量也较少,只有 0.67 亿 t,不足 1993~2002 年非汛期来沙量的 1/2,使水库运用对潼关高程的影响也较小,利用式(6-1)计算对潼关高程变化的贡献是 0.05 m。由于式(6-1)是利用 1974~2002 年实测资料对影响潼关高程重要影响因素进行回归分析的,许多复杂因素不便考虑在内,如水库蓄水位的过程等。另外,式(6-1)本身也有一定的精度。对潼关高程影响 0.05 m 在精度范围内,这种结果也可以认为对潼关高程基本没有影响。因此,这个结果与上面分析的潼关高程变化是河道自动调整并不矛盾。

式(6-1)中上一个汛期潼关高程变化值对下一个非汛期潼关高程变化的影响,系数是负数,表示上一个汛期潼关高程下降(负值),对下一个非汛期潼关高程的影响就是正值(上升);反之,就是下降。2002 年汛期潼关高程上升,即变化值是正值,对 2003 年非汛期来说,对潼关高程的影响就是下降。汛期潼关高程上升值为 0.06 m,对非汛期潼关高程变化的影响是下降 0.02。

利用式(6-1)可以计算出 2003 年非汛期潼关高程变化值为 0.14 m,利用实测资料分析,2003 年非汛期潼关高程上升 0.04 m,这除上述原因外,还有另外两个因素:一是桃汛清淤的作用,2003 年桃汛水量 7 亿 m^3,洪峰流量也不大,其间潼关高程下降 0.17 m,超过多年平均值,潼关清淤起较大作用。二是 2003 年 6 月渭河没有来高含沙小洪水,其他年份,如 2000 年和 2002 年,6 月来自渭河的高含沙小洪水使潼关高程上升 0.2~0.5 m。

6.5.4.2　汛期潼关高程变化

非汛期潼关河段不受水库回水影响,汛期潼关高程主要靠洪水的沿程冲刷下降。表 6-31是 2003 年汛期平水期和洪水期潼关高程变化,从表 6-31 可看出,平水期潼关高程淤积上升,洪水期冲刷下降。6 月 30 日至 8 月 1 日潼关高程上升 0.41 m,主要是 7 月 24~28 日来自渭河的高含沙小洪水造成的。洪水期 8 月 1~9 日和 8 月 25 日至 9 月 15 日潼关高程冲刷下降较大,分别达到 0.63 m 和 0.60 m。

前文分析了 7 月 24~28 日来自渭河的高含沙小洪水沿程淤积情况,该场洪水潼关(六)400 m^3/s 水位上升 0.43 m,从潼关水文站实测大断面(见图 6-47)可以看出,7 月 27 日几乎全部淤堵了 7 月 26 日的主槽,可见该场洪水对断面淤积的严重性。经过 8 月 1~9 日洪水冲刷,8 月 11 日左岸出现一个新的主槽。

表 6-31　2003 年汛期平水期与洪水期潼关高程变化

日期 (年-月-日)	潼关高程(m)	平水期潼关 高程变化值(m)	洪水期潼关 高程变化值(m)
2003-06-30	328.82		
		0.41	
2003-08-01	329.23		
			−0.63
2003-08-09	328.60		
		0.10	
2003-08-25	328.70		
			−0.60
2003-09-15	328.10		
		0	
2003-09-19	328.10		
			0
2003-09-26	328.10		
		0	
2003-10-01	328.10		
			−0.17
2003-10-09	327.93		
			−0.13
2003-10-18	327.80		
		0.14	
2003-10-30	327.94		
	合计	0.65	−1.53

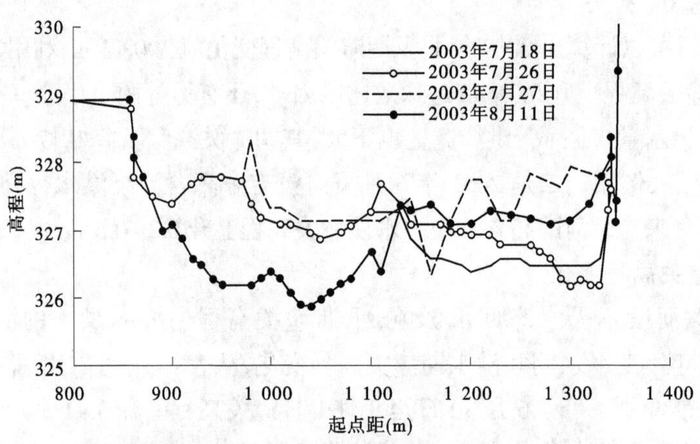

图 6-47　潼关水文站实测大断面

6.6　三门峡水库降低库水位对库周引水和库周生态影响

6.6.1　对库周引水的影响

三门峡水库蓄水运用以来,地方政府在库区沿岸修建了多处引水工程,促进了库区两岸的经济发展和人民生活的改善。

6.6.1.1　取水工程概况

2003 年潼关至大坝库区沿岸具有取水许可证的引水工程共有 15 个，其中左岸山西省 9 个、右岸河南省 5 个、右岸陕西 1 个（见表 6-32）。2000 年水利部批准的取水许可量为 12 800 万 m^3，取水用途主要是农业灌溉、城市生活和工业用水。农业灌溉面积 50.25 万亩，向 30 多万城市人口供水。

6.6.1.2　对引水的影响

1.大禹渡提灌站

大禹渡提灌站位于大禹渡水位站、黄淤 30 断面上游附近山西省一侧。该工程为枢纽泵站两级提灌，枢纽一级提灌采用移动式泵车抽水，原设计最低取水高程 315 m，由于水库泥沙淤积，最低取水高程提高到 318 m。当最高水位不超过 318 m 后，一级泵站取水受到影响，需要对现有泵车轨道、管道等进行改造。2003 年水库非汛期最高水位比以往降低，取水成本略有增加。

表 6-32　库区主要取水工程概况

取水工程名称	位置	距坝里程（km）	1996 年批准取水量（万 m^3）	灌溉面积（万亩）	2000 年批准取水量（万 m^3）	取水方式	取水用途	取水口高程（m）
古贤	左岸（山西）	106	450	2.5	360	黄河抽水	农业灌溉	
新兴		95	960	3.2	600	黄河抽水	农业灌溉	312
杜村		36	842	2.75	600	黄河抽水	农业灌溉	
大禹渡		68	6 048	18	4 860	黄河抽水	农业灌溉	318
马崖		47	1 298	3.8	600	黄河抽水	农业灌溉	316~318
常乐垣		35	510	2.1	360	黄河抽水	农业灌溉	319
部官		18	930	3.1	930	黄河抽水	农业灌溉	
太阳渡		24.6	180	1.6	没办理取水许可证	黄河抽水	农业灌溉	314
盘南		18	450	3.4		黄河抽水	农业灌溉	304
港口	右岸（陕西）	113	860	9.8	400	黄河抽水	农业灌溉	浮箱
华电公司	右岸（河南）	55			850	滩区群井取水	工业	
陕县热电		31	432		360	滩区群井取水	工业	307
亚能		9	432		360	滩区群井取水	工业	304
373 取水		0.5	85		120	滩区井取水	职工生活、工业	
三门峡市第三水厂		18.5	2 920		2 400	黄河自流、抽水	城市生活、工业	
合计			16 397	50.25	12 800			

2.马崖提灌站

马崖提灌站原设计最低取水高程为 312 m,由于水库泥沙淤积,现取水口高程在 316~318 m。2003 年控制最高水位运用,使取水成本稍有增加。

另外,给城市生活和工业供水的三门峡市第三水厂,承担着三门峡市 30 万人口的生活用水和 21 家企业用水,对三门峡市的社会经济发展起着重要作用。第三水厂非汛期取水主要靠水库蓄水后自流进入储水池,水库水位低于 318 m 运用,水厂自流供水能力受到影响,取水成本增加。

总体来看,2003 年水库非汛期最高蓄水位不超过 318 m,对库周取水产生了一定影响,取水成本增加,但水库非汛期平均水位与多年平均水位相比变化不大,对库周取水量的影响程度不大。

2003 年水库库区水质与以往相比,变化不明显,今后需继续观测。

6.6.2　对库周生态影响

6.6.2.1　库周生态概况

三门峡水库运用 40 年来,库区形成新的生态系统。目前潼关至大坝沿库周有 146 万人左右,库区内陆生植物 318 种、兽类 25 种、鸟类 118 种。库区是国家珍禽动物的栖息地,属国家一级保护的水禽有黑鹳、白鹳、丹顶鹤、黑颈鹤等,属国家二级保护的水禽有白天鹅、灰鹤、鸳鸯等。多年来库区广阔的水域已成为维持本区域生态平衡的最基本要素,已成为国家级湿地自然保护区。

1.库区移民

1957 年三门峡水利枢纽开始动工修建,1958 年 2 月确定 335 m 高程线以下移民方案,全库区淹没面积 90 万亩,需要搬迁人口 37 余万人,主要涉及库周三省。潼关至大坝段主要涉及山西省、河南省,当时两省共移民 11.85 万人,除河南少部分远迁甘肃敦煌外,其他均为靠后安置,目前移民已经发展到 30.02 万人。

随着三门峡水库运用方式的三次大的改变,从 1974 年以后采取的“蓄清排浑”运用方式基本稳定,水库降低了运用水位后,324 m 高程以上的滩地已不受蓄水影响,可常年开发利用的滩地面积有 12 万亩。在“还田于民、高处定居低处生产”的引导下,库周滩涂得到了开发利用,农民打井、建抽水站、兴建渠道等,建起了多处农田基本设施。至 1990 年水库安置区已有 190 个自然村,13 余万人口。移民在滩地以种植业、林果业、养殖业为主。近几年部分移民返迁入水库安置区以下,据初步调查 335 m 以下库区移民返迁约 2 万人。

2.气温、水温

据实测资料统计,在库岸 5~15 km 范围内的河谷盆地,水库高水位运用期间,极端最高气温降低了 0.2 ℃,极端最低气温升高了 0.9 ℃。

根据三门峡站实测资料,水库的热能调蓄作用比较明显。水库低水位运用期间,库水温与建库前差异不大;水库高水位运用期间,在 3~6 月气温转暖的升温期,库水温较建库前同期降低 2.5~4.8 ℃,在 8~12 月的降温期,库水温较建库前同期升高 1.7~2.9 ℃。

3.动植物

据 1988 年的调查结果,库区陆生植物有 318 种,隶归 225 属 67 科。已查明的库区陆生脊椎动物有 159 种,其中兽类动物 25 种、鸟类 118 种。建库前库区有鸭科鸟类 9 种,水库蓄水运用后,水域面积增大,鸭科鸟类已增加至 12 种,其他与水域相关的鸥科、翠鸟科鸟类在物种上也有所增加。其中白天鹅由 20 世纪 90 年代以前的几十只、几百只,增加到现在的上万只,三门峡库区白天鹅也由过去的过境休息地成为现在的越冬栖息地。每年的冬天至翌年春季水库蓄水期,大量南迁候鸟在库区栖息,有上万只白天鹅、野鸭和大雁以及少量白鹤。

4.湿地

三门峡库区潼关至大坝段,建库前湿地 40 km^2左右,建库后 326 m 水位下的湿地面积增加到 267 km^2,1974 年后基本维持在 210 km^2左右。三门峡库区湿地自然保护区是河南省最大的湿地自然保护区,1995 年被河南省人民政府批准为以保护白天鹅等珍稀水禽为主的湿地自然保护区,2003 年又被批准为国家级湿地自然保护区。

6.6.2.2　对库周生态影响

2003 年三门峡水库控制最高水位原型试验的第一年,对湿地面积影响较大,湿地面积减小到 70 km^2。对库周生态的其他影响需继续观测并开展研究。

6.7　小　结

(1)为控制并降低潼关高程,2002~2003 年三门峡水库非汛期最高蓄水位 317.98 m,平均蓄水位 315.59 m,汛期洪水期敞泄。对大禹渡至稠桑河段实施了裁弯试验工程,河长缩短了 9 km。同时,继续对潼关实施清淤疏浚。

(2)非汛期坝前最高水位和平均水位分别比 2002 年降低 2.33 m 和 1.12 m,回水末端由 2002 年的黄淤 37—黄淤 36 断面(距潼关 16~20 km)下移至黄淤 35—黄淤 33 断面(距潼关 26~35 km),下移了 10~15 km。潼关至三门峡大坝泥沙淤积 0.82 亿 m^3,2002 年非汛期淤积 0.83 亿 m^3,2003 年黄淤 36—黄淤 30 断面泥沙淤积量明显减少,比 2002 年减少 700 多万 m^3,该河段淤积占总淤积量的比例由 2002 年的 24%下降到 9%。受回水影响,淤积末端位于黄淤 32—黄淤 33 断面之间,距潼关 35 km。

(3)9~10 月渭河及其支流发生了罕见的秋汛,8 月 25 日至 10 月 12 日先后出现 6 次洪水过程,潼关洪峰流量大于 2 000 m^3/s 的洪水有 5 次,2 000 m^3/s 流量以上的天数有 38 d,水量达 93 亿 m^3,平均含沙量 41 kg/m^3,水沙条件对降低潼关高程很有利。汛期有利的水沙条件使溯源冲刷发展到黄淤 37 断面(潼关下游 16 km),潼关至黄淤 37 断面是沿程冲刷,溯源冲刷与沿程冲刷相衔接。

(4)非汛期潼关河段不受三门峡水库蓄水位影响,处于自然淤积状态,潼关高程上升 0.04 m。汛期平水期潼关高程上升 0.65 m,洪水期下降 1.53 m,整个汛期潼关高程下降 0.88 m,主要是水沙条件较好引起沿程冲刷的作用。渭河高含沙小洪水是平水期潼关高程上升的主要原因。

(5)洪水期敞泄排沙,强烈冲刷时间在前 5 天,第 6~15 天的冲刷强度减弱,如果入库流量仍较大,较长时间仍可维持冲刷,虽然冲刷强度较小,但对库区纵剖面的调整作用较大。

(6)2002~2003 年,采取了三门峡运用方式改变、裁弯试验工程、潼关清淤等措施,潼关高程降低 0.84 m,但其主要作用还是较有利的来水来沙条件,为了研究人工措施的作用,建议仍按暂定方案进一步开展原型试验研究。

第 7 章　刘家峡水库冲淤及排沙特性研究

7.1　入出库水沙特点

刘家峡水库有黄河干流循化站(坝址上游 113 km)、支流洮河红旗站(坝址上游 28 km)和大夏河折桥站(坝址上游 48 km)三个进库控制水文站,1968~2010 年实测资料见表 7-1,循化站年平均水量 205 亿 m^3,洮河红旗站和大夏河折桥站年平均水量分别为 42 亿 m^3和 7.9 亿 m^3,出库小川站年平均水量 253 亿 m^3;循化站年平均沙量 2 589 万 t,洮河红旗站年平均沙量 2 141 万 t,大夏河折桥站年平均沙量 217 万 t,小川站年平均沙量1 718 万 t。

表 7-1　刘家峡水库入库和出库四站 1968~2010 年水沙特征值

项目	黄河循化	洮河红旗	大夏河折桥	黄河小川
水量(亿 m^3)	205	42	7.9	253
沙量(万 t)	2 589	2 141	217	1 718
含沙量(kg/m^3)	1.3	5.1	2.8	0.68

注:红旗和折桥无 2005 年和 2010 年资料。

7.1.1　干流入库

黄河干流循化水文站控制流域面积 14.5 万 km^2,1968~2010 年实测径流量 205 亿 m^3,年实测输沙量 2 589 万 t,平均含沙量 1.3 kg/m^3。循化不同时期水沙特征见表 7-2,1968~1986 年年平均水量较大,为 231 亿 m^3,汛期水量占年水量的 61%;1987~2010 年年平均水量为 184 亿 m^3,汛期水量占年水量的 37%。与水量相比,循化沙量大幅度减少,1968~1986 年年平均沙量 4 294 万 t,1987~2010 年年平均沙量 1 240 万 t,而 2000~2010 年年平均沙量 445 万 t。沙量减少幅度大于水量,使含沙量减小,1968~1986 平均年年均含沙量为 1.9 kg/m^3,2000~2010 年含沙量只有 0.27 kg/m^3。

表 7-2　黄河循化站不同时期水沙特征值

项目		1968~1986 年	1987~2010 年	2000~2010 年	1968~2010 年
水量	汛期	140	69	66	100
(亿 m^3)	年	231	184	184	205
沙量	汛期	3 319	967	366	2 006
(万 t)	年	4 294	1 240	445	2 589
含沙量	汛期	2.4	1.4	0.65	2.0
(kg/m^3)	年	1.9	0.67	0.27	1.3

图 7-1 是循化年最大洪峰流量变化过程,循化最大洪峰流量是 1981 年的 4 850 m^3/s,洪

峰流量最小值为 1987 年的 988 m^3/s；1986 年以来最大洪峰流量为 1989 年的 2 420 m^3/s，2000～2010 年最大洪峰流量为 2010 年的 1 730 m^3/s。年最大含沙量最大值为 1989 年的 401 kg/m^3，最小值为 2010 年的 7.2 kg/m^3。从图 7-1 可以看出，1987 年以后循化洪峰流量明显减小，这主要是受龙羊峡水库运用影响造成的。

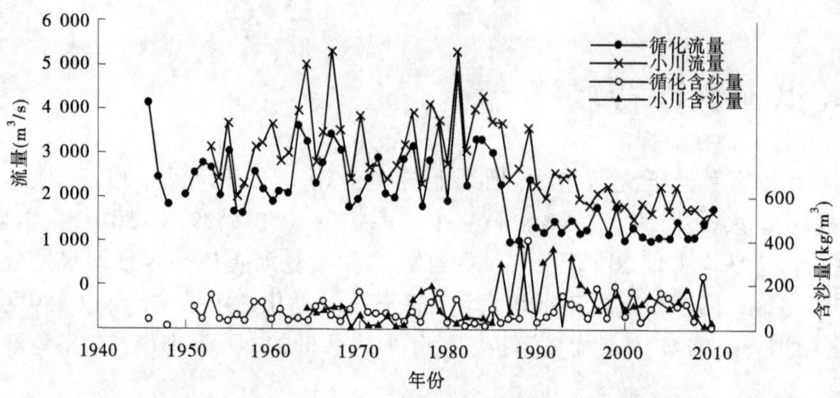

图 7-1　循化、小川站历年洪峰流量与最大含沙量变化

龙羊峡水库运用前，循化洪水过程未经过水库调节，龙羊峡水库投入运用后，循化站的流量经过龙羊峡水库调节后的过程，一是流量过程变化受到控制，二是部分洪峰被削减。图 7-2(a)和(b)分别是 1981 年和 1989 年汛期日均流量和含沙量变化过程，1981 年龙羊峡水库未运用，对循化流量过程没有调节，1989 年龙羊峡水库投入运用，对循化流量有明显调控。

7.1.2　洮河入库

洮河是黄河的一级支流，在刘家峡大坝上游 1.5 km 右岸汇入黄河，全长 673 km，流域面积 25 527 km^2。洮河水量较为丰富，上游河段谷宽势平，草原广布；中游为高山峡谷区，森林草原覆盖，植被良好；下游为黄土丘陵区，植被差，水土流失严重。

7.1.2.1　红旗站水沙特点

洮河把口站红旗站距刘家峡 17 km，该站控制面积 24 973 km^2。洮河水量、泥沙年内变化，主要取决于年降水量的大小、集中程度、降水历时、暴雨笼罩面积和暴雨中心位置。红旗站年际间水量与沙量变幅较大，最大年径流量是 1967 年的 95.1 亿 m^3，最小年径流量是 2002 年的 23 亿 m^3；最大年输沙量是 1979 年的 6 590 万 t，最小年输沙量是 2009 年的 137 万 t。

表 7-3 是红旗站不同时期水沙特征值，1968～2010 年年平均流量 134 m^3/s，年均径流量 42 亿 m^3，年均输沙量为 2 141 万 t，平均含沙量为 5.1 kg/m^3；汛期（7～10 月）水沙量分别为 24 亿 m^3 和 1 668 万 t，分别占年水沙量的 56% 和 78%。1986 年以后与以前相比，水沙量都减少，沙量减少幅度大于水量。1987～2010 年年水沙量分别为 36 亿 m^3 和 1 657 万 t，分别占 1968～1986 年年水沙量的 72% 和 61%，而 2000～2010 年年水沙量分别为 36 亿 m^3 和 943 万 t，分别占 1968～1986 年的 72% 和 35%。沙量减少幅度大于水量，使含沙量减小，2000～2010 年平均含沙量为 3.2 kg/m^3。

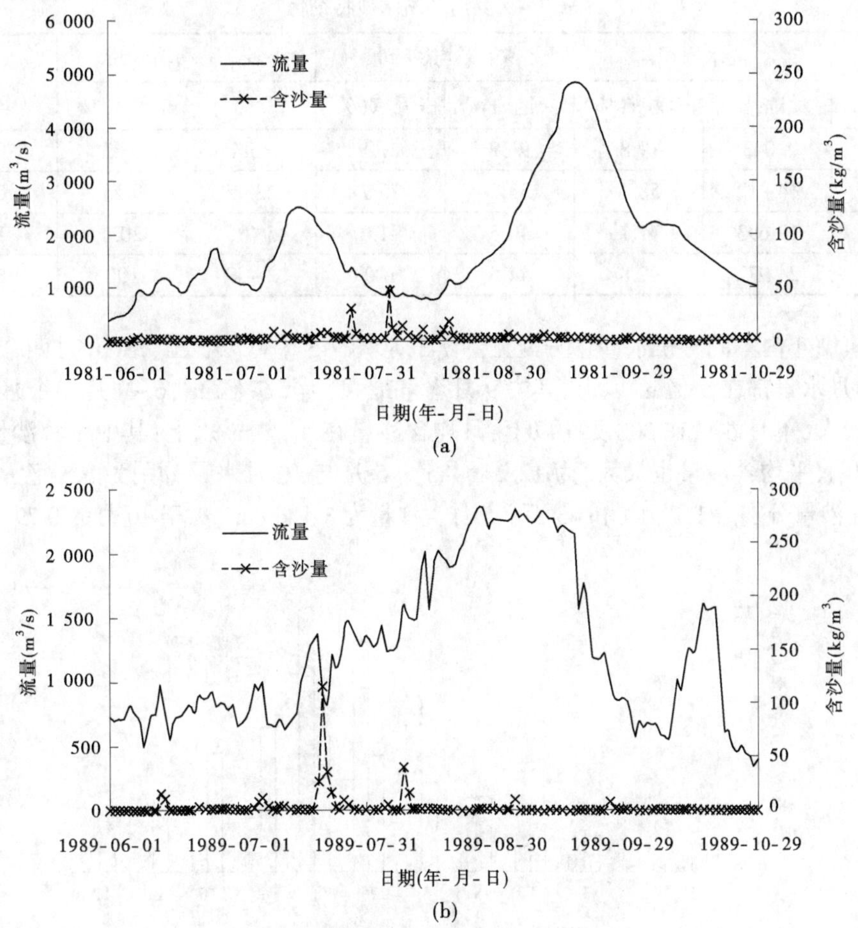

图 7-2　循化日均流量、含沙量变化过程

洮河干流控制水文站有碌曲、岷县、李家村和红旗，四站 1956~2004 年实测径流量和悬移质输沙量成果见表 7-4。从表 7-4 可以看出，洮河水沙异源，水量主要来自李家村以上，李家村站控制流域面积 77.1%，水量占总水量的 91.0%；李家村至红旗区间是洮河流域的主要产沙区，该区间面积占流域面积的 20.7%，区间沙量 1 931 万 t，占总沙量的79.2%。

表 7-3　洮河红旗站不同时期水沙特征值

项目		1968~1986 年	1987~2010 年	2000~2010 年	1968~2010 年
水量（亿 m^3）	汛期	30	19	20	24
	年	50	36	36	42
沙量（万 t）	汛期	2 192	1 215	768	1 668
	年	2 727	1 657	943	2 141
含沙量（kg/m^3）	汛期	6.7	6.7	4.6	7.0
	年	5.1	5.0	3.2	5.1

表 7-4　洮河各站水沙特征值

站名	集水面积		多年平均径流量		多年平均输沙量		含沙量
	km²	占流域(%)	亿 m³	占流域(%)	万 t	占流域(%)	(kg/m³)
碌曲	5 043	19.8	9.39	21.1	15.4	6.63	0.26
岷县	14 912	58.4	33.7	75.7	225.2	9.23	0.67
李家村	19 693	77.1	40.5	91.0	507.6	20.8	1.22
红旗	24 973	97.8	44.5	100	2 439	100	5.35

红旗站年内不同月份水沙量分配见图 7-3,从图 7-3 中可以看出,7~10 月四个月水量较大,单月水量都在 5 亿 m^3以上,其中 9 月水量最大,为 6.7 亿 m^3;6~9 月四个月沙量和含沙量较大,单月沙量在 300 万 t 以上,月均含沙量在 4 kg/m^3以上;其中 8 月沙量最大,为 766 万 t,平均含沙量也最大,为 12.2 kg/m^3。5 月与 10 月水量分别为 3.5 亿 m^3和 5.5 亿 m^3,而沙量分别为 117 万 t 和 43 万 t,5 月含沙量为 3.4 kg/m^3,大于 10 月的 0.79 kg/m^3。

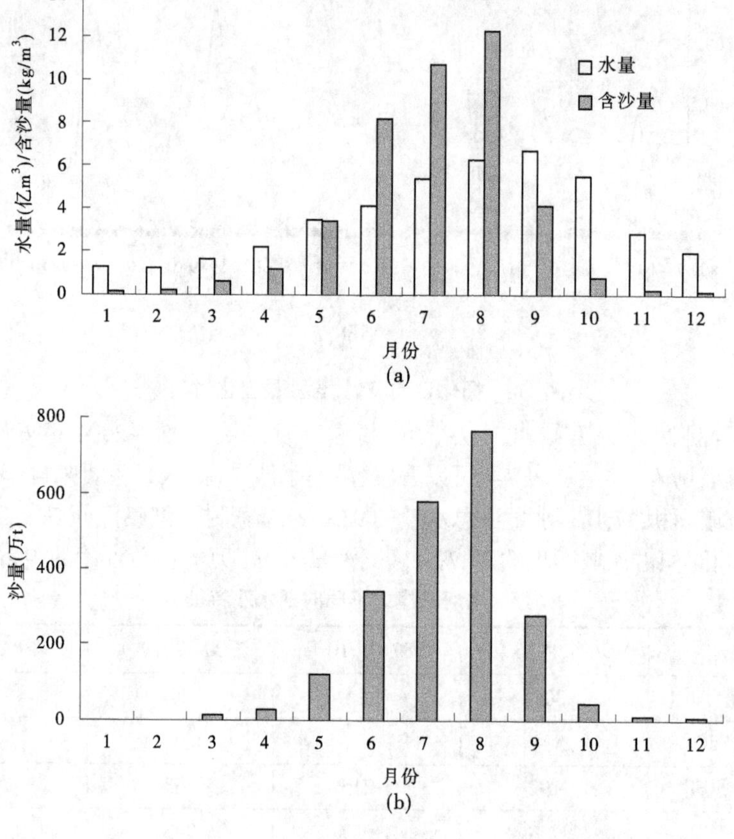

图 7-3　1968~2010 年红旗站月水量、沙量与含沙量变化

7.1.2.2　红旗站洪水特点

洮河不同来源区洪水具有不同的特点。洪水来自李家村以上时,洪水涨落缓慢,历时较长,洪量较大,沙量较少,如 1978 年 9 月 5~16 日洪水(见图 7-4(a))。来自李家村至红

旗站区间的洪水洪峰流量较小,洪水历时较短,一般起涨历时 6~8 h,最短 2~3 h 即涨至峰顶,洪量较小,沙量较大,这部分洪水就是红旗站常发生的高含沙洪水。红旗站实测最大洪峰发生在 1964 年 7 月 23 日,洪峰为 2 370 m^3/s。1992 年 6 月 11 日,日均含沙量达到 366 kg/m^3,为 1975~2004 年的最大值。

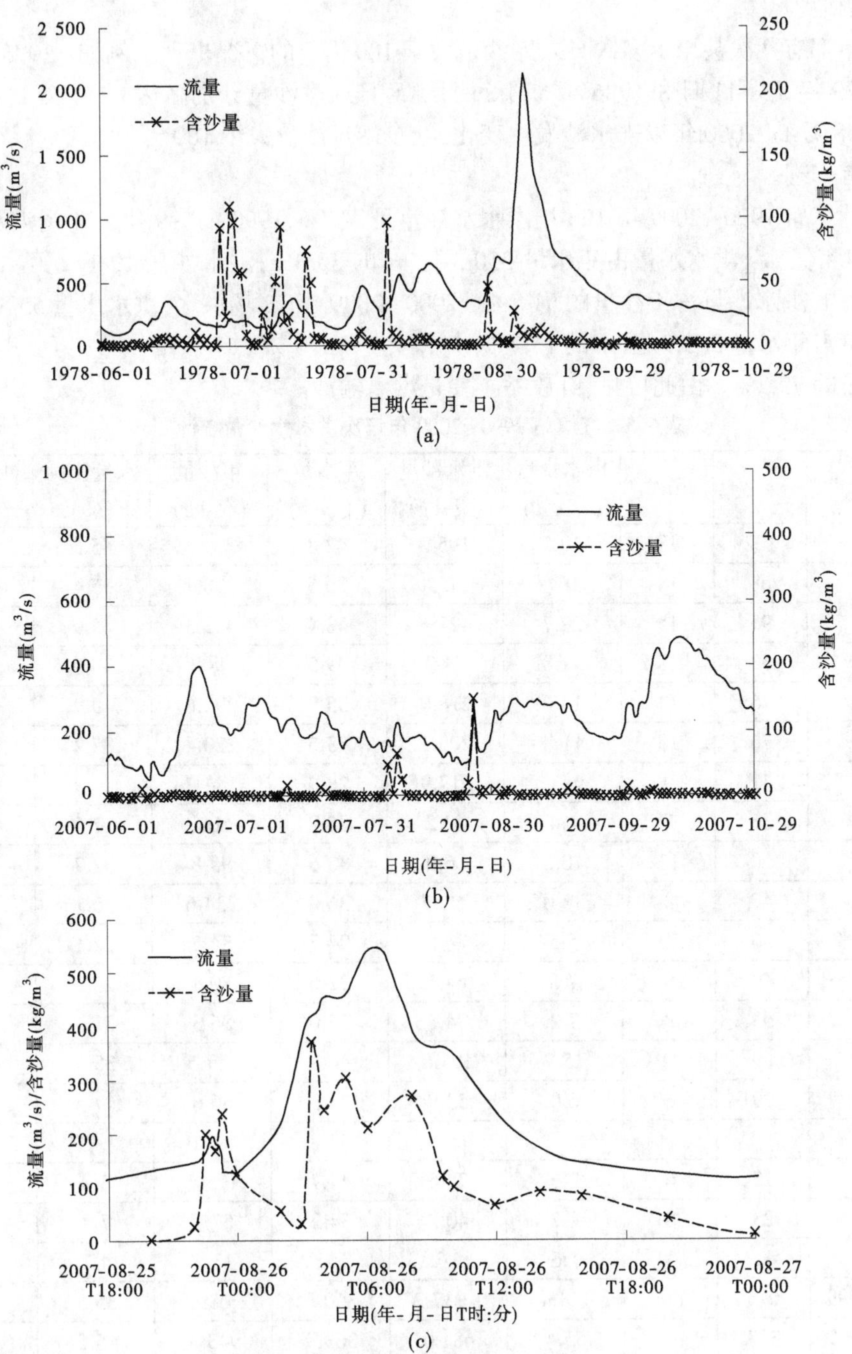

图 7-4　红旗站洪水流量、含沙量过程

图 7-4(b)是 2007 年红旗站日均流量含沙量变化过程,图 7-4(c)是 2007 年 8 月 25~26 日洪水过程线,从图中可以看出红旗站洪水陡涨陡落的变化过程,8 月 26 日 0 时流量为 124 m^3/s,至 8 月 26 日 6 时流量增加至 536 m^3/s,8 月 26 日 16 时流量减少为 146 m^3/s;在 16 h 洪水过程中,含沙量 100 kg/m^3 以上历时 7 h,最大含沙量为 8 月 26 日 5 时的 305 kg/m^3。

每年都有几次甚至十多次日入库沙量大于 100 万 t 的情况出现。例如:1976 年 8 月 3 日、1979 年 8 月 11 日和 1986 年 6 月 26 日洮河日入库沙量分别高达 1 149 万 t、1 261 万 t 和 1 538 万 t。2000 年以来水沙发生变化,红旗站日沙量大于 100 万 t 的天数减少,有些年份没有出现。

统计红旗 1990~2009 年 196 场洪水水沙量见表 7-5,1990~1999 年 124 场洪水,洪水水量 124.4 亿 m^3,洪水水量占年水量 350.3 亿 m^3 的 35.3%;洪水沙量 19 172 万 t,年沙量 20 899 万 t,洪水沙量占年沙量的 91.7%。2000~2009 年 72 场洪水,洪水水量 55.4 亿 m^3,洪水水量占年水量 363.9 亿 m^3 的 15.2%;洪水沙量 6 810 万 t,年沙量 9 433 万 t,洪水沙量占年沙量的 72.2%。由此可见,红旗站主要是洪水输沙。

表 7-5 红旗站 1990~2009 年场次洪水水沙量统计

年份	天数	场次	洪水水量(亿 m^3)	洪水沙量(亿 kg)	年水量(亿 m^3)	年沙量(亿 kg)	水量比例(%)	沙量比例(%)
1990	122	18	19.5	195.2	42.8	209.8	45.5	93.0
1991	68	14	9.4	275.1	26.5	290.1	35.4	94.8
1992	93	15	22.7	422.3	48.4	443.3	46.9	95.3
1993	57	13	11.8	74.9	39.5	98.8	30.0	75.8
1994	76	14	14.6	278.0	35.8	292.6	40.9	95.0
1995	76	13	11.8	203.1	33.6	220.4	35.2	92.1
1996	41	9	6.3	117.9	28.9	144.2	21.9	81.7
1997	36	7	4.4	42.2	25.2	60.4	17.6	69.8
1998	60	13	10.8	86.0	33.6	95.8	32.2	89.8
1999	47	8	13.0	222.7	36.0	234.6	36.1	94.9
2000	56	12	5.5	70.8	24.7	84.5	22.1	83.7
2001	40	9	7.6	64.1	32.6	80.4	23.5	79.8
2002	53	8	7.2	74.6	23.0	86.3	31.1	86.5
2003	69	11	15.9	191.8	44.8	217.5	35.4	88.2
2004	29	6	6.0	53.9	34.3	66.6	17.5	80.8
2005					55.8	100.0		
2007	15	6	2.6	75.5	44.7	115.7	5.8	65.3
2008	23	8	2.7	40.5	34.2	57.7	7.8	70.3
2009	11	4	1.6	5.3	34.6	13.7	4.7	38.4
1990~1999	676	124	124.4	1 917.2	350.3	2 089.9	35.5	91.7
2000~2009	327	72	55.4	681.0	363.9	943.3	15.2	72.2

7.1.3　大夏河入库

大夏河是黄河的一级支流,降水和雪山融水是河川径流的主要补给源。大夏河把口水文站是折桥站,折桥站最大年水量是 1967 年的 24.4 亿 m^3,最小水量是 1991 年的 3.9 亿 m^3。实测最大年沙量为 1979 年的 857 万 t,最小沙量为 1992 年的 48.0 万 t。

表 7-6 是折桥站不同时期水沙特征值,1968~2010 年平均流量 25 m^3/s,年径流量 7.9 亿 m^3,年沙量为 217 万 t,平均含沙量为 2.8 kg/m^3;汛期(7~10 月)水沙量分别为 4.6 亿 m^3和 178 万 t,分别占年水沙量的 58%和 82%。1986 年以后与以前相比,水沙量都减少,沙量减少幅度大于水量。1987~2010 年年水沙量分别为 6.7 亿 m^3和 139 万 t,分别占 1968~1986 年年水沙量的 72%和 45%,而 2000~2010 年年水沙量分别为 6.4 亿 m^3和 82 万 t,分别占 1968~1986 年年水沙量的 69%和 27%。沙量减少幅度大于水量,使含沙量减小,2000~2010 年平均含沙量为 1.1 kg/m^3。

表 7-6　大夏河折桥站不同时期水沙特征值

项目		1968~1986 年	1987~2010 年	2000~2010 年	1968~2010 年
水量（亿 m^3）	汛期	5.5	3.8	3.7	4.6
	年	9.3	6.7	6.4	7.9
沙量（万 t）	汛期	254	112	70	178
	年	307	139	82	217
含沙量（kg/m^3）	汛期	4.2	2.7	1.3	3.8
	年	3.1	2.1	1.1	2.8

大夏河洪水主要由暴雨形成,集中于汛期 7~9 月,洪峰在 200~400 m^3/s,一次洪水过程少则 3~5 d,多则十几天。近年来,随着大夏河来水来沙的变化,场次洪水的洪峰降低,洪水历时缩短明显。

7.2　水库运用特点

1968~1986 年刘家峡水库单库运行期间,水库 11 月至翌年 3 月防凌、发电运用,4~6 月灌溉、发电运用,7 月 1 日至 9 月 10 日主汛期防汛运用,库水位控制在防洪限制水位 1 726 m以下,每年 9 月 10 日后,视水情逐步抬高水位蓄水,10 月底左右水库蓄满至正常高水位 1 735 m。1986 年以前,为争取发电效益,多数年份都将水蓄至略高于正常高水位,1985 年汛末超蓄至 1 735.77 m。运行结果表明,6~10 月年均蓄水量 28.65 亿 m^3,9 月蓄水量最大,为 10.53 亿 m^3,11 月至翌年 5 月泄水,年均泄水 26.5 亿 m^3,1 月泄水量最大,为 6.37 亿 m^3。历年来看,6~10 月蓄水量以 1979 年最大,为 41.4 亿 m^3,1977 年蓄水量最少,为 5.66 亿 m^3。水库调节的结果,使得水库下游的年内水量分配发生变化,汛期 7~10 月水量较刘家峡水库运用前明显减少,非汛期 11 月至翌年 6 月各月水量则有所增加。

龙羊峡水库是以发电为主,兼顾防洪、灌溉、供水等的综合性工程,1986 年 10 月开始蓄水。龙羊峡水库运用多年平均 6~10 月蓄水量 40 多亿 m^3，11 月至翌年 5 月平均泄水 40 亿 m^3左右。龙羊峡水库建成运用后，刘家峡水库汛期防洪限制水位变为 1 728 m，刘家峡水库则改变了原来的运用方式，配合龙羊峡水库对调节后的来水过程进行补偿调节，蓄水过程分两个阶段，即 7~9 月汛期蓄水，12 月至翌年 3 月在龙羊峡水库泄流量大时进行蓄水调节；10~11 月和 4~5 月主要为补水运用，10 月及 3 月末在来水量允许时蓄满，6~9 月库水库控制在 1 728 m 以下运行。

刘家峡水库防凌期：黄河宁夏、内蒙古河段（简称宁蒙河段），一般从 11 月中旬开始结冰封冻，到翌年的 3 月底以前解冻开河。在刘家峡水库原设计中并没有防凌任务，运用初期，对水库运用的原则要求是：封冻期出库流量适当加大，开河期尽量减小下泄流量。后来经过实践摸索，逐步形成了较为行之有效的运用方式，即封河期出库流量在宁夏冬灌流量（11 月前半个月左右出库流量一般达到 850 m^3/s 以上）的基础上平稳递减，以保持较大的封河流量，使河面冰盖较高，保持一定的有效过水面积；稳定封河期间（1~2 月）尽量使流量平稳，防止水鼓冰开；在开河期的 15 d 左右时间里控制兰州断面流量不大于 500 m^3/s，以减小开河的动力，并使当地的融冰水得到消化。也就是说，1989 年以前，黄河凌汛期水库调度主要由刘家峡水库围绕宁蒙河段凌情进行水量调度，刘家峡水库的调度由黄河上中游水量调度委员会及其办公室负责。防凌水量调度主要是在预报石嘴山站开河前 7 d 左右，控制兰州站流量不大于 500 m^3/s，控制时间 15 d 左右。刘家峡水库的防凌调度大大减轻了宁蒙河段的凌汛灾害。

1986 年龙羊峡水库投入运用后，黄河年径流量分配过程发生了很大变化，对黄河中下游防洪、防凌及水资源产生了较大影响。鉴于龙羊峡水库投入运用后对黄河下游带来的问题和三门峡水库防凌库容有限，为减轻三门峡水库的防凌负担，确保宁蒙河段和黄河下游防凌安全，经国务院同意，1989 年 1 月国家防汛总指挥部授权黄河防汛总指挥部负责凌汛期全河水量统一调度，并明确了每年 11 月 1 日至翌年 3 月 31 日为黄河凌期。随着黄河干流一些大型水利枢纽的兴建，黄河防总办公室负责对刘家峡、万家寨、三门峡、小浪底水库实行防凌实时调度。当前各水库的防凌任务是：刘家峡水库以承担宁蒙河段的防凌任务为主，同时考虑黄河下游防凌。

刘家峡防凌水库调度运用方式：刘家峡水库每年 11 月至翌年 3 月为凌汛调度期，泄水量按月计划旬安排调度，即提前 5 d 下达次月的调度计划及次旬的水量调度指令，刘家峡水库下泄水量按旬平均流量严格控制，日出库流量避免忽大忽小，日平均流量变幅不超过旬平均流量的 10%。其调度过程为：①封河前期控制，在内蒙古河段封河前期控制刘家峡水库的泄量，以达到按设计封河的目的，使内蒙古河段封河后水量能从冰盖下安全下泄，防止冰塞造成灾害。②封河期控制，在内蒙古河段封河期控制刘家峡出库流量由大到小均匀变化，减少河段槽蓄水量，为宁蒙河段顺利开河创造条件。③开河期控制，在内蒙古河段开河期进一步减小刘家峡出库流量，避免造成“武开河”。

刘家峡水库灌溉期：灌溉期为每年的 4~11 月，黄河上中游地区都有农业灌溉用水要求，其中春灌及冬灌期要求流量较大，需要刘家峡水库给予补充。4 月下旬，甘肃、宁夏、内蒙古的引黄灌区相继开始引水，到 5~6 月引用水量达到高峰。为满足农灌用水和乌海、包头等地的工业及生活用水需要，要求高峰期间石嘴山流量达到 800 m^3/s 左右，三盛公枢纽坝下巴彦高勒流量不小于 100 m^3/s，刘家峡水库一般从 5 月 1 日起准时加大出库流量,该月的出库流量一般要求达到900 m^3/s 以上,兰州断面流量要达到1 100 m^3/s 左右。近年来,开灌时间提前,4月下旬起即要求刘家峡水库加大出库流量。9月中旬到10月底,内蒙古河套灌区进行秋灌,高峰期要求兰州流量达到800 m^3/s。11月宁夏冬灌进入高峰,要求刘家峡出库流量达到850 m^3/s,到11月中旬,当年宁夏、内蒙古灌溉用水结束。

刘家峡水库防汛、蓄水期:黄河上游7~9月为主汛期。按照设计要求,水库防汛限制水位时间为7月1日至9月10日,刘家峡水库单库运行时汛限水位为1 726 m,两库联合运行初期为1 728 m。汛期在确保水库自身安全的前提下,其出库流量主要受到兰州市的防洪标准控制,按规定:兰州断面流量超过4 000 m^3/s 时,将由国家防汛总指挥部办公室直接调度指挥。

刘家峡水库全年最小流量的要求:为满足兰州市及有关企业的生活及生产用水需求,刘家峡水库的出库流量必须时刻保证兰州断面的最小流量要求,该最小流量最初定为150 m^3/s,现已提高至不小于250 m^3/s。

由以上所述可以看出,尽管刘家峡水库的设计任务是以发电为主,但大部分时间里都要受到发电以外的其他各种因素制约,具体地说,除了7~9月三个月外,其他月份的出库流量基本上是确定的,这是由其综合利用的性质所决定的。

7.2.1　水库不同运用期水位变化特点

图7-5是刘家峡水库坝前水位年均变化过程线,从图7-5中可以看出,1989年以前,1970~1988年年均水位基本在1 715~1 725 m范围内变化,最低水位是1969年的1 706 m,最高水位是1972年的1 724.49 m。1987年、1988年由于上游龙羊峡水库蓄水,刘家峡入库水量减少,坝前水位只有1 713.35 m和1 711.00 m。1989~2011年坝前年均水位基本在1 722~1 728 m变化,最高水位是1990年的1 728.67 m,最低水位是1992年的1 722.08 m;2004年以来,坝前水位一直在1 726 m左右。汛期7月1日至9月10日低水位运用期,1989年以前平均水位变化基本在1 710~1 725 m,1971年和1988年平均水位较低,分别为1 701.77 m和1 704.50 m;1989年以后基本在1 718~1 728 m范围内变化,2001年较低,水位为1 716.03 m。

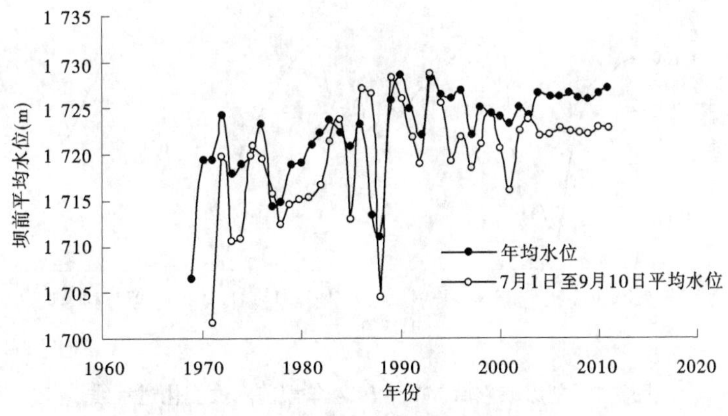

图7-5　坝前水位变化过程线

图 7-6 是水库年最高水位、最低水位变化过程线。从图 7-6 中可以看出，1989 年以前年最高水位与年最低水位之间的差值较大，一般年份在 30 ~ 40 m；1989 年以后，年最高水位与最低水位的差值较小，一般年份在 15 ~ 20 m。从年最低水位变化过程来看，1989 年以前最低水位基本在 1 695 ~ 1 710 m，1989 年以后最低水位基本在 1 710 ~ 1 720 m，个别年份如 1990 年最低水位达到 1 724.18 m。1989 年以前最高水位多数年份达到 1 735 m，1978 年、1984 ~ 1986 年最高水位超过了 1 735 m，其中 1985 年最高水位达到 1 735.78 m，为最高水位的最大值；1977 年、1987 和 1988 年最高水位较低，其中 1988 年最低水位 1 725.59 m。1989 年以后年最高水位一般在 1 730 ~ 1 735 m，1989 年达到 1 735 m，其他多数年份在 1 735 m 以下。

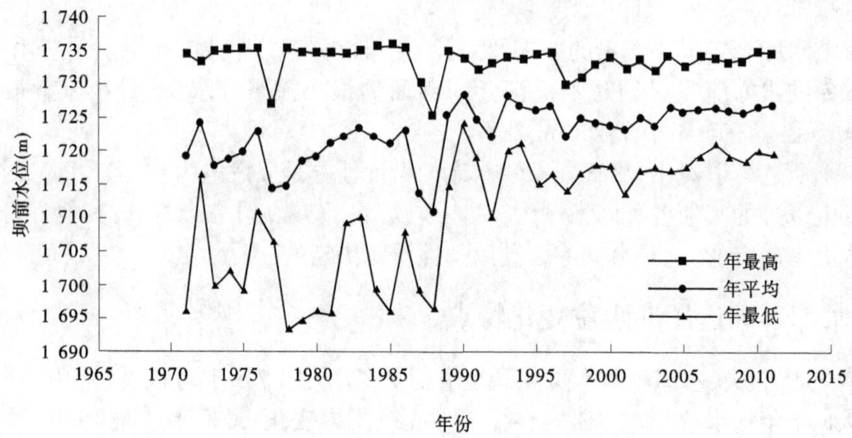

图 7-6　坝前特征水位变化过程线

7.2.1.1　水库运用初期(1968 ~ 1974 年)

刘家峡水库 1968 年 10 月 15 日正式蓄水，运行初期，水库基本于每年 10 月底蓄至正常蓄水位 1 735 m，11 月开始泄水，至翌年 6 月底泄水至死水位。图 7-7 是刘家峡水库 1971 ~ 1974 年坝前水位变化过程线，水库一个运用年之内，坝前水位形成一个波峰、一个波谷，即一个蓄水时段、一个补水时段。

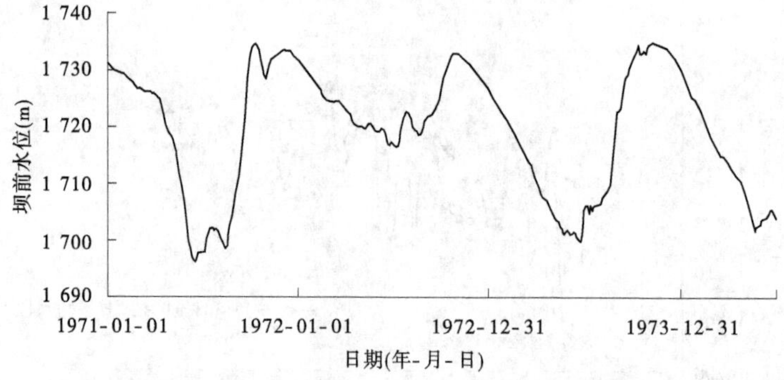

图 7-7　刘家峡水库 1971 ~ 1974 年坝前水位变化过程线

7.2.1.2 低水位运用期(1974~1988 年)

刘家峡水库在 1974~1988 年间,与初期运行时期基本相同,水库于每年 10 月底蓄至正常蓄水位 1 735 m,11 月开始泄水,至翌年 5~6 月泄水至死水位。为了缓解库区泥沙淤积问题,水库汛期运行方式有调整。

为降低坝前淤积高程,减缓洮河库区淤积速度,于 1981 年、1984 年、1985 年、1988 年进行了几次低水位拉沙。1986 年 10 月 15 日至 1987 年 2 月 15 日龙羊峡水库蓄水期间,刘家峡水库入库断面断流 124 d,库水位从 1 735.55 m(1986 年 10 月 16 日)降低到 1 699.30(1987 年 2 月 18 日),水位下降 36.25 m。1987 年 2 月至 1988 年 5 月,上游来水较枯,刘家峡平均水位 1 713.34 m。图 7-8 为刘家峡水库 1980~1983 年坝前水位变化过程线。

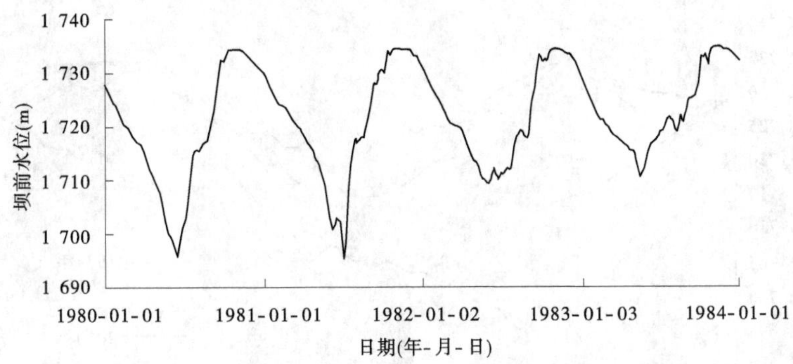

图 7-8 1980~1983 年坝前水位变化过程线

7.2.1.3 高水位运用期(1989~2011 年)

龙羊峡水库 1986 年投入运用后,刘家峡水库汛期防洪限制水位为 1 728 m,刘家峡水库由过去的每年汛后一次蓄满,变为汛后和防凌期后两次蓄满或接近蓄满。水库每年 6 月与 12 月前对下游补水,10 月及 3 月末在来水量允许时蓄满,6~9 月库水位控制在1 728 m 以下运行,该时期是泥沙入库的高峰期,水库既要充分利用汛期来水多发电,又要防沙减淤,是全年调度的最难时期。

7~9 月汛期蓄水,12 月至翌年 3 月在龙羊峡水库泄流量大时进行蓄水调节;10~11 月和 4~5 月主要为补水运用。图 7-9 是刘家峡水库 2007~2010 年坝前水位变化过程线,从图 7-9 中可以看出,运用年内有两个蓄水时段和两个补水时段,同时水库的最低水位基本在 1 720 m 以上。

图 7-10 是刘家峡水库典型年份坝前水位变化过程线,1974 年和 1981 年,库水位在一个运用年内形成一个波峰、一个波谷,即 10 月底水库蓄满至 1 735 m,汛前的 1~5 月一直补水,汛期低水位运用。1995 年和 2010 年,在水库一个运用年内形成两个波峰、两个波谷,即 12 月至翌年 2 月蓄水,3~6 月补水,汛期 8~9 月蓄水,10~11 月补水。

7.2.2 水库运用限制条件

由于坝前段泥沙淤积严重,对刘家峡电站安全运行产生不利影响,一是坝前泥沙淤积

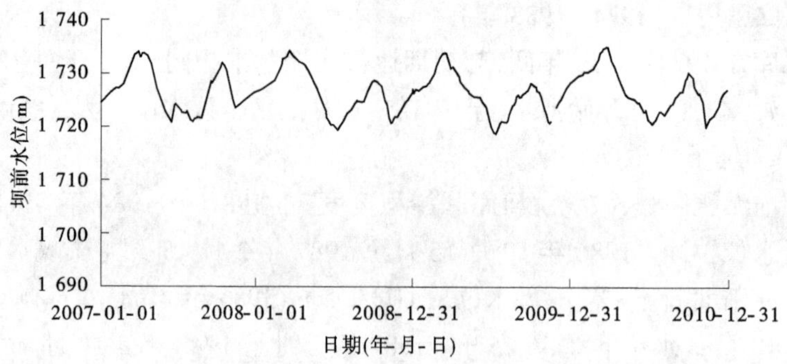

图 7-9　2007~2010 年坝前水位变化过程线

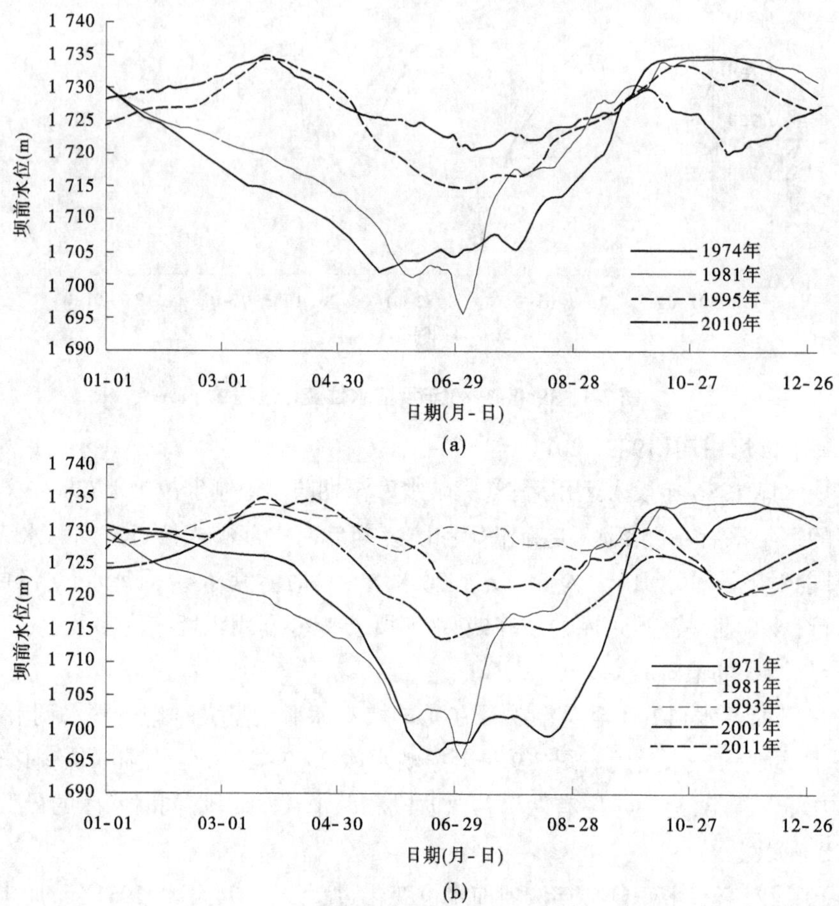

图 7-10　典型年份坝前水位变化过程线

不断抬高,直接影响闸门正常运行,从而影响大坝安全度汛;二是洮河口沙坎淤积发展造成明显阻水现象,水库调节能力下降;三是洮河泥沙大量过机造成机组磨损严重等。

洮河口沙坎是洮河来水来沙在洮河及坝前地形、水库运用条件下形成的一种特殊淤积形态,是洮河异重流由洮河河道进入黄河干流后,向干流上游倒灌逐步形成的,沙坎顶部高于上游干流库区的淤积高程。图 7-11 是刘家峡水库坝前沙坎变化过程,从图 7-11 中可以看出,1972~1980 年沙坎顶部高程从 1 661.2 m 增高至 1 690.7 m,增高幅度达到 29.5 m,1993 年高程在 1 694.1 m,之后沙坎高程升高到 1 695 m 以上,2009 年沙坎高程达到 1 700 m 以上。

拦门沙坎对水库运用水位的影响:洮河口沙坎高程在 1 695 m 以上,电站低水位运行下调且峰负荷增加时,出现坝前水位骤降、沙坎过水能力不足的阻水现象,因此受拦门沙坎高程的限制,水库运用水位不能低于沙坎高程,且水位应高于沙坎高程数米。

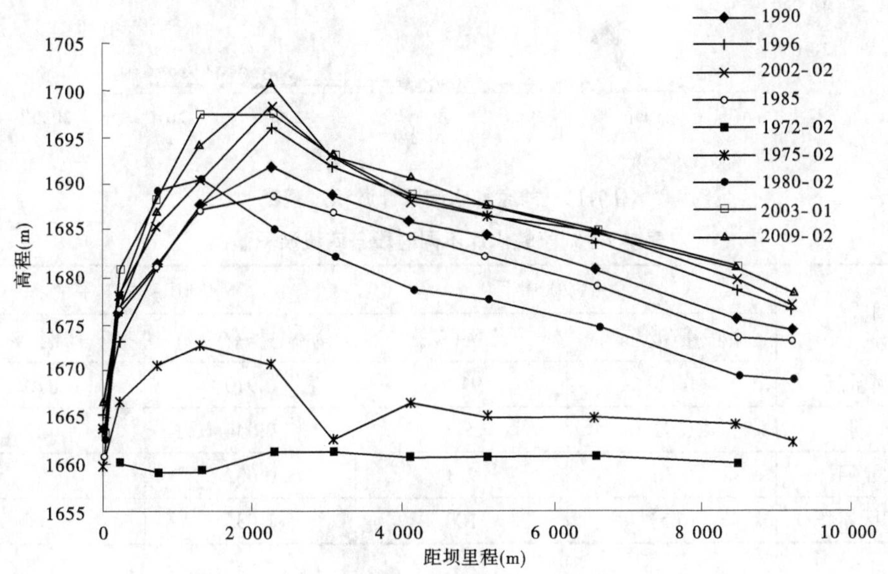

图 7-11　刘家峡水库坝前沙坎变化过程

7.3　水库淤积形态发展

刘家峡水库自 1968 年蓄水运用至 2011 年汛后,全库区淤积泥沙 16.61 亿 m^3,其中黄河干流淤积量为 15.20 亿 m^3,洮河淤积量为 0.96 亿 m^3,大夏河淤积量为 0.45 亿 m^3,黄河干流、洮河和大夏河淤积量分别占总淤积量的 91.5%、5.8% 和 2.7%。图 7-12 是刘家峡水库累计淤积过程线,从图 7-12 中可以看出,刘家峡库区的淤积量主要是黄河干流的淤积,1986 年以前淤积速率较快,1989~2004 年淤积速率有所下降,2005~2011 年淤积速率进一步下降,这种变化的主要原因是入库沙量的大幅度减小。

表 7-7 是刘家峡水库不同时段不同库段淤积量,从表 7-7 中可以看出,2000 年以前各库段的淤积比例与 2000 年以后不同,黄河干流淤积量比例从 91.8%下降至87.8%,下降了 4 个百分点,洮河淤积量比例也从 5.9%下降至 4.3%,下降了 1.6 个百分点。大夏河淤积量比例从 2.3%上升至 7.9%,上升了 5.6 个百分点。

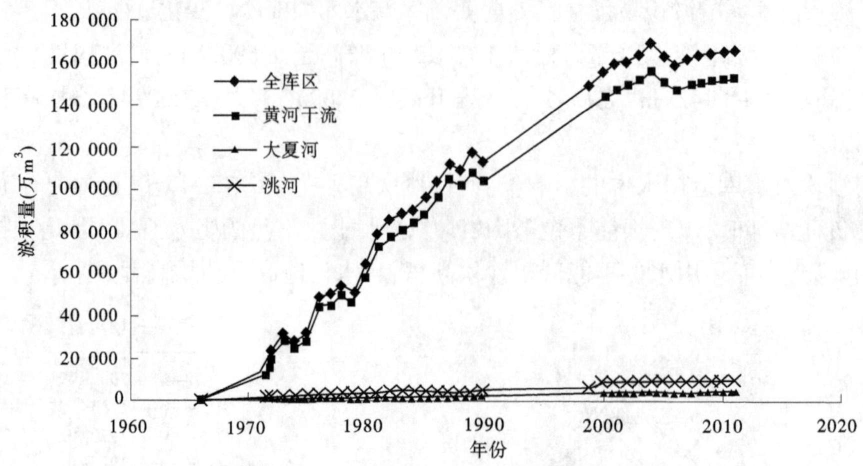

图 7-12 刘家峡水库累计淤积过程线

表 7-7 刘家峡水库不同时段各库段淤积量

河段	1968~2000 年		2001~2011 年	
	淤积量(亿 m^3)	比例(%)	淤积量(亿 m^3)	比例(%)
黄河干流	14.29	91.8	0.910	87.8
洮河	0.92	5.9	0.044	4.3
大夏河	0.36	2.3	0.082	7.9
全库区累积	15.57	100	1.036	100

1968 年刘家峡水库蓄水运行以来，库区泥沙淤积量不断增加；1994 年以后，黄河干流黄 21 断面以上库区泥沙淤积已趋于平衡，洮河库区和干流坝前段(黄 0 至黄 9-1 断面之间)处于微淤状态，年平均淤积量为 46 万 m^3 和 76 万 m^3，洮河库区平均淤积量占洮河来沙量的 3%，干流坝前段淤积沙量占洮河来沙的 5%，入库泥沙主要淤积在黄 9-1 至黄 21 断面之间。受上游大型水库蓄水运用影响，黄河干流库区淤积不断减少，龙羊峡水库蓄水前，刘家峡水库干流库区多年平均淤积沙量 5 778 万 m^3，龙羊峡蓄水后至李家峡水库蓄水时段，多年平均淤积沙量减少为 3 850 万 m^3，李家峡水库蓄水后，多年平均淤积沙量减少为 2 703 万 m^3。2004 年公伯峡水库、2010 年积石峡水库建成蓄水运用后，干流库区年淤积沙量将分别减少至 2 000 万 m^3 和 1 000 万 m^3 以下。

刘家峡水库淤积形态受水库运用方式、来水来沙及库区地形等因素的影响，黄河干流库区为典型三角洲淤积，其前坡逐年向下游发展。洮河库区在蓄水初期也属于三角洲淤积，1978 年汛末死库容淤满后，呈带状淤积，洮河泥沙入黄倒灌，在坝前黄河库段洮河口附近淤积形成沙坎。

7.3.1 干流库段淤积形态

7.3.1.1 库区上段三角洲淤积形态

刘家峡水库 1968 年 10 月蓄水运用以来，受水库蓄水运用和入库水沙条件的影响，黄河干流库区形成了三角洲淤积形态。干流库区淤积纵剖面由三角洲顶坡段、前坡段、过渡段及坝前段组成。其中,坝前段由于洮河库段泥沙淤积发展形成了拦门沙坎。

图 7-13 是水库运用以来黄河干流淤积形态发展变化过程,黄 9-2 断面以下是拦门沙坎段,黄 14 断面以上是淤积三角洲段;黄 14 至黄 9-2 是三角洲与拦门沙坎之间的过渡段,基本水平,是干流异重流淤积与倒灌淤积段。

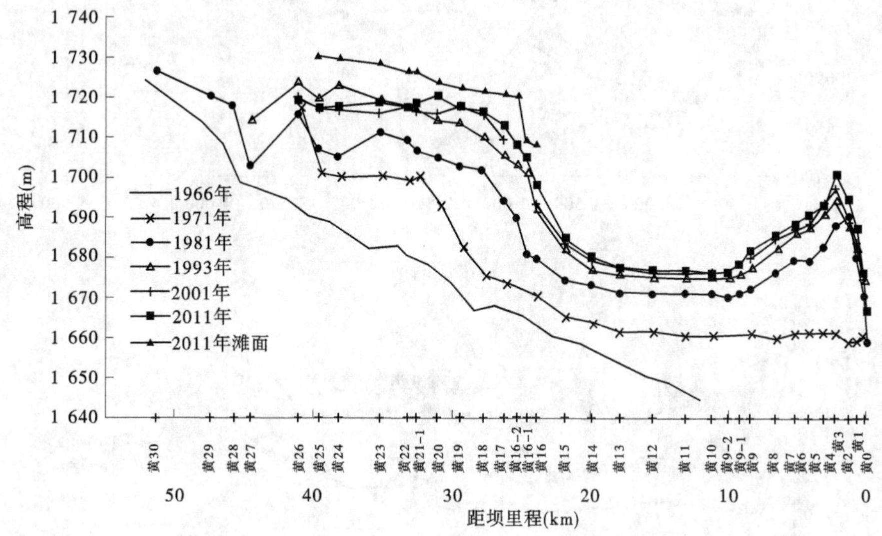

图 7-13　刘家峡水库黄河干流深泓点淤积纵剖面

随库区泥沙淤积发展,三角洲逐渐向坝前推进,表现为三角洲前坡段逐渐向坝前方向移动。1971 年三角洲顶点位于黄 21 断面,顶点高程 1 700.4 m,距坝里程 32.3 km;1981 年位于黄 18 断面,顶点高程 1 701.8 m,距坝里程 27.76 km,较 1971 年向坝前推进了近 4.5 km;1987 年 10 月三角洲顶点推进至黄 16-1 断面,顶点高程 1 701.8 m。1971～1987 年三角洲逐渐向坝前移动,受汛期水库运用水位运行影响,顶点高程变化不大。

1987～2011 年,龙刘水库联合调度运行,刘家峡水库在汛期保持较高水位运用,一般库水位都在 1 720 m 以上,使得三角洲顶坡段上产生三角洲叠加,从 2011 年各断面的滩面纵剖面可以看出,2011 年三角洲顶点仍位于黄 16-2 断面,滩面顶点高程 1 720.2 m,深泓点纵剖面三角洲顶点高程为 1 708.3 m。受入库泥沙减少的影响,2001～2011 年三角洲前坡段向坝前推进速度放缓。

三角洲顶坡段的淤积随着汛期库水位的抬高逐步向上游发展,形成了重叠式的三角洲外形。图 7-14(a)是位于三角洲顶坡段的黄 19 断面淤积发展图。黄 19 断面从 1971 年的前坡段淤积成为 1981 年的三角洲顶点,高程从 1 682.5 m 上升至 1 702.7 m,上升了20.2 m,至 1993 年高程上升至 1 713.4 m,较 1981 年上升 11.2 m,至 2011 年高程为 1 717.5 m,又上升了 3.9 m。随着汛期水位的降低,三角洲顶坡段脱离水库回水影响,顶坡段断面产生冲刷,从淤积横断面上看,形成了滩槽高差 5 m 左右的主槽(见图 7-14(b))。

黄 9-2 至黄 14 断面之间是干流异重流与洮河异重流倒灌淤积河段,这一河段河底较平(见图 7-14(c))。图 7-15 是黄 10 和黄 12 断面从 1966 年以来河底高程变化过程,从图 7-15中看出,水库运用初期,河底高程上升速度较快,近年来淤积上升速度较慢。

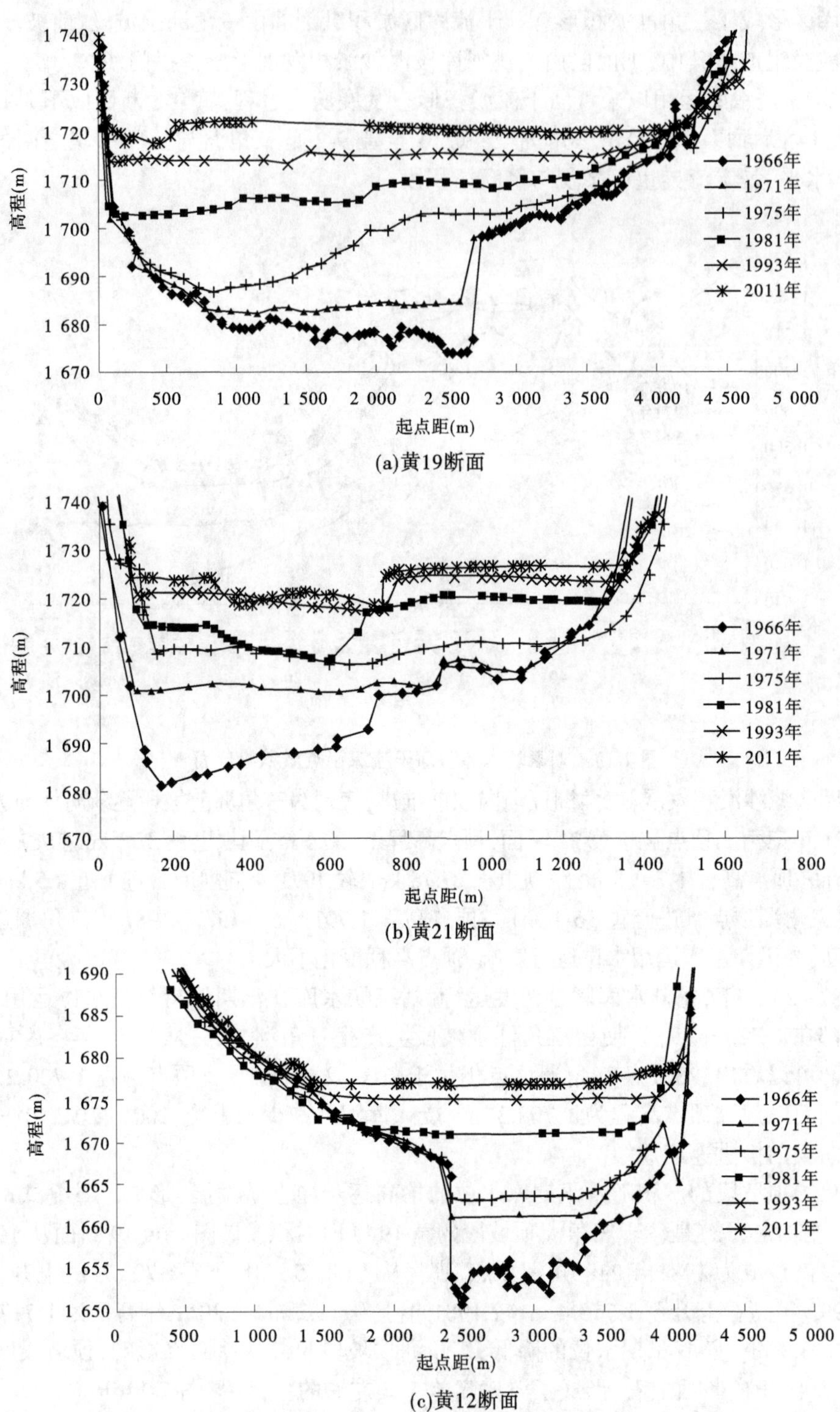

图 7-14　三角洲顶坡段断面淤积发展

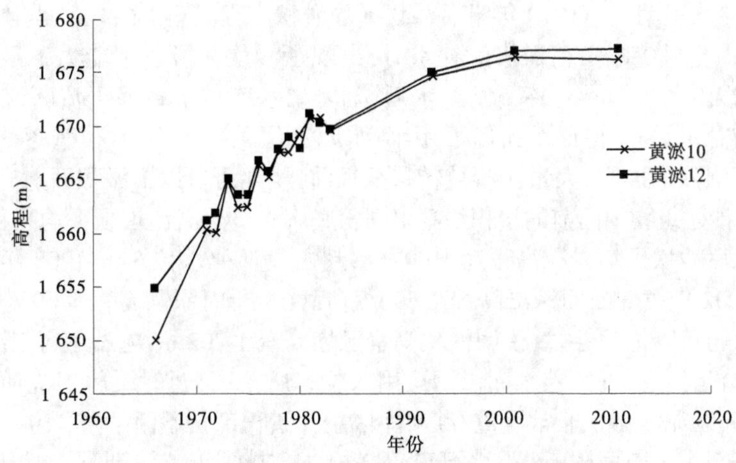

图 7-15　黄 10、黄 12 断面河底高程变化过程

7.3.1.2　坝前段(洮河口拦门沙坎)淤积形态

干支流交汇处,当干流洪水泥沙较支流多,或者是干流发生高含沙大洪水而支流无洪水时,将出现干流泥沙倒灌支流并在支流入干流口形成拦门沙,如黄河洪水倒灌渭河形成拦门沙;若当支流洪水泥沙较干流多,支流发生高含沙洪水时,干流无洪水,支流洪水进入干流后也会在干流河道造成倒灌,形成沙坎,如内蒙古河段的十大孔兑高含沙洪水进入黄河干流后形成沙坎。

刘家峡水库内洮河口汇入黄河干流附近沙坎的变化,洮河异重流倒灌形成沙坎是原因之一,洮河库区内三角洲淤积形态发展,即三角洲前坡推进伸出洮河口,进入干流,对沙坎发展也起着重大作用。

洮河口沙坎是洮河来水来沙在洮河及坝前地形条件、水库运用条件下形成的一种特殊淤积形态,其位置在洮河与干流汇合处附近上下游干流河段上,沙坎顶部高于上游干流库区的淤积高程。

洮河泥沙主要来自汛期几次沙峰,由于洮河狭窄,汛期沙峰极易形成异重流,并运动到坝前。洮河异重流在洮河口附近的黄河干流淤积成沙坎。

水库蓄水初期,洮河与坝前淤积面较低,洮河入库沙量基本淤在洮河及坝前段,1971~1972 年共来沙 2 700 万 t,淤积 2 250 万 m^3(洮河淤积泥沙多年平均干容重 $\gamma=1.1$),其中洮河淤积 653 万 m^3,坝前段(黄 0—黄 3)淤积 70 万 m^3,黄 3—黄 9-1 淤积 1 530 万 m^3,分别占两年总淤积量的 29%、3%、68%。到 1972 年汛后坝前(黄 1)淤积高程达 1 660.1 m,比设计值增高 50 m,洮 0 断面也增高 50 m,达到 1 959.1 m,与坝前段同步发展。1973 年洮河入库泥沙为丰沙年,总来沙量 5 234 万 t,相当于多年平均入库沙量的 1.9 倍,当年汛期未能及时开启泄水道排沙,使得大量泥沙过机,同时也使得坝前(黄 1)淤高 7.6 m,洮 0 断面淤高 9 m,洮河沙坎逐步形成雏形,黄 3 淤积高程达 1 666.7 m,淤积在洮河、黄 0—黄 3 及黄 3—黄 9-1 段的泥沙共 1 167 万 m^3,所占百分数分别为 25%、19%、56%。

洮河库区库容较小,相对沙多库小,淤积速度较干流库区快,水库运行至 1973 年汛后已有沙坎的雏形,随着淤积的不断发展,沙坎形态日趋明显,1978 年以前沙坎平均高程在 1 690 m 以下。1978 年汛后洮河库段的死库容已经淤满,洮河淤积三角洲的前坡伸出洮河进入黄河，沙坎更明显。1979 年汛后沙坎平均淤积高程淤至 1 694 m，与水库死水位齐平，1980 年 6 月电站突增负荷需水库补水时，出现了沙坎河段过水能力不足的临时阻水现象。1986 年 10 月龙羊峡水库下闸蓄水后，刘家峡水库以上黄河干流断流 124 d，刘家峡水库向下游补水，为了保证兰州以下用水，水库水位急剧下降，水位消落 36 m，此时洮河库段发生了强烈的冲刷，大量泥沙被转移至坝前，使洮河口以下淤积面上升，泄水道、泄洪洞等泄流排沙建筑物闸门前的淤积面高出闸门底坎 9~10 m，沙坎顶平均高程达 1 695.80 m。1987 年汛后沙坎平均淤积高程达 1 697 m，超出设计死水位 3 m；1988 年汛前又淤高至 1 700 m，2002 年黄 3 断面深泓高程 1 690.5 m，黄 4 断面深泓高程 1 698.3 m，1 702 m 等高线在黄 3 与黄 4 之间穿过，说明沙坎高程已增高至 1 702 m，电站运行工况急剧恶化。龙、刘两库联合运用后，刘家峡水库汛期运用水位有所抬高，暂时缓解了洮河突出的泥沙问题，但洮河库区泥沙淤积非常严重，洮河库区主要淤积部位不断下移，1998 年汛后三角洲顶点已推进至洮 3 断面附近，距洮河口仅 2.6 km，2002 年三角洲顶点接近洮 2 断面。2011 年三角洲顶点位于洮 3（见图 7-23）。

近几年来，不仅沙坎淤积高程在增加，而且沙坎范围也在增长，淤积量增加，沙坎顶点向上游延伸发展。异重流时段，洮河口淤积严重，沙坎最高点在洮河口，异重流向上游倒灌，床面淤积抬高，异重流过后，洮河口冲刷，上游冲刷很少，表现为沙坎顶点上移。2009 年汛后黄 3 断面深泓高程 1 694.2 m，黄 4 断面深泓高程 1 700.6 m，1 705 m 等高线在黄 3 与黄 4 之间穿过，表明沙坎高程已增高至 1 705 m。沙坎高程演变过程及沙坎形状见图 7-11 及图 7-16。1973 年形成明显的沙坎，以后沙坎顶部高程逐年不断升高，沙坎的底面纵向长度不断扩大。1973 年沙坎底部纵向长度范围在黄 6 至黄 0 之间，即坝前 4.1 km 范围，到 2011 年沙坎底部纵向长度范围在黄 9-2 至黄 0 之间，即坝前 10 km 范围。1981 年以来沙坎上游迎水坡基本平行淤积抬升，坡降约 2.1‰。

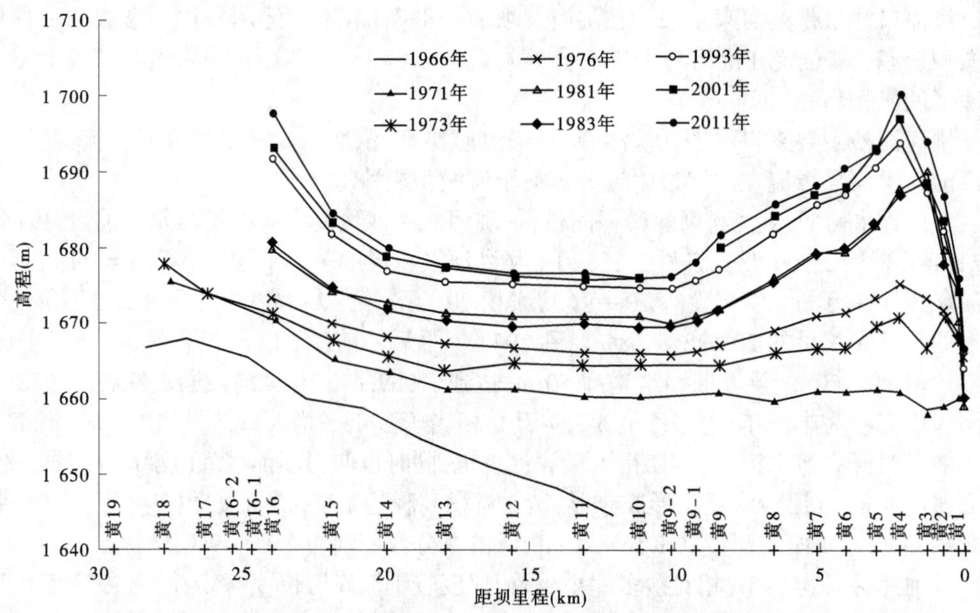

图 7-16　黄河干流坝前段拦门沙坎纵剖面

图 7-17 是拦门沙坎顶部高程变化过程线,从图 7-17 中可以看出,1972~1980 年沙坎顶部高程从 1 661.2 m 增高至 1 690.7 m,增高幅度 29.5 m,1993 年高程在 1 694.1 m,之后沙坎高程升高到 1 695 m 以上。2011 年高程 1 700.6 m,沙坎上游迎水坡高差达到 24.3 m。

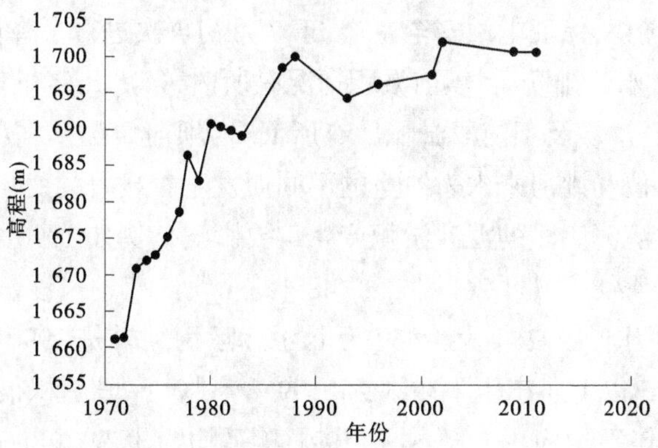

图 7-17　拦门沙坎顶部高程变化过程线

7.3.2　洮河库区段泥沙淤积发展

7.3.2.1　洮河库段泥沙淤积与三角洲发展特点

刘家峡水库运用以来到 2011 年汛后,洮河库段累计淤积 0.96 亿 m^3。图 7-18 是洮河库段累计淤积和年际冲淤量过程线,从图 7-18 中可以看出,据不完全统计,1990 年淤积量最大,为 819 万 m^3,1984 年冲刷量最大,为 767 万 m^3。1990 年以前累计淤积 5 358 万 m^3,2001~2011 年累计淤积量 441 万 m^3,年均淤积量 44.1 万 m^3。

1.泥沙冲淤特点

来水来沙条件与水库汛期运用水位是影响洮河库区泥沙淤积的两个重要因素。洮河来沙量较大时,若水库运用水位较低,对洮河排沙有利,洮河库区淤积量就较少。如 1973 年、1979 年、1992 年洮河来沙较大的年份,洮河库区的淤积量反而较少沙年份少,主要原因是这几年汛期平均库水位较低;而 1972 年、1976 年、1989 年、1990 年、1993 年洮河来沙量较少,洮河库区产生了大量淤积,原因是汛期平均和最低库水位较其他年份高。

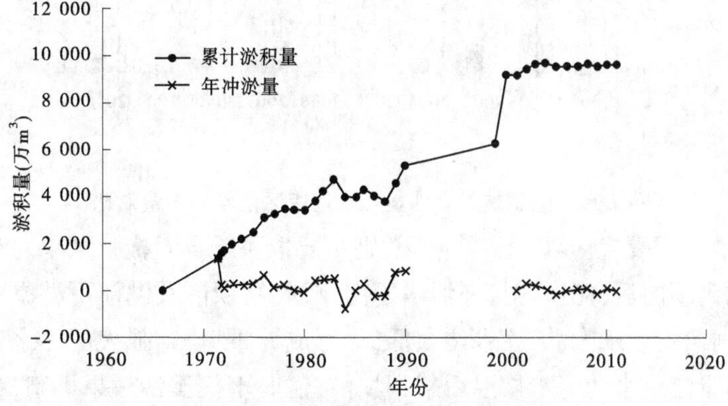

图 7-18　洮河库段累计淤积和年际冲淤量过程线

1987 年刘家峡水库来水特枯,年平均库水位 1 713.34 m,水库长期处于低水位运行,使洮河至坝前库段发生上冲下淤的泥沙搬家现象,坝前淤积面普遍上升至高程 1 682.00 m 以上,各泄水建筑物门前淤积高程上升至其底坎以上 10.5~17.3 m。1988 年为了降低沙坎高程,清除坝前淤积,保证电站安全生产,于 7 月初再次进行了降低水位拉沙。

1988 年经过降低水位排沙后,坝前淤积情况有所改善,后几年汛期库水位较高,大量泥沙落淤在洮河上段,沙坎及坝前段淤积虽有所回升,坝前情况基本稳定,但洮河库区的冲淤过程随汛期库水位和洮河来水来沙量的不同而发生着显著的变化。

水库运用水位对洮河库段的泥沙淤积产生重要影响。例如 1990 年、1991 年、1992 年洮河的径流量分别为 42.8 亿 m^3、26.5 亿 m^3、48.4 亿 m^3,红旗站来沙量 1990 年只有 2 098 万 t,1991 年为 2 901 万 t,1992 年为 4 433 万 t,水库运用结果是 1990 年在洮河上段产生严重淤积,1991 年洮 5 以上还产生了冲刷,而 1992 年洮河库段淤积很少。其差别就在于汛期水位不同,1990 年平均为 1 726.48 m,1991 年平均为 1 721.28 m,而 1992 年平均为 1 715.79 m,这说明中水丰沙只要汛期水位比较低,就可减少洮河上段的淤积。

1993 年与 1994 年汛期平均水位分别为 1 729.00 m 和 1 726.00 m,运用水位较高,使洮 3、洮 4 断面以上产生了严重的淤积。

图 7-19 是 2001~2011 年红旗站年来沙量与洮河库区段年冲淤量对比,从图 7-19 中可以看出,洮河库段泥沙有淤积,也有冲刷,冲淤量与年来沙量的关系不明显,2003 年来沙量最多,达 2 175 万 t,但是 2003 年泥沙淤积量只有 202 万 m^3,而 2002 年红旗来沙量只有 863 万 t,泥沙淤积量达到 277 万 m^3。

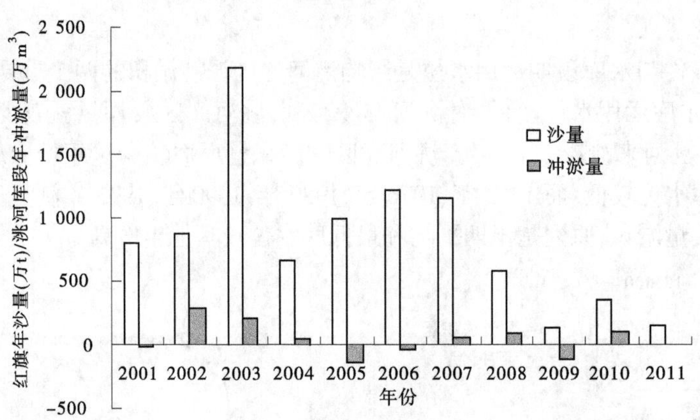

图 7-19　红旗站入库沙量与洮河库区段年冲淤量对比

坝前段与洮河下段(洮 4 以下)的淤积,则主要取决于异重流。如果对异重流形成有利,异重流运动到坝前后,能适时打开泄水闸门排沙,则坝前及洮河下游淤积可以大大减少;相反,如洮河出现大水大沙,库水位太低,形不成异重流,则强大的浑水就可能一直冲到黄河,与黄河干流过来的清水掺混后来到坝前,这时不仅排沙效果不高,机组过机沙量也会加大。因此,汛期必须加强异重流的测报及运行管理工作。

2.纵剖面变化

刘家峡水库 1968 年 10 月蓄水运用以来,6 月前水库泄空,汛期 7~10 月水库蓄水,到 10 月底蓄至正常蓄水位 1 735 m。汛期蓄水运用和黄河洮河来水条件造成洮河库区泥沙淤积,形成淤积三角洲。随着泥沙淤积逐渐发展,三角洲顶点位置逐渐向坝前推进,图 7-20 是洮河淤积纵断面形态。1971 年三角洲顶点位于洮 6 断面,距洮河口 8.4 km(距坝 9.9 km),1981 年三角洲顶点位于洮 4 断面,距洮河口 3.7 km(距坝 5.2 km),1983 年位于洮 3 断面,距洮河口 2.6 km(距坝 4.1 km)。

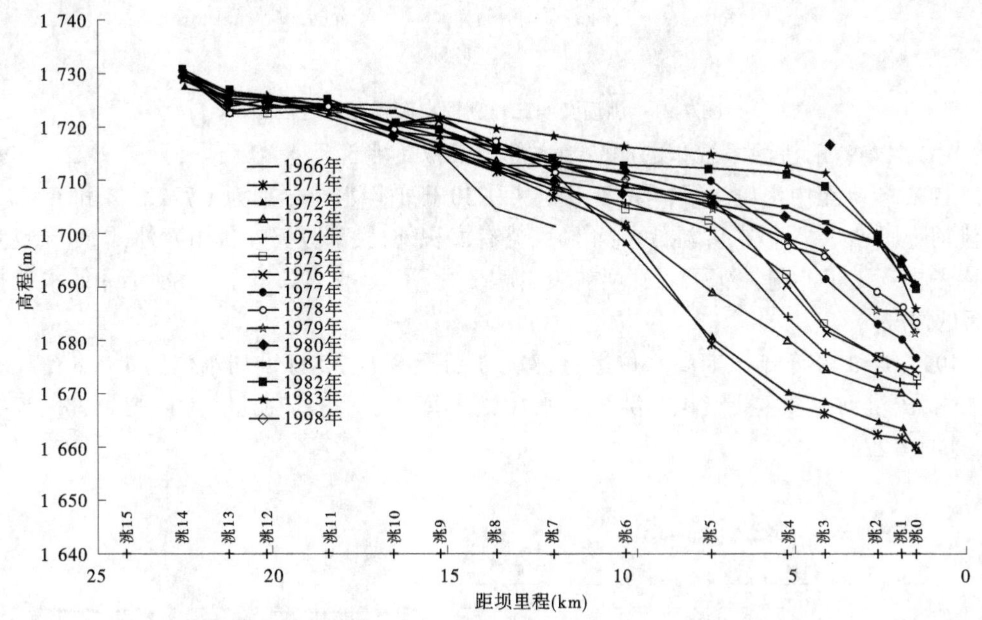

图 7-20　1971~1983 年洮河淤积纵剖面(深泓点)

洮河淤积三角洲顶点高程取决于水库运用水位,由于泥沙主要来自汛期,三角洲顶点淤积位置主要受汛期运用水位的影响。图 7-21 为洮河淤积三角洲顶点高程变化过程。对比图 7-21 和图 7-5,可发现三角洲顶点高程与坝前水位有较好的跟随性。1978 年汛期蓄水过程中,在 8 月 30 日坝前水位已达 1 725 m 以上,比其他年份相比提前 10 d 左右水位蓄至 1 725 m,8 月 31 日至 9 月 18 日洮河发生了三次洪水,造成泥沙淤积在洮 11 至洮 8 断面之间,即淤积在洮河库区尾部段,汛后洮 10 断面最低高程达到 1 724.1 m。1979 年 5 月 18 日至 7 月 9 日水库平均水位一直保持在 1 700 m 以下(平均水位 1 695.90 m),坝前水位相对较低,洮河库区尾部段的泥沙得以冲刷,洮河淤积三角洲向坝前方向推进,三角洲顶点位置从洮 5 断面下移至洮 3 断面,顶点高程也明显降低(见图 7-20)。

20 世纪 80 年代进行了 4 次降低水库排沙,取得了一定的效果。自 1988 年汛前降低水位排沙,坝前淤积情况得到改善。1988 年以后,刘家峡水库汛期持续高水位运用,洮河库区又有大量泥沙淤积,从图 7-22 可以看出,新的泥沙淤积叠加在 1988 年以前形成的三角洲顶坡段上,使顶坡段高程持续上升,且有次生淤积三角洲发展。

洮河库段泥沙淤积部位与水库运用水位密切相关,如 1989 年和 1990 年汛期高水位运行,7 月 1 日至 9 月 30 日平均水位为 1 729.5 m 和 1 726.9 m,尤其是 1990 年,汛期最低

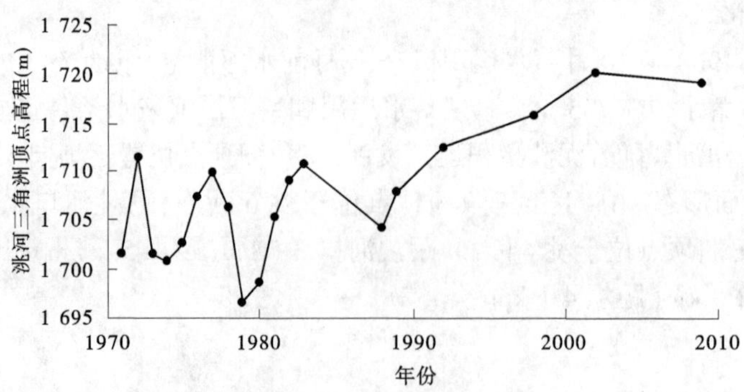

图 7-21　洮河淤积三角洲顶点高程变化过程

水位为 1 724.9 m,洮河段淤积的泥沙绝大部分淤积在洮 5 至洮 10 河段,见图 7-22。1991 年和 1992 年降至中水位运行,7 月 1 日至 9 月 30 日平均水位分别为 1 722.6 m 和 1 721.5 m,洮河上段产生了冲刷,除洮 3、洮 4 断面略有淤积外,大部分泥沙排出库外,同时导致洮 10 库段也产生了冲刷,见图 7-22,坝前段淤积变化不大,基本保持了 1988 年降低水位拉沙后的情况。

1993 年和 1994 年汛期高水位运行,7 月 1 日至 9 月 30 日平均水位为 1 728.6 m 和 1 725.4 m,洮河泥沙主要淤积在洮 5 至洮 10 之间库段,三角洲在这一库段得到进一步叠加(见图 7-22)。

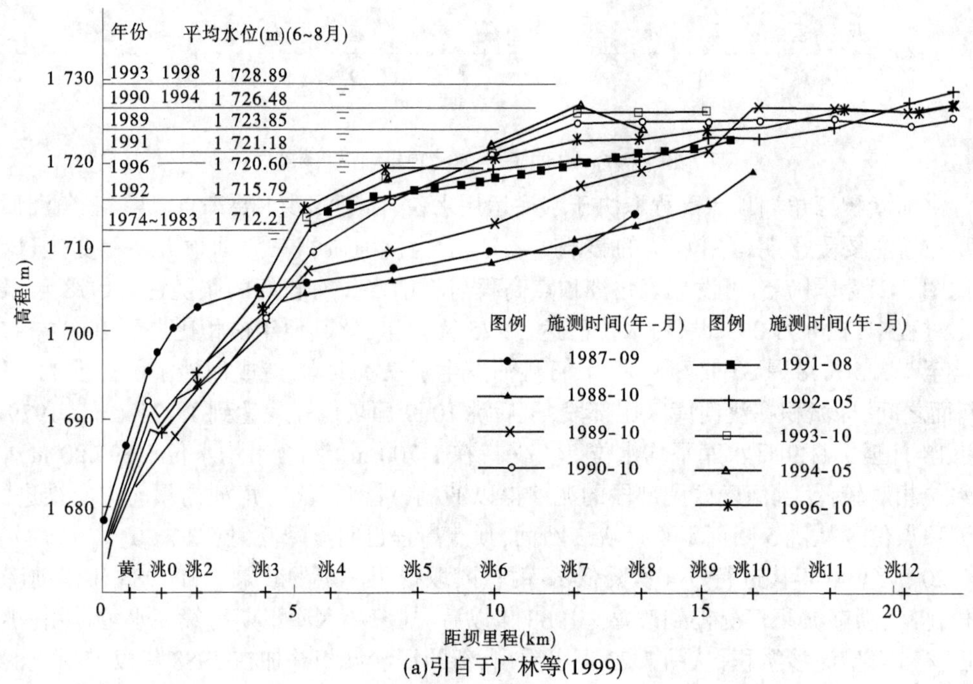

(a)引自于广林等(1999)

图 7-22　洮河淤积纵剖面

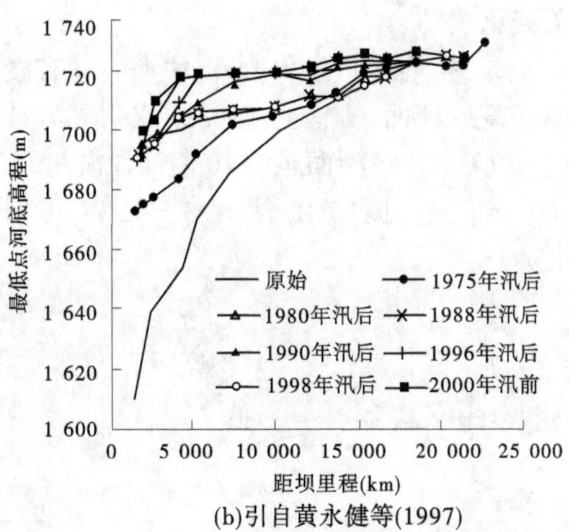

(b)引自黄永健等(1997)

续图 7-22

2001~2011 年近 10 年来,洮河断面形成了复式断面,即过流断面有主槽与滩地。从图 7-23 洮河淤积纵剖面可以看出,顶坡段滩地与主槽基本平行;滩地与主槽的三角洲顶点位置不同,2001 年主槽的淤积三角洲的顶点位置位于洮 2 断面(距坝 2.61 km),2011 年位于洮 3 断面(距坝 4.12 km)附近,2011 年滩地的淤积三角洲顶点位于洮 1 断面(距坝 1.92 km)。这 10 年汛期平均水位,除 2001 年水位较低外,其他年份 7 月 1 日至 9 月 30 日平均水位在 1 723~1 725 m,属于中高水位,水位高于三角洲顶点高程,使得三角洲顶坡段继续淤积增高。

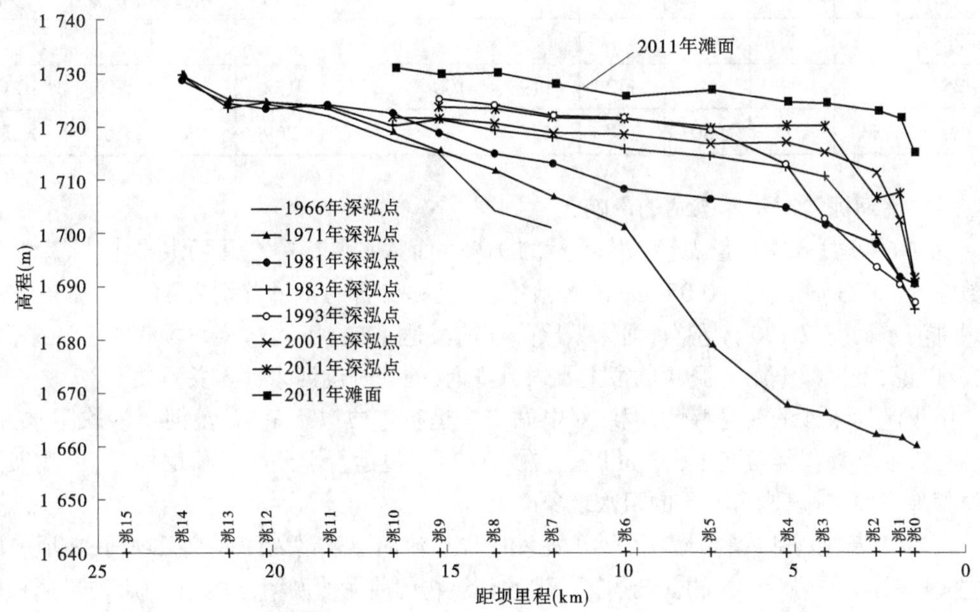

图 7-23　洮河淤积纵剖面

7.3.2.2　洮河淤积横断面变化

洮河横断面的淤积特点是,初期逐步累积抬升,中期有冲有淤,冲淤交替变化。2011年洮河库段过流断面形成了复式断面,即有主槽和滩地(见图 7-24)。洮 0 至洮 2 断面生成高滩深槽,主槽深度 13~20 m。洮 3 断面至洮 10 断面在淤积的全断面内冲刷塑造形成了主槽,主槽断面宽度 100~140 m(见表 7-8),深度 3.5~5 m,可见断面非常窄深,这是异重流顺利输沙的重要条件。

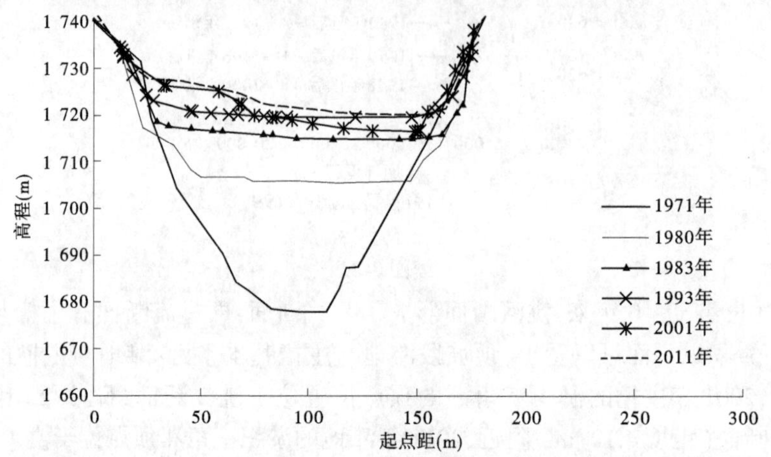

图 7-24　洮 5 断面

表 7-8　洮河横断面河槽宽　　(单位:m)

高程(m)	洮 0	洮 1	洮 2	洮 3	洮 4	洮 5	洮 6	洮 7	洮 8	洮 9	洮 10
1720	213	117	61								
1725				112	119	100	134	132	130	122	100
1730	233	200	180	128	155	154	166	269	150	160	120

7.3.2.3　洮河泥沙对水库电站的影响

洮河 6~9 月入库沙量占年入库沙量的 91%,而且主要集中在几场洪水中,入库泥沙中数粒径 0.023 mm,大于 0.05 mm 的泥沙中,石英和长石的含量分别占 41.2% 和56.5%。加之洮河水面宽仅 120 m 左右,河床纵比降坝前段达 12‰,汇入口距大坝仅 1.5 km 等特点,所以说,刘家峡电站的泥沙危害主要来自洮河,处理好洮河来沙至关重要。

由于洮河来沙的前述特性,泥沙对电站安全运行造成以下危害:洮河口沙坎阻水,由于洮河口沙坎高程经常在 1 695 m 以上,在电站低水位运行下调峰负荷增加时,出现坝前水位骤降、沙坎过水能力不足的阻水现象。

自 1978 年洮河死库容淤满后,洪水泥沙以异重流的形式潜入库底直抵坝前,在坝前段产生大量淤泥,威胁着电站的安全运行。泄水建筑物门前泥沙淤堵,迫使闸门启动频繁和启闭困难。例如:1988 年低水位拉沙前泄水道与泄洪洞门前淤积面分别高出其底坎高程 17.3 m 和 11.5 m,排沙洞被淤堵,提门后 56 d 未出水,低水位拉沙期才将其冲开;1992 年提门冲沙 68 次,不仅造成闸门频繁启动,还发生过排沙洞淤堵,提门 17 d 不出水的严重现象。

洮河含沙量较高洪水,造成过机含沙量增大,使机组过流部件严重磨损。如曾多次发生制动环开裂,导叶大量漏水,冷却水管路堵塞,转轮引水板、迷宫环脱落,推力瓦温度急骤升高,机组导叶被泥沙卡死,无法调整负荷的现象。

7.4　水库排沙特点分析

刘家峡水库主要是洮河异重流排沙,也有水库低水位排沙。黄河干流循化入库洪水的明流壅水和异重流是否有排沙出库,在下文中进行分析。

7.4.1　出库水沙搭配关系

刘家峡水库出库小川站 1968~2010 年实测径流量 253 亿 m^3,年实测输沙量 1 718 万 t,平均含沙量 0.68 kg/m^3。小川站不同时期水沙特征见表 7-9,1968~1986 年年均水量较大,为 289 亿 m^3,汛期水量占年水量的 51%;1987~2010 年年水量为 225 亿 m^3,汛期水量占年水量的 38%。小川站 1968~1986 年年平均沙量 1 885 万 t,1987~2010 年年平均沙量 1 586 万 t,而 2000~2010 年年平均沙量只有 965 万 t。小川站沙量随上游入库站沙量的减小也大幅度减小,沙量减小幅度大于水量,使含沙量减小,1968~1986 年年均含沙量为 1.9 kg/m^3,2000~2010 年含沙量只有 0.45 kg/m^3。

表 7-9　黄河小川站不同时期水沙特征值

项目		1968~1986 年	1987~2010 年	2000~2010 年	1968~2010 年
水量（亿 m^3）	汛期	147	85	84	113
	年	289	225	224	253
沙量（万 t）	汛期	1 198	1 108	750	1 148
	年	1 885	1 586	965	1 718
含沙量（kg/m^3）	汛期	2.4	1.4	0.93	1.0
	年	1.9	0.67	0.45	0.68

从图 7-1 小川站年最大洪峰流量变化过程可以看出,小川站最大洪峰流量是 1967 年的5 370 m^3/s,1981 年洪峰为 5 360 m^3/s,洪峰最小值为 2001 年 1 490 m^3/s;1986 年以来最大洪峰为 1989 年 3 600 m^3/s,2000~2010 年最大洪峰流量为 2004 年的 2 260 m^3/s。含沙量最大值为 1988 年的 386 kg/m^3,最小为 1969 年的 1.0 kg/m^3。

1968~2010 年小川站 5~10 月月均水量都在 25 亿 m^3 以上,11 月至翌年 4 月月均水量在 10 亿~20 亿 m^3。小川站 6~8 月输沙量最大,11 月至翌年 3 月沙量较小。5 月、9 月和 10 月月均沙量也较多。小川站 5~10 月月均含沙量较大(见图 7-25)。

7.4.1.1　月出库水沙关系

表 7-10 是小川站不同时段流量与含沙量统计结果,从表 7-10 中可以看出,小川站非汛期 11 月至翌年 6 月各月平均出库流量在 380~1 067 m^3/s 范围内,5 月平均流量最大,1989~1999 年为 1 067 m^3/s,2000~2010 年为 1 013 m^3/s。2 月受防凌影响,下泄流量较小。

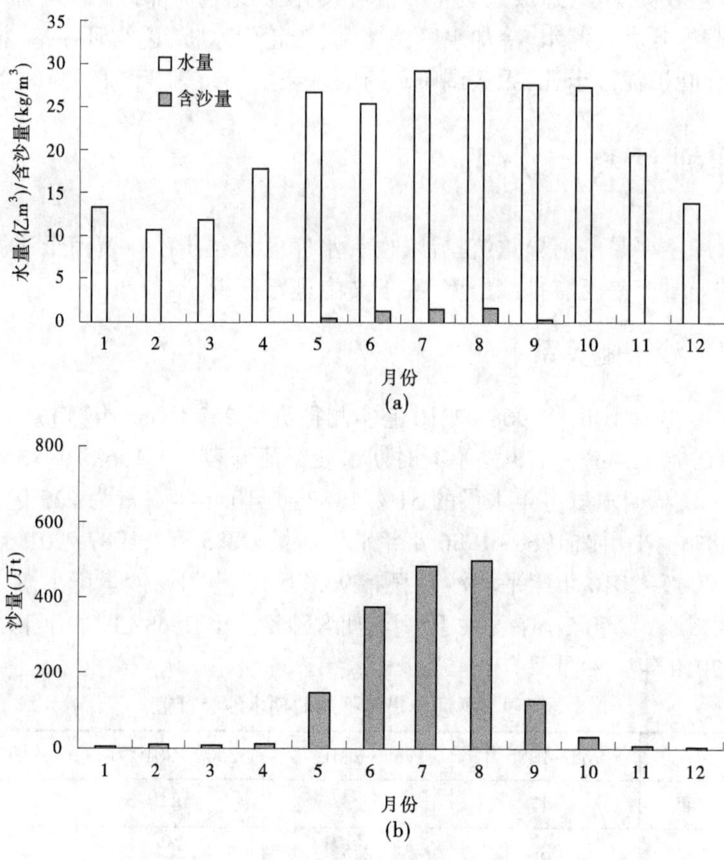

图 7-25　1968~2010 年小川站各月月均水沙量

表 7-10　小川站不同时段月平均流量和含沙量

月份	1989~1999 年		2000~2010 年	
	流量（m^3/s）	含沙量（kg/m^3）	流量（m^3/s）	含沙量（kg/m^3）
1	512	0.01	448	0.01
2	485	0.01	381	0.01
3	459	0.01	434	0.01
4	621	0.03	755	0.01
5	1 067	0.3	1 013	0.2
6	891	1.9	984	0.5
7	859	3.1	788	1.5
8	910	2.6	714	1.6
9	779	0.5	720	0.3
10	778	0.0	923	0.2
11	809	0.02	768	0.05
12	563	0.01	484	0.02

小川站 2000~2010 年和 1989~1999 年两个时段相比,非汛期 11 月至翌年 5 月各月平均含沙量变化不大,都在 0.3 kg/m^{3}以下;1989~1999 年 6 月平均含沙量为 1.9 kg/m^3,而 2000~2010 年为 0.5 kg/m^3,约为上一时段的 1/4。

2000~2010 年与 1989~1999 年相比,两个时段小川站汛期 7~10 月各月平均出库流量在 700~950 m^3/s 范围内,流量变化不大;各月含沙量有变化,含沙量 7 月和 8 月较大,1989~1999 年分别为 3.1 kg/m^{3}和 2.6 kg/m^3,2000~2010 年分别为 1.5 kg/m^{3}和 1.6 kg/m^3。9 月平均含沙量有所减小,10 月含沙量增大。图 7-26 是入库与出库小川站 2009 年和 2010 年流量过程线,可以看出,小川站出库流量变化过程平缓。

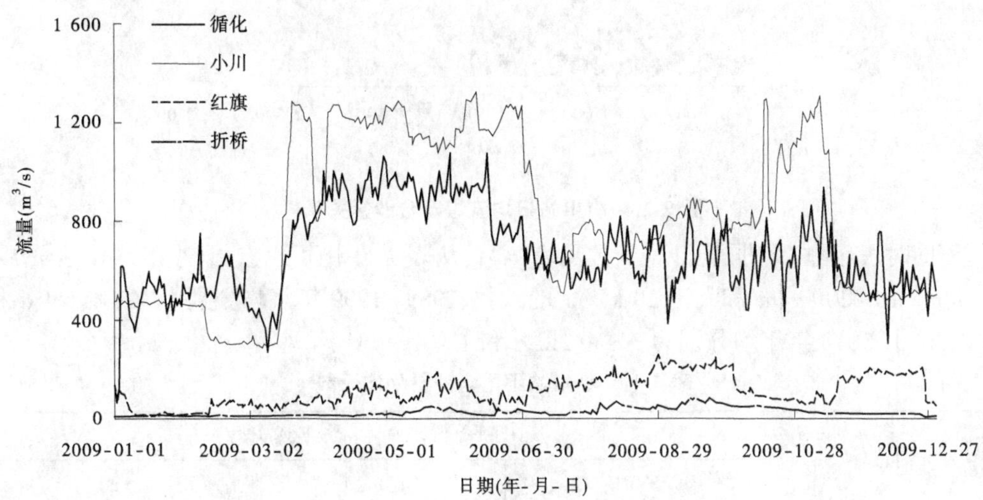

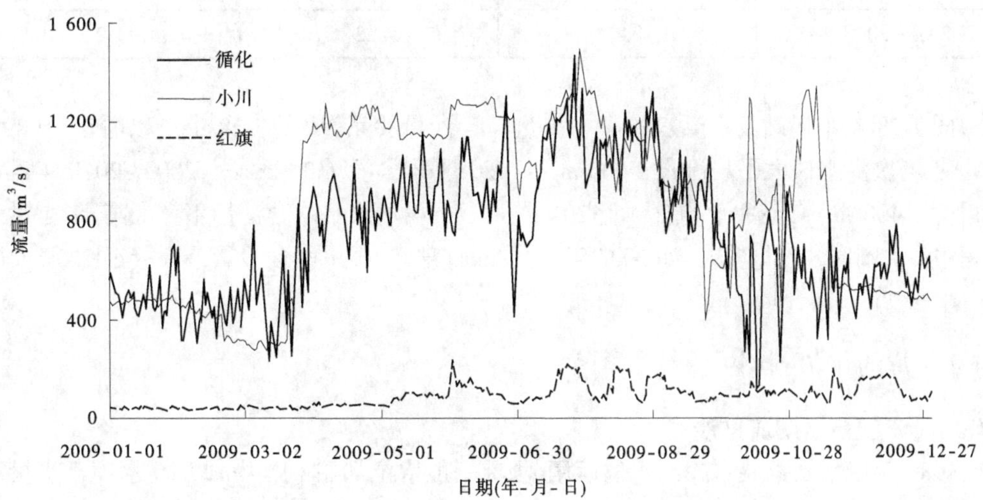

图 7-26　入库和出库站 2009 年和 2010 年流量过程线

7.4.1.2　洪水出库水沙关系

图 7-27 是小川站 1989~2010 年日均含沙量大于 5 kg/m^3 的流量与含沙量关系,从图 7-27 中可以看出,小川站最大日均含沙量为 90 kg/m^3,含沙量在 20~90 kg/m^{3}范围内对应流量

为 350～1 650 m^3/s。1989～2010 年小川最大日均含沙量出现在 1991 年 6 月 12 日，含沙量为 90 kg/m^3，对应流量为 622 m^3/s。2000～2010 年小川站最大日均含沙量出现在 2003 年 7 月 30 日，含沙量为 71 kg/m^3，对应流量为 353 m^3/s。

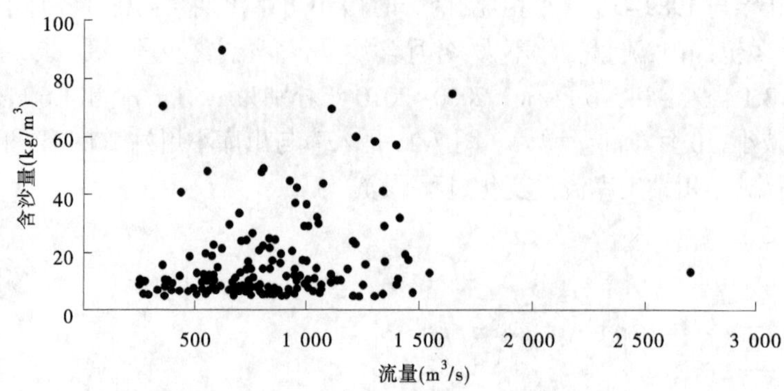

图 7-27　小川站日均流量与含沙量关系

不同时段小川站不同含沙量天数见表 7-11，从表 7-11 中可以看出，小川站含沙量 5～10 kg/m^3、10～20 kg/m^3 和大于 20 kg/m^3 的天数，1989～1999 年年均分别为 5.0 d、2.4 d 和 2.0 d，2000～2010 年年均分别为 3.4 d、2.2 d 和 1.2 d。

表 7-11　小川站不同含沙量平均天数

时段	不同含沙量(kg/m^3)平均天数		
	5～10	10～20	>20
1989～1999 年	5.0	2.5	2.4
2001～2010 年	3.4	2.2	1.2

图 7-28 是小川站场次洪水的平均流量与含沙量关系，从图 7-28 中可以看出，1989～1999 年场次洪水最大平均流量 2 600 m^3/s，最大平均含沙量 33 kg/m^3，2000～2010 年最大流量为 1 400 m^3/s，最大平均含沙量 20 kg/m^3。虽然场次平均含沙量不算太高，但是洪水过程中最大瞬时含沙量较大，如 2007 年 8 月 26 日洪水，小川站含沙量最大接近 200 kg/m^3（见图 7-29）。

7.4.2　黄河干流排沙

7.4.2.1　干流壅水明流排沙

1989 年以来刘家峡水库高水位运用，坝前一般水位都在 1 714 m 以上，水库蓄水量在 17 亿 m^3 以上。下面对黄河干流循化入库洪水泥沙有无壅水明流排沙进行分析。

分析循化 2001～2010 年 25 场洪水，这些洪水包括了不同情况，如坝前水位最低、循化入库流量最大等。25 场洪水入库滞留时间（洪水入库时水库蓄水量 V 与循化入库平均流量 Q 之比 V/Q，也称为壅水指标）与坝前水位关系见图 7-30。从图 7-30 中可以看出，V/Q 值一般都大于 200，最小值为 187。最小值是 2010 年 7 月 19～28 日洪水，坝前水位

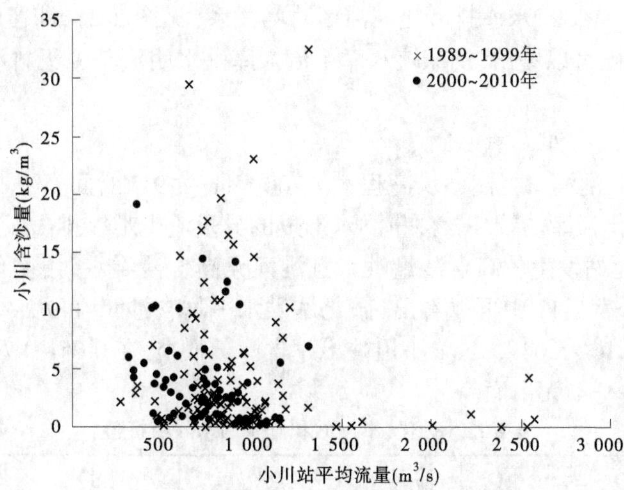

图 7-28　小川站场次洪水平均流量与含沙量关系

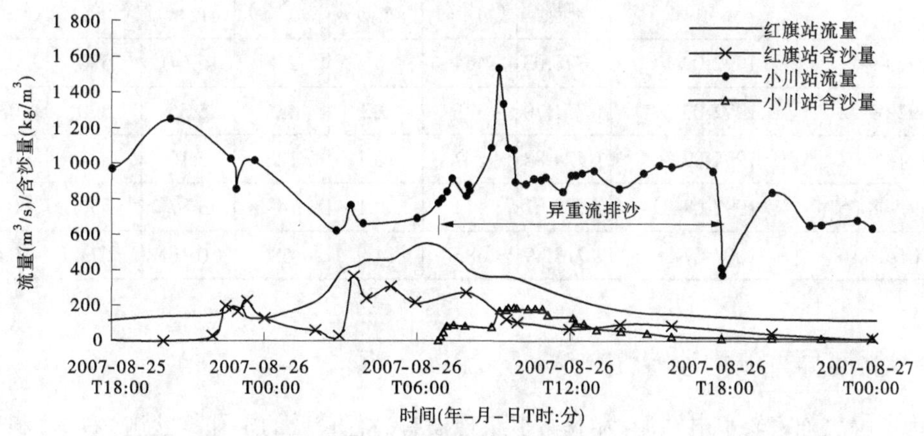

图 7-29　2007 年 8 月 26 日洪水红旗站、小川站流量与含沙量过程

1 722.43 m，循化平均流量 1 220 m^3/s，其间循化最大日均流量1 470 m^3/s，是循化 2001～2010 年日均流量最大值。

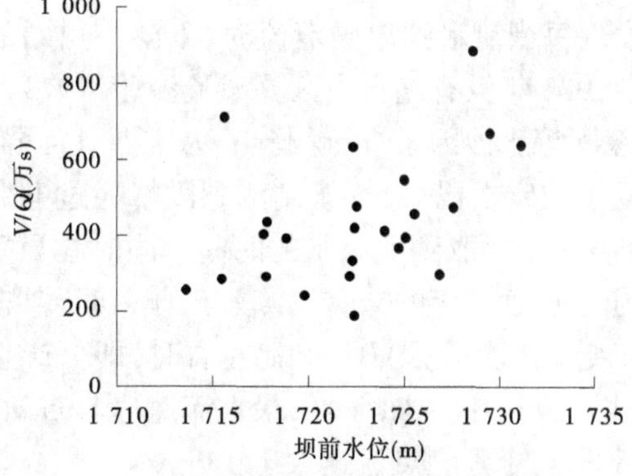

图 7-30　干流入库洪水滞留时间与坝前水位关系

根据张启舜等(1982)水库排沙比与滞留时间关系(见图 2-2),滞留时间 100 万 s 时,排沙比接近 0。由此可以看出,刘家峡水库干流入库壅水明流基本无排沙,循化入库泥沙几乎全部淤积在水库内。

7.4.2.2　干流异重流排沙

前文分析表明,洮河口拦门沙坎高程达 1 700.6 m,黄 9-2 断面高程 1 676.3 m,拦门沙坎高达 24.3 m,循化入库的较高含沙量洪水形成的异重流也难以排出库外。

表 7-12 是循化站发生较高含沙量洪水且洮河无高含沙洪水时,循化、红旗站和小川站水沙特征值。从表 7-12 中可以看出,循化站洪水平均含沙量在 9.2~50.1 kg/m³,对应红旗站含沙量在 0.16~5.64 kg/m³,小川站出库含沙量很小,在 0.05~0.74 kg/m³。这表明循化站洪水期泥沙基本无出库。

表 7-12　循化、小川站和红旗站水沙特征值

开始时间(年-月-日)	结束时间(年-月-日)	坝前水位(m)	循化		红旗		小川	
			流量(m^3/s)	含沙量(kg/m^3)	流量(m^3/s)	含沙量(kg/m^3)	流量(m^3/s)	含沙量(kg/m^3)
1992-09-11	1992-09-14	1 728.03	464	15.5	276	5.64	530	0.74
1992-09-22	1992-09-29	1 731.70	336	9.2	431	5.55	520	0.70
1994-09-02	1994-09-06	1 724.83	807	10.1	126	5.10	804	0.71
1997-08-05	1997-08-09	1 720.61	412	50.1	149	3.82	556	0.61
2001-07-16	2001-07-20	1 715.49	685	14.9	68	0.16	671	0.05

7.4.3　洮河异重流排沙特性

为了解决刘家峡水电站泥沙问题,枢纽现设有高程较低的 1 孔排沙洞(右岸)和 2 孔泄水道,从实际运用情况分析,右岸排沙洞进水口虽位于异重流主流线附近,但进水口方向与水流方向约成 90°夹角,不利于水流输沙,进水口前基岩平台限制了漏斗充分形成且排沙泄流规模太小,排沙作用有限;泄水道由于进水口高程较低、泄量较大,排沙作用比较显著。

1969 年开始,已经发现每当泄水到启闸泄流时,下游小川站的沙峰与洮河沟门村站的沙峰是相应的。1969~1972 年没有进行库区异重流测验,1973 年汛期开始对洮河异重流的流速、含沙量、颗粒级配等水沙因子进行测验。为掌握洮河异重流运动规律,在距坝 31 km 的红旗水文站建立了固定报汛站,红旗站测到洪峰通过电台及时报送刘家峡发电厂厂部,为异重流测验准备工作争取到了充足的时间。同时在异重流潜入点、沿程、出口设立了流动检测断面。通过连续几年的异重流测验工作,初步掌握了洮河异重流运动规律。实测资料表明,洮河入库含沙量达 20 kg/m³左右时,即可产生异重流并能运行到坝前。异重流潜入点的流速一般在 0.6~1.0 m/s,最大流速达 1.65 m/s。运行至坝前时异重流的流速一般在 0.4~0.6 m/s,个别测点流速大于 1.0 m/s。

洮河库段水面狭窄,低水位时宽仅 100~150 m,库底比降大,回水长度短(约 10 km);

含沙水流在运动过程中能量损失不大;同时,洮河汛期发生含沙量较高的洪水。这些条件都使洮河易于形成异重流并向坝前运动。

随着异重流排沙经验的不断积累和分析总结,基本掌握了不同流量、含沙量情况下异重流从红旗站运动至坝前的时间,于 1976 年制定出了较完整的异重流排沙标准:①洮河含沙量达 30 kg/m^3,相应的洪峰流量达 200 m^3/s 以上时开启泄水道排沙,当洪峰流量达 300 m^3/s 时,开启泄水道和排沙洞进行排沙;当泄水道含沙量小于 5 kg/m^3 时,关闭泄水道及排沙洞停止排沙。②为了让水调部门有一定的准备时间,规定当洮河含沙量达 20 kg/m^{3}时开始向水调部门逐次报告含沙量、流量过程,在排沙过程中及时监测泄水建筑物含沙量并报告水调部门,以决定关闭排沙闸门的时间。自 1976 年应用排沙标准后,排沙效果有了明显提高。1974 年排沙比为 17.3%,到 1976 年排沙比提高到 40.9%,排沙效果十分显著。

1976 年制定的异重流排沙标准实施一段时间后,发现红旗站洪峰流量在 200 m^3/s 以下时产生的异重流占洮河异重流的大部分,致使这一部分异重流未能排出水库。这说明 1976 年制定的异重流排沙“洮河含沙量达 30 kg/m^3,相应洪峰流量达 200 m^3/s 以上时开启泄水道排沙”的标准偏高。同时,由于红旗站沙情漏报和晚报,采用的异重流运动转播时间与实际情况有差别,异重流的调度不尽如人意。

到 1995 年,1976 年实施的异重流排沙标准已经实行了 20 年,洮河库区淤积状况及边界条件与 20 世纪 70 年代相比已发生了很大变化,异重流传播条件和时间也相应发生了较大变化,在异重流排沙调度时对洮河异重流传播时间的掌握往往产生较大偏差,导致开启闸门排沙不及时而造成坝前浑水水库,影响了排沙效果;随着洮河库区淤积面的逐年抬高,洪水流量对传播时间的影响已和含沙量一样,处于主要地位,甚至超过后者;库水位、库底比降等因子对传播时间的影响也不能忽略。同时,实际调度中也发现排沙标准中洮河入库洪峰流量标准太高,会使一定量的沙峰因流量达不到标准而不能及时开启闸门排沙,使泥沙淤积到水库中;其次是关门含沙量标准过高,原定 5 kg/m^{3}关门标准会使一部分泥沙拦截在水库内,形成坝前浑水水库;其三因库水位和蓄水量限制,应该按标准排的异重流未排出库外。

为了适应新的库区地形条件,进一步提高洮河异重流的排沙效果,1995 年初对异重流排沙标准进行了修订,在 1995 年的排沙工作中试行,1996 年正式修订实施。补充修订的主要内容是:①开门标准:当洮河产生 30 kg/m^{3}含沙量的沙峰,相应的洪峰流量在 100 m^3/s 以上时及时开门排沙。②开门顺序:未达开泄水道一孔门标准时开排沙洞,超泄水道一孔门标准时先开泄水道一孔门,依次再开排沙洞及泄水道另一孔门。③关门标准:当泄水道含沙量在 4 kg/m^{3}左右时可关门停止排沙。④明确了将异重流排沙列入水库调度正常工作,规定沙峰期发电服从排沙(不受发电、库水位的约束)。⑤启用新的经验公式及预报曲线图。该标准在洮河异重流排沙调度中应用至今,发挥了重要作用,1997~2010 年异重流排沙比提高。

表 7-13 为刘家峡水库 1974~2010 年异重流排沙量和进出库沙量。1974~1995 年刘家峡水库异重流年平均排沙 5.7 次,年均排沙量 0.106 8 亿 t,占同期出库年沙量的 50.4%,占红旗站年沙量的 38.7%;1996~2010 年,水库运用水位有所提高,其间加强了异重流排沙,异

重流年均排沙 7.6 次,年均排沙 0.076 0 亿 t,占刘家峡出库年泥沙的 69.9%,占红旗站年沙量的 75.4%。

表 7-13 刘家峡水库异重流排沙量及进出库沙量

年份	洮河入库沙量(万 t)		小川站沙量(万 t)		异重流排沙		异重流占红旗站沙量(%)		异重流占出库沙量(%)	
	5~10 月	年	5~10 月	年	排沙次数(次)	出库沙量(万 t)	5~10 月	年	5~10 月	年
1974	926	977	226	233	5	169	18.3	17.3	74.8	72.5
1975	1 372	1 423	495	510	5	340	24.8	23.9	68.7	66.7
1976	3 645	3 710	2 262	2 272	5	1 518	41.6	40.9	67.1	66.8
1977	2 038	2 136	1 620	1 663	4	1 416	69.5	66.3	87.4	85.1
1978	5 411	5 455	2 818	2 842	10	2 076	38.4	38.1	73.7	73.0
1979	6 508	6 592	3 463	3 492	7	1 569	24.1	23.8	45.3	44.9
1980	716	760	651	668	1	18.8	2.6	2.5	2.9	2.8
1981	3 116	3 159	2 298	2 304	6	527	16.9	16.7	22.9	22.9
1982	988	1 051	494	503	4	210	21.3	20.0	42.5	41.7
1983	1 737	1 869	1 007	1 057	4	370	21.3	19.8	36.7	35.0
1984	3 968	4 012	3 701	3 837	5	236.6	6.0	5.9	6.4	6.2
1985	2 628	2 654	2 454	2 461	4	633	24.1	23.9	25.8	25.7
1986	3 558	3 597	3 012	3 016	2	2 810	7 9.0	78.1	93.3	93.2
1987	1 453	1 464	1 471	1 820	2	439	30.2	30.0	29.8	24.1
1988	3 950	3 997	3 884	3 901	8	1 724	43.6	43.1	44.4	44.2
1989	2 220	2 326	1 493	1 535	6	1 003	45.2	43.1	67.2	65.3
1990	2 031	2 098	1 076	1 085	5	217	10.7	10.3	20.2	20.0
1991	2 873	2 901	2 577	2 593	5	1 249	43.5	43.1	48.5	48.2
1992	4 391	4 433	4 591	4 626	8	2 367	53.9	53.4	51.6	51.2
1993	945	988	374	397	7	226	23.9	22.9	60.4	56.9
1994	2 871	2 926	2 976	2 983	8	2 370	82.5	81.0	79.6	79.5
1995	2 132	2 204	2 804	2 815	14	2 007	94.1	91.1	71.6	71.3

续表 7-13

年份	洮河入库沙量(万 t)		小川站沙量(万 t)		异重流排沙		异重流占红旗站沙量(%)		异重流占出库沙量(%)	
	5~10 月	年	5~10 月	年	排沙次数(次)	出库沙量(万 t)	5~10 月	年	5~10 月	年
1996	1 425	1 442	1 541	1 547	13	1 139	79.9	79.0	73.9	73.6
1997	576	604	767	772	9	348	60.4	57.6	45.4	45.1
1998	939	958	805	811	11	424	45.2	44.3	52.7	52.3
1999	2 338	2 346	2 550	2 558	12	2 181	93.3	93.0	85.5	85.3
2000	833	845	1 054	1 060	13	895	107.4	105.9	84.9	84.4
2001	797	804	783	791	8	615	77.2	76.5	78.5	77.7
2002	825	863	623	637	8	380	46.1	44.0	61.0	59.7
2003	2 163	2 175	1 683	1 687	9	1 318	60.9	60.6	78.3	78.1
2004	656	666	956	961	6	807	123.0	121.2	84.4	84.0
2005	983	1 000	1 239	1 245	5	634	64.5	63.4	51.2	50.9
2006	1 200	1 209	1 356	1 362	7	1 068	89.0	88.3	78.8	78.4
2007	1 141	1 157	1 295	1 301	6	939	82.3	81.2	72.5	72.2
2008	508	577	712	801	5	352	69.3	61.0	49.4	43.9
2009	113	137	179	191	0	0				
2010	298	350	546	579	2	305	102.3	87.1	55.9	52.7
1974~1995	2 704	2 761	2 079	2 119	5.7	1 068	39.5	38.7	51.4	50.4
1996~2010	986	1 009	1 073	1 087	7.6	760	77.1	75.4	70.9	70.0

2000 年以来,洮河来沙明显减少,异重流时段开启泄水道的机会减少,2009 年未进行异重流排沙。2000~2010 年异重流年均排沙 6 次,年均排沙量 0.066 5 亿 t,占出库年沙量的 68.9%,占红旗站年沙量的 74.7%。

7.4.3.1　异重流运动时间

刘家峡水库洮河异重流从红旗站至坝前的运动时间,决定了水库排沙设施闸门的开启时间,排沙设施闸门开启时间比异重流运动到坝前时间早,会泄出清水,无泥沙排出;若开启比异重流运动到坝前的时间晚,会造成一部分泥沙难以排泄出库。同时,洮河库区地形对异重流运动时间也有较大的影响。

当异重流进入坝前段后,及时打开泄水道、排沙洞可以有效提高排沙率。1995 年以前,有约70%没有及时提门排沙,使排沙效果较正常情况降低约30%,导致坝前段产生泥沙淤积。

依据1995年洮河库段淤积形态,分库水位在1 718 m以上和1 718 m以下两种情况,选取1991~1995年实测较完整的异重流排沙资料,对传播时间与库水位、洮河入库沙峰含沙量及相应流量之间的关系进行了分析,用多元非线性回归分析的方法得出经验关系式。

库水位在1 718 m以下时,只考虑含沙量、流量因素,经验关系式如下:

$$T = \frac{52.5}{\rho^{0.18} Q^{0.23}}$$

式中　Q——洮河红旗站沙峰相应流量,m^3/s,资料范围92~528 m^3/s;

ρ——洮河红旗站沙峰含沙量,kg/m^3,资料范围48~378 kg/m^3。

公式利用了10次异重流资料,复相关系数R=0.96。

库水位在1 718 m以上时,考虑库水位、含沙量、流量因素,经验关系式如下:

$$T = \frac{31.88\,(H - 1\,700)^{0.282}}{\rho^{0.203} Q^{0.26}}$$

式中　H——库水位,1 718~1 730 m;

Q——洮河红旗站沙峰相应流量,m^3/s,资料范围105~1 100 m^3/s;

ρ——洮河红旗站沙峰含沙量,kg/m^3,资料范围20~498 kg/m^3。

公式利用了34次异重流资料,复相关系数R=0.92。

以上两式在1995年以来异重流排沙调度中得到应用。

7.4.3.2　异重流排沙效果分析

经过多年实践和总结,刘家峡水库洮河异重流排沙在水库调度中日趋娴熟,洮河异重流泥沙基本通过水库排出库外。根据2000~2009年刘家峡水库场次异重流排沙时间,统计了场次洪水洮河红旗站入库沙量和水库小川站出库沙量,点绘两者的关系(见图7-31),两者存在如下关系:

$$W_{s小川} = 0.96 W_{s红旗}$$

式中　$W_{s小川}$——小川站的场次出库沙量,万t;

$W_{s红旗}$——红旗站场次沙量,万t。

相关系数R=0.83。

分析2001~2009年场次洮河异重流排沙比与水库的水位、洮河入库流量、含沙量关系密切。从图7-32可看出,水库排沙比:

$$\eta = -14.59(H - 1\,712) + Q_{红旗}^{0.4} S_{红旗}^{0.45} + 290.63$$

式中　η——排沙比(%);

H——水库坝前水位,m;

$Q_{红旗}$——红旗站流量,m^3/s;

$S_{红旗}$——红旗站含沙量,kg/m^3。

复相关系数R=0.73。

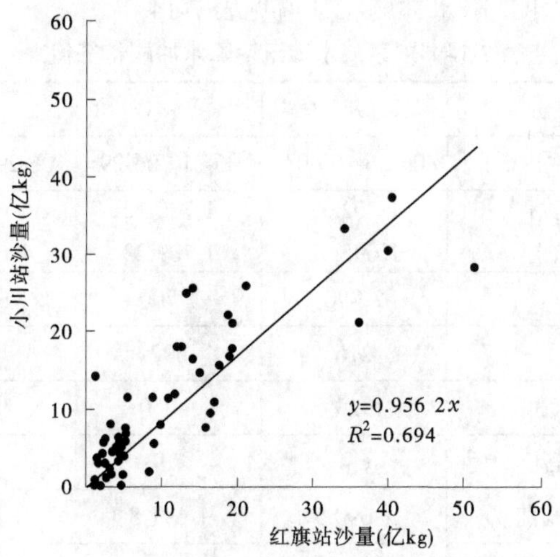

图 7-31　小川站沙量与红旗站沙量关系

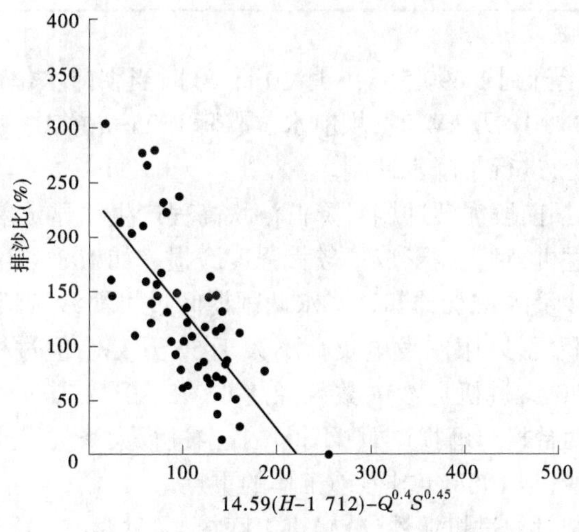

图 7-32　水库排沙比关系

7.4.4　汛期降水冲刷

洮河异重流排沙是解决刘家峡水库洮河泥沙淤积的有效手段,但是异重流不能解决坝前黄河段的泥沙淤积问题。除异重流排沙外,刘家峡水库另一种行之有效的排沙方法是汛期降水冲刷。当坝前段淤积严重,影响机组正常发电时,采用降水冲刷方式降低拦门沙坎的高程。

汛期降水冲刷是汛初将库水位降至接近 1 700 m 时,选择有利时机,开启泄洪洞、泄水道与排沙洞闸门加大泄量,出库流量保持 2 000 m^3/s 左右,使坝前水位迅速下降,将坝前段淤积的泥沙排出库外。刘家峡水库在 1981 年、1984 年、1985 年和 1988 年曾进行过四次降水冲刷,共排出淤积沙量 3 240 万 t。每次拉沙后坝前段冲出长 1.5 km、宽约 120 m、深约 5 m 的深槽。四次汛期降水冲刷使黄 3 断面的拦门沙坎分别降低了 5.4 m、3.5

m、5.9 m 和 1.9 m。四次汛期降水冲刷特征值见表 7-14。

表 7-14　刘家峡水库汛期降水冲刷特征值

时间	年份	1981	1984	1985	1988
	日期(月-日)	06-26～07-03	06-21～06-29	06-29～07-05	07-08～07-12
坝前水位(m)	起始	1 702.52	1 700.12	1 699.40	1 703.00
	中止	1 695.42	1 709.23	1 695.04	1 696.17
平均出库流量(m^3/s)		2 090	1 700	1 660	2 050
洮河入库沙量(万 t)		216	697	38	120
排沙量(万 t)		920	1 050	857	825
平均出库含沙量(kg/m^3)		6.4	7.9	8.5	9.3
黄 3 断面沙坎高程(m)	冲刷前	1 690.5	1 691.8	1 691.5	1 694.3
	冲刷后	1 685.1	1 688.3	1 685.6	1 692.9
	变化值	-5.4	-3.5	-5.9	-1.4

1980 年沙坎高程上升到 1 690.5 m,6 月 20 日 20 时当坝前水位运行至 1 696.5 m(沙坎水深 5.5 m),负荷增加 18 万 kW 时,坝前水位骤降 0.96 m,首次发生了沙坎阻水现象。为降低沙坎淤积面高程,进行了降水冲刷。

汛期降水冲刷,使坝前段泥沙冲刷且降低沙坎高程产生明显效果的同时,也存在降水冲刷期间大量的粗沙过机,对机组形成了较大强度磨损。如 1981 年降水冲刷期间过机沙量达 390 万 t,是总排沙量的 42%,同时,降水冲刷期间过机泥沙较粗,使机组产生严重磨损。1985 年为减少过机泥沙,限制发电负荷不大于 50 万 kW,但过机沙量仍然相当于一台机全年过机沙量的 70%,过机泥沙中数粒径达 0.075～0.123 mm,为全年平均值 0.048 mm 的 1.6～2.6 倍,使两台机组磨损严重,不得不提前进行大修。因此,如何最大限度地减少拉沙期间的过机粗沙,是 1988 年排沙前工作的重点。

为了减少降水冲刷时的过机泥沙,减轻机组磨损,通过对前三次低降水冲刷的经验总结,1988 年制订了降水冲刷期间机组、排沙建筑物闸门优化组合方案,使过机沙量只占总排沙量的 10.4%,为 84.9 万 t,其中大于 0.05 mm 的粗沙 18 万 t,占相应总排沙量的 7%。与前三次降水冲刷相比,1988 年在减轻机组磨损、保证机组安全运行方面有了较大的提高,为今后的降水冲刷提供了借鉴。

汛期降水冲刷对降低沙坎高程、排除坝前泥沙淤积是行之有效的,每次低水位拉沙梯级电站损失约 2 亿 kW · h 电量,拉沙期间给系统供用电平衡带来许多困难。因此,在坝前段淤积不十分严重时,一般不宜采用低水位拉沙方式,搞好水库调度和异重流排沙,尽量使坝前段不产生大量泥沙淤积,保持冲淤平衡,是解决水库泥沙问题的上策。

7.5　小　结

(1)2000 年以来,黄河干流和支流进入刘家峡水库的泥沙大幅度减少,径流减小幅度小于泥沙。

1968~1986 年循化实测径流量 231 亿 m^3,输沙量 4 294 万 t。1987 年龙羊峡水库投入运用,进入循化的水沙是经龙羊峡水库调节后的过程。1987~2010 年径流量 184 亿 m^3,输沙量 1 240 万 t;2000~2010 年径流量 184 亿 m^3,输沙量 445 万 t。2000 年以来,循化输沙量大幅度减少。

洮河红旗站 1968~1986 年实测径流量 50 亿 m^3,输沙量 2 727 万 t;1987~2010 年径流量 36 亿 m^3,输沙量 1 657 万 t;2000~2010 年径流量 36 亿 m^3,输沙量 943 万 t。2000 年以来,红旗输沙量也大幅度减少。

大夏河折桥站 1968~1986 年实测径流量 9.3 亿 m^3,输沙量 307 万 t;1987~2010 年径流量 6.7 亿 m^3,输沙量 139 万 t;2000~2010 年径流量 6.4 亿 m^3,输沙量 82 万 t。2000 年以来,折桥输沙量也有减少。

(2)近年来,刘家峡水库在较高水位运行,年平均运用水位在 1 725 m 以上。

1968~1974 年刘家峡运用初期,水库基本于每年的 10 月底蓄至正常蓄水位 1 735 m,11 月开始泄水,至翌年 6 月底放空至死水位。

1974~1988 年低水位运用期,1981 年、1984 年、1985 年和 1988 年进行了 4 次降低水位冲刷坝前泥沙与拦门沙坎的运行,库水位下降较多。

1989~2011 年是水库高水位运用期。1987 年龙羊峡水库投入运用,刘家峡水库汛限水位从 1 726 m 上升为 1 728 m,由每年汛后一次蓄满变为汛后和防凌期两次蓄满或接近蓄满。在这一时段,水库最低水位一般都在 1 720 m 以上。

(3)刘家峡水库干流是三角洲淤积形态,洮河库段是不断发展后的三角洲淤积形态。

1968~2011 年汛后,全库区淤积泥沙 16.59 亿 m^3,其中黄河干流淤积 15.20 亿 m^3,洮河淤积量为 0.96 亿 m^3,大夏河淤积量为 0.45 亿 m^3,黄河干流、洮河和大夏河淤积量分别占总淤积量的 91.5%、5.8%和 2.7%。随入库沙量的大幅度减小,2000 年以来水库淤积速率下降。

黄河 14 断面以上是干流淤积三角洲库段,黄 14 至黄 9-2 断面 9.8 km 库段淤积面基本水平,是干流异重流淤积和洮河倒灌淤积段;黄 9-2 至坝前 10.1 km 库段淤积形态是拦门沙坎。2011 年干流三角洲顶点位于黄淤 16-2 断面,距坝 25.34 km,顶点滩面高程 1 720.2 m,三角洲顶坡段冲刷形成 5 m 深主槽;黄 13 至黄 9-2 断面淤积面高程 1 676.7 m。拦门沙坎顶点位于黄 4 断面,2011 年汛后坎顶高程为 1 700.6 m,拦门沙坎高度近 24 m。

洮河库段淤积形态是经过多年冲刷、淤积形成的叠加三角洲淤积形态。2011 年洮河淤积横断面形态表明,洮河库段形成了有主槽与滩地的复式断面,滩地比主槽高 5 m 左右,滩地和主槽的三角洲形态都比较明显,但三角洲顶点位置不同。滩地三角洲顶点位于洮 1 断面,距坝 1.92 km,顶点高程 1 721.8 m;主槽三角洲顶点位于洮 3 断面,距坝 4.12 km,顶点高程 1 720.5 m。

(4)刘家峡水库排沙主要是洮河异重流排沙。

黄河干流淤积三角洲顶点在黄 16-2 断面,距坝 24.64 km,实测资料分析表明,干流库容较大,无壅水明流排沙,干流异重流也未排出库外,即干流基本无排沙。

经过多年的实践与总结,掌握了洮河异重流从红旗站大坝前的运用时间及红旗站的流量、含沙量特点,及时开启泄水道和排沙洞闸门,洮河异重流被及时排出库外。1974～1995 年刘家峡水库异重流平均排沙 5.7 次,年均排沙量 0.106 8 亿 t,占出库沙量的 50.4%,占红旗站沙量的 38.7%;1996～2010 年,水库运用水位有所提高,其间加强了异重流排沙,异重流年均排沙 7.6 次,年均排沙 0.076 0 亿 t,占出库沙量的 69.9%,占红旗站沙量的 75.4%。2000 年以来,洮河来沙明显减少,异重流时段开启泄水道的机会减少,2009 年未进行异重流排沙。2000～2010 年异重流年均排沙 6 次,年均排沙量 0.066 5 亿 t,占出库沙量的 68.9%,占红旗站沙量的 74.7%。

在当前异重流调度条件下,通过对 2000～2010 年水库异重流场次排沙的分析,发现出库站小川站出库沙量与红旗站入库沙量呈线性关系,小川沙量为红旗沙量的 0.89 倍;异重流场次排沙比与水库水位、红旗站流量、含沙量密切相关。

(5)对应进入水库下游黄河干流的水沙搭配:出库流量在 1 000～2 000 m^3/s,出库含沙量在 10～20 kg/m^3。出库不利水沙搭配为小川流量在 1 000 m^3/s,含沙量在 50 kg/m^3 以上;最不利水沙搭配出现在流量小于 1 000 m^3/s,含沙量在 100 kg/m^3 左右。

(6)左岸排沙洞运用初期,水库排沙量将会增加,出库含沙量也将增大。

第8章　水库群高含沙洪水运移规律

8.1　高含沙洪水组成特点

黄河经常发生高含沙洪水,不同的研究者划分高含沙洪水有不同的标准。一些研究者认为,对于黄河中下游干流而言,当水流中含沙量为200~300 kg/m^3时,可称为高含沙水流;钱宁认为高含沙洪水需含有一定量的细泥沙。当前黄河防洪调度中,高含沙洪水的调度标准是潼关含沙量大于等于200 kg/m^3。为了增加对黄河中游高含沙洪水特性的认识,更好地为黄河洪水调度服务,高含沙洪水以洪水最大含沙量大于等于200 kg/m^3为选择条件。

8.1.1　潼关高含沙洪水特点

8.1.1.1　潼关高含沙洪水

1961~2013年的53年中,满足潼关最大含沙量大于等于200 kg/m^3的洪水共有95场,洪水天数在3~12 d,平均是6.0 d,洪水水量在1.8亿~31.3亿 m^3,平均水量10.9亿 m^3,洪水沙量在0.18亿~7.99亿t,平均沙量1.69亿t;洪峰流量在810~15 400 m^3/s,前者发生在2003年7月25~29日,后者出现在1977年8月6~10日洪水;沙峰在201~911 kg/m^3,前者发生在1965年9月9~13日,后者出现在1977年8月6~10日。不同时段场次高含沙洪水平均水、沙量等特征值见表8-1。从表8-1中可以看出,1970~1979年高含沙场次洪水最多,达到30场,1961~1969年22场,1990~1999年21场,2000~2013年高含沙洪水场次最少,为10场;不同时段场次洪水的平均天数在5.5 d与6.5 d之间,相差不大;平均水量最大的是1961~1969年,为12.9亿 m^3,最小的是2000~2013年,为6.3亿 m^3,占1961~1969年平均值的48.8%;场次沙量平均值最大的是1970~1979年,为2.15亿t,最小的是2000~2013年,为0.78亿t,占1970~1979年平均值的36.3%。对比各时段最大洪峰和最大沙峰,2000~2013年最大洪峰流量最小,为3 000 m^3/s,最大沙峰除1970~1979年为911 kg/m^3外,其他几个时段在522~431 kg/m^3,相差不大。1961~2013年潼关没有发生高含沙洪水的年份共13年,分别是1976年、1982年、1983年、1985年、1993年、2000年、2006~2009年和2011~2013年。因此,总体来说,进入21世纪,潼关高含沙场次洪水洪峰流量降低,洪量和沙量减小,洪水场次减少,不发生高含沙洪水的年份增多。

表 8-1　潼关站不同时段高含沙场次洪水特征值

时段	场次	平均天数（d）	平均水量（亿 m^3）	平均沙量（亿 t）	最大洪峰（m^3/s）	最大沙峰（kg/m^3）	最大水量（亿 m^3）	最大沙量（亿 t）
1961～1969 年	22	5.5	12.9	1.84	12 400	522	28.4	5.72
1970～1979 年	30	5.9	11.5	2.15	15 400	911	31.3	7.99
1980～1989 年	12	5.6	10.5	1.29	8 260	434	19.9	3.11
1990～1999 年	21	6.4	10.4	1.52	7 360	481	26.3	3.46
2000～2013 年	10	6.5	6.3	0.78	3 000	431	16.7	1.61
1961～2013 年	95	6.0	10.9	1.69	15 400	911	31.3	7.99

潼关洪峰流量大于 10 000 m^3/s 的洪水共有 6 场(见表 8-2)，发生在 1964 年、1971 年、1977 年和 1979 年，其中 1977 年有 3 场；洪水水量在 7.8 亿～24.4 亿 m^3，洪水沙量在 1.37亿～7.99 亿 t，平均含沙量在 129～395 kg/m^3。潼关洪水沙量超过 4 亿 t 的共有 4 场(见表 8-3)，发生在 1966 年、1970 年和 1977 年，洪峰流量在 6 680～15 400 m^3/s，洪水水量在 19.6 亿～31.3 亿 m^3，洪水沙量在 4.27 亿～7.99 亿 t，平均含沙量在 136～395 kg/m^3。1977 年 7 月 6～10 日和 8 月 6～10 日是洪峰流量大于 10 000 m^3/s，且沙量超过 4 亿 t 的两场洪水，洪水沙量最大，分别为 7.13 亿 t 和 7.99 亿 t，平均含沙量也是最大，分别为 364 kg/m^3 和 395 kg/m^3。

表 8-2　潼关站洪峰流量大于 10 000 m^3/s 高含沙洪水特征值

起时间（年-月-日）	止时间（年-月-日）	潼关沙峰（kg/m^3）	潼关洪峰（m^3/s）	潼关水量（亿 m^3）	潼关沙量（亿 t）	潼关流量（m^3/s）	潼关含沙量（kg/m^3）
1964-08-13	1964-08-17	270	12 400	24.4	3.08	5 658	126
1971-07-25	1971-07-31	633	10 200	11.4	3.11	1 884	273
1977-07-06	1977-07-10	616	13 600	19.6	7.13	4 532	364
1977-08-03	1977-08-05	238	11 900	7.8	1.37	3 027	174
1977-08-06	1977-08-10	911	15 400	20.2	7.99	4 678	395
1979-08-12	1979-08-17	217	11 100	20.5	2.31	3 960	112

高含沙洪水年水沙量和场次分布见图 8-1。从图 8-1 中可以看出，1964 年水量最多，为 78.7 亿 m^3；1977 年沙量最多，为 16.5 亿 t。1986～1999 年水量最多的年份是 1994 年，为 51.2 亿 m^3；2000～2013 年水量最多的年份是 2002 年，为 19.6 亿 m^3。1986～1999 年沙量最多的年份是 1994 年，为 7.9 亿 t；2000～2013 年沙量最多的年份是 2002 年，为 2.2 亿 t。1970 年、1971 年和 1978 年场次最多，为 5 场。

表 8-3　潼关站高含沙洪水场次沙量超过 4 亿 t 的洪水特征值

起时间（年-月-日）	止时间（年-月-日）	潼关沙峰（kg/m³）	潼关洪峰（m³/s）	潼关水量（亿 m³）	潼关沙量（亿 t）	潼关流量（m³/s）	潼关含沙量（kg/m³）
1966-07-27	1966-08-02	407	7 830	28.4	5.72	4 699	201
1970-08-26	1970-09-04	260	6 680	31.3	4.27	3 623	136
1977-07-06	1977-07-10	616	13 600	19.6	7.13	4 532	364
1977-08-06	1977-08-10	911	15 400	20.2	7.99	4 678	395

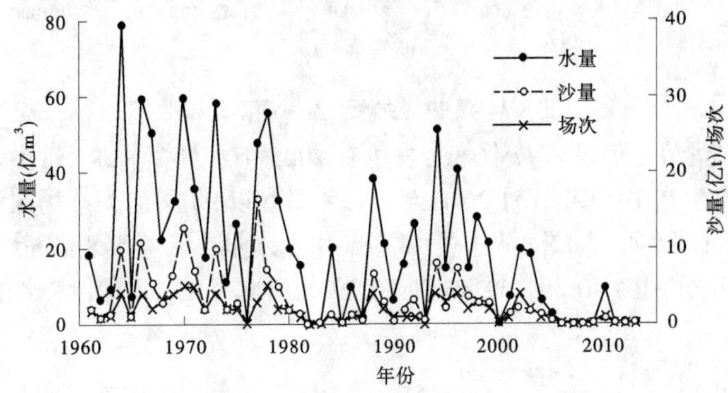

图 8-1　潼关站洪水年水沙量过程

高含沙洪水水沙量占潼关总水沙量的 6.1%和 34.7%。高含沙洪水各年水沙量占当年水沙总量的百分数见图 8-2。从图 8-2 中可以看出，1973 年洪水水量占年水量的比例最高，为 18.9%；1977 年洪水沙量占年沙量的比例最高，为 74.7%。1986～1999 年洪水水沙量占年水沙量比例最高的为 1994 年，分别为 17.8%和 65.5%，2000～2013 年洪水水沙量占年水沙量比例最高的为 2002 年，分别为 10.8%和 48.6%。

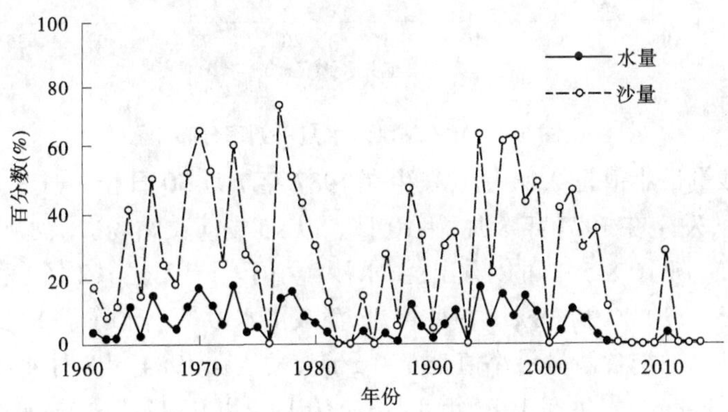

图 8-2　潼关站洪水年水沙量占年总水沙量的百分数

对 95 场潼关站洪峰流量进行频率计算，结果见图 8-3。从图 8-3 中可以看出，洪峰流量小于等于 3 000 m³/s、5 000 m³/s 和 8 000 m³/s 对应的频率分别为 37.5%、66.7%和 87.0%。由此可见，潼关洪峰流量小于等于 5 000 m³/s 的机会较多。

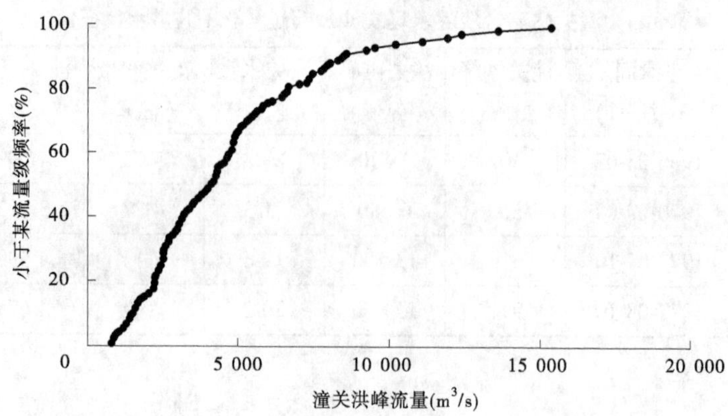

图 8-3　潼关站洪峰流量—频率分布

潼关洪水水量最小值是 1.77 亿 m^3，发生在 2003 年 7 月 25～29 日；洪水水量最大值是 31.3 亿 m^3，发生在 1970 年 8 月 26 日至 9 月 4 日。以 95 场潼关站场次洪水水量进行频率计算，结果见图 8-4。从图 8-4 中可以看出，洪水水量小于等于 8 亿 m^3、12 亿 m^3 和 16 亿 m^3 对应的频率分别为 40.6%、69.8% 和 80.2%。由此可见，潼关洪水水量小于等于 12 亿 m^3 的机会较多。

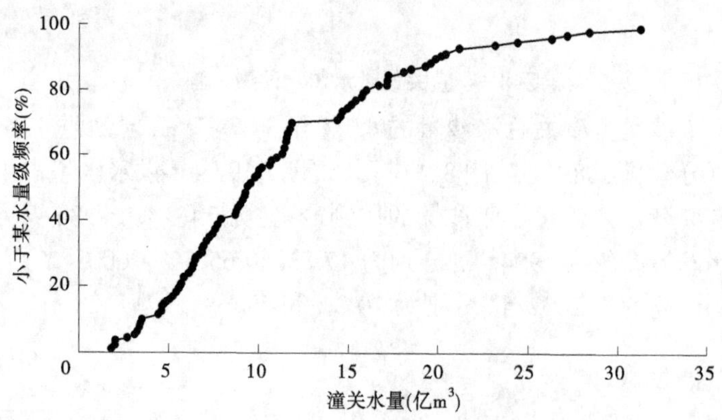

图 8-4　潼关站洪水水量—频率分布

潼关洪水沙量最小值是 0.18 亿 t，发生在 1987 年 7 月 30 日至 8 月 3 日；洪水沙量最大值是 7.99 亿 t，发生在 1977 年 8 月 6～10 日。以 95 场潼关站场次洪水沙量进行频率计算，结果见图 8-5。从图 8-5 中可以看出，洪水沙量小于等于 1 亿 t、2 亿 t 和 3 亿 t 对应的频率分别为 32.3%、70.8% 和 88%。由此可见，潼关洪水沙量小于等于 2 亿 t 的机会较多。

潼关场次洪水平均含沙量最小值是 67 kg/m^3，发生在 1984 年 8 月 4～8 日；平均含沙量最大值是 395 kg/m^3，发生在 1977 年 8 月 6～10 日。以 95 场潼关站场次洪水平均含沙量进行频率计算，结果见图 8-6。从图 8-6 中可以看出，场次洪水平均含沙量小于等于 100 kg/m^3、150 kg/m^3 和 200 kg/m^3 对应的频率分别为 15.6%、61.1% 和 81.3%。由此可见，潼关高含沙洪水场次平均含沙量小于等于 150 kg/m^3 的机会较多。

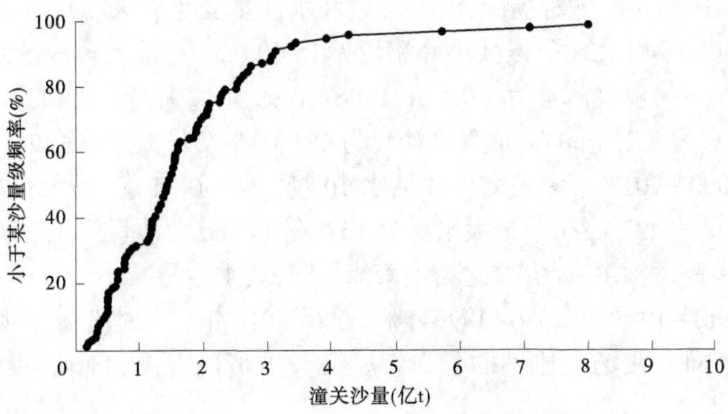

图 8-5　潼关站洪水沙量—频率分布

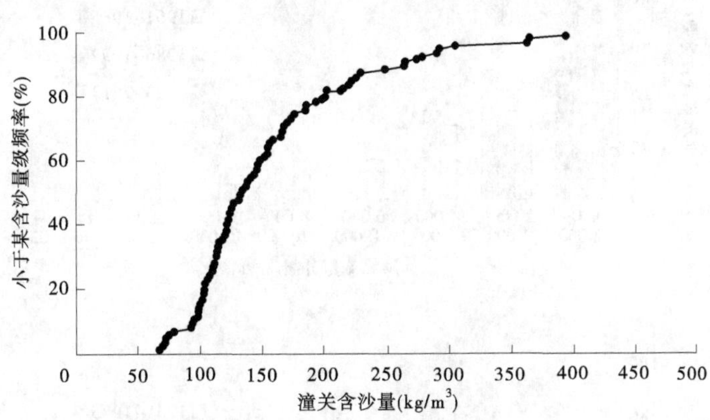

图 8-6　潼关站场次洪水平均含沙量—频率分布

95 场高含沙洪水的洪峰流量和场次水沙量分布见表 8-4。洪峰流量为 2 000~4 000 m^3/s和 4 000~6 000 m^3/s 的场次分别占 34.8%和 26.3%，小于 2 000 m^3/s 和大于 6 000 m^3/s 的场次分别占 14.7%和 24.2%，洪峰流量 2000~6 000 m^3/s 的场次占多数。从场次水量的分布来看，水量 1 亿~8 亿 m^3和 8 亿~16 亿 m^3的场次分别占 41.1%和 38.9%，16 亿~24 亿 m^3和 24 亿~32 亿 m^3的场次分别占 14.7%和 5.3%。从场次沙量的分布来看，小于 1 亿 t 和 1 亿~2 亿 t 的场次分别占 32.6%和 39.0%，2 亿~4 亿 t 和大于 4 亿 t 的场次分别占 24.2%和4.2%。

表 8-4　潼关 95 场高含沙洪水洪峰流量和水沙量分布

洪峰流量 (m^3/s)	场次	比例 (%)	水量 (亿 m^3)	场次	比例 (%)	场次沙量 (亿 t)	场次	比例 (%)
<2 000	14	14.7	1~8	39	41.1	<1	31	32.6
2 000~4 000	33	34.8	8~16	37	38.9	1~2	37	39
4 000~6 000	25	26.3	16~24	14	14.7	2~4	23	24.2
>6 000	23	24.2	24~32	5	5.3	>4	4	4.2

不同时段潼关高含沙洪水场次、洪峰流量和水沙量变化较大。1961～1985 年潼关高含沙洪水共 56 场，年均 2.2 场，最大洪峰流量为 15 400 m^3/s，最大含沙量为 911 kg/m^3，最大水量为 31.3 亿 m^3，最大沙量为 8.0 亿 t；1986～1999 年潼关高含沙洪水 29 场，年均 2.1 场，最大洪峰流量为 8 260 m^3/s，最大含沙量为 481 kg/m^3，最大水量为 26.3 亿 m^3，最大沙量为 3.5 亿 t；2000～2013 年潼关高含沙洪水 10 场，年均 0.71 场，最大洪峰流量为 3 120 m^3/s，最大含沙量为 431 kg/m^3，最大水量为 16.7 亿 m^3，最大沙量为 1.6 亿 t。由此看出，2000 年以来潼关高含沙洪水场次减少，洪峰流量降低，水沙量减小。

图 8-7 是 1961～1985 年、1986～1999 年和 2000～2013 年 3 个时段场次洪水洪峰流量、场次水量和沙量不同分级场次比例的分布。从图8-7中可以看出，1961～1985年洪峰流量

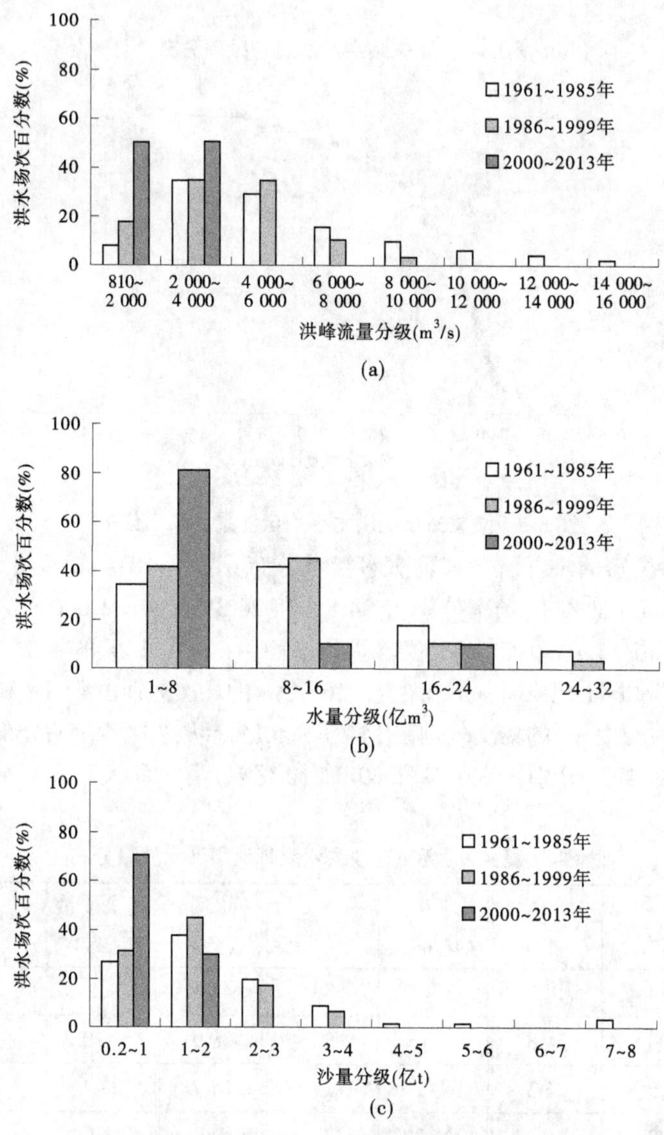

图 8-7　潼关洪水洪峰流量、水沙量分级场次比例分布

在 16 000 m^3/s 以内,其中 2 000~4 000 m^3/s 场次占比最高,为 34.6%,4 000~6 000 m^3/s 场次占比次之,为 28.8%;1986~1999 年洪峰流量在 10 000 m^3/s 以内,2 000~4 000 m^3/s 和 4 000~6 000 m^3/s 场次占比最高,都为 34.5%;2000~2013 年洪峰流量在 4 000 m^3/s 以内,2 000 m^3/s 以下和 2 000~4 000 m^3/s 场次各占 50%。

1961~1985 年和 1986~1999 年场次洪水水量为 8 亿~16 亿 m^3的场次占比最高,分别为 41.1%和 44.8%,而 2000~2013 年场次洪水水量为 1 亿~8 亿 m^3 的场次占比最高,为 80%。1961~1985 年场次洪水沙量分布在 8 亿 t 以内,其中 1 亿~2 亿 t 的场次占比最高,为 37.5%;1986~1999 年分布在 4 亿 t 以内,1 亿~2 亿 t 的场次占比最高,为 44.8%;2000~2013 年分布在 2 亿 t 以内,0.2 亿~1 亿 t 的场次占比最高,为 70%。2000 年以来潼关高含沙洪水水沙量明显减小。

1961~1985 年、1986~1999 年和 2000~2013 年场次洪水含沙量为 100~200 kg/m^3 的场次占比最高,分别为 60.7%、72.4%和 70.0%,3 个时段不同含沙量的场次比例分布变化不大。

8.1.1.2　潼关高含沙洪水的组成特点

从潼关高含沙洪水组成上看,有以下 3 种情况:①由黄河干流高含沙洪水形成;②由渭河高含沙洪水形成;③由黄河干流高含沙洪水与渭河高含沙洪水汇合形成。

从潼关场次洪水水量组成上来看,以龙门对应场次洪水水量大于 50%,且龙门来水占潼关来水的百分数大于华县来水占潼关来水百分数 20%以上,即图 8-8 中 K_1直线下方的点,作为黄河干流来水为主的洪水;以华县对应场次洪水水量大于 50%,且华县来水占潼关来水的百分数大于龙门来水占潼关来水百分数 20%以上,即图 8-8 中 K_2直线上方的点作为渭河为主的洪水;上述两条直线之间的点子属于龙门和华县共同来水为主。95 场潼关高含沙洪水中,有 68 场是黄河干流来水为主,9 场是渭河来水为主,另外 18 场由黄河干流与渭河来水共同组成。黄河干流来水为主占 72%,渭河来水为主占 9%,两者共同来水占 19%。

从潼关场次洪水沙量组成上来看,以龙门对应场次洪水沙量大于 50%,且龙门来沙占潼关的百分数大于华县来沙占潼关来沙百分数 20%以上,即图 8-8 中 K_1直线下方的点,作为黄河干流来沙为主的洪水;以华县对应场次洪水沙量大于 50%,且华县沙量占潼关的百分数大于龙门来沙占潼关来沙百分数 20%以上,即图 8-8 中 K_2直线上方的点作为渭河来沙为主的洪水;两条直线之间的点子属于共同来沙为主。95 场潼关高含沙洪水中,有 38 场是黄河干流来沙为主,37 场是渭河来沙为主,另外 20 场由黄河干流与渭河来沙共同组成。由此看出,黄河干流来沙为主和渭河干流来沙为主组成的潼关高含沙洪水各占约 40%,两者共同来沙组成的洪水约占 20%。

典型洪水组成:

最大洪水:1977 年 8 月 6~10 日洪水,龙门来水来沙为主,潼关洪峰流量 15 400 m^3/s,沙峰 911 kg/m^3,洪水水量 20.2 亿 m^3,沙量 7.99 亿 t。

中等洪水:1997 年 7 月 30 日至 8 月 7 日是黄河干流来水为主,干流与渭河来沙组成的潼关高含沙洪水,洪峰流量 4 700 m^3/s,沙峰 465 kg/m^3,洪水水量 11.0 亿 m^3,沙量 2.92 亿 t。

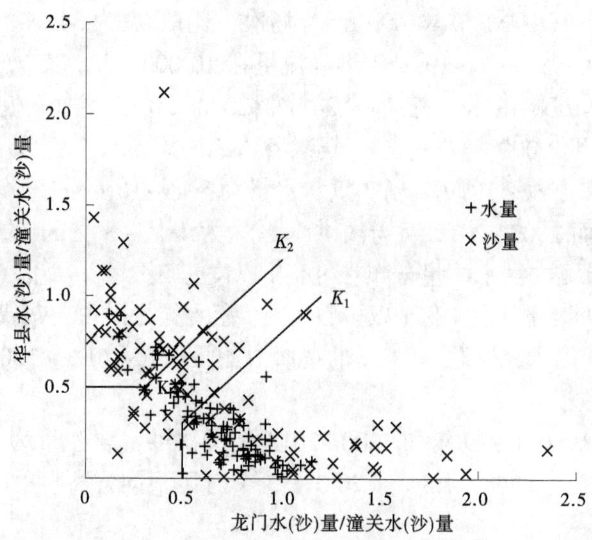

图 8-8　龙门水(沙)量占潼关水(沙)场次比例与华县水(沙)量站潼关水(沙)量比例关系

较小洪水:2004 年 8 月 21~25 日是龙门来水、渭河来沙为主组成的潼关高含沙洪水,洪峰流量 2 300 m^3/s,沙峰 366 kg/m^3,洪水水量 6.5 亿 m^3,沙量 1.28 亿 t。

8.1.1.3　龙门和华县洪峰对潼关站高含沙洪水的影响

图 8-9 是潼关高含沙洪水对应的龙门、华县洪峰流量与潼关洪峰流量的关系,龙门与潼关洪峰流量关系较好,两者的关系为:

$$Q_{tg} = 0.78Q_{lm} \quad (R^2 = 0.63, R = 0.79) \tag{8-1}$$

式中　Q_{tg}——潼关洪峰流量,m^3/s;

Q_{lm}——龙门洪峰流量,m^3/s。

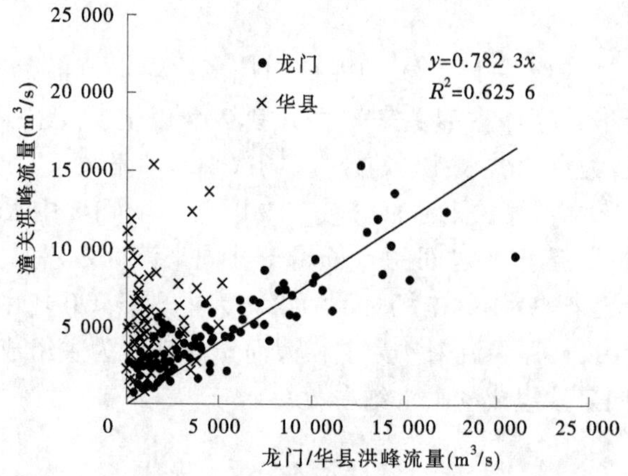

图 8-9　龙门与华县洪峰流量与潼关洪峰流量关系

华县洪峰流量与潼关洪峰流量关系不如龙门与潼关关系好,这也表明潼关洪峰流量主要是由龙门形成的。

图 8-10 是龙门、华县沙峰与潼关沙峰的关系图,组成潼关高含沙洪水对应龙门来水

和华县来水中,大部分洪水两者的沙峰含沙量在 200 kg/m³以上,但是龙门有 32 场洪水沙峰含沙量在 200 kg/m³以下,华县有 14 场洪水沙峰含沙量在 200 kg/m³以下。

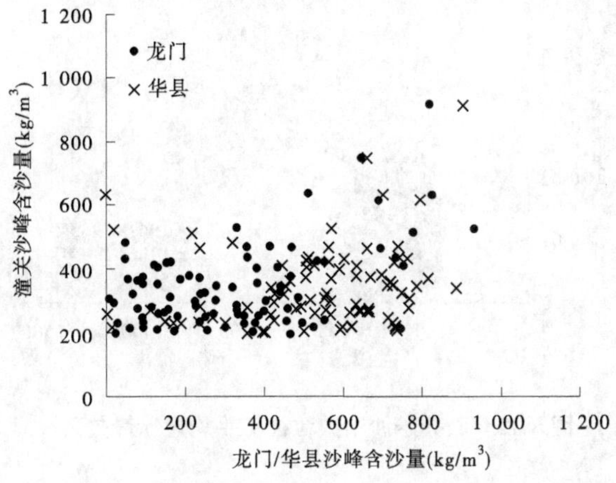

图 8-10　龙门与华县沙峰含沙量与潼关沙峰含沙量关系

8.1.1.4　潼关高含沙洪水泥沙粒径

图 8-11 和图 8-12 分别是潼关场次洪水悬沙中数粒径与平均流量、平均含沙量关系。从图中可以看出,潼关站悬沙中数粒径基本在 0.01~0.04 mm,大部分场次洪水悬沙的中数粒径在 0.015~0.025 mm;中数粒径随含沙量的增大有增大的趋势;不同时段潼关悬沙中数粒径随流量变化不明显。

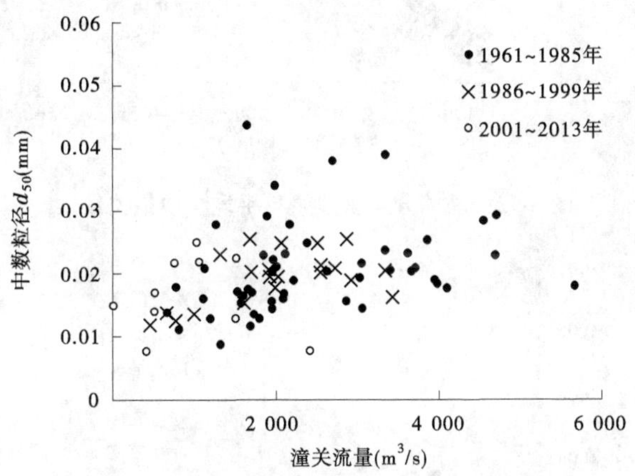

图 8-11　潼关悬沙中数粒径与平均流量关系

图 8-13 是潼关分组沙含沙量与平均含沙量关系,分组沙含沙量随总含沙量增大而增大,在总含沙量达到 200 kg/m³时粒径小于 0.025 mm 的细沙含沙量达到 130 kg/m³,之后总含沙量增大,细沙含沙量基本维持在 130 kg/m³。图 8-14 是区分黄河龙门来沙为主、渭河来沙为主和两者都来沙条件下,潼关悬沙中数粒径与平均流量的关系,从图 8-14 中可以看出,不同来沙条件下,潼关悬沙中数粒径差别不明显。潼关悬沙中数粒径大于等于 0.025 mm 的洪水,龙门来沙占 11 场,华县来沙占 4 场,且大部分是 20 世纪 60 年代和 70 年代的洪水。

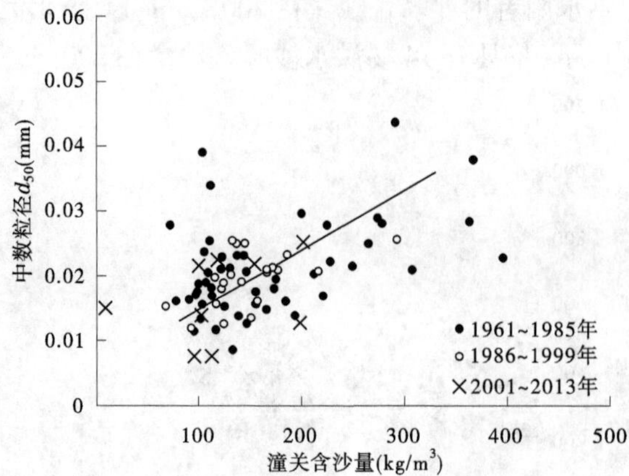

图 8-12　潼关悬沙中数粒径与平均含沙量关系

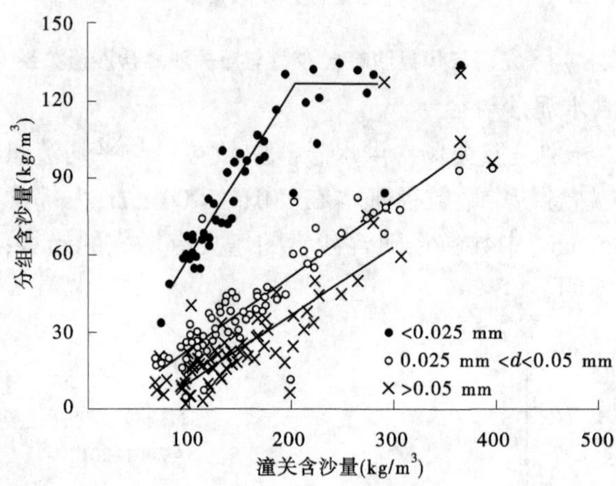

图 8-13　潼关分组含沙量与平均含沙量关系

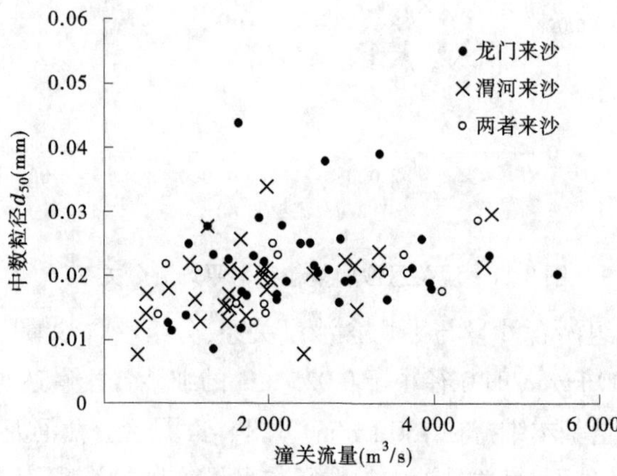

图 8-14　潼关悬沙中数粒径与平均流量关系

8.1.2　三门峡水库出库高含沙洪水特点

8.1.2.1　与潼关高含沙洪水对应洪水

对应潼关 95 场高含沙洪水，经过三门峡水库调节，出库站三门峡站对应的洪峰流量范围为 556~8 900 m^3/s，对应三门峡站沙峰值为 0~911 kg/m^3。潼关站与三门峡站洪峰、沙峰关系分别见图 8-15 和图 8-16。从图 8-15 中可以看出，两者洪峰存在较好的相关关系：

$$Q_{smx} = 0.448Q_{tg} + 1\ 464 \quad (R^2 = 0.72, R = 0.85) \tag{8-2}$$

式中　Q_{smx}——三门峡洪峰流量，m^3/s；

Q_{tg}——潼关洪峰流量，m^3/s。

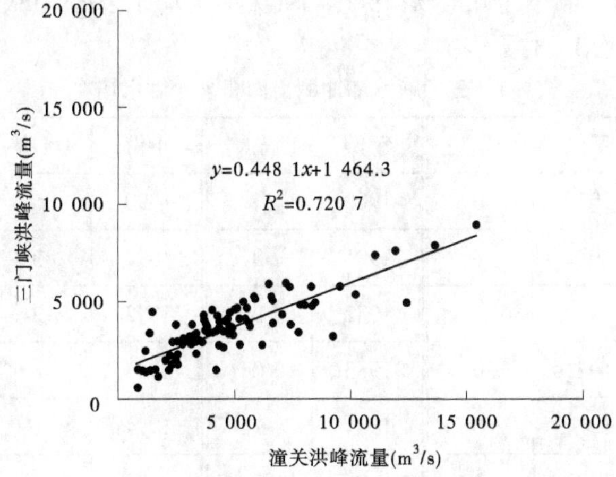

图 8-15　潼关洪峰与三门峡洪峰关系

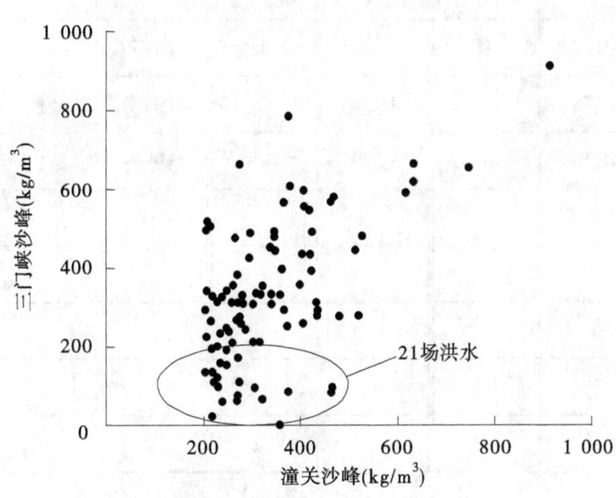

图 8-16　潼关沙峰与三门峡沙峰关系

从图 8-16 中可以看出，总体趋势呈正相关，即潼关沙峰较大时，三门峡沙峰也较大。但是也有一些场次三门峡沙峰较小，其中有 21 场洪水三门峡沙峰含沙量小于 200 kg/m^3，也就是说，洪水进入潼关时是高含沙洪水，出库洪水不是高含沙洪水，一部分是由于水库蓄水较高使出库含沙量减小，一部分是潼关高含沙小洪水，即洪水洪峰较小，洪水沿程淤积使出库含沙量减小。

8.1.2.2 三门峡水库冲刷形成的高含沙洪水

除对应潼关的95场高含沙洪水的三门峡95场洪水外，又对三门峡站1961~2013年满足含沙量大于200 kg/m³的洪水场次进行统计，共有59场。这59场洪水一类是潼关洪水在汛期坝前水位较低的情况下冲刷库内淤积泥沙形成高含沙洪水出库，另一类是汛初三门峡由蓄水状态逐渐降低水位形成的冲刷型高含沙洪水，这类洪水一般洪峰在前、沙峰在后，也即三门峡流量较小时，对应含沙量较高。由上述两类三门峡水库冲刷形成的高含沙洪水场次逐年分配见表8-5，从表8-5中可以看出，场次最多年份是1990年的5场；年代分布是，1970~1979年年均0.4场，1980~1989年年均1.2场，1990~1999年年均1.8场，2000~2013年年均1.78场。

表8-5 三门峡水库冲刷出库高含沙洪水场次

年份	场次	年份	场次	年份	场次	年份	场次	年份	场次
		1970	0	1980	1	1990	5	2000	2
1961	0	1971	0	1981	0	1991	3	2001	1
1962	0	1972	1	1982	2	1992	2	2002	0
1963	0	1973	0	1983	0	1993	3	2003	3
1964	0	1974	0	1984	1	1994	1	2004	1
1965	0	1975	1	1985	2	1995	1	2005	4
1966	0	1976	0	1986	2	1996	1	2006	4
1967	0	1977	0	1987	1	1997	0	2007	3
1968	0	1978	1	1988	2	1998	1	2008	1
1969	0	1979	1	1989	1	1999	1	2009	1
								2010	1
								2011	1
								2012	1
								2013	2
小计	0		4		12		18		25

59场冲刷型高含沙洪水，洪峰流量的最小值是742 m³/s，发生在1972年6月9~12日；最大洪峰流量为6 080 m³/s，发生在2008年6月29日至7月2日。对59场高含沙洪水洪峰流量进行频率计算，结果见图8-17(a)，洪峰流量小于3 000 m³/s和5 000 m³/s对应频率分别为51%和89%。

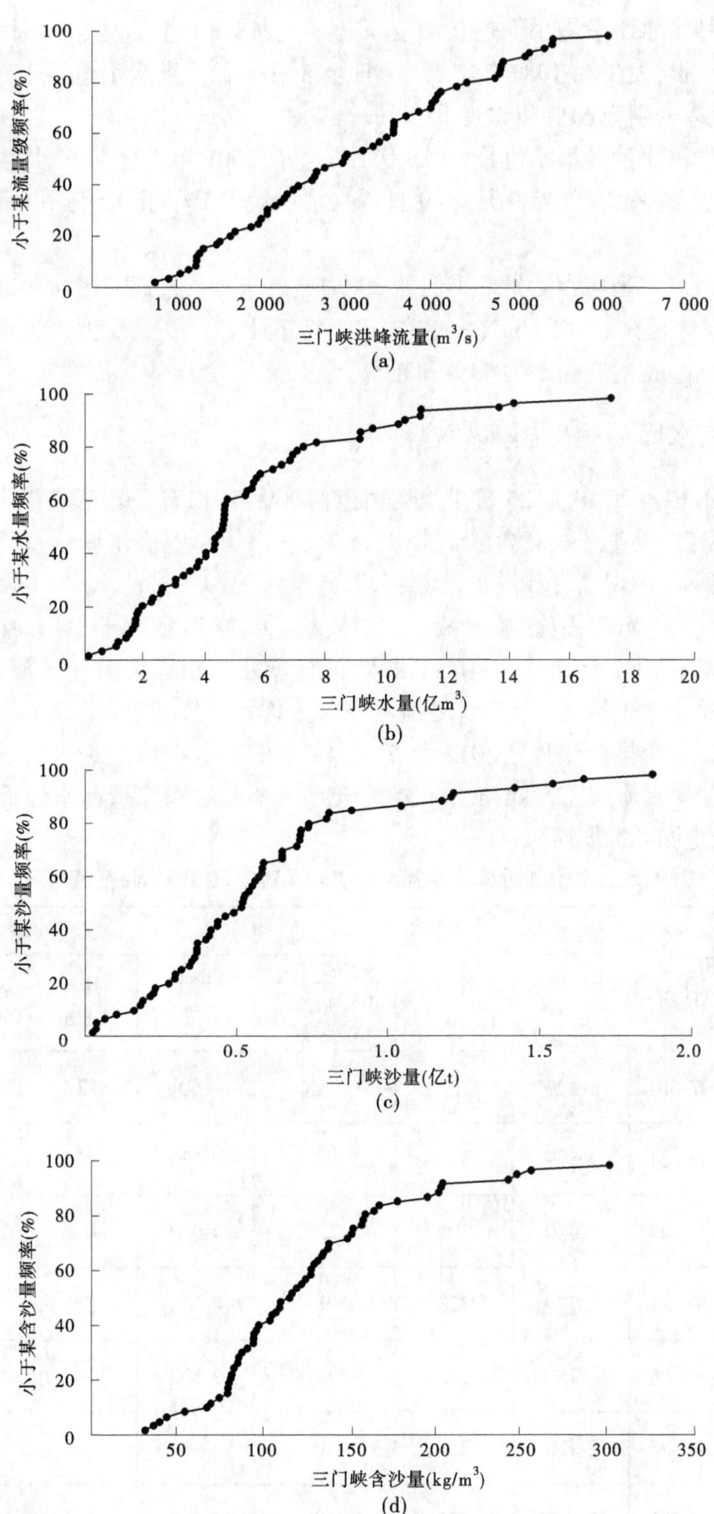

图 8-17　三门峡高含沙洪水频率分布

59 场高含沙洪水水量最小值是 0.10 亿 m^3,发生在 2001 年 7 月 5~6 日;洪水水量最大值是 17.21 亿 m^3,发生在 1982 年 7 月 31 日至 8 月 5 日。洪水水量小于等于 5 亿 m^3、10 亿 m^3对应频率分别为 61%和 87%。

59 场高含沙洪水沙量最小值是 0.025 亿 t,发生在 2001 年 7 月 5~6 日;洪水沙量最大值是 1.867 亿 t,发生在 1995 年 9 月 2~9 日。洪水沙量小于等于 0.5 亿 t、1 亿 t 对应频率为 47%和 86%。

59 场高含沙洪水平均含沙量最小值是 30.9 kg/m^3,发生在 2003 年 8 月 16~18 日;洪水平均含沙量最大值是 300 kg/m^3,发生在 2003 年 7 月 17~19 日。洪水含沙量小于等于 100 kg/m^3、200 kg/m^3对应频率为 41%和 88%。

8.1.3 小浪底水库运用后出库高含沙洪水

小浪底水库 1999 年 10 月 25 日投入运用,对 2000~2013 年小浪底站洪水要素摘录表进行统计,小浪底站发生 7 次高含沙洪水,见表 8-6。由于小浪底水库一直处于蓄水运用状态,当三门峡下泄出现高含沙洪水时,洪水以异重流的形式排沙出库,也使小浪底出库高含沙洪水与三门峡出库相比,场次减少,含沙量降低,含沙量大于 100 kg/m^3的小时数也明显偏少。其中 2002 年 9 月 7~10 日洪水,三门峡水库出库流量和含沙量都较小,但是小浪底水库开启排沙洞使 9 月 7 日之前水库形成浑水水库排沙,形成了小浪底站持续长时间小流量高含沙排沙出库。2012 年 7 月 4~5 日洪水小浪底最大含沙量达到 375 kg/m^3,大于三门峡水库的 325 kg/m^3,主要是该时期小浪底水库坝前水位低于库区三角洲顶点高程,产生溯源冲刷所致。

表 8-6 小浪底水库出库高含沙洪水及对应三门峡站特征值

序号	日期(年-月-日)	小浪底站			三门峡站		
		洪峰(m^3/s)	沙峰(kg/m^3)	含沙量大于100 kg/m^3小时数	洪峰(m^3/s)	沙峰(kg/m^3)	含沙量大于100 kg/m^3小时数
1	2002-09-07~10	1 420	282	53.5	360	12.9	0
2	2004-08-22~24	2 590	345	44	2 530	512	68
3	2006-08-03~04	2 080	301	5.5	4 080	470	18
4	2007-07-30~31	2 570	218	9	4 070	337	21.5
5	2010-07-04~06	3 580	263	19	3 580	263	19
6	2011-07-04~06	2 720	263	10	5 340	304	22
7	2012-07-04~05	2 230	357	17	5 410	325	21

8.2　三门峡库区高含沙洪水冲淤特点

8.2.1　三门峡水库平面形态与滩槽高差

8.2.1.1　三门峡水库潼关以下库段平面形态

为了解三门峡水库投入运用前不同库段河道横断面形态,统计了 1960 年 4 月不同高程下的河宽(见表 8-7)。根据表 8-7 中数据绘制河宽变化图(见图 8-18),从图 8-18 中可以看出,黄淤 28 至黄淤 38 断面(库段长 43.47 km)河宽较大,基本在 2 000~6 000 m 范围内,黄淤 1 至黄淤 27 断面(库段长 55.16 km)河宽较窄,在 500~2 700 m 范围内。

表 8-7　1960 年 4 月三门峡潼关以下库区断面河宽

断面号	高程(m)	河宽(m)	断面号	高程(m)	河宽(m)	断面号	高程(m)	河宽(m)
黄淤 1	315	500	黄淤 19	315	2 100	黄淤 31	315	3 200
黄淤 2	315	900	黄淤 20	315	2 100	黄淤 32	315	4 450
黄淤 4	315	870	黄淤 21	315	1 200	黄淤 33	326	4 700
黄淤 6	315	2 700	黄淤 22	315	850	黄淤 34	326	2 900
黄淤 8	315	2 160	黄淤 24	315	1 860	黄淤 35	326	2 100
黄淤 11	315	800	黄淤 25	315	2 500	黄淤 36	326	3 000
黄淤 12	315	780	黄淤 26	315	1 550	黄淤 37	330	2 100
黄淤 14	315	1 000	黄淤 27	315	1 760	黄淤 38	330	4 300
黄淤 15	315	2 700	黄淤 28	315	5 910	黄淤 39	330	1 700
黄淤 17	315	950	黄淤 29	315	3 900	黄淤 40	330	1 300
黄淤 18	315	2 400	黄淤 30	315	3 070	黄淤 41	330	800

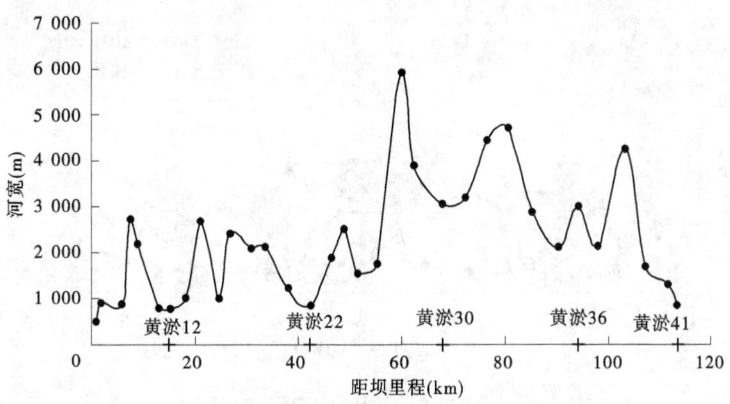

图 8-18　1964 年 4 月三门峡库区河宽沿程变化

1960 年 4 月三门峡水库平均河底高程纵剖面见图 8-19,潼关至三门峡大坝平均坡降为 3.8‱,其中大坝至黄淤 30 断面比降为 4.1‱,黄淤 30—黄淤 41 断面为 2.7‱。

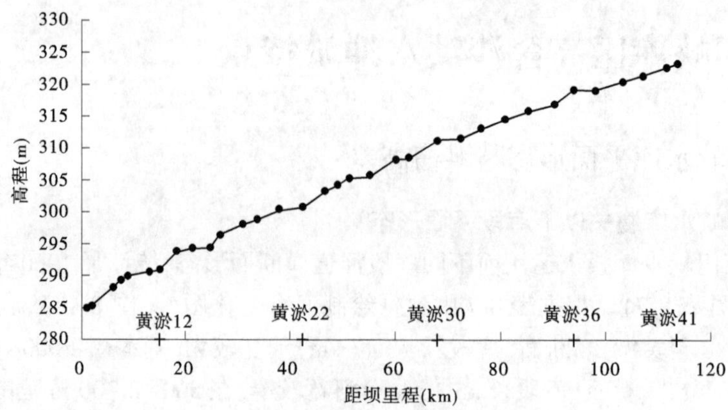

图 8-19　1964 年 4 月三门峡库区平均河底高程纵剖面

8.2.1.2　滩槽高差变化

1960 年 9 月至 1962 年 3 月三门峡水库为蓄水拦沙运用期，水库水位较高，其中 1961 年汛期有异重流排沙出库。1962 年 4 月至 1973 年 11 月为滞洪排沙运用期，在此期间经历了两次工程改建，一些年份非汛期有部分时段蓄水运用外，其他时间坝前水位都较低，滞洪排沙。1973 年 11 月至今是蓄清排浑运用期。

三门峡水库 1962 年 3 月 1 日坝前水位 324.79 m，连续下降至 3 月 23 日的 309.27 m，3 月 24 日至 5 月底史家滩水位基本维持在 304~309 m，淤积三角洲顶坡段黄淤 30—黄淤 41 库段脱离回水影响，主槽产生冲刷，形成复式断面，滩槽高差在 3~4 m。

1963~1973 年不同时间潼关以下库段不同断面滩槽高差见图 8-20。1963 年汛期坝前水位在 305~309 m 变化，坝前水位较低，三角洲顶坡段断面经过沿程冲刷和溯源冲刷，到 1963 年 10 月潼关至大坝整个库段横断面都形成复式断面，由主槽与滩地组成，滩槽高差一般在 2~5 m，黄淤 12 断面以下滩槽高差在 5~10 m。

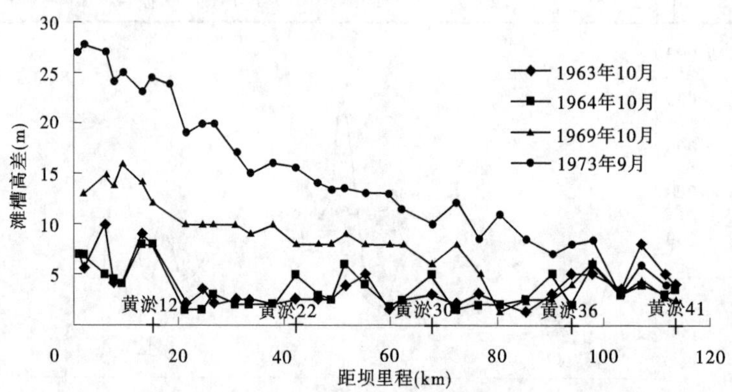

图 8-20　1963~1973 年不同时间三门峡库区滩槽高差

1964 年汛期滞洪淤积，主槽与滩地同时淤积，滩槽高差与 1963 年 10 月相差不大，一般在 2~6 m，黄淤 12 断面以下在 5~10 m。

1964 年汛期淤积形成的滩地基本是 1973 年以后的高滩深槽中的“高滩”。经过 1965~

1969 年汛期的冲刷，到 1969 年汛后，滩槽高差增大，一般在 2～10 m，黄淤 12 断面以下在 10～15 m。

随着三门峡改建工程投入运用，水库泄流规模增大，汛期坝前水位进一步减低，经过 1970～1973 年汛期的冲刷，到 1973 年 9 月，潼关至大坝库段滩槽高差进一步增大，坝前 60 km 范围滩槽高程在 13～28 m，距坝 60 km 至 113 km 库段滩槽高差在 4～13 m。

8.2.2　水库蓄水拦沙运用期高含沙洪水排沙及溯源冲刷

8.2.2.1　蓄水拦沙期高含沙洪水排沙

三门峡水库从 1960 年 9 月 15 日开始蓄水到 1962 年 3 月为蓄水拦沙运用期，库水位有三次较大幅度升降过程。

第一次蓄水，从 1960 年 9 月 15 日开始，1961 年达到最高库水位 332.58 m，库水位 330 m 以上持续时间较长，达 162 d，其后库水位逐渐下降，1961 年 6 月底降至 319.13 m 以下，7 月 31 日水位达最低 316.75 m，此次低水位过程持续至 8 月中旬。此次蓄水库水位从 332.58 m 降至 316.78 m，水位变幅为 15.8 m。

第二次蓄水，1961 年 8 月下旬库水位开始上升，同年 10 月 21 日升至 332.53 m，330 m 水位以上的持续时间只有 39 d。其后库水位下降，至 12 月底降至 320 m 左右。此次蓄水库水位变幅为 12.53 m。

第三次蓄水，1962 年 2 月 17 日库水位上升至最高 327.96 m，以后下降，3 月 20 日降至 312.41 m，6 月 14 日降至最低库水位 302.15 m。本次蓄水库水位变幅为 25.81 m。

在三次蓄水过程中，蓄水期使库区发生淤积，库水位降低时均发生不同程度的沿程冲刷和溯源冲刷。

1961 年 7 月潼关发生两次高含沙洪水，第一场洪水洪峰流量 2 580 m^3/s，平均流量 1 980 m^3/s，洪水来临时坝前蓄水位 318.52 m，蓄水量 21.4 亿 m^3，水库滞洪，该场洪水形成异重流，但无泥沙排出库外。第二场洪水洪峰流量 6 660 m^3/s，平均流量 3 340 m^3/s，洪水发生时，坝前蓄水位为 318.92 m，水库蓄水量 22.3 亿 m^3，该场洪水产生异重流排沙出库，排沙比为 11.7%。两场洪水的特征值见表 8-8。

表 8-8　潼关 1961 年高含沙洪水

起时间（年-月-日）	止时间（年-月-日）	潼关沙峰（kg/m^3）	潼关洪峰（m^3/s）	潼关水量（亿 m^3）	潼关沙量（亿 t）	三门峡水量（亿 m^3）	三门峡沙量（亿 t）	排沙比（%）
1961-07-02	1961-07-05	357	2 580	6.8	0.8	6.50	0	0
1961-07-23	1961-07-26	216	6 660	11.5	1.2	13.69	0.14	11.7

1961 年洪水过程中，潼关至坫垮库段脱离水库洪水影响，产生冲刷水位降低（见图 8-21），横断面上形成复式断面，出现主槽与滩地（见图 8-22）。

8.2.2.2　蓄水拦沙期溯源冲刷

1962 年 3 月 3 日三门峡库区纵剖面见图 8-23，从图 8-23 中可以看出，三角洲顶点位于黄淤 30 断面，高程 317.7 m。图 8-24 是潼关、三门峡流量与含沙量、坝前水位和太安含

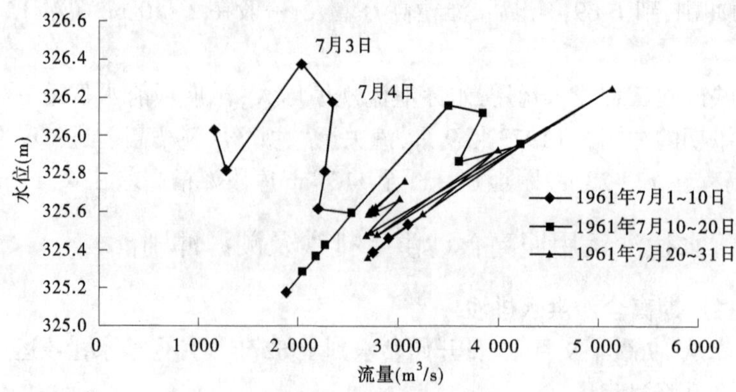

图 8-21　1961 年 7 月潼关水位—流量关系

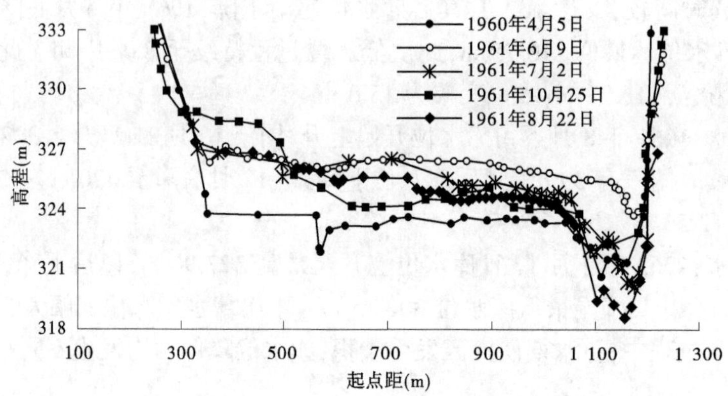

图 8-22　1961 年黄淤 41 断面

沙量过程线,从图 8-24 中可以看出,3 月 1 日史家滩日均水位 324.79 m,到 3 月 24 日下降至 308.85 m,3 月 24 日至 4 月 6 日太安含沙量明显增大,从淤积形态和水位变化来看,太安河段发生了溯源冲刷。3 月 26 日太安日均含沙量最大为 86.8 kg/m^3,对应潼关含沙量 12.5 kg/m^3,流量为 1 000 m^3/s,含沙量增加值为 74.3 kg/m^3。

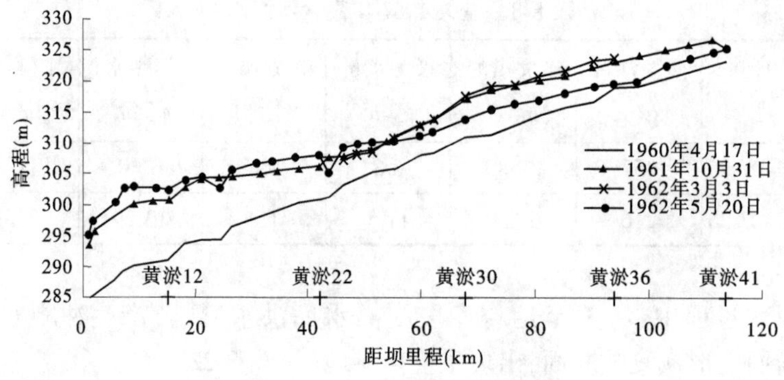

图 8-23　三门峡水库 1962 年纵剖面

3 月 27 日 10:00 太安瞬时含沙量最大为 114 kg/m^3,流量为 1 060 m^3/s,对应潼关

3月27日03:00流量为920 m^3/s,含沙量为16.2 kg/m^3,含沙量增加值为97.8 kg/m^3。

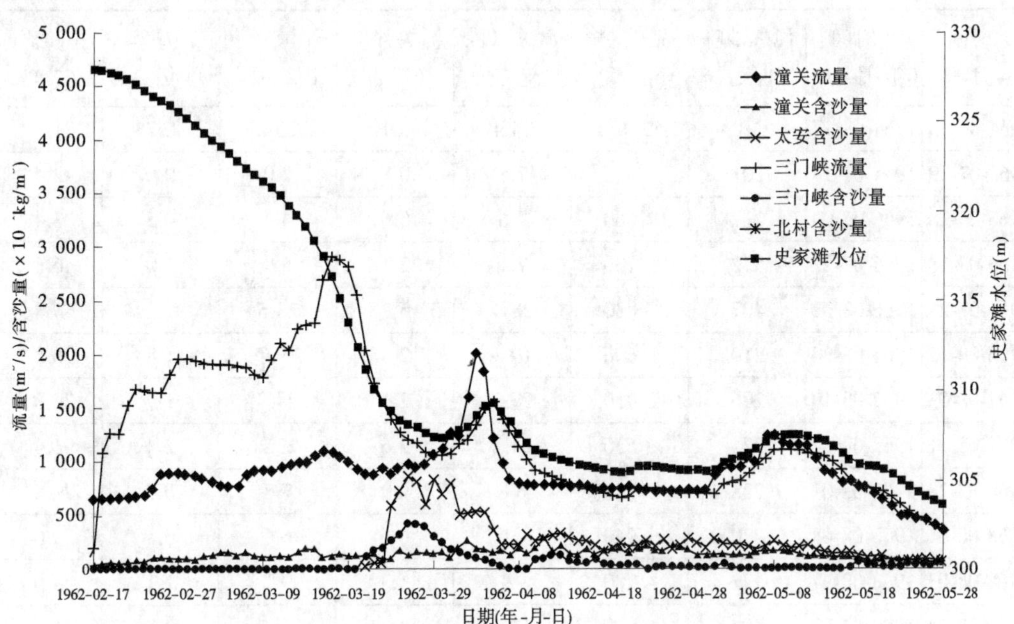

图8-24　1962年三门峡水库潼关、太安和三门峡流量及含沙量

8.2.3　水库滞洪排沙运用期高含沙洪水冲淤

8.2.3.1　来水来沙情况及泄流建筑物的改建

1.来水来沙情况

1962年3月至1973年10月是水库滞洪排沙运用期。在此期间进入水库(潼关站,下同)的总水量为4 980.6亿 m^3,总沙量为175.8亿t,年平均水量和沙量分别为415亿 m^3 和14.64亿t,与多年平均值相比水量偏少2.0%、沙量偏少7.9%,属于平水、平沙偏枯系列。

此阶段1964年和1967年为丰水丰沙年,其年水量比多年平均分别偏多59.5%和46.2%,年沙量偏多52.5%和36.3%。

1962~1973年潼关高含沙洪水共36场(见表8-9),水量437.9亿 m^3,沙量69.7亿t,分别占年水沙量的8.8%和39.6%。

表8-9　滞洪排沙期潼关高含沙洪水

起时间(年-月-日)	止时间(年-月-日)	潼关沙峰(kg/m^3)	潼关洪峰(m^3/s)	潼关水量(亿 m^3)	潼关沙量(亿t)	三门峡水量(亿 m^3)	三门峡沙量(亿t)	排沙比(%)
1962-07-15	1962-07-18	238	4 190	6.3	0.8	4.21	0.18	23.4
1963-08-29	1963-09-01	272	6 120	9.0	1.5	7.97	0.50	33.0
1964-07-04	1964-07-10	465	9 240	17.3	2.7	15.4	1.0	37.2
1964-07-16	1964-07-20	462	7 750	15.8	2.3	14.0	0.7	32.1
1964-07-21	1964-07-26	320	7 430	21.2	2.1	18.6	0.8	40.2

续表 8-9

起时间（年-月-日）	止时间（年-月-日）	潼关沙峰（kg/m³）	潼关洪峰（m³/s）	潼关水量（亿 m³）	潼关沙量（亿 t）	三门峡水量（亿 m³）	三门峡沙量（亿 t）	排沙比（%）
1964-08-13	1964-08-17	270	12 400	24.4	3.1	20.2	0.7	21.3
1965-07-09	1965-07-13	201	3 330	7.5	0.8	7.0	0.6	72.4
1966-06-28	1966-07-05	217	1 660	4.6	0.6	4.4	0.5	83.4
1966-07-18	1966-07-22	522	5 130	7.1	2.1	5.9	1.0	46.6
1966-07-27	1966-08-02	407	7 830	28.4	5.7	23.5	3.2	55.8
1966-08-15	1966-08-20	219	5 600	19.3	2.3	19.7	1.8	76.3
1967-08-03	1967-08-10	206	8 020	27.2	2.7	29.9	1.9	70.8
1967-08-11	1967-08-17	274	9 530	23.2	2.6	23.4	2.4	93.4
1968-07-28	1968-08-01	228	3 750	6.8	0.9	7.8	0.7	79.8
1968-08-04	1968-08-08	230	1 940	6.6	0.6	6.6	0.5	75.6
1968-08-23	1968-08-27	322	4 280	9.1	1.3	9.2	1.1	83.0
1969-07-24	1969-07-30	404	5 680	11.7	2.7	10.7	2.2	84.2
1969-07-31	1969-08-02	322	5 510	6.1	1.6	6.6	1.8	110.7
1969-08-03	1969-08-06	283	4 850	4.6	0.6	4.4	0.8	125.4
1969-08-08	1969-08-14	434	4 910	10.0	1.5	9.7	1.5	97.5
1970-07-26	1970-08-01	340	1 420	4.7	0.8	4.8	0.9	110.0
1970-08-02	1970-08-05	631	8 420	9.3	3.4	7.7	3.0	87.7
1970-08-06	1970-08-08	411	2 700	5.1	1.6	5.5	2.5	157.7
1970-08-09	1970-08-13	513	4 930	9.3	2.6	8.8	2.6	100.4
1970-08-26	1970-09-04	260	6 680	31.3	4.3	30.9	3.6	85.4
1971-07-10	1971-07-12	247	2 480	5.0	0.5	4.6	0.5	98.7
1971-07-25	1971-07-31	633	10 200	11.4	3.1	11.0	2.6	84.5
1971-08-01	1971-08-05	231	1 620	3.6	0.3	3.8	0.5	130.6
1971-08-17	1971-08-24	746	2 200	8.7	1.9	8.4	1.7	85.2
1971-09-03	1971-09-09	251	2 380	6.9	0.9	7.0	0.9	101.2
1972-07-02	1972-07-07	302	2 370	6.5	0.5	6.9	0.4	83.3
1972-07-21	1972-07-26	258	8 600	11.5	1.2	11.8	1.6	134.3
1973-07-17	1973-07-24	267	4 840	14.5	1.7	14.2	1.7	103.0
1973-08-19	1973-08-24	359	3 550	9.4	1.4	8.5	1.4	105.9
1973-08-25	1973-08-30	527	4 700	15.8	3.9	15.0	4.2	106.4
1973-08-31	1973-09-06	320	5 080	18.5	3.1	18.1	3.5	113.7

2.泄流建筑物的改建

1962 年 3 月起水库由蓄水拦沙运用改为滞洪排沙运用,但由于泄流能力不足,库区仍淤积发展。为解决水库淤积问题,1964 年 12 月周恩来总理主持召开治黄会议,决定对三门峡水利枢纽进行改建,即在左岸增建两条进口高程为 290 m 的泄流排沙隧洞,并将四条发电钢管改为泄流排沙管,简称“两洞四管”。“两洞四管”投入运用后,对减轻水库淤积起到了一定作用,但泄流能力仍然不足,潼关高程继续上升。为此,1969 年 6 月的“晋、陕、鲁、豫”四省会议上,决定对枢纽泄流工程进一步改建,提出工程改建的原则是在“确保西安、确保下游”的前提下,“合理防洪、排沙放淤、径流发电”。改建规模:打开 1~8 号导流底孔,下卧 1~5 号发电引水钢管进口高程为 287 m,改建后的枢纽泄流能力为坝前水位在 315 m 高程时,下泄流量达 10 000 m^3/s,一般洪水回水不影响潼关。发电装机 4 台(后改为 5 台)。水库运用原则是:当三门峡以上发生大洪水时,敞开闸门泄洪;当预报花园口出现可能超过 22 000 m^3/s 洪水时,根据上游来水情况,关闭部分或全部闸门,增建的泄水孔,原则上应提前关闭;冬季承担下游防凌任务;发电水位,汛期 305 m,必要时降到 300 m,非汛期 310 m。要求对运用方式在实践中不断总结经验,加以完善。改建的泄流工程于 1971 年 10 月完成,并在改建过程中陆续投入运用。

8.2.3.2　水库运用与库区冲淤变化

1962 年 3 月起水库改为滞洪排沙运用,在这一时期,水库除承担防凌和春灌运用(1972 年、1973 年)外,基本上是敞开闸门泄流排沙。在此时期水库经历了原泄流规模、第一次改建和第二次改建三个阶段。

1962 年 3 月至 1973 年 10 月,非汛期最高运用水位为 327.91 m,坝前水位超过 324 m 的有 1967 年、1968 年、1969 年和 1973 年,超过 320 m 的还有 1964 年和 1970 年、1971 年,其中库水位超过 320 m 历时较长的有 1968 年、1969 年、1970 年和 1973 年。汛期库水位的变化,主要与来水来沙条件和水库泄流能力变化有关,如在泄流工程改建前(原泄流规模期),若来水流量超过当时泄流能力,常发生削峰滞洪,出现壅水现象,库水位因滞洪而升高,如丰水丰沙的 1964 年,汛期坝前最高水位达 325.86 m,为滞洪排沙期的最高值,回水超过潼关,该年汛期坝前平均水位达 320.24 m,也是该时期的最高值。随着泄流改建工程逐渐完成和投入运用,泄流建筑物进口高程由 300 m 降至 280 m,下降 20 m,泄流量的增大,使汛期坝前水位不断下降,1971 年以后,坝前平均水位变化在 296.96~297.94 m。

在泄流建筑物改建前,特别是在 1962 年 5 月至 1964 年 10 月期间,与当时枢纽的泄流能力小,汛期常出现滞洪,非汛期水位对库区的淤积分布也有影响。在此期间潼关以下库区发生淤积,共淤积泥沙 21.44 亿 m^3,淤积主要分布在黄淤 22 至黄淤 36 断面区间,以黄淤 22 至黄淤 31 区间淤积最多。1964 年的水沙量特丰,1965 年的水沙量特枯,虽然水库的泄流条件和运用方式与其前完全相同,而 1964 年 10 月至 1966 年 5 月库区为冲刷的,表明库区淤积随着来水来沙条件的变化而发生变化,也反映出三门峡水库潼关以下库区淤积调整的速度是很快的。

第一次改建后,枢纽泄流能力增加,黄淤 22 断面(北村)以下发生冲刷,北村以上还是发生淤积,表明枢纽的泄流能力还是不足。第二次改建后,枢纽泄流能力进一步扩大,潼关以下库区全部发生冲刷。

8.2.3.3　滞洪排沙期高含沙洪水冲淤变化

1.原建泄流工程规模阶段

1962 年 3 月至 1966 年 6 月,水库泄流建筑物规模为原建的 12 个深水孔,进口高程为 300 m,坝前水位 315 m、320 m 和 330 m 高程时的泄流量分别为 3 084 m^3/s、4 044 m^3/s 和 5 460 m^3/s。由于泄流能力小,而且泄流建筑物的位置高,虽然水库已改变了运用方式,但当来水量超过水库某高程的泄流量时,常出现水库滞洪淤积,由削峰滞洪作用使出库的水沙搭配及过程发生变化。特别是遇到丰水丰沙年,水库滞洪引起的水库淤积十分严重。如 1964 年是丰水丰沙年,汛期来水来沙很大,水库泄流能力小,滞洪削峰比较严重,潼关以下库区淤积泥沙达 11.56 亿 m^3。库区呈锥体形态淤积。

1)1962 年

1962 年 7 月 15~18 日潼关发生一场高含沙洪水,洪峰流量 9 140 m^3/s,坝前最高滞洪水位 309.26 m,滞洪量 2.31 亿 m^3,水库发生淤积,排沙比 23.4%。洪水发生时,潼关至坫垮段不受滞洪影响,从潼关、坫垮水位—流量关系看(见图 8-25),水位下降,从横断面看,主槽冲刷扩大(见图 8-26(a))。受水库回水影响的库段产生淤积,主槽淤积厚度大于滩地(见图 8-26(b))。

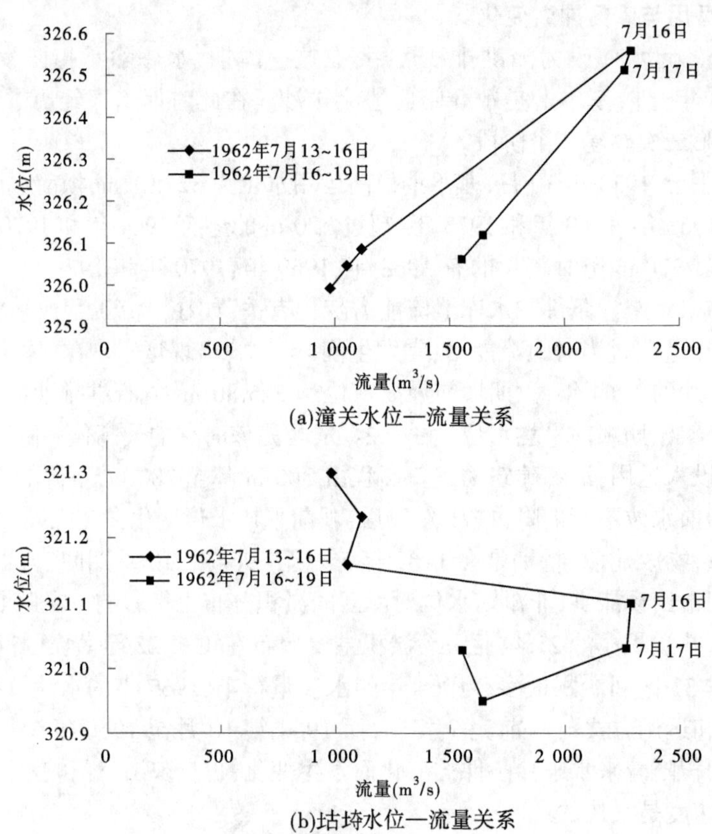

(a)潼关水位—流量关系

(b)坫垮水位—流量关系

图 8-25　1962 年潼关高含沙洪水水位—流量关系

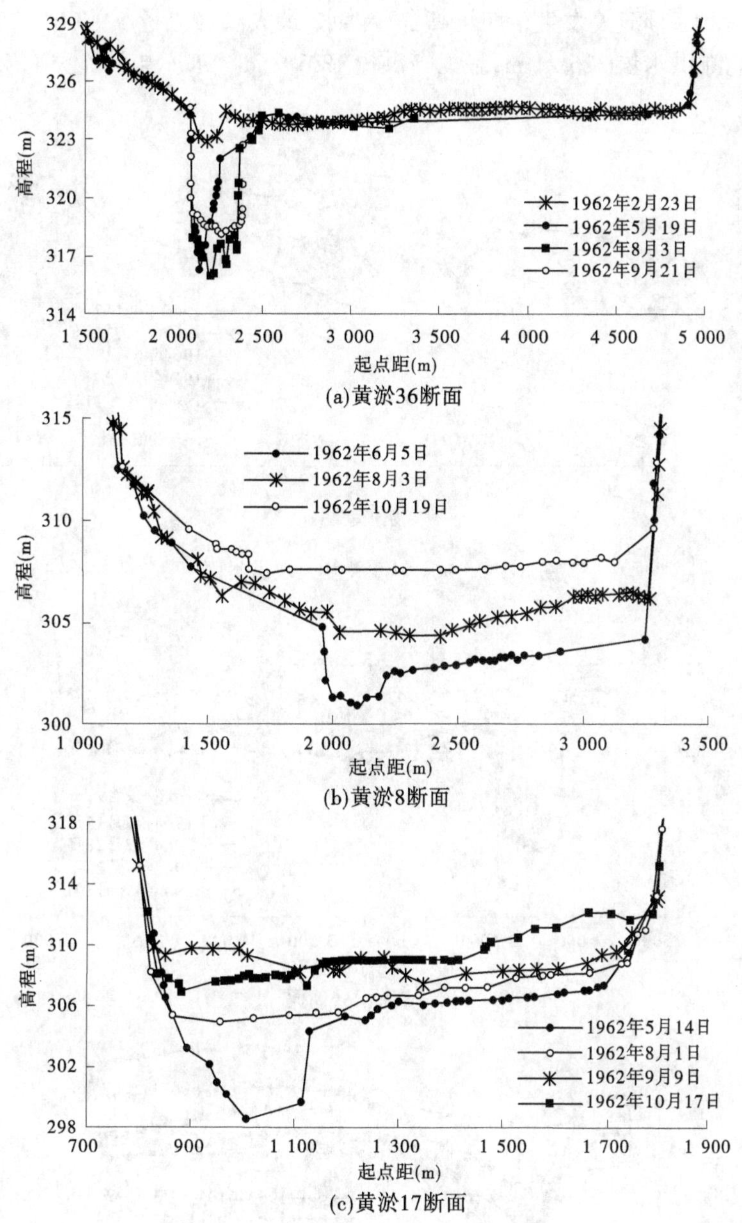

图 8-26　1962 年典型冲淤断面

2) 1964 年

1964 年潼关以下纵剖面见图 8-27。1964 年 7 月 4~10 日潼关第一场高含沙洪水，洪水来临之时，坝前水位 310.77 m，水库蓄水量 0.21 亿 m^3，最高滞洪水位 315.58 m，滞洪量 1.83 亿 m^3，滞洪量较小，水库排沙比 37.2%。从断面图(见图 8-28)来看，淤积量较小。而 7 月 16~20 日和 7 月 21~26 日潼关第二场和第三场高含沙洪水，洪水来临之时，坝前水位分别为 314.5 m 和 316.54 m，水库蓄水量 1.16 亿 m^3 和 2.59 亿 m^3，最高滞洪水位分别为 316.71 m 和 318.96 m，滞洪量为 2.74 亿 m^3 和 5.32 亿 m^3，滞洪量增大，淤积量也增大。

1964 年 8 月 13~17 日潼关发生第四场高含沙洪水,最大洪峰流量 12 400 m^3/s,水库滞洪较为严重,最高滞洪水位 325.21 m,最大滞洪量 13.6 亿 m^3,水库排沙比只有 21%,水库淤积量是 4 场洪水中淤积量最大者。

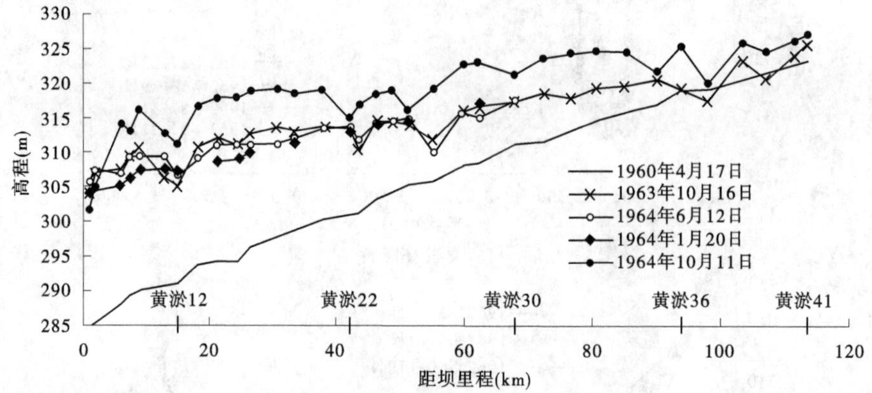

图 8-27　1964 年潼关至大坝纵剖面

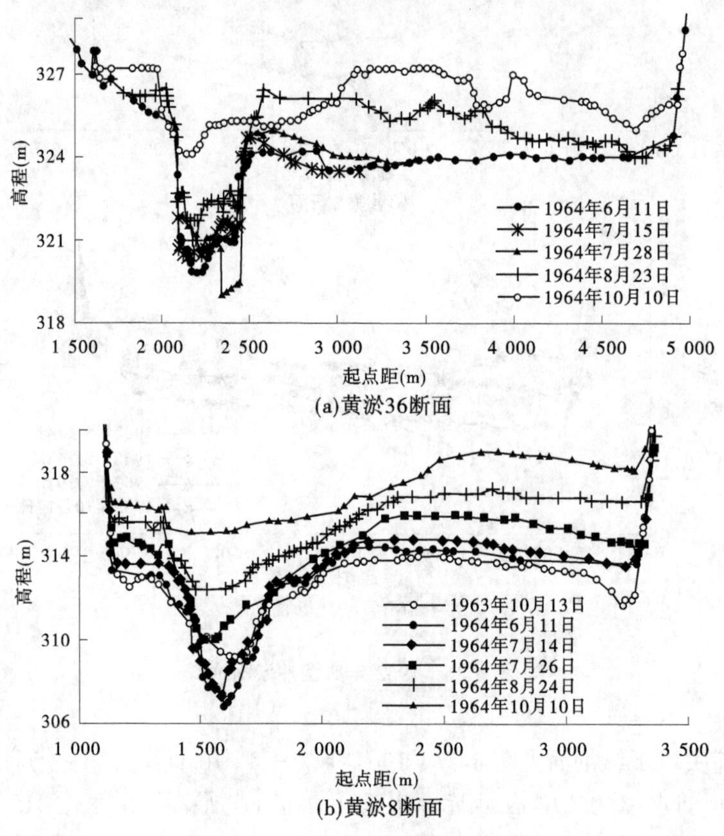

图 8-28　1964 年典型冲淤断面

从图 8-28 中可以看出,在水库滞洪范围内,主槽与滩地都产生淤积,主槽与滩地同步上升,在淤积过程中,主槽仍得到保留。

2.第一次改建阶段

1966年6月至1970年5月改建的4条泄流钢管于1966年7月投入运用,增建的2条进口高程为290 m的泄流隧洞也分别于1967年6月和1968年8月投入运用。库水位315 m时的泄流能力由改建前的3 084 m^3/s增加为6 102 m^3/s。

水库非汛期进行防凌运用,1967年、1969年和1970年黄河下游凌情严重,其封河上界都达到开封市以上,特别是1969年凌汛期间气温忽高忽低,使黄河下游冰凌三封三开。非汛期水库运用最高水位都在323 m以上,1967年、1968年和1969年最高蓄水位分别为325.20 m、327.91 m和327.72 m,大于320 m的时间在35~60 d。

1969年汛期坝前最高日均水位为308.82 m,汛期平均水位为302.83 m。其余各年坝前最高水位都在318 m以上,1967年汛期最高水位为319.97 m,汛期日平均库水位较原泄流规模阶段有所降低。

本时段内由于泄流建筑物增加了"两洞四管",泄流能力有所增加,同时,水库调整了运用方式,与1966年以前相比,潼关以下库区淤积减缓,各库段也发生了不同程度的冲淤变化。1966年5月至1970年6月黄淤22断面以下库段冲刷泥沙0.225亿m^3,黄淤22断面至黄淤41断面仍在淤积,淤积泥沙0.335亿m^3。

1)1966年

1966年5~8月初潼关发生三场高含沙洪水(见图8-29),最大洪峰流量7 830 m^3/s,最大含沙量407 kg/m^3;坝前最高滞洪水位319.45 m(滞洪时间较长,4 d时间坝前水位在318 m以上),最大滞洪量4.63亿m^3,排沙比在83.4%~46.6%。

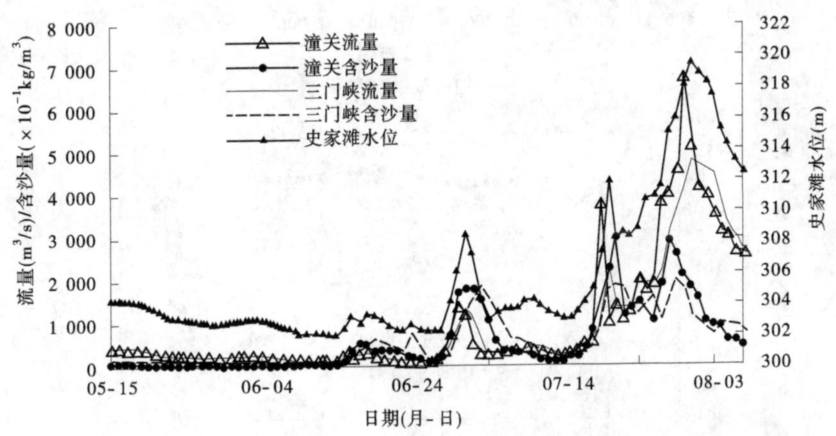

图8-29　1966年潼关与三门峡站流量、含沙量及坝前水位过程

1966年5月15日和8月7日库区分别测量了淤积断面,为了计算5月15日至8月7日之间库区主槽淤积量,不同的主槽宽度会对主槽的淤积量产生影响,考虑三场高含沙洪水前后淤积断面的主槽河宽有变化,分别采用5月15日和8月7日主槽河宽计算主槽的冲淤量,从潼关至大坝的主槽累计冲淤量见图8-30。从图8-30中可以看出,用两个河宽计算主槽都是淤积,用5月河宽计算主槽淤积1.49亿m^3,用8月河宽计算主槽淤积1.29亿m^3。

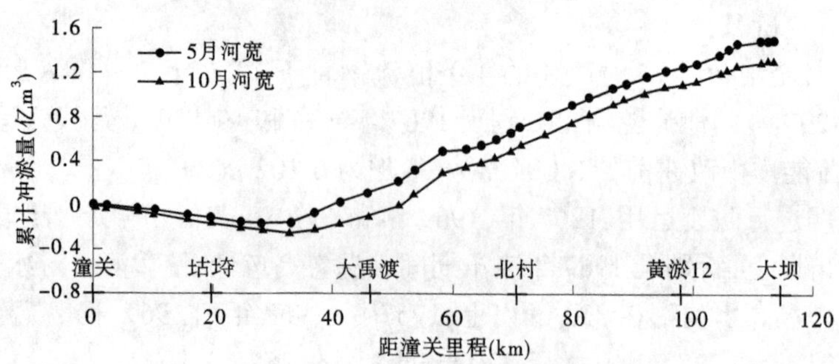

图 8-30　1966 年 5~8 月潼关至大坝沿程主槽累计冲淤量

主槽淤积按 1.29 亿 m³ 计算，全断面淤积量 1.71 亿 m³，主槽淤积占全断面淤积的 75.4%。主要淤积在黄淤 28 断面以下，主要是主槽底部淤积(见图 8-31)。

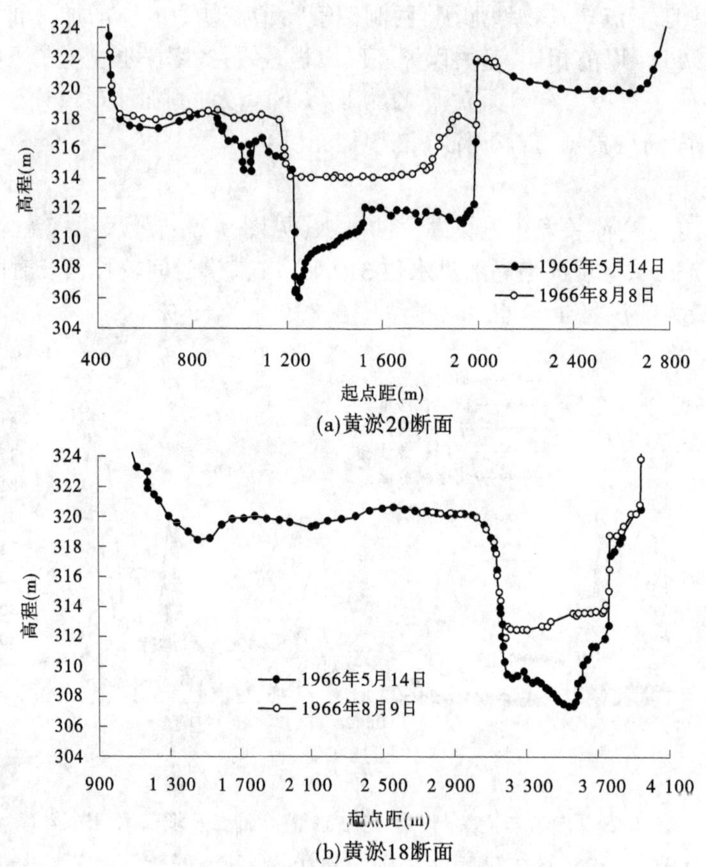

图 8-31　1966 年 5~8 月典型淤积断面

2) 1967 年

1967 年 8 月潼关发生两场高含沙洪水(见图 8-32)，最大洪峰流量 9 530 m³/s，最大含沙量 274 kg/m³。坝前最高滞洪水位 319.97 m(48 h 坝前水位在 315 m 以上)，最大滞洪量 3.66 亿 m³。

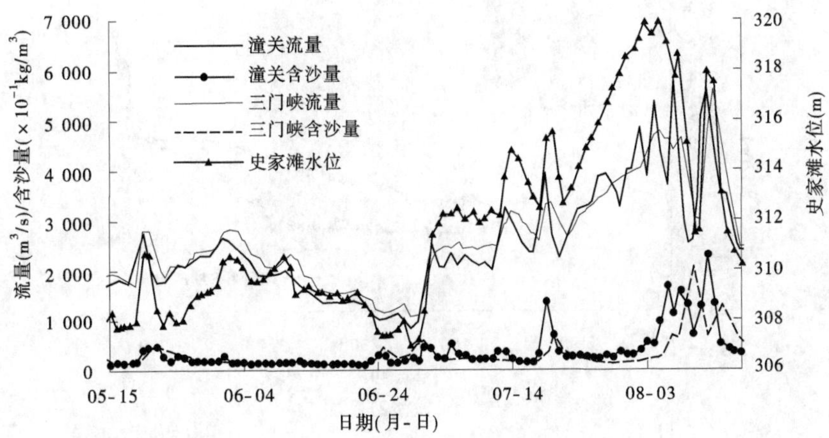

图 8-32　1967 年潼关与三门峡站流量、含沙量及坝前水位过程

1967 年 5 月 11 日至 8 月 17 日库区分别测量了淤积断面,利用不同时间的主槽计算的主槽淤积累计过程线见图 8-33。以 5 月主槽河宽计算的 5 月 11 日至 8 月 17 日主槽累计淤积 1.28 亿 m^3,以 10 月河宽计算值为 1.11 亿 m^3。

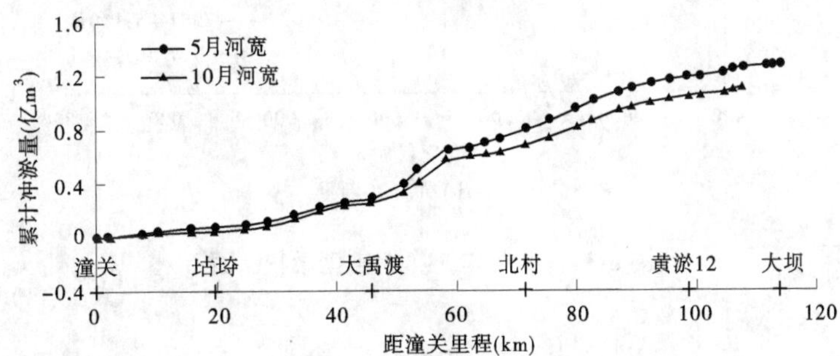

图 8-33　1967 年 5~8 月潼关至大坝沿程主槽累计冲淤量

主槽累计淤积量按 1.11 亿 m^3 计,全断面淤积量 1.67 亿 m^3,主槽淤积量占全断面淤积量的 66.5%。主要淤积在黄淤 30 断面以下,主要是主槽底部淤积(见图 8-34)。

3)1969 年

1969 年汛期潼关发生四场高含沙洪水(见图 8-35),最大洪峰流量 5 680 m^3/s,最大含沙量 434 kg/m^3。坝前最高滞洪水位 308.82 m,最大滞洪量 0.2 亿 m^3。

1969 年 5 月 28 日和 10 月 7 日库区测量了淤积断面。以汛前断面主槽河宽计算主槽累计冲刷 0.86 亿 m^3,以汛后主槽河宽计算主槽累计冲刷 1.01 亿 m^3(见图 8-36)。以汛期主槽累计冲刷 1.01 亿 m^3 计,全断面冲刷量 1.01 亿 m^3,主槽冲刷量占全断面冲刷量的 100%。主要冲刷在黄淤 30 断面以下,主要是主槽冲深(见图 8-37)。

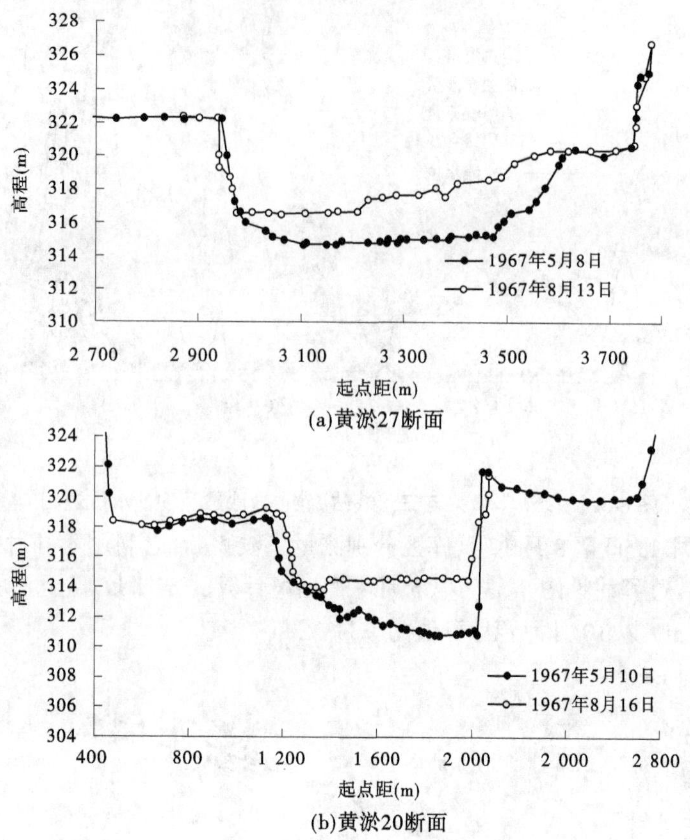

图 8-34 1967 年 5~8 月典型淤积断面

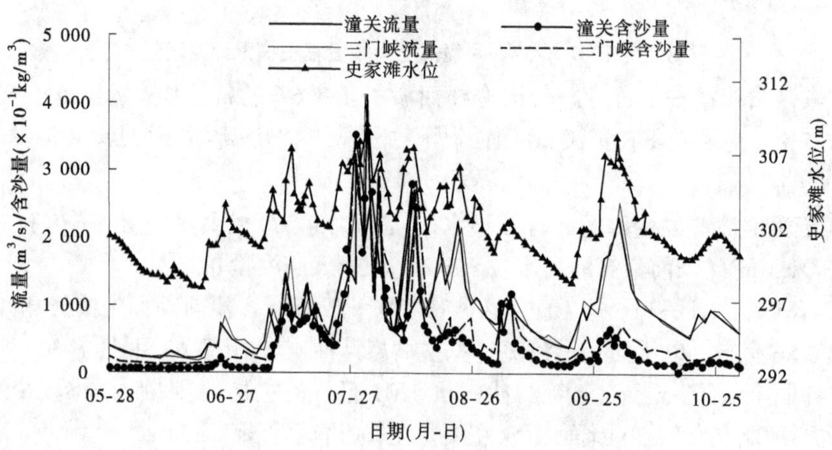

图 8-35 1969 年潼关与三门峡站流量、含沙量及坝前水位过程

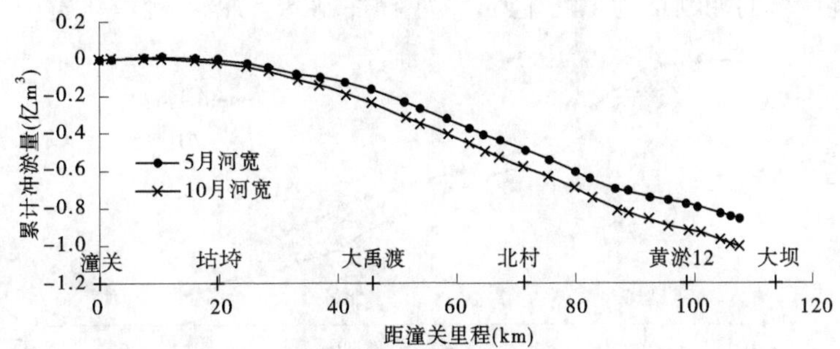

图 8-36　1969 年汛期潼关至大坝沿程主槽累计冲淤量

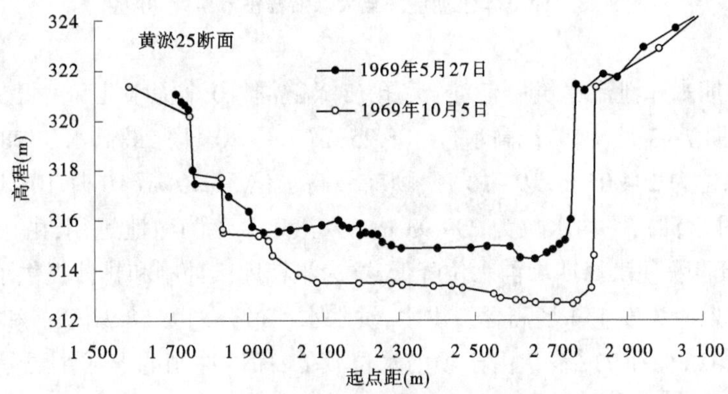

图 8-37　1969 年汛期典型断面冲刷

3.第二次改建阶段

1970 年 5 月至 1973 年 10 月是枢纽第二次改建阶段。根据四省(晋、陕、鲁、豫)会议确定的改建原则和规模,1970 年 6 月打开了 3 个底孔,1971 年 10 月又打开了 5 个底孔,并先后投入运用。在此期间将原发电机组的进水钢管进口高程从 300 m 降到 287 m,1973 年 12 月 26 日第一台机组投入发电运行。

经过两次改建的泄流建筑物投入运用,增加了泄流能力,同时,水库汛期低水位运用。1970 年 6 月至 1973 年 9 月潼关以下库区共冲刷泥沙 3.95 亿 m^3。水库的冲刷主要是洪水期的溯源冲刷和沿程冲刷,以及溯源冲刷与沿程冲刷相互衔接。

1)1970 年

1970 年汛期潼关发生 5 场高含沙洪水,洪水水沙量分别为 59.7 亿 m^3 和 12.6 亿 t,占汛期水沙量的 35.1%和 78.1%。这些洪水不但使潼关河床冲刷下降,而且使潼关以下库区发生沿程冲刷与溯源冲刷相衔接。从 7 月 31 日至 11 月 13 日,潼关以下沿程各站的同流量水位也发生变化。随水库泄流能力增加及汛期高含沙洪水的冲刷,使溯源冲刷和沿程冲刷相衔接。

1970 年 8 月 7 日至 10 月 6 日潼关发生 3 场高含沙洪水,最大洪峰 6 680 m^3/s,最大含沙量 513 kg/m^3,坝前最高滞洪水位 312.72 m,最大滞洪量 1.1 亿 m^3。1970 年 8 月 7 日至 10 月 6 日库区测量了淤积断面,以汛前河宽计算的主槽冲刷量为 1.03 亿 m^3(见图 8-38),以

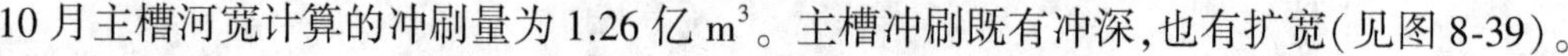

10 月主槽河宽计算的冲刷量为 1.26 亿 m^3。主槽冲刷既有冲深,也有扩宽(见图 8-39)。

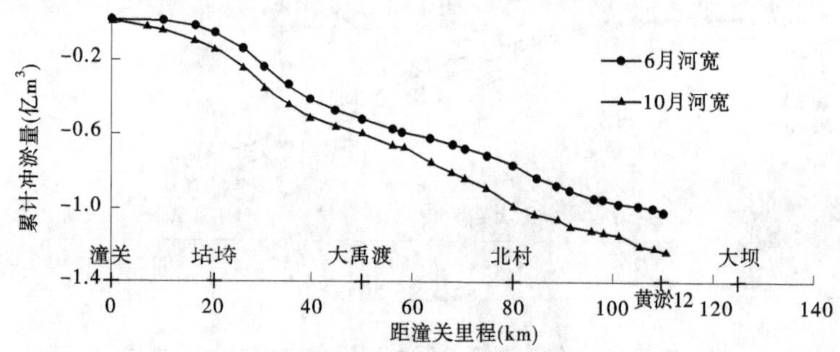

图 8-38　1970 年汛期潼关至大坝沿程主槽累计冲淤量

2)1973 年

1973 年汛期水库泄流建筑物有 8 个底孔、2 条隧洞、10 个深水孔和 1 根 5 号钢管先后投入运用。汛期 7~8 月,坝前最高水位 305.25 m(7 月 20 日),最低水位 285.56 m(8 月 16 日),平均水位为 294.05 m。9~10 月,坝前最高水位 312.0 m(10 月 10 日),最低水位 291.50 m(10 月 5 日),平均水位为 299.93 m。入汛后水库为敞泄运用,由于改建工程基本完成并投入运用,使洪峰期坝前水位降低,这为汛期库区冲刷和排沙提供了有利条件。

1973 年汛期潼关发生 4 场高含沙洪水,洪水水沙量分别为 58.3 亿 m^3 和 10.0 亿 t,占汛期水沙量的 32.2%和 71.2%。由于坝前水位较低,库区冲刷的形式主要是溯源冲刷和沿程冲刷,以及两种冲刷相互衔接。

1973 年 8~9 月潼关发生 3 场高含沙洪水,最大洪峰流量 5 080 m^3/s,最大含沙量 527 kg/m^3,坝前最高滞洪水位 304.91 m,最大滞洪量 0.73 亿 m^3。

1973 年 7 月 6 日、8 月 14 日和 9 月 26 日测量了淤积断面,利用 7 月主槽河宽计算 8 月 14 日至 9 月 26 日主槽冲刷量为 0.80 亿 m^3,利用 9 月主槽河宽计算主槽冲刷量为 0.81 亿 m^3(见图 8-40)。全断面冲刷 0.939 亿 m^3,主槽冲刷量以 0.80 亿 m^3计,主槽冲刷量占全断面冲刷量的 85%。主槽主要以冲深为主(见图 8-41)。

8.2.3.4　**滞洪排沙期溯源冲刷**

1.1963 年 12 月

1963 年 11 月三门峡库区纵剖面见图 8-42,从图 8-42 中可以看出,三角洲顶点位于黄淤 8 断面,高程 310.5 m。图 8-43 是潼关、三门峡流量与含沙量、坝前水位和太安含沙量过程线,从图 8-43 中可以看出,1963 年 12 月 16 日史家滩日均水位为 310.98 m,12 月 17 日史家滩水位为 306.17 m,到 1964 年 1 月 24 日为 305.77 m,水库水位连续降低。从淤积形态和水位变化来看,库区发生了溯源冲刷。1963 年 12 月 16 日至 1964 年 2 月 1 日三门峡含沙量明显增大,1963 年 12 月 17 日,三门峡日均流量为 1 350 m^3/s,日均含沙量最大为 92.2 kg/m^3,对应潼关含沙量 5.1 kg/m^3,含沙量增加值为 87.1 kg/m^3。

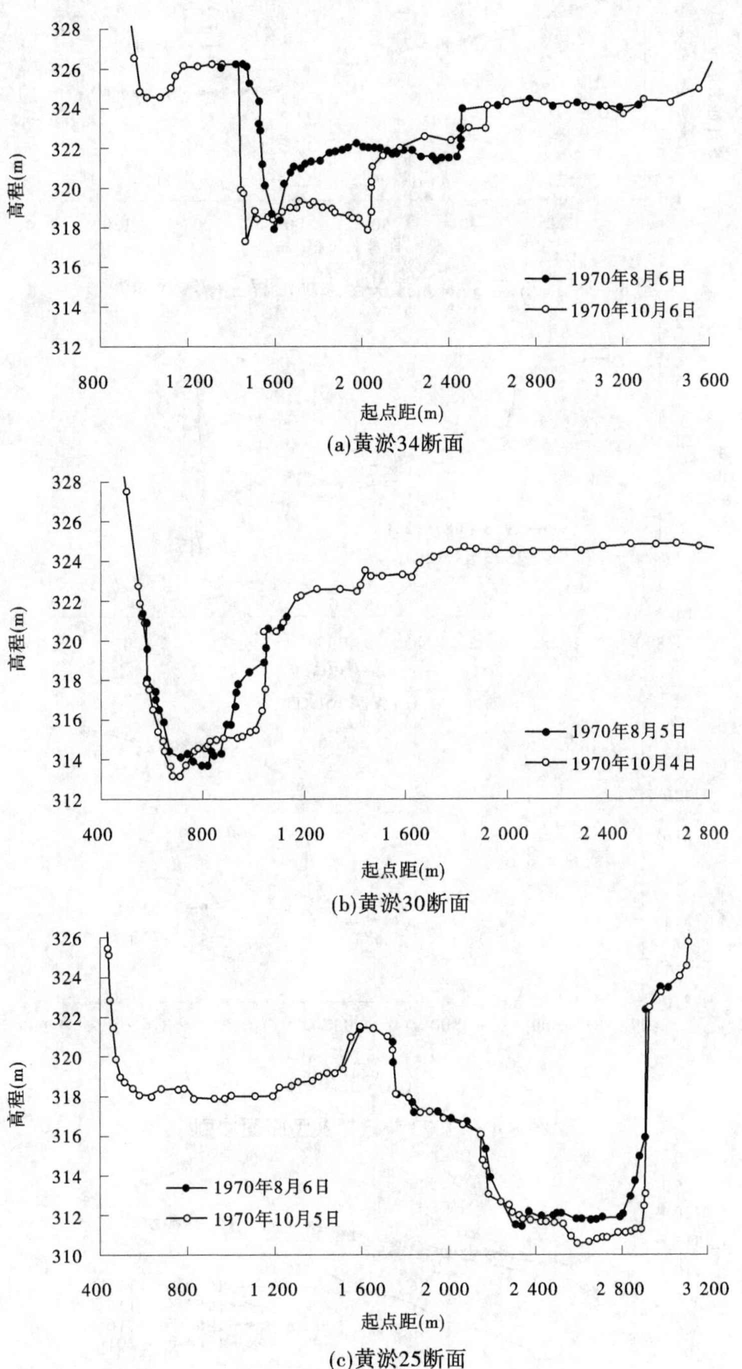

图 8-39　1970 年汛期典型断面冲刷

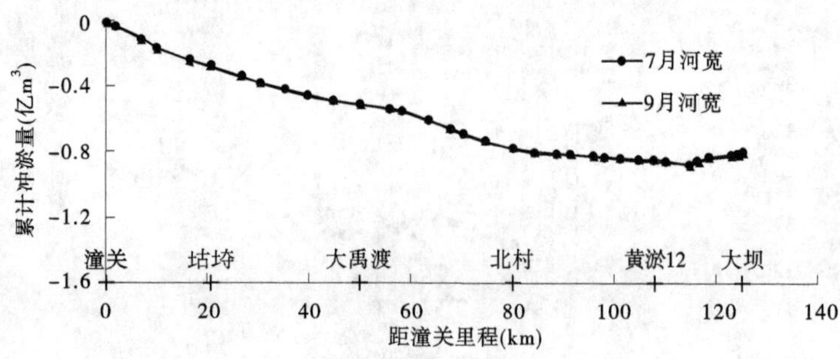

图 8-40　1973 年 8~9 月潼关至大坝沿程主槽累计冲淤量

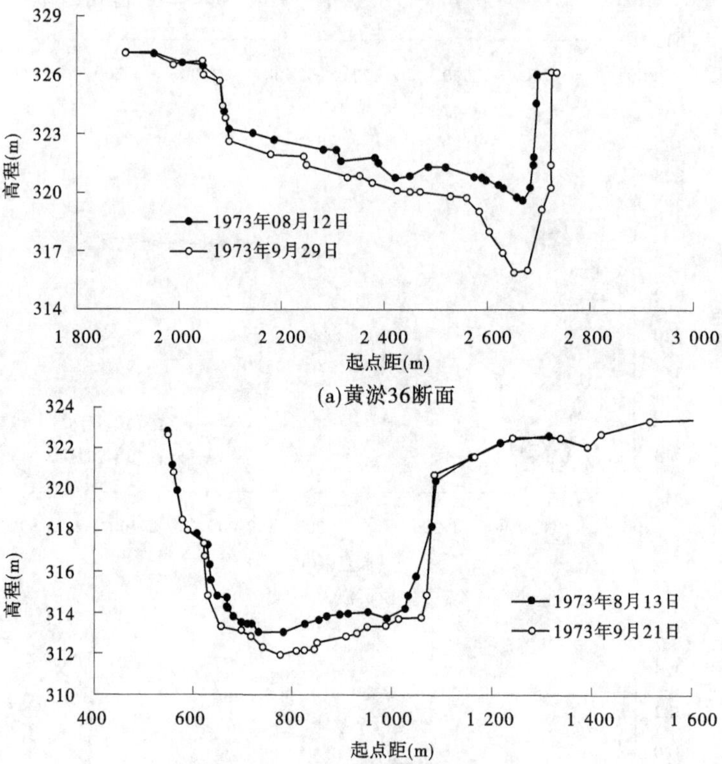

(a)黄淤36断面

(b)黄淤30断面

图 8-41　1973 年汛期典型断面冲刷

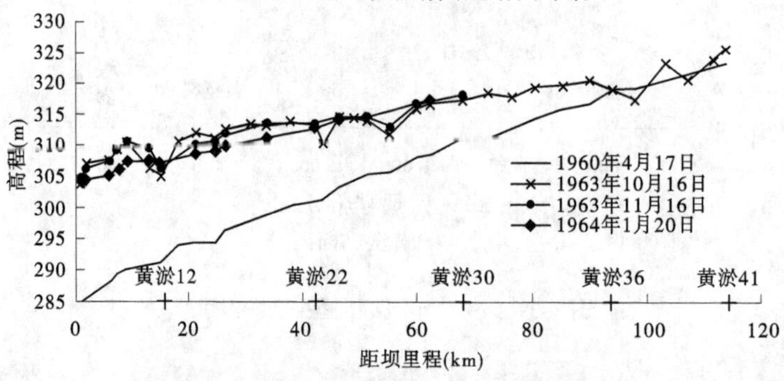

图 8-42　三门峡水库 1963 年纵剖面

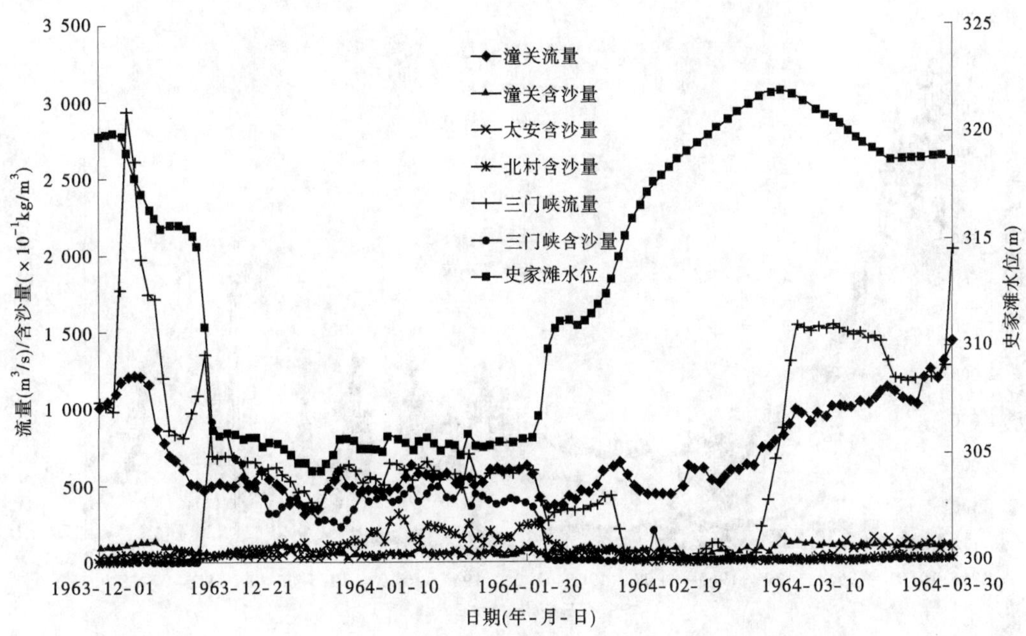

图 8-43　1963~1964 年三门峡水库潼关、太安和三门峡流量及含沙量

2.1964 年 10 月

1964 年 10 月三门峡库区纵剖面见图 8-44，从图 8-44 中可以看出，三角洲顶点位于黄淤 4 断面，高程 314.0 m。图 8-45 是潼关、三门峡流量与含沙量、坝前水位和太安含沙量过程线，从图 8-45 中可以看出，1964 年 10 月 26 日史家滩日均水位为 318.16 m，1964 年 11 月 5 日史家滩水位降低至 313.42 m，到 1964 年 12 月 18 日为 305.1 m，水位连续降低。从淤积形态和水位变化来看，库区发生了沿程冲刷和溯源冲刷。1964 年 10 月 26 日至 1965 年 3 月 14 日三门峡含沙量明显增大，1964 年 11 月 16 日，三门峡日均流量为 1 810 m^3/s，日均含沙量最大为 71.3 kg/m^3，对应潼关含沙量 14.3 kg/m^3，含沙量增加值为 57.0 kg/m^3。

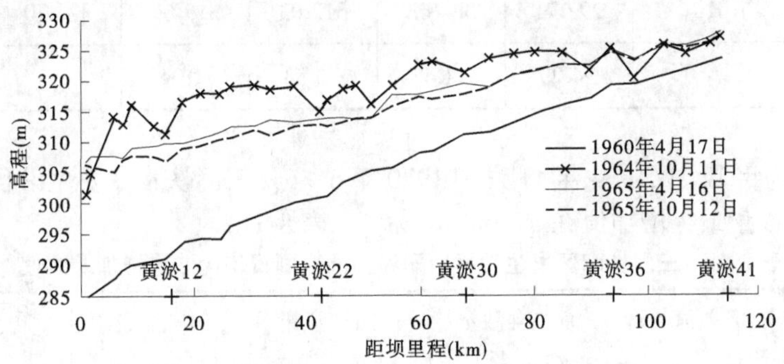

图 8-44　三门峡水库 1964 年和 1965 年纵剖面

3.1970 年 6~7 月

1970 年 6 月打开 3 个原施工导流底孔后，泄流建筑物进口高程由 300 m 下降到 280 m，下降 20 m。同年 6 月 22~30 日原 1~3 号施工导流底孔的斜闸门全部提起后，坝前水

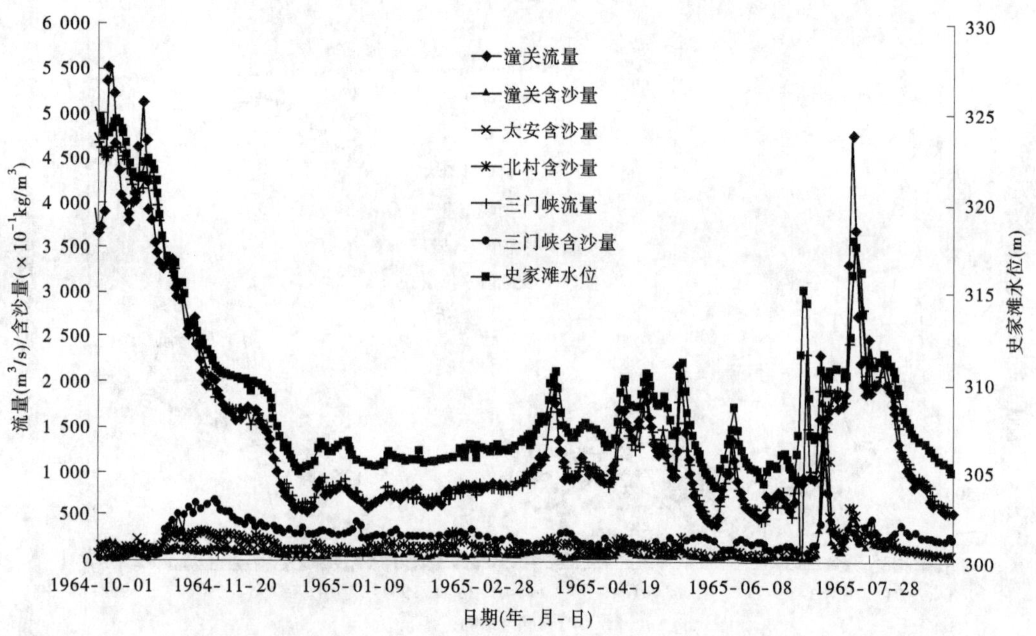

图 8-45　1964~1965 年三门峡水库潼关、太安和三门峡流量及含沙量

位突然降低，库区发生自下而上的溯源冲刷，至 7 月 31 日溯源冲刷发展到太安附近。在坝前库段发生了强烈的溯源冲刷期间，胶泥质组成的库段出现明显的跌水。表 8-10 为 6 月 22 日至 7 月 31 日库区溯源冲刷期间沿程同流量水位变化情况。1970 年 7 月 30 日三门峡含沙量最大为 269 kg/m³，对应潼关含沙量 171 kg/m³，含沙量增加值为 98 kg/m³。

表 8-10　1970 年 6~7 月同流量水位变化　（单位：m）

日期(月-日)	流量(m³/s)	史家滩	会兴	北村	太安	坫埼	潼关
06-22	1 000	302.00	306.10	312.56	319.84	324.57	328.45
07-31	1 010	297.71	304.63	312.03	319.66	324.70	328.71
水位差(m)		−4.29	−1.47	−0.53	−0.18	0.13	0.26

总之，1963 年 12 月、1964 年 11 月和 1970 年 6~7 月三门峡水库发生沿程冲刷和溯源冲刷时日均含沙量最大增加值在 57~98 kg/m³（见表 8-11）。

表 8-11　三门峡库区发生沿程冲刷和溯源冲刷日均含沙量增加最大值

日期 (年-月-日)	潼关流量 (m³/s)	潼关含沙量 (kg/m³)	三门峡流量 (m³/s)	三门峡含沙量 (kg/m³)	含沙量增加值 (kg/m³)
1963-12-17	500	5.1	689	92.2	87.1
1964-11-16	2 050	14.3	1 810	71.3	57
1970-07-30	1 200	171	860	269	98

8.2.3.5　高含沙洪水对深槽塑造的作用

1973 年 11 月以来三门峡水库能够得以用蓄清排浑的运用方式长期使用，一方面是适用黄河来水来沙的特点，最主要的是 1970~1973 年水库低水位运用塑造的潼关至大坝高滩深槽库区地形。

图 8-46 是潼关至大坝 1964~1973 年主槽库容变化过程线，从图 8-46 中可以看出，主槽库容 1964 年 6 月为 2.28 亿 m^3，1964 年汛期滞洪运用，槽库容略有增加，到 1964 年 10 月为 3.04 亿 m^3；1964 年 10 月至 1965 年 3 月，三门峡水库产生强烈的溯源冲刷和沿程冲刷，槽库容大幅度增加，到 1965 年 3 月槽库容增大至 5.85 亿 m^3。1965 年 3 月至 1970 年 6 月，槽库容基本维持在 6 亿 m^3 左右。1970 年 6 月至 1973 年 11 月槽库容从 6.65 亿 m^3 增加至 11.7 亿 m^3，增加 5.05 亿 m^3，其中 1971 年汛期增加 1.97 亿 m^3，1973 年汛期增加 1.78 亿 m^3（见表 8-12）。

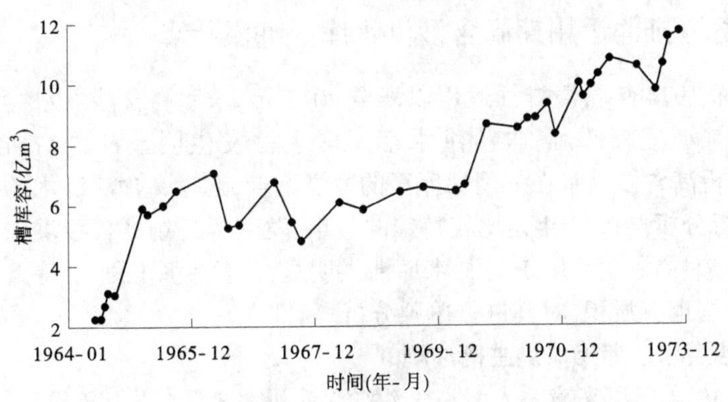

图 8-46　1964~1973 年潼关至大坝槽库容变化过程线

表 8-12　1970 年和 1973 年槽库容变化

日期（年-月-日）	槽库容（亿 m^3）	汛期槽库容增加量（亿 m^3）	日期（年-月-日）	槽库容（亿 m^3）	汛期槽库容增加量（亿 m^3）
1970-06-13	6.65		1973-07-13	9.77	
1970-10-12	8.63	1.97	1973-08-19	10.64	
			1973-09-27	11.55	1.78

表 8-13 是 1973 年汛期不同库段槽库容的变化，从表 8-13 中可以看出，1973 年 7 月 13 日至 8 月 19 日，槽库容增大 0.86 亿 m^3，坝址至黄淤 30 断面增加 0.55 亿 m^3，占坝址至潼关的 64%，即槽库容增大主要在坝址至黄淤 30 断面；1973 年 8 月 19 日至 9 月 27 日，槽库容增大 0.92 亿 m^3，潼关至黄淤 22 断面增大 0.92 亿 m^3，占坝址至潼关的 100%。7 月 13 日至 8 月 19 日槽库容的增加主要是坝前水位降低在起主要作用，8 月 19 日至 9 月 26 日槽库容的增大主要是高含沙洪水的作用。

表 8-13 1973 年汛期不同库段槽库容变化 （单位：亿 m^3）

库段	1973 年 7 月 13 日	1973 年 8 月 19 日	1973 年 9 月 27 日	7 月 13 日至 8 月 19 日 槽库容变化	8 月 19 日至 9 月 29 日 槽库容变化
坝址—黄淤 12	1.918	2.177	2.104	0.259	-0.073
黄淤 12—黄淤 22	2.670	2.799	2.863	0.130	0.064
黄淤 22—黄淤 30	2.846	3.008	3.318	0.162	0.309
黄淤 30—黄淤 36	1.652	1.884	2.197	0.232	0.313
黄淤 36—黄淤 41	0.689	0.766	1.070	0.078	0.304
坝址—黄淤 41	9.774	10.635	11.552	0.861	0.916

8.2.4 水库蓄清排浑运用期高含沙洪水库区冲淤特点

三门峡水库 1974 年蓄清排浑运用以来至 2013 年，入库高含沙洪水共发生 57 场，由于水库汛期坝前水位较低，高含沙洪水期库区主槽发生明显冲刷，排沙比一般大于 100%。为了分析高含沙洪水在三门峡库区的冲淤特点，选择高含沙洪水场次和沙量较多的一些年份进行分析。1977 年是比较特殊的一年，发生了 3 场高含沙洪水，洪峰最大，沙量最多，潼关对应沙量达到 16.5 亿 t，水库滞洪明显，三门峡库区冲淤特点与其他年份也不同，主槽有冲刷也有淤积，对其进行单独分析。

8.2.4.1 高含沙洪水水库无滞洪主槽冲刷

表 8-14 是 1974 年以来潼关入库高含沙洪水沙量在 3 亿 t 以上年份特征值，从表 8-14 中可以看出，这些年份潼关高含沙洪水沙量在 3 亿~8 亿 t，沙量占年沙量的 35%~66%，水量在 14 亿~56 亿 m^3，水量占年水量的 9%~18%。1979 年 8 月 12~17 日洪水和 1994 年 7 月 9~15 日洪水对应坝前史家滩水位超过了 310 m，最高日均水位分别为 310.19 m 和 310.95 m，超过 310 m 的时间分别为 14 h 和 20 h，对应库容分别为 0.91 亿 m^3 和 0.92 亿 m^3。可以认为水位无滞洪。三门峡站沙量占潼关沙量的 104%~171%，也表明高含沙洪水期潼关以下库区发生冲刷。

表 8-14 1974 年以来潼关高含沙洪水沙量较多年份特征值

年份	场次	潼关水量（亿 m^3）	潼关沙量（亿 t）	三门峡水量（亿 m^3）	三门峡沙量（亿 t）	潼关水量占年水量(%)	潼关沙量占年沙量(%)	史家滩最高日均水位(m)
1978	5	55.4	7.11	54.6	8.13	16.1	52.4	308.53
1979	2	32.4	4.82	28.4	5.00	8.8	44.0	310.19
1988	4	38.4	6.58	38.6	7.39	12.4	48.4	307.46
1992	1	26.3	3.46	26.2	5.93	10.5	34.9	303.21
1994	4	51.2	7.94	52.3	10.52	17.8	65.5	310.95
1996	4	41.3	7.37	39.4	9.05	16.2	63.3	305.26
1997	2	14.5	3.46	13.5	3.88	9.1	64.9	304.23

为分析潼关高含沙洪水沙量在 3 亿 t 以上且水库无滞洪这些年份汛期库区主槽冲淤特点,利用实测淤积断面资料,以汛前、汛后断面的主槽河宽为标准,分别求出对应的主槽面积,之后计算主槽的冲淤量。对 1978 年、1979 年、1988 年、1992 年、1994 年、1996 年和 1997 年都进行了计算,以汛前主槽河宽为标准计算的主槽冲淤量和以汛后主槽河宽为标准计算的主槽冲淤量累计过程线见图 8-47。从图 8-47 中可以看出,由于汛期主槽的冲淤调整,汛前河宽与汛后河宽不同,以汛前河宽为标准和以汛后河宽为标准计算的主槽冲淤量有差异,但是冲淤趋势基本一致,潼关至大坝汛期主槽累积都是冲刷的,潼关至大禹渡河段个别年份有淤积,淤积量较小。

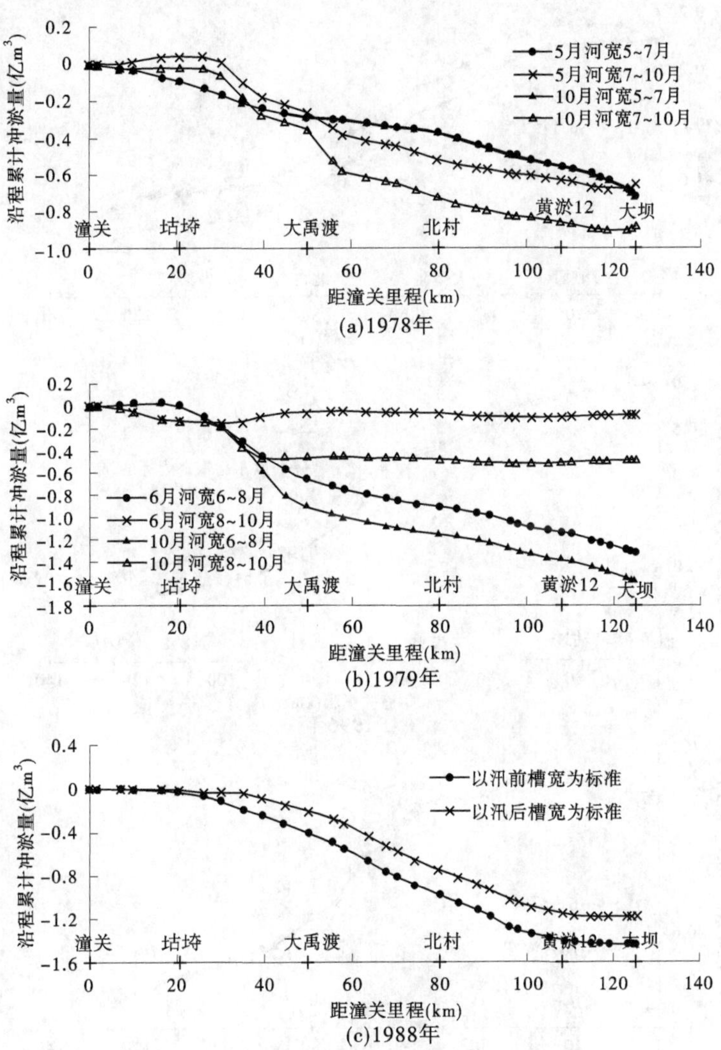

图 8-47　1973 年以后高含沙洪水年份沿程主槽冲淤量

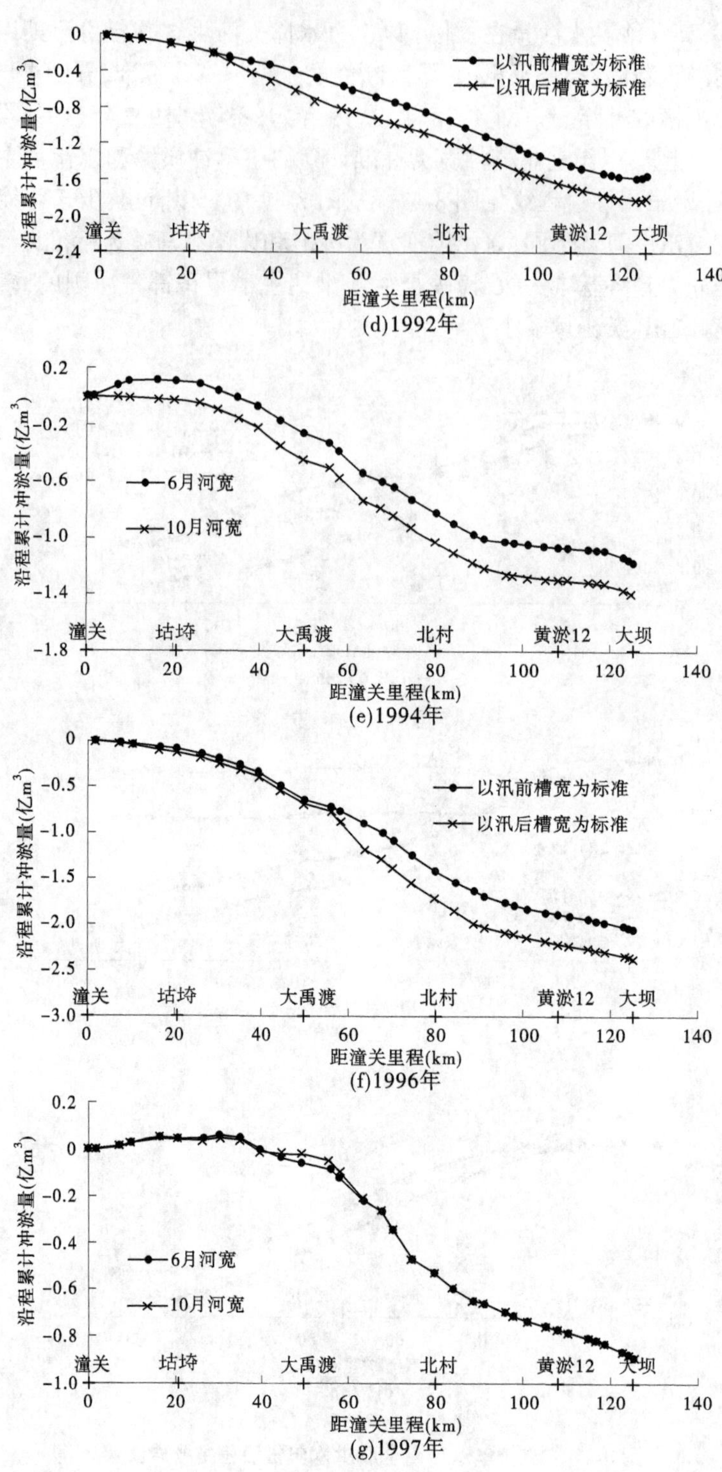

(d)1992年

(e)1994年

(f)1996年

(g)1997年

续图 8-47

1978 年 5 月 13 日、7 月 23 日和 10 月 20 日淤积断面测验 3 次，其中 7 月 23 日至 10 月 20 日主槽淤积量汛前河宽与汛后河宽累计冲淤量相差较大，原因是黄淤 29 断面主槽河宽变化大，黄淤 29 断面汛前主槽河宽 974 m，汛后主槽河宽 1 498 m，主槽河宽增大 824 m（见图 8-48）。1979 年汛期分别有 6 月 2 日、8 月 19 日和 10 月 7 日淤积断面测验 3 次，其中 8 月 19 日至 10 月 7 日主槽淤积量汛前河宽与汛后河宽累计冲淤量相差较大，原因是黄淤 32 和黄淤 33 断面主槽河宽变化大，黄淤 32 和黄淤 33 断面汛前主槽河宽为 587 m 和 849 m，汛后河宽为 1 718 m 和 2 020 m，分别增大 1 131 m 和 1 241 m。

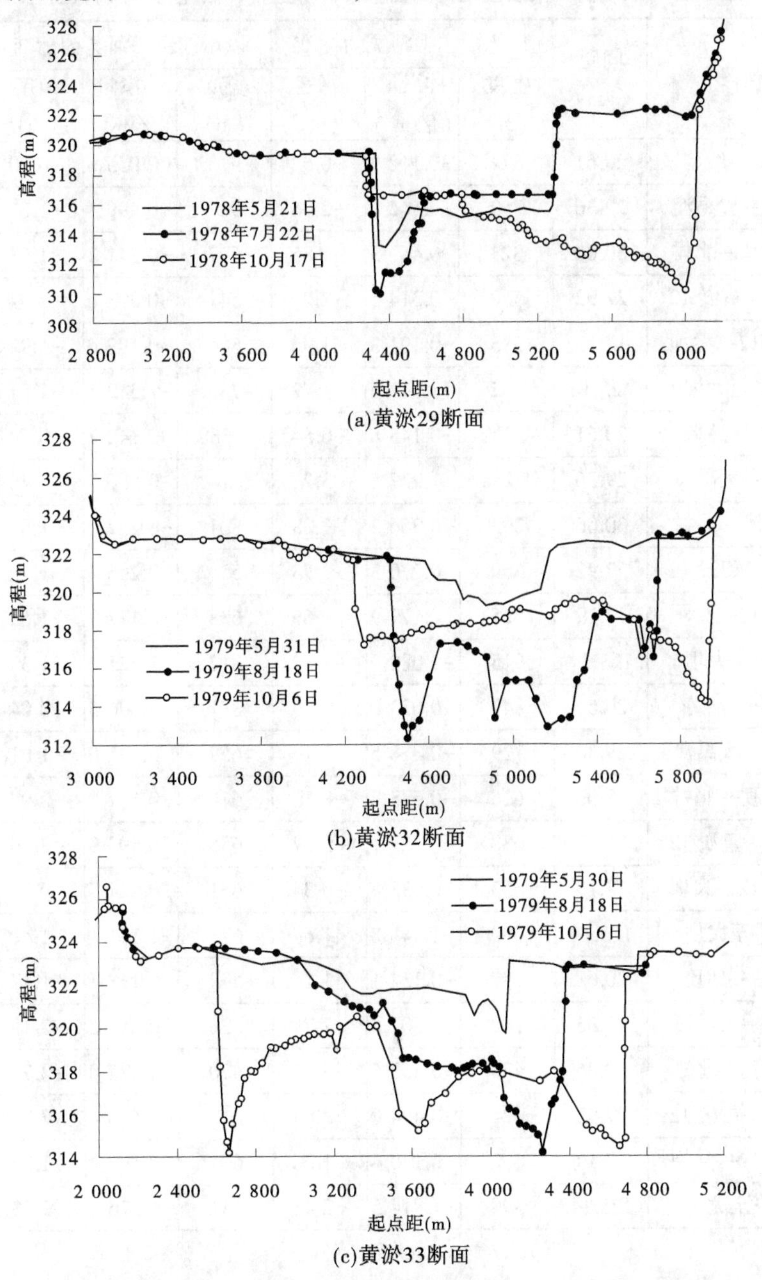

图 8-48　1978 年黄淤 29 断面和 1979 年黄淤 32 和黄淤 33 断面图

表 8-15 是分别以汛前主槽河宽和汛后主槽河宽为标准计算的主槽冲於量分河段冲淤及特征值。从表 8-15 中可以看出，不管是以汛后主槽为标准，还是以汛前主槽为标准，潼关至大坝河段主槽都是冲刷的，以汛后河宽为标准计算的冲刷量略大于以汛前河宽为标准计算的冲刷量，两者计算主槽冲刷量在 0.89 亿～2.38 亿 m^3，占汛期冲刷量的 75%～114%(见表 8-16)，表明这些年份主槽冲刷量占汛期冲刷量的主要部分。潼关至大坝平均主槽河宽在 541～915 m，冲刷厚度在 0.87～2.64 m。

表 8-15　以汛前和汛后主槽河宽为标准计算主槽冲淤量分布及特征值

年份	河段	间距(km)	以汛后主槽河宽为标准			以汛前主槽河宽为标准			全断面冲淤量(亿 m^3)
			宽度(m)	冲淤量(亿 m^3)	厚度(m)	宽度(m)	冲淤量(亿 m^3)	厚度(m)	
1978	潼关—坫垮	20.61	874	−0.112 3	−0.62	913	−0.055 6	−0.30	−0.070 4
	坫垮—大禹渡	29.36	899	−0.542 9	−2.06	938	−0.499 4	−1.81	−0.601 6
	大禹渡—北村	30.06	823	−0.457 5	−1.85	697	−0.341 2	−1.63	−0.553 0
	北村—黄淤 12	27.92	562	−0.314 5	−2.00	541	−0.293 6	−1.94	−0.329 8
	黄淤 12—大坝	17.19	585	−0.191 3	−1.90	584	−0.192 6	−1.92	−0.198 9
	潼关至大坝	125.14	752	−1.618 5	−1.72	733	−1.382 5	−1.51	−1.753 7
1979	潼关—坫垮	20.61	1 322	−0.145 8	−0.54	1 388	−0.142 7	−0.50	−0.139 8
	坫垮—大禹渡	29.36	1 288	−1.237 5	−3.27	814	−0.586 7	−2.46	−1.259 3
	大禹渡—北村	30.06	793	−0.256 5	−1.08	801	−0.252 0	−1.05	−0.257 5
	北村—黄淤 12	27.92	559	−0.270 3	−1.73	554	−0.266 4	−1.72	−0.276 8
	黄淤 12—大坝	17.19	625	−0.177 9	−1.66	638	−0.177 3	−1.62	−0.178 1
	潼关至大坝	125.14	915	−2.088 0	−1.82	817	−1.425 1	−1.39	−2.111 5
1988	潼关—坫垮	20.61	847	−0.033 0	−0.19	831	−0.006 5	−0.04	0.051 9
	坫垮—大禹渡	29.36	729	−0.378 5	−1.77	659	−0.195 0	−1.01	−0.340 2
	大禹渡—北村	30.06	616	−0.573 8	−3.10	616	−0.551 0	−2.97	−0.597 3
	北村—黄淤 12	27.92	638	−0.422 1	−2.37	655	−0.400 9	−2.19	−0.420 2
	黄淤 12—大坝	17.19	653	−0.038 4	−0.34	651	−0.027 7	−0.25	−0.026 3
	潼关至大坝	125.14	690	−1.445 8	−1.67	675	−1.181 1	−1.40	−1.332 1
1992	潼关—坫垮	20.61	587	−0.134 1	−1.11	573	−0.138 1	−1.17	−0.162 1
	坫垮—大禹渡	29.36	743	−0.602 5	−2.76	538	−0.345 6	−2.19	−0.606 1
	大禹渡—北村	30.06	428	−0.453 5	−3.53	420	−0.472 0	−3.74	−0.503 8
	北村—黄淤 12	27.92	624	−0.494 0	−2.83	610	−0.490 4	−2.88	−0.484 8
	黄淤 12—大坝	17.19	602	−0.130 4	−1.26	604	−0.130 4	−1.26	−0.130 5
	潼关至大坝	125.14	596	−1.814 5	−2.43	541	−1.576 5	−2.33	−1.887 3

续表 8-15

年份	河段	间距 (km)	以汛后主槽河宽为标准			以汛前主槽河宽为标准			全断面冲淤量 (亿 m^3)
			宽度 (m)	冲淤量 (亿 m^3)	厚度 (m)	宽度 (m)	冲淤量 (亿 m^3)	厚度 (m)	
1994	潼关—坫垮	20.61	764	−0.021 4	−0.14	847	−0.009 3	−0.05	0.007 0
	坫垮—大禹渡	29.36	1 062	−0.426 5	−1.37	1 044	−0.376 3	−1.23	−0.428 9
	大禹渡—北村	30.06	507	−0.586 1	−3.84	498	−0.562 0	−3.75	−0.661 5
	北村—黄淤 12	27.92	487	−0.266 6	−1.96	469	−0.236 7	−1.81	−0.290 6
	黄淤 12—大坝	17.19	474	−0.103 2	−1.26	482	−0.105 5	−1.27	−0.095 3
	潼关至大坝	125.14	665	−1.403 8	−1.69	670	−1.289 7	−1.54	−1.469 3
1996	潼关—坫垮	20.61	793	−0.130 3	−0.80	607	−0.099 0	−0.79	−0.134 9
	坫垮—大禹渡	29.36	994	−0.559 8	−1.92	944	−0.544 3	−1.96	−0.603 1
	大禹渡—北村	30.06	717	−1.032 6	−4.79	539	−0.783 1	−4.83	−1.265 1
	北村—黄淤 12	27.92	547	−0.489 9	−3.21	492	−0.465 4	−3.39	−0.575 1
	黄淤 12—大坝	17.19	537	−0.165 7	−1.79	530	−0.164 8	−1.81	−0.161 1
	潼关至大坝	125.14	721	−2.378 3	−2.64	633	−2.056 6	−2.59	−2.739 3
1997	潼关—坫垮	20.61	1 154	0.034 3	0.14	1 073	0.044 6	0.20	0.070 0
	坫垮—大禹渡	29.36	1 177	−0.056 0	−0.16	1 032	−0.104 5	−0.34	−0.045 5
	大禹渡—北村	30.06	791	−0.511 3	−2.15	795	−0.477 4	−2.00	−0.463 3
	北村—黄淤 12	27.92	469	−0.240 1	−1.83	461	−0.238 1	−1.85	−0.237 6
	黄淤 12—大坝	17.19	527	−0.128 2	−1.41	490	−0.117 7	−1.40	−0.112 3
	潼关至大坝	125.14	828	−0.901 4	−0.87	776	−0.893 1	−0.92	−0.788 7

以汛后主槽河宽为标准计算的主槽冲刷量和以汛前主槽河宽为标准计算的主槽冲刷量的差值,1979 年差别最大,前者为 2.088 0 亿 m^3,后者为 1.425 1 亿 m^3,相差 0.662 9 亿 m^3,主要是汛后河宽比汛前河宽增大所致,潼关至大坝平均河宽汛后为 915 m,汛前为 817 m,汛后河宽比汛前河宽增大 98 m。以汛后河宽为标准和以汛前河宽为标准计算的主槽冲刷量 1997 年差别最小,前者为 0.901 4 亿 m^3,后者为 0.893 1 亿 m^3。

从河段冲刷量分布来看,不同河段冲刷量不同,其中坫垮至大禹渡冲刷量最大,发生在 1979 年,以汛后河宽为标准冲刷量为 1.237 5 亿 m^3,以汛前河宽计算冲刷量为 0.576 7 亿 m^3,冲刷厚度也最大,分别为 3.27 m 和 2.46 m。大禹渡至北村河段冲刷量次之,冲刷量最大的为 1996 年,以汛后河宽为标准冲刷量为 1.032 6 亿 m^3,以汛前河宽计算冲刷量为 0.783 1 亿 m^3,冲刷厚度也最大,分别为 4.79 m 和 4.83 m,冲刷深度是所有河段中最大的。

北村至黄淤 12 库段冲刷量最大发生在 1992 年,以汛后河宽为标准冲刷 0.494 0 亿 m^3,冲刷厚度为 2.83 m,以汛前河宽为标准冲刷 0.490 4 亿 m^3,冲刷厚度 2.88 m。黄淤 12 至大坝库段冲刷量最大发生在 1978 年,以汛后河宽为标准冲刷 0.191 3 亿 m^3,以汛前河宽为标准冲刷 0.192 6 亿 m^3,冲刷厚度也最大,分别为 1.90 m 和 1.92 m。

表 8-16　主槽冲刷量特征值

年份	汛后主槽为标准主槽冲刷量(亿 m^3)	汛前主槽为标准主槽冲刷量(亿 m^3)	全断面冲刷量(亿 m^3)	汛后河宽冲刷量占百分比(%)	汛前河宽冲刷量占百分比(%)
1978	-1.618 5	-1.382 5	-1.753 7	92.3	78.8
1979	-2.088 0	-1.425 1	-2.111 5	98.9	67.5
1988	-1.445 8	-1.181 1	-1.332 1	108.5	88.7
1992	-1.814 5	-1.576 5	-1.887 3	96.1	83.5
1994	-1.403 8	-1.289 7	-1.469 3	95.5	87.8
1996	-2.378 3	-2.056 6	-2.739 3	86.8	75.1
1997	-0.901 4	-0.893 1	-0.788 7	114.3	113.2
2004	-0.447 1	-0.427 2	-0.409 0	109.3	104.4
2010	-0.718 3	-0.689 7	-0.702 0	102.3	98.2

从不同河段的冲淤分布来看,只有潼关至坫埼段河段出现了淤积,发生在 1997 年。不管是以汛后主槽河宽为标准,还是以汛前主槽河宽为标准计算的冲淤量,1997 年潼关至坫埼河段都是淤积的,前者淤积 0.034 3 亿 m^3,后者淤积0.044 6亿 m^3,平均淤积厚度为 0.14 m 和 0.20 m。潼关至坫埼段冲刷量最大发生在 1979 年,以汛后河宽为标准冲刷量为 0.145 8 亿 m^3,以汛前河宽为标准冲刷量为 0.142 7 亿 m^3;冲刷厚度最大发生在 1992 年,汛后河宽标准冲刷厚度为 1.11 m,汛前河宽标准冲刷厚度为 1.17 m。

对于潼关发生高含沙洪水场次少且沙量也少的年份 2004 年和 2010 年进行分析,这两年各发生一场高含沙洪水(见表 8-17),对应史家滩最高日均水位为 302.85 m 和 302.77 m,对应库容为 0.31 亿 m^3 和 0.30 亿 m^3,水库基本无滞洪。汛期冲刷量主要发生在主槽(见表 8-18)。

表 8-17　2004 年和 2010 年高含沙洪水特征值

年份	场次	潼关水量(亿 m^3)	潼关沙量(亿 t)	三门峡水量(亿 m^3)	三门峡沙量(亿 t)	潼关水量占年水量(%)	潼关沙量占年沙量(%)	史家滩最高日均水位(m)
2004	1	6.5	1.3	5.8	1.6	3.1	35.7	302.85
2010	1	9.3	0.7	8.6	1.0	3.6	29.5	302.77

表 8-18　2004 年和 2010 年汛前和汛后主槽河宽为标准计算主槽冲淤量分布及特征值

年份	河段	间距(km)	以汛后主槽河宽为标准 宽度(m)	冲淤量(亿 m³)	厚度(m)	以汛前主槽河宽为标准 宽度(m)	冲淤量(亿 m³)	厚度(m)	全断面冲淤量(亿 m³)
2004	潼关—坫埼	20.61	920	0.025 4	0.13	892	0.028 2	0.15	0.065
	坫埼—大禹渡	29.36	1 019	−0.064 9	−0.22	1 030	−0.062 1	−0.21	−0.068
	大禹渡—北村	30.06	768	−0.395 0	−1.71	779	−0.388 2	−1.66	−0.397
	北村—黄淤 12	27.92	577	−0.053 3	−0.33	584	−0.053 6	−0.33	−0.053
	黄淤 12—大坝	17.19	678	0.040 7	0.35	680	0.048 5	0.41	0.044
	潼关至大坝	125.14	797	−0.447 1	−0.45	799	−0.427 2	−0.43	−0.409
2010	潼关—坫埼	20.61	816	0.018 7	0.11	724	0.030 9	0.21	0.043
	坫埼—大禹渡	29.36	910	−0.102 6	−0.38	982	−0.096 0	−0.33	−0.099
	大禹渡—北村	30.06	575	−0.279 2	−1.62	588	−0.275 4	−1.56	−0.292
	北村—黄淤 12	27.92	559	−0.285 1	−1.83	573	−0.279 2	−1.74	−0.277
	黄淤 12—大坝	17.19	510	−0.070 0	−0.80	466	−0.070 1	−0.87	−0.077
	潼关至大坝	125.14	681	−0.718 3	−0.84	683	−0.689 7	−0.81	−0.702

8.2.4.2　高含沙洪水水库滞洪主槽淤积

1977 年潼关发生了 3 场高含沙洪水(见表 8-19,图 8-49),其中 7 月洪水主要来自渭河、北洛河、延水等支流,潼关洪峰流量 13 600 m³/s,最大含沙量 616 kg/m³,平均含沙量 364 kg/m³;坝前最高日均水位 316.76 m(310 m 以上持续时间 49 h),最大滞洪量 4.3 亿 m³。1977 年 8 月潼关发生两场高含沙洪水,主要来自龙门以上偏关河至秃尾河之间,洪峰流量分别为 11 900 m³/s 和 15 400 m³/s,坝前最高日均水位为 308.99 m 和 311.45 m,对应库容为 0.64 亿 m³和 1.31 亿 m³。

表 8-19　1977 年潼关高含沙洪水特征值

起止时间	潼关沙峰(kg/m³)	潼关洪峰(m³/s)	潼关水量(亿 m³)	潼关沙量(亿 t)	三门峡水量(亿 m³)	三门峡沙量(亿 t)	排沙比(%)	史家滩最高日均水位(m)
1977-07-06~1977-07-10	616	13 600	19.6	7.1	19.8	6.9	96.9	316.76
1977-08-03~1977-08-05	238	11 900	7.8	1.4	7.7	1.3	94.9	308.99
1977-08-06~1977-08-10	911	15 400	20.2	8.0	19.1	7.6	94.7	311.45

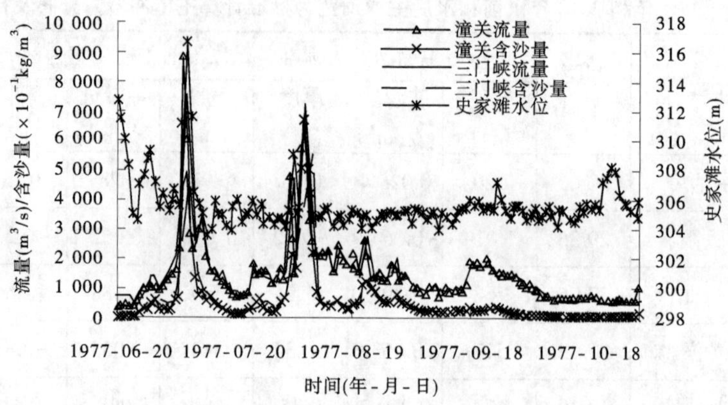

图 8-49　1977 年潼关三门峡流量、含沙量及坝前水位过程线

1977 年 5 月 18 日、7 月 20 日和 8 月 19 日库区测量了淤积断面，从大断面测验结果分析，5 月 18 日至 7 月 20 日，潼关至大坝冲刷 0.084 1 亿 m^3，其中潼关至黄淤 32 河段产生强烈冲刷，冲刷量为 0.790 1 亿 m^3；黄淤 32 至大坝河段淤积，淤积量为 0.706 亿 m^3。7 月 20 日至 8 月 19 日，潼关至大坝淤积了 0.434 1 亿 m^3，其中潼关至黄淤 32 河段产生强烈淤积，淤积量为 0.727 7 亿 m^3，黄淤 32 至大坝为冲刷，冲刷量为 0.293 6 亿 m^3。

利用实测断面资料，分别以 5 月 18 日和 7 月 20 日主槽河宽为标准，计算了 5 月 18 日至 7 月 20 日和 7 月 20 日至 8 月 19 日主槽冲淤量，累计过程线见图 8-50。从图 8-50 中可以看出，以不同河宽计算的主槽冲淤量相差较大，以 5 月 18 日河宽为标准计算的潼关至大坝主槽冲刷量为 0.36 亿 m^3，而以 7 月 20 日河宽为标准计算的主槽冲刷量为 0.94 亿 m^3，黄淤 33 断面以上两者接近，以下相差较大，主要原因是 7 月 20 日与 5 月 18 日断面相比黄淤 32 断面以下主槽缩窄（见图 8-51），以 7 月河宽计算的主槽淤积量偏小，致使黄淤 32 断面以下的累计淤积也偏小。因此，以 5 月河宽为标准计算的主槽冲淤量反映实际情况。潼关至大坝段主槽冲刷 0.360 亿 m^3，全断面冲刷 0.084 2 亿 m^3，滩地淤积 0.276 亿 m^3。

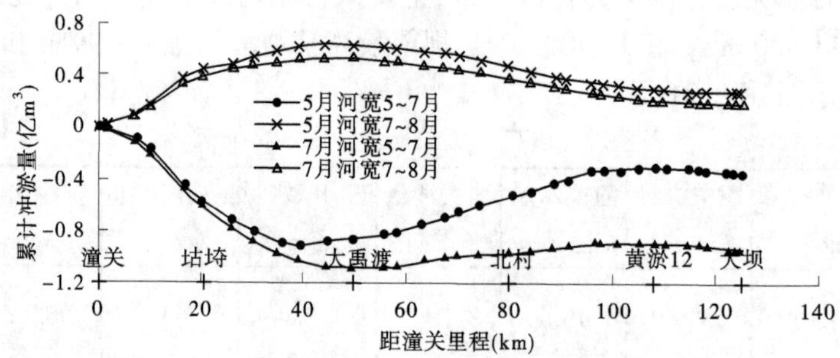

图 8-50　1977 年潼关至大坝沿程主槽累计冲淤量

7 月潼关高含沙洪水使潼关至黄淤 32 断面 40 km 范围内发生冲刷，坝前滞洪使黄淤 30 至黄淤 17 库段发生淤积。滞洪和较高含沙量是造成黄淤 30 至黄淤 17 库段淤积的主要原因，从断面形态来看，主槽深泓部分河底高程没有淤高，有些断面还有降低，淤积

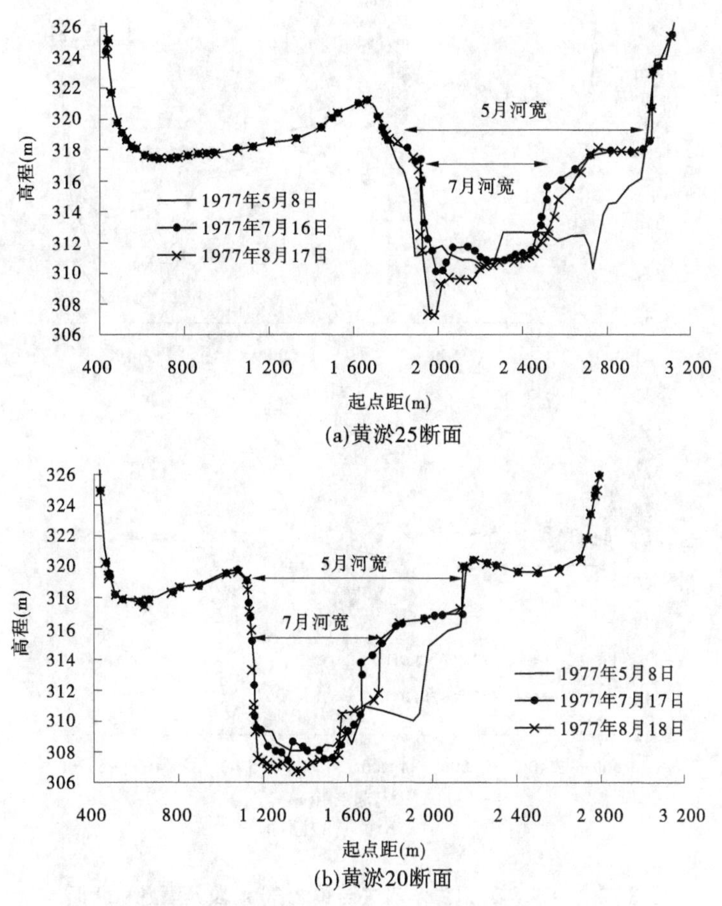

图 8-51　1977 年 7 月洪水典型淤积断面

主要是贴边淤积。

从图 8-50 中可以看出，以不同河宽计算的 7 月 20 日和 8 月 16 日主槽淤积量相差较小，以 5 月 18 日河宽为标准计算的潼关至大坝主槽淤积量为 0.262 亿 m^3，而以 7 月 20 日河宽为标准计算的主槽淤积量为 0.178 亿 m^3，两者的累计冲淤过程变化也一致。8 月高含沙洪水过后主槽河宽与 7 月相比变化不大，以 8 月主槽宽度为标准计算的河宽偏小，相对应的主槽冲淤量也偏小，以 5 月主槽河宽为标准计算的主槽冲淤量反映实际情况。8 月潼关高含沙洪水使潼关至黄淤 32 断面 40 km 范围内发生淤积，淤积量为 0.619 亿 m^3，淤积主要是贴边淤积与底部淤积（见图 8-52），这主要与 7 月高含沙洪水时该河宽发生了较大冲刷有关。洪水期间，坝前水位较低，黄淤 30 至黄淤 17 库段发生冲刷。8 月主槽淤积 0.262 亿 m^3，全断面淤积 0.434 亿 m^3，滩地淤积量为 0.172 亿 m^3，主槽淤积占 60%，滩地淤积占 40%。

8.2.5　高含沙洪水对主槽宽度的影响

图 8-53 和图 8-54 分别是三门峡库区不同库段汛前、汛后主槽宽度变化过程线，从图中可以看出汛前各库段河宽在 400～1 500 m，1965～1973 年各库段河宽在 450～1 200 m，1988～

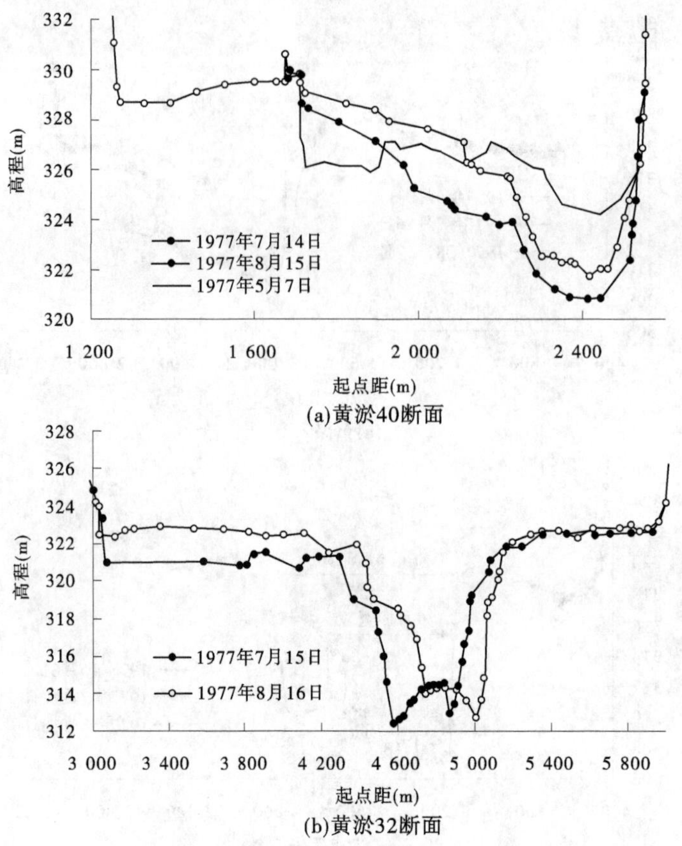

图 8-52　1977 年 8 月洪水潼关至黄淤 30 河段典型淤积断面

1997 年河宽在 400~1 100 m,1977 年和 1979 年汛前潼关至坫埼段主槽最宽,在 1 400~1 500 m。汛后各库段河宽在 4 00~1 300 m,1965~1973 年各库段河宽在 450~1 100 m,1988~1997 年河宽在 400~1 200 m,1979 年汛后潼关至坫埼段主槽最宽为 1 300 m。

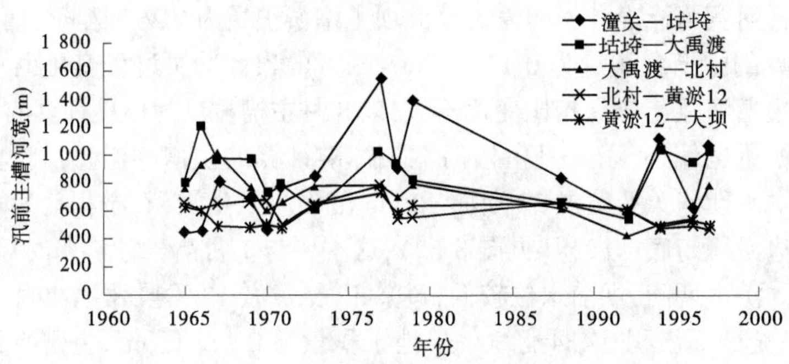

图 8-53　三门峡库区不同库段汛前主槽河宽

图 8-55 是三门峡库区不同库段汛前汛后主槽宽度变化值过程线(正值表示汛后比汛前扩宽,负值表示汛后比汛前缩窄),从图 8-55 中可以看出,不同年份不同库段河段变化值相差较大,同一年份,一些库段河宽变化不大,一些库段河宽扩宽,一些库段河宽缩窄。

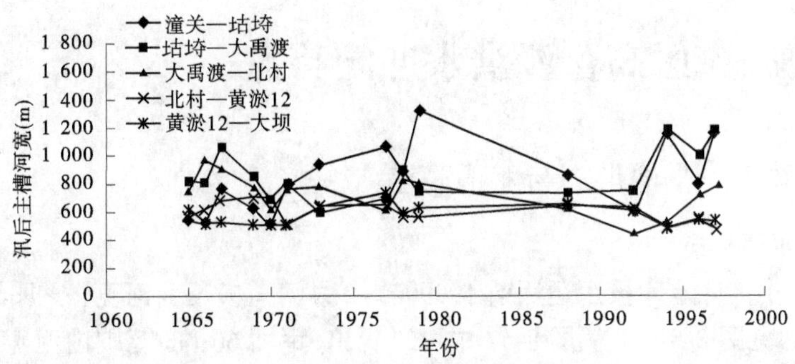

图 8-54　三门峡库区不同库段汛后主槽河宽

比较来看,近坝段河宽变化幅度小,距坝较远的库段河宽变化幅度大,黄淤 12 至大坝库段河宽变化幅度最小,河宽变化值在-80~40 m,坫垮至大禹渡库段河宽变化幅度较大,河宽变化值在-400~200 m。1977 年潼关至坫垮库段汛后比汛前河宽缩窄 480 m,1966 年坫垮至大禹渡库段汛后比汛前缩窄 410 m,1992 年坫垮至大禹渡库段汛后比汛前扩宽 200 m。

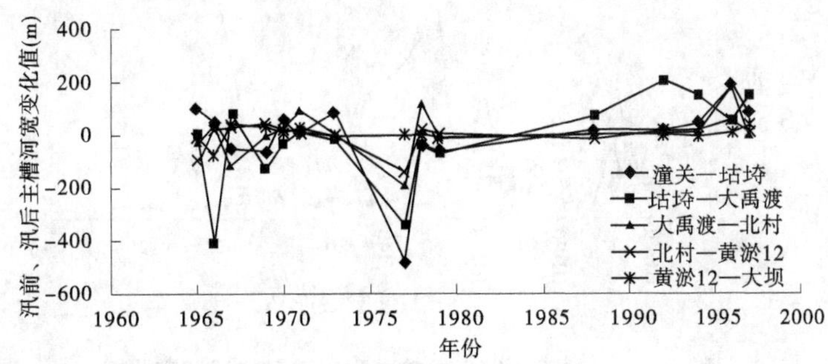

图 8-55　三门峡库区不同库段汛前、汛后主槽河宽变化值过程线

图 8-56 是三门峡潼关至大坝整个库区主槽河宽变化过程线。从图 8-56 中可以看出,河宽在 600~1 000 m 范围内,汛后与汛前相比,10 年扩宽,5 年缩窄。1977 年河宽缩窄最大,为 250 m,1966 年河宽缩窄 100 m,1979 年和 1996 年河宽扩宽 100 m。

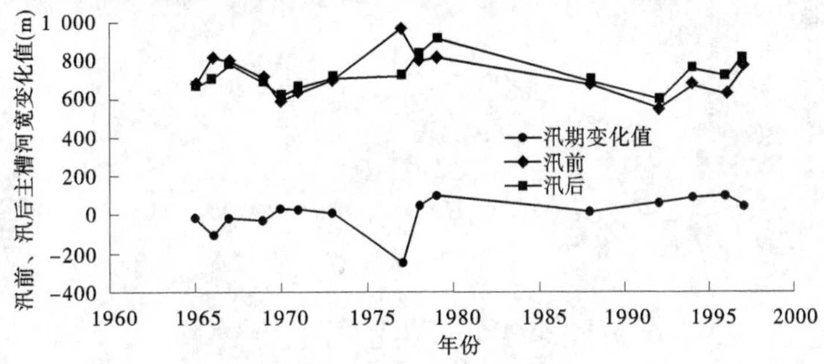

图 8-56　三门峡库区潼关至大坝汛前、汛后主槽河宽及变化值

8.3　小浪底库区高含沙洪水冲淤特点

8.3.1　小浪底水库平面形态与滩槽高差

8.3.1.1　库区平面形态

表 8-20 是小浪底水库投入运用前 1999 年 10 月河道横断面河宽,根据表 8-20中数据绘制河宽变化(见图 8-57)。从图 8-57 中可以看出,距坝 60 km 范围内河宽较大,基本在 260~2 100 m,距坝 60~123.4 km 范围内河宽较窄,在 220~630 m。

1999 年 10 月小浪底水库纵剖面见图 8-58,三门峡水文站至大坝平均坡降为 9.5‱,其中距坝 60 km 范围比降为 7.75‱,距坝 60~123.4 km 范围比降为 11.2‱。

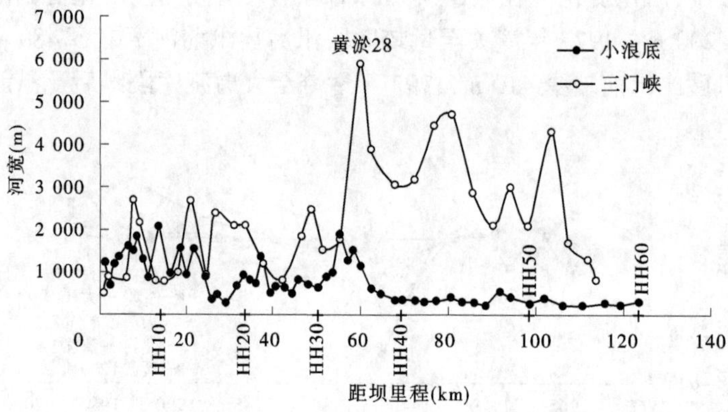

图 8-57　小浪底水库运用前淤积断面河宽沿程变化

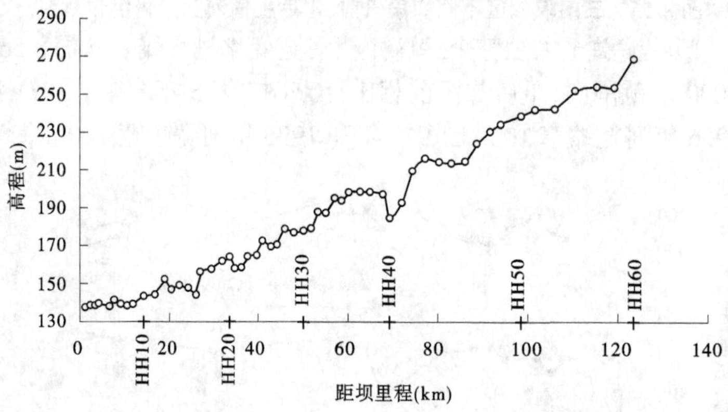

图 8-58　小浪底水库 1999 年 10 月纵剖面

表 8-20　1999 年 10 月小浪底库区断面河宽

断面号	高程(m)	河宽(m)	断面号	高程(m)	河宽(m)	断面号	高程(m)	河宽(m)
HH1	230	1 230	HH20	230	940	HH39	230	360
HH2	230	700	HH21	230	810	HH40	230	360
HH3	230	1 200	HH22	230	750	HH41	230	320
HH4	230	1 340	HH23	230	1 380	HH42	230	290
HH5	230	1 600	HH24	230	510	HH43	230	320
HH6	230	1 500	HH25	230	700	HH44	260	400
HH7	230	1 800	HH26	230	650	HH45	260	290
HH8	230	1 300	HH27	230	490	HH46	260	280
HH9	230	900	HH28	230	860	HH47	260	240
HH10	230	2 100	HH29	230	730	HH48	260	560
HH11	230	1 000	HH30	230	650	HH49	260	400
HH12	230	1 600	HH31	230	900	HH50	260	280
HH13	230	940	HH32	230	970	HH51	260	400
HH14	230	1 550	HH33	230	1 880	HH52	260	220
HH15	230	900	HH34	230	1 300	HH53	260	220
HH16	230	380	HH35	230	1 530	HH54	280	280
HH17	230	500	HH36	230	1 170	HH55	280	230
HH18	230	260	HH37	230	630	HH56	280	320
HH19	230	680	HH38	230	480			

8.3.1.2　滩槽高差变化

小浪底水库投入运用以来,库区的淤积形态是三角洲淤积,随着三角洲淤积向坝前方向移动,三角洲顶坡段逐渐延长。三角洲顶坡段脱离水库回水影响以后,产生沿程冲刷和溯源冲刷,断面较宽的河段出现主槽,形成复式断面,产生滩槽高差。小浪底水库 HH39(距坝 67.99 km)断面以上,断面较窄,是单一的 U 形河槽,没有滩地,不存在滩槽高差。

图 8-59 是小浪底水库 2004 ~ 2013 年滩槽高差沿程变化线,从图 8-59 中看出,2004 年汛后 HH29 至 HH38 断面已经存在滩槽高差,高差在 3 ~ 16 m;2010 ~ 2013 年 HH15 至 HH38 库段存在滩槽高差,高差在 2 ~ 13 m,一般在 2 ~ 7 m,主槽明显。

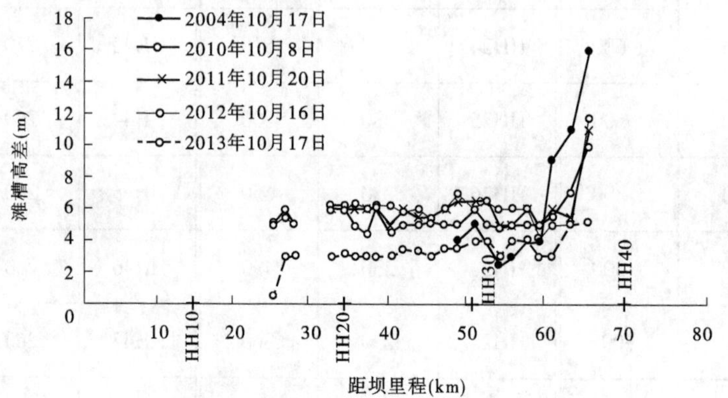

图 8-59　小浪底水库沿程滩槽高程变化

2010 年汛期水库蓄水位较低,使三角洲脱离回水影响,主槽产生冲刷,滩槽高差增大。图 8-60 是 2010 年小浪底水库汛前与汛后的沿程滩槽高差变化线。从图 8-60 中可以看出,HH15 至 HH38 断面库段存在滩槽高差,汛前滩槽高差在 1 ~ 10 m,大部分断面滩槽高差在 2 ~ 4 m,汛后滩槽高差在 4.4 ~ 10 m。

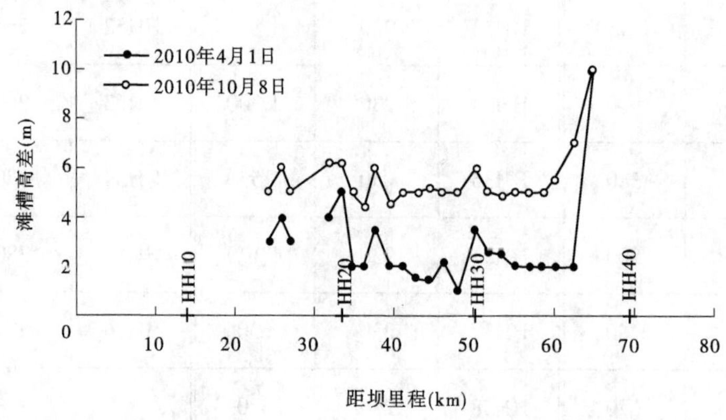

图 8-60　小浪底水库 2010 年汛前汛后沿程滩槽高程变化

2013 年汛期水库水位较高,使三角洲受到水库回水影响,产生泥沙淤积,主槽与滩地同步淤积,但幅度不同,滩槽高差减小。图 8-61 是 2013 年汛前汛后滩槽高程沿程变化过程线。从图 8-61 中看出,2013 年汛前 HH15 至 HH38 滩槽高差在 4 ~ 13 m,大部分断面在 5 ~ 7 m;汛后滩槽高差 0.5 ~ 5.2 m,大部分断面在 3 ~ 4 m。

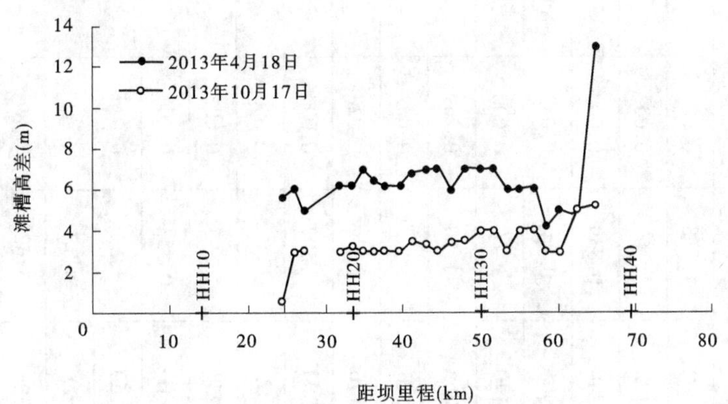

图 8-61 小浪底水库 2013 年汛前汛后沿程滩槽高程变化

8.3.2 小浪底水库入库高含沙洪水特点

小浪底水库投入运用以来,2000 ~ 2013 年入库高含沙洪水 36 场,由于水库蓄水运用,壅水程度较高,一部分高含沙洪水通过异重流排出库外部分泥沙,大部分泥沙淤积在库内。

三门峡水库下泄的高含沙洪水是小浪底水库的入库洪水,2000 ~ 2013 年三门峡发生 36 场高含沙洪水(见表 8-21),其中 11 场对应潼关也是高含沙洪水,另外 25 场洪水是潼关一般含沙量洪水或者是三门峡水库降低坝前水位时冲刷形成的高含沙洪水。三门峡最大洪峰流量 6 080 m^3/s,最小洪峰流量 1 270 m^3/s;三门峡最大沙峰含沙量 916 kg/m^3,最小沙峰含沙量 263 kg/m^3。最大沙峰含沙量 916 kg/m^3 发生在 2003 年 8 月 1 日 16:00,对应三门峡水库坝前史家滩水位是 285.29 m,即该最大含沙量发生在三门峡水库泄空之后。从表 8-21 中可以看出,三门峡场次平均含沙量最大是 2004 年 8 月 22 ~ 25 日洪水,为 306 kg/m^3,对应小浪底平均含沙量也是所有场次最大,为 156 kg/m^3。三门峡场次平均含沙量最小是 2003 年 8 月 16 ~ 18 日洪水,为 31 kg/m^3;对应小浪底出库平均含沙量为 0。

表 8-22 是三门峡高含沙洪水年水沙量和年水沙总量,从表 8-22 中可以看出,2000 ~ 2013 年 36 场高含沙洪水三门峡总水量 175.6 亿 m^3,输沙量 23.87 亿 t,平均含沙量 136 kg/m^3。洪水总水量占年总水量的 5.6%,洪水总沙量占年总沙量的 50.9%,由此可见,三门峡高含沙洪水是输送泥沙的主体。图 8-62 是三门峡高含沙洪水水沙量占年总水沙量的比例变化图,从图 8-62 中可以看出,水量比例在 1.2% ~ 11.8%,而沙量比例在 12.3% ~ 78.9%。

表 8-21　2000 ~ 2013 年小浪底入库高含沙洪水特征值

序号	起日期（年-月-日）	止日期（年-月-日）	三门峡洪峰流量（m^3/s）	三门峡沙峰含沙量（kg/m^3）	三门峡水量（亿 m^3）	三门峡沙量（亿 t）	三门峡含沙量（kg/m^3）	小浪底水量（亿 m^3）	小浪底沙量（亿 t）	小浪底含沙量（kg/m^3）	桐树岭平均水位（m）
1	2000-07-09	2000-07-12	2 600	381	3.44	0.696	202	1.768	0.009	5	197.01
2	2000-08-19	2000-08-23	1 650	334	4.22	0.515	122	1.169	0.004	3	211.86
3	2001-07-05	2001-07-06	2 330	639	0.10	0.025	246	0.839	0.000	0	202.49
4	2001-08-19	2001-08-26	2 900	542	6.39	1.92	301	0.84	0.052	61	207.35
5	2002-06-22	2002-06-27	1 950	477	5.80	0.81	140	3.57	0.000	0	234.42
6	2002-07-05	2002-07-09	3 780	517	6.46	1.74	269	11.60	0.269	23	234.00
7	2002-08-07	2002-08-13	1 390	503	2.61	0.32	123	3.98	0.002	0	214.05
8	2002-08-14	2002-08-23	2 430	662	3.75	0.66	176	5.50	0.020	4	213.22
9	2003-07-17	2003-07-19	2 080	555	1.63	0.490	300	0.507	0.000	0	218.91
10	2003-07-25	2003-07-29	1 430	276	1.55	0.07	44	1.33	0.000	0	221.18
11	2003-08-01	2003-08-03	2 280	916	2.55	0.649	254	1.897	0.002	1	223.63
12	2003-08-16	2003-08-18	1 270	480	1.32	0.041	31	0.553	0.000	0	228.87
13	2003-08-26	2003-09-02	3 830	474	15.97	2.55	160	1.55	0.034	22	235.11
14	2004-07-07	2004-07-10	5 110	446	4.36	0.43	99	9.18	0.04	5	232.46
15	2004-08-22	2004-08-25	2 960	565	5.35	1.64	306	5.62	0.89	159	224.59
16	2005-06-27	2005-06-30	3 860	350	3.88	0.45	116	9.95	0.02	2	227.92
17	2005-07-04	2005-07-08	2 970	321	4.32	0.82	191	7.26	0.31	43	223.75
18	2005-07-22	2005-07-25	3 370	596	2.11	0.33	155	0.87	0.00	0	220.66

续表 8-21

序号	起日期(年-月-日)	止日期(年-月-日)	三门峡洪峰流量(m^3/s)	三门峡沙峰含沙量(kg/m^3)	三门峡水量(亿 m^3)	三门峡沙量(亿 t)	三门峡含沙量(kg/m^3)	小浪底水量(亿 m^3)	小浪底沙量(亿 t)	小浪底含沙量(kg/m^3)	桐树岭平均水位(m)
19	2005-08-19	2005-08-22	3 470	310	5.79	0.54	93	3.05	0.00	1	226.69
20	2005-09-22	2005-09-26	4 000	325	7.51	0.61	81	2.84	0.05	17	243.49
21	2006-06-26	2006-06-28	4 830	318	2.95	0.23	78	8.29	0.07	8	227.53
22	2006-08-02	2006-08-04	4 080	470	2.94	0.36	124	3.94	0.15	37	224.68
23	2006-08-31	2006-09-07	4 860	303	10.79	0.55	51	7.61	0.12	16	229.98
24	2006-09-22	2006-09-24	3 580	408	4.25	0.46	109	1.93	0.01	3	239.68
25	2007-06-29	2007-07-01	4 310	369	4.62	0.58	126	8.13	0.22	28	226.48
26	2007-07-29	2007-08-02	4 070	337	7.12	0.76	106	9.71	0.36	37	226.38
27	2007-10-08	2007-10-10	3 560	410	4.97	0.61	123	2.56	0.00	0	244.90
28	2008-06-29	2008-07-02	6 080	355	5.68	0.74	130	9.51	0.45	48	225.73
29	2009-06-30	2009-07-03	4 420	478	3.67	0.54	148	8.45	0.04	4	223.60
30	2010-07-04	2010-07-06	3 580	263	5.14	0.42	81	6.21	0.54	87	219.79
31	2010-07-26	2010-07-29	3 210	337	7.53	0.87	115	6.14	0.22	36	222.01
32	2010-08-12	2010-08-15	2 540	294	6.00	0.84	140	7.93	0.23	29	220.02
33	2011-07-04	2011-07-06	5 340	304	5.43	0.27	50	5.70	0.32	56	217.41
34	2012-07-05	2012-07-06	5 440	325	4.37	0.410	94	4.45	0.29	65	220.17
35	2013-07-06	2013-07-07	5 430	274	4.57	0.367	80	5.89	0.27	46	216.47
36	2013-07-18	2013-07-20	4 750	366	6.44	0.549	85	4.03	0.11	27	230.04
	合计				175.60	23.87	136	174.37	5.10	29	

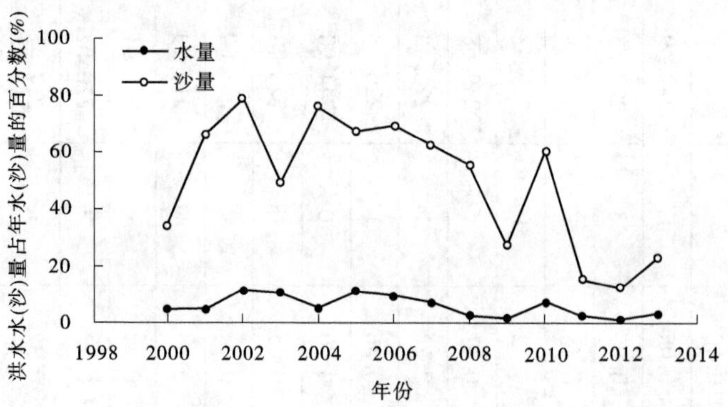

图 8-62　三门峡站年高含沙洪水水沙量占年水沙总量的百分数

表 8-22　三门峡高含沙洪水年水沙量和年水沙总量

年份	场次	三门峡洪水年水量（亿 m³）	三门峡洪水年沙量（亿 t）	三门峡运用年水量（亿 m³）	三门峡运用年沙量（亿 t）	洪水水量占年水量（%）	洪水沙量占年沙量（%）
2000	2	7.7	1.21	166.6	3.57	4.6	33.9
2001	2	6.5	1.95	134.8	2.94	4.8	66.3
2002	4	18.6	3.53	158.5	4.48	11.8	78.9
2003	5	23.0	3.80	216.7	7.76	10.6	48.9
2004	2	9.7	2.07	179.9	2.72	5.4	76.0
2005	5	23.6	2.75	207.8	4.08	11.4	67.5
2006	4	20.9	1.61	221.0	2.32	9.5	69.3
2007	3	16.7	1.95	227.8	3.12	7.3	62.4
2008	1	5.7	0.74	218.1	1.34	2.6	55.4
2009	1	3.7	0.54	220.5	1.98	1.7	27.5
2010	3	18.7	2.13	253.0	3.51	7.4	60.6
2011	1	5.4	0.27	234.6	1.75	2.3	15.4
2012	1	4.4	0.41	358.2	3.33	1.2	12.3
2013	2	11.0	0.92	322.6	3.95	3.4	23.2
合计	36	175.6	23.87	3 120.0	46.86	5.6	50.9

8.3.3　三角洲顶坡段冲淤特点

8.3.3.1　库区典型断面含沙量变化

1. 河堤站含沙量变化

1）调水调沙下泄清水时河堤含沙量恢复

在调水调沙期间，三门峡站下泄清水且仅发生沿程冲刷时，河堤站的含沙量恢复情况及对应三门峡站水沙特征值见表 8-23。从表 8-23 中可以看出，河堤含沙量恢复值基本在 80 kg/m^{3}以内，含沙量恢复值与流量关系不明显（见图 8-63），流量在 1 000 m^3/s 和 3 000 m^3/s 的含沙量恢复值相差不大。2009 年 6 月 28 日和 29 日河堤含沙量只有 5.5 kg/m^{3}和 18.2 kg/m^3，含沙量较低，原因主要是河床粗化和前期淤积物较少。

表 8-23　调水调沙期间三门峡水库下泄清水时河堤含沙量及对应三门峡流量

河堤站				桐树岭水位（m）	三门峡站		
时间（年-月-日 T时:分）	水位（m）	流量（m^3/s）	含沙量（kg/m^3）		时间（年-月-日 T时:分）	流量（m^3/s）	含沙量（kg/m^3）
2006-06-25 T08:00	233.64	2 360	52	229.50	2006-06-25 T02:24	2 360	0
2006-06-25 T10:00	233.39	2 140	81.6	229.50	2006-06-25 T04:00	2 140	0
2007-06-28 T16:00～16:30	232.31	1 180	49.6	228.20	2007-06-28 T09:00	1 020	4
2008-06-27 T18:30～19:30	231.76	396	56	230.02	2008-06-27 T08:00	233	0
2008-06-28 T13:20～14:20	232.30	1 052	69.4	228.50	2008-06-28 T06:00	1 110	0
2009-06-29 T13:36～14:42	233.40	500	5.5	227.87	2009-06-29 T04:36	202	0
2009-06-30 T06:48～07:42	235.57	4 270	18.2	226.09	2009-06-30 T01:00	4 050	0
2011-06-30 T18:00～19:38	229.46	403	9.5	228.19	2011-06-30 T08:00	443	0
2011-07-04 T14:30～16:36	231.34	2 920	31.4	215.39	2011-07-04 T09:00	3 160	0

2）调水调沙后期三门峡下泄高含沙时三门峡至河堤段含沙量变化

调水调沙清水下泄完之后，三门峡下泄高含沙洪水时（含沙量在 200 kg/m^{3}以上），与三门峡站的较高含沙量洪水相比，河堤含沙量是减少的（见表 8-24），表明该河段发生淤积。流量在 500～3 000 m^3/s，三门峡站含沙量在 200～440 kg/m^3，河堤站含沙量在 120～160 kg/m^3（见图 8-64）。

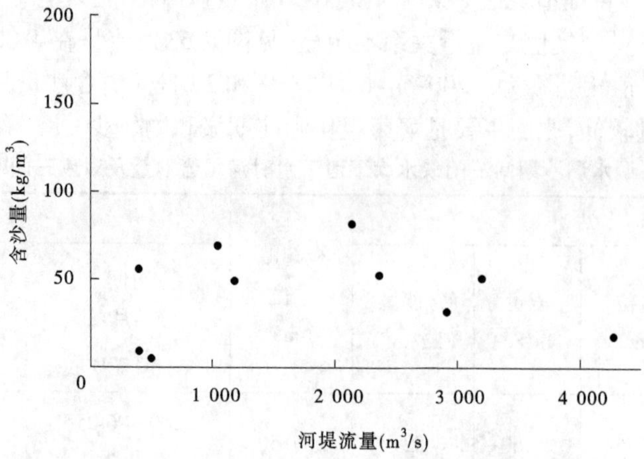

图 8-63　三门峡下泄清水时河堤流量与含沙量关系

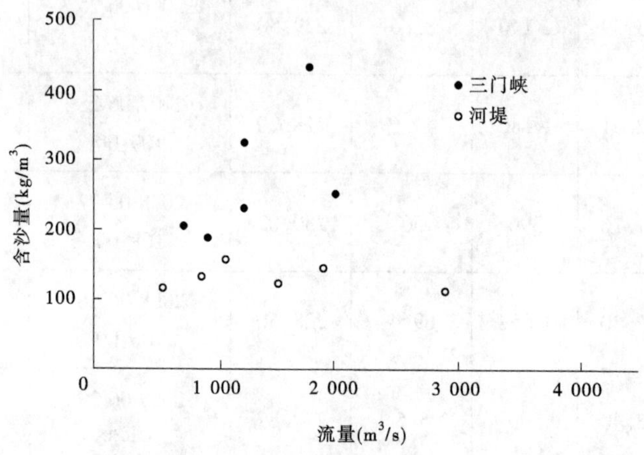

图 8-64　三门峡下泄高含沙时流量与含沙量关系

若三门峡的高含沙洪水是潼关高含沙洪水下泄形成的，三门峡至河堤段的含沙量不衰减，甚至增加。如 2004 年 8 月 21～25 日潼关发生高含沙洪水，三门峡出库也是高含沙洪水，三门峡至河堤河段含沙量没有降低，而是增加。2004 年 8 月 23 日 05:00 三门峡流量 2 230 m^3/s，含沙量 512 kg/m^3，8 月 23 日 10:35～10:50 河堤站流量 2 230 m^3/s，含沙量达到 587 kg/m^3，含沙量增加了 75 kg/m^3。与三门峡 8 月 23 日 05:00 对应潼关 8 月 22 日 14:00 流量 2 030 m^3/s，含沙量为 366 kg/m^3，即为自然洪水。

3）调水调沙期间三门峡出库含沙量在 100～200 kg/m^3 时河堤站含沙量变化

2007 年 6 月 30 日 10:00～11:00，河堤站流量 2 110 m^3/s，含沙量 149 kg/m^3。对应三门峡 6 月 30 日 04:06 流量为 1 860 m^3/s，含沙量为 122 kg/m^3，与三门峡含沙量相比，河堤含沙量增加。

4）河堤站输沙能力计算

河堤站位于小浪底库区上段，输沙特性随来水来沙条件而变，是河道挟沙能力对来水来沙条件及河道边界条件变化的响应。多沙河流的挟沙能力不仅随流量变化而变化，而且随含沙量变化而变化。三门峡水库汛初下泄清水，含沙量极小，水流进入小浪底库区上

表 8-24　调水调沙期间三门峡水库下泄高含沙时河堤含沙量及对应三门峡和潼关特征值

河堤站			三门峡站			潼关站			备注
时间（年-月-日 T 时:分）	流量（m^3/s）	含沙量（kg/m^3）	时间（年-月-日 T 时:分）	流量（m^3/s）	含沙量（kg/m^3）	时间（年-月-日 T 时:分）	流量（m^3/s）	含沙量（kg/m^3）	
2005-06-28 T13:24 ~ 14:42	1 100	157	2005-06-28T07:00	1 270	230	2005-06-27T12:00	1 020	8	调水调沙
2005-06-29 T10:30 ~ 12:06	582	117	2005-06-29T04:00	753	206	2005-06-28T12:00	841	4	调水调沙
2006-06-27 T08:54 ~ 10:24	898	133	2006-06-27T02:00	959	188	2006-06-26T04:00	734(日均)	3.6(日均)	调水调沙
2008-06-29 T14:00 ~ 15:00	2 908	111.2	2008-06-29T09:00	1 260	326	2008-06-28T12:06	756	3.0	调水调沙
2009-06-30 T18:00 ~ 19:12	1 542	122	2009-06-30T12:00	1 790	432	2009-06-29T14:00	310	3.73	调水调沙
2011-07-05 T18:00 ~ 19:30	1 896	145.1	2011-07-05T12:00	2 000	253	2011-07-04	526(日均)	3.99（日均）	调水调沙
2007-06-30 T10:00 ~ 11:00	2 110	149	2007-06-30T04:06	1 860	122	2007-06-29T08:00	1 790	6.43	调水调沙
2004-08-23 T10:35 ~ 10:50	2 230	587	2004-08-23T05:00	2 340	512	2004-08-22T14:00	2 030	366	潼关洪水

段，含沙量逐渐恢复，河堤河床冲刷；同时河堤输沙能力随三门峡含沙量的增大而增大，但三门峡出库为过饱和输沙条件时，随河道条件的变化，挟沙能力降低，体现出河堤站含沙量降低。利用输沙能力公式计算与实测含沙量的对比（见表8-25）也表明了这一点。

表8-25 河堤站输沙能力计算

日期（年-月-日）	时间（时:分）	三门峡站					河堤站		
		流量（m^3/s）	流速（m/s）	水力半径（m）	含沙量（kg/m^3）	悬沙中数粒径（mm）	计算挟沙能力（kg/m^3）	实测含沙量（kg/m^3）	悬沙中数粒径（mm）
2007-06-28	08:42～09:42	1 200	2.55	2.268	3.8		70	49.6	0.028
2007-06-29	08:00～09:00	2 420	3.24	3.664	312	0.032	165	192	0.027

2. 沿程冲刷和溯源冲刷含沙量增加值

1）2004年河堤站

2004年汛前小浪底水库淤积三角洲顶点在HH41断面（距坝里程72.06 km），高程246.39 m（见图8-65）。从图8-65中可以看出，2004年6月19日至7月13日汛前调水调沙水库水位下降到246 m以下时会发生溯源冲刷。2004年6月22日小浪底水库坝前水位降低到246 m以下，即6月22日以后发生溯源冲刷。2004年6月19日至7月13日调水调沙期间，河堤站（距坝里程63.82 km）含沙量见表8-26。从表8-26中数据可以看出，2004年6月25日和26日小浪底水库坝前桐树岭日均水位分别为241.24 m和239.94 m，6月25日和26日河堤站水位分别为241.32 m和239.63 m，从水位判断，河堤站未脱离水库回水影响。7月1日河堤站仍未脱离回水影响，但壅水程度减低。2004年7月1日08:56～10:00河堤站流量为194 m^3/s，含沙量为73.2 kg/m^3，对应三门峡水库含沙量为0，含沙量增加值为73.2 kg/m^3。

表8-26 2004年调水调沙期间河堤站观测值

施测时间				测时水位（m）	总流量（m^3/s）	断面输沙率（kg/s）	含沙量（kg/m^3）		桐树岭水位（日均）（m）
月	日	起	止				断面平均	单样	
6	25	09:35	11:45	241.32	544	476	3.72	4.05	241.24
6	26	16:54	18:14	239.63	392	1 250	13.8	12.3	239.94
7	1	08:56	10:00	236.61	194	14 200	73.2	15.4	236.46
7	10	14:45	15:30	232.59	150	6 880	45.9	39.7	230.67
7	11	10:20	11:00	231.41	43.4	574	13.2	9.62	228.89

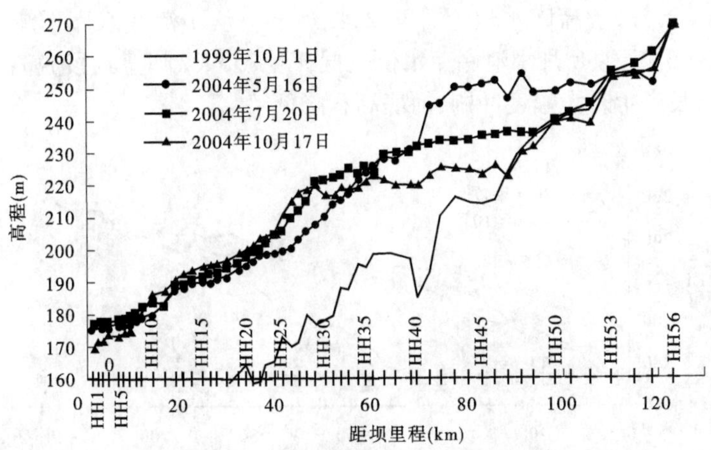

图 8-65　小浪底水库 2004 年纵剖面

2)利用异重流潜入点含沙量资料分析沿程冲刷和溯源冲刷含沙量

选择小浪底水库异重流潜入点位于三角洲顶点以下,且坝前水位也低于三角洲顶点高程时的潜入点实测最大含沙量(见表 8-27)。从表 8-27 可以看出,含沙量在 75 ~ 499 kg/m^3,最大含沙量为 499 kg/m^3。

表 8-27　小浪底水库异重流潜入点含沙量

潜入点位置	日期(年-月-日)	时间(时:分)	水位(m)	含沙量(kg/m^3)	三角洲顶点位置	三角洲顶点高程(m)	对应三门峡流量(m^3/s)
HH34	2004-07-04	08:30 ~ 08:54	235.48	172	HH41	246.39	263
HH34	2004-07-06	05:30 ~ 06:24	233.25	75	HH41	246.39	1 730
HH34	2004-07-06	17:54 ~ 18:24	233.21	94	HH41	246.39	1 800
HH9	2010-07-04	16:00 ~ 17:00	219.38	249	HH15	219.61	263
HH9	2011-07-04	15:45 ~ 16:25	215.01	306	HH12	214.77	
HH9 +5 以上	2011-07-04	16:00 ~ 16:55	215.10	232	HH12	214.77	1 000
HH9 以上	2012-07-04	10:00 ~ 10:30	213.88	148	HH11	213.88	800
HH9	2012-07-04	10:00 ~ 10:30	218.88	236	HH11	213.88	
HH9	2012-07-04	10:47 ~ 11:27	213.90	499	HH11	213.88	

8.3.3.2　三角洲顶坡段冲刷与淤积特点

近年来小浪底水库 6 月下旬主要是调水调沙生产运行期,小浪底水库水位处于下降过程中,到 6 月底库水位下降至 225 m 左右,并在 7 ~ 8 月维持在 225 m 左右,8 月 21 日之后逐步向后汛期过渡,库水位不断抬升。

小浪底水库 2006 年 6 月 9 ~ 29 日是调水调沙生产运行期,坝前水位从 253.89 m 逐渐下降至 224.47 m。6 月 29 日至 8 月 27 日小浪底库水位在 225.15 ~ 221.09 m 变动,三角洲的前坡段基本处于水库回水范围之内。8 月 27 日至 10 月 31 日小浪底水库以蓄水为主,库水位持续抬升,最高库水位上升至 244.75 m。从小浪底水库干流纵剖面图(见图 8-66)看出,2006 年 7 ~ 8 月小浪底库水位较低,距坝 50 km 以上河段脱离回水影响。距坝 50 km 以上河段产生较大幅度冲刷,河底高程降低。

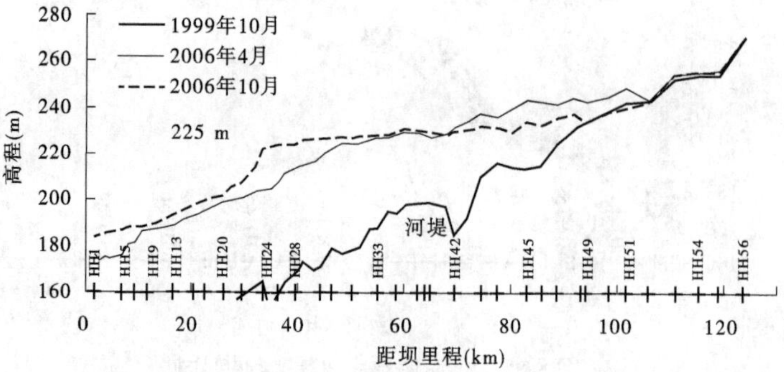

图 8-66 2006 年汛前小浪底水库纵剖面

2007 年 7 ~ 8 月坝前平均水位 224.35 m,三角洲顶坡段下段基本处于水库回水的影响范围之内,距大坝 50 km 以上淤积三角洲顶坡段河段不受水库回水影响,河堤水沙因子站处于这一河段内(见图 3-13)。2007 年 6 月 27 日河堤脱离回水,至 8 月底一直不受水库回水影响,河堤站冲淤变化调整幅度大、速度快(见表 8-28)。

表 8-28 入库水沙条件与河堤平均河底高程变化

日期(年-月-日)	潼关流量(m^3/s)	潼关含沙量(kg/m^3)	三门峡流量(m^3/s)	三门峡含沙量(kg/m^3)	河堤		
					平均河底高程(m)	变化值(m)	性质
2007-06-23	255	1.1	1 230	0	232.57		
2007-06-28	1 460	6.6	2 590	5.2	230.22	-2.35	冲
2007-06-29	1 710	5.4	2 620	173	231.12	0.90	淤
2007-06-30	1 310	6.4	1 590	101	229.95	-1.17	冲
2007-07-02	1 500	4.9	1 130	11.1	229.50	-0.45	冲
2007-07-07	704	4.2	785	2.3	229.54	0.04	淤
2007-07-12	433	3.3	458	0.9	228.73	-0.81	冲
2007-07-17	380	2.2	439	0	227.79	-0.94	冲
2007-07-22	1 340	12.5	926	12.0	228.25	0.46	淤
2007-07-26	1 050	10.8	1 150	9.4	228.33	0.08	淤
2007-07-31	1 920	46.8	1 980	100	229.29	0.96	淤
2007-08-05	920	13.2	1 090	12.2	228.62	-0.67	冲
2007-08-10	1 320	37.3	1 610	21.4	228.41	-0.21	冲
2007-08-13	1 220	38.1	1 470	34.3	227.95	-0.46	冲
2007-08-14	984	25.3	1 010	27.3	227.58	-0.37	冲
2007-08-19	918	6.5	997	6.5	227.26	-0.32	冲
2007-08-24	909	5.6	955	4.3	227.11	-0.15	冲
2007-08-29	771	4.3	478	0.9	227.06	-0.05	冲

河堤站随小浪底水库入库水沙条件的变化河床快速冲淤调整。6 月 23 ~ 28 日，三门峡下泄基本为清水，最大日均含沙量是 6 月 28 日的 5.2 kg/m^3，同时河堤刚脱离回水影响，是河槽快速形成期，河堤连续冲刷，河底高程下降 2.35 m；6 月 28 ~ 29 日，三门峡坝前水位从 311.89 m 降低至 295.14 m，三门峡库区强烈的溯源冲刷使出库日均含沙量达到 173 kg/m^3，实测最大含沙量 369 kg/m^3，河堤断面发生淤积，河底高程升高 0.90 m；经过 29 日的淤积调整，30 日输沙能力提高，同时三门峡含沙量降低至 101 kg/m^3，河堤冲刷，河底高程降低 1.17 m。7 月 1 ~ 17 日入库无洪水，三门峡控制运用，出库含沙量较低，河堤断面随水沙条件调整。

7 月 18 ~ 31 日，三门峡有入库洪水，潼关日均最大流量 1 920 m^3/s，最大含沙量 60.8 kg/m^3，洪峰流量和沙峰含沙量分别是 2 080 m^3/s 和 85.2 kg/m^3；出库三门峡日均最大流量 2 150 m^3/s，最大含沙量 171 kg/m^3，洪峰流量和沙峰含沙量分别是 4 090 m^3/s 和 337 kg/m^3。三门峡水库的敞泄运用，加大了洪峰和沙峰，最大含沙量净增 252 kg/m^3，使河堤断面发生淤积，河底高程升高 1.50 m。

8 月 1 ~ 29 日，潼关最大日均流量 1 780 m^3/s，最大含沙量 48 kg/m^3，平均含沙量 19 kg/m^3；三门峡出库最大日均流量 2 000 m^3/s，最大含沙量 34 kg/m^3，平均流量 1 064 m^3/s，平均含沙量 17 kg/m^3；三门峡水库对洪水的调节较弱，基本维持了入库洪水的水沙搭配。河堤断面发生持续冲刷，河底高程降低 2.23 m。

小浪底库区淤积三角洲顶坡段冲淤调整非常迅速，输沙特性随来水来沙条件而变化，是河道挟沙能力对来水来沙条件及河道边界条件变化的响应。多沙河流的挟沙能力不仅随流量变化而变化，而且随含沙量变化而变化。三门峡水库汛初下泄清水，水流进入小浪底库区上段，含沙量逐渐恢复，河堤河床冲刷；同时河堤输沙能力随三门峡含沙量的增大而增大，但随着三门峡出库含沙量的继续增高，沿程发生淤积，河堤站含沙量降低。河堤站距三门峡站距离有 59.6 km，纵坡变化较大，来水来沙条件的变化范围大，是造成河堤河床快速冲淤调整的主要原因。

小浪底水库顶坡段冲淤与三门峡水库相比，冲淤调整幅度大，速度快。主要原因如下：

(1) 三门峡水库入库水沙关系与小浪底水库入库水沙关系不同。

潼关是三门峡水库的入库站，而三门峡水库的出库水沙过程就是小浪底水库的入库水沙过程，小浪底水库入库水沙搭配关系与三门峡入库水沙搭配关系的差异在于三门峡水库的调节作用。

从年内汛期、非汛期来看，三门峡水库把非汛期的泥沙调节至汛期排泄出库，水库调节使汛期含沙量升高。潼关 2000 ~ 2013 年高含沙洪水水沙量占年水沙量的 2.0% 和 19.2%，而三门峡站同时期高含沙洪水水沙量占年水沙量的 5.6% 和 50.9%。汛初三门峡水库下泄清水，含沙量较小，出库水沙是大流量搭配小含沙量；随坝前水位的快速消落，水库呈现溯源冲刷状态，出库水沙出现小流量搭配大含沙量；汛期水库控制 305 m 水位运用时，改变入库洪水洪峰和沙峰的形状，又改变了流量与含沙量搭配；经三门峡水库调节后的不同水沙搭配决定了小浪底库尾段明流的冲刷、淤积发展。

(2) 地形条件差异。

三门峡水库潼关至大坝段，建库前比降约为 3.8‱，潼关至坫垮河段(19 km)的比降是 2.67‱。随着库区淤积的发展，比降逐渐减小，1973 年 11 月库区河槽比降为 2.68‱，潼关至坫垮河段的比降是 2.33‱。潼关至坫垮河段库岸间距 2.5 km 左右。

小浪底水库库尾段属于峡谷河段，比降较大，河谷窄。小浪底库区三门峡站至 HH52 断面河段长 17.56 km，2007 年汛前河槽比降在 10.3‱左右，与小浪底水库投入运用前的 1999 年接近；HH52 断面至 HH38 断面河段长 41.02 km，2007 年汛前比降在 4.1‱左右。三门峡站至 HH39 断面长 55.42 km，两岸距离 500 m 左右，属峡谷型河道，河道窄深。

图 8-67 是小浪底水库不同库段平均河底高程比降变化过程线，HH38 断面以下是主槽比降，从图 8-67 可以看出，2005～2012 年 HH56—HH52 库段(17.56 km)比降在 9‱～14‱变化，HH52—HH38 库段(41.02 km)比降在 3‱～6‱变化，HH38 以下三角洲顶坡段比降在 2.4‱～4.6‱变化。

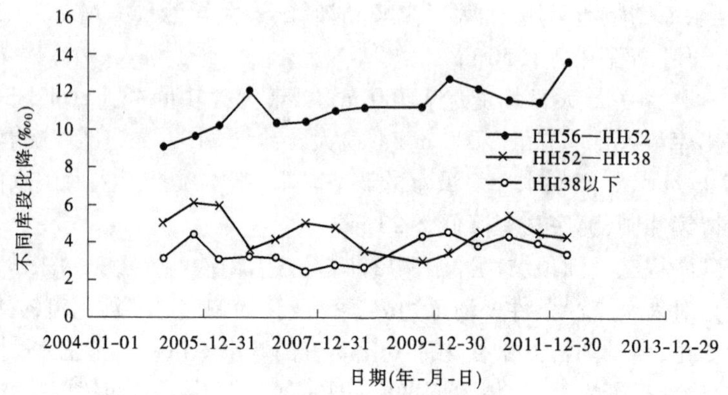

图 8-67　小浪底库区不同库段比降变化过程线

8.3.4　高含沙洪水在库区冲淤特点

三门峡水库出库水沙过程就是小浪底水库入库水沙过程，决定了泥沙主要是洪水期挟带。而小浪底入库洪水在小浪底水库的冲淤与水库蓄水状态密切相关，水库回水影响范围内，淤积主要集中在洪水期；脱离水库回水影响时，库区淤积形态改变主要发生在清水下泄期和高含沙洪水期。

为了说明高含沙洪水在小浪底库区的冲淤特点，选择高含沙洪水场次较多，且洪水沙量占年总沙量的 60% 的年份进行分析，包括 2002 年、2004 年、2005 年、2008 年和 2010 年。

8.3.4.1　2002 年高含沙洪水冲淤

从表 8-21 看出，2002 年三门峡 4 场高含沙洪水水量占全年水量的 11.8%，沙量占全年沙量的 78.9%。从图 8-68 中可以看出，除 4 场高含沙洪水外，三门峡没有在出现一般含沙量洪水。

2002 年 6 月 14 日至 2002 年 7 月 15 日，小浪底水库坝前水位在 236.49～223.85 m(见图 8-69)变化，水库回水范围基本在距坝 70～100 km 范围内。对应坝前水位 223.85 m，小浪底水库蓄水量为 27.6 亿 m^3。2002 年 6 月 14 日至 2002 年 7 月 15 日，小浪底入库

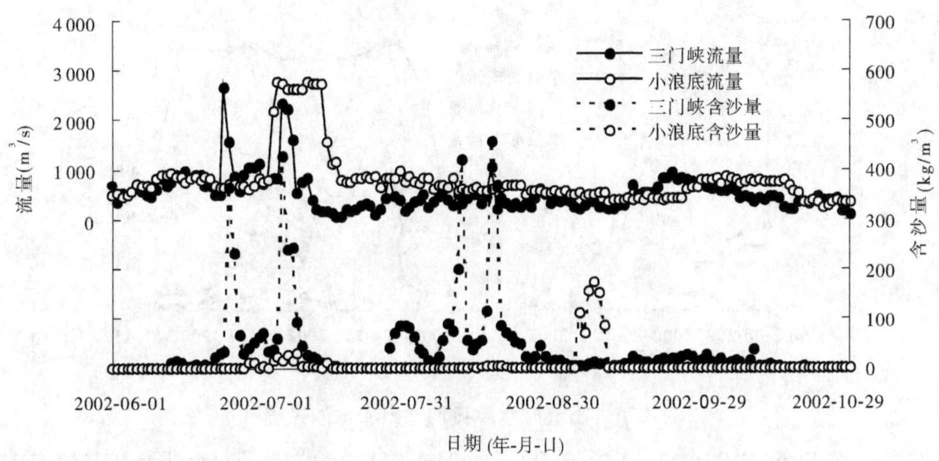

图 8-68　2002 年三门峡和小浪底站日均流量与含沙量过程线

水沙量分别为25.9 亿 m³和2.94 亿 t,分别占年水沙量的16.3%和65.6%;小浪底出库水沙量分别为39.8 亿 m³和0.38 亿 t,泥沙淤积2.56 亿 t。在此时期内,三门峡站发生两次高含沙洪水,分别是2002 年6 月22 ~27 日和2002 年7 月5 ~9 日(见图8-70),三门峡洪峰流量分别为1 950 m³/s 和3 780 m³/s,最大含沙量分别为477 kg/m³和517 kg/m³。该两场洪水三门峡站沙量为2.55 亿 t,小浪底站沙量为0.27 亿 t,洪水期间库区淤积2.28 亿 t,占6 月14 日至7 月15 日库区淤积2.56 亿 t 的89%。这表明6 月中旬至7 月中旬的泥沙淤积主要是高含沙洪水淤积。

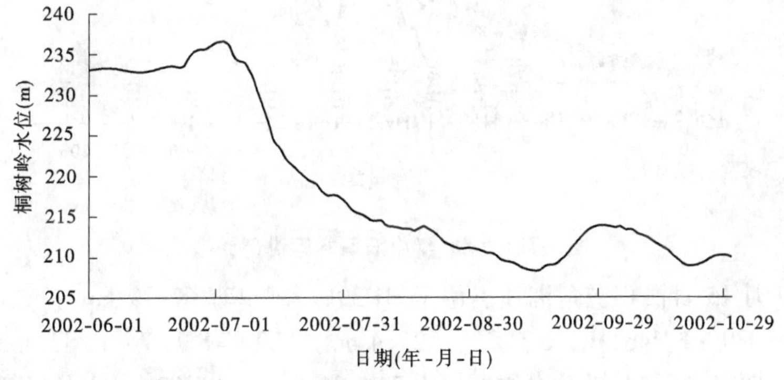

图 8-69　2002 年小浪底水库坝前桐树岭水位

2002 年7 月16 日至10 月20 日三门峡站沙量1.52 亿 t,小浪底站沙量0.56 亿 t,小浪底库区淤积1.16 亿 t。其中2002 年8 月7 ~13 日和2002 年8 月14 ~23 日是小浪底入库的另外两场高含沙洪水,三门峡洪峰流量分别为1 390 m³/s 和2 430 m³/s,最大含沙量503 kg/m³和662 kg/m³,三门峡站沙量为0.98 亿 t,小浪底站沙量为0.02 亿 t,两场洪水库区淤积泥沙0.96 亿 t,占7 月16 日至10 月20 日淤积量1.16 亿 t 的83%。

图8-71 是小浪底水库2002 年水库纵坡面(深泓点)。从图8-71 中可以看出,2002 年6 月14 日淤积三角洲顶点位于HH35,顶点高程209.96 m,顶坡段是HH35—HH46,HH46高程是222.3 m。2002 年6 月22 ~27 日和2002 年7 月5 ~9 日洪水期间,坝前桐树岭水

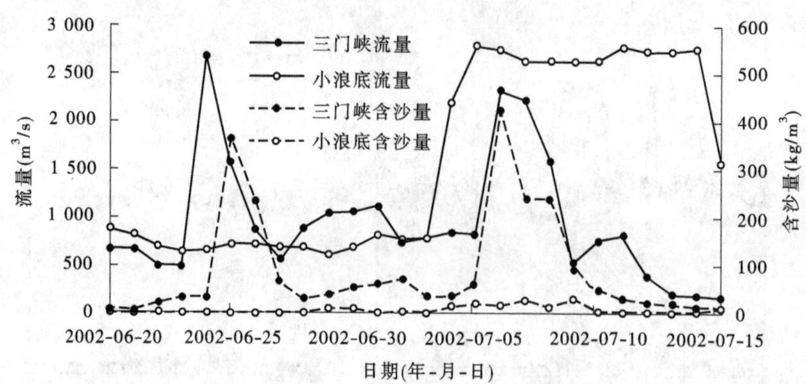

图 8-70　小浪底水库日均进出库水沙过程

位平均为 234.42 m 和 234.00 m,使 2002 年 6 月 14 日淤积三角洲顶坡段(HH35—HH46)处于水库回水范围内,在此期间,进入小浪底水库的泥沙一部分淤积在三角洲顶坡段(HH35—HH46),一部分以异重流形式运动到三角洲前坡段(HH15—HH31)。

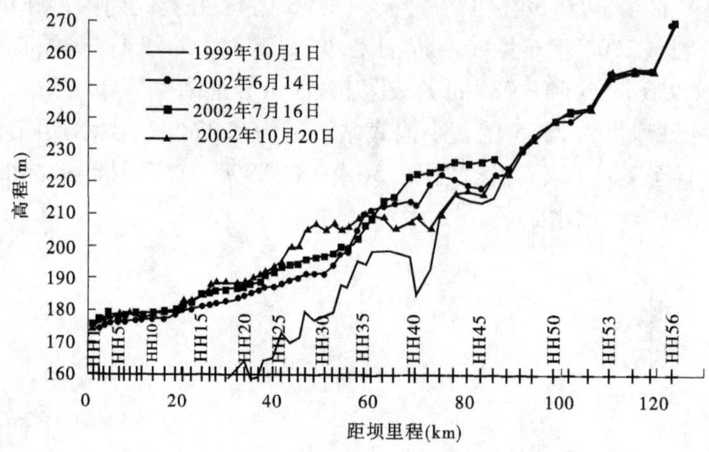

图 8-71　2002 年小浪底水库纵剖面

2002 年 7 月 15 日淤积三角洲顶点位于 HH39,距坝里程 67.99 km,顶点高程 221.58 m,顶坡段是 HH39—HH46,HH46 高程是 227.4 m。2002 年 8 月 7～13 日和 2002 年 8 月 14～23 日洪水期间,坝前桐树岭水位平均为 214.05 m 和 213.22 m,水位低于 7 月 15 日的三角洲顶点高程 221.58 m,使 HH36 断面至 HH46 断面之间三角洲顶坡段发生了大幅度冲刷,三角洲顶点从 HH39(距坝 67.99 km)下移至 HH29(距坝 48 km)处,下移近 20 km,顶点高程由 221.58 m 降至 207.33 m,下降 14.25 m。

这表明小浪底水库淤积三角洲冲淤调整迅速,三角洲顶坡段冲刷与淤积调整,取决于水库水位与三角洲顶点高程的关系,水位低于三角洲顶点高程,三角洲顶坡段冲刷,水位高于三角洲顶点高程,三角洲顶坡段淤积。

HH35—HH46 库段从 6 月 22 日至 7 月 9 日两场洪水处于水库回水影响范围,到 8 月 7～22 日两场洪水脱离水库回水影响,经历了异重流输沙和明流输沙两个阶段,异重流输沙以淤积为主,明流输沙以冲刷为主。HH39 以上库段淤积时为整个断面淤积上升,受河段断面形态的影响,HH39 断面以上库段断面窄深,单一 V 形河槽,比降较大,输沙能力较强,冲刷时为整个断面冲刷(见图 8-72(a)、(b))。HH38 断面及其以下断面较宽,形成了有主槽和滩地的复式河槽,淤积时主槽淤积厚度大于滩地,冲刷时只有主槽范围内冲刷(见图 8-72(c))。

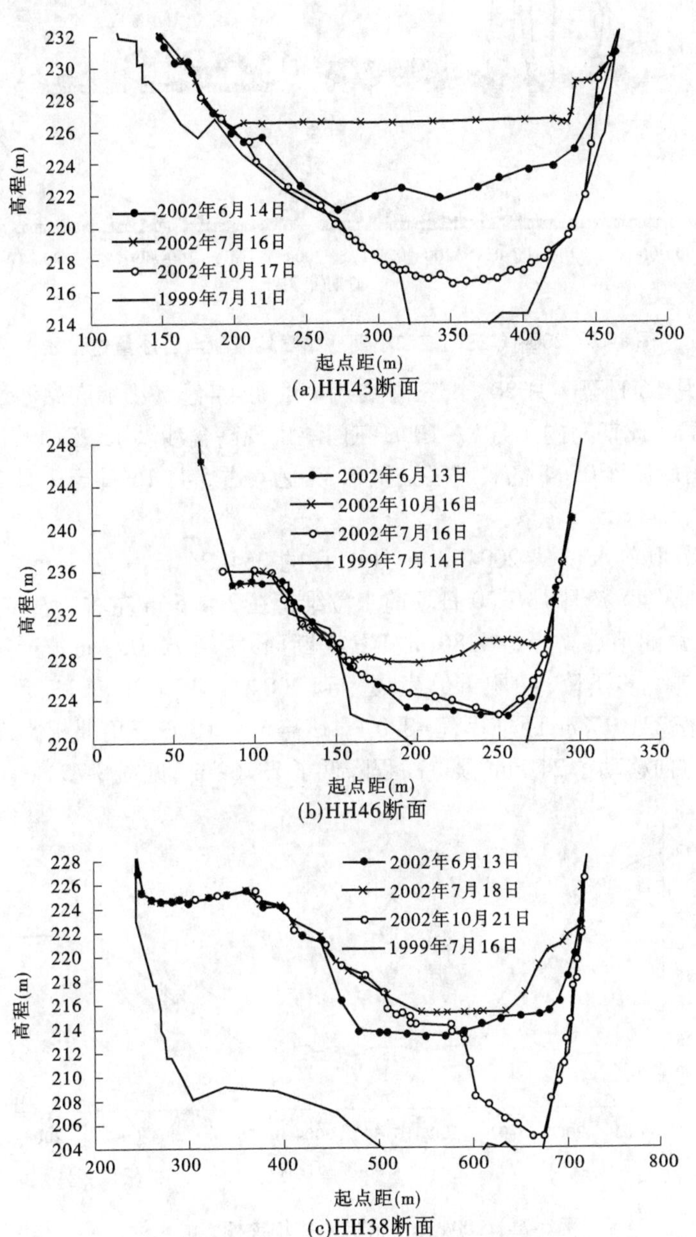

图 8-72　2002 年小浪底水库横断面

8.3.4.2　2004 年高含沙洪水冲淤

2004 年 7 月 7 ~ 10 日和 8 月 22 ~ 25 日三门峡产生两场高含沙洪水。从表 8-21 中可以看出,2 场高含沙洪水水量占全年水量的 5.4%,沙量占全年沙量的 76.0%。从图 8-73 中可以看出,2004 年汛期三门峡基本上只有这 2 场洪水。

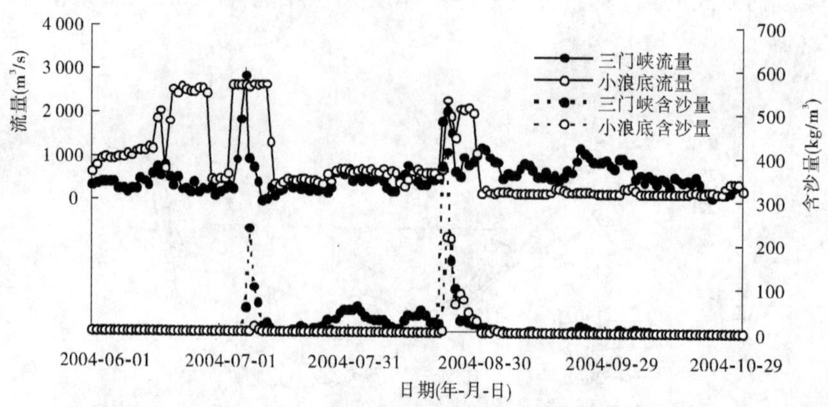

图 8-73　2004 年三门峡和小浪底站日均流量与含沙量过程线

2004 年 5 月 16 日至 7 月 20 日,三门峡站沙量 0.44 亿 t,小浪底站沙量 0.04 亿 t,库区淤积 0.40 亿 t。此期间内 7 月 7～10 日三门峡出现高含沙洪水,三门峡沙量为 0.43 亿 t,对应小浪底出库泥沙 0.04 亿 t,库区淤积 0.39 亿 t,占 5 月 16 日至 7 月 20 日库区泥沙淤积量的 98%。

小浪底水库坝前水位从 2004 年 6 月 1 日的 254.24 m 一直下降至 7 月 13 日的 224.84 m(见图 8-74),7 月 13～20 日坝前水位维持在 224.5 m 左右。水位低于 2004 年 5 月 16 日淤积三角洲顶点高程 244.86 m(HH41 断面,距坝 72.06 km),产生溯源冲刷,随着坝前水位的进一步下降,冲刷继续发展。到 2004 年 7 月 20 日,三角洲顶点下移至 HH29 断面,高程 221.17 m,距坝里程 48.0 km。与 5 月 16 日三角洲相比,7 月 20 日三角洲顶点向坝前方向移动了 24 km,顶点高程降低了 23.69 m(见图 8-75)。

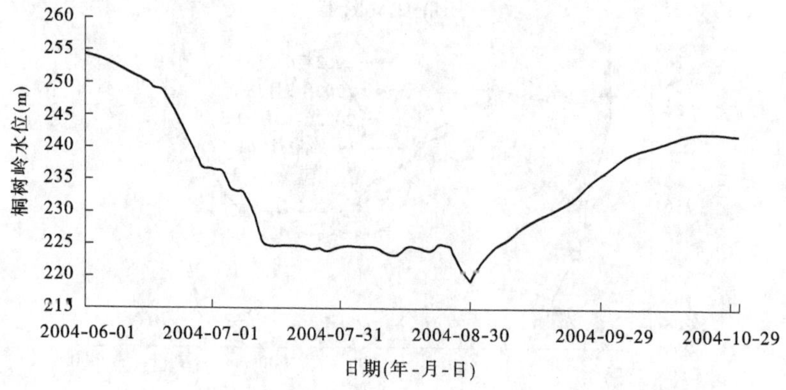

图 8-74　2004 年小浪底水库坝前桐树岭水位

2004 年 8 月库水位从 22 日的 224.38 m 降低至 30 日的 219.06 m,三角洲顶坡段再次发生冲刷。至 10 月 17 日三角洲顶点下移至 HH27 断面,高程 217.71 m,距坝里程

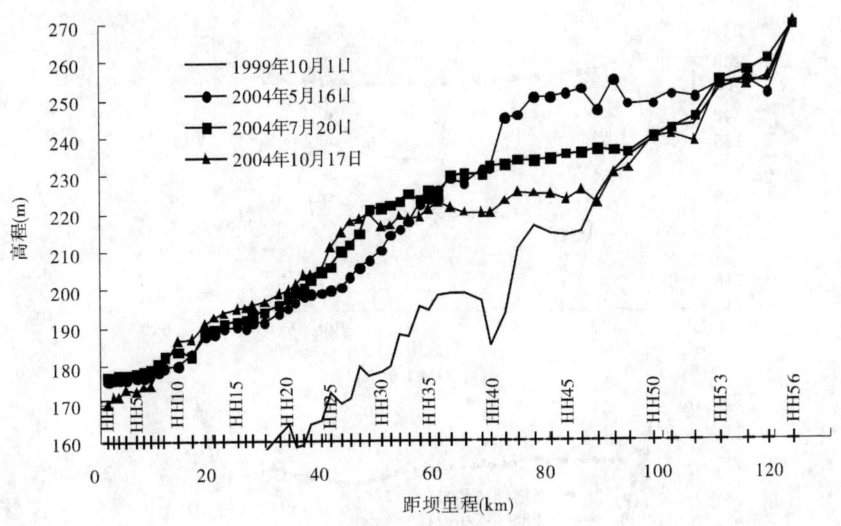

图 8-75　2004 年小浪底水库纵剖面

44.53 km。与 7 月 20 日相比,10 月 17 日三角洲顶点向坝前方向移动了 3.5 km,顶点高程降低了 3.46 m。

从 2004 年水库纵坡面变化(见图 8-75)可以看出,HH39—HH52 库段发生了冲刷。图 8-76 是这一库段 2004 年典型横断面套绘图,从图 8-76 中可以看出,冲刷基本发生在整个河槽内,原因主要是 HH39 断面以上河段是单一的 V 形河槽,河槽窄深。HH39—HH44 断面,淤积宽度在 300 ~ 400 m 时,主槽冲刷宽度在 300 m 左右,岸边留有 50 ~ 100 m 的小滩地。

2004 年汛前 HH29—HH38 断面处在三角洲的前坡段,2004 年 7 月 20 日淤积发展成为三角洲顶坡段,7 月 20 日至 10 月 15 日三角洲顶坡段进一步调整,发生冲刷。图 8-77 是这一河段的典型横断面冲淤变化,从图 8-77 中可以看出,断面是复式断面时,淤积发生时主槽淤积厚度大于滩地淤积厚度;横断面为单一断面时,淤积基本是断面整体淤积上升。冲刷发生时主槽发生冲刷,滩地出现少量淤积。

小浪底水库库区上段的水位站在不受水库回水影响的前提下,水位站的水位变化基本可以反映河床的冲淤变化。7 月 4 ~ 20 日小浪底水库坝前水位从 235.20 m 降低至 224.54 m,这一过程中,白浪与五福涧不受回水影响。图 8-78 是白浪水位—流量变化线,从图 8-78 中可以看出,在 7 月 20 日以前的水位变化中,水位大幅度下降在 7 月 5 ~ 8 日,7 月 10 日以后水位变幅不大。7 月 5 日流量为 944 m^3/s,水位为 249.84 m;7 月 8 日流量为 972 m^3/s,水位为 241.97 m;水位下降 7.87 m。由此可见,HH49 断面 5 月 8 日至 7 月 11 日之间的大幅度冲刷主要是发生在 7 月 5 ~ 8 日。7 月 5 ~ 6 日是三门峡水库清水下泄期,7 月 7 ~ 8 日是三门峡下泄高含沙洪水期,这几天主要是清水下泄冲刷和高含沙冲刷。

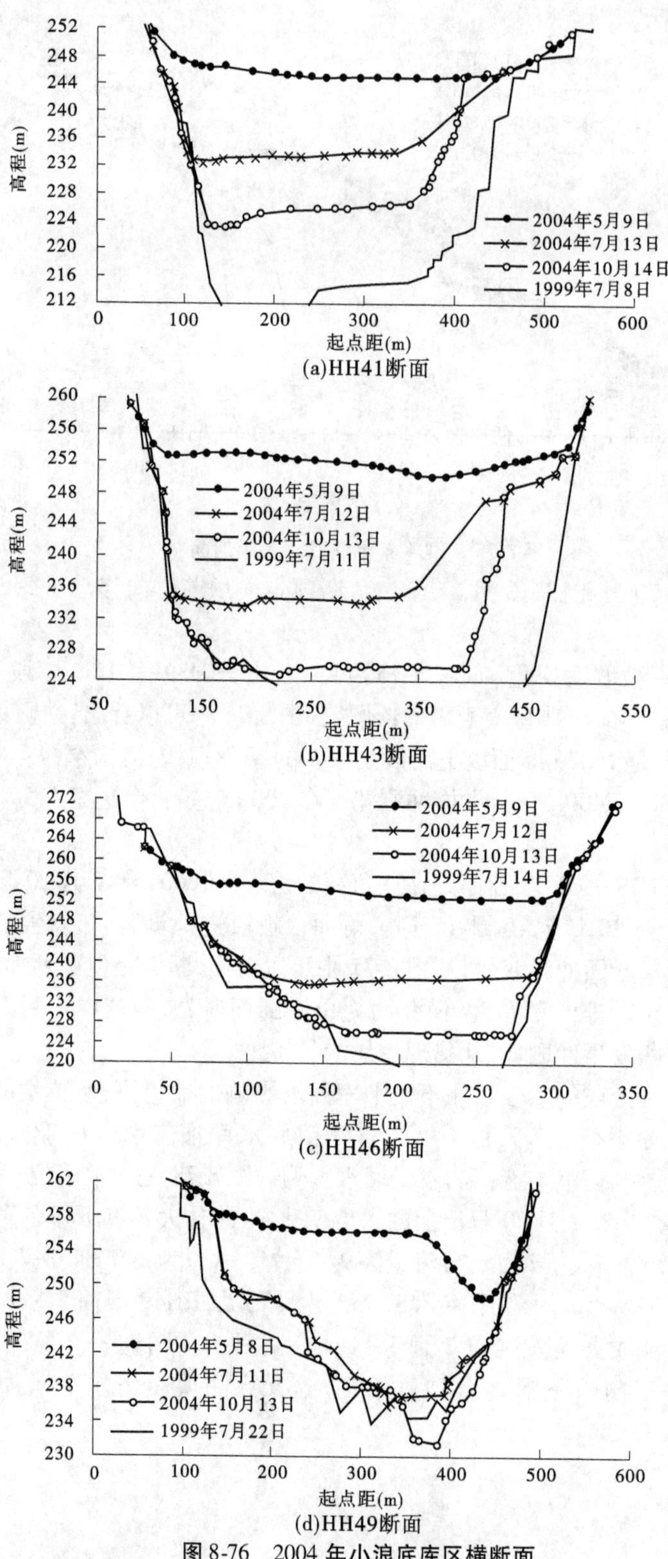

图 8-76　2004 年小浪底库区横断面

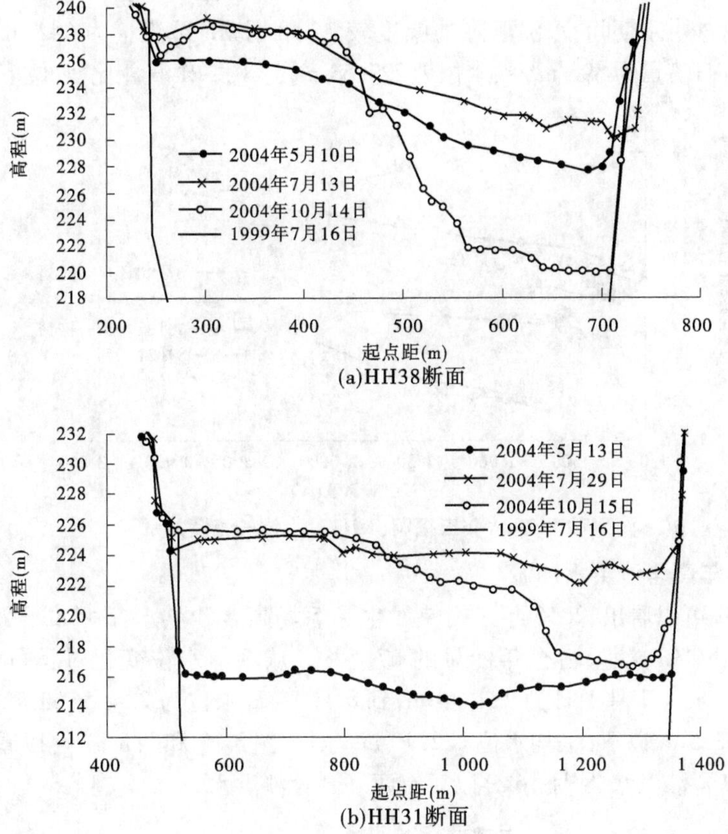

图 8-77　2004 年淤积断面

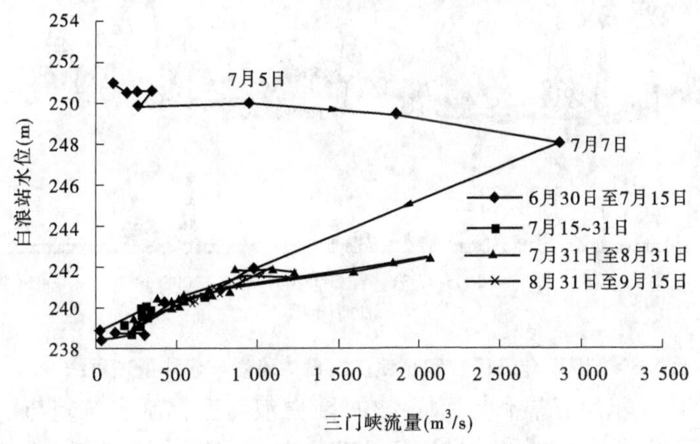

图 8-78　2004 年白浪水位—流量关系

图 8-79 是五福涧水位—流量变化线，从图 8-79 中可以看出，在 7 月 20 日以前的水位变化中，水位大幅度下降发生在 7 月 5～8 日，7 月 10 日以后水位变幅不大。7 月 5 日流量为 944 m^3/s，水位为 241.97 m；7 月 8 日流量为 972 m^3/s，水位为 237.14 m；水位下降 4.83 m。由此可见，HH43 断面 5 月 9 日至 7 月 12 日之间的大幅度冲刷主要发生在 7 月 5～8 日。

这几天主要是清水下泄冲刷和高含沙冲刷。在 7 月 12 日至 10 月 13 日的冲刷中,8 月 22 ~ 25 日的高含沙洪水期间,水位下降的幅度较大。8 月 21 日流量为 542 m^3/s,水位为 32.39 m;8 月 26 日流量为 596 m^3/s,水位为 227.53 m,与 8 月 21 日相比,水位下降 4.86 m。

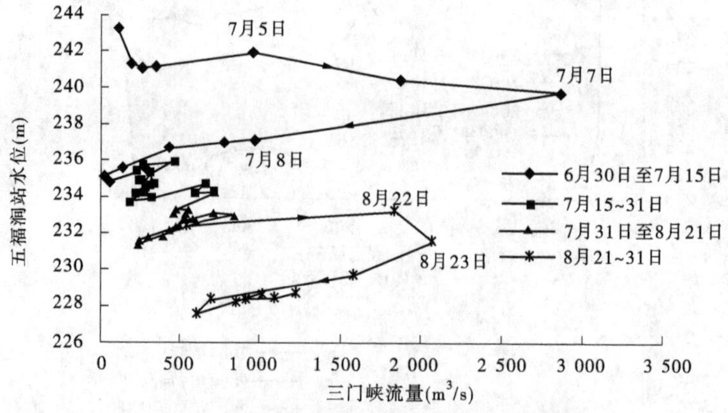

图 8-79　2004 年五福涧(HH43)水位—流量关系

8.3.4.3　2005 年高含沙洪水冲淤

从图 8-80 中可以看出,2005 年三门峡发生了 5 场高含沙洪水,5 场高含沙洪水水量占全年水量的 11.4%,沙量占全年沙量的 67.5%。从坝前水位变化过程可以看出(见图 8-81),桐树岭水位 7 月 1 日为 224.44 m,到 8 月 16 日水位为 224.56 m,7 月 1 日至 8 月 16 日水位在 225 m 以下,平均水位 222.40 m。对比图 8-80 和图 8-81 可以看出,8 月 16 日以前有 3 场高含沙洪水,8 月 16 日以后有两场高含沙洪水。

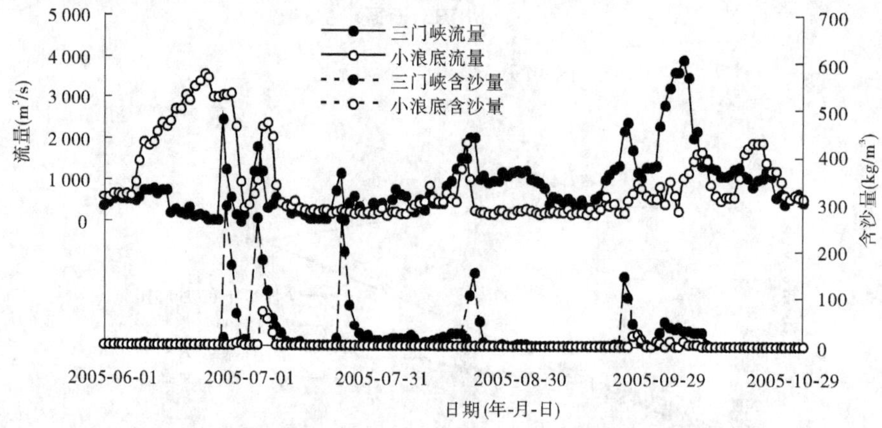

图 8-80　2005 年三门峡和小浪底站日均流量与含沙量过程线

图 8-82 是 2005 年汛期五福涧与河堤水位差、白浪与五福涧水位差与桐树岭水位关系。从图 8-82 中可以看出,桐树岭水位高于 228 m 时,河堤受回水影响;桐树岭水位在高于 231 m 时,五福涧受回水影响。表 8-29 是小浪底库区水位站水位。从表 8-29 中可以看出,6 月 26 ~ 28 日和 8 月 22 ~ 25 日河堤受坝前回水影响,6 月 29 日至 8 月 21 日河堤不受坝前回水影响;6 月 26 ~ 27 日和 8 月 25 日五福涧不受坝前回水影响,6 月 28 日至 8 月 24 日五福涧基本不受回水影响。

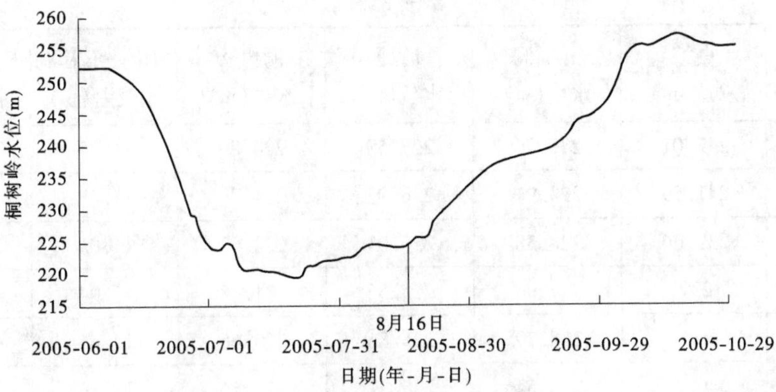

图8-81　2005年小浪底水库坝前桐树岭水位

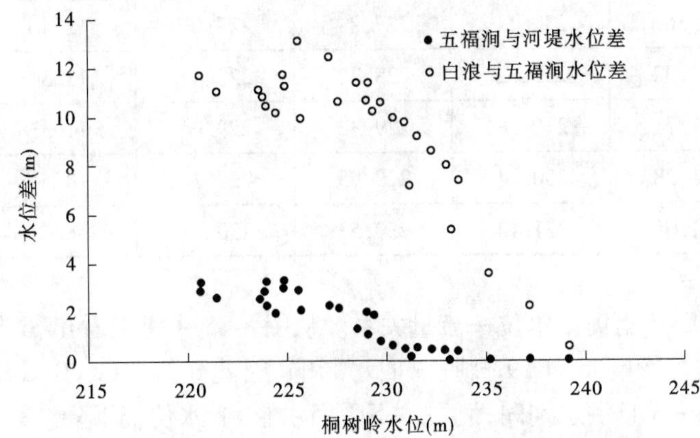

图8-82　2005年不同水位站水位差与桐树岭水位关系

表8-29　2005年汛期小浪底库区各站水位及水位差

日期 (年-月-日)	白浪 水位(m)	五福涧 水位(m)	河堤 水位(m)	桐树岭 水位(m)	白浪—五福涧 水位差(m)	五福涧—河堤 水位差(m)
2005-06-26	238.39	231.24	231.11	231.20	7.15	0.13
2005-06-27	241.36	231.21	229.39	229.38	10.15	1.82
2005-06-28	241.49	230.80	228.83	229.02	10.69	1.97
2005-06-29	240.34	229.78	227.65	227.56	10.56	2.13
2005-06-30	239.07	229.17	227.06	225.70	9.90	2.11
2005-07-01	238.30	228.18	226.22	224.44	10.12	1.96
2005-07-02	238.76	228.31	226.07	223.99	10.45	2.24
2005-07-03	240.10	229.31	226.48	223.83	10.79	2.83
2005-07-04	240.81	230.34	227.09	223.96	10.47	3.25

续表 8-29

日期（年-月-日）	白浪水位(m)	五福涧水位(m)	河堤水位(m)	桐树岭水位(m)	白浪—五福涧水位差(m)	五福涧—河堤水位差(m)
2005-07-05	242.01	230.76	227.50	224.89	11.25	3.26
2005-07-06	241.59	229.91	226.95	224.79	11.68	2.96
2005-07-07	239.66	228.58	226.05	223.62	11.08	2.53
2005-07-08	239	227.96	225.35	221.48	11.04	2.61
2005-07-09	240.45	228.79	225.86	220.66	11.66	2.93
2005-07-10	240.20	228.54	225.31	220.66	11.66	3.23
2005-08-20	242.81	229.73	226.87	225.57	13.08	2.86
2005-08-21	242.60	230.14	227.89	227.09	12.46	2.25
2005-08-22	241.32	230.02	228.72	228.49	11.30	1.30
2005-08-23	241.71	230.38	229.32	229.06	11.33	1.06
2005-08-24	241.28	230.74	229.95	229.72	10.54	0.79
2005-08-25	241.05	231.14	230.53	230.34	9.91	0.61

图 8-83 是 2005 年河堤站水位—流量关系。从图 8-83 中可以看出，6 月 26 ~ 28 日河堤站仍受到坝前水位影响，6 月 29 日脱离回水影响，因此 6 月 29 ~ 30 日洪水期间，河堤站水位降低；7 月 4 ~ 8 日洪水期间，河堤站不受回水影响，水位仍下降。8 月 18 ~ 19 日洪水河堤站水位变化不明显。8 月 21 日河堤站开始受到回水影响。图 8-84 是 2005 年五福涧站水位—流量关系。从图 8-84 中可以看出，6 月 28 ~ 30 日不受水库回水影响，水位降低；7 月 4 ~ 8 日洪水期间，五福涧站不受回水影响，水位仍下降。8 月 20 日、8 月 21 日和 8 月 22 日五福涧至河堤的水面比降为 2.1‱、1.7‱和 0.097‱。8 月 21 日开始受到回水影响，使五福涧至河堤段比降减小，五福涧也从 8 月 21 日开始淤积。图 8-85 是 2005 年小浪底库区纵剖面。以上分析表明，三角洲顶坡段发生较大幅度淤积应发生在 8 月 21 日之后。

2005 年汛期三角洲顶坡段淤积是受回水影响条件下的淤积。从横断面可以看出淤积部位，HH39 断面以上全断面淤积，淤积面水平抬升（见图 8-86）。HH38—HH27 断面形态不同，泥沙淤积部位也不同。HH38—HH34 断面为复式断面，主槽和滩地明显，滩槽高差在 10 ~ 5 m，主槽宽在 300 ~ 400 m；泥沙淤积主要发生在主槽，主槽淤积厚度 4 ~ 6 m，滩地淤积在 0.3 ~ 1 m。HH33—HH23 断面，主槽不明显，泥沙沿湿周淤积，淤积面平行抬升 1 ~ 4 m。

8.3.4.4　2008 年高含沙洪水冲淤

2008 年 6 月 29 日至 7 月 2 日三门峡产生一场高含沙洪水，该场洪水水量占全年水量的 2.6%，沙量占全年沙量的 55.4%。从图 8-87 中可以看出，2008 年三门峡基本上只发生了这一场洪水。

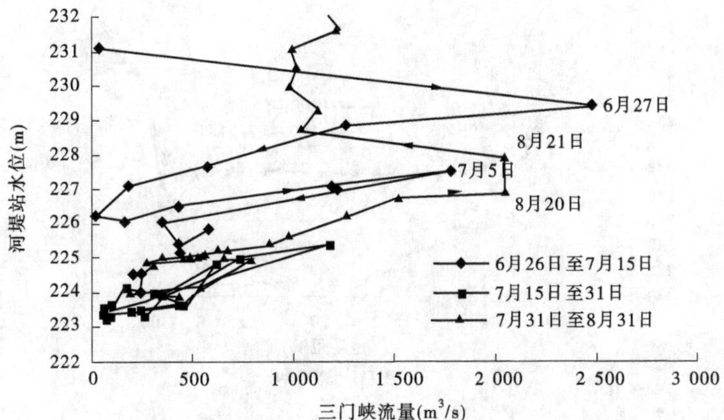

图 8-83　2005 年河堤水位—三门峡流量关系

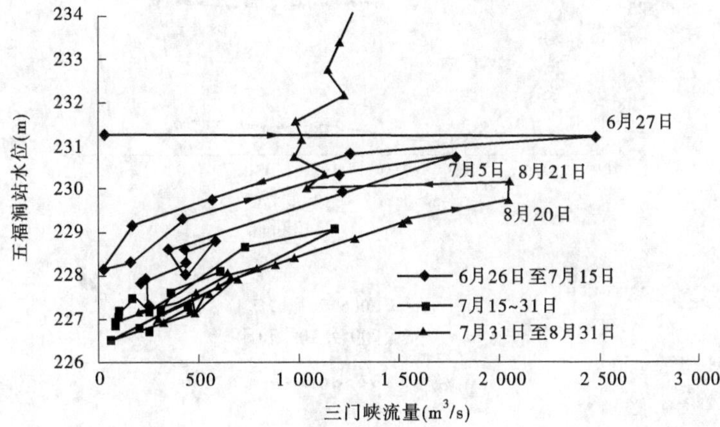

图 8-84　2005 年五福涧水位—三门峡流量关系

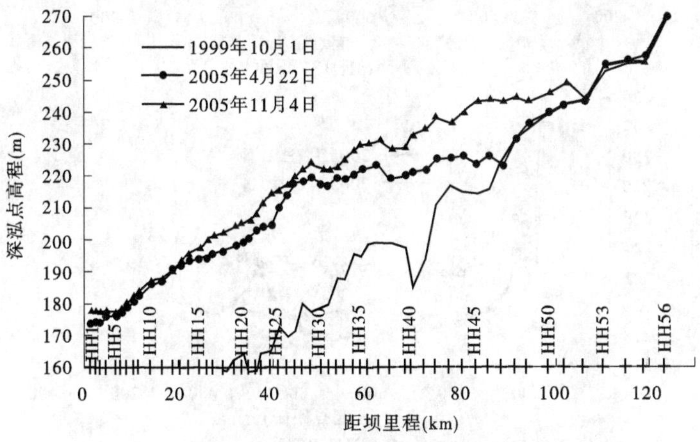

图 8-85　2005 年小浪底水库纵剖面

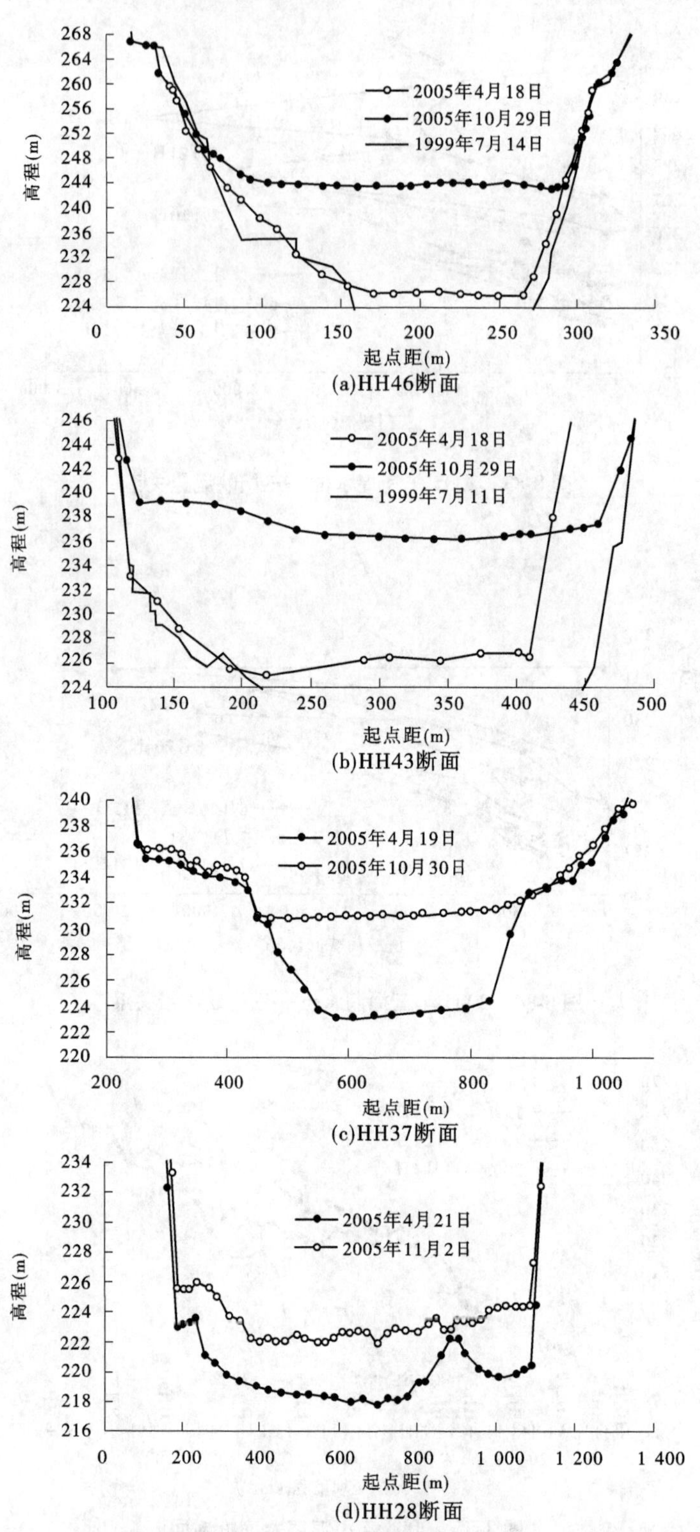

图 8-86　2005 年小浪底库区横断面

2008年4月18日至10月18日,三门峡站沙量1.27亿t,小浪底站沙量0.46亿t,库区淤积0.81亿t。此期间内6月29日至7月2日三门峡出现高含沙洪水,三门峡沙量为0.74亿t,对应小浪底出库泥沙0.45亿t,库区淤积0.29亿t,占4月18日至10月18日库区泥沙淤积量的36%。

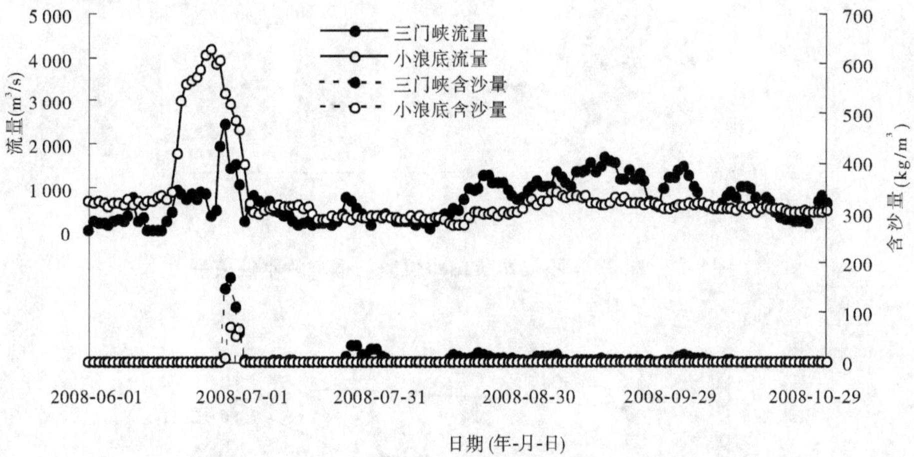

图8-87　2008年三门峡和小浪底站日均流量与含沙量过程线

图8-88是桐树岭水位变化过程线,从图8-88中可以看出,坝前水位从2008年6月1日的248.70 m一直下降至7月5日的221.4 m,其中6月27日至7月2日坝前水位从231.1 m下降至223.9 m,7月1日至8月13日坝前水位维持在220.9 m左右。图8-89是白浪与五福涧水位差、五福涧与河堤水位差与桐树岭水位关系,从图8-89中可以看出,桐树岭水位为235 m是白浪与五福涧水位差的转折点,表明水位235 m以下时五福涧不受水库回水影响。6月25日和26日桐树岭水位分别为236 m和233.8 m,6月26日五福涧不受回水影响。

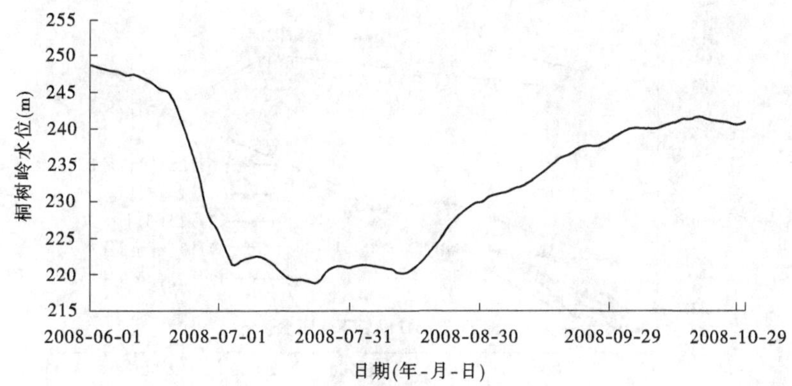

图8-88　2008年小浪底水库坝前桐树岭水位变化过程线

从白浪和五福涧水位—三门峡流量关系变化图(见图8-90、图8-91)中可以看出,冲刷主要发生在6月28~30日,其中6月28日三门峡下泄清水,6月29日至7月2日下泄高含沙洪水,说明冲刷主要发生在下泄清水期和高含沙洪水期。

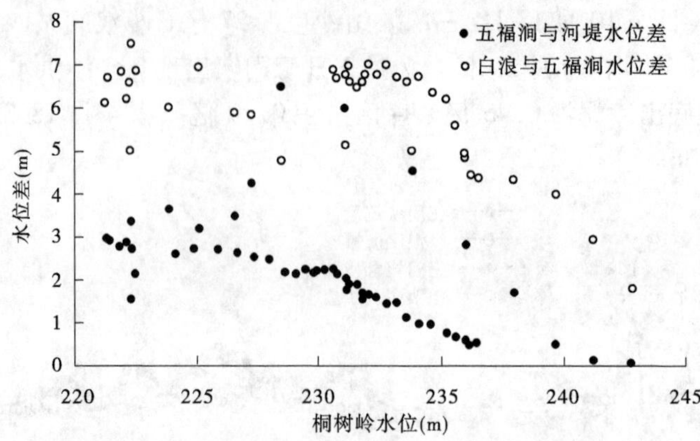

图 8-89 2008 年不同水位站水位差与桐树岭水位关系

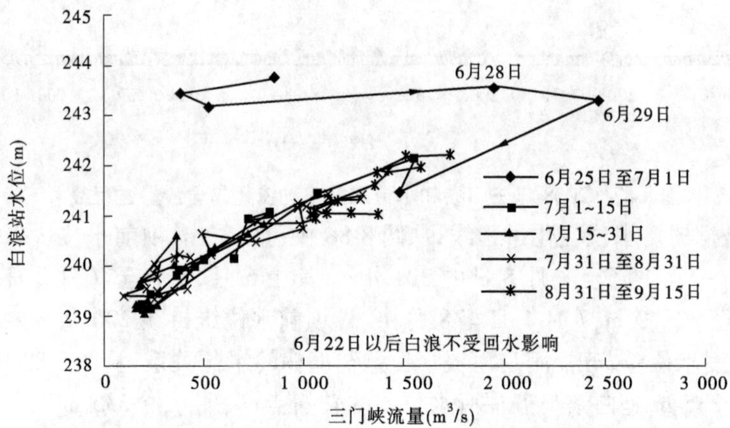

图 8-90 2008 年白浪水位—三门峡流量关系

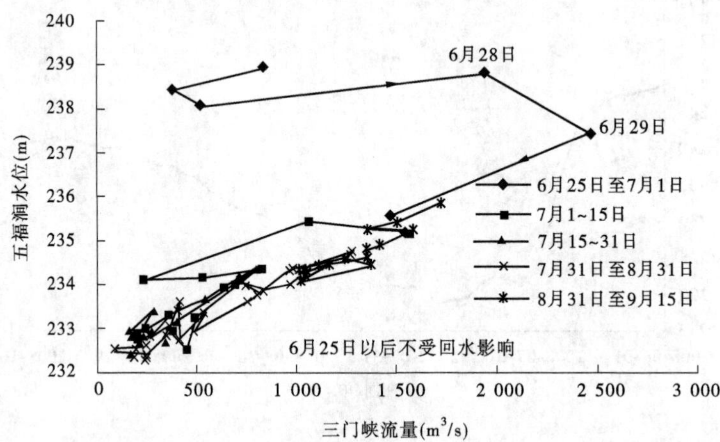

图 8-91 2008 年五福涧水位—三门峡流量关系

从库区纵剖面(见图 8-92)变化可以看出,HH38—HH48 断面之间产生冲刷,三角洲向坝前推进,HH14—HH17 断面淤积。白浪与五福涧的水位变化表明,HH38—HH48 断面冲刷主要发生在 6 月 28 ~ 30 日下泄清水期和高含沙洪水期。

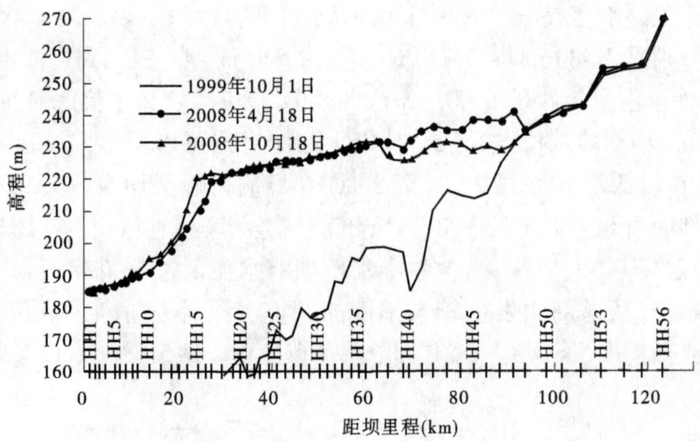

图 8-92　2008 年小浪底水库纵剖面

图 8-93 是小浪底水库 2008 年汛期典型横断面，从图 8-93 中可以看出，HH39 断面以上冲刷发生在全断面。

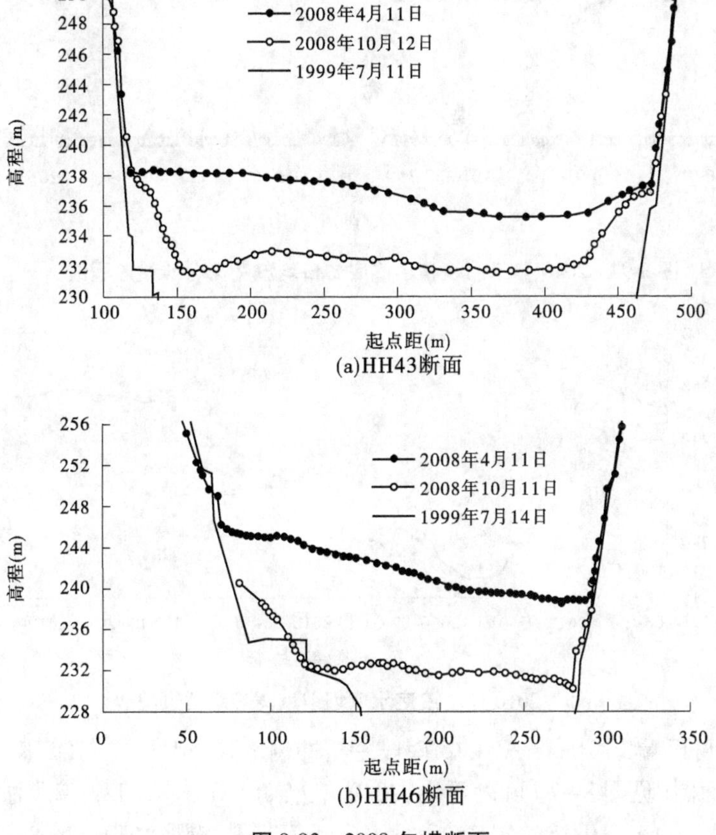

图 8-93　2008 年横断面

8.3.4.5　2010 年高含沙洪水冲淤

2010 年汛期三门峡下泄形成两次高含沙洪水，分别发生在 6 月 29 日至 7 月 2 日和 7

月 26～29 日，潼关洪水形成三门峡 8 月 12～15 日高含沙洪水。三场高含沙洪水三门峡对应洪峰流量分别是 3 580 m^3/s、3 210 m^3/s 和 2 540 m^3/s。三场高含沙洪水水量占全年水量的 7.4%，沙量占全年沙量的 60.6%。图 8-94 是三门峡和小浪底流量和含沙量过程线，图 8-95 是坝前桐树岭水位过程线。从以上两图对比可以看出，三门峡高含沙洪水期间，坝前水位处在较低水平，6 月 29 日至 8 月 16 日桐树岭平均水位 219.09 m。从 2010 年汛前汛后纵剖面可以看出（见图 8-96），汛前三角洲淤积顶点位于 HH15 断面（距坝 24.43 km），顶点高程 219.61 m，高含沙洪水期坝前水位低于三角洲顶点高程，三角洲顶坡段脱离回水影响，使纵剖面发生较大幅度的调整。汛后三角洲顶点位于 HH12（距坝 18.75 km），顶点高程 215.61 m。与汛前相比，顶点位置前移 5.68 km，顶点高程降低 4 m。

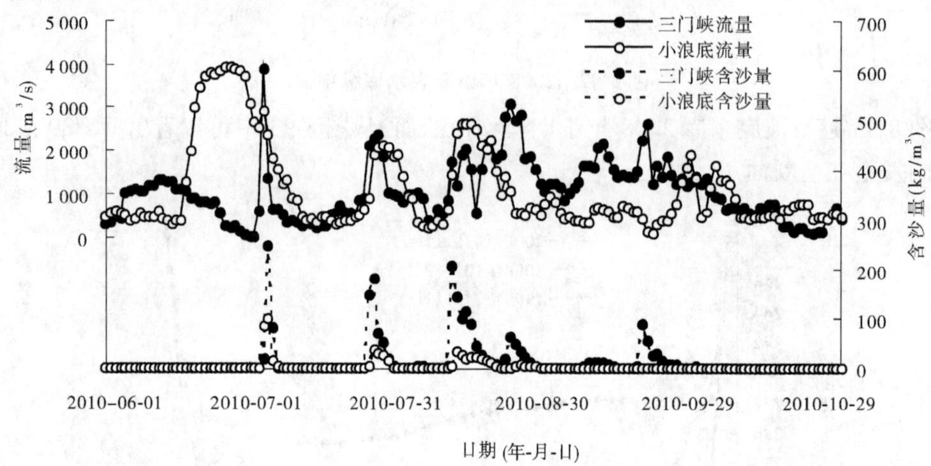

图 8-94　2010 年三门峡和小浪底站日均流量与含沙量过程线

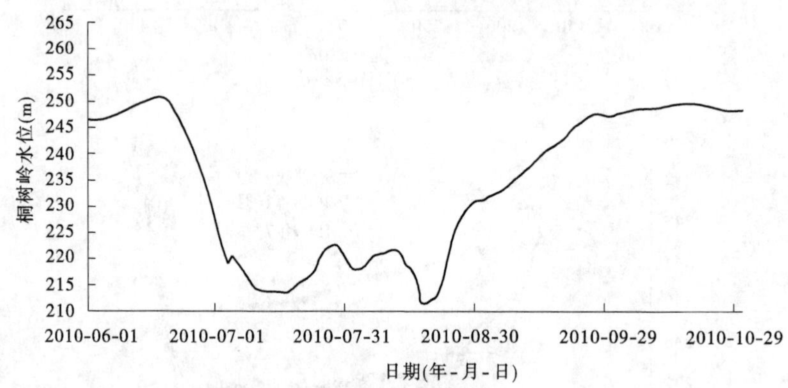

图 8-95　2010 年小浪底水库坝前桐树岭水位过程线

从图 8-96 可以看出，HH38—HH15 库段主槽冲刷下降，HH39—HH49 库段发生淤积。通过套绘横断面图（见图 8-97）可以看出，2010 年汛期 HH39—HH49 库段淤积发生在全断面，淤积厚度 1～2 m，HH38—HH15 库段主槽断面冲刷，滩地淤积。图 8-98 是 HH39—HH15 断面主槽冲刷厚度和滩地淤积厚度线，从图 8-98 中可以看出，主槽冲刷 2～6 m，上游冲刷幅度大，下游冲刷幅度小；滩地淤积厚度在 0.2～1 m 过程线。

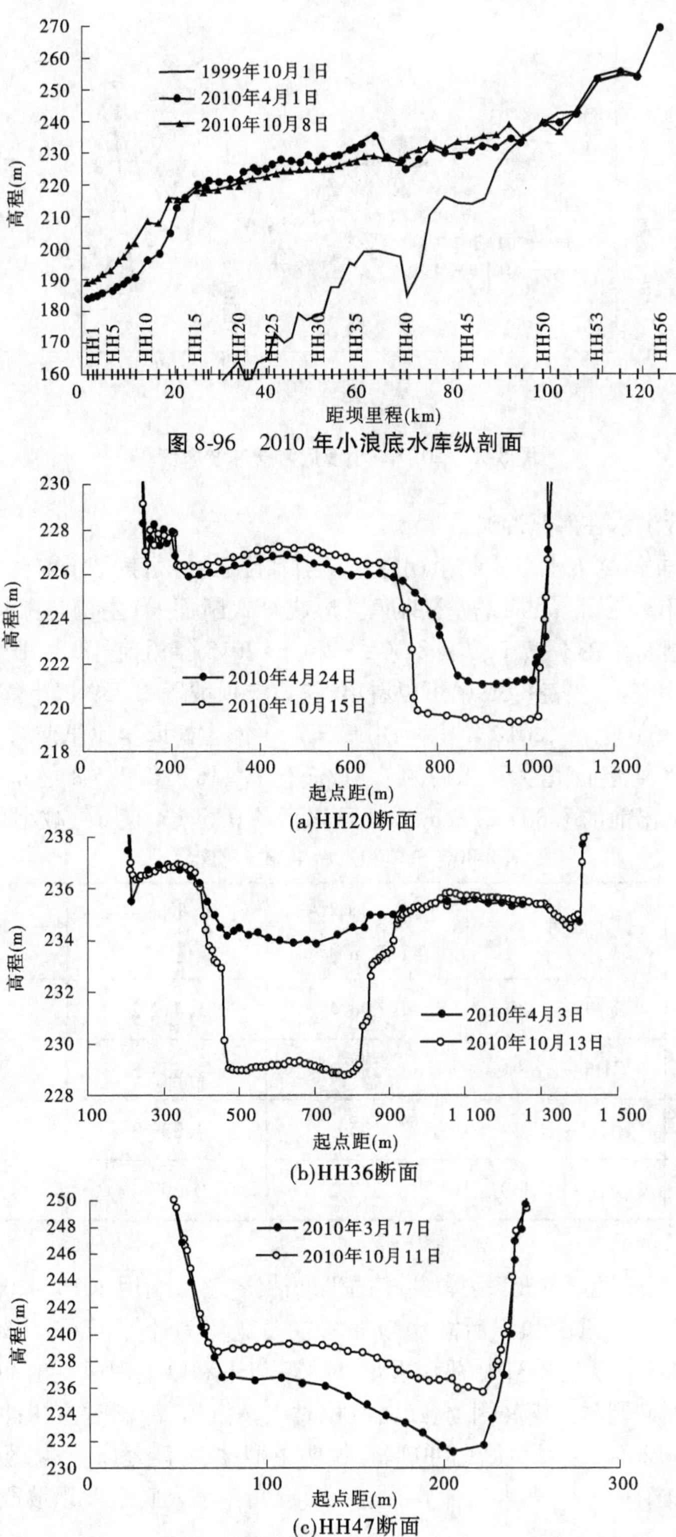

图 8-96　2010 年小浪底水库纵剖面

(a)HH20断面

(b)HH36断面

(c)HH47断面

图 8-97　2010 年小浪底水库横断面

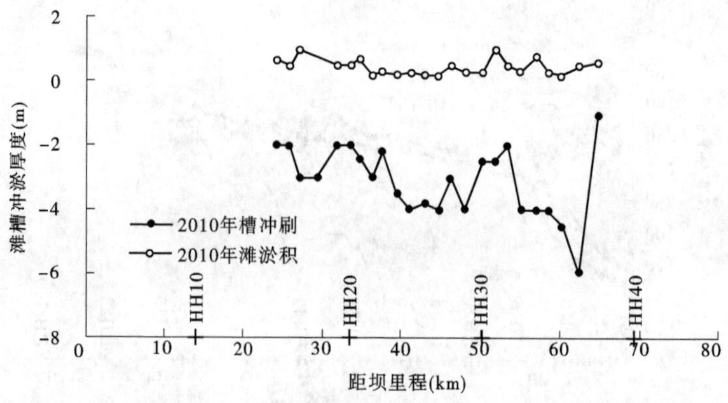

图 8-98 2010 年小浪底滩槽冲淤厚度

8.3.4.6 高含沙洪水在库区冲淤

小浪底水库非汛期蓄水运用和汛期降低坝前水位运用,尤其是汛前调水调沙运用,使三角洲顶坡段 HH39 以下横断面较宽的库段形成复式断面,有主槽与滩地,主槽宽度在 250 ~ 800 m,滩槽高差在 3 ~ 7 m。表 8-30 是 2010 ~ 2013 年汛前、汛后 HH39 以下三角洲顶坡段平滩主槽库容。从表 8-30 中可以看出,三角洲顶坡段 HH39 以下库段主槽库容在 0.696 4 亿 m^3 ~ 1.536 0 亿 m^3,2010 年汛期冲刷,汛后平滩主槽库容比汛前增大,平滩主槽库容从汛前的 0.696 4 亿 m^3 增大至汛后的 1.412 2 亿 m^3,增大 0.715 8 亿 m^3。2013 年主槽淤积,平滩主槽从汛前的 1.357 2 亿 m^3 减小至汛后的 0.697 4 亿 m^3,减小 0.659 8 亿 m^3。

表 8-30 汛前和汛后平滩主槽库容

年份	库段	汛前平滩主槽(亿 m^3)	汛后平滩主槽(亿 m^3)	变化值(亿 m^3)
2010	HH9—HH39	0.696 4	1.412 2	-0.715 8
2011	HH6—HH39	1.536 0	1.334 5	0.201 5
2012	HH11—HH39	1.225 9	1.339 3	-0.113 4
2013	HH11—HH39	1.357 2	0.697 4	0.659 8

为分析小浪底库区三角洲顶坡段主槽的汛期冲淤变化,利用 2010 ~ 2013 年库区实测淤积断面资料,分别以汛前和汛后淤积断面的主槽宽度为计算标准,计算主槽冲淤量,表 8-31 是计算结果。从表 8-31 中可以看出,HH39 以下和以上库段主槽冲淤与全断面冲淤相一致,全断面冲刷时主槽冲刷,全断面淤积时主槽淤积;冲刷时主槽冲刷量占全断面冲刷量的 72% ~ 125%,超过全断面冲刷量,说明主槽冲刷、滩地淤积;淤积时主槽淤积量也占全断面的 50% ~ 87%,即占大部分。这说明近几年小浪底水库顶坡段的淤积主要发生在主槽内。

表 8-31　以汛前和汛后主槽河宽为标准计算的主槽冲淤量

年份	库段	汛前主槽河宽标准冲淤量（亿 m^3）	汛后主槽河宽标准冲淤量（亿 m^3）	全断面冲淤量（亿 m^3）	(1)/(3)（%）	(2)/(3)（%）
		(1)	(2)	(3)		
2010	HH13—HH39	-0.632 1	-0.719 7	-0.624 4	101	115
	HH39—HH56	-0.046 7	-0.061 7	-0.052 4	89	118
2011	HH12—HH39	0.327 8	0.311 8	0.434 2	75	72
	HH39—HH56	0.314 5	0.311 0	0.361 8	87	86
2012	HH16—HH39	0.142 6	0.120 2	0.246 3	58	50
	HH39—HH56	-0.013 5	-0.013 9	-0.011 1	121	125
2013	HH11—HH39	1.186 0	1.134 0	1.457 7	81	78
	HH39—HH56	-0.278 0	-0.286 2	-0.383 5	72	75

通过对库区几个典型年的冲淤分析表明，HH39 以上库段比降较大，水库壅水造成淤积在这一库段的泥沙，可以在脱离回水影响后迅速冲刷调整。

小浪底水库顶坡段的冲刷、淤积主要取决于水库的壅水程度和壅水范围。HH39 以上库段在壅水范围内时，全断面淤积上升；脱离回水影响时，基本在全断面范围冲刷，主槽在 300 m 宽度以上的 HH39—HH46 库段，主槽冲刷时留有 50～100 m 的边滩。HH38 断面以下顶坡段，由于断面较宽，横断面已成为复式断面，有主槽与滩地，在壅水范围内时，主槽淤积厚度大于滩地淤积厚度；脱离回水影响时，主槽冲刷，滩地有小幅度淤积。三角洲前坡段淤积时是整体水平上升并向坝前推进。

8.4　三门峡与小浪底水库高含沙洪水排沙关系分析及调控指标

水库排沙是水库泥沙运动的结果，所有影响水库冲淤的因素都影响水库排沙。影响水库排沙的因素有三个方面，即来水来沙情况、库区地形和坝前水位。一般可将水库排沙分为壅水明流排沙、异重流排沙、敞泄排沙和溯源冲刷。壅水明流排沙发生在水库蓄水状态下，异重流排沙发生在水库蓄水位较高情况下。壅水明流排沙和异重流排沙都发生在水库壅水条件下，可统称为水库壅水排沙。敞泄排沙发生在水库基本不壅水时，溯源冲刷是由于水库坝前水位骤降水面坡降突然加大时出现的自下而上的强烈冲刷现象。敞泄排沙和溯源冲刷都发生在水库不壅水的条件下，水库排沙具有相同的基本规律。

8.4.1　三门峡水库高含沙洪水排沙分析

8.4.1.1　三门峡水库高含沙洪水壅水排沙

出库沙量与入库沙量之比称为水库沙量排沙比。水库蓄水量 V 与出库流量 $Q_{出}$ 之比 $V/Q_{出}$ 的物理意义是水库蓄水量的放空时间，它也反映了悬沙在水库中的滞留时间。三门峡水库高含沙洪水排沙比与 $V_{max}/Q_{出}$ 关系密切，$V_{max}/Q_{出}$ 值越大，排沙比越小，$V_{max}/Q_{出}$ 值越小，排沙比就越大。如 1964 年 7 月 23～26 日洪水，其间水库最大蓄水量是 23.34 亿 m^3，出库流量是 3 960 m^3/s，$V_{max}/Q_{出}$ 为 58.9 万 s，排沙比为 11.7%；而 1966 年 7 月 27 日至 8 月 2 日洪水，其间水库最大蓄水量是 4.63 亿 m^3，出库流量是 3 891 m^3/s，$V_{max}/Q_{出}$ 为 11.9 万 s，排沙比为 55.8%（见表 8-32）。

表 8-32　不同壅水条件下排沙比变化

起时间（年-月-日）	止时间（年-月-日）	V_{max}（亿 m^3）	潼关流量（m^3/s）	潼关沙量（亿 t）	三门峡流量（m^3/s）	三门峡沙量（亿 t）	$V_{max}/Q_{出}$（万 s）	排沙比（%）
1961-07-23	1961-07-26	23.34	3 340	1.20	3 960	0.14	58.9	11.7
1966-07-27	1966-08-02	4.63	4 699	5.72	3 891	3.19	11.9	55.8

图 8-99 是三门峡水库 1961～1969 年 22 场高含沙洪水排沙比与 $V_{max}/Q_{出}$ 关系（V_{max} 为场次洪水最大蓄水量），总体来看，排沙比随 $V_{max}/Q_{出}$ 的减小而增大的趋势比较明显。入库流量与出库流量之比 $Q_{入}/Q_{出}$ 也是影响排沙比的因子，该值较小时，水库泄水较快，排沙比就大，该值大时，排沙比就小。

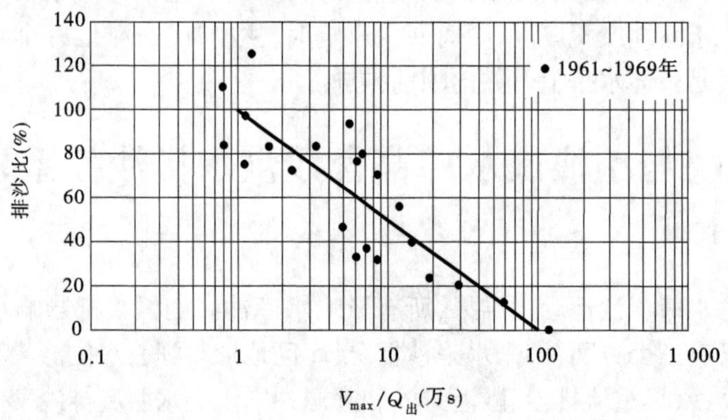

图 8-99　三门峡水库高含沙洪水排沙比与 $V_{max}/Q_{出}$ 关系

水库在洪水到来时水库蓄水量为 V_0，洪水过程中水库最大蓄水量为 V_{max}，三门峡出库流量为 $Q_{出}$。利用三门峡水库 1961～1969 年库区未形成深槽时的异重流排沙和壅水明流方式排沙的排沙比与综合因子 $V_0/Q_{出} + 2(V_{max} - V_0)/Q_{出}$ 和 $[V_0/Q_{出} + 2(V_{max} - V_0)/Q_{出}](Q_{入}/Q_{出})$ 关系见图 8-100 和图 8-101。

$$\eta = -22.63\ln[V_0/Q_{出} + 2(V_{max} - V_0)/Q_{出}] + 109.85 \tag{8-3}$$

式中　η——排沙比(%)；

$Q_{出}$——出库流量，m^3/s；

V_0——初始蓄水量，万 m^3；

V_{max}——最大蓄水量，万 m^3。

考虑入出库流量的作用，水库排沙比关系为：

$$\eta = -22.23\ln\{[(V_0/Q_{出} + 2(V_{max} - V_0)/Q_{出}](Q_{入}/Q_{出})\} + 110.26 \quad (8\text{-}4)$$

式中　$Q_{入}$——入库流量，m^3/s；

其他符号含义同前。

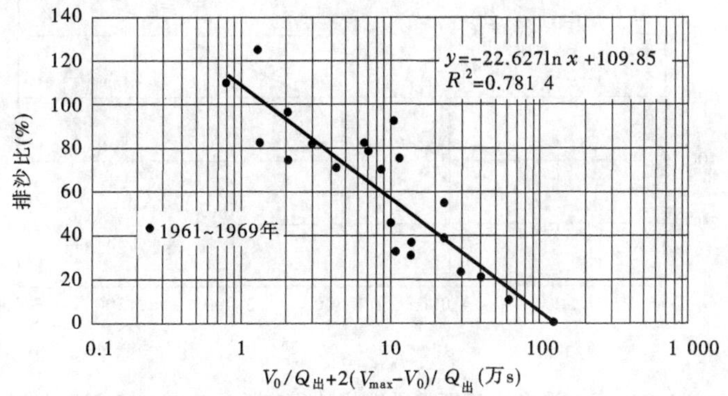

图 8-100　高含沙洪水三门峡水库排沙比关系(一)

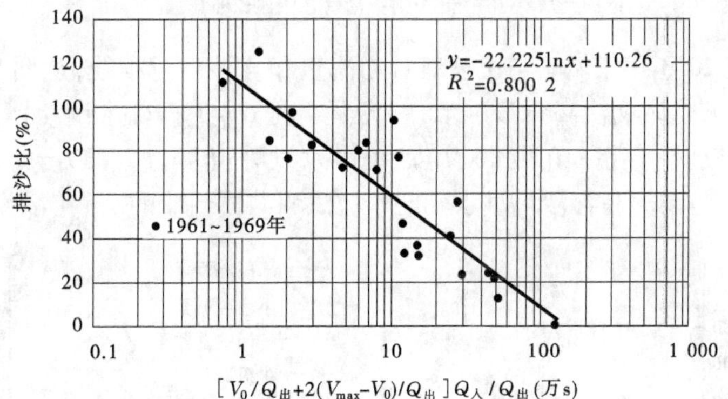

图 8-101　高含沙洪水三门峡水库排沙比关系(二)

8.4.1.2　三门峡水库高含沙洪水敞泄排沙

当 $V_{max}/Q_{出} \leqslant 2$ 万 s 时按敞泄排沙计算。

汛期三门峡水库降低水位排沙或敞泄运用，假定经过冲刷段以后，水流的含沙量已达到饱和程度，即冲刷段下游断面的含沙量等于水流的挟沙能力，同时也假定冲刷段水流为均匀流，根据挟沙能力、水流连续、水流运动方程得到：

$$Q_s = k'''Q^a S^b J^c \quad (8\text{-}5)$$

根据三门峡出库输沙率 $Q_{ssmx} = f(Q^a S_{tg}^b J^c)$ 相关程度最优，确定 a、b 和 c 的值。利用 1974 年至 2013 年潼关入库高含沙洪水且为敞泄排沙 38 场洪水资料，潼关平均流量在

520 ~ 4 620 m^3/s，潼关平均含沙量在 67 ~ 290 kg/m^3，三门峡平均流量在 430 ~ 4 540 m^3/s，三门峡平均含沙量在 64 ~ 370 kg/m^3，回归分析确定（见图 8-102）：

$$Q_{ssmx} = 0.317Q_{smx}^{1.2}S_{tg}^{0.9}J^{0.8} + 79.823 \quad (R^2 = 0.879) \tag{8-6}$$

式中 Q_{ssmx}——三门峡水库出库平均输沙率，t/s；

Q_{smx}——三门峡出库平均流量，m^3/s；

S_{tg}——潼关平均含沙量，kg/m^3；

J——北村至坝前段水面平均比降。

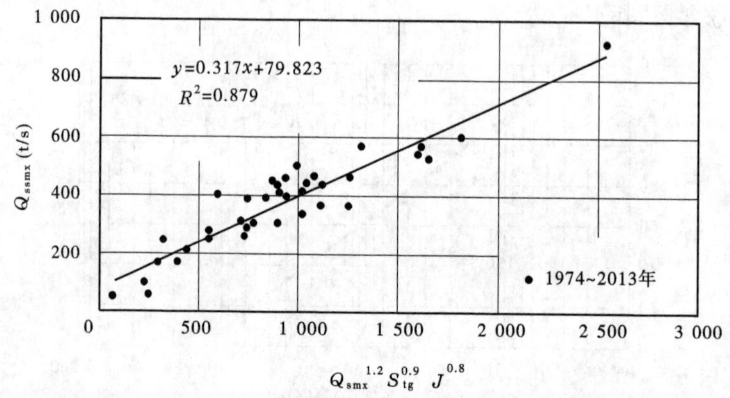

图 8-102 高含沙洪水三门峡敞泄排沙出库输沙率与综合因子关系

8.4.2 小浪底水库不同壅水程度对排沙比的影响

图 8-103 是 2013 年三门峡与小浪底日均流量和含沙量过程线，从图 8-103 中可以看出，2013 年三门峡出现两次高含沙洪水，一场是 7 月 6 ~ 7 日调水调沙期间出现的，另一场是 7 月 18 ~ 20 日。后一场洪水对应潼关洪水洪峰流量为 2 730 m^3/s，沙峰值为 160 kg/m^3，该场洪水是渭河高含沙小洪水和北干流洪水共同组成的。

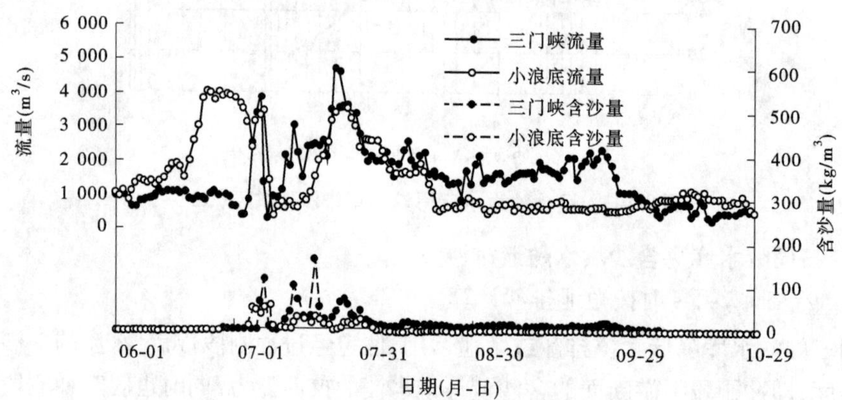

图 8-103 2013 年三门峡和小浪底日均流量与含沙量过程线

从桐树岭水位过程线（见图 8-104）可以看出，2013 年 7 月 6 日和 7 日桐树岭水位分别为 216.39 m 和 216.54 m，坝前水位较低。从图 8-105 小浪底水库纵剖面可以看出，7 月 6 日和 7 日水位壅水影响范围基本在坝前 30 km 范围内，壅水范围较小。7 月 6 日坝前水位 216.39 m,对应水库蓄水量为 2.21 亿 m^3,7 月 6～7 日出库平均流量为 3 410 m^3/s,$V_0/Q_{出}$为 6.48 万 s,水库排沙比为 58.8%。2013 年 7 月 18～20 日高含沙洪水,桐树岭平均水位 230.04 m,比 7 月 6～7 日洪水对应坝前水位升高了 13.57 m,水库壅水范围基本在坝前 70 km 范围内,壅水长度增加了 1 倍。7 月 18 日坝前水位为 228.90 m,水库蓄水量为 7.05 亿 m^3, $V_0/Q_{出}$为 45.4 万 s,水库排沙比为 20.1%。

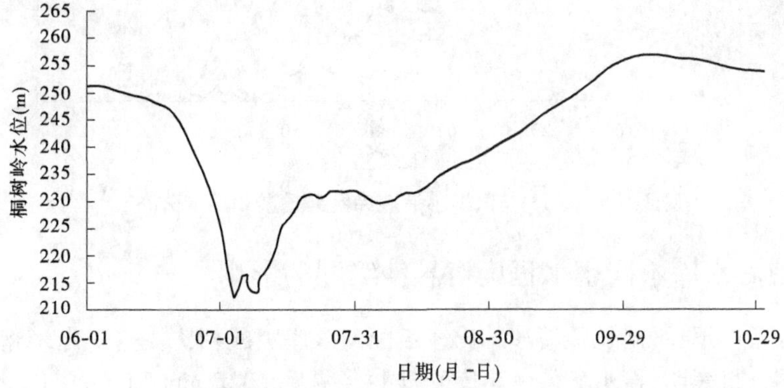

图 8-104　2013 年桐树岭水位过程线

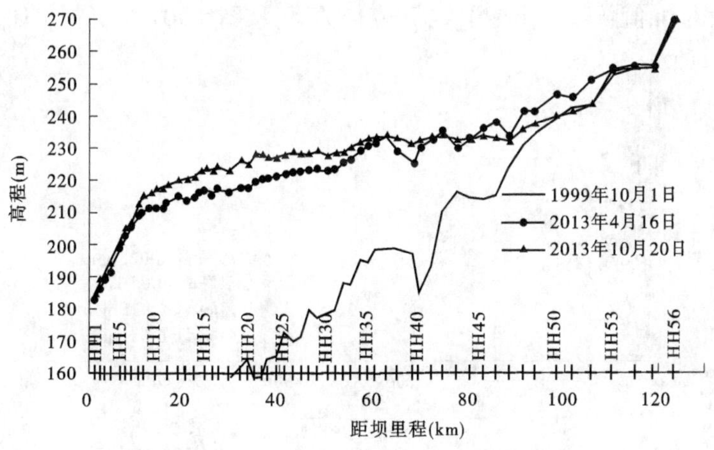

图 8-105　2013 年小浪底库区纵剖面

2013 年 7 月下旬至汛末小浪底坝前水位较高,壅水范围较大,造成坝前 70 km 范围内淤积,其中坝前 10～60 km 范围内淤积较为严重。小浪底水库壅水条件下的淤积,对于复式断面库段,滩槽是同步淤积,槽淤积的厚度大于滩地淤积厚度。图 8-106 是 2013 年汛期小浪底水库 HH15—HH38 库段滩槽淤积厚度分布,从图 8-106 中可以看出,主槽淤积厚度 8～0 m,从下游向上游主槽淤积厚度逐渐减小,HH20 主槽淤积厚度最大,为 8 m;滩地淤积厚度 3.5～0 m,从下游向上游滩地淤积厚度逐渐减小,HH17 断面滩地只有 80 m 宽,淤积厚度较大,达到 3.5 m。2013 年汛前滩槽高差在 4～7 m,经过高含沙洪水的淤积调整,汛后滩槽高差在 3～5 m。

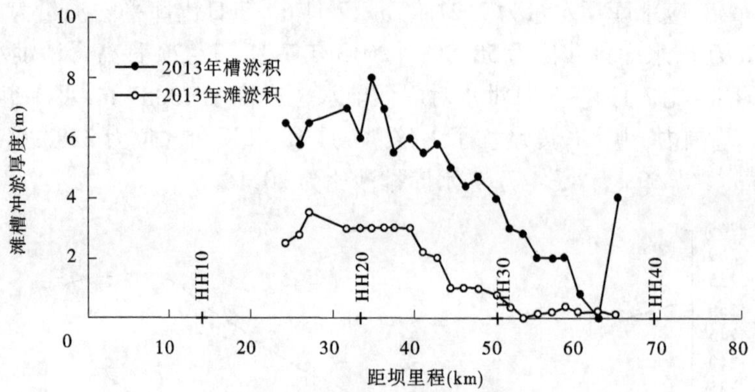

图 8-106　2013 年汛期小浪底库区滩槽淤积厚度分布

8.4.3　小浪底水库不同壅水程度对悬沙级配的影响

水库壅水条件下，不同粒径泥沙的出库级配与入库级配相比发生变化，小浪底水库蓄水运用的实测资料表明，蓄水条件下出库悬沙粒径 $d<0.025$ mm 和 $d<0.05$ mm 的百分数比入库对应的百分数增加；增加的幅度与洪水入库后受滞留时间的长短而变化。图 8-107 是利用小浪底水库和三门峡水库实测资料点绘的悬沙粒径 $d<0.025$ mm 和 $d<0.05$ mm 沙重百分数入库增加值随壅水指标 $V_0/Q_出$ 变化关系，从图 8-107 中可得出如下关系式：

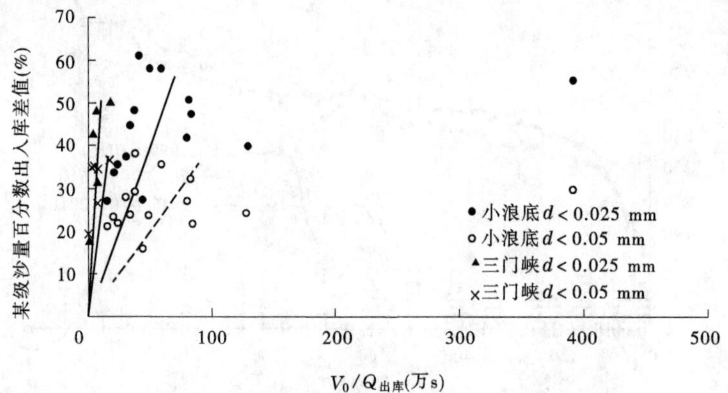

图 8-107　沙量百分数出入库增量与壅水指标关系

小浪底异重流排沙条件下

$$\Delta P_{d<0.025} = 0.8V_0/Q_出 \quad (V_0/Q_出 \leqslant 90) \tag{8-7}$$

$$\Delta P_{d<0.05} = 0.4V_0/Q_出 \quad (V_0/Q_出 \leqslant 90) \tag{8-8}$$

三门峡水库壅水明流排沙条件下

$$\Delta P_{d<0.025} = 5.0V_0/Q_出 \quad (V_0/Q_出 \leqslant 20) \tag{8-9}$$

$$\Delta P_{d<0.05} = 2.5V_0/Q_出 \quad (V_0/Q_出 \leqslant 20) \tag{8-10}$$

式中　$\Delta P_{d<0.025}$——悬沙粒径 $d<0.025$ mm 的出入库百分比之差(%)；

$\Delta P_{d<0.05}$——悬沙粒径 $d<0.05$ mm 的出入库百分比之差(%)；

V_0——初始蓄水量，万 m^3；

$Q_{出}$——出库流量,m^3/s。

8.4.4　小浪底水库高含沙洪水排沙

8.4.4.1　小浪底水库出入库来沙系数变化

用 $(S/Q)_{入}$ 表示高含沙洪水的入库来沙系数,用 $(S/Q)_{出}$ 表示高含沙洪水的出库来沙系数,出库来沙系数与入库来沙系数之比 $(S/Q)_{出}/(S/Q)_{入}$ 与水库的壅水程度有关,如 2005 年 8 月 19~22 日洪水,洪水来之前水库蓄水量为 14.5 亿 m^3,入库来沙系数为 0.067 8 kg·s/m^6,出库来沙系数为 0.001 5 kg·s/m^6,$(S/Q)_{出}/(S/Q)_{入}$ 为 0.022 8;2010 年 7 月 26~29 日,洪水来之前水库蓄水量为 5.36 亿 m^3,入库来沙系数为 0.053 0 kg·s/m^6,出库来沙系数为 0.020 0 kg·s/m^6,$(S/Q)_{出}/(S/Q)_{入}$ 为 0.377(见表 8-33)。壅水程度越高,出库来沙系数与入库来沙系数之比就越小,壅水程度越低,出库来沙系数与入库来沙系数之比就越大。利用三门峡水库 1961~1969 年和小浪底 2004~2013 年资料点绘出库来沙系数与入库来沙系数之比与综合壅水指标的关系(见图 8-108),可以看出:

$$(S/Q)_{出}/(S/Q)_{入} = -0.207\ln[V_0/Q_{出} + 2(V_{max} - V_0)/Q_{出}] + 1.111 \quad (8\text{-}11)$$

式中　S——含沙量,kg/m^3;

Q——流量,m^3/s;

$(S/Q)_{出}$——出库含沙量与流量之比;

$(S/Q)_{入}$——入库含沙量与流量之比;

V_0——初始蓄水量,万 m^3;

V_{max}——洪水过程中最大的蓄水量,万 m^3。

表 8-33　不同壅水条件下出入库来沙系数变化

起时间(年-月-日)	止时间(年-月-日)	V_0(亿 m^3)	V_{max}(亿 m^3)	三门峡流量(m^3/s)	三门峡含沙量(kg/m^3)	小浪底流量(m^3/s)	小浪底含沙量(kg/m^3)
2005-08-19	2005-08-22	14.5	16.42	1 675	113	883	1.4
2010-07-26	2010-07-29	5.36	5.96	2 178	115	1 778	36
起时间(年-月-日)	止时间(年-月-日)	$(S/Q)_{入}$(kg·s/m^6)	$(S/Q)_{出}$(kg·s/m^6)	$(S/Q)_{出}/(S/Q)_{入}$			
2005-08-19	2005-08-22	0.067 8	0.001 5	0.022 8			
2010-07-26	2010-07-29	0.053 0	0.020 0	0.377 0			

小浪底水库蓄水量 V 用流经库容部分的蓄水量,V_0 和 V_{max} 都为黄河干流的库容。

8.4.4.2　小浪底水库高含沙洪水期壅水排沙比关系

利用三门峡水库 1961~1969 年和小浪底 2004~2013 年水库高含沙洪水资料,计算各场次洪水的沙量排沙比和综合壅水指标,点绘高含沙洪水时排沙比与综合壅水指标关系(见图 8-109 和图 8-110),可以看出:

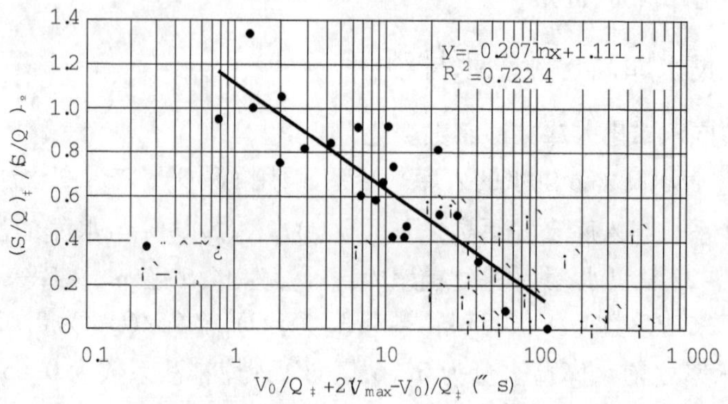

图 8-108　出库来沙系数与入库来沙系数之比与综合壅水指标关系

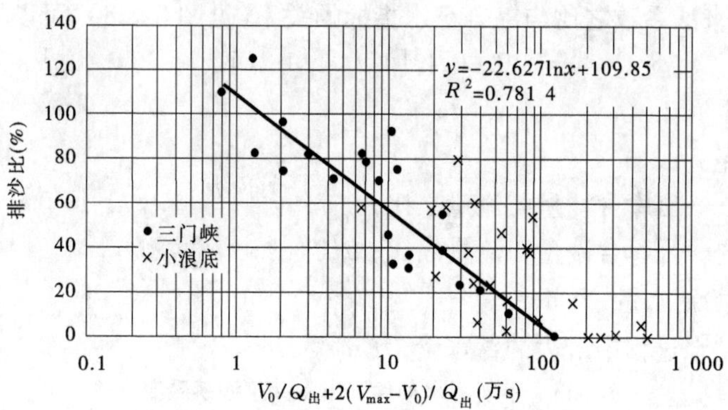

图 8-109　水库排沙比与综合壅水指标的关系

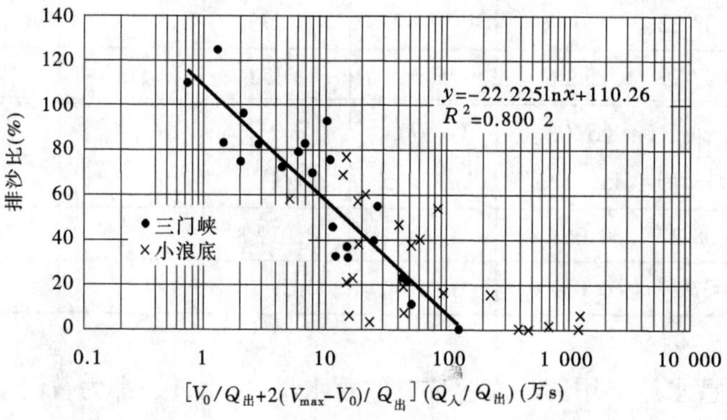

图 8-110　水库排沙比与综合壅水指标的关系

$$\eta = -22.62\ln[V_0/Q_{出} + 2(V_{max} - V_0)/Q_{出}] + 109.85 \tag{8-12}$$

式中　η——沙量排沙比(%)；

$Q_{出}$——出库流量，m^3/s；

V_0——黄河干流初始蓄水量，万 m^3；

V_{max}——洪水过程中黄河干流最大蓄水量，万 m^3。

$$\eta = -22.23\ln[V_0/Q_{出} + 2(V_{max} - V_0)/Q_{出}](Q_{入}/Q_{出}) + 110.26 \tag{8-13}$$

式中　$Q_{入}$——入库流量，m^3/s；

其他符号含义同前。

8.4.5　三门峡水库和小浪底水库调控指标分析

8.4.5.1　三门峡水库调控指标

为了控制潼关高程的上升，2002 年 10 月以来，三门峡水库运用调整为：非汛期控制最高水位不超过 318 m，汛期当潼关流量大于 1 500 m^3/s 时敞泄，即洪水敞泄运用。2003～2013年汛后潼关高程基本维持在 327.50～328.00 m 变化。前文分析表明，三门峡水库入库为高含沙洪水时，若发生滞洪水库主槽和滩地将产生淤积。受潼关高程的限制，今后三门峡水库在发生高含沙洪水时，运用方式仍是敞泄运用。

8.4.5.2　小浪底水库调控指标

小浪底水库现已进入拦沙后期，为了控制小浪底水库出库的水沙搭配，在发生高含沙洪水时，需要对小浪底水库进行调控。

从前文分析可知，对小浪底水库可调控的因子包括洪水前蓄水量 V_0、洪水过程中的最大蓄水量 V_{max} 和入出库流量。

假定洪水过程中最大蓄水量 V_{max} 与洪水前期蓄水量 V_0 相等，即洪水过程中蓄水量与洪水前蓄水量保持不变，当出库流量分别为 2 000 m^3/s、3 000 m^3/s 和 4 000 m^3/s 时，控制出库含沙量分别为入库沙量的 40%、60% 和 80%，由式(8-11)计算不同出库流量、不同排沙比条件下水库蓄水量变化线见(图 8-111)。由图 8-111 可以看出，在同样的入出库流量条件下，水库蓄水量越大，排沙比越小；入出库流量越大，维持相同的排沙比，水库蓄水量也越大。由式(8-13)计算出洪水发生时不同出库流量、不同排沙比条件下水库需要的蓄水量(见表 8-34)。从表 8-34 可知，当出库流量为 2 000 m^3/s 时，要使出库含沙量为入库沙量的 40%，前期蓄水量为 4.38 亿 m^3 即可；当出库流量为 4 000 m^3/s，要使出库含沙量为入库沙量的 40%，前期蓄水量要 8.76 亿 m^3 即可。

假定洪水过程中最大蓄水量 V_{max} 与洪水前期蓄水量 V_0 相等，即洪水过程中蓄水量与洪水前蓄水量保持不变，根据式(8-11)，可以计算出不同出库流量条件、不同出库来沙系数与入库来沙系数比条件下蓄水量的变化线(见图 8-112)。从图 8-112 中可以看出，要使出库来沙系数达到入库来沙系数的 0.5 倍，当出库流量为 4 000 m^3/s 时，蓄水量需要 7.8 亿 m^3；当出库流量为 2 000 m^3/s 时，蓄水量需要 3.8 亿 m^3。

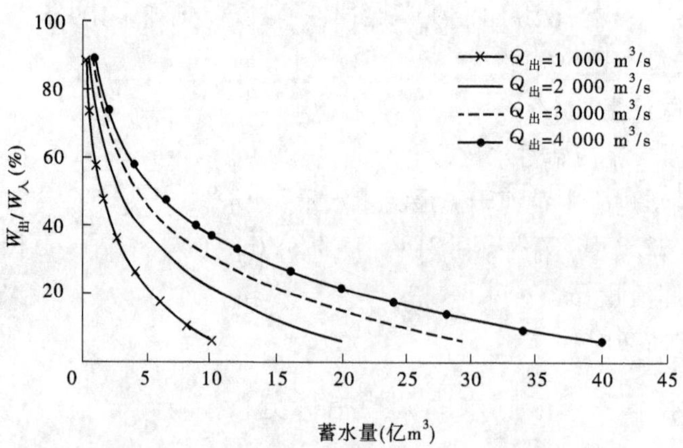

图 8-111　不同出库流量排沙比与蓄水量关系

表 8-34　不同出库流量排沙比对应洪水前蓄水量

类别	出库流量(m^3/s)	$W_{出}/W_{入}$(%)	V_0(亿 m^3)
1	2 000	40	4.38
	2 000	60	1.81
	2 000	80	0.75
2	3 000	40	6.58
	3 000	60	2.72
	3 000	80	1.12
3	4 000	40	8.76
	4 000	60	3.62
	4 000	80	1.50

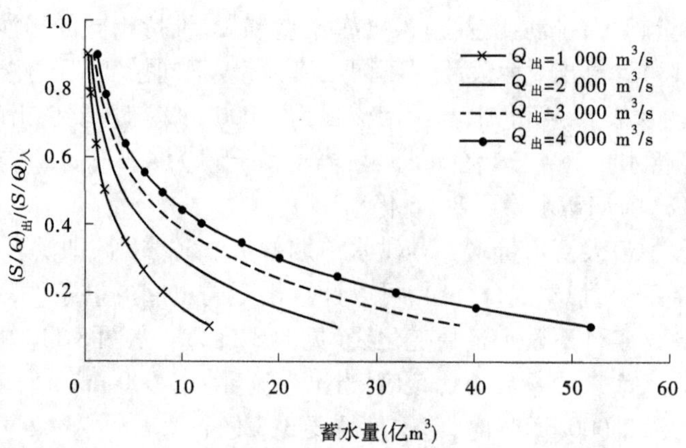

图 8-112　不同出库流量来沙系数比与蓄水量关系

8.5 小　结

(1)场次高含沙洪水选择标准是洪水期瞬时最大含沙量大于等于 200 kg/m^3。潼关站 1961～2013 年共发生高含沙量洪水 95 场,其中 1970～1979 年高含沙洪水场次最多,达到 30 场;1990～1999 年次之,为 21 场;2000～2013 年高含沙洪水场次最少,为 10 场。进入 21 世纪,潼关高含沙洪水洪峰流量降低,洪量和沙量减小,洪水场次减少,不发生高含沙洪水年份增多。95 场高含沙洪水占潼关年水沙量的 6.1% 和 34.7%。

在潼关站 95 场高含沙洪水中,洪峰流量小于等于 5 000 m^3/s 出现的频率为 66.8%,洪水水量小于等于 12 亿 m^3 发生的频率为 68.5%,洪水沙量小于等于 2 亿 t 对应的频率为 69.6%。

(2)潼关高含沙洪水地区组成分 3 种:一是由黄河干流高含沙洪水形成;二是由渭河高含沙洪水形成;三是由黄河干流高含沙洪水与渭河高含沙洪水汇合形成。95 场潼关高含沙洪水中,黄河干流来水为主的占 72%,渭河来水为主的占 9%,两者共同来水的占 19%;黄河干流来沙为主和渭河干流来沙为主组成的潼关高含沙洪水各占约 40%,两者共同来沙组成的洪水约占 20%。

(3)三门峡站的高含沙洪水除潼关站高含沙量洪水形成外,还有两种情况下会产生高含沙量洪水:一种是潼关一般含沙量洪水在坝前水位较低的情况下冲刷库内淤积泥沙形成高含沙洪水出库;另一种是汛初三门峡水库由蓄水状态逐渐降低水位形成的冲刷型高含沙洪水。冲刷型高含沙洪水使三门峡站高含沙洪水沙量占年沙量的比例升高。2000～2013 年三门峡站高含沙洪水水沙量占年水沙量的 5.6% 和 50.9%。

(4)1977 年汛期潼关站出现 3 场高含沙洪水,3 场洪水潼关站的洪峰流量分别为 13 600 m^3/s、11 900 m^3/s 和 15 400 m^3/s,最大含沙量分别为 616 kg/m^3、238 kg/m^3 和 911 kg/m^3。由于三门峡水库壅水滞洪,最大出库流量分别为 7 900 m^3/s、7 550 m^3/s 和 8 900 m^3/s,坝前最高水位分别为 317.18 m、313.02 m 和 315.15 m,但出库最大含沙量仍分别高达 589 kg/m^3、330 kg/m^3 和 911 kg/m^3,洪峰大幅度削减,但沙峰并没有明显变化。由于库区不同河段的冲淤调整,3 场高含沙洪水排沙比分别达到 97%、95% 和 95%。

(5)从 1977 年库区大断面测验结果分析,5 月 18 日至 7 月 20 日(第 1 场高含沙洪水过后)潼关至大坝冲刷 0.084 2 亿 m^3,其中潼关至黄淤 32 河段产生强烈冲刷,冲刷量为 0.790 亿 m^3;黄淤 32 至大坝河段淤积,淤积量为 0.706 亿 m^3。7 月 20 日至 8 月 19 日(第 2、3 场高含沙洪水),潼关至大坝淤积了 0.434 2 亿 m^3,其中潼关至黄淤 32 河段产生强烈淤积,淤积量为 0.727 8 亿 m^3,黄淤 32 至大坝为冲刷,冲刷量为 0.293 6 亿 m^3。从滩、槽冲淤量分配来看,7 月洪水主槽冲刷 0.36 亿 m^3,边滩淤积 0.274 6 亿 m^3,主槽冲刷量大于边滩淤积量,坝前滞洪使黄淤 30 至黄淤 17 库段发生淤积,主槽主要是贴边淤积;8 月洪水主槽虽然淤积,但主槽淤积量占总淤积量的 60%,边滩淤积量占 40%,主槽主要是贴边淤积和底部淤积。

(6)三门峡水库形成高滩深槽后蓄清排浑运用,潼关高含沙洪水沙量在 3 亿～8 亿 t 的年份,若水库无滞洪,潼关以下库段主槽冲刷,主槽冲刷量占全断面冲刷量的 75% 以上。潼关至坫埼河段主槽有冲刷，也有淤积，其他库段都是冲刷，坫埼至黄淤 12 主槽冲刷量占全库段的 80% 以上。

三门峡库区潼关至大坝库段主槽宽度变化特点是，近坝段主槽宽度变化幅度小，距坝较远的库段主槽变化幅度大；潼关至大坝平均主槽宽度在 600 ~ 1 000 m，汛后与汛前相比，1977 年主槽宽度缩窄 250 m，1966 年缩窄 100 m，1979 年和 1996 年扩宽 100 m。

(7)1970 ~ 1973 年水库敞泄运用，高含沙洪水在三门峡库区产生沿程冲刷幅度较大，与坝前水位降低产生的溯源冲刷相衔接，扩大了槽库容。

(8)三门峡和小浪底水库高含沙洪水壅水排沙分析结果显示，水库蓄水量 V（干流）与出库流量 Q 之比 V/Q 反映了悬沙在水库中的滞留时间，水库排沙比随 V/Q 的减小而增大的趋势比较明显；入库流量与出库流量之比 $Q_{入}/Q_{出}$ 也是影响排沙比的重要因子。因此，提出了三门峡和小浪底水库高含沙洪水壅水排沙比关系式：

$$\eta = -22.62\ln[V_0/Q_{出} + 2(V_{max} - V_0)/Q_{出}] + 109.85$$

$$\eta = -22.23\ln[V_0/Q_{出} + 2(V_{max} - V_0)/Q_{出}](Q_{入}/Q_{出}) + 110.26$$

(9)利用实测资料，潼关平均流量 520 ~ 4 620 m^3/s，潼关平均含沙量 67 ~ 290 kg/m^3，三门峡平均流量 430 ~ 4 540 m^3/s，三门峡平均含沙量 64 ~ 370 kg/m^3。建立了三门峡水库高滩深槽条件下高含沙洪水敞泄排沙出库输沙率 Q_{ssmx} 与出库流量、入库含沙量、大坝至北村水面比降之间的相关关系。

$$Q_{ssmx} = 0.317Q_{smx}^{1.2}S_{tg}^{0.9}J^{0.8} + 79.8$$

(10)调水调沙期间三门峡水库下泄清水，小浪底水库三角洲顶坡段产生的沿程冲刷使含沙量恢复，实测资料表明，河堤站含沙量恢复至最大值 80 kg/m^3。调水调沙清水下泄完之后，三门峡下泄高含沙（最大含沙量在 200 kg/m^3 以上）时，三门峡到河堤含沙量是降低的。流量在 500 ~ 3 000 m^3/s，三门峡站含沙量在 200 ~ 440 kg/m^3，河堤站含沙量衰减到 120 ~ 160 kg/m^3。

(11)小浪底库区淤积三角洲顶坡段在脱离回水影响后的冲淤调整非常迅速。河堤站距三门峡站距离为 59.6 km，纵坡变化较大，来水来沙条件的变化范围大，是河堤河床快速冲淤调整的主要原因。

HH39 以上库段的淤积物可以全部被冲刷，白浪和五福涧水位变化表明，这一库段的冲刷主要发生在调水调沙期大流量清水下泄期和高含沙期。

(12)小浪底水库 HH39 以上库段是较窄的单一 V 形断面。HH39 以下三角洲顶坡段是复式断面，主槽和滩地明显，近几年来滩槽高差在 3 ~ 7 m，近几年汛前和汛后平滩主槽库容在 0.70 亿 ~ 1.54 亿 m^3 变化。

近几年小浪底水库顶坡段的淤积主要发生在主槽内。小浪底水库壅水条件下的淤积，HH39 以上库段淤积发生在全断面；脱离回水影响后发生冲刷，HH39 以上库段冲刷基本发生在全断面。HH39 以下三角洲前坡段滩槽是同步淤积，槽淤积的厚度大于滩地淤积厚度，主槽淤积量也占全断面的 50% ~ 87%；冲刷时只发生在主槽，滩地有少量淤积，冲刷时主槽冲刷量占全断面冲刷量的 72% ~ 125%。

(13)提出了小浪底水库异重流排沙和三门峡壅水明流排沙悬沙 $d < 0.025$ mm 和 $d < 0.05$ mm 沙重百分数出入库增加值与壅水指标 $V_0/Q_{出}$ 的关系。

(14)受潼关高程的限制,今后三门峡水库在发生高含沙洪水时,运用方式仍是敞泄运用。

小浪底水库现已进入拦沙后期,为了控制小浪底水库出库的水沙搭配,在发生高含沙洪水时,需要对小浪底水库进行调控。洪水过程中最大蓄水量 V_{max} 与洪水前期蓄水量 V_0 相等时,即出入库流量相等时,要使出库沙量为入库沙量的 40%,出库流量为 2 000 m^3/s 时水库蓄水量应为 4.4 亿 m^3,出库流量为 4 000 m^3/s 时蓄水量应为 8.8 亿 m^3。

第9章 陕西省渭河流域大中型水库联合调度(枯水期)研究

9.1 概况

9.1.1 背景

渭河经宝鸡峡进入陕西关中平原地带,土地肥沃,史称“八百里秦川”,历来为我国西部地区富庶之地。关中地区城镇集中,工农业发达,旅游资源丰富,是陕西省政治、经济、文化的中心区域,也是西部大开发的重要地区。近年来,随着流域内经济社会的快速发展、人口的急剧增加,人类生存和社会生产发展对水的需求越来越迫切,水资源供需矛盾日益突出。过度开发利用水资源引发了一系列生态环境问题,渭河面临着水资源短缺、水土流失严重、水污染加剧、河道淤积严重等生态环境问题,严重制约了区域可持续发展。

2011年陕西省委、省政府全面启动实施了陕西省渭河全线综合整治工程,随着整治工程实施步伐加快,渭河水质变清所需生态用水短缺与水污染严重的问题凸显,解决渭河生态环境需水迫在眉睫。2012年,陕西省水利厅组织陕西省江河水库管理局和中国水利水电科学研究院开展了陕西省渭河干流可调水量分析与调度机制研究,项目分析了渭河流域生态环境存在问题,提出了渭河各河段生态环境需水的控制指标,梳理了流域内、外对渭河干流生态补水的调水潜力,探索了陕西省渭河流域的调水机制和保障措施,提出了近、远期水量调度措施和调度机制。

目前渭河干流枯水期生态用水被占用情况严重,局部河段基本处于断流状态。如林家村枢纽工程进行了加坝加闸改造后,渭河水被引入渠道发电和灌溉,导致大坝到魏家堡渠首70多km渭河河道在枯水期严重缺少生态水,河道内容纳的主要是工业、生活污水和少量支流补给水,无法发挥天然水体的自净能力,生态环境恶化。

渭河干支流现有23座大中型水库在防洪、灌溉、发电、城市供水、养殖等兴利方面发挥了较大作用,在一定程度上提高了防洪能力,实现了水资源年内和季调节。由于这些水库库容设计和水库调度是以防洪与兴利为主,对河流生态系统需求方面考虑较少。针对社会经济发展以及生态环境变化,如何发挥已建水库在改善生态环境方面的作用是迫切需要解决的问题。

针对渭河干流生态流量保证率低的突出问题,开展渭河干支流现有大中型水库的联合调度研究,回答水库有无水量可供生态调度利用,以及水库联合调度后对干流断面的生态流量保证率提高程度等问题。

研究任务是,在前期渭河干流生态环境需水指标研究成果基础上,结合目前渭河干支流水库运行利用状况,重点研究林家村至咸阳河段,兼顾渭河下游河段,在满足城市、工业供水和灌溉供水的前提下,分析当前大中型水库调度潜力,选定典型年,进行非汛期(11月至翌年6月)水量调度方案计算,提高林家村、魏家堡、咸阳、临潼、华县断面生态流量保证率。

9.1.2　渭河流域概况

渭河是黄河第一大支流,发源于甘肃省渭源县鸟鼠山,流域涉及甘肃、宁夏、陕西三省(区),在陕西省潼关县注入黄河。渭河流域面积13.48万km^2,其中甘肃占44.1%、宁夏占6.1%、陕西占49.8%。渭河干流全长818 km,宝鸡峡以上为上游,河长430 km,河道狭窄,河谷川峡相间,水流湍急;宝鸡峡至咸阳为中游,河长180 km,河道较宽,多沙洲,水流分散;咸阳至入黄口为下游,河长208 km,比降较小,水流较缓,河道泥沙淤积。

9.1.2.1　基本情况

陕西省渭河流域面积6.71万km^2,占全省总面积的32.6%,包括关中地区的宝鸡、杨凌、咸阳、西安、铜川、渭南市以及陕北地区的延安、榆林市的一部分。境内渭河干流河长512 km,自西向东横贯宝鸡、杨凌、咸阳、西安、临潼、渭南、华县等重要城镇。

流域地貌包括渭北黄土高原和关中盆地的黄土高原丘陵沟壑、渭北高原、关中平原和秦岭北麓山区四个地貌单元。为典型的大陆性季风气候,陕北部分为温带半干旱区。区内多年平均降水量601 mm,汛期四个月降水占全年的60%以上,降水区域分布规律为南多北少、西多东少,属资源型缺水区。

9.1.2.2　河流水系

陕西省境内支流众多,分布特点为南多北少,但较大支流集中在北岸,水系呈扇状分布。北岸支流多发源于黄土丘陵和黄土高原,相对源远流长,比降较小,含沙量大,主要有通关河、小水河、金陵河、千河、漆水河、泾河、石川河、北洛河等;南岸支流众多,均发源于秦岭山区,源短流急,谷狭坡陡,径流较丰,含沙量小,主要有清姜河、石头河、汤峪河、黑河、涝峪河、沣河、灞河、零河、沈河、赤水河、遇仙河、石堤河、罗敷河等。

陕西省境内渭河干流上布设有拓石(2003年6月建站)、林家村(1934年1月建站)、魏家堡(1937年5月建站)、咸阳(1931年6月建站)、临潼(1961年1月建站)和华县(1935年3月建站)六个水文站,支流上也设有水文站,如表9-1和图9-1所示。干流六个水文站把拓石至华县河段分为五个河段,其中魏家堡至咸阳河段最长,为110 km;咸阳至临潼最短,为54 km,拓石至华县全河段长397 km。

表9-1　拓石至华县河段支流及水文站

河段	河段长(km)	左岸支流	右岸支流
拓石—林家村	82	小水河(朱园)	
林家村—魏家堡	67	千河(千阳)	清姜河(益门镇)、石头河(鹦鸽)
魏家堡—咸阳	110	漆水河(安头)	汤峪河(漫湾村)、黑河(黑峪口)、涝河(涝峪口)
咸阳—临潼	54	泾河(张家山)	沣河(秦渡镇)、灞河(马渡王)
临潼—华县	84	石川河(耀县、柳林、淳化)	零河、沈河

注:括号内为水文站。

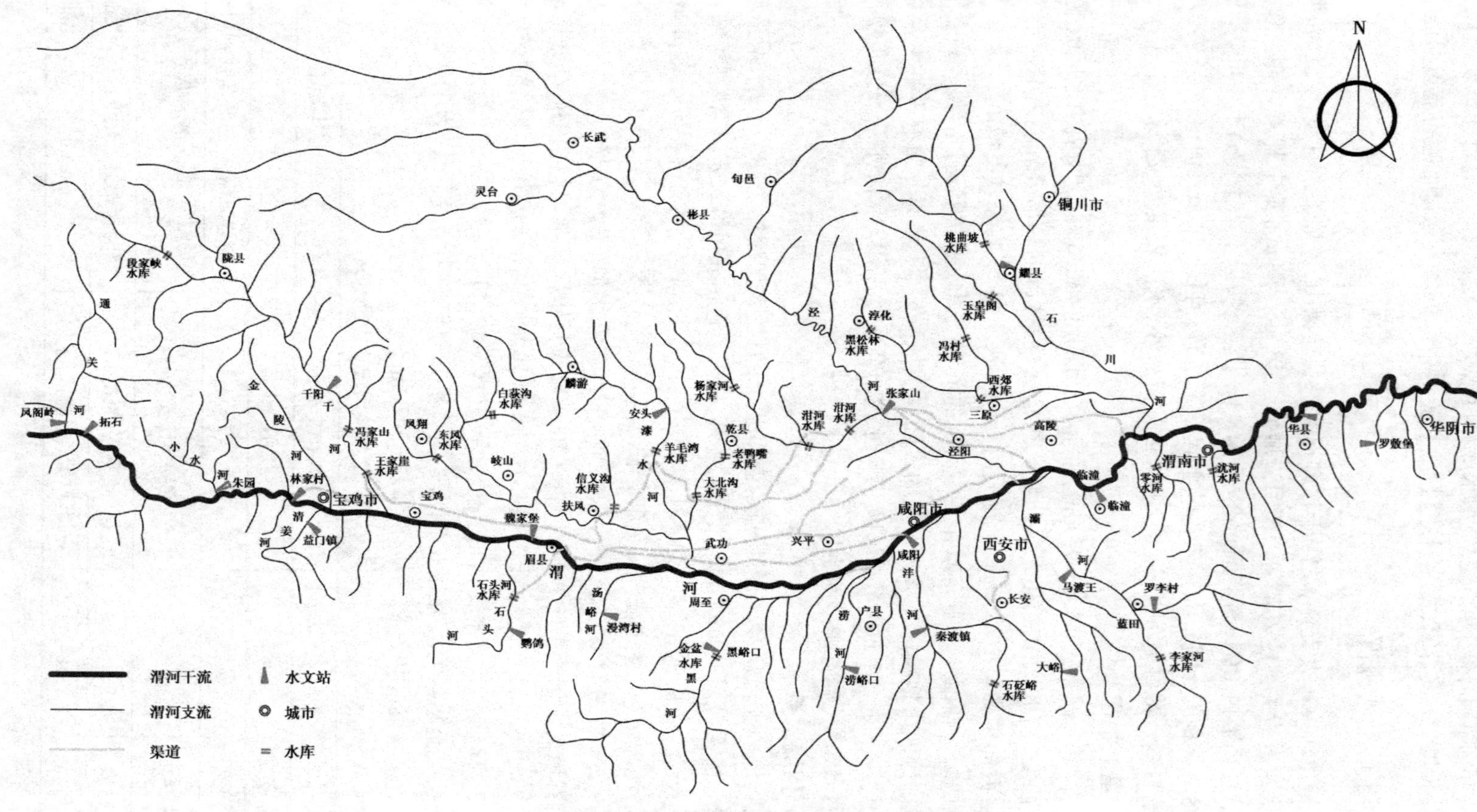

图 9-1　拓石至华县干支流水文站分布

9.1.2.3　水库及引水工程

陕西省渭河流域目前运用的大中型水库有 23 座,分布如表 9-2 和图 9-2 所示。其中大型水库 4 座,中型水库 19 座。23 座水库中除林家村枢纽位于渭河干流外,其他 22 座都分布在支流。大型水库 4 座分别是千河上的冯家山水库、石头河上的石头河水库、黑河上的金盆水库和漆水河上的羊毛湾水库,千河和石头河在林家村至魏家堡河段入渭,黑河和漆水河在魏家堡至咸阳河段入渭。支流 18 座中型水库分布在不同河段,分别是林家村至魏家堡河段 2 座、魏家堡至咸阳河段 5 座、咸阳至临潼河段 4 座、临潼至华县河段 7 座。

表 9-2　拓石至华县河段大中型水库分布

河段	大型水库		中型水库			合计
	左岸支流	右岸支流	干流	左岸支流	右岸支流	
拓石—林家村			1			1
林家村—魏家堡	1	1		2		4
魏家堡—咸阳	1	1		5		7
咸阳—临潼				2	2	4
临潼—华县				5	2	7
合计	2	2	1	14	4	23

宝鸡峡引渭灌区是在宝鸡峡引渭工程建成后,于 1975 年与渭惠渠灌区合并而成,为陕西省最大灌区,位于关中西部渭北高原腹地,东西长 180 km,南北平均宽 14 km,海拔 400 ~ 600 m。灌区由宝鸡峡引渭工程、渭惠渠工程和渭惠渠高原抽水灌溉工程三大部分组成,从宝鸡县林家村和眉县魏家堡两处筑坝引渭水,是双渠首引水灌区。林家村枢纽坝后引水渠设计引水能力 50 m^3/s。魏家堡渠首原设计引水流量 30 m^3/s,经过 1956 年、1965 年和 2002 年三次扩建和改建,设计引水流量增至 45 m^3/s。宝鸡峡引渭工程为“长滕结瓜”渠库结合工程,连接着干流林家村枢纽、千河王家崖水库、美阳河信义沟水库、漆水河支流漠谷河大北沟水库、泾河支流泔河水库和泔河二库 6 座水库。宝鸡峡灌区渠首、渠库结合工程与干渠位置示意图如图 9-3 所示。

魏家堡水电站位于眉县常兴镇杨家村与魏家堡村交界处,眉县火车站东约 3 km 宝鸡峡塬上总干渠 K84 + 365 处,总装机容量 18 900 kW,利用宝鸡峡灌区塬上总干渠向塬下灌区补水及非灌溉期弃水发电。1997 年开工建设,1998 年发电机组投产运行。魏家堡电站尾水在魏家堡水文站下游、魏家堡引渭渠首上游进入渭河。杨凌电站位于杨凌区川口村北漆水河西岸宝鸡峡塬上灌区北干渠 K22 + 427 处,装机容量 5 400 kW。电站尾水进入漆水河,之后汇入渭河。

交口抽渭灌区位于渭河下游、关中平原东部,是以渭河为水源、灌排并举的大型无坝多级电力抽水灌区,辖灌西安、渭南两市的临潼、闫良、临渭、富平、蒲城、大荔 6 县(区)28 个乡镇,设施灌溉面积 126 万亩,有效灌溉面积 113 万亩,渠首设计引水能力 41 m^3/s。林家村水文站位于林家村枢纽大坝下游 1 km 处,魏家堡水文站位于魏家堡大坝上游 4.3 km 处,临潼水文站位于交口抽渭渠首上游 22.4 km 处。

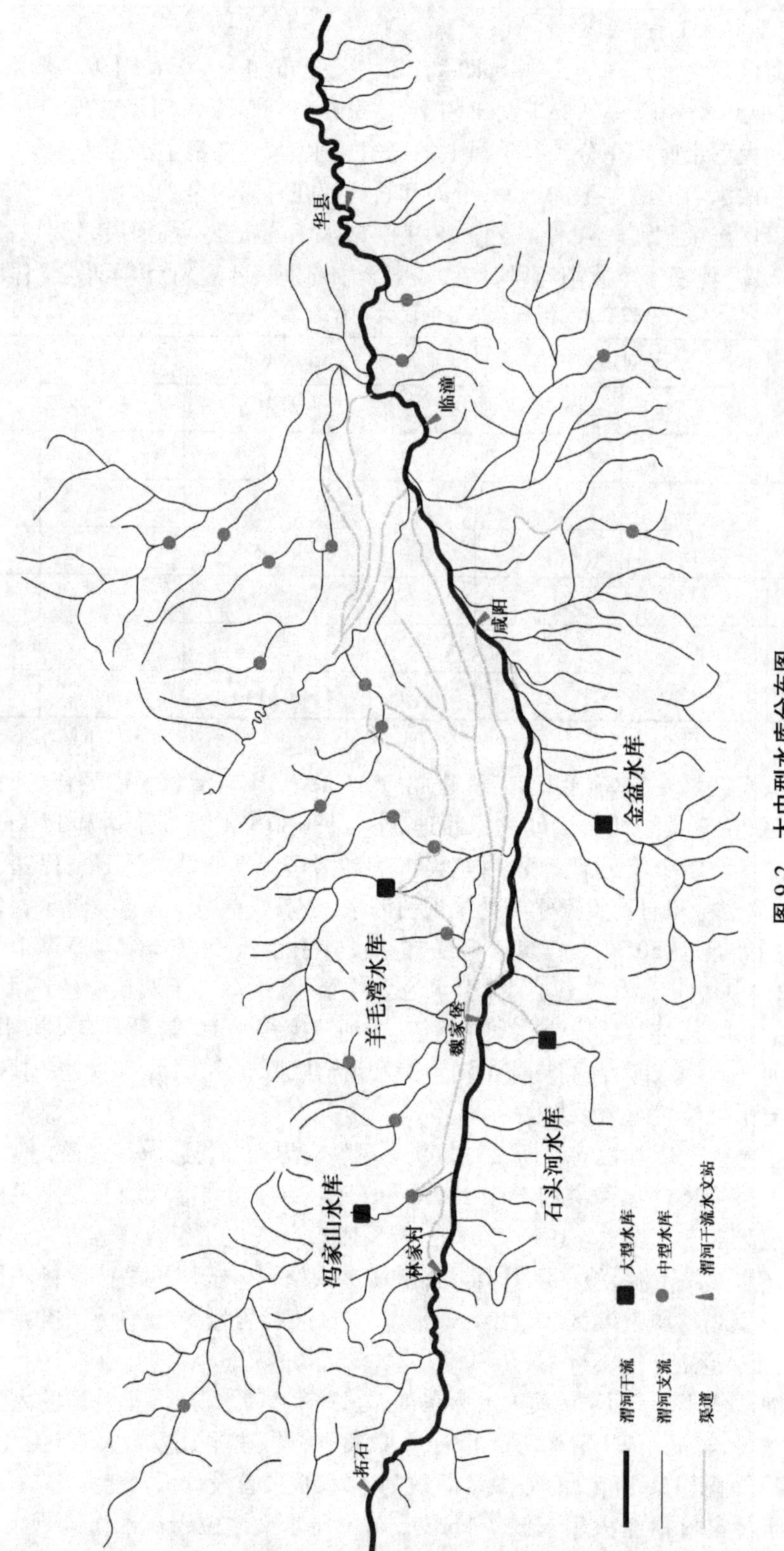

图 9-2　大中型水库分布图

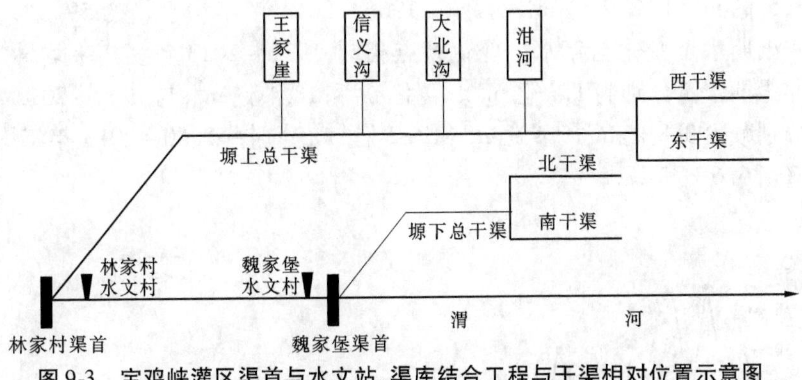

图9-3　宝鸡峡灌区渠首与水文站、渠库结合工程与干渠相对位置示意图

9.2　渭河干流和主要支流水量特点

9.2.1　渭河干流主要控制站实测水量变化

9.2.1.1　不同时段水量变化特点

分析渭河干流林家村、咸阳和华县水文站实测资料,1960～2013年多年(年指7月至翌年6月。非汛期指11月至翌年6月,下同)平均林家村站年水量15.1亿m^3,非汛期水量5.5亿m^3,占年水量的36.1%;咸阳站年水量38.0亿m^3,非汛期水量15.3亿m^3,占年水量的40.3%;华县站年水量64.7亿m^3,非汛期水量25.3亿m^3,占年水量的39.2%。林家村、咸阳和华县水文站实测水量不同时期特征值见表9-3。

表9-3　林家村、咸阳和华县水文站实测水量特征值

时段	水文站	非汛期(亿m^3)	汛期(亿m^3)	年(亿m^3)	非汛期占年(%)	汛期占年(%)
1960～2013年	林家村	5.5	9.7	15.1	36.1	63.9
	咸阳	15.3	22.7	38.0	40.3	59.7
	华县	25.3	39.4	64.7	39.2	60.8
1991～2013年	林家村	1.7	4.4	6.1	28.0	72.0
	咸阳	9.7	14.8	24.5	39.6	60.4
	华县	18.1	28.3	46.5	39.0	61.0
2001～2013年	林家村	1.1	4.6	5.7	19.1	80.9
	咸阳	9.7	18.7	28.4	34.2	65.8
	华县	18.5	33.3	51.8	35.8	64.2

林家村、咸阳和华县水文站实测水量变化过程见图9-4。从图9-4中可以看出,1991年以来渭河干流实测水量明显减少。1991～2013年多年平均林家村、咸阳和华县站年水量分别为6.1亿m^3、24.5亿m^3和46.5亿m^3,与1960～2013年相比,年均水量分别减少

9 亿 m³、13.5 亿 m³ 和 18.2 亿 m³，分别占 1960 ~ 2013 年年均水量的 59.5%、25.6% 和 28.2%。非汛期水量变化与年水量变化特点相同，1991 ~ 2013 年多年平均林家村、咸阳和华县站非汛期水量分别为 1.7 亿 m³、9.7 亿 m³ 和 18.1 亿 m³，与 1960 ~ 2013 年相比，非汛期水量分别减少 3.8 亿 m³、5.6 亿 m³ 和 7.2 亿 m³，分别占 1960 ~ 2013 年年均非汛期水量的 69.1%、36.6% 和 28.5%。

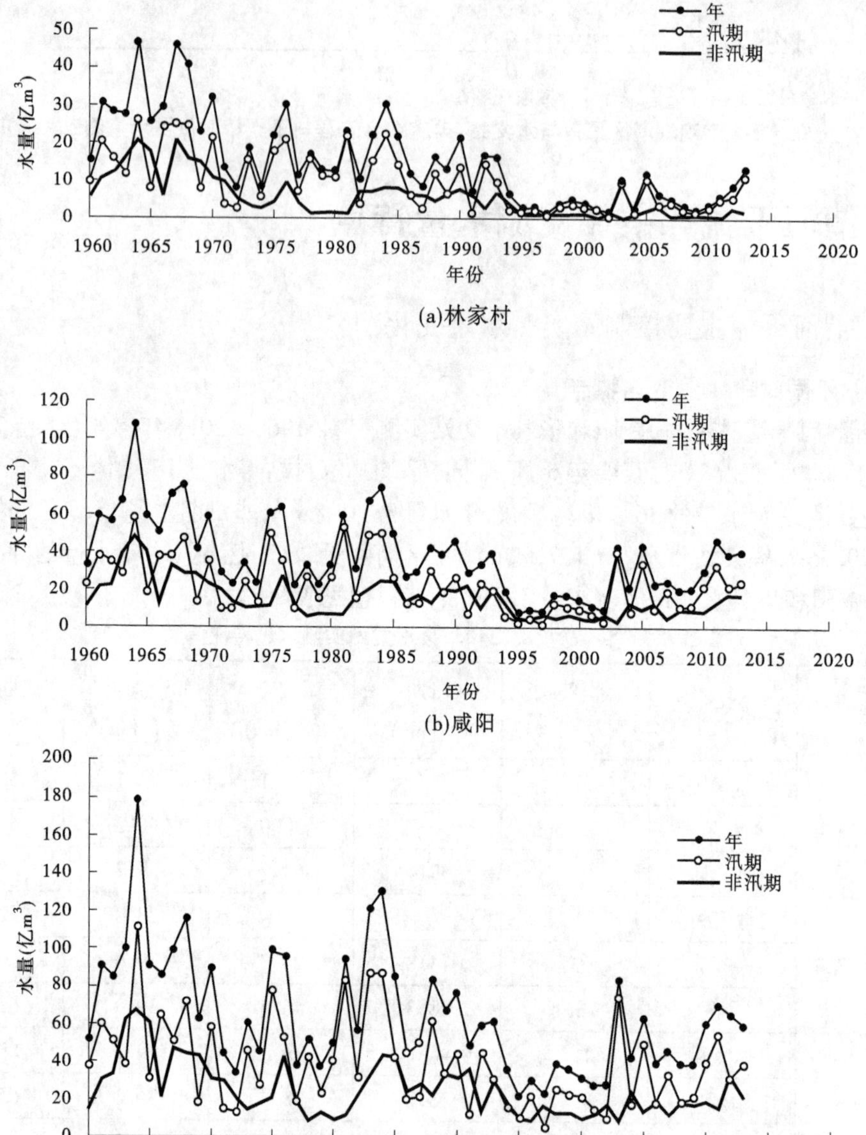

图 9-4　林家村、咸阳、华县水文站 1960 ~ 2013 年实测水量变化过程

与 1991 ~ 2013 年年水量相比,2001 ~ 2013 年各站年水量,林家村站从 6.1 亿 m^3 变为 5.7 亿 m^3,变化不大;咸阳站从 24.5 亿 m^3 增加到 28.4 亿 m^3,增加 3.9 亿 m^3;华县站从 46.5 亿 m^3 增加到 51.8 亿 m^3,增加 5.3 亿 m^3。2001 ~ 2013 年非汛期多年平均水量林家村、咸阳和华县站分别为 1.1 亿 m^3、9.7 亿 m^3 和 18.5 亿 m^3,与 1991 ~ 2013 年非汛期水量相比,2001 ~ 2013 年林家村站水量减少 35.3%,咸阳和华县站水量变化不大。

9.2.1.2　2001 ~ 2013 年水量变化特点

1. 年水量与非汛期水量变化

图 9-5(a)为林家村站 2001 ~ 2013 年实测水量柱状图,时段年均水量 5.7 亿 m^3。年水量超过 8 亿 m^3 的有 4 年,分别为 2003 年、2005 年、2012 年和 2013 年,最大为 2013 年的 13.1 亿 m^3;年水量小于 4 亿 m^3 的有 6 年,其中最小为 2002 年的 1.8 亿 m^3。年际间水量变化较大,最大年水量是最小年水量的约 7.3 倍。2001 ~ 2013 年非汛期平均水量为 1.1 亿 m^3,非汛期水量超过 2 亿 m^3 的年份有 2006 年、2012 年和 2013 年,最大为 2012 年 2.9 亿 m^3;非汛期平均水量较小的有 2001 年、2003 年和 2011 年,分别为 0.1 亿 m^3、0.07 亿 m^3 和 0.2 亿 m^3。非汛期水量年际间变化很大,最大值是最小值的约 41 倍。

图 9-5(b)为咸阳站 2001 ~ 2013 年实测水量柱状图,时段年均来水量为 28.4 亿 m^3。年水量超过 40 亿 m^3 的有 4 年,为 2003 年、2005 年、2011 年和 2013 年,水量分别为 42.9 亿 m^3、43.3 亿 m^3、45.9 亿 m^3 和 40.1 亿 m^3;年水量最小为 2002 年 8.9 亿 m^3。年际间水量变化较大,最大年水量是最小年水量的 5.2 倍。2001 ~ 2013 年非汛期平均水量为 9.7 亿 m^3,最大为 2012 年 17.3 亿 m^3,最小为 2003 年 2.5 亿 m^3。非汛期水量年际间变化也较大,最大值是最小值的约 6.9 倍。

图 9-5(c)为华县站 2001 ~ 2013 年实测水量柱状图,时段年均来水量为 51.8 亿 m^3。2003 年水量最大,为 84.1 亿 m^3;2001 年和 2002 年水量较小,分别为 28.3 亿 m^3 和 28.5 亿 m^3。年际间水量变化较大,最大年水量是最小年水量的约 3.0 倍。2001 ~ 2013 年非汛期平均水量为 18.5 亿 m^3,最大为 2012 年 33.8 亿 m^3,最小为 2003 年 9.1 亿 m^3。非汛期水量年际间变化也较大,最大值是最小值的约 3.7 倍。

2. 非汛期月水量变化

林家村、咸阳和华县站 2001 ~ 2013 年实测非汛期各月平均水量见图 9-6。由图 9-6 可以看出,三站非汛期各月水量分配不均,林家村、咸阳和华县站最大月水量是最小月水量的 11.3 倍、3.0 倍和 2.7 倍。林家村站 11 月、5 月和 6 月水量较大,12 月至翌年 4 月水量较小,1 月水量最小;咸阳和华县站 11 月、12 月和 5 月、6 月水量较大,1 ~ 4 月水量较小,2 月水量最小。

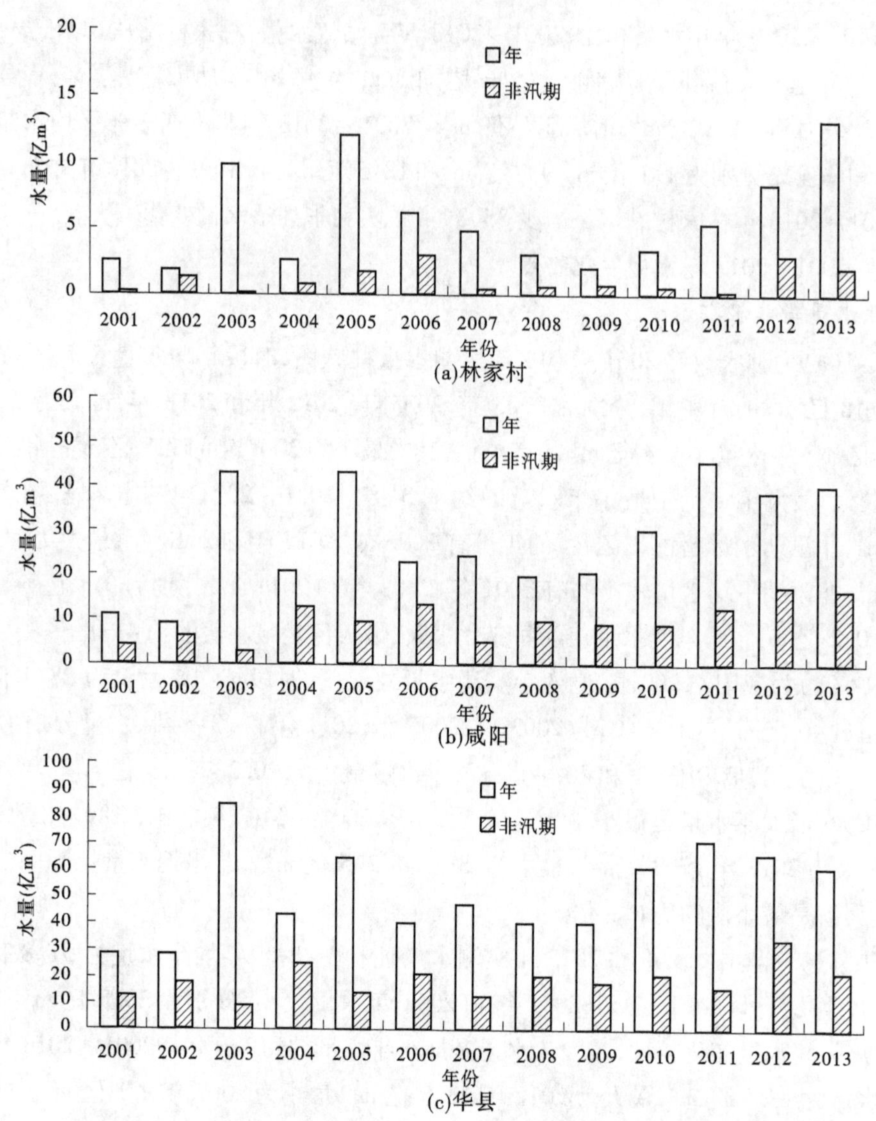

图9-5　林家村、咸阳和华县水文站2001～2013年实测水量柱状图

林家村、咸阳和华县站2001～2013年非汛期各月水量特征值见表9-4。由表9-4可以看出，林家村站非汛期各月平均水量0.14亿m^3，月均水量最大是11月0.27亿m^3，最小是1月0.03亿m^3；咸阳站非汛期各月平均水量1.21亿m^3，月均水量最大是11月2.25亿m^3，最小是2月0.74亿m^3；华县站非汛期月平均水量为2.32亿m^3，月均水量最大是11月4.02亿m^3，最小是2月1.50亿m^3。

林家村站各月水量年际之间差别很大，月水量最大值与最小值比值在18.5～175，11月水量变化幅度最大，达175倍。与林家村站相比，咸阳和华县站各月水量年际之间差别较小，咸阳站月水量最大值与最小值比值在6.4～33.1，6月水量变化幅度最大，达33.1倍；华县站月水量最大值与最小值比值在2.8～28.5，除6月水量变化幅度达到28.5倍外，其他月份水量变化幅度在2.8～7.4。

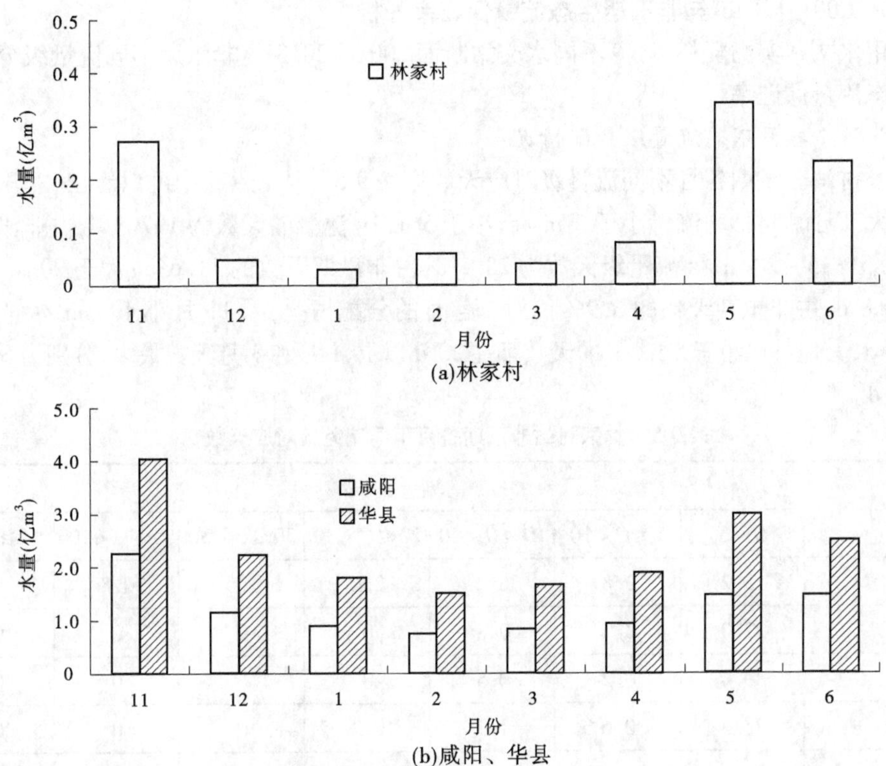

(a)林家村

(b)咸阳、华县

图 9-6　林家村、咸阳和华县站 2001 ~ 2013 年实测非汛期各月平均水量柱状图

表 9-4　林家村、咸阳和华县站 2001 ~ 2013 年非汛期实测月均水量　(单位:亿 m^3)

水文站	项目	11 月	12 月	1 月	2 月	3 月	4 月	5 月	6 月
林家村	平均值	0.27	0.05	0.03	0.06	0.04	0.08	0.34	0.23
	最大值	0.98	0.17	0.13	0.38	0.16	0.25	1.40	1.11
	最小值	0.01	0.01	0	0.01	0.005	0.01	0.01	0.01
	最大值/最小值	175	30.8	27.9	65.5	39.9	18.5	133.5	86.7
咸阳	平均值	2.25	1.15	0.91	0.74	0.82	0.92	1.45	1.45
	最大值	5.09	2.50	1.76	1.49	1.62	1.47	3.15	3.79
	最小值	0.27	0.19	0.27	0.18	0.17	0.26	0.19	0.11
	最大值/最小值	18.90	13.30	6.40	8.50	9.70	5.60	16.80	33.1
华县	平均值	4.02	2.22	1.79	1.50	1.65	1.89	2.97	2.50
	最大值	8.86	5.54	3.55	2.46	2.96	3.89	5.14	6.36
	最小值	1.21	0.60	0.74	0.88	0.80	0.94	0.69	0.22
	最大值/最小值	7.30	9.30	4.80	2.80	3.70	4.10	7.4	28.5

9.2.1.3 2001 ~2013 年非汛期生态流量保证率分析

利用水文站实测资料,计算不同水文站断面 2001 ~2013 年非汛期不同流量级分配特点及生态流量保证率。

1. 非汛期各月不同流量级分配情况

林家村站非汛期各月不同流量级对应天数见表 9-5。从表 9-5 中可以看出,非汛期林家村站大部分时间日均流量小于 5 m^3/s,小于 5 m^3/s 流量的天数为 197.3 d,占非汛期天数的 81.5%;5 ~20 m^3/s 流量级天数为 28.1 d,占非汛期天数的 11.6%;大于 20 m^3/s 的天数 16.8 d,占非汛期天数的 6.9%。对于各月的分配情况,除 11 月小于 5 m^3/s 的天数为 15.2 d,其他月份小于 5 m^3/s 的天数都在 20 d 以上,1 月和 3 月天数最多,分别为 30.4 d 和 29.4 d。

表 9-5 林家村站非汛期各月不同流量级对应天数 (单位:d)

月份	流量级(m^3/s)						
	$Q<5$	$5\leq Q<10$	$10\leq Q<20$	$20\leq Q<30$	$30\leq Q<50$	$50\leq Q<100$	$Q\geq100$
11	15.2	3.8	6.2	2.6	1.5	0.8	0
12	27.0	3.2	0.8	0	0	0	0
1	30.4	0.2	0.5	0	0	0	0
2	25.5	0.6	1.9	0.2	0	0	0
3	29.4	0.3	1.3	0	0	0	0
4	25.0	2.5	1.3	0.9	0.2	0	0
5	21.7	0.5	2.2	1.1	3.0	2.5	0.2
6	23.2	1.3	1.6	1.8	1.2	0.7	0.2
合计	197.3	12.3	15.8	6.6	5.9	3.9	0.4
占非汛期天数比例(%)	81.5	5.1	6.5	2.7	2.4	1.6	0.2

魏家堡站非汛期各月不同流量级对应天数见表 9-6。从表 9-6 中可以看出,非汛期魏家堡站日均流量主要在 20 m^3/s 流量以下,小于 20 m^3/s 流量的天数为 186.2 d,占非汛期天数的 76.8%;5 ~10 m^3/s 流量级天数最多,为 90.2 d,占非汛期天数的 37.2%;5 m^3/s 流量以下天数为 41.4 d,占非汛期天数的 17.1%;10 ~20 m^3/s 流量级的天数为 54.6 d,占非汛期天数的 22.5%;大于 20 m^3/s 流量的天数 56.1 d,占非汛期天数的 23.1%。对于各月的分配情况,除 11 月和 5 月少于 20 m^3/s 的天数小于 20 d,分别为 13.9 d 和 17.1 d,其他月份小于 20 m^3/s 的天数都在 20 d 以上,1 月天数最多,为 29.5 d。

咸阳站非汛期各月不同流量级对应天数见表 9-7。从表 9-7 中可以看出,非汛期咸阳站日均流量主要在 30 ~100 m^3/s,天数为 129.7 d,占非汛期天数的 53.5%;10 m^3/s 流量以下的天数为 25.8 d,占非汛期天数的 10.6%;10 ~20 m^3/s 流量级的天数为 37.4 d,占非汛期天数的 15.4%;20 ~30 m^3/s 流量级的天数为 32.2 d,占非汛期天数的 13.3%;大于 100 m³/s 流量级的天数 17.1 d,占非汛期天数的 7.0%。对于各月的分配情况,11 月小于 20 m³/s 的天数最少,为 2.7 d,其他月份小于 20 m³/s 的天数都在 11 d 以下。

表 9-6　魏家堡站非汛期各月不同流量级对应天数　(单位:d)

月份	流量级(m³/s)						
	$Q<5$	$5\leqslant Q<10$	$10\leqslant Q<20$	$20\leqslant Q<30$	$30\leqslant Q<50$	$50\leqslant Q<100$	$Q\geqslant100$
11	1.8	5.8	6.3	3.0	4.7	6.5	1.9
12	4.3	11.8	9.2	3.2	0.9	1.5	0
1	7.5	12.8	9.2	0	0.2	1.4	0
2	9.2	13.9	2.9	0.5	0.5	1.2	0
3	6.2	13.8	8.2	1.1	0.9	0.8	0
4	2.5	15.3	7.5	2.4	1.2	0.5	0.5
5	3.7	7.6	5.8	2.8	5.2	3.6	2.2
6	6.3	9.0	5.4	2.5	2.1	3.1	1.6
合计	41.4	90.2	54.6	15.6	15.7	18.5	6.3
占非汛期天数比例(%)	17.1	37.2	22.5	6.4	6.5	7.6	2.6

表 9-7　咸阳站非汛期各月不同流量级对应天数　(单位:d)

月份	流量级(m³/s)						
	$Q<5$	$5\leqslant Q<10$	$10\leqslant Q<20$	$20\leqslant Q<30$	$30\leqslant Q<50$	$50\leqslant Q<100$	$Q\geqslant100$
11	0	0.8	1.9	1.4	3.3	14.3	8.2
12	0	3.7	5.8	1.9	7.5	10.6	1.4
1	0	3.5	7.5	2.8	9.6	7.5	0
2	0	3.0	7.6	5.6	7.0	5.0	0
3	0	6.0	5.0	6.0	9.0	5.0	0
4	0.5	1.5	4.4	4.9	13.4	5.1	0.2
5	0.5	1.8	3.2	4.5	8.8	8.7	3.5
6	3.3	1.5	1.8	5.2	4.5	9.9	3.8
合计	4.4	21.4	37.4	32.2	63.5	66.2	17.1
占非汛期天数比例(%)	1.8	8.8	15.4	13.3	26.2	27.3	7.0

临潼站非汛期各月不同流量级对应天数见表 9-8。从表 9-8 中可以看出,非汛期临潼站日均流量主要在 50 m³/s 流量级以上,天数为 213.2 d,占非汛期天数的 88.1%。30 m³/s 流量级以下的天数为 5.5 d,占非汛期天数的 2.2%;30 ~ 50 m³/s 流量级的天数为

23.5 d,占非汛期天数的9.7%。对于各月的分配情况,11 月小于 50 m^3/s 流量级的天数最少,为 1.9 d,其他月份小于 50 m^3/s 流量级的天数都在 7 d 以下。

表 9-8　临潼站非汛期各月不同流量级对应天数　　(单位:d)

月份	流量级(m^3/s)					
	$Q<10$	$10\leqslant Q<20$	$20\leqslant Q<30$	$30\leqslant Q<50$	$50\leqslant Q<100$	$Q\geqslant 100$
11	0	0	0.1	1.8	1.8	26.2
12	0	0	1.3	2.2	14.4	13.2
1	0	0	0	4.7	15.6	10.7
2	0	0	0	2.2	18.8	7.2
3	0	0	0	5.0	15.0	11.0
4	0	0	0.4	2.7	17.2	9.8
5	0	0	0.1	1.8	11.8	17.3
6	0	1.3	2.3	3.4	9.5	13.5
合计	0	1.3	4.2	23.5	104.5	108.7
占非汛期天数比例(%)	0	0.5	1.7	9.7	43.2	44.9

华县站非汛期各月不同流量级对应天数见表 9-9。从表 9-9 中可以看出,非汛期华县站日均流量主要在 50 m^3/s 流量级以上,天数为 169.3 d,占非汛期天数的 69.9%;30 m^3/s 流量级以下天数为 25.7 d,占非汛期天数的 10.6%;30 ~ 50 m^3/s 流量级的天数为 47.3 d,占非汛期天数的 19.5%。对于各月的分配情况,11 月小于 50 m^3/s 流量级的天数最少,为 1.5 d,其他月份小于 50 m^3/s 流量级的天数都在 12.4 d 以下。

表 9-9　华县站非汛期各月不同流量级对应天数　　(单位:d)

月份	流量级(m^3/s)					
	$Q<10$	$10\leqslant Q<20$	$20\leqslant Q<30$	$30\leqslant Q<50$	$50\leqslant Q<100$	$Q\geqslant 100$
11	0	0	0.1	1.4	4.0	24.5
12	0.1	1.4	1.1	3.2	17.3	7.9
1	0	0.1	1.8	8.2	18.0	3.0
2	0	0.2	1.3	8.2	16.5	2.0
3	0	2.0	3.0	9.0	13.0	4.0
4	0.3	1.1	1.8	8.8	11.9	6.1
5	0	1.1	2.1	4.3	10.2	13.4
6	4.5	1.3	2.8	3.8	7.3	10.3
合计	4.9	7.1	13.7	47.3	97.8	71.5
占非汛期天数比例(%)	2.0	2.9	5.7	19.5	40.4	29.5

2. 非汛期各月生态流量保证率

不同水文站断面生态流量指标采用中国水利科学研究院“陕西省渭河干流可调水量分析与调度机制研究”的研究成果,正常来水年和一般枯水年以低限生态流量作为控制指标,特枯水年以最小生态流量作为控制指标,丰水年以适宜流量作为控制指标,保证率为90%。林家村、魏家堡、咸阳、临潼和华县水文站断面不同生态流量控制指标见表9-10。

表9-10　水文站断面不同生态流量控制指标

断面	最小生态流量(m^3/s)	低限生态流量(m^3/s)	适宜生态流量(m^3/s)
林家村	5.4	8.6	12.8
魏家堡	8.4	11.6	23.5
咸阳	10.0	15.1	31.7
临潼	12.0	20.1	34.3
华县	12.0	12.0	34.1

1)非汛期生态流量保证率

拓石水文站位于林家村水文站上游82 km,借用林家村水文站断面最小生态流量、低限生态流量和适宜生态流量值作为拓石站的生态流量指标,利用2004~2013年拓石站非汛期日均流量实测资料,计算非汛期不同生态流量指标保证率,结果见表9-11。从表9-11中可以看出,最小生态流量保证率平均为96.6%,低限生态流量保证率平均为82.3%,适宜生态流量保证率平均为51.8%,即拓石站最小生态流量基本可以保证。

表9-11　拓石站不同生态流量指标保证率　(%)

年份	最小生态流量保证率	低限生态流量保证率	适宜生态流量保证率
2005	95.5	88.0	44.6
2006	99.6	97.5	87.2
2007	86.0	66.5	16.1
2008	100	88.5	54.3
2009	99.6	91.3	49.2
2010	95.9	74.8	19.8
2011	93.4	42.1	17.4
2012	100	100	100
2013	98.8	90.9	77.3
平均值	96.6	82.3	51.8

利用2001~2013年林家村、魏家堡、咸阳、临潼和华县水文站非汛期实测日均流量资料,计算非汛期不同生态流量指标保证率。

表 9-12 为林家村站 2001 ~ 2013 年非汛期不同生态流量指标保证率。林家村站非汛期生态流量保证率较低，最小生态流量、低限生态流量和适宜生态流量的保证率，2001 ~ 2013 年非汛期平均分别为 17.7%、14.1% 和 10.7%，三个生态流量指标非汛期最大保证率也只有 42.4%，最小保证率为 0。其中 2001 年、2003 年、2007 年、2010 年和 2011 年满足最小生态流量的保证率低于 10%。

表 9-12 林家村站不同生态流量指标保证率 (%)

年份	最小生态流量保证率	低限生态流量保证率	适宜生态流量保证率
2001	0.4	0	0
2002	30.6	21.5	14.5
2003	0.8	0.8	0
2004	19.8	8.2	7.0
2005	33.9	33.5	20.2
2006	30.6	24.8	24.4
2007	4.1	4.1	3.7
2008	16.5	13.2	4.9
2009	17.8	12.0	10.7
2010	6.6	6.2	5.8
2011	2.5	2.1	2.1
2012	42.4	37.0	33.7
2013	24.0	19.4	12.4
平均值	17.7	14.1	10.7

表 9-13 为魏家堡站 2001 ~ 2013 年非汛期不同生态流量指标保证率。魏家堡非汛期生态流量保证率也较低，个别年份非汛期最小生态流量保证率较高，2001 ~ 2013 年非汛期最小生态流量、低限生态流量和适宜生态流量保证率平均分别为 54.7%、39.1% 和 20%。三个生态流量指标非汛期最大保证率为 99.2%，非汛期最小保证率为 1.7%。2007 年、2012 年和 2013 年最小生态流量保证率都在 90% 以上，基本满足。对于低限生态流量和适宜生态流量，各年非汛期都不满足要求。

表 9-14 为咸阳站 2001 ~ 2013 年非汛期生态流量指标保证率。咸阳非汛期生态流量保证率较高，一些年份非汛期最小生态流量和低限生态流量保证率达到了 100%。2001 ~ 2013 年非汛期最小生态流量、低限生态流量和适宜生态流量的保证率平均分别为 89.4%、80.5% 和 58.7%。咸阳站非汛期最小生态流量保证率为 89.4%，基本满足要求，仅 2001 年、2002 年、2003 年和 2007 年保证率在 90% 以下，2008 ~ 2013 年都大于 90%。对于低限生态流量指标，有 5 年保证率在 90% 以下，分别为 2001 年、2002 年、2003 年、2007 年和 2009 年，2010 ~ 2013 年大于 90%。对于适宜生态流量指标，2011 ~ 2013 年保证率都在 90% 以上。

表 9-13　魏家堡站 2001 ~2013 年非汛期不同生态流量指标保证率　(%)

年份	最小生态流量保证率	低限生态流量保证率	适宜生态流量保证率
2001	36.0	20.2	1.7
2002	43.0	26.4	14.5
2003	12.4	7.9	4.1
2004	80.2	63.4	30.9
2005	30.2	17.8	11.6
2006	71.1	40.9	25.2
2007	22.7	16.9	7.0
2008	94.2	74.1	23.0
2009	33.1	25.6	17.4
2010	55.4	36.8	12.0
2011	41.7	33.5	20.2
2012	92.6	87.7	68.7
2013	99.2	57.0	23.6
平均值	54.7	39.1	20.0

表 9-14　咸阳站 2001 ~2013 年非汛期不同生态流量指标保证率　(%)

年份	最小生态流量保证率	低限生态流量保证率	适宜生态流量保证率
2001	63.6	52.5	14.9
2002	76.0	45.5	24.4
2003	39.7	16.9	6.2
2004	96.3	92.6	68.3
2005	100	100	72.7
2006	100	100	88.4
2007	86.4	61.6	16.9
2008	100	100	75.3
2009	99.6	85.5	47.9
2010	100	91.3	54.5
2011	100	100	99.2
2012	100	100	94.7
2013	100	100	99.6
平均值	89.4	80.5	58.7

表9-15为临潼站2001~2013年非汛期不同生态流量指标保证率。临潼非汛期生态流量保证率较高,一些年份保证率达到了100%。2001~2013年非汛期最小生态流量、低限生态流量和适宜生态流量的保证率平均分别为100%、99.5%和95.8%。可以看出,对于最小生态流量和低限生态流量控制指标,临潼站都已满足指标要求。对于适宜生态流量控制指标,临潼站大部分年份非汛期都满足要求,仅2001年和2003年保证率小于90%,2004~2013年都满足。

表9-15 临潼站2001~2013年非汛期不同生态流量指标保证率 (%)

年份	最小生态流量保证率	低限生态流量保证率	适宜生态流量保证率
2001	100	96.3	83.5
2002	100	100	97.1
2003	100	96.7	69.0
2004	100	100	96.7
2005	100	100	100
2006	100	100	100
2007	100	100	98.8
2008	100	100	100
2009	100	100	100
2010	100	100	100
2011	100	100	100
2012	100	100	100
2013	100	100	100
平均值	100	99.5	95.8

表9-16为华县站2001~2013年非汛期不同生态流量指标保证率。华县非汛期生态流量保证率也较高,一些年份保证率达到了100%。华县站最小生态流量和低限生态流量控制指标都为12 m^3/s,两者保证率相同。低限生态流量和适宜生态流量的保证率,2001~2013年非汛期平均分别为97.6%和88.8%。可以看出,除2001年非汛期外,华县站非汛期流量都满足低限生态流量指标要求。对于适宜生态流量控制指标,2008~2013年保证率在90%以上。

综上分析,2001~2013年非汛期,林家村和魏家堡河段还不能满足最小生态流量控制指标要求;咸阳站基本可以满足最小生态流量控制指标要求,低限生态流量保证率为80.5%,尚不能满足要求;临潼站已经可以满足适宜生态流量控制指标要求;华县站满足最小生态流量和低限生态流量控制指标要求,基本满足适宜生态流量控制指标要求。因此,需要通过水库调度提高生态用水保证率的河段为林家村至魏家堡河段以及魏家堡至咸阳河段。

表 9-16　华县站 2001 ~ 2013 年非汛期不同生态流量指标保证率　(%)

年份	最小生态流量保证率	低限生态流量保证率	适宜生态流量保证率
2001	89.3	89.3	73.1
2002	99.2	99.2	76.4
2003	91.7	91.7	69.0
2004	95.1	95.1	94.7
2005	97.9	97.9	73.6
2006	100	100	97.9
2007	95.9	95.9	80.6
2008	100	100	97.5
2009	100	100	100
2010	100	100	96.7
2011	100	100	98.3
2012	100	100	96.3
2013	100	100	100
平均值	97.6	97.6	88.8

2)非汛期不同月份生态流量保证率

拓石站 2004 ~ 2013 年非汛期各月不同生态流量破坏天数和保证率结果见表 9-17。从表 9-17 中可以看出,拓石站最小生态流量保证率除 5 月保证率为 83.5% 外,其他月份保证率都在 90% 以上;低限生态流量,11 月和 2 月保证率在 90% 以上,满足要求,适宜生态流量各月保证率都低于 90%,均不满足要求。

表 9-17　拓石站 2004 ~ 2013 年非汛期各月不同生态流量破坏天数和保证率

项目	月份	最小生态流量指标 5.4 m^3/s	低限生态流量指标 8.6 m^3/s	适宜生态流量指标 12.8 m^3/s
破坏天数(d)	11	0	0.1	4.8
	12	0.3	5.7	14.7
	1	0	3.8	19.7
	2	0	2.6	16.8
	3	0	4.3	14.8
	4	1.1	7.2	19.2
	5	5.1	11.3	15.1
	6	1.9	8.1	11.8

续表 9-17

项目	月份	最小生态流量指标 5.4 m^3/s	低限生态流量指标 8.6 m^3/s	适宜生态流量指标 12.8 m^3/s
保证率(%)	11	100	99.6	84.1
	12	98.9	81.7	52.7
	1	100	87.8	36.6
	2	100	91.0	40.6
	3	100	86.0	52.3
	4	96.3	75.9	35.9
	5	83.5	63.4	51.3
	6	93.7	73.0	60.7

2001～2013年林家村、魏家堡、咸阳、临潼和华县站非汛期各月份不同生态流量破坏天数和保证率结果见表9-18～表9-23。可以看出,林家村和魏家堡各月不同生态流量指标保证率都在90%以下,各月均不满足要求。咸阳站最小生态流量保证率在90%以上的月份有11月、4月和5月,即满足要求,其他各月保证率小于90%,对于低限生态流量,11月保证率在90%以上,满足要求,适宜生态流量各月保证率都低于90%,均不满足要求。临潼站最小生态流量和低限生态流量保证率都在90%以上,均已满足要求,适宜生态流量保证率在90%以下的只有6月。华县站低限生态流量(等于最小生态流量)保证率在90%以下的也只有6月,适宜生态流量控制指标3月、4月、5月和6月保证率在90%以下。

表9-18 林家村站非汛期各月不同生态流量破坏天数和保证率

项目	月份	最小生态流量指标 5.4 m^3/s	低限生态流量指标 8.6 m^3/s	适宜生态流量指标 12.8 m^3/s
破坏天数(d)	11	15.5	18.2	22.5
	12	28.5	30.2	30.3
	1	30.4	30.5	31.0
	2	25.5	26.1	26.8
	3	29.5	29.6	29.8
	4	25.1	27.5	28.2
	5	21.7	21.9	22.7
	6	23.2	24.1	24.8

续表 9-18

项目	月份	最小生态流量指标 5.4 m³/s	低限生态流量指标 8.6 m³/s	适宜生态流量指标 12.8 m³/s
保证率(%)	11	48.2	39.2	25.1
	12	8.2	2.7	2.2
	1	2.0	1.5	0
	2	9.9	7.7	5.2
	3	5.0	4.5	3.7
	4	16.4	8.5	6.2
	5	30.0	29.3	26.8
	6	22.0	19.2	16.6

表 9-19　魏家堡站非汛期各月不同生态流量破坏天数和保证率

项目	月份	最小生态流量指标 8.4 m³/s	低限生态流量指标 11.6 m³/s	适宜生态流量指标 23.5 m³/s
破坏天数(d)	11	6.5	9.0	15.5
	12	14.6	18.5	27.0
	1	17.3	24.4	29.5
	2	18.8	24.5	26.5
	3	17.5	22.4	28.8
	4	12.6	19.7	26.6
	5	8.7	12.5	18.6
	6	13.4	16.5	21.3
保证率(%)	11	78.2	70.0	48.2
	12	52.9	40.2	12.9
	1	44.2	21.3	5.0
	2	32.9	13.1	6.1
	3	43.4	27.8	7.2
	4	57.9	34.4	11.3
	5	72.0	59.6	40.0
	6	55.4	45.1	29.0

表 9-20 咸阳站非汛期各月不同生态流量破坏天数和保证率

项目	月份	最小生态流量指标 10 m³/s	低限生态流量指标 15.1 m³/s	适宜生态流量指标 31.7 m³/s
破坏天数(d)	11	0.8	2.4	4.3
	12	3.7	6.2	12.2
	1	3.5	9.5	14.0
	2	3.0	7.8	16.7
	3	5.5	8.4	17.1
	4	2.0	4.4	12.8
	5	2.3	3.3	10.5
	6	4.8	5.3	12.1
保证率(%)	11	97.2	92.1	85.6
	12	88.1	79.9	60.5
	1	88.6	69.5	54.0
	2	89.3	72.0	40.8
	3	82.1	73.0	44.9
	4	93.3	85.4	57.2
	5	92.6	89.3	66.3
	6	83.8	82.3	59.7

表 9-21 临潼站非汛期各月不同生态流量破坏天数和保证率

项目	月份	最小生态流量指标 12 m³/s	低限生态流量指标 20.1 m³/s	适宜生态流量指标 34.3 m³/s
破坏天数(d)	11	0	0	0.3
	12	0	0	1.9
	1	0	0	1.0
	2	0	0	0.4
	3	0	0	0.8
	4	0	0	1.1
	5	0	0	0.3
	6	0	1.3	4.5

续表 9-21

项目	月份	最小生态流量指标 12 m³/s	低限生态流量指标 20.1 m³/s	适宜生态流量指标 34.3 m³/s
保证率(%)	11	100	100	99.0
	12	100	100	93.8
	1	100	100	97.0
	2	100	100	98.6
	3	100	100	97.3
	4	100	100	96.4
	5	100	100	99.0
	6	100	95.6	84.9

表 9-22　华县站非汛期各月不同生态流量破坏天数和保证率

项目	月份	最小生态流量指标 12 m³/s	低限生态流量指标 12 m³/s	适宜生态流量指标 34.1 m³/s
破坏天数(d)	11	0	0	0.1
	12	0.4	0.4	2.5
	1	0	0	2.0
	2	0	0	1.5
	3	0	0	5.2
	4	0.6	0.6	3.8
	5	0.2	0.2	3.3
	6	4.6	4.6	8.8
保证率(%)	11	100	100	99.7
	12	98.8	98.8	91.8
	1	100	100	93.0
	2	100	100	94.5
	3	100	100	83.4
	4	97.9	97.9	87.4
	5	99.5	99.5	89.3
	6	84.6	84.6	70.8

表 9-23　各断面不同生态流量指标月满足保证率情况

月份	林家村生态流量			魏家堡生态流量			咸阳生态流量			临潼生态流量			华县生态流量		
	最小	低限	适宜	最小	低限	适宜	最小	低限	适宜	最小	低限	适宜	最小	低限	适宜
11	×	×	×	×	×	×	√	√	×	√	√	√	√	√	√
12	×	×	×	×	×	×	×	×	×	√	√	√	√	√	√
1	×	×	×	×	×	×	×	×	×	√	√	√	√	√	√
2	×	×	×	×	×	×	×	×	×	√	√	√	√	√	√
3	×	×	×	×	×	×	×	×	×	√	√	√	√	√	×
4	×	×	×	×	×	×	√	×	×	√	√	√	√	√	×
5	×	×	×	×	×	×	√	×	×	√	√	√	√	√	×
6	×	×	×	×	×	×	×	×	×	√	√	×	×	×	×

注:√为保证率大于90%,×为保证率小于90%。

9.2.2 支流较大水库入库水量变化特点

9.2.2.1 不同时段水量变化特点

冯家山水库、石头河水库、金盆水库和羊毛湾水库库容较大,分析四水库入库水量变化特点。1965～2013年多年平均冯家山水库入库站千阳站年水量33 984万m^3,非汛期水量12 338万m^3,占年水量的36.3%。1975～2013年石头河水库入库年水量36 655万m^3,非汛期水量14 302万m^3,占年水量的39.0%。1961～1998年黑河黑峪口年水量58 899万m^3,非汛期水量23 554万m^3,占年水量的40%。1982～2013年羊毛湾水库入库年水量5 335万m^3,非汛期水量2 564万m^3,占年水量的48.1%。各支流水量不同时期特征值见表9-24。

表9-24 较大水库入库水量特征值

时段	站点	非汛期(万m^3)	汛期(万m^3)	年(万m^3)	非汛期占年(%)	汛期占年(%)
1965～2013	冯家山入库千阳站	12 338	21 646	33 984	36.3	63.7
1991～2013		8 294	16 522	24 815	33.4	66.6
2001～2013		7 743	22 115	29 858	25.9	74.1
1975～2013	石头河入库	14 302	22 354	36 655	39.0	61.0
1991～2013		12 075	17 573	29 648	40.7	59.3
2001～2013		11 790	20 408	32 198	36.6	63.4
1961～1998	黑河黑峪口	23 554	35 345	58 899	40.0	60.0
2007～2013	金盆入库	16 831	39 113	55 944	30.1	69.9
1982～2013	羊毛湾入库	2 564	2 771	5 335	48.1	51.9
1991～2013		1 932	1 875	3 807	50.7	49.3
2001～2013		1 548	2 220	3 769	41.1	58.9

四支流水库入库水量变化过程见图9-7。从图9-7中可以看出,1991年以来支流水量明显减少。冯家山水库入库千阳站、石头河水库入库和羊毛湾水库入库水量,1991～2013年多年平均水量分别为24 815万m^3、29 648万m^3和3 807万m^3,与长时段年均水量相比,分别减少9 168万m^3、7 007万m^3和1 528万m^3,分别占长时段年均水量的27.0%,19.1%和28.6%。非汛期水量变化与年水量变化特点相同,冯家山水库入库千阳站、石头河水库入库和羊毛湾水库入库水量,1991～2013年多年平均非汛期水量分别为8 294万m^3、12 075万m^3和1 932万m^3,与长时段非汛期水量相比,分别减少4 044万m^3、2 227万m^3和632万m^3,分别占长时段年均非汛期水量的32.8%、15.6%和24.7%。

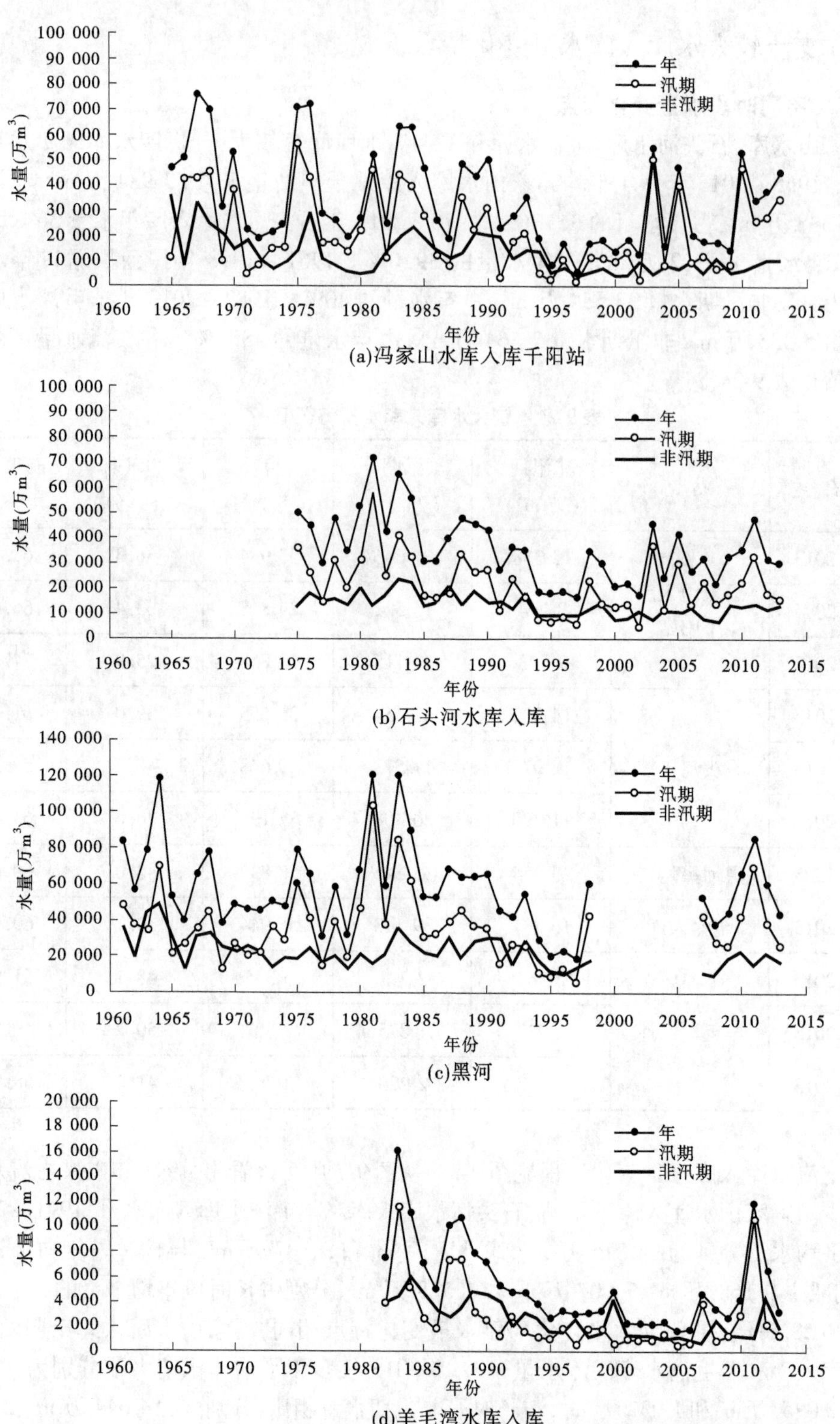

图 9-7　四支流水库入库水量变化过程

与1991～2013年年水量相比,2001～2013年冯家山水库入库千阳站、石头河水库入库和羊毛湾水库入库年水量增加或持平,非汛期水量减少10%～20%。

9.2.2.2　2001～2013年水量变化特点

1.年水量与非汛期水量变化

图9-8(a)为冯家山水库入库千阳站2001～2013年水量柱状图,时段年均来水量为29 858万m^3。年水量超过4 000万m^3的有4年,分别为2003年、2005年、2010年和2013年,最大为2003年54 984万m^3,最小为2002年12 423万m^3。年际间水量变化较大,最大年水量是最小年水量的4.4倍。2001～2013年非汛期平均水量为7 743万m^3,非汛期最大为2008年11 015万m^3,最小为2003年4 410 m^3。非汛期水量最大值是最小值的2.5倍。

图9-8(b)为石头河水库入库2001～2013年水量柱状图,时段年均来水量为32 198万m^3。年水量超过40 000万m^3的有3年,分别为2003年、2005年和2011年,分别为46 655万m^3、42 787万m^3和48 666万m^3,年水量最小为2002年17 884万m^3。最大年水量是最小年水量的2.7倍。2001～2013年非汛期平均水量为11 790万m^3,最大为2011年14 802万m^3,最小为2008年7 837万m^3,最大值是最小值的1.9倍。

图9-8(c)为黑河金盆水库入库2007～2013年水量柱状图,时段年均来水量为55 944万m^3。年水量超过60 000万m^3的有3年,分别为2010年、2011年和2012年,分别为66 465万m^3、86 475万m^3和60 578万m^3,年水量最小为2008年37 390万m^3。年际间水量变化较大,最大年水量是最小年水量的2.3倍。2001～2013年非汛期平均水量为16 831万m^3,最大为2010年23 423万m^3,最小为2008年9 557万m^3,最大值是最小值的2.5倍。

图9-8(d)为羊毛湾水库入库2001～2013年水量柱状图,时段年均来水量为3 769万m^3。年水量超过6 000万m^3的有2年,为2011年和2012年,水量分别为11 903万m^3和6 519万m^3,年水量最小为2005年1 667万m^3。年际间水量变化较大,最大年水量是最小年水量的7.1倍。2001～2013年非汛期平均水量为1 548万m^3,最大为2012年4 335万m^3,最小为2007年720万m^3。非汛期水量年际间变化也较大,最大值是最小值的6.0倍。

从以上看出,羊毛湾水库入库年水量和非汛期水量年际间变化幅度大于其他三个水库入库水量变化幅度。

2.非汛期月水量变化

冯家山水库、石头河水库、金盆水库和羊毛湾水库入库水量2001～2013年非汛期各月柱状图见图9-9。由图9-9可以看出,非汛期各月水量分配不均,冯家山水库、石头河水库、金盆水库和羊毛湾水库入库2001～2013年最大月水量是最小月水量的3.1倍、10.7倍、8.4倍和1.6倍。冯家山水库入库11月、12月水量较大,1～4月水量较小;羊毛湾水库入库各月水量相差不大;石头河水库入库和金盆水库入库4～6月水量较大,最大水量发生在5月,1月、2月水量较小。

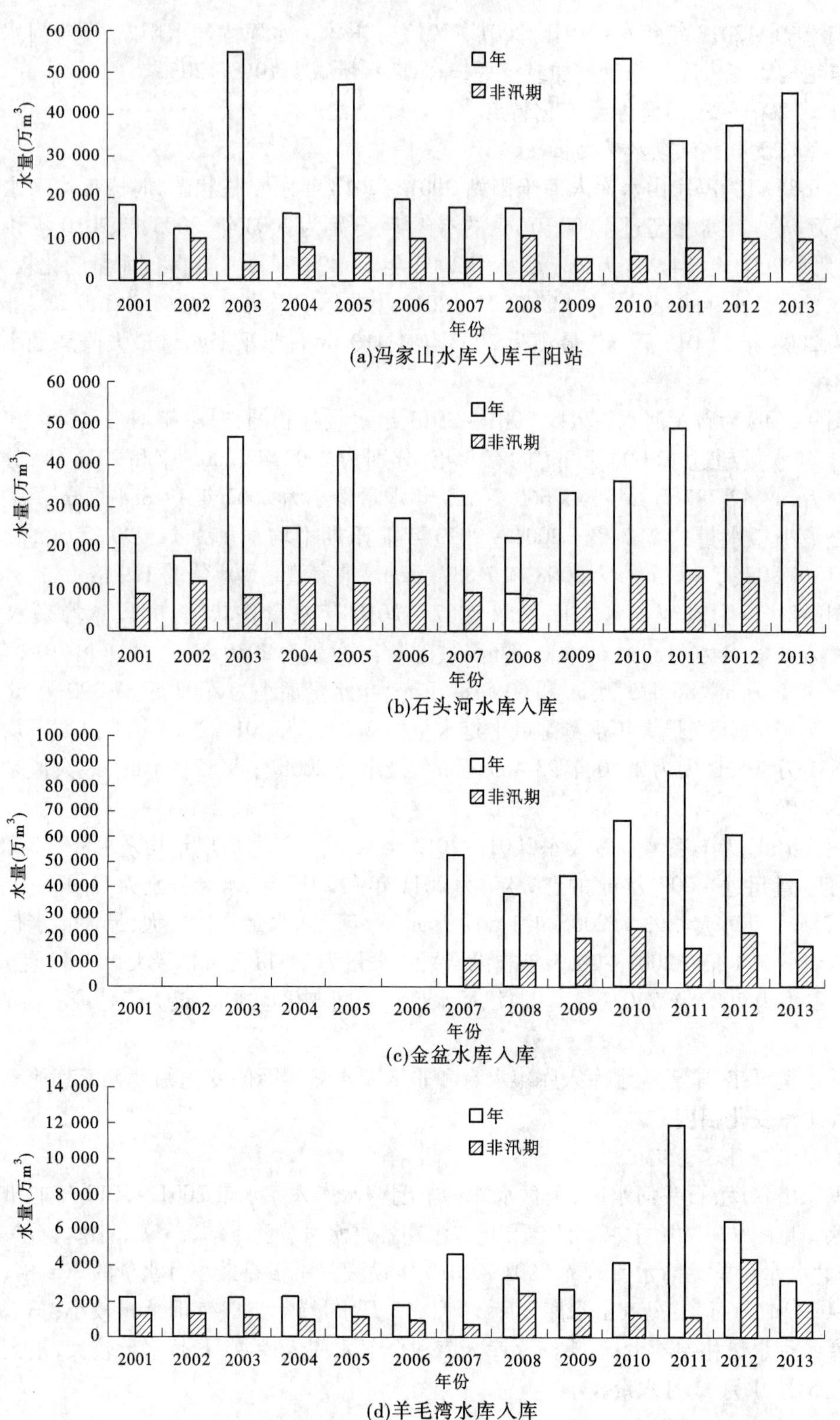

图 9-8 四支流水库入库 2001～2013 年水量变化

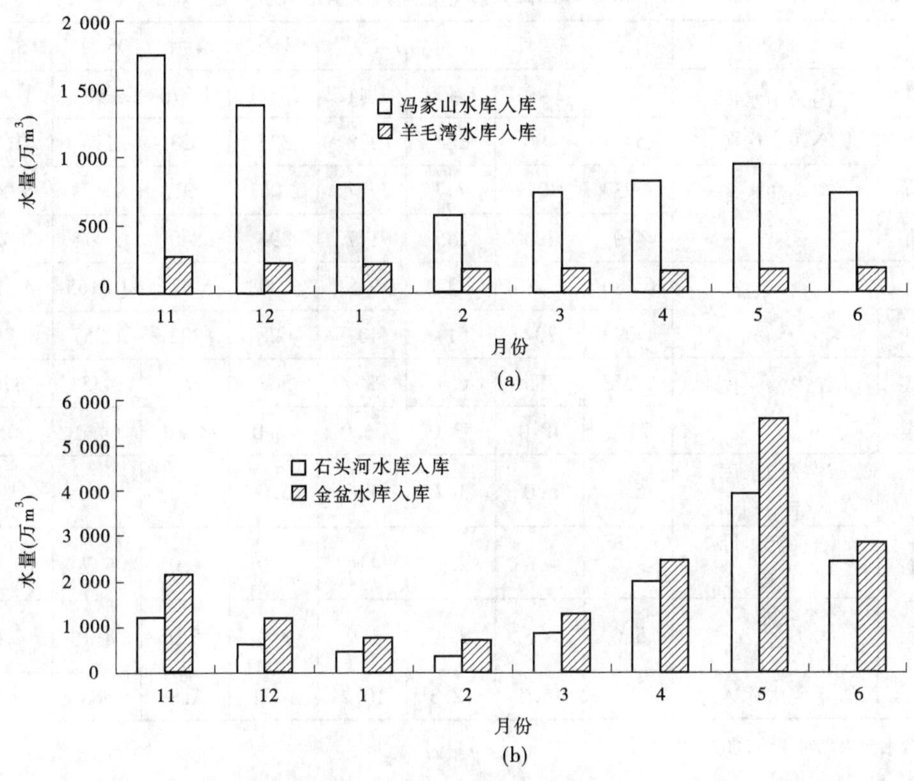

图 9-9　2001～2013 年四库入库非汛期月水量变化

冯家山水库、石头河水库、金盆水库和羊毛湾水库入库水量 2001～2013 年非汛期各月水量最大值、最小值及两者比值见表 9-25。由表 9-25 中可以看出,冯家山水库入库水量非汛期各月最大水量出现在 11 月,为 3 487 万 m^3,最小月水量出现在 2 月,为 228 万 m^3;月水量最大值与最小值比值在 3.2～11.9,说明各月水量在不同年份之间变化较大。石头河入库水量非汛期各月最大水量出现在 5 月,为 9 183 万 m^3,最小月水量出现在 2 月,为 177 万 m^3;月水量最大值与最小值比值在 2.9～9.4,说明各月水量在不同年份之间变化也较大。

金盆入库水量非汛期各月最大水量出现在 5 月,为 10 165 万 m^3,最小月水量出现在 2 月,为 489 万 m^3;月水量最大值与最小值比值在 1.9～8.1,说明各月水量在不同年份之间变化也较大。羊毛湾入库水量非汛期各月最大水量出现在 11 月,为 1 043 万 m^3,最小月水量出现在 3 月,为 26 万 m^3;月水量最大值与最小值比值在 6.2～16.3,说明各月水量在不同年份之间变化较大。

冯家山水库、石头河水库、金盆水库和羊毛湾水库入库水量 2001～2013 年非汛期各月水量最大值与最小值的比值见图 9-10。由图 9-10 中可以看出,羊毛湾水库入库各月水量变幅最大。

表 9-25 2001~2013 年四库入库非汛期月水量最大值与最小值 （单位：万 m^3）

项目	站点	11 月	12 月	1 月	2 月	3 月	4 月	5 月	6 月
最大值	冯家山水库入库千阳站	3 487	2 471	1 409	1 042	1 617	1 370	2 988	1 993
最小值		541	490	385	228	323	423	295	167
最大值	石头河水库入库	3 937	1 279	747	787	2 061	3 376	9 183	5 065
最小值		419	323	255	177	294	840	1 376	1 022
最大值	金盆水库入库	6 180	2 480	1 212	918	1 908	5 871	10 165	4 535
最小值		1 099	707	514	489	628	992	1 257	1 785
最大值	羊毛湾水库入库	1 043	785	651	540	368	384	435	370
最小值		78.0	48.0	53.0	53.0	26.0	49.0	64.0	60.0
最大值/最小值	冯家山水库入库千阳站	6.4	5.0	3.7	4.6	5.0	3.2	10.1	11.9
	石头河水库入库	9.4	4.0	2.9	4.4	7.0	4.0	6.7	5.0
	金盆水库入库	5.6	3.5	2.4	1.9	3.0	5.9	8.1	2.5
	羊毛湾水库入库	13.4	16.3	12.3	10.2	14.2	7.8	6.8	6.2

注：金盆水库入库时段为 2007~2013 年。

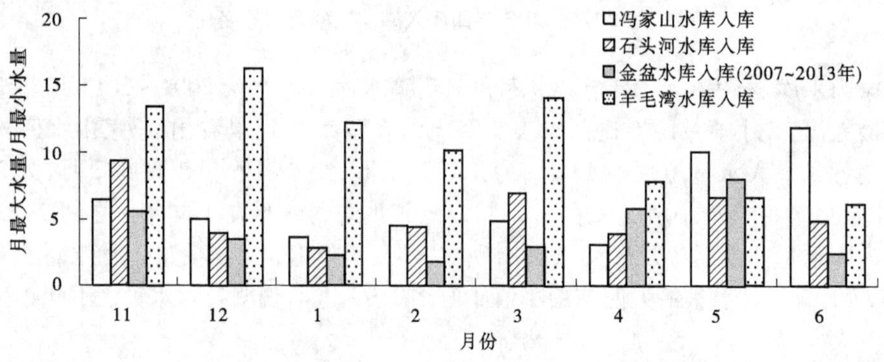

图 9-10 2001~2013 年四库入库非汛期各月水量最大值与最小值比值

9.2.3 干支流非汛期水量丰枯年遭遇特点

9.2.3.1 干支流非汛期丰枯程度分析

对渭河林家村(水文站与宝鸡峡渠首水量之和,下同)、魏家堡(水文站与宝鸡峡渠首水量之和,下同)、冯家山水库入库千阳站、石头河水库、金盆水库和羊毛湾水库多年非汛期水量,进行 P-Ⅲ频率曲线分析,确定不同年份的丰枯程度。林家村、魏家堡、冯家山水库入库千阳站、石头河水库入库、金盆水库入库和羊毛湾水库入库非汛期水量 P-Ⅲ频率曲线见图 9-11,特征值见表 9-26。

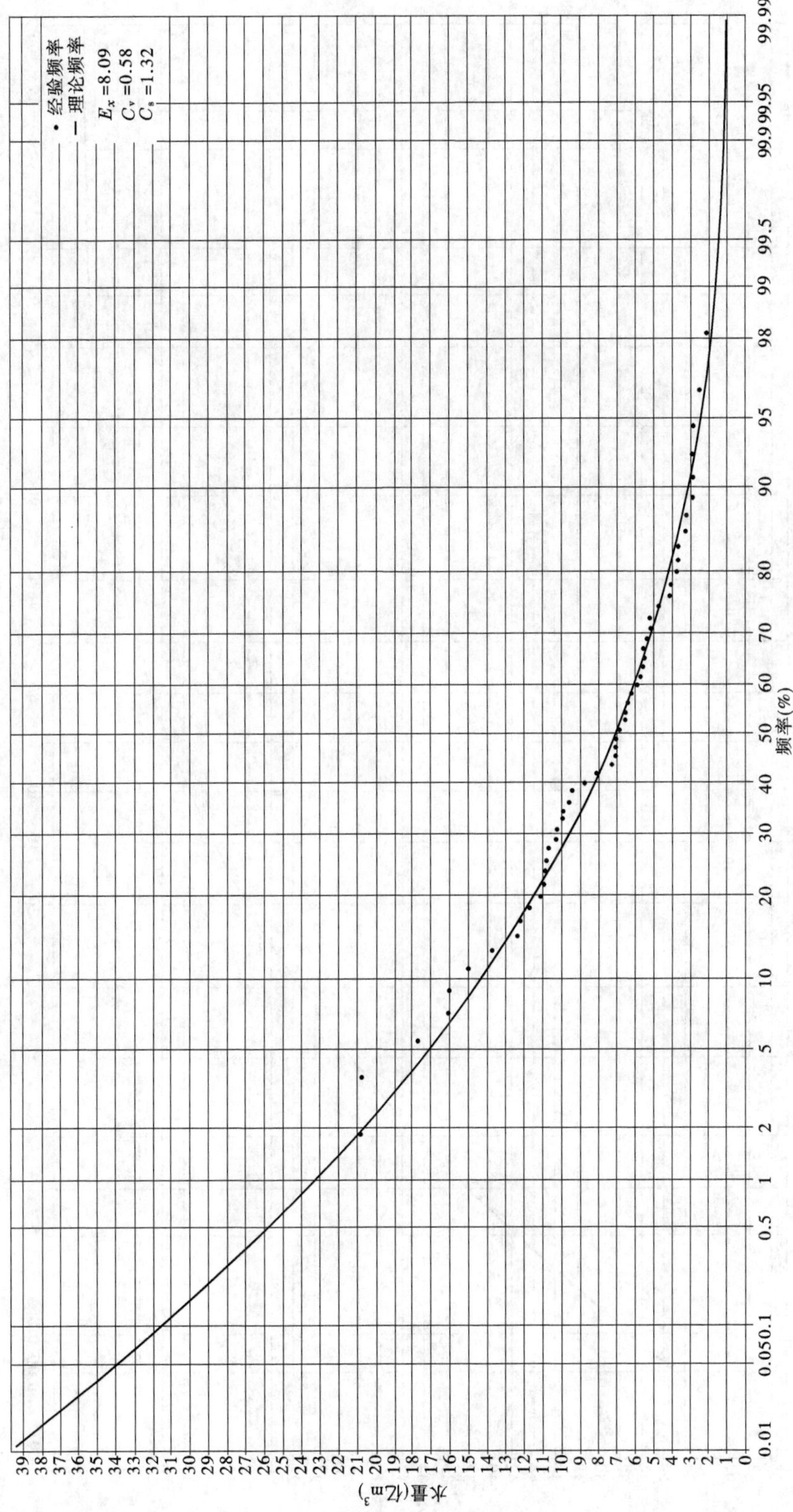

(a)林家村站

图 9-11　林家村、魏家堡、冯家山水库入库千阳站、石头河水库入库、金盆水库入库、羊毛湾水库入库非汛期水量频率曲线

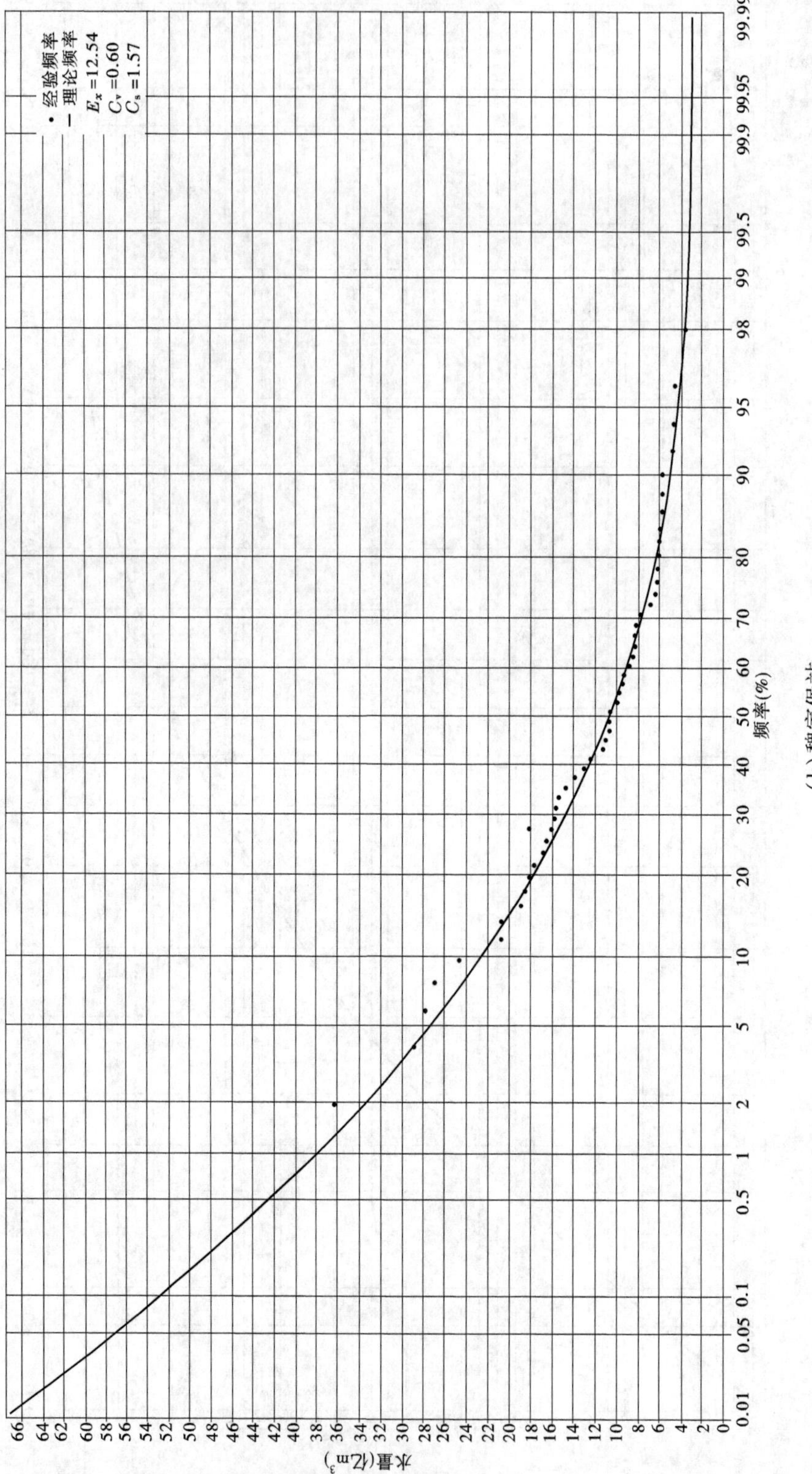

(b)魏家堡站

续图 9-11

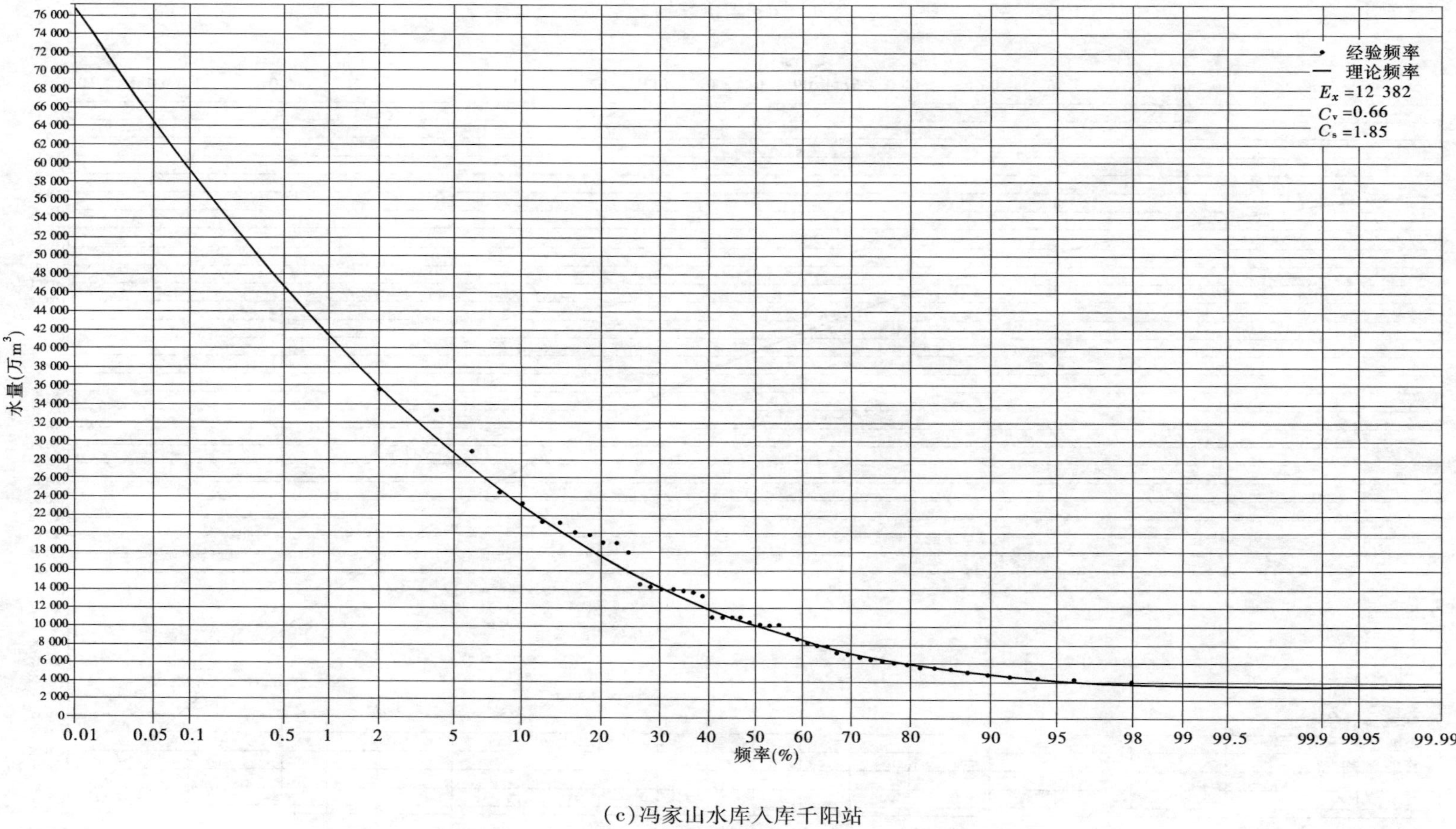

(c)冯家山水库入库千阳站

续图9-11

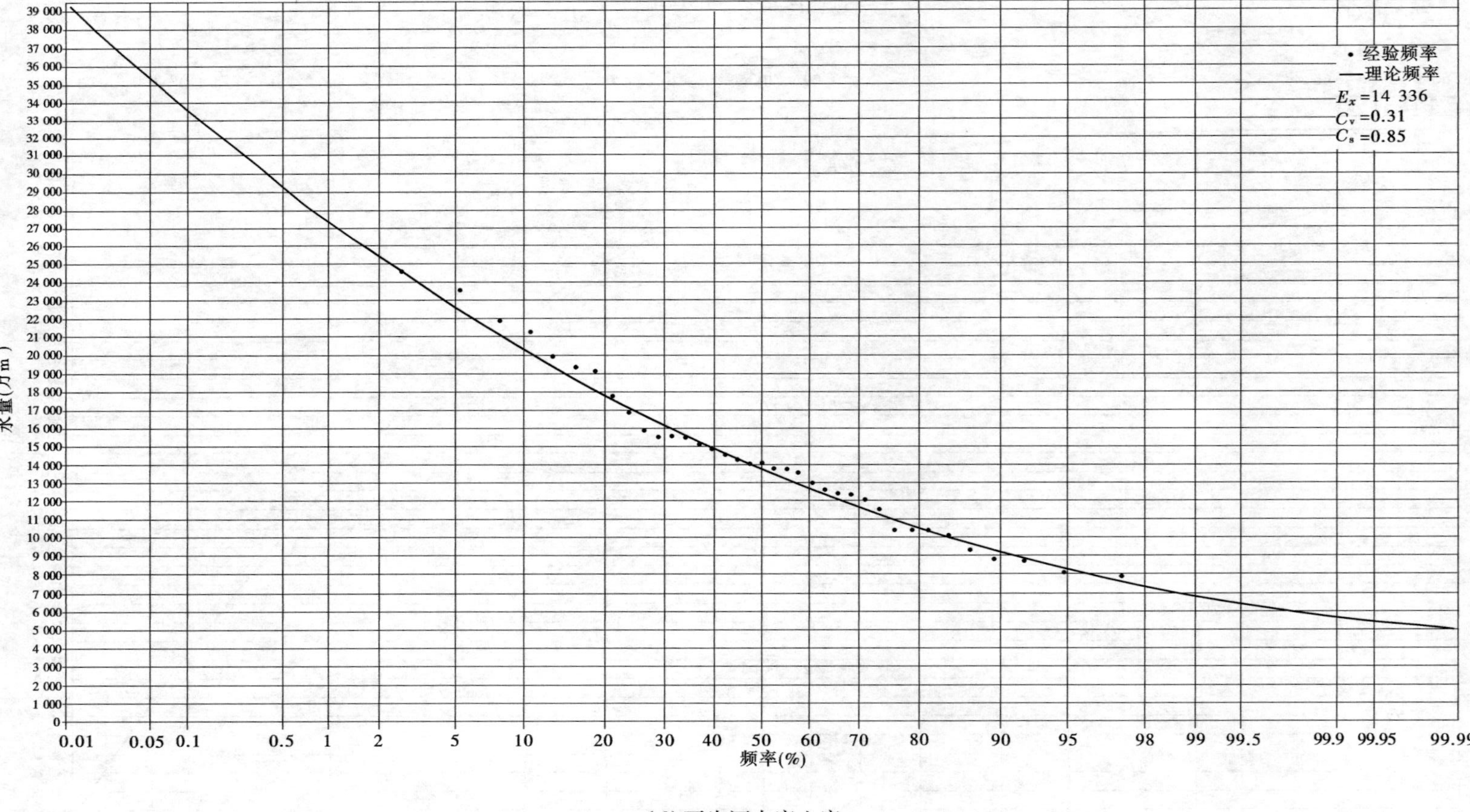

(d)石头河水库入库

续图 9-11

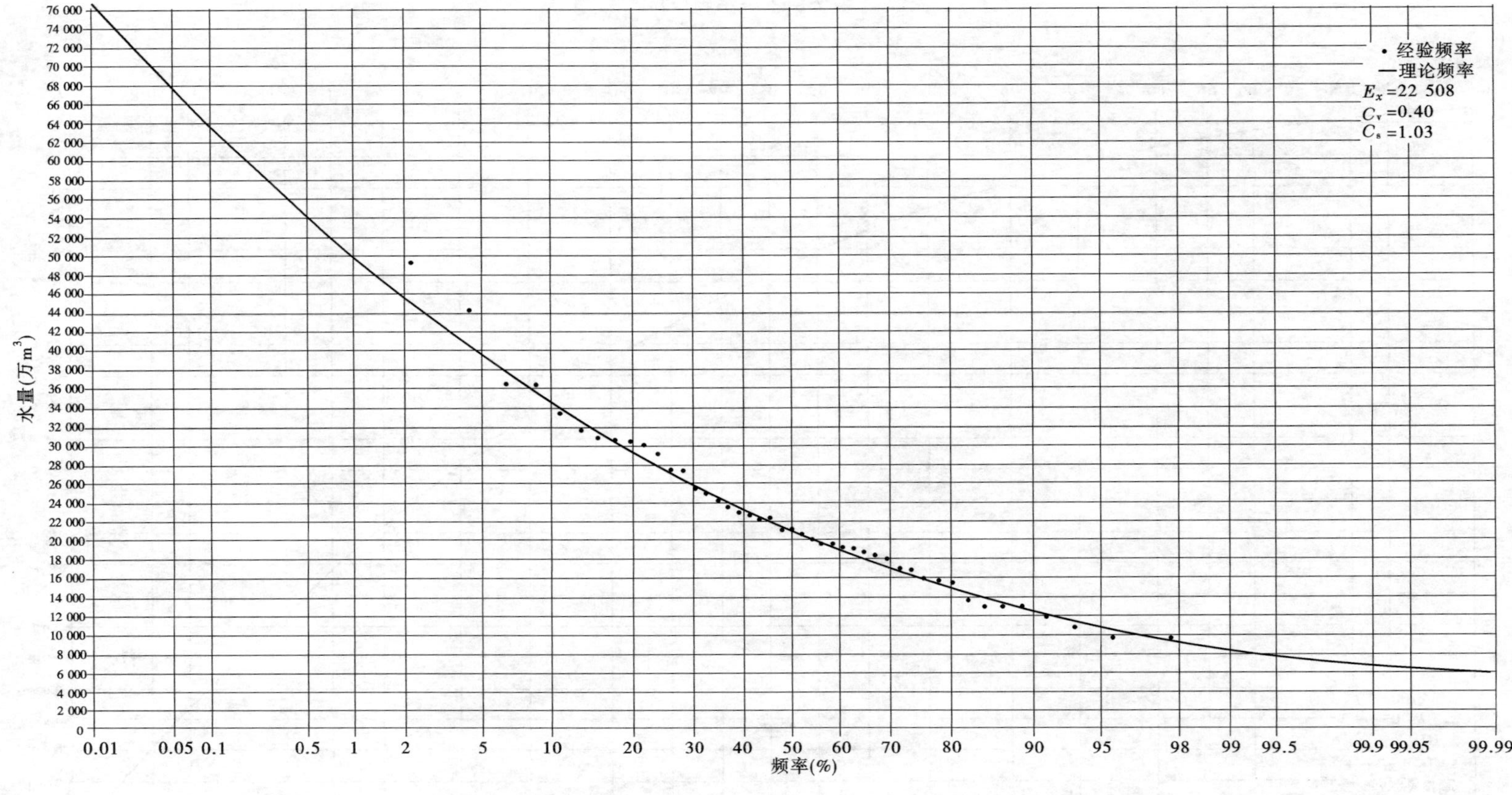

(e)金盆水库入库

续图 9-11

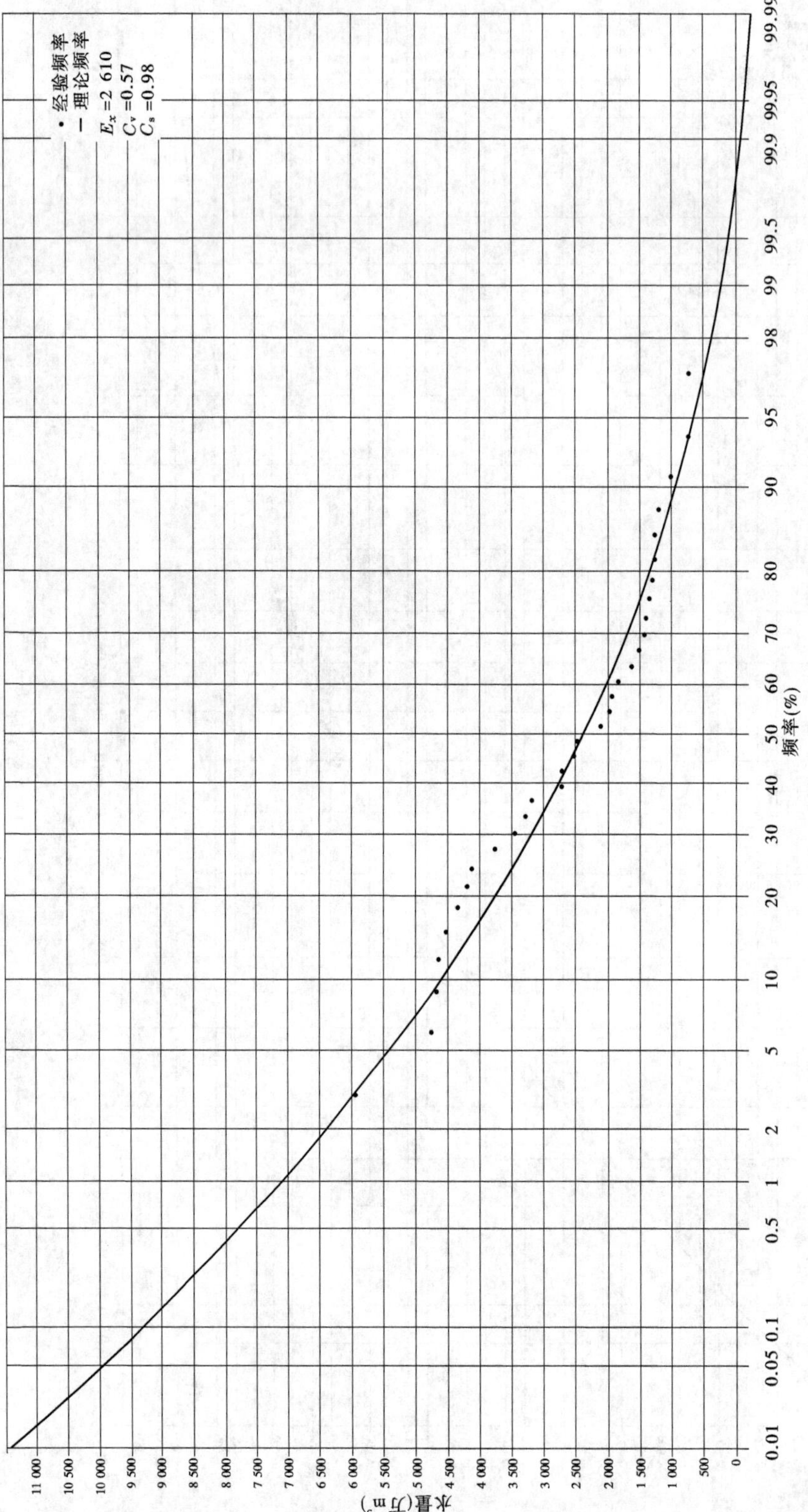

(f)羊毛湾水库入库

续图9-11

表9-26　各站非汛期水量频率分析特征值

项目		林家村（亿 m^3）	冯家山千阳站（万 m^3）	石头河入库（万 m^3）	魏家堡（亿 m^3）	金盆入库（万 m^3）	羊毛湾入库（万 m^3）
变差系数 C_v		0.58	0.66	0.31	0.60	0.40	0.57
偏态系数 C_s		1.32	1.85	0.85	1.57	1.03	0.98
C_s/C_v		2.28	2.8	2.74	2.62	2.57	1.72
平均值		8.09	12 382	14 336	12.54	22 508	2 610
频率（%）	12.5	13.64	21 733	19 655	21.33	33 257	4 388
	37.5	8.59	12 494	15 164	13.01	23 911	2 855
	50.0	7.09	10 028	13 714	10.66	20 989	2 371
	62.5	5.83	8 128	12 409	8.76	18 425	1 944
	87.5	3.39	5 043	9 556	5.36	13 059	1 038

非汛期水量丰枯划分标准见表9-27。水量频率小于12.5%，为特丰水年；水量频率大于等于12.5%且小于37.5%，为丰水年；水量频率大于等于37.5%且小于62.5%，为平水年；水量频率大于等于62.5%且小于87.5%，为枯水年；水量频率大于等于87.5%，为特枯水年。特丰水年比丰水年偏丰一个等级，比平水年偏丰两个等级，其他依次类推。特枯水年比枯水年偏枯一个等级，比平水年偏枯两个等级，其他依次类推。

表9-27　非汛期水量丰枯划分标准

频率范围	丰枯程度
$P<12.5\%$	特丰水年
$12.5\% \leqslant P<37.5\%$	丰水年
$37.5\% \leqslant P<62.5\%$	平水年
$62.5\% \leqslant P<87.5\%$	枯水年
$87.5\% \leqslant P$	特枯水年

9.2.3.2　干支流非汛期丰枯遭遇

林家村与冯家山水库入库千阳站干支流非汛期水量丰枯程度遭遇情况见表9-28。从表9-28中可以看出，林家村与冯家山水库入库千阳站干支流丰枯遭遇年份和年数基本分布在对角线及其两侧，丰枯遭遇表中对角线分布年份数为31年，即支流与干流非汛期水量丰枯程度一样年份数，占总年数48年的64.6%；对角线上侧和下侧的年数，即支流与干流非汛期水量丰枯程度接近，相差一个等级，为16年，占总年数的33.3%；只有1980年干流是平水年，千阳站是特枯水年，干支流丰枯程度相差2个级别。这说明千阳站与林家村站非汛期水量大部分年份丰枯程度相同或接近。

表 9-28　林家村与冯家山水库入库千阳站非汛期丰枯年份遭遇

林家村		冯家山水库入库千阳站				
		特丰水年	丰水年	平水年	枯水年	特枯水年
年份	特丰水年	1965,1967 1968,1976	1969			
	丰水年	1984	1970,1971 1982,1983 1985,1986 1989,1990 1991	1977,1987		
	平水年		1974,1988 1993,1994	1972,1974 1978,2006 2012	1973 1979	1980
	枯水年			1992,2002 2008	1966 1981,1996 1998,1999 2005,2007 2009,2004	1995
	特枯水年				2010,2011	1997,2000 2001,2003
年数	特丰水年	4	1			
	丰水年	1	9	2		
	平水年		4	5	2	1
	枯水年			3	9	1
	特枯水年				2	4

林家村与石头河入库干支流非汛期水量丰枯程度遭遇情况见表 9-29。从表 9-29 中可以看出,林家村与石头河入库丰枯遭遇表中对角线分布年份数为 19 年,即支流与干流非汛期水量丰枯程度一样年份数,占总年数 38 年的 50%;对角线上侧和下侧的年数,即支流与干流非汛期水量丰枯程度接近,相差一个等级,为 15 年,占总年数的 39.5%;有 4 年支流丰枯程度比干流偏丰 2 个级别,如 1999 年干流水量为枯水年,石头河入库水量为丰水年,2010 年和 2011 年干流为特枯水年,石头河入库水量为平水年。这说明石头河入库水量与林家村非汛期水量大部分年份丰枯程度相同或接近。

表9-29 林家村与石头河入库非汛期丰枯年份遭遇

林家村		石头河入库				
		特丰水年	丰水年	平水年	枯水年	特枯水年
年份	特丰水年		1976			
	丰水年	1983,1984 1987,1989	1977,1982 1990,1991	1985 1986		
	平水年	1980,	1978,1993	1975,1979 1988,2006 2012	1994	
	枯水年		1999	1981,1992 2009	1995 1996,1998 2002,2004 2005,2007	2008
	特枯水年			2010,2011	1997	2000,2001 2003,
年数	特丰水年		1			
	丰水年	4	4	2		
	平水年	1	2	5	1	
	枯水年		1	3	7	1
	特枯水年			2	1	3

魏家堡与黑河非汛期水量丰枯程度遭遇年份和年数见表9-30。从表9-30中可以看出,魏家堡与黑河干支流丰枯遭遇年份和年数基本分布在对角线及其两侧,丰枯遭遇表中对角线分布年份数为19年,即支流与干流非汛期水量丰枯程度一样年份数,占总年数41年的46.3%;对角线上侧和下侧的年数,即支流与干流非汛期水量丰枯程度接近,相差一个等级,为21年,占总年数的51.2%;只有1977年干流是丰水年,黑河是枯水年,支流比干流偏枯2个级别。这说明魏家堡与黑河非汛期水量大部分年份丰枯程度相同或接近。

表 9-30　魏家堡与黑河非汛期丰枯年份遭遇

魏家堡		黑河				
		特丰水年	丰水年	平水年	枯水年	特枯水年
年份	特丰水年	1963，1964	1965，1967，1976			
	丰水年	1961，1983	1984，1987 1989，1990 1991，1993	1962，1982 1985，1986 2012	1977	
	平水年			1972，1974 1975，1978 1980，1988	1973，1994 2013	
	枯水年			2009，2010	1981，1992 1998，2001	1966，1979 1995，1996 1997，2008
	特枯水年					2007
年数	特丰水年	2	3			
	丰水年	2	6	5	1	
	平水年			6	3	
	枯水年			2	4	6
	特枯水年					1

魏家堡与羊毛湾水库入库干支流非汛期水量丰枯程度遭遇年份和年数见表9-31。从

表 9-31　魏家堡与羊毛湾水库入库非汛期丰枯年份遭遇

魏家堡		羊毛湾水库入库				
		特丰水年	丰水年	平水年	枯水年	特枯水年
年份	特丰水年					
	丰水年	1983，1984 1985，1989 1990	1982，1986 1991，1993 2012	1987		
	平水年		1988	1994，2004 2013		2006
	枯水年			1997，2008	1992，1995 1996，1998 1999，2002 2005，2009 2010，2011	
	特枯水年		2000		2001	2003，2007

续表 9-31

魏家堡		羊毛湾水库入库				
		特丰水年	丰水年	平水年	枯水年	特枯水年
年数	特丰水年					
	丰水年	5	5	1		
	平水年		1	3		1
	枯水年			2	10	
	特枯水年		1		1	2

表 9-31 中看出,魏家堡与漆水河干支流丰枯遭遇年份和年数基本分布在对角线及其两侧,丰枯遭遇表中对角线分布年份数为 20 年,即支流与干流非汛期水量丰枯程度一样年份数,占总年数 32 年的 62.5%;对角线上侧和下侧的年数,即支流与干流非汛期水量丰枯程度接近,为 10 年,占总年数的 31.2%;2000 年干流是特枯水年,漆水河是丰水年,支流比干流偏丰 3 个级别,2006 年干流是丰水年,支流是特枯水年,比干流偏枯 3 个级别。这说明魏家堡与羊毛湾入库非汛期水量丰枯程度大部分年份相同或接近。

表 9-32 是林家村与冯家山水库入库千阳站、石头河入库 2001 ~ 2013 年非汛期水量丰枯程度表。表 9-33 是魏家堡与金盆水库入库、羊毛湾水库入库 2001 ~ 2013 年非汛期水量丰枯程度。

表 9-32　2001 ~ 2013 年非汛期水量丰枯程度

年份	丰枯程度		
	林家村	冯家山水库入库千阳站	石头河水库入库
2001	特枯水年	特枯水年	特枯水年
2002	枯水年	平水年	枯水年
2003	特枯水年	特枯水年	特枯水年
2004	枯水年	枯水年	枯水年
2005	枯水年	枯水年	枯水年
2006	平水年	平水年	平水年
2007	特枯水年	枯水年	特枯水年
2008	枯水年	平水年	特枯水年
2009	枯水年	枯水年	平水年
2010	特枯水年	枯水年	平水年
2011	特枯水年	枯水年	平水年
2012	平水年	平水年	平水年
2013	枯水年	平水年	枯水年

表 9-33　2001 ~ 2013 年非汛期水量丰枯程度

年份	丰枯程度		
	魏家堡	金盆水库入库	羊毛湾水库入库
2001	特枯水年		枯水年
2002	枯水年		枯水年
2003	特枯水年		特枯水年
2004	平水年		平水年
2005	枯水年		枯水年
2006	平水年		特枯水年
2007	特枯水年	特枯水年	特枯水年
2008	枯水年	特枯水年	平水年
2009	枯水年	平水年	枯水年
2010	枯水年	平水年	枯水年
2011	枯水年	枯水年	枯水年
2012	丰水年	平水年	丰水年
2013	平水年	枯水年	平水年

9.3　大中型水库在枯水调度中的作用分析

对渭河干流水文站断面生态流量保证率分析结果表明,2001 ~ 2013 年林家村水文站断面最小生态流量保证率只有 17.7%,魏家堡水文站断面最小生态流量保证率为 54.7%,咸阳水文站断面最小生态流量保证率为 89.4%,临潼和华县站断面最小生态流量基本得到保证。因此,需要提高生态流量保证率的河段重点是林家村至魏家堡河段。

9.3.1　大中型水库初步筛选

为了提高渭河干流断面的生态流量保证率,确定哪些水库能够参与枯水期生态调度,对目前运用的 23 座大中型水库进行初步筛选。

参与枯水调度的大中型水库筛选的原则是,在保证城市、工业和灌溉供水任务后水库仍有剩余水可做枯水期生态调度利用,每个河段内都有参与水库。

23 座大中型水库所处河段及基本情况见表 9-34。从表 9-34 中可以看出,林家村断面以上河段,只有渭河干流上的林家村枢纽为Ⅲ等中型水库。在此河段选择林家村枢纽。

林家村至魏家堡河段支流上有 4 座水库,分别是段家峡水库、冯家山水库、王家崖水库和石头河水库。其中冯家山水库和石头河水库为Ⅱ等大(2)型水库,段家峡和王家崖水库为Ⅲ等中型水库。段家峡水库兴利库容只有 885 万 m^3, 在满足灌溉供水前提下,能

表9-34　23座大中型水库基本信息及所处河段

河段	序号	水库名称	工程等别	工程规模	所在河流	所属水系	原设计总库容(万 m^3)	现状总库容(万 m^3)	现状兴利库容(万 m^3)	备注
林家村以上	1	林家村枢纽	Ⅲ等	中型	渭河	干流	5 000			
林家村—魏家堡	2	段家峡水库	Ⅲ等	中型	千河	渭河一级支流	1 440	1 295	885	
	3	冯家山水库	Ⅱ等	大(2)型	千河	渭河一级支流	38 900	29 804	20 691	
	4	王家崖水库	Ⅲ等	中型	千河	渭河一级支流	9 420	4 565	4 705	宝鸡峡灌区渠库结合工程
	5	石头河水库	Ⅱ等	大(2)型	石头河	渭河一级支流	14 700	14 520.7	11 550	
魏家堡—咸阳	6	羊毛湾水库	Ⅱ等	大(2)型	漆水河	渭河一级支流	12 000	10 430	5 340	
	7	老鸦嘴水库	Ⅲ等	中型	漠谷河	漆水河支流	1 802	1 732	609	羊毛湾灌区渠库结合工程
	8	大北沟水库	Ⅲ等	中型	漠谷河	漆水河支流	5 210	3 689	2 048	宝鸡峡灌区渠库结合工程
	9	信邑沟水库	Ⅲ等	中型	美阳河	漆水河二级支流	3 705	3 165	2 119	宝鸡峡灌区渠库结合工程
	10	白荻沟水库	Ⅲ等	中型	横水河	漆水河二级支流	1 465	1 162	573	
	11	东风水库	Ⅲ等	中型	雍水河	漆水河支流	1 350	1 110	908	
	12	金盆水库	Ⅱ等	大(2)型	黑河	渭河一级支流	20 000	20 000	17 306	

续表 9-34

河段	序号	水库名称	工程等别	工程规模	所在河流	所属水系	原设计总库容（万 m^3）	现状总库容（万 m^3）	现状兴利库容（万 m^3）	备注
咸阳—临潼	13	石砭峪水库	Ⅲ等	中型	石砭峪河	沣河支流	2 810	2 785	2 160	
	14	杨家河水库	Ⅲ等	中型	泔河	泾河支流	1 695	1 238	530	
	15	泔河水库	Ⅲ等	中型	泔河	泾河支流	6 463	4 033	3 030	宝鸡峡灌区渠库结合工程
	16	李家河水库	Ⅲ等	中型	辋川河	灞河支流	5 260	5 260	4 520	
临潼—华县	17	桃曲坡水库	Ⅲ等	中型	沮水河	石川河支流	5 720	4 310	3 602	
	18	玉皇阁水库	Ⅲ等	中型	赵氏河	石川河支流	1 415	845	350	
	19	冯村水库	Ⅲ等	中型	清峪河	石川河支流	1 251	1 251	566	
	20	黑松林水库	Ⅲ等	中型	冶峪河	石川河支流	1 054	741	547	
	21	西郊水库	Ⅲ等	中型	清峪河	石川河支流	3 405.5	3 053.5	1 984	
	22	零河水库	Ⅲ等	中型	零河	渭河一级支流	3 990	2 160	596	
	23	沈河水库	Ⅲ等	中型	沈河	渭河一级支流	2 430	1 632.5	796	

够为生态调度提供的水量较小,且位于冯家山水库上游,距离千河入渭口较远,枯水调度中不宜选用。王家崖水库虽然兴利库容较大,为 4 705 万 m^3,但由于是宝鸡峡灌区总干渠上的一座渠库结合工程,水库蓄水大部分来自林家村枢纽的引水,枯水调度中不宜选用。林家村至魏家堡河段选择冯家山水库和石头河水库作为枯水调度的供水水库。

魏家堡至咸阳河段支流有 7 座水库,分别是南岸支流黑河金盆水库和北岸漆水河及其支流上的 6 座水库,包括羊毛湾水库、老鸦嘴水库、大北沟水库、信邑沟水库、白荻沟水库和东风水库。金盆水库和羊毛湾水库是Ⅱ等大(2)型水库,其他 5 座水库为Ⅲ等中型水库。漆水河支流上白荻沟水库和东风水库的兴利库容较小,分别为 573 万 m^3 和 908 万 m^3,水库有灌溉供水任务,在满足灌溉供水前提下,能够为生态用水提供的水量较小,枯水调度中不宜选用。老鸦嘴水库兴利库容 609 万 m^3,是羊毛湾灌区渠库结合水库,枯水调度中也不宜选用。大北沟水库和信邑沟水库兴利库容较大,分别为 2 048 万 m^3 和 2 119 万 m^3,但两库是宝鸡峡引渭塬上总干渠上渠库结合工程,水源主要由宝鸡峡引渭塬上总干渠补给,枯水调度中也不宜选用。魏家堡至咸阳河段选用羊毛湾水库和金盆水库 2 座大型水库作为枯水调度的供水水库。

咸阳至临潼河段支流有 4 座水库,分别是石砭峪水库、杨家河水库、泔河水库和李家河水库,4 座水库均为Ⅲ等中型水库。杨家河水库兴利库容只有 530 万 m^3,枯水调度中不宜选用。泔河水库兴利库容较大,为 3 030 万 m^3,该水库为宝鸡峡灌区渠库结合水库,泔河上游来水较少,水库蓄水是宝鸡峡干渠向其充蓄,枯水调度中不宜选用。石砭峪水库位于沣河支流石砭峪河上,大坝距离沣河入渭口 64.9 km,水库兴利库容 2 160 万 m^3,该水库结合引乾济石工程,每年向西安市供水 6 000 万 m^3,鉴于该水库是西安市城市供水事故备用水源地,且从外流域(汉江二级支流乾佑河)调水,同时水库大坝距离沣河入渭口较远,枯水调度中也不宜选用。李家河水库为新建水库,总库容 5 260 万 m^3,其设计任务中含有生态供水,可作为枯水调度的供水水库。

临潼至华县河段支流有 7 座水库,分别为桃曲坡水库、玉皇阁水库、冯村水库、黑松林水库、西郊水库、零河水库和沋河水库,都为Ⅲ等中型水库。其中桃曲坡水库、玉皇阁水库、冯村水库、黑松林水库和西郊水库位于渭河干流北岸石川河支流,零河水库和沋河水库分别位于渭河干流南岸零河和沋河。位于石川河支流的 5 座水库,除桃曲坡水库兴利库容较大外,其他 4 座水库兴利库容都较小,且石川河干流下游河道为严重岩溶渗漏区,4 座水库不宜选择作为生态调度供水水库。桃曲坡水库兴利库容为 3 602 万 m^3,自 1995 年起向铜川城市供水,目前是铜川城市及工业供水的主要水源地,主要担负铜川新、老城区居民生活供水及陕西陕焦化工有限公司、华能(铜川)电厂等工业供水任务,同时还有灌溉供水,虽然水库兴利库容较大,但可为渭河干流生态供水水量较少,枯水调度中不宜选用。临潼—华县河段选择零河水库和沋河水库作为枯水期生态调度的供水水库。

根据干流断面现状生态流量保证率和水库基本情况分析,结合现场查勘,初步筛选渭河干流林家村枢纽、千河冯家山水库、石头河水库、黑河金盆水库、漆水河羊毛湾水库、灞河支流辋川河上李家河水库、零河水库和沋河水库作为枯水期生态调度水库,水库分布见表 9-35。

表 9-35 枯水期生态调度初步选用水库

河段	干流	左岸	右岸
林家村以上	林家村枢纽		
林家村—魏家堡		冯家山水库	石头河水库
魏家堡—咸阳		羊毛湾水库	金盆水库
咸阳—临潼			李家河水库
临潼—华县			零河水库、沈河水库

9.3.2 筛选水库功能任务及供水调度原则

9.3.2.1 冯家山水库

1. 水库基本情况

冯家山水库位于宝鸡市陈仓区桥镇冯家山村附近的千河干流上，坝址距离渭河入口27 km，控制千河流域总面积的92.5%。冯家山水库是以灌溉为主，兼作防洪、供水、发电、养殖、旅游等综合利用的大(2)型水利工程。水库枢纽由拦河大坝、泄洪洞、溢洪洞、非常溢洪道、输水洞和电站等建筑物组成。水库原设计总库容3.89亿 m^3。

由于水库淤积，库容减小。水库死水位688.5 m，对应库容为4 900万 m^3，正常蓄水位710 m，对应库容为25 591万 m^3，100年一遇设计洪水位708.8 m，对应库容为23 700万 m^3。

2. 水库承担任务与调度原则和要求

水库承担的任务是以灌溉为主，兼作防洪、供水、发电、养殖、旅游等综合利用。在现有防洪标准确保水库大坝安全的前提下，抓住一切有利时机多蓄水，保证灌溉用水、城市生活用水、工业用水、养殖用水、生态用水，充分发挥水库的综合效益。

水库调度原则：在确保水库和渠道工程安全运行的前提下，遵循“水权集中、统一调度、分级管理、分级负责”的原则，实现“总体计划、合理调配、满足市场、兼顾各方”的目标。

水库调度要求：水库按照多年调节调度，汛期不超汛限水位蓄水，非汛期不超正常蓄水位蓄水，做到抗旱防洪并举，除害兴利并重。调度方式贯彻“一水多用”的原则，首先保证生活用水、工业用水、农业用水，兼顾养殖、生态、泄洪排沙和其他用水，结合供水合理安排发电，实现供水与发电相结合，养殖与生态用水相结合，提高水资源利用率，充分发挥水库的综合利用功能。

3. 水库生态用水调度

根据《宝鸡市冯家山水库调度和水量调配制度》第三章水库生态用水调度第十九条至第二十二条的规定，冯家山水库有生态用水调度。规定内容如下：

第十九条 为了保障黄河和渭河下游人民群众生产生活用水，维护流域生态环境，要增强绿色环保意识，做好生态用水调度工作。

第二十条 生态用水调度的时间范围是每年的11月份到次年的6月份。

第二十一条 冯家山水库坝后应有一定流量的生态长流水。如因工程原因泄放困难时,经上级同意,可以采取短时间大流量放水的办法。

第二十二条 充分利用渔场的养殖弃水,完成上级下达我局的全年生态用水指标。

4. 水库兴利调度规则

水量调度规则:冯家山水库水量调度实行年度水量调度计划与月、旬水量调度方案和实时调度指令相结合的调度方式。具体配水次序是:先生活,后生产;先农业,后工业;先下游,后上游。

库水位的运行控制:

(1)水库正常蓄水位710.0 m,主汛期(7~9月)限制水位为707.0 m,6月限制水位为707.0~708.5 m,10月为708.5~710.0 m。

(2)一、二级电站联合运行,即一级电站结合城市、第二电厂供水兼二级电站发电运行时,最低库水位控制为704.0 m;一级电站结合农灌供水发电,最低库水位控制为702.5 m;水位在702.5 m以下,可根据实际情况和机组性能,在确保安全的前提下,试验性运行。

(3)在702.5 m以下,且机组不能运行时,农灌供水,在首先保证城市、第二电厂供水的情况下,最低库水位控制为694.0 m,遇特殊干旱年可控制为693.0 m。

水库正常蓄水位710 m,死水位688.5 m。

9.3.2.2 石头河水库

1. 水库基本情况

石头河水库位于眉县斜峪关以上1.5 km的温家山,坝址距离入渭口16.5 km,控制流域面积673 km^2,是一座结合灌溉、城乡供水、发电、防洪、养殖等综合利用的大(2)型水利工程。枢纽由拦河坝、溢洪道、泄洪洞、输水洞和坝后电站等建筑物组成。坝顶高程808 m,总库容1.47亿m^3,汛期限制水位798 m,设计洪水位801 m,与正常蓄水位相同,1 000年一遇校核洪水位802.52 m。

石头河水库在20世纪80年代初建成,当时是一座以农业灌溉为主的水利枢纽工程,90年代石头河水库成为西安黑河引水工程的扩大水源地,1996年6月开始向西安供水。

由于水库淤积,库容减小。水库死水位728 m,对应库容为500万m^3;正常蓄水位801 m,对应库容为12 050万m^3;校核洪水位802.52 m,对应库容为12 542万m^3。

2. 水库承担的任务与调度原则

水库承担的任务是结合灌溉、城乡供水、发电、防洪、养殖等综合利用。

水库调度原则:

(1)在确保水库安全的前提下,坚持一水多用,统筹安排,综合平衡,优先保证城市供水,合理安排发电、灌溉、养殖及其他用水,尽可能减少弃水。

(2)正确处理兴利与防洪的关系,坚持兴利服从于防洪的原则。

(3)库水位在前汛期(6月1~30日)与后汛期(9月11日至10月31日),按801 m控制;在主汛期(7月1日至9月10日)按798 m控制。

水库正常蓄水位801 m,死水位728 m。

9.3.2.3　金盆水库

1. 水库基本情况及工程任务

黑河金盆水库位于西安市周至县境内的黑河峪口以上 1.5 km 处,北距周至县约 14 km,东距西安市约 86 km,是西安黑河引水工程的主要水源地。水库是以城市供水为主,兼顾灌溉,结合发电及防洪等综合利用的大(2)型水利工程。枢纽由拦河坝、泄洪洞、溢洪洞、引水洞、坝后电站、左岸单薄山梁防渗工程及副坝等建(构)筑物组成。正常蓄水位 594 m,总库容 2.0 亿 m^3,有效库容 1.73 亿 m^3。

水库死水位 520 m,对应库容为 385 万 m^3;正常蓄水位 594 m,对应库容为 17 691 万 m^3;设计洪水位 594.34 m,对应库容为 17 849 万 m^3。

2. 水库承担的任务与供水调度原则

水库承担的任务是以城市供水为主,兼顾灌溉、发电、防洪等综合利用。

根据工程设计以及业务需要,水库调度划分为洪水调度(水库防洪减灾的调度)、供水调度(城市供水调度、发电用水调度、农灌需水调度以及生态供水调度)、应急调度(工程安全突发事件调度、高峰期供水调度、防汛应急调度、极端天气应急调度、水源地污染应急调度等)三大部分。

供水调度原则:

(1)坚持“计划用水、节约用水、一水多用,统筹安排、综合平衡”的原则,按照“先城市、后生态,先灌溉、后发电”的顺序分配水量,优先保证城市供水,合理安排发电、农业灌溉、生态及其他用水,尽可能减少弃水,并在确保大坝安全的前提下,最大限度地综合利用水资源。

(2)在丰水年和丰水期,及时加大发电供水量,同时尽量减少直接向河道弃水,争取多发电,产生更大的经济效益。在枯水年和枯水期,首先确保城市供水量,尽量满足灌溉用水量。供水期的最低库水位不低于死水位;主汛期蓄水位不高于汛限水位。

3. 水库生态供水调度

根据黑河金盆水库调度规程,水库供水调度中包括生态供水调度。生态调度目标:保障大坝与防洪安全,满足已定兴利任务情况下,积极承担生态调度任务。

生态调度原则:对显著影响河流生态的,考虑基本生态调度要求,协调好与其他兴利关系。

生态调度方式:按照不同情况合理安排生态需水流量与放水过程,明确生态调度控制条件。优先保证城市供水,合理安排生态及其他用水,尽可能减少弃水,最大限度地综合利用水资源。生态供水尽量以二级电站发电尾水为主或者一级电站尾水为主。

4. 库水位控制

汛限水位 593 m,10 月 10 日以后根据天气预报等情况,将库水位逐步提高至正常蓄水位 594 m。

供水期的最低库水位不低于死水位。

灌溉供水时,当库水位低于 553.00 m(5 ~ 9 月)和 560.00 m(10 月至翌年 4 月)时,停止向农灌供水,以确保城市供水。

发电调度方式:综合水库调节性能、入库径流、电站在电网中的地位和作用选定,安排好不同条件下的调度。电站供水时,在设计保证条件内,保证发电,尽量多发电;汛期可加大发电供水量,枯水期时保持水头即电站最低工作水头为 560 m。

正常蓄水位 594 m,死水位 520 m。

9.3.2.4　羊毛湾水库

1. 水库基本情况

羊毛湾水库位于乾县石牛乡羊毛湾村北的漆水河干流上,坝址距离漆水河入渭口 55.9 km,控制流域面积 1 100 km^2,是一座以灌溉为主,结合防洪、养殖综合利用的大(2)型水利工程。枢纽由均质土坝、溢洪道、输水洞及泄水底洞组成,坝顶高程 646.6 m。溢洪道上无闸门控制。主要泄洪及泄水建筑物包括溢洪道、泄洪底洞和输水洞。输水洞的主要作用是灌溉引水,最大引水流量为 16 m^3/s。水库原设计总库容 1.2 亿 m^3。

由于水库淤积,库容减小。目前死水位 620 m 对应库容为 760 万 m^3,正常蓄水位 635.9 m 对应库容为 6 100 万 m^3,设计洪水位 641.2 m 对应库容为 8 741 万 m^3。汛限水位 625 m。

2. 工程任务

水库承担的任务是以灌溉为主,结合防洪、养殖综合利用。

3. 库水位控制

正常蓄水位 635.9 m,死水位 620 m。

9.3.2.5　林家村枢纽

林家村枢纽位于宝鸡市以西约 11 km 的渭河林家村峡谷出口处,控制流域面积 30 661 km^2,是一座以灌溉为主,兼有发电、防洪、旅游等综合利用的中型水利工程。坝址下游 1 km 处设有渭河林家村水文站。现有水库是在原宝鸡峡引渭渠引水低坝的基础上以闸孔的形式加高坝体建成蓄水工程,枢纽工程等级为Ⅲ等中型,加坝后坝顶高程为 637.6 m,坝顶总长 208.6 m,坝顶宽度 12 ~ 17 m,最大坝高 49.6 m。水库正常蓄水位 636.0 m,水库的汛限水位 630.0 m,总库容 5 000 万 m^3,有效库容 3 800 万 m^3。

9.3.2.6　李家河水库

李家河水库位于西安市蓝田县玉川镇李家河村灞河一级支流辋川河中游河段,坝址距离灞河入渭口 75 km,坝址控制流域面积 362 km^2,多年平均径流量 1.33 亿 m^3。工程任务以西安市城东区城镇生活和工业供水为主,兼有发电效益,供水范围主要是西安市东部的洪庆组团和纺织城组团,工程建成后每年可向城镇生活和工业供水 7 093 万 m^3,坝后电站总装机 5 000 kW,多年平均发电量 1 732 万 kWh。工程由拦河大坝、坝后电站、输水渠道、净水厂、城市配水管网等五部分组成。大坝为碾压混凝土双曲拱坝,坝顶高程 884 m,最大坝高 98.5 m,坝顶长 392.7 m,坝顶宽 8 m,坝底最大宽 31 m。

水库总库容 5 690 万 m^3,其中调节库容 4 400 万 m^3。水库校核洪水位 882.55 m,设计洪水位 880.40 m,正常蓄水位 880 m。工程于 2014 年 11 月水库下闸试蓄水,开始试运行,2015 年 4 月 29 日正式下闸蓄水。

9.3.2.7　零河水库

零河水库位于西安市临潼区零口镇以南约 1.5 km 的零河上,坝址距离入渭口 12.1 km。水库控制流域面积 270 km^2,占零河流域总面积的 92.5%。水库是以灌溉为主,兼有防洪、养殖、旅游等综合效益的Ⅲ等中型水利工程，水库枢纽工程由大坝、溢洪道、放水隧洞三部分组成。坝顶高程为428.22 m，水库原设计总库容3 990 万 m^3。由于水库淤积，库容减小，目前水库防洪限制水位与正常蓄水位均为421.7 m，兴利库容为596 万 m^3；设计洪水位为424.43 m，对应库容1 449 万 m^3；校核洪水位为426.25 m，对应库容为2 160 万 m^3。

9.3.2.8 沈河水库

沈河水库位于渭南市区以南4 km 的沈河干流上，坝址距离入渭口7.6 km，坝址以上控制流域面积224 km^2。该库是一座综合开发利用的中型水库，工程原设计任务是以灌溉为主，结合防洪、兼顾养殖综合利用。随着城市的不断扩建和经济发展，目前以工业供水和城市供水为主，兼顾防洪和农业灌溉，工业主要为渭河化肥厂供水，城市为渭南市供水。枢纽工程由土坝、溢洪道、放水洞三部分组成。为抬高正常蓄水位，在溢洪道上修建了一座橡胶坝。水库原设计总库容2 430 万 m^3。由于水库淤积，库容减小，目前水位正常蓄水位为403 m，对应库容为796 万 m^3；设计洪水位为404.22 m，对应库容1 009 万 m^3；校核洪水位为406.58 m，对应库容为1 444 万 m^3。防洪限制水位401 m。

9.3.3 近年来水库运用和供水特点

9.3.3.1 冯家山水库

1. 2001 ~2013 年非汛期水库蓄水量及库水位变化

图9-12 是冯家山水库2001 ~2013 年非汛期各月月末库水位变化。从图9-12 中可以看出，总体来看，冯家山水库库水位非汛期水位从10 月末到翌年6 月末水位是逐渐降低的，6 月末库水位最低，有个别年份11 月末和12 月末库水位略有上升。10 月末库水位一

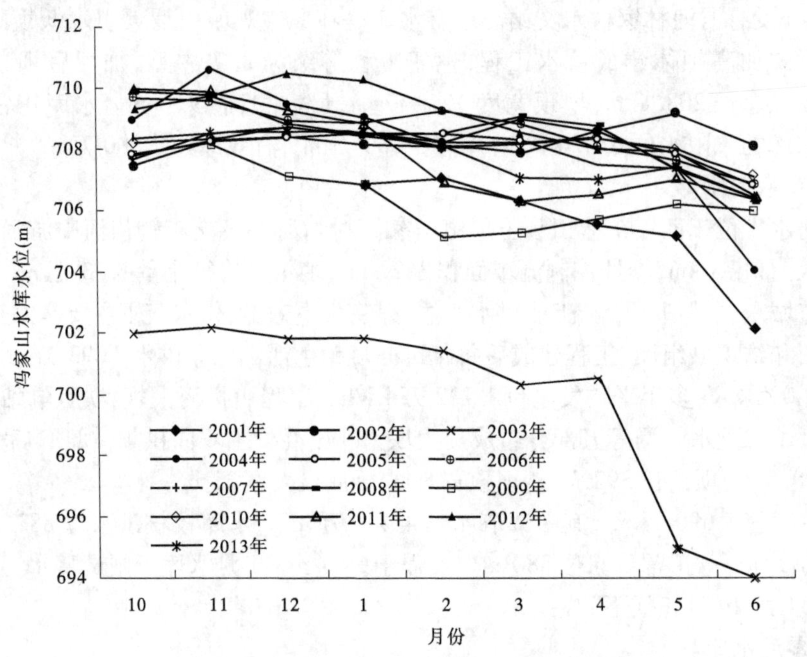

图9-12 冯家山水库非汛期库水位变化过程线

般在707.5~710 m范围,平均水位708.2 m,2003年10月末水位是2001~2013年10月末最低水位,为702 m。6月末水位除2001年在702.2 m和2003年在694 m外,其他年份都在704 m以上。

2. 2001~2013年非汛期供水情况

冯家山水库主要有冯家山灌区灌溉用水、宝鸡市城市供水、宝鸡市第二电厂用水和二级电站发电用水。二级电站尾水进入千河河道,之后进入下游王家崖水库,补给宝鸡峡灌区用水,不计入供水任务,冯家山灌区北干渠的末端有引冯济羊工程输水隧洞,适时补充羊毛湾水库,羊毛湾用水不计入水库供水任务。

表9-36是冯家山水库近年来灌区、城市、工业和二级电站非汛期各月供水量。由表9-36中可以看出,不同月份之间灌溉供水量变化幅度较大,城市和工业供水量变化幅度较小。灌区月供水量最大为4 197万m^3,最小为0;城市和工业月供水量最大分别为284万m^3和293万m^3,最小分别为56万m^3和3万m^3。二级电站月供水量最大为1 444万m^3,最小为0。

表9-36　冯家山水库非汛期各月供水量　(单位:万m^3)

供水项目	年份	11月	12月	1月	2月	3月	4月	5月	6月	非汛期合计
灌溉	2001	0	106	97	59	14	785	825	1 815	3 700
	2002	0	263	691	247	829	100	514	680	3 323
	2003	0	519	0	518	1 056	37	996	4 197	7 324
	2004	0	1 267	1 681	2 585	36	0	837	3 830	10 236
	2005	0	0	539	82	527	1 357	926	3 038	6 468
	2006	0	2 223	418	0	0	141	495	688	3 965
	2007	0	211	675	459	250	0	484	1 679	3 758
	2008	0	1 487	897	0	0	0	460	735	3 579
	2009	0	1 817	533	2 542	92	184	108	245	5 521
	2010	0	0	528	391	81	22	82	689	1 794
	2011	17	862	188	3 317	1 449	0	0	695	6 528
城市	2001	156	161	70	77	107	68	71	81	791
	2002	160	163	80	56	70	65	76	92	761
	2003	180	186	113	108	135	138	132	166	1 157
	2004	154	157	156	148	164	162	133	136	1 211
	2005	155	152	157	123	157	169	151	166	1 232
	2006	152	178	110	94	95	81	114	110	933
	2007	179	194	134	115	120	117	115	118	1 093
	2008	177	181	118	106	128	91	100	119	1 020
	2009	207	180	131	125	130	109	59	75	1 016
	2010	251	284	103	87	99	106	86	69	1 085
	2011	256	272	114	78	129	125	116	83	1 173

续表 9-36

供水项目	年份	11月	12月	1月	2月	3月	4月	5月	6月	非汛期合计
第二电厂	2001	65	77	161	145	3	86	155	161	852
	2002	45	63	163	153	159	153	163	167	1 066
	2003	110	109	197	163	186	180	168	173	1 285
	2004	120	139	158	152	162	158	162	170	1 221
	2005	97	156	171	145	159	146	163	167	1 204
	2006	92	141	170	144	158	154	165	170	1 194
	2007	157	165	196	171	193	175	205	180	1 441
	2008	138	131	183	198	203	192	209	200	1 455
	2009	131	143	231	171	194	152	214	225	1 460
	2010	96	106	263	229	253	239	234	246	1 667
	2011	143	128	286	251	293	272	269	260	1 903
二级电站	2001	0	0	0	0	396	291	0	645	1 332
	2002	0	0	0	0	0	0	1 005	1 397	2 402
	2003	0	0	0	0	0	0	427	414	841
	2004	483	822	0	0	0	1 136	1 225	325	3 992
	2005	0	0	0	0	0	466	0	3	469
	2006	1 397	250	0	273	1 444	1 397	994	330	6 085
	2007	300	0	0	0	0	0	0	0	300
	2008	1 193	842	0	0	122	1 237	1 183	1 200	5 777
	2009	0	0	0	0	0	0	119	146	265
	2010	0	0	0	0	0	0	1 013	1 159	2 172
	2011	1 157	1 145	938	0	0	0	0	223	3 463

表 9-37 是冯家山水库近年来灌溉、城市、工业和二级电站非汛期供水量。从表 9-37 中可以看出，冯家山水库近年来非汛期灌溉供水量在 1 794 万 ~ 10 236 万 m^3，城市供水量在 761 万 ~ 1 232 万 m^3、工业供水量在 852 万 ~ 1 903 万 m^3 和二级电站供水量在 265 万 ~ 6 085 万 m^3。灌溉、城市、工业和二级电站供水量非汛期平均 9 956 万 m^3，最大为 2004 年 16 660 万 m^3，最小为 2007 年 6 593 万 m^3，最大值是最小值的 2.5 倍。

冯家山水库灌溉、城市、工业供水量非汛期平均 7 334 万 m^3，最大为 2004 年 12 668 万 m^3，最小为 2012 年 4 546 万 m^3，最大值是最小值的 2.8 倍。平均来看，冯家山水库灌溉供水量占灌溉、城市、工业非汛期总供水量的 68%，城市和工业供水分别占 14% 和

18%。对比表9-37中冯家山水库灌溉、城市、工业非汛期供水量与千阳非汛期水量丰枯程度,千阳非汛期水量为平水年时,水库灌溉、城市、工业非汛期供水量较小,千阳为枯水年和特枯水年时,水库灌溉、城市、工业非汛期供水量出现最大值或较大值。

表9-37　冯家山水库各年非汛期供水量和千阳水量丰枯程度　(单位:万 m^3)

年份	灌溉供水量	城市供水量	工业供水量	二级电站供水量	(灌溉+城市+工业+二级电站)供水量	(灌溉+城市+工业)供水量	千阳非汛期水量丰枯程度
2001	3 700	791	852	1 332	6 675	5 343	特枯水年
2002	3 323	761	1 066	2 402	7 552	5 152	平水年
2003	7 324	1 157	1 285	841	10 607	9 766	特枯水年
2004	10 236	1 211	1 221	3 992	16 660	12 668	枯水年
2005	6 468	1 232	1 204	469	9 373	8 904	枯水年
2006	3 965	933	1 194	6 085	12 177	6 092	平水年
2007	3 758	1 093	1 441	300	6 593	6 293	枯水年
2008	3 579	1 020	1 455	5 777	11 830	6 054	平水年
2009	5 521	1 016	1 460	265	8 262	7 997	枯水年
2010	1 794	1 085	1 667	2 172	6 719	4 546	枯水年
2011	6 528	1 173	1 903	3 463	13 067	9 604	枯水年
2012						4 546	平水年
2013						8 379	平水年
平均	5 109	1 043	1 341	2 464	9 956	7 334	

冯家山水库灌溉、城市、工业非汛期各月平均供水量见图9-13。从图9-13中看出,各月供水量差别较大,非汛期各月月平均供水量为917万 m^3,6月供水量最大,为1 878万 m^3,12月和2月供水量超过了1 000万 m^3,11月最小,为306万 m^3。

9.3.3.2　石头河水库

1. 2001~2013年非汛期库水位变化

图9-14是石头河水库2001~2013年非汛期各月月末库水位变化。从图9-14中可以看出,总体上石头河水库水位非汛期水位从10月末至翌年4月末水位是逐渐降低的,5月和6月末库水位比4月末水位上升,4月末库水位最低,只有2004年5月末和6月末库水位下降。10月末库水位一般在790~801 m,平均水位794.03 m,2003年10月末水位是2001~2013年10月末最低水位,为778.56 m。4月末水位除2003年在751.58 m,其他年份都在762~790 m。

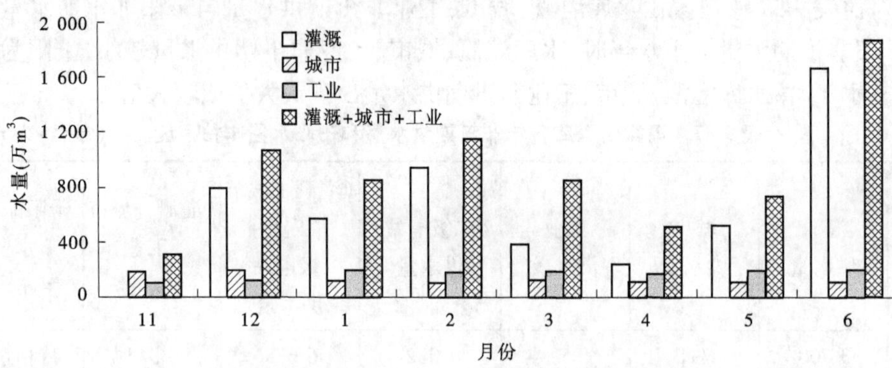

图 9-13　冯家山水库非汛期各月平均供水量

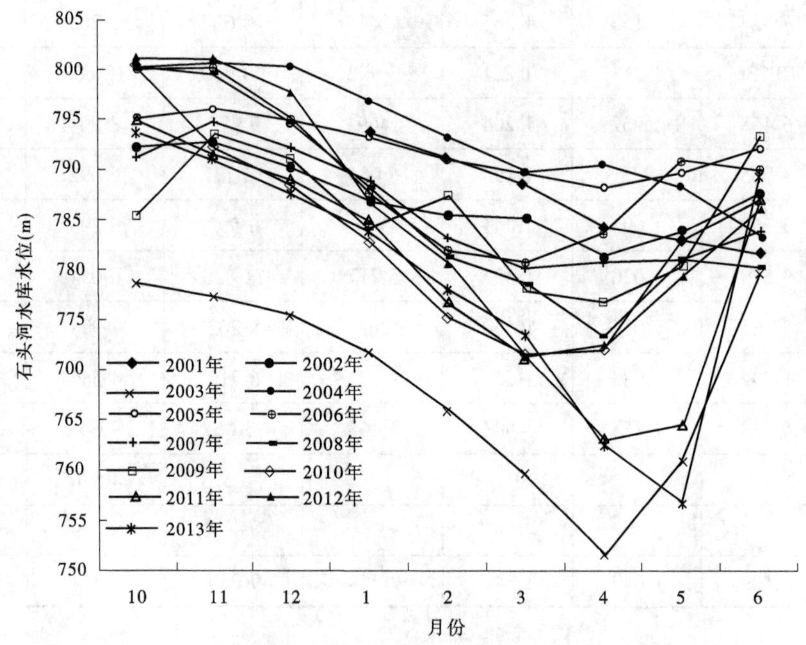

图 9-14　石头河水库非汛期库水位变化过程线

2. 2001～2013 年非汛期供水情况

水库供水主要为西安供水、五丈原城镇供水和石头河灌区农业灌溉供水，2011 年以来增加了咸阳城市供水，2012 年和 2013 年又分别增加了杨凌和宝鸡的城市供水。水库给西安、咸阳、杨凌、宝鸡和五丈塬供水量合计作为城市（镇）供水量，石头河灌区的供水量作为灌溉供水量。表 9-38 是石头河水库 2001～2013 年来城市（镇）和灌溉非汛期供水量。从表 9-38 中可以看出，石头河水库非汛期城市（镇）供水量在 2 310 万～8 157 万 m^3，平均值为4 696 万 m^3；灌溉供水量在 1 872 万～4 658 万 m^3，平均值为 3 506 万 m^3。城市（镇）和灌溉非汛期平均供水量 8 202 万 m^3，最大为 2013 年 11 744 万 m^3，最小为 2007 年 5 617 万 m^3，最大值是最小值的 2.1 倍。平均来看，石头河水库城市（镇）供水量占城市（镇）和灌溉非汛期总供水量的 57%，灌溉供水分别占 43%。

石头河水库非汛期各月平均供水量见图 9-15。从图 9-15 中可以看出，各月供水量差

表9-38　石头河水库非汛期供水量和入库水量丰枯程度　(单位:万 m³)

年份	城镇供水量	灌溉供水量	(城镇+灌溉)供水量	入库非汛期水量丰枯程度
2001	7 404	2 695	10 099	特枯水年
2002	6 297	1 872	8 169	枯水年
2003	6 222	2 454	8 676	特枯水年
2004	3 002	4 612	7 614	枯水年
2005	4 775	3 919	8 694	枯水年
2006	2 518	4 144	6 662	平水年
2007	2 310	3 308	5 618	特枯水年
2008	3 513	3 537	7 050	特枯水年
2009	3 202	4 449	7 651	平水年
2010	3 806	3 435	7 241	平水年
2011	5 728	4 658	10 386	平水年
2012	4 115	2 912	7 027	平水年
2013	8 157	3 587	11 744	枯水年
平均	4 696	3 506	8 202	

别较大,非汛期各月平均供水量为1 025万 m^3,6月供水量最大,为2 055万 m^3,1月次之,为1 233万 m^3,11月最小,为453万 m^3。城市(镇)各月供水量差别较小,各月平均供水量为587万 m^3,3月供水量最大,为716万 m^3,11月最小,为433万 m^3。灌溉供水量差别较大,各月平均供水量为442万 m^3,6月供水量最大,为1 451万 m^3,11月最小,为23万 m^3。

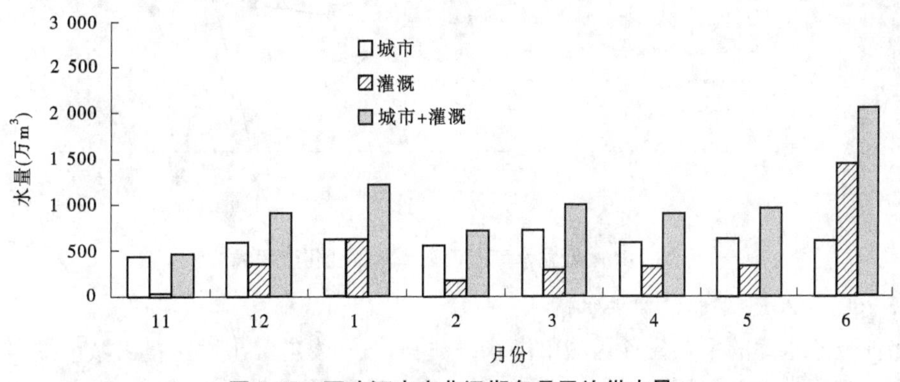

图9-15　石头河水库非汛期各月平均供水量

对比表9-38中石头河水库城市(镇)和灌溉非汛期供水量与入库非汛期水量丰枯程度,供水量与入库水量丰枯程度关系不大,非汛期供水量最大值发生在枯水年,较大值发生在平水年和特枯水年;非汛期供水量最小值发生在特枯水年,较小值发生在平水年和特枯水年。

3. 非汛期对渭河河道生态补水

石头河水库近年来运用中每个月都向渭河河道补水,起到了增大渭河干流生态流量的作用。2001～2013 年非汛期平均石头河水库向渭河河道补水量为 7 267 万 m^3,2012 年非汛期补水最多,为 16 350 万 m^3,2003 年补水最少,为 172 万 m^3。从非汛期各月平均补水量分布来看,11 月、12 月、5 月和 6 月平均补水量较大,分别为 1 479 万 m^3、1 067 万 m^3、1 533 万 m^3和 1 614 万 m^3,1～4 月平均补水量在 342 万～472 万 m^3。

9.3.3.3　金盆水库

1. 2007～2013 年非汛期库水位变化

图 9-16 是金盆水库 2007～2013 年非汛期各月月末库水位变化。从图 9-16 中看出,总体上金盆水库水位从 10 月末至翌年的 4 月末是逐渐降低的,5 月和 6 月末库水位比 4 月末上升,尤其是 5 月末库水位比 4 月末大幅度上升,大部分年份 6 月末库水位比 5 月末降低,4 月末库水位最低,只有 2010 年 5 月末和 6 月末库水位下降。10 月末库水位一般在 581.5～594 m,平均库水位 588.5 m,2009 年 10 月末库水位最低为 580.9 m。4 月末库水位除 2013 年在 550.1 m,其他年份都在 563.4～583.9 m。

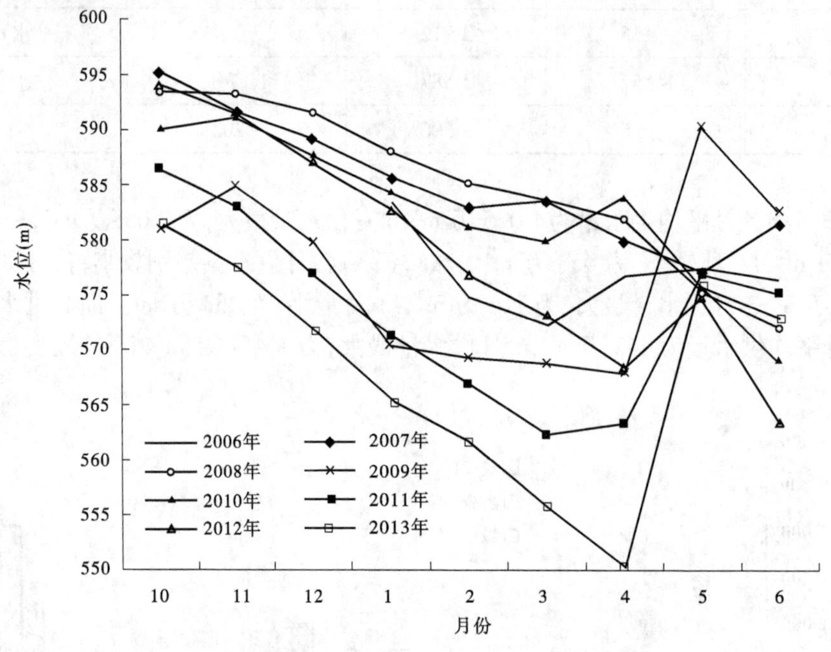

图 9-16　金盆水库非汛期库水位变化过程线

2. 2007～2013 年非汛期供水情况

当前金盆水库的主要任务是城市供水,兼顾灌溉和发电。出库水量由城市供水、灌溉用水和河道退水(生态用水)三部分组成。供水量由城市供水量和灌溉供水量组成。表 9-39是金盆水库近年来非汛期供水量。从表 9-39 中可以看出,金盆水库城市供水多年非汛期平均 15 330 万 m^3,灌溉供水 1 920 万 m^3,城市与灌溉合计供水量 17 250 万 m^3;城市供水占城市与灌溉合计供水量的 88.9%,灌溉只占 11.1%。城市非汛期供水量在

11 966 万～19 453 万 m^3,灌溉非汛期供水量在 1 215 万～2 633 万 m^3。

表 9-39　金盆水库各年非汛期供水量和入库水量丰枯程度　(单位:万 m^3)

年份	城市供水量	灌溉供水量	(城市+灌溉)供水量	入库非汛期水量丰枯程度
2007	11 966	2 006	13 972	特枯水年
2008	12 267	2 288	14 554	特枯水年
2009	14 331	1 801	16 132	平水年
2010	15 465	1 215	16 680	平水年
2011	17 295	1 373	18 668	枯水年
2012	19 453	2 633	22 086	平水年
2013	16 532	2 127	18 660	枯水年
平均	15 330	1 920	17 250	

图 9-17 是金盆水库城市与灌溉供水 2007～2013 年月均供水量变化。从图 9-17 中可以看出,城市各月供水量变化不大,供水量在 1 584 万～2 292 万 m^3;灌溉各月供水量变化较大,供水量在 0～594 万 m^3。城市和灌溉供水量都是 6 月最大,为 2 886 万 m^3,2 月最小,为 1 804 万 m^3。

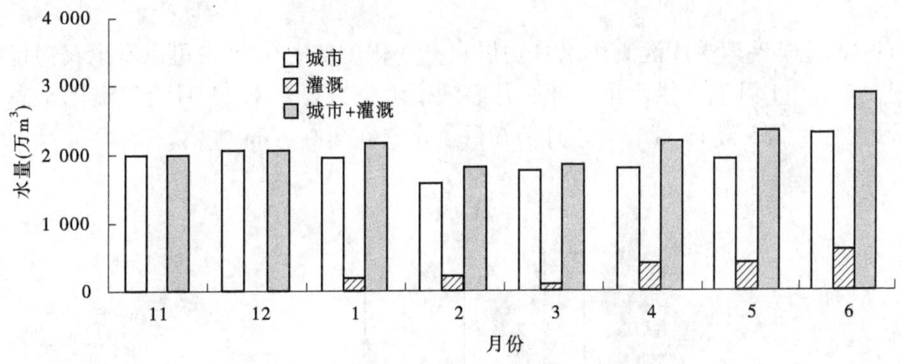

图 9-17　金盆水库非汛期各月平均供水量

对比表 9-39 中金盆水库城市、灌溉非汛期供水量与入库非汛期水量丰枯程度,入库水量为平水年和枯水年时,水库供水量出现最大值和较大值;入库水量为特枯水年,水库非汛期供水量出现较小值。

3. 非汛期对渭河河道生态补水

金盆水库调度中有生态用水调度,起到了增大渭河干流生态流量的作用。石头河水库向渭河河道补水量 2007～2013 年非汛期平均为 5 492 万 m^3,2012 年非汛期补水最多,为 12 746 万 m^3,2007 年非汛期补水最少,为 1 760 万 m^3。从非汛期各月平均补水量分布来看,11 月和 6 月平均补水量较大,分别为 1 454 万 m^3 和 1 342 万 m^3,1～3 月平均补水量在 127 万～250 万 m^3。

9.3.3.4　羊毛湾水库

羊毛湾水库非汛期的主要任务是灌溉和养殖综合利用，供水量是农业灌溉。表9-40是金盆水库近年来非汛期灌溉供水量。从表9-40中可以看出，羊毛湾水库灌溉供水多年非汛期平均1 190万 m^3，最大供水量是2004年1 643万 m^3，最小是2002年843万 m^3。

表9-40　羊毛湾水库非汛期供水量和入库水量丰枯程度

年份	灌溉供水量(万 m^3)	入库非汛期水量丰枯程度
2001	1 011	枯水年
2002	843	枯水年
2003	1 254	特枯水年
2004	1 643	平水年
2005	1 249	枯水年
2006	1 210	特枯水年
2007	938	特枯水年
2008	1 546	平水年
2009	848	枯水年
2010	1 398	枯水年
2011	1 147	枯水年
平均	1 190	丰水年

图9-18是羊毛湾水库灌溉供水月均供水量变化。从图9-18中可以看出，各月灌溉供水量变化较大，11月灌溉供水量为0，5月灌溉供水量为2万 m^3；1月为灌溉用水高峰期，供水量最大，为385万 m^3；12月、3月和6月供水量在200万 m^3左右。

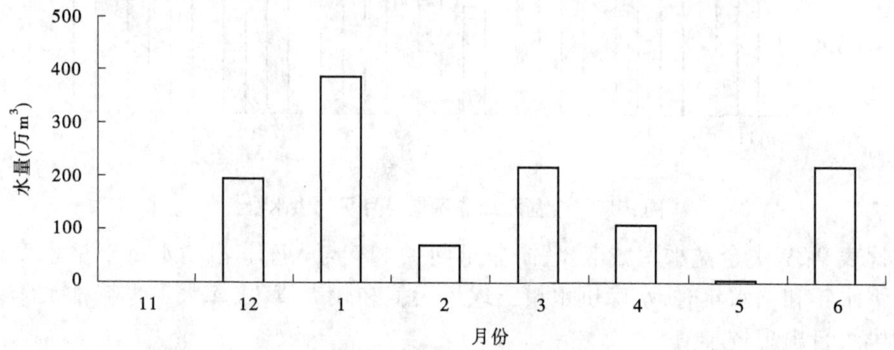

图9-18　2001～2011年羊毛湾水库非汛期各月平均灌溉供水量

对比表9-40中羊毛湾水库灌区非汛期供水量与入库非汛期水量丰枯程度，入库非汛期水量为平水年和枯水年时，水库非汛期供水量发生最大值和较大值；入库非汛期水量为特枯水年时，水库非汛期供水量在平均值上下。

9.3.3.5　林家村水库

林家村枢纽渠首为宝鸡峡灌区的双渠首工程之一，为高坝引水渠首工程。引水用途一是灌溉,二是供下游魏家堡水电站发电。灌溉引水分为直接用于灌溉和向灌区内渠库结合水库蓄水,待干旱时补充灌溉。

宝鸡峡灌区林家村渠首 2001 ~ 2013 年平均引水量 52 189 万 m^3,非汛期平均引水量 31 894万 m^3,占年引水量的 61.1%。2001 ~ 2013 年非汛期最大引水量为 2004 年 44 530 万 m^3,最小引水量为 2003 年 20 829 万 m^3。2001 ~ 2013 年林家村枢纽非汛期各月平均引水量见图 9-19,可以看出,非汛期 11 月引水量最大,为 4 907 万 m^3,5 月引水量最小,为 2 783 万 m^3,月平均引水量为 3 987 万 m^3。

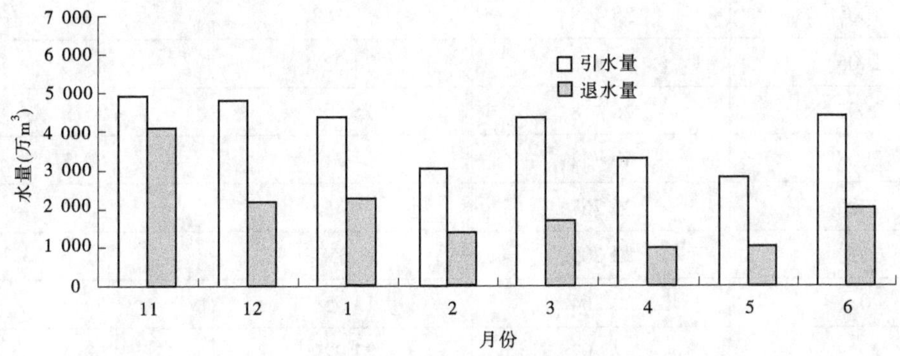

图 9-19 2001 ~ 2013 年林家村枢纽宝鸡峡渠首非汛期各月平均引、退水量

宝鸡峡灌区林家村渠系 2001 ~ 2013 年平均退水量 29 211 万 m^3,非汛期平均退水量 15 081 万 m^3,分别占年、非汛期引水量的 56.0% 和 47.3%。2001 ~ 2013 年非汛期最大退水量为 2012 年 27 229 万 m^3,最小退水量为 2003 年 2 741 万 m^3。由图 9-19 可以看出,非汛期 11 月退水量最大,为 4 104 万 m^3,占引水量的 83.6%;4 月退水量最小,为 963 万 m^3,占引水量的 29.2%;月平均退水量为 1 955 万 m^3,占引水量的 49.0%。

表 9-41 是宝鸡峡灌区林家村渠系非汛期引、退水量和退水占引水量比值。从表 9-41 中可以看出,2012 年退水比例最高,达 80.1%;2003 年退水比例最低,为 13.2%。在 2010 年和 2011 年渭河来水为特枯年份时,退水比例也达 41.6% 和 59.3%。

9.3.3.6 沋河水库

1. 2002 ~ 2013 年非汛期库水位变化

图 9-20 是沋河水库 2002 ~ 2013 年非汛期各月末库水位变化。从图 9-20 中可以看出,从 10 月末至翌年 6 月末库水位是逐渐降低的,一些年份 5 月和 6 月末库水位比 4 月末上升。大部分年份 10 月末库水位一般在 402 m 左右,平均水位 401.97 m,2009 年 10 月末库水位最低,为 399.63 m。

2. 2002 ~ 2013 年非汛期供水情况

当前沋河水库的主要任务是工业供水和城市供水,农业灌溉很少,工业供水主要为渭河化肥厂供水,城市供水为渭南市供水。2002 ~ 2013 年沋河水库非汛期工业和城市供水量年际变化不大,平均供水量为 854 万 m^3,最大供水量为 2006 年 1 030 万 m^3,最小为 2003 年 726 万 m^3。图 9-21 是沋河水库月均供水量变化。从图 9-21 可以看出,工业和城市各月供水量变化不大,供水量在 100 万 m^3左右,4 月最大,为 111 万 m^3;2 月最小,为 99 万 m^3。

表 9-41　2001～2013 年宝鸡峡林家村渠首非汛期引、退水量

年份	引水量(万 m^3)	退水量(万 m^3)	退水量占引水量(%)
2001	26 676	6 850	25.7
2002	28 349	9 620	33.9
2003	20 829	2 741	13.2
2004	44 530	14 620	32.8
2005	35 478	11 768	33.2
2006	41 473	20 022	48.3
2007	28 418	15 896	55.9
2008	40 732	24 713	60.7
2009	33 767	21 452	63.5
2010	23 205	9 658	41.6
2011	22 864	13 556	59.3
2012	34 002	27 229	80.1
2013	34 307	17 925	52.2
平均	31 894	15 081	47.3

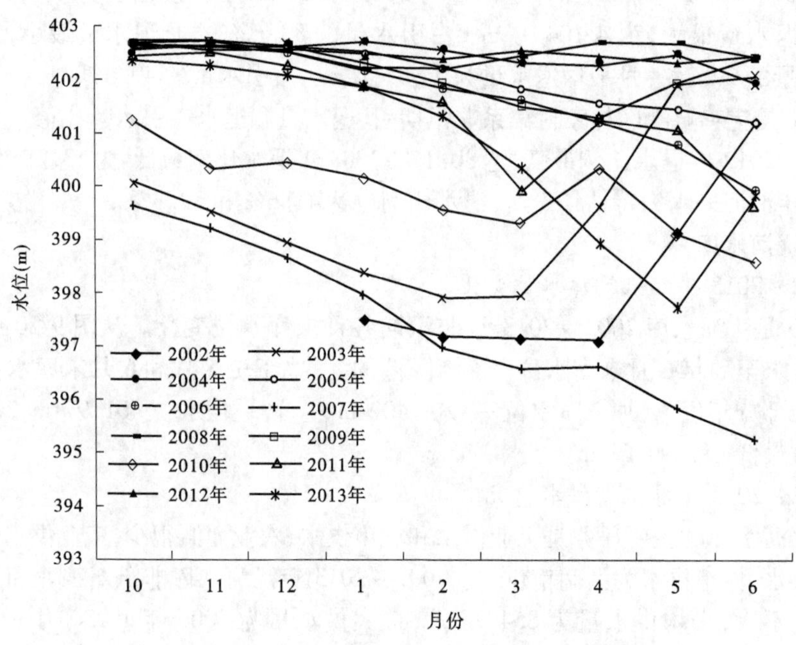

图 9-20　沈河水库非汛期库水位变化过程线

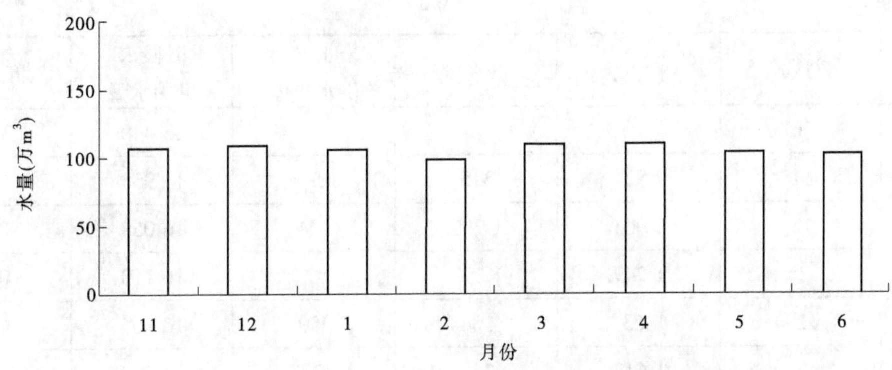

图 9-21 2002 ~ 2013 年沈河水库非汛期各月平均供水量

9.3.4 水库生态用水调度潜力分析

水库有无水量可供枯水期生态调度的影响因素涉及几个方面,主要包括水库汛末蓄水量、来水量、供水量和水库运用限制水位等。对于初步选定的水库,选择典型年,利用水库汛末蓄水、各月来水、各月供水资料,通过水库兴利调节列表逐月计算水库各月末的蓄水量,以此判断水库在保障正常生产生活供水后是否有剩余水量供枯水期生态调度利用。

9.3.4.1 冯家山水库

选择 2007 年、2008 年和 2011 年计算冯家山水库生态可调水量,以 10 月底实际蓄水量作为汛末蓄水量,相应库水位分别为 709.87 m、707.82 m 和 709.34 m,非汛期控制水位按 694 m 考虑,供水量按当年水库实际供水量计,对非汛期各月水量进行列表调节计算,结果见表 9-42。水位 710 m 与 694 m 之间库容为 16 860 万 m^3。可以看出,3 个典型年在满足非汛期供水量后,各月末最少可用水量分别为 14 636 万 m^3、15 954 万 m^3 和 12 546万 m^3,可见冯家山水库非汛期除保障现状供水任务外,有剩余水量可以参与枯水期生态调度。

表 9-42 2007 年、2008 年、2009 年非汛期冯家山水库列表计算 (单位:万 m^3)

年份	月份	来水量	供水量	来水量与供水量差	时段末可用水量	弃水
2007	10				16 651	
	11	926	336	591	16 860	382
	12	1 200	570	630	16 860	630
	1	741	1 005	-264	16 596	0
	2	234	744	-511	16 085	0
	3	757	563	194	16 279	0
	4	627	293	334	16 613	0
	5	295	804	-510	16 103	0
	6	510	1 977	-1 468	14 636	0

续表 9-42

年份	月份	来水量	供水量	来水量与供水量差	时段末可用水量	弃水
2008	10				13 448	
	11	2 821	315	2 506	15 954	0
	12	1 903	1 799	104	16 058	0
	1	1 249	1 197	52	16 110	0
	2	863	304	559	16 669	0
	3	1 617	330	1 287	16 860	1 096
	4	1 258	283	974	16 860	974
	5	580	770	-190	16 670	0
	6	725	1 054	-330	16 340	0
2011	10				15 816	
	11	2 387	416	1 971	16 860	927
	12	1 626	1 262	364	16 860	364
	1	961	589	372	16 860	372
	2	699	3 646	-2 947	13 913	0
	3	581	1 871	-1 290	12 623	0
	4	487	397	90	12 713	0
	5	687	386	302	13 015	0
	6	569	1 038	-469	12 546	0

9.3.4.2　石头河水库

选择2007年、2008年、2011年计算石头河水库生态可调水量，以10月底实际蓄水量作为汛末蓄水量，分别为791.14 m、800.02 m和794.85 m，非汛期限制水位按760 m考虑，供水量按当年水库实际供水量计，非汛期水量进行列表调节计算，结果见表9-43。水位801 m与760 m之间库容为8 811万m^3。可以看出，3个典型年满足非汛期供水量后，各月末最少可用水量分别为5 179万m^3、7 094万m^3和4 339万m^3，可见石头河水库非汛期除保障供水任务外，仍结余有一定水量，可以参与枯水期生态用水调度。

9.3.4.3　金盆水库

选择2008年、2012年、2013年计算金盆水库生态可调水量，汛末蓄水量按10月底实际蓄水量计，分别为593.5 m、594.1 m和581.5 m，非汛期控制水位按560 m考虑，供水量按当年水库实际供水量计。对非汛期水量进行列表调节计算，结果见表9-44。可以看出，3个典型年非汛期满足供水量后，非汛期各月末最少可用水量分别为6 234万m^3、6 483万m^3和-1 670万m^3。2013年汛末蓄水位较低，为581.5 m，水库可供水量较少，只有

表 9-43　2007 年、2008 年、2011 年非汛期石头河水库列表计算　(单位:万 m³)

年份	月份	来水量	供水量	来水量与供水量差	时段末可用水量	弃水
2007	10				5 883	
	11	859	448	411	6 294	0
	12	531	492	40	6 334	0
	1	421	1 149	-728	5 606	0
	2	340	767	-427	5 179	0
	3	1 058	367	691	5 870	0
	4	840	211	629	6 499	0
	5	2 649	1 014	1 636	8 135	0
	6	2 552	1 171	1 381	8 811	705
2008	10				8 495	
	11	838	559	279	8 774	0
	12	413	787	-374	8 401	0
	1	363	1 323	-960	7 441	0
	2	225	338	-114	7 327	0
	3	764	997	-233	7 094	0
	4	1 825	104	1 721	8 811	4
	5	1 548	1 084	464	8 811	464
	6	1 862	1 858	4	8 811	4
2011	10				6 926	
	11	1 012	43	969	7 895	0
	12	574	721	-147	7 748	0
	1	478	1 893	-1 415	6 333	0
	2	442	1 328	-887	5 446	0
	3	681	1 788	-1 107	4 339	0
	4	2 320	1 925	394	4 733	0
	5	6 166	983	5 183	8 811	1 106
	6	3 130	1 705	1 425	8 811	1 425

6 342 万 m³,蓄水量不足导致 2013 年 3 月和 4 月末水库可用水量为负值,表明不能满足供水任务所需的供水量,也无剩余水量供生态调度。综合分析,大多数情况下金盆水库除

满足现状供水任务外,仍有水量可参与枯水期生态用水调度。

表9-44 2008年、2012年和2013年非汛期金盆水库列表计算 (单位:万 m³)

年份	月份	来水量	供水量	来水量与供水量差	时段末可用水量	弃水
2008	10				11 232	
	11	1 099	1 421	-322	10 910	0
	12	707	1 473	-766	10 144	0
	1	561	2 096	-1 535	8 609	0
	2	489	1 378	-888	7 721	0
	3	864	1 187	-323	7 398	0
	4	2 793	1 420	1 373	8 771	0
	5	1 257	3 316	-2 059	6 712	0
	6	1 785	2 263	-478	6 234	0
2012	10				11 502	
	11	6 180	2 270	3 909	11 470	3 941
	12	2 480	2 502	-22	11 448	0
	1	1 212	2 678	-1 466	9 982	0
	2	918	2 506	-1 587	8 395	0
	3	1 908	2 707	-799	7 596	0
	4	2 270	3 383	-1 113	6 483	0
	5	5 052	2 423	2 629	9 111	0
	6	2 107	3 618	-1 511	7 601	0
2013	10				6 342	
	11	1 457	2 385	-929	5 413	0
	12	987	2 436	-1 449	3 964	0
	1	653	2 417	-1 764	2 201	0
	2	661	1 812	-1 151	1 050	0
	3	819	2 356	-1 537	-487	0
	4	992	2 175	-1 182	-1 670	0
	5	7 932	1 689	6 243	4 574	0
	6	3 349	3 389	-40	4 534	0

9.3.4.4 羊毛湾水库

选择2004年、2006年、2007年计算羊毛湾水库生态可供水量,采用各年10月底实际蓄水量作为汛末蓄水量,供水量按当年水库实际供水量计,非汛期控制水位按死水位620 m考虑。对各年非汛期进行调节计算,结果见表9-45。可以看出,3个典型年满足非汛期供水量后,各月月末最小可用水量分别为 3 695 万 m^3、2 287 万 m^3 和 1 371 万 m^3,可见羊毛湾水库非汛期除保障现状供水任务外,仍有剩余水量可参与枯水期生态调度。

表 9-45　2004 年、2006 年、2007 年非汛期羊毛湾水库列表计算　(单位:万 m^3)

年份	月份	来水量	灌溉水量	来水量与供水量差	时段末可用水量	弃水
2004	10				4 330	
	11	134.0	0	134	4 464	
	12	112.0	354	-242	4 222	
	1	302.7	317	-14	4 208	
	2	145.2	418	-273	3 935	
	3	128.6	0	129	4 063	
	4	62.2	0	62	4 126	
	5	64.3	0	64	4 190	
	6	59.6	554	-494	3 695	
2006	10				2 797	
	11	142.0	0	142	2 939	
	12	142.0	121	21	2 960	
	1	142.0	530	-388	2 572	
	2	87.1	0	87	2 659	
	3	104.5	559	-455	2 204	
	4	82.9	0	83	2 287	
	5	136.6	0	137	2 424	
	6	75.2	0	75	2 499	
2007	10				1 795	
	11	77.8	0	78	1 873	
	12	48.2	365	-317	1 556	
	1	144.6	0	145	1 701	
	2	89.5	0	90	1 790	
	3	104.5	148	-44	1 747	
	4	49.2	425	-376	1 371	
	5	64.3	0	64	1 435	
	6	142.0	0	142	1 577	

9.3.4.5 沈河水库

沈河 2012 年非汛期来水量 793 万 m^3，水量偏枯。2002～2013 年沈河最大供水量是 2006 年 1 030 万 m^3，最小供水量为 2003 年 726 万 m^3。

选择 2012 年来水计算沈河水库生态可供水量，10 月底水位按正常蓄水位 403 m，非汛期控制水位按死水位计，供水量分别按最大供水量和最小供水量考虑。对非汛期水量进行调节计算，结果见表 9-46。可以看出，满足非汛期供水量后，沈河水库剩余水量为 514 万 m^3 和 737 万 m^3，若扣除水库损失，可为生态提供的水量为 400 万～600 万 m^3。

表 9-46 2012 年沈河水库最大供水量和最小供水量列表计算 （单位：万 m^3）

月份	来水量	最大供水量	来水量与供水量差	时段末可用水量	弃水
10				796	
11	135	123	12	796	12
12	160	127	33	796	33
1	95	130	-35	761	0
2	60	118	-58	703	0
3	91	137	-46	657	0
4	108	128	-20	638	0
5	64	131	-67	571	0
6	78	136	-57	514	0
月份	来水量	最小供水量	来水量与供水量差	时段末可用水量	弃水
10				796	
11	135	86	49	796	49
12	160	89	71	796	71
1	95	90	5	796	5
2	60	86	-25	771	0
3	91	89	2	773	0
4	108	86	22	794	0
5	64	92	-27	767	0
6	78	108	-30	737	0

华县最小生态流量为 12.0 m^3/s，一天生态需水量至少 104 万 m^3。由此可见，通过沈河水库剩余水量来保证华县的最小生态流量是不能实现的。

通过上述分析计算可知，水库非汛期有无枯水期生态调度水量不但与非汛期来水量大小有关，还与上年汛末水库蓄水量和非汛期供水需求有关。计算结果表明，初步选定的冯家山水库、石头河水库、金盆水库、羊毛湾水库均有剩余水量可参与枯水期生态调度。

9.3.5　东庄水库运用对下游干流生态流量保证率的影响

根据 2012 年 8 月黄河勘测规划设计有限公司完成的陕西省泾河东庄水利枢纽工程项目建议书专题之一工程规划专题报告,张家山断面生态基流为 5.33 m^3/s。2015 年 5 月 20 日项目组现场查勘东庄水库时,陕西省水利厅东庄办提供的资料说明,东庄水库运用后,对水库下游设定了保证措施:一是安装 2 台生态小机组泄放生态流量,保证张家山断面 5.33 m^3/s 的生态流量。二是在坝址下游 1 km 设置生态流量在线监控装置,并安装摄像设施,将图像和流量数据实时传输给环境保护主管部门,将张家山水文站和桃园水文站的水文数据实时共享给环境保护主管部门进行监督。三是制订生态补水和生态调度方案,在 4 ~ 6 月提供鱼类产卵期的用水需求,在汛期制造洪水对下游进行补水。

为了分析东庄水库投入运用后,对下游渭河干流临潼水文站断面非汛期生态流量的影响,利用 2001 ~ 2013 年张家山和临潼实测日均流量,以 5.33 m^3/s 取代张家山实测流量对临潼日均流量进行校核,认为校核后流量是东庄水库运用后的临潼流量,以此计算临潼流量的生态流量保证率,结果见表 9-47。临潼站最小、低限和适宜生态流量保证率分别为 100%、100% 和 97.9%。对比表 9-47,表明东庄水库投入运用后,临潼各生态流量指标保证率略有提高。

表 9-47　东庄水库运用后临潼生态流量保证率　(%)

年份	最小生态流量	低限生态流量	适宜生态流量
2001	99.6	99.6	97.1
2002	100	97.5	80.2
2003	100	100	97.5
2004	100	100	100
2005	100	100	100
2006	100	100	100
2007	100	100	100
2008	100	100	100
2009	100	100	100
2010	100	100	100
2011	100	100	100
2012	100	100	100
平均	100	100	97.9

9.4　渭河干支流河道枯水演进特点分析

9.4.1　枯水流量传播时间分析

9.4.1.1　影响因素及计算方法

天然河道中的水流属于非恒定流,传播过程中水流水力要素不但沿程变化,而且随着流量大小也在不断变化。河道水流传播时间影响因素较多,概括起来可分为外部因素和内部因素:外部因素主要是河道边界条件,包括河道比降、断面形态、河床糙率、过水面积、水深等;内部因素主要包括流量大小等,流量大小主要影响过水断面面积和水深。

利用断面平均流速推求水流传播时间是目前水量调度模型中常用的一种方法。首先建立各断面流量与流速相关关系,确定不同流量级对应流速,根据各断面流速计算河段平均流速,得到水流在该河段的传播时间。

点绘各断面流量—流速相关关系图,由各断面流量—流速相关关系确定断面流速。其关系式为:

$$V = f(Q) \tag{9-1}$$

式中　V——断面平均流速;

Q——流量。

河段传播时间根据河段平均流速及相应河段长来确定,即

$$\tau = L/\overline{V} \tag{9-2}$$

式中　τ——河段水流传播时间;

L——河段长;

$\overline{V}$——河段水流平均流速。

河段平均流速 $\overline{V}$ 采用算术平均法进行计算,将河段上、下断面流速取算术平均值,计算公式为:

$$\overline{V} = (V_{上} + V_{下})/2 \tag{9-3}$$

式中　$\overline{V}$——河段水流平均流速;

$V_{上}$、$V_{下}$——河段上、下断面流速。

9.4.1.2　传播时间

利用水文站实测流量成果,点绘了林家村、魏家堡、咸阳、临潼和华县 5 个水文站 2006 ~ 2013 年非汛期流量—流速关系,见图 9-22 ~ 图 9-26。可以看出,非汛期流量—流速关系较好,林家村站实测流量在 0.5 ~ 100 m^3/s,魏家堡站为 3.1 ~ 400 m^3/s,咸阳站为 10.8 ~ 320 m^3/s,临潼站为 55.5 ~ 600 m^3/s,华县站为 13.9 ~ 600 m^3/s,流量范围可以满足生态调度需要。采用趋势线拟合法建立各断面的流量—流速相关关系式(见表 9-48),相关系数均在 0.8 以上,林家村和临潼站相关系数达到 0.95 和 0.96。

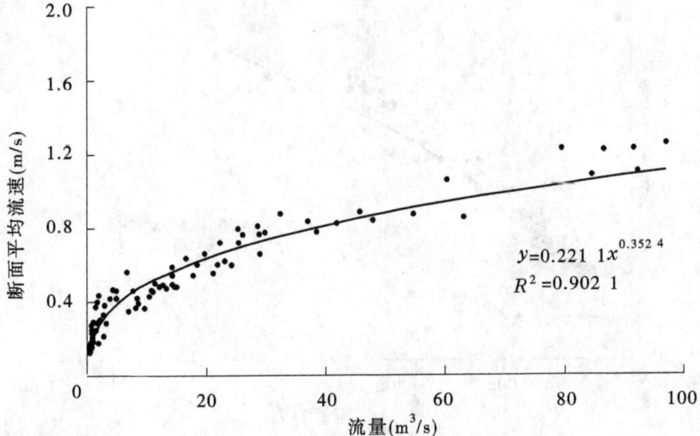

图 9-22　林家村站非汛期流量—流速关系

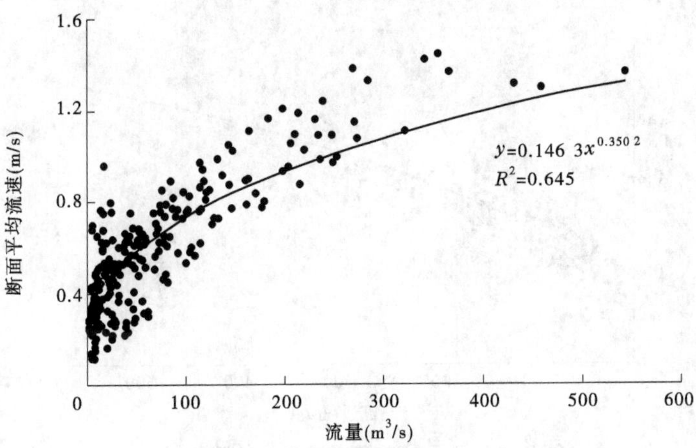

图 9-23　魏家堡站非汛期流量—流速关系

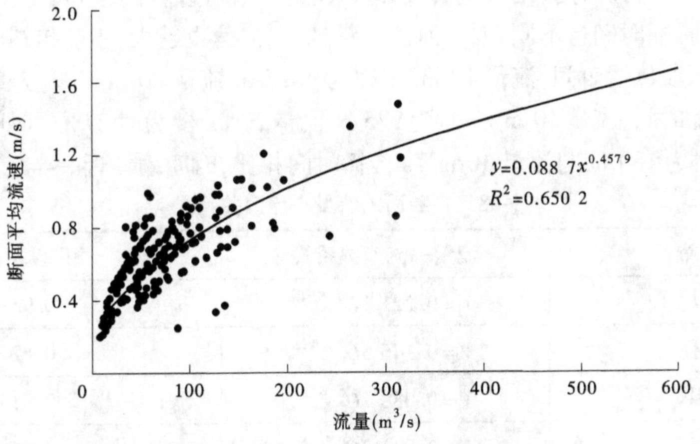

图 9-24　咸阳站非汛期流量—流速关系

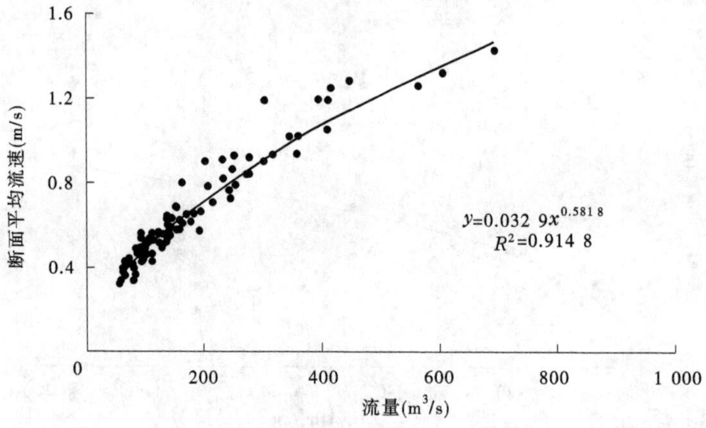

图 9-25　临潼站非汛期流量—流速关系

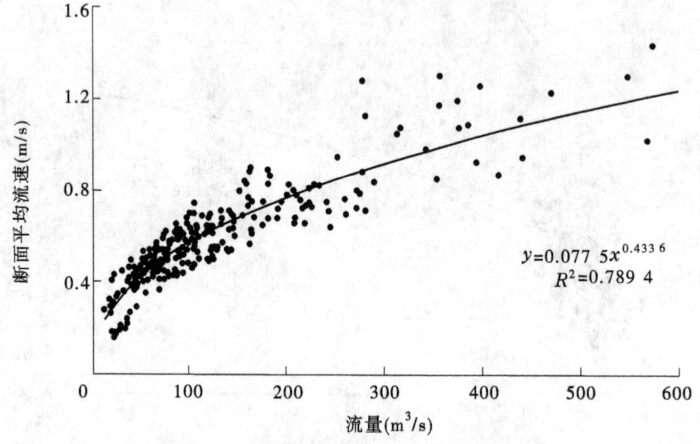

图 9-26　华县站非汛期流量—流速关系

利用表 9-48 中流量—流速关系式，计算不同流量级下各断面流速，再计算不同河段不同流量下的水流传播时间，结果见表 9-49 和表 9-50。可以看出，不同河段之间，同一流量下流速不同，传播时间也不同；四个河段流量越大，流速也越大，水流传播时间越短。林家村至魏家堡河段传播时间，流量 10 m^3/s 时为 46.7 h，流量 20 m^3/s 时为 36.2 h。从林家村至华县传播时间，流量 10 m^3/s 时为 375 h，流量 20 m^3/s 为时 273 h，时间缩短 102 h。流量 50 m^3/s 时为 180 h，与流量 10 m^3/s 传播时间相比，时间缩短近一半。

表 9-48　各断面的流量—流速关系式

水文站	流量—流速关系式	相关系数 R
林家村	$V=0.221\,1Q^{0.352\,4}$	0.95
魏家堡	$V=0.146\,3Q^{0.350\,2}$	0.82
咸阳	$V=0.088\,7Q^{0.457\,9}$	0.81
临潼	$V=0.032\,9Q^{0.581\,8}$	0.96
华县	$V=0.077\,5Q^{0.433\,6}$	0.89

表9-49　不同河段平均流速

流量(m^3/s)	河段平均流速(m/s)				
	拓石—林家村	林家村—魏家堡	魏家堡—咸阳	咸阳—临潼	临潼—华县
10	0.48	0.40	0.28	0.19	0.17
20	0.54	0.51	0.37	0.27	0.24
30	0.68	0.60	0.44	0.33	0.29
40	0.71	0.66	0.50	0.38	0.33
50	0.78	0.72	0.54	0.43	0.37

表9-50　不同河段枯水流量传播时间

流量(m^3/s)	传播时间(h)				
	林家村—魏家堡	魏家堡—咸阳	咸阳—临潼	临潼—华县	合计
10	46.7	110.3	78.9	138.9	375
20	36.2	82.4	55.8	98.9	273
30	31.3	69.5	45.5	80.9	227
40	28.1	61.6	39.4	70.2	199
50	25.9	56.1	35.2	62.8	180

9.4.2　河道损失水量计算

渭河干流河道损失水量采用水量平衡法计算。根据渭河中下游河道特性,枯水期水流在河道演进过程中,无漫滩损失水量,河道泥沙冲淤转换水量较小,可不作考虑。各河段水量平衡方程为:

$$W_{上} + W_{区入} = W_{下} + W_{引} + W_{损} \tag{9-4}$$

河道损失水量为:

$$W_{损} = W_{上} + W_{区入} - W_{下} - W_{引} \tag{9-5}$$

式中　$W_{上}$、$W_{下}$——河段上、下控制断面水量;

$W_{区入}$——区间支流水量;

$W_{引}$——河段内引水量;

$W_{损}$——河段内河道损失水量。

对受人类影响较小的1971～1976年非汛期进行河道损失水量计算。各河段干流上下游控制断面林家村、魏家堡、咸阳、临潼和华县有水文站实测水量,设有把口水文站的区间支流汇入干流水量也可采用水文站实测资料。1971～1976年区间引水工程主要有宝鸡峡灌区魏家堡渠首引水、交口抽渭引水、清姜河东渠引水、石头河梅惠西干渠、梅惠东干渠和五丈原渠引水等,引水量利用渠首实测水量资料。区间加水量还有未控区水量,未控区水量计算是结合未控区地形地貌,对不同未控区集水面积进行划分,利用与未控区相邻水文测站资料,通过面积比拟法计算未控区水量。

河道损失水量计算成果见表 9-51。

表 9-51　非汛期水文站平均流量和河段损失水量　(单位:m^3/s)

站名	1971 年	1972 年	1973 年	1974 年	1975 年	1976 年	非汛期月平均
林家村	43.3	25.7	15.9	12.0	20.4	44.4	26.9
区间加水	35.0	29.2	23.2	29.7	29.7	52.4	33.2
区间引水	2.9	3.1	2.8	3.3	3.5	3.9	3.2
魏家堡	76.7	48.2	36.6	37.0	43.4	95.8	56.3
河道损失	-1.3	3.6	-0.3	1.4	3.1	-2.9	0.6
魏家堡	76.7	48.2	36.6	37.0	43.4	95.8	56.3
区间加水	48.8	36.1	24.8	31.8	32.3	43.7	36.3
区间引水	15.6	12.6	14.9	16.1	12.7	10.4	13.7
咸阳	93.7	64.2	48.3	51.0	52.9	135.2	74.2
河道损失	16.2	7.5	-1.8	1.7	10.1	-6.0	4.6
咸阳	93.7	64.2	48.3	51.0	52.9	135.2	74.2
区间加水	56.4	44.7	40.8	42.6	44.8	74.0	50.5
区间引水	0	0	0	0	0	0	0
临潼	145.0	105.9	80.0	85.5	98.8	204.4	119.9
河道损失	5.1	3.0	9.1	8.1	-1.2	4.9	4.8
临潼	145.0	105.9	80.0	85.5	98.8	204.4	119.9
区间加水	9.7	8.7	8.0	8.1	10.5	14.1	9.9
区间引水	2.9	6.7	9.7	10.3	8.1	7.7	7.6
华县	139.4	100.3	70.8	82.3	98.9	204.8	116.1
河道损失	12.4	7.6	7.5	1.0	2.4	6.0	6.1

9.5　枯水期生态水量水库调度方案研究

9.5.1　方案设置

9.5.1.1　设置思路

依据不同断面生态流量保证率现状,临潼与华县断面不同生态流量指标保证率都基本满足要求,方案着重考虑林家村、魏家堡和咸阳断面。特丰水年和丰水年条件下,渭河干流生态流量也可以保证。方案设置主要考虑较不利来水,分别选择平水年、枯水年和特枯水年三类代表年。在保证城市供水、工业供水和农业灌溉供水的前提下,水库剩余水量作为生态调度水量。在以上前提条件下,研究不同情景下水库能够补泄的生态水量和对干流断面生态流量保证率的贡献,水库汛末蓄水量、非汛期控制水位和供水量,分别考虑有利、正常和不利三种情况。

简化条件,把支流水库作为渭河干流上的质点。

9.5.1.2　方案拟订

1. 典型年确定

表9-32是林家村与千阳、石头河入库2001~2013年非汛期水量丰枯程度表,从表9-32中选出平水典型年为2006年,枯水典型年为2005年,特枯水典型年为2003年。表9-33是魏家堡与金盆入库、羊毛湾入库水量2001~2013年丰枯程度表,从表9-33中选出平水典型年为2013年,枯水典型年为2011年,特枯水典型年为2007年。

2. 水库非汛期初蓄水位和非汛期控制水位

对于非汛期初水库蓄水情况,一是考虑水库蓄水达到正常蓄水位;二是考虑近年来的非汛期初10月底蓄水平均水位;三是考虑较为不利的蓄水位。假定9月水库水位达到汛限水位,10月入库水量在特枯程度,且供水在平均供水量时10月底水库蓄水位。

水库非汛期水位控制情况,一是较高水位,根据各水库调度规程中的限制水位确定;二是近年来运用中非汛期末较低水位;三是死水位。各水库非汛期初10月底蓄水位和非汛期控制水位见表9-52。

3. 水库供水

除羊毛湾水库只有农业灌溉供水外,冯家山、石头河和金盆水库都有城市供水和农业灌溉供水,其中冯家山水库还有工业供水。水库供水量取近年来城市、工业和农业灌溉供水量之和的最大值、平均值和最小值,结果见表9-53。

4. 水库水量损失

在利用入出库水量平衡计算水库损失水量时,发现水库的未知水量年差别极大。水库水量月损失量按水库蓄水量的2%计。

表 9-52　不同水库非汛期初蓄水位和非汛期末控制水位

水库	时间	水库水位(m)		
冯家山	非汛期初 10 月底	710	708.5	705.5
	非汛期控制	704	694	688.5
石头河	非汛期初 10 月底	801	794	790
	非汛期控制	766	760	728
金盆	非汛期初 10 月底	594	590	587
	非汛期控制	560	553	520
羊毛湾	非汛期初 10 月底	635.9	633	630
	非汛期控制	630	625	620

表 9-53　不同水库非汛期供水量

水库	供水量(万 m^3)		
	最大	平均	最小
冯家山	12 668	7 334	4 546
石头河	11 744	8 202	5 617
金盆	22 086	17 250	13 972
羊毛湾	1 643	1 190	848

9.5.2　方案计算结果分析

9.5.2.1　年方案

不考虑对渭河干流枯水期生态调度补水条件下,分别计算冯家山、石头河、金盆和羊毛湾四个水库不同方案下有无剩余水量补做生态用水。结果见表 9-54 ~ 表 9-57。可以看出,在非汛期初蓄水位较低、非汛期控制水位较高,且发生最大供水量时,水库无剩余水量供生态调度利用,其他情况下水库都有水量可供生态调度利用。

表 9-54　冯家山水库非汛期可补生态水量

（单位：万 m^3）

典型年	非汛期控制水位(m)	10 月底蓄水位(m)								
		710			708.5			705.5		
		最大供水	平均供水	最小供水	最大供水	平均供水	最小供水	最大供水	平均供水	最小供水
平水年(2006 年)	704	0	2 139	4 794	0	2 293	5 053	0	0	2 075
	694	4 552	10 479	13 134	4 704	10 637	13 393	1 089	7 018	10 415
	688.5	8 383	14 310	16 965	8 535	14 464	17 224	4 920	10 849	14 246
枯水年(2005 年)	704	0	1 191	4 475	0	0	2 224	0	0	0
	694	3 601	9 531	12 815	1 237	7 520	10 564	0	3 905	7 302
	688.5	7 432	13 362	16 646	5 068	11 351	14 395	1 806	7 736	11 133
特枯水年(2003 年)	704	0	0	3 223	0	0	607	0	0	0
	694	1 632	7 562	11 563	0	5 551	8 947	0	1 936	5 332
	688.5	5 463	11 393	15 394	3 452	9 382	12 778	0	5 767	9 163

表 9-55　石头河水库非汛期可补生态水量　（单位：万 m^3）

典型年	非汛期控制水位(m)	10月底蓄水位(m)								
		801			794			790		
		最大供水	平均供水	最小供水	最大供水	平均供水	最小供水	最大供水	平均供水	最小供水
平水年（2006年）	766	7 409	7 723	8 250	6 022	7 757	8 250	5 247	7 773	8 250
	760	7 963	8 284	8 811	6 583	8 318	8 811	5 808	8 334	8 811
	728	10 702	11 023	11 550	9 322	11 057	11 550	8 547	11 073	11 550
枯水年（2005年）	766	6 423	8 102	8 250	4 724	7 930	8 250	3 949	7 155	8 250
	760	6 984	8 663	8 811	5 285	8 491	8 811	4 510	7 716	8 811
	728	9 723	11 402	11 550	8 024	11 230	11 550	7 240	10 455	11 550
特枯水年（2003年）	766	3 909	7 114	8 250	2 210	5 416	7 837	1 435	4 621	8 250
	760	4 470	7 675	8 811	2 771	5 977	8 398	1 996	5 202	8 811
	728	7 209	10 414	11 550	5 510	8 716	11 137	4 735	7 941	11 550

表9-56　金盆水库非汛期可补生态水量

(单位:万 m^3)

典型年	非汛期控制水位(m)	10月底蓄水位(m)								
		594			590			587		
		最大供水	平均供水	最小供水	最大供水	平均供水	最小供水	最大供水	平均供水	最小供水
平水年(2013年)	560	5 186	9 351	10 992	5 426	9 560	11 196	5 575	9 686	11 322
	553	6 641	10 806	12 447	6 881	11 015	12 651	7 030	11 141	12 777
	520	11 022	15 187	16 828	11 262	15 396	17 032	11 411	15 522	17 158
枯水年(2011年)	560	3 261	7 712	10 691	1 680	6 131	9 110	701	5 152	8 131
	553	4 716	9 167	12 146	3 135	7 586	10 565	2 156	6 607	9 586
	520	9 097	13 548	16 527	7 516	11 967	14 946	6 537	10 988	13 967
特枯水年(2007年)	560	-1 452	2 999	5 978	-3 032	1 418	4 398	-4 012	439	3 418
	553	3	4 454	7 433	-1 577	2 873	5 853	-2 557	1 894	4 873
	520	4 384	8 835	11 814	2 804	7 254	10 234	1 824	6 275	9 254

表 9-57　羊毛湾水库非汛期可补生态水量

（单位：万 m^3）

典型年	非汛期控制水位(m)	10月底蓄水位(m)								
		635.9			633			630		
		最大供水	平均供水	最小供水	最大供水	平均供水	最小供水	最大供水	平均供水	最小供水
平水年（2013年）	630	1 697	2 120	2 251	767	1 190	1 494	−244	179	483
	625	3 379	3 802	3 933	2 449	2 872	3 176	1 438	1 861	2 165
	620	4 589	5 012	5 143	3 659	4 082	4 386	2 648	3 071	3 375
枯水年（2011年）	630	1 013	1 435	1 681	92	515	819	−918	−496	−192
	625	2 695	3 117	3 363	1 774	2 197	2 501	764	1 186	1 490
	620	3 905	4 327	4 573	2 984	3 407	3 711	1 974	2 396	2 700
特枯水年（2007年）	630	694	1 116	1 420	−378	44	348	−1 389	−966	−662
	625	2 376	2 798	3 102	1 304	1 726	2 030	293	716	1 020
	620	3 586	4 008	4 312	2 514	2 936	3 240	1 503	1 926	2 230

9.5.2.2　月方案

1. 林家村断面

利用拓石和小水河朱园水文站实测资料,考虑拓石至林家村站之间未控区非汛期产流作用,计算在无林家村枢纽条件下林家村断面非汛期的不同生态流量控制指标的保证率,结果见表 9-58。可以看出,最小生态流量、低限生态流量和适宜生态流量平均保证率分别为 99.1%、93.7% 和 68.0%,即最小和低限生态流量基本能够得到保证。

表 9-58　无林家村枢纽条件下林家村断面生态流量保证率　(%)

年份	最小生态流量保证率(%)	低限生态流量保证率(%)	适宜生态流量保证率(%)	来水丰枯程度
2005	100	93.4	74.4	枯水年
2006	100	98.8	93.4	平水年
2007	94.2	79.8	30.6	特枯水年
2008	100	95.5	74.9	枯水年
2009	100	95.9	70.2	枯水年
2010	98.8	88.8	35.5	特枯水年
2011	97.9	91.7	45.9	特枯水年
2012	100	100	100	平水年
2013	100	98.3	86.4	枯水年
平均值	99.1	93.7	68.0	

逐年来看,最小生态流量保证率都在 90% 以上,最小为 94.2%;低限生态流量保证率只有特枯水年份 2007 年和 2010 年低于 90%,分别为 79.8% 和 88.8%,其他年份都高于 90%,即枯水年和平水年保证率都大于 90%。平水年的 2006 年和 2012 年适宜生态流量保证率分别为 93.4% 和 100%。因此,在没有林家村枢纽调节的情况下,特枯水年份林家村最小生态流量保证率可以达到 90% 以上,枯水年和平水年林家村适宜生态流量保证率可以实现 90% 以上。

从各月保证率来看,平水年非汛期 8 个月低限生态流量保证率都在 90% 以上,大部分月份保证率在 100%;枯水年 1 ~3 月低限生态流量保证率都在 100%,大部分年份 4 ~6 月保证率达到 80% ~100%,只有一个月保证率最低,为 58.1%;特枯水年 1 ~4 月低限生态流量保证率都在 100%,大部分年份 5 ~6 月保证率达到 80% ~100%,只有一个月保证率最低,为 71.0%。

2001 ~2013 年宝鸡峡渠首非汛期平均引水量达到 31 894 万 m^3,该水量主要用于魏家堡电站的发电,而林家村断面非汛期水量只有 10 949 万 m^3,渠首引水量较大使得林家村流量达不到生态流量指标。为了计算在优先满足林家村最小或低限生态流量的条件下对宝鸡峡渠首引水量的影响,利用林家村水文站和宝鸡峡渠首实测日均流量资料,当林家村断面低于最小生态流量指标(特枯水年),或者低于低限生态流量指标(枯水年和平水年)时,减小宝鸡峡渠首引水流量,凑泄林家村断面流量达到最小或低限生态流量指标,计算结果见表9-59。可以看出,凑泄林家村断面流量后,平水年和枯水年低限生态流量保证率大幅度提高,保证率从27.0%提高到84.8%～100%,8年中有4年保证率在90%以上,4年保证率在84.8%～86.9%;特枯水年最小生态流量保证率也大幅度提高,保证率从2.9%提高到64.2%～92.2%,5年中有4年保证率在78%以上,1年保证率最低为64.2%。

表9-59　凑泄林家村流量非汛期生态流量保证率及渠首水量减少比例　(%)

年份	平水年和枯水年生态流量保证率		特枯水年生态流量保证率		凑泄后渠首引水量减少比例
	实测	渠首凑泄林家村低限流量	实测	渠首凑泄林家村最小流量	
2001	0.4		0	92.2	-36.2
2002	30.6	86.9	21.5		-17.5
2003	0.8		0.8	64.2	-46.8
2004	19.8	95.5	8.2		-24.1
2005	33.9	99.6	33.5		-1.6
2006	30.6	93.4	24.8		27.5
2007	4.1		4.1	78.6	-19.0
2008	16.5	85.6	13.2		-25.2
2009	17.8	84.8	12.0		-28.2
2010	6.6		6.2	79.0	-17.3
2011	2.5		2.1	81.5	-32.6
2012	42.4	100	37.0		33.3
2013	24.0	86.8	19.4		12.9

从表9-59中可以看出,凑泄林家村流量后,宝鸡峡渠首引水量减少,减少比例在1.6%～46.8%,一些年份水量增加时由于林家村原流量大于生态流量指标,超过部分加到宝鸡峡渠首造成。对比表9-41可以看出,除2003年外,宝鸡峡灌区林家村渠系退水比例几乎所有年份都高于凑泄林家村断面生态流量后渠首引水量的减少比例,表明凑泄林家村断面生态流量对宝鸡峡灌区林家村渠系灌溉供水基本无影响,但会对魏家堡电站的发电生产造成较大影响。

2003年非汛期属于特枯水年,林家村水文站与宝鸡峡林家村渠首引水量之和为2.16亿 m^3,是1960～2013年最小值。根据宝鸡峡林家村渠系退水量,2003年非汛期退水2 714万 m^3,假设退水量全部用于增加林家村水文站断面生态流量,同时冯家山水库也参与补泄生态流量。若冯家山水库非汛期控制水位在704 m,多数年份难以满足工农业供水,几乎无剩余水量增加河道生态水量;若冯家山水库非汛期控制水位在694 m,在满足工农业供水的同时,有一部分水量可以补泄生态流量。要使林家村枢纽至千河口河段满足最小生态流量,可采取生态水量交换方式,即把冯家山水库应补泄的生态水量直接从林家村枢纽泄放,冯家山水库补泄的生态水量进入宝鸡峡王家崖水库。

2. 魏家堡断面

1) 林家村断面满足生态流量指标

在特枯水年份,当林家村断面满足最小生态流量,即流量满足 5.4 m^3/s 时,在现状条件下魏家堡流量可以达到 8.4 m^3/s。这表明只要林家村断面最小生态流量得到保证,魏家堡的最小生态流量也可以得到满足。

在枯水年份和平水年份,当林家村断面满足低限生态流量,即流量满足 8.6 m^3/s 时,在现状条件下魏家堡流量可以达到 11.6 m^3/s。这说明只要林家村断面低限生态流量得到保证,魏家堡的低限生态流量也可以得到满足。

2) 林家村断面不满足生态流量指标

为了分析冯家山和石头河水库不同方案下对魏家堡断面进行生态补水,对魏家堡低限生态流量 11.6 m^3/s(平水年和枯水年)和最小生态流量 8.4 m^3/s(特枯水年)的影响,需要对石头河水库现状运用对魏家堡日均流量过程的影响进行扣除。利用石头河水库月下泄水量占魏家堡实测月水量的比例对魏家堡日均流量扣除石头河水库泄水影响,结果见表 9-60。可以看出,扣除石头河水库下泄水量后,平水年魏家堡小于低限生态流量 11.6 m^3/s 的天数从 143 d 增加为 163 d,保证率从 40.9% 减小为 31.4%;枯水年从 199 d 增加到 205 d,保证率从 17.8% 减小为 15.3%;特枯水年小于最小生态流量 8.4 m^3/s 的天数从 212 d 增加到 215 d,保证率从 12.4% 减小为 11.2%。

(1) 冯家山水库单库。

考虑对下游魏家堡断面低于低限生态流量和最小生态流量的天数进行补水的条件下,分别计算冯家山、石头河两个水库不同方案下单库进行生态补水的时间和天数。

冯家山水库单库计算结果见表 9-61 ~ 表 9-64。可以看出:

水库非汛期控制水位 704 m 时,且最大供水量条件下,10 月底蓄水位在 710 ~ 705.5 m 范围内,平水年、枯水年和特枯水年,水库都无水可供生态调度利用。

水库非汛期控制水位 704 m 时,且平均供水量条件下,10 月底蓄水库达到 710 m 时,平水年、枯水年和特枯水年都有较少水量可供生态调度利用;10 月底蓄水位在 708.5 m 时,平水年、特枯水年有较少水量可供生态调度利用;10 月底蓄水位在 705.5 m 时,只有平水年有较少水可供生态调度利用。

水库非汛期控制水位 704 m 时,且最小供水量条件下,10 月底蓄水位在 710 ~ 705.5 m 范围内,平水年水库有水可供生态调度利用,枯水年水库没有水可供生态调度利用,特枯水年可供生态利用的水量较少。

水库非汛期控制水位 694 m 时,只有在 10 月底蓄水位在 705.5 m 且最大供水条件下,枯水年无水供生态调度利用;其他条件下,都有水可供生态调度利用,只不过在 10 月底蓄水位较低时且最大供水条件下,可供生态调度的水量较少。

水库非汛期控制水位 688.5 m 时,无论供水量大小,10 月底蓄水位在 710 ~ 705.5 m 范围内,平水年、枯水年和特枯水年,水库都有较多水量可供生态调度利用。但是,冯家山水库是多年调节水库,水库运用水位降低达到 688.5 m 机会较少。

表 9-60　魏家堡实测与扣除石头河下泄水量后结果对比

年份	月份	魏家堡实测					魏家堡扣除石头河水库下泄水量				
		实测水量（万 m^3）	$Q \geq 8.4$ m^3/s 天数（d）	保证率（%）	$Q < 8.4$ m^3/s 天数(d)	达到 8.4 m^3/s 需补水量（万 m^3）	水量（万 m^3）	$Q \geq 8.4$ m^3/s 天数（d）	保证率（%）	$Q < 8.4$ m^3/s 天数（d）	达到 8.4 m^3/s 需补水量（万 m^3）
平水年	11	18 012	30	100	0	0	15 292	30	100	0	0
	12	3 560	18	58.1	13	107	2 032	2	6.5	29	1 098
	1	2 672	0	0	31	435	2 557	0	0	31	550
	2	2 121	0	0	28	686	1 955	0	0	28	851
	3	2 632	6	19.4	25	698	2 603	5	16.1	26	719
	4	6 956	12	40.0	18	431	6 170	11	37.0	19	596
	5	13 635	30	96.8	1	19	9 899	28	90.0	3	85
	6	1 653	3	10.0	27	1 383	775	0	0	30	2 231
	合计	51 240	99	40.9	143	3 758	41 284	76	31.4	166	6 129
枯水年	11	2 605	6	20.0	24	912	1 839	5	16.7	25	1 374
	12	1 999	0	0	31	1 108	1 323	0	0	31	1 784
	1	1 553	0	0	31	1 554	1 243	0	0	31	1 864
	2	1 207	0	0	28	1 599	1 166	0	0	28	1 640
	3	1 641	1	3.2	30	1 472	1 401	0	0	31	1 706
	4	2 324	7	23.3	23	784	1 996	3	10.0	27	1 023
	5	6 964	16	51.6	15	324	4 937	16	51.6	15	667
	6	7 295	13	43.3	17	586	5 756	13	43.3	17	822
	合计	25 587	43	17.8	199	8 340	19 661	37	15.3	205	10 880

续表 9-60

年份	月份	魏家堡实测					魏家堡扣除石头河水库下泄水量				
		实测水量(万 m^3)	$Q \geq 8.4$ m^3/s 天数(d)	保证率(%)	$Q < 8.4$ m^3/s 天数(d)	达到 8.4 m^3/s 需补水量(万 m^3)	水量(万 m^3)	$Q \geq 8.4$ m^3/s 天数(d)	保证率(%)	$Q < 8.4$ m^3/s 天数(d)	达到 8.4 m^3/s 需补水量(万 m^3)
特枯水年	11	1 165	0	0	30	1 012	1 131	0	0	30	1 046
	12	1 085	0	0	31	1 164	1 067	0	0	31	1 183
	1	1 100	0	0	31	1 150	1 099	0	0	31	1 151
	2	924	0	0	28	1 108	917	0	0	28	1 115
	3	1 098	0	0	31	1 152	1 088	0	0	31	1 162
	4	2 562	4	13.3	26	543	2 542	4	13.3	26	554
	5	4 965	22	71.0	9	262	4 940	20	64.5	11	264
	6	1 225	4	13.3	26	1 123	1 167	3	10.0	27	1 159
	合计	14 125	30	12.4	212	7 514	13 952	27	11.2	215	7 633

表 9-61　冯家山水库单库生态调度水量可供月份

典型年	非汛期控制水位(m)	10 月底蓄水位(m)								
		710			708.5			705.5		
		最大供水	平均供水	最小供水	最大供水	平均供水	最小供水	最大供水	平均供水	最小供水
平水年(2006 年)	704	无	11 月至翌年 5 月,6 月 900 万 m^3	11 月至翌年 6 月	无	11 月至翌年 5 月,6 月 1 500 万 m^3	11 月至翌年 6 月	无	11～12 月,500 万 m^3	11 月至翌年 5 月,6 月 400 万 m^3
	694	11 月至翌年 6 月	11 月至翌年 6 月	11 月至翌年 6 月	11 月至翌年 6 月	11 月至翌年 6 月	11 月至翌年 6 月	11 月至翌年 5 月,6 月 1 200 万 m^3	11 月至翌年 6 月	11 月至翌年 6 月
	688.5	11 月至翌年 6 月	11 月至翌年 6 月	11 月至翌年 6 月	11 月至翌年 6 月	11 月至翌年 6 月	11 月至翌年 6 月	11 月至翌年 6 月	11 月至翌年 6 月	11 月至翌年 6 月
枯水年(2005 年)	704	无	11 月,12 月 800 万 m^3	11 月至翌年 2 月,3 月 300 万 m^3	无	无	11 月,12 月 1 500 万 m^3	无	无	无
	694	11 月至翌年 1 月,2 月 1 000 万 m^3	11 月至翌年 6 月	11 月至翌年 6 月	11～12 月,1 月 600 万 m^3	11 月至翌年 3 月,4 月 800 万 m^3	11 月至翌年 6 月	无	11 月至翌年 1 月,2 月 300 万 m^3	11 月至翌年 2 月,3 月 1 500 万 m^3
	688.5	11 月至翌年 5 月,6 月 100 万 m^3	11 月至翌年 6 月	11 月至翌年 6 月	11 月至翌年 2 月,3 月 1 300 万 m^3	11 月至翌年 6 月	11 月至翌年 6 月	11～12 月,1 月 900 万 m^3	11 月至翌年 4 月	11 月至翌年 6 月

续表 9-61

典型年	非汛期控制水位(m)	10月底蓄水位(m)								
		710			708.5			705.5		
		最大供水	平均供水	最小供水	最大供水	平均供水	最小供水	最大供水	平均供水	最小供水
特枯水年(2003年)	704	无	11月至翌年1月,2月 1 000万m^3	11月至翌年6月	无	11月,12月 1 100万m^3	11月至翌年2月,3月 500万m^3	无	无	11月 1 000万m^3
	694	11月至翌年6月	11月至翌年6月	11月至翌年6月	11月至翌年3月,4月 200万m^3	11月至翌年6月	11月至翌年6月	11月,12月 800万m^3	11月至翌年5月,6月 800万m^3	11月至翌年6月
	688.5	11月至翌年6月	11月至翌年6月	11月至翌年6月	11月至翌年6月	11月至翌年6月	11月至翌年6月	11月至翌年3月,4月 500万m^3	11月至翌年6月	11月至翌年6月

表 9-62　冯家山水库单库生态调度满足魏家堡低限(最小)生态流量增加天数

典型年	非汛期控制水位(m)	10月底蓄水位(m)								
		710			708.5			705.5		
		最大供水	平均供水	最小供水	最大供水	平均供水	最小供水	最大供水	平均供水	最小供水
平水年(2006年)	704	0	149	166	0	156	166	0	57	142
	694	166	166	166	166	166	166	153	166	166
	688.5	166	166	166	166	166	166	155	166	166
枯水年(2005年)	704	0	40	119	0	0	51	0	0	0
	694	103	205	205	66	164	205	0	92	141
	688.5	190	205	205	136	205	205	71	173	205
特枯水年(2003年)	704	0	117	215	0	58	132	0	0	28
	694	215	215	215	166	215	215	50	207	215
	688.5	215	215	215	215	215	215	175	215	215

表9-63　冯家山水库单库生态调度满足魏家堡低限(最小)生态流量增加天数百分数　(%)

典型年	非汛期控制水位(m)	10月底蓄水位(m)								
		710			708.5			705.5		
		最大供水	平均供水	最小供水	最大供水	平均供水	最小供水	最大供水	平均供水	最小供水
平水年(2006年)	704	0	61.6	68.6	0	64.5	68.6	0	23.6	58.7
	694	68.6	68.6	68.6	68.6	68.6	68.6	63.2	68.6	68.6
	688.5	68.6	68.6	68.6	68.6	68.6	68.6	64.0	68.6	68.6
枯水年(2005年)	704	0	16.5	49.2	0	0	21.1	0	0	0
	694	42.6	84.7	84.7	27.3	67.8	84.7	0	38.0	58.3
	688.5	78.5	84.7	84.7	56.2	84.7	84.7	29.3	71.5	84.7
特枯水年(2003年)	704	0	48.3	88.8	0	24.0	54.5	0	0	11.6
	694	88.8	88.8	88.8	68.6	88.8	88.8	20.7	85.5	88.8
	688.5	88.8	88.8	88.8	88.8	88.8	88.8	72.3	88.8	88.8

表 9-64　冯家山水库单库无生态水量调度月份

典型年	非汛期控制水位(m)	10 月底蓄水位(m)								
		710			708.5			705.5		
		最大供水	平均供水	最小供水	最大供水	平均供水	最小供水	最大供水	平均供水	最小供水
平水年(2006 年)	704	11 月至翌年 6 月	6 月		11 月至翌年 6 月	6 月		11 月至翌年 6 月	1 ~ 6 月	6 月
	694							6 月		
	688.5									
枯水年(2005 年)	704	11 月至翌年 6 月	12 月至翌年 6 月	3 ~ 6 月	11 月至翌年 6 月	11 月至翌年 6 月	12 月至翌年 6 月	11 月至翌年 6 月	11 月至翌年 6 月	11 月至翌年 6 月
	694	2 ~ 6 月			1 ~ 6 月	4 ~ 6 月		11 月至翌年 6 月	2 ~ 6 月	3 ~ 6 月
	688.5	6 月			3 ~ 6 月			1 ~ 6 月	5 ~ 6 月	
特枯水年(2003 年)	704	11 月至翌年 6 月	2 ~ 6 月		11 月至翌年 6 月	12 月至翌年 6 月	3 ~ 6 月	11 月至翌年 6 月	11 月至翌年 6 月	12 月至翌年 6 月
	694				4 ~ 6 月			12 月至翌年 6 月	6 月	
	688.5							4 ~ 6 月		

水库非汛期控制水位704 m运用,魏家堡断面满足低限生态流量的天数,平水年增加0~166 d,平均增加92.9 d,枯水年增加0~119 d,平均增加23.3 d;满足最小生态流量的天数,特枯水年增加0~215 d,平均增加61.1 d。

水库非汛期控制水位694 m运用,魏家堡断面满足低限生态流量的天数,平水年增加153~166 d,平均增加164.6 d,枯水年增加0~205 d,平均增加131.2 d;满足最小生态流量的天数,特枯水年增加50~215 d,平均增加190.3 d。

水库非汛期控制水位704 m运用,平水年低限生态保证率可提高0~68.6%,平均提高到38.4%,保证率提高到69.8%;枯水年低限生态保证率可提高0~49.2%,平均提高9.6%,保证率提高到24.9%;特枯水年最小生态流量保证率提高0~88.8%,平均可提高25.3%,保证率提高到36.5%。

水库非汛期控制水位694 m运用,平水年低限生态保证率可提高63.2%~68.6%,平均提高68%,保证率提高到99.4%;枯水年低限生态保证率可提高27.3%~84.7%,平均提高54.2%,保证率提高到69.5%;特枯水年最小生态流量保证率可提高20.7%~88.8%,平均提高78.7%,保证率提高到89.9%。

由此可见,冯家山水库非汛期控制704 m运用时,可供生态调度的水量较少,在满足工农业用水的前提下,剩余水量用于生态调度后魏家堡站生态流量保证率提高十分有限。非汛期控制水位若进一步降低,可供生态调度的水量增多,但是会对冯家山电站生产带来一些不利影响。

(2)石头河水库单库。

石头河水库单库计算结果见表9-65~表9-68,可以看出:

水库10月底蓄水位在801 m、794 m和790 m和非汛期控制766 m、760 m和728 m水位运用,无论供水量发生最大值或最小值,平水年、枯水年和特枯水年水库都有剩余水可供生态调度利用。在枯水年和特枯水年,当水库供水量为最大值时,可供生态调度的水量较少,只能满足下游魏家堡断面1~2个月的生态流量指标;在水库10月底蓄水位在794 m和790 m时,即使供水量为平均值和最小值时,仍有几个月无水供生态调度利用。

水库非汛期控制水位766 m运用,魏家堡断面满足低限生态流量的天数,平水年增加81~166 d,平均增加151.9 d,枯水年增加42~167 d,平均增加115.9 d;满足最小生态流量的天数,特枯水年增加38~215 d,平均增加129.2 d。

水库非汛期控制水位760 m运用,魏家堡断面满足低限生态流量的天数,平水年增加116~166 d,平均增加157.9 d,枯水年增加66~195 d,平均增加131.9 d;满足最小生态流量的天数,特枯水年增加38~215 d,平均增加140.8 d。

水库非汛期控制水位728 m运用,魏家堡断面满足低限生态流量的天数,平水年增加166 d,平均增加166 d,枯水年增加103~205 d,平均增加173.9 d;满足最小生态流量的天数,特枯水年增加125~215 d,平均增加188.6 d。

水库非汛期控制水位766 m运用,平水年低限生态保证率可提高33.5%~68.6%,平均提高62.8%,保证率提高到94.2%;枯水年低限生态保证率可提高47.9%~68.6%,平均提高47.9%,保证率提高到63.2%;特枯水年最小生态流量保证率可提高15.7%~88.8%,平均提高53.4%,保证率提高到64.6%。

表 9-65　石头河水库单库生态调度水量可供月份

典型年	非汛期控制水位(m)	10 月底蓄水位(m)								
		801			794			790		
		最大供水	平均供水	最小供水	最大供水	平均供水	最小供水	最大供水	平均供水	最小供水
平水年(2006 年)	766	11 月至翌年 6 月	11 月至翌年 6 月	11 月至翌年 6 月	11 月至翌年 1 月,2 月 300 万 m^3,4~6 月	11 月至翌年 6 月	11 月至翌年 6 月	11~12 月,4~6 月	11 月至翌年 6 月	11 月至翌年 6 月
	760	11 月至翌年 6 月	11 月至翌年 6 月	11 月至翌年 6 月	11 月至翌年 2 月,3 月 100 万 m^3,4~6 月	11 月至翌年 6 月	11 月至翌年 6 月	11 月至翌年 1 月,2 月 100 万 m^3,4~6 月	11 月至翌年 6 月	11 月至翌年 6 月
	728	11 月至翌年 6 月	11 月至翌年 6 月	11 月至翌年 6 月	11 月至翌年 6 月	11 月至翌年 6 月	11 月至翌年 6 月	11 月至翌年 6 月	11 月至翌年 6 月	11 月至翌年 6 月
枯水年(2005 年)	766	11~12 月,翌年 4 月 500 万 m^3,5~6 月	11 月至翌年 1 月,2 月 1 300 万 m^3,4~6 月	11 月至翌年 2 月,3 月 700 万 m^3,4~6 月	11 月,12 月 100 万 m^3,5~6 月	11~12 月,1 月 1 300 万 m^3,4~6 月	11 月至翌年 1 月,3 月 500 万 m^3,4~6 月	11 月 500 万 m^3,5~6 月	11~12 月,1 月 400 万 m^3,5~6 月	11~12 月,1 月 1 100 万 m^3,4~6 月
	760	11~12 月,1 月 800 万 m^3,5~6 月	11 月至翌年 2 月,3 月 200 万 m^3,4~6 月	11 月至翌年 2 月,3 月 1 300 万 m^3,4~6 月	11 月,12 月 700 万 m^3,5~6 月	11 月至翌年 1 月,4~6 月	11 月至翌年 1 月,2 月 700 万 m^3,4~6 月	11 月 300 万 m^3,4~6 月	11~12 月,1 月 1 000 万 m^3,4~6 月	11~12 月,1 月 1 700 万 m^3,4~6 月
	728	11 月至翌年 2 月,4 月 500 万 m^3,4~6 月	11 月至翌年 6 月	11 月至翌年 6 月	11 月至翌年 1 月,5~6 月	11 月至翌年 2 月,3 月 1 200 万 m^3,4~6 月	11 月至翌年 6 月	11~12 月,1 月 900 万 m^3,5~6 月	11 月至翌年 2 月,3 月 300 万 m^3,4~6 月	11 月至翌年 2 月,3 月 1 400 万 m^3,4~6 月

续表 9-65

典型年	非汛期控制水位(m)	10月底蓄水位(m)								
		801			794			790		
		最大供水	平均供水	最小供水	最大供水	平均供水	最小供水	最大供水	平均供水	最小供水
特枯水年(2003年)	766	11月,12月 800万 m^3,5～6月	11月至翌年2月,3月 300,4～6月	11月至翌年6月	11月 500万 m^3,5～6月	11～12月,1月600万 m^3,4～6月	11月至翌年1月,2月 600万 m^3,4～6月	5～6月	11月,12月 900万 m^3,4～6月	11～12月,1月900万 m^3,4～6月
	760	11～12月,1月 200万 m^3,5～6月	11月至翌年2月,3月 800万 m^3,4～6月	11月至翌年6月	11月 100万 m^3,4～6月	11月至翌年1月,2月 100万 m^3,4～6月	11月至翌年2月,4～6月	5～6月	11～12月,1月400万 m^3,4～6月	11月至翌年1月,2月 300万 m^3,4～6月
	728	11月至翌年2月,3月 500万 m^3,4～6月	11月至翌年6月	11月至翌年6月	11月至翌年1月,4月 300万 m^3,5～6月	11月至翌年6月	11月至翌年6月	11～12月,4～6月	11月至翌年2月,3月 900万 m^3,4～6月	11月至翌年6月

表 9-66 石头河水库单库生态调度满足魏家堡低限（最小）生态流量增加天数

典型年	非汛期控制水位（m）	10月底蓄水位（m）								
		801			794			790		
		最大供水	平均供水	最小供水	最大供水	平均供水	最小供水	最大供水	平均供水	最小供水
平水年（2006 年）	766	166	166	166	124	166	166	81	166	166
	760	166	166	166	143	166	166	116	166	166
	728	166	166	166	166	166	166	166	166	166
枯水年（2005 年）	766	102	167	155	58	137	154	42	94	134
	760	100	177	195	70	146	158	66	132	143
	728	159	205	205	119	193	205	103	178	198
特枯水年（2003 年）	766	88	191	215	53	141	171	38	117	149
	760	104	204	215	66	158	184	38	135	163
	728	196	215	215	152	215	215	125	149	215

表 9-67　石头河水库单库生态调度满足魏家堡低限(最小)生态流量增加天数百分数　(%)

典型年	非汛期控制水位(m)	10 月底蓄水位(m)								
		801			794			790		
		最大供水	平均供水	最小供水	最大供水	平均供水	最小供水	最大供水	平均供水	最小供水
平水年(2006 年)	766	68.6	68.6	68.6	51.2	68.6	68.6	33.5	68.6	68.6
	760	68.6	68.6	68.6	59.1	68.6	68.6	47.9	68.6	68.6
	728	68.6	68.6	68.6	68.6	68.6	68.6	68.6	68.6	68.6
枯水年(2005 年)	766	42.1	69.0	64.0	24.0	56.6	63.6	17.4	38.8	55.4
	760	41.3	73.1	80.6	28.9	60.3	65.3	27.3	54.5	59.1
	728	65.7	84.7	84.7	49.2	79.8	84.7	42.6	73.6	81.8
特枯水年(2003 年)	766	36.4	78.9	88.8	21.9	58.3	70.7	15.7	48.3	61.6
	760	43.0	84.3	88.8	27.3	65.3	76.0	15.7	55.8	67.4
	728	81.0	88.8	88.8	62.8	88.8	88.8	51.7	61.6	88.8

表 9-68　石头河水库单库无生态水量调度月份

典型年	非汛期控制水位(m)	10月底蓄水位(m) 801			794			790		
		最大供水	平均供水	最小供水	最大供水	平均供水	最小供水	最大供水	平均供水	最小供水
平水年（2006 年）	766				2～3 月			1～3 月		
	760				3 月			2～3 月		
	728									
枯水年（2005 年）	766	1～4 月	2～3 月	3 月	12 月至翌年 4 月	1～3 月	2～3 月	11 月至翌年 4 月	1～4 月	1～3 月
	760	1～4 月	3 月	3 月	12 月至翌年 4 月	2～3 月	2～3 月	11 月至翌年 3 月	1～3 月	1～3 月
	728	3～4 月			2～4 月	3 月		1～4 月	3 月	3 月
特枯水年（2003 年）	766	12 月至翌年 4 月	3 月		11 月至翌年 4 月	1～3 月	2～3 月	11 月至翌年 4 月	12 月至翌年 3 月	1～3 月
	760	1～4 月	3 月		11 月至翌年 3 月	2～3 月	3 月	11 月至翌年 4 月	1～3 月	2～3 月
	728	3 月			2～4 月			1～3 月	3 月	

水库非汛期控制水位760 m运用,平水年低限生态保证率可提高47.9% ~68.6%,平均提高65.2%,保证率提高到96.6%;枯水年低限生态保证率可提高27.3% ~80.6%,平均提高54.5%,保证率提高到69.8%;特枯水年最小生态流量保证率可以提高15.7% ~88.8%,平均提高58.2%,保证率提高到69.4%。

水库非汛期控制水位728 m运用,平水年低限生态保证率可提高68.6%,平均提高68.6%,保证率提高到100%;枯水年低限生态保证率可提高42.6% ~84.7%,平均提高71.9%,保证率提高到87.2%;特枯水年最小生态流量保证率可提高51.7% ~88.8%,平均提高77.9%,保证率提高到89.1%。

(3)冯家山和石头河水库联合调度。

平水年冯家山水库与石头河水库联合调度基本满足魏家堡生态低限流量的保证率。枯水年和特枯水年两库联合调度在不同条件组合下,计算结果见表9-69。可以看出,枯水年和特枯水年有不能满足生态流量的年份,不能满足的月份一般在1~4月。

枯水年冯家山非汛期控制运用水位704 m且最大供水量时,石头河非汛期控制运用水位在766 m且为平均供水量时,或者冯家山为平均供水量、石头河为最大供水量,魏家堡2~3月生态用水不能满足,但魏家堡低限生态流量保证率从15.3%提高到64.5% ~75.6%。

枯水年冯家山非汛期控制运用水位694 m且为最大供水量时,石头河非汛期控制运用水位在766 m且为平均供水量时,或者冯家山为平均供水量、石头河为最大供水量,魏家堡生态用水基本能满足,只有冯家山和石头河水库10月底蓄水位较低,且冯家山水库供水为最大值、石头河水库供水为平均值时,2月不能满足魏家堡生态用水,但魏家堡低限生态流量保证率从15.3%提高到88.4% ~100%。

特枯水年份冯家山非汛期控制运用水位704 m且为最大供水量时,石头河非汛期控制运用水位在766 m且为平均供水量时,或者冯家山为平均供水量、石头河为最大供水量,魏家堡1~4月生态用水不能满足,但魏家堡低限生态流量保证率从11.2%提高到52.1% ~88.4%。

特枯水年冯家山非汛期控制运用水位694 m且为最大供水量时,石头河非汛期控制运用水位在766 m且为平均供水量时,或者冯家山和石头河都为平均供水量,魏家堡生态用水基本能满足,魏家堡低限生态流量保证率从11.2%提高到100%。

3.咸阳断面

为了分析金盆水库和羊毛湾水库不同方案下对咸阳断面进行生态补水,对咸阳低限生态流量15.1 m^3/s(平水年和枯水年)和最小生态流量10.0 m^3/s(特枯水年)的影响,需对石头河水库和金盆水库运用对咸阳日均流量过程的影响进行扣除。利用石头河水库和金盆水库月下泄水量占魏家堡实测月水量的比例对咸阳日均流量进行扣除,结果见表9-70。平水年和枯水年份,扣除水库泄水后咸阳低限生态流量保证率仍是100%得到保证。特枯水年份,咸阳小于最小生态流量的天数从33 d增加到65 d,最小生态流量保证率从86.4%降低为73.1%。对特枯水年份,考虑对下游咸阳断面低于最小生态流量进行补水的条件下,考虑不同条件组合,分别计算金盆和羊毛湾两个水库不同方案下单库对下游水文站进行生态补水的时间和天数,结果见表9-71和表9-72。可以看出:

表 9-69　冯家山与石头河水库联合调度特征值及魏家堡生态流量保证率

丰枯年份	水库	10 月底库水位(m)	非汛期控制水位(m)	供水量(万 m^3)	生态水量不能满足月份	生态流量保证率(%)
枯水年	冯家山	710	704	最大供水 12 668	2～3	75.6
	石头河	801	766	平均供水 8 202		
枯水年	冯家山	710	704	平均供水 7 334	2～4	64.5
	石头河	801	766	最大供水 11 744		
枯水年	冯家山	708.5	704	最大供水 12 668	2～3	75.6
	石头河	794	766	平均供水 8 202		
枯水年	冯家山	708.5	704	平均供水 7 334	2～3	75.6
	石头河	794	766	最大供水 11 744		
枯水年	冯家山	710	694	最大供水 12 668	无	100
	石头河	801	766	平均供水 8 202		
枯水年	冯家山	710	694	平均供水 7 334	无	100
	石头河	801	766	最大供水 11 744		
枯水年	冯家山	708.5	694	最大供水 12 668	2	88.4
	石头河	794	766	平均供水 8 202		
枯水年	冯家山	708.5	694	平均供水 7 334	无	100
	石头河	794	766	最大供水 11 744		
特枯水年	冯家山	710	704	最大供水 12 668	3	87.2
	石头河	801	766	平均供水 8 202		
特枯水年	冯家山	710	704	平均供水 7 334	2	88.4
	石头河	801	766	最大供水 11 744		
特枯水年	冯家山	708.5	704	最大供水 12 668	1～3	62.8
	石头河	794	766	平均供水 8 202		
特枯水年	冯家山	708.5	704	平均供水 7 334	1～4	52.1
	石头河	794	766	最大供水 11 744		
特枯水年	冯家山	710	694	最大供水 12 668	无	100
	石头河	801	766	平均供水 8 202		
特枯水年	冯家山	708.5	694	最大供水 12 668	无	100
	石头河	794	766	平均供水 8 202		
特枯水年	冯家山	708.5	694	平均供水 7 334	无	100
	石头河	801	766	平均供水 8 202		
特枯水年	冯家山	708.5	694	平均供水 7 334	无	100
	石头河	794	766	平均供水 8 202		

表9-70 咸阳实测与扣除石头河和金盆水库下泄水量后结果对比

丰枯年份	月份	咸阳实测					咸阳扣除石头河和金盆水库下泄水量后				
		实测水量(万 m^3)	$Q \geq 15.1\ m^3/s$ 天数(d)	保证率(%)	$Q < 15.1\ m^3/s$ 天数(d)	达到 $15.1\ m^3/s$ 需补水量(万 m^3)	水量(万 m^3)	$Q \geq 15.1\ m^3/s$ 天数(d)	保证率(%)	$Q < 15.1\ m^3/s$ 天数(d)	达到 $15.1\ m^3/s$ 需补水量(万 m^3)
平水年	11	24 091	30	100	0	0	22 453	30	100	0	0
	12	18 873	31	100	0	0	18 062	31	100	0	0
	1	16 694	31	100	0	0	16 511	31	100	0	0
	2	13 482	28	100	0	0	13 414	28	100	0	0
	3	13 026	31	100	0	0	12 961	31	100	0	0
	4	10 155	30	100	0	0	10 095	30	100	0	0
	5	31 533	31	100	0	0	30 745	31	100	0	0
	6	37 942	30	100	0	0	33 540	30	100	0	0
	合计	165 796	242	100	0	0	157 780	242	100	0	0
枯水年	11	24 767	30	100	0	0	22 761	30	100	0	0
	12	17 579	31	100	0	0	16 243	31	100	0	0
	1	16 731	31	100	0	0	16 413	31	100	0	0
	2	12 297	28	100	0	0	12 187	28	100	0	0
	3	11 017	31	100	0	0	10 885	31	100	0	0
	4	10 680	30	100	0	0	10 605	30	100	0	0
	5	17 081	31	100	0	0	16 415	31	100	0	0
	6	15 629	30	100	0	0	12 613	30	100	0	0
	合计	125 782	242	100	0	0	118 122	242	100	0	0

续表 9-70

丰枯年份	月份	咸阳实测					咸阳扣除石头河和金盆水库下泄水量后				
		实测水量（万 m^3）	$Q \geq 10$ m^3/s 天数（d）	保证率（%）	$Q < 10$ m^3/s 天数（d）	达到 10 m^3/s 需补水量（万 m^3）	水量（万 m^3）	$Q \geq 10$ m^3/s 天数（d）	保证率（%）	$Q < 10$ m^3/s 天数（d）	达到 10 m^3/s 需补水量（万 m^3）
特枯水年	11	11 057	30	100	0	0	8 436	30	100	0	0
	12	3 625	23	74.2	8	105	2 567	14	45.2	17	380
	1	3 005	24	77.4	7	96	2 344	6	19.4	25	351
	2	2 539	17	60.7	11	128	2 321	14	50.0	14	208
	3	6 041	24	77.4	7	41	5 479	22	71.0	9	104
	4	7 303	30	100	0	0	6 690	30	100	0	0
	5	5 546	31	100	0	0	4 553	31	100	0	0
	6	8 162	30	100	0	0	6 211	30	100	0	0
	合计	47 279	209	86.4	33	371	38 602	177	73.1	65	1 042

表 9-71　特枯水年金盆水库单库生态调度水量可供月份、满足天数和增加百分数

项目	非汛期控制水位(m)	10 月底蓄水位(m)								
		594			590			587		
		最大供水	平均供水	最小供水	最大供水	平均供水	最小供水	最大供水	平均供水	最小供水
可供月份	560	无	12 月至翌年 3 月	12 月至翌年 3 月	无	12 月至翌年 3 月	12 月至翌年 3 月	无	12 月	12 月至翌年 3 月
	553	无	12 月至翌年 3 月	12 月至翌年 3 月	无	12 月至翌年 3 月	12 月至翌年 3 月	无	12 月至翌年 3 月	12 月至翌年 3 月
	520	12 月至翌年 3 月	12 月至翌年 3 月	12 月至翌年 3 月	12 月至翌年 3 月	12 月至翌年 3 月	12 月至翌年 3 月	12 月至翌年 3 月	12 月至翌年 3 月	12 月至翌年 3 月
天数	560	0	65	65	0	65	65	0	17	65
	553	0	65	65	0	65	65	0	65	65
	520	65	65	65	65	65	65	65	65	65
百分数(%)	560	0	26.9	26.9	0	26.9	26.9	0	7.0	26.9
	553	0	26.9	26.9	0	26.9	26.9	0	26.9	26.9
	520	26.9	26.9	26.9	26.9	26.9	26.9	26.9	26.9	26.9

表 9-72　特枯水年羊毛湾水库单库生态调度水量可供月份、满足天数和增加百分数

项目	非汛期控制水位(m)	10月底蓄水位(m)								
		635.9			633			630		
		最大供水	平均供水	最小供水	最大供水	平均供水	最小供水	最大供水	平均供水	最小供水
可供月份	630	12月至翌年1月	12月至翌年3月	12月至翌年3月	无	无	12月	无	无	无
	625	12月至翌年3月	12月至翌年3月	12月至翌年3月	12月至翌年3月	12月至翌年3月	12月至翌年3月	12月	12月至翌年1月	12月至翌年3月
	620	12月至翌年3月	12月至翌年3月	12月至翌年3月	12月至翌年3月	12月至翌年3月	12月至翌年3月	12月至翌年3月	12月至翌年3月	12月至翌年3月
天数	630	42	65	65	0	0	17	0	0	0
	625	65	65	65	65	65	65	17	42	65
	620	65	65	65	65	65	65	65	65	65
百分数(%)	630	17.4	26.9	26.9	0	0	7.0	0	0	0
	625	26.9	26.9	26.9	26.9	26.9	26.9	7.0	17.4	26.9
	620	26.9	26.9	26.9	26.9	26.9	26.9	26.9	26.9	26.9

金盆水库非汛期控制水位560 m和553 m且供水量为最大时,水库无水供生态调度利用;其他不同组合条件下,咸阳断面最小生态流量保证天数百分数基本提高26.9%,使保证率达到100%,得到保证。

羊毛湾水库非汛期控制水位630 m时,咸阳断面最小生态流量保证天数百分数提高0~26.9%,平均提高8.7%;水库非汛期控制水位625 m时,咸阳断面最小生态流量保证天数百分数提高7.0%~26.9%,平均提高23.6%;水库非汛期控制水位620 m时,咸阳断面最小生态流量保证天数百分数提高26.9%,使保证率达到100%,得到保证。

金盆水库与羊毛湾水库联合调度,两水库同时发生供水量最大时,无水增加咸阳断面生态流量。而两水库同时发生供水量最大的机会较小。因此,两库联合调度可使咸阳断面最小生态流量保证率达到90%以上。

9.6　小　结

(1)干流水量变化。

1991年以来林家村、咸阳和华县水文站实测水量明显减少,林家村站大幅度减少。林家村、咸阳和华县站1991~2013年多年平均非汛期实测水量占1960~2013年的30.9%、63.4%和71.5%。与1991~2013年相比,2001~2013年三站非汛期平均水量变化不大。

林家村、咸阳和华县站实测非汛期水量不同年际之间变化较大。2001~2013年非汛期最大水量与最小水量比值,林家村、咸阳和华县站分别为41、6.9、3.7。

林家村、咸阳和华县站非汛期各月平均水量之间有较大差别,2001~2013年最大月水量是最小月水量的11.3倍、3.0倍和2.7倍。三站11月、5月和6月水量较大,12月至翌年4月水量较小,1月、2月水量最小。三站各月水量年际之间差别较大,2001~2013年月水量最大值与最小值比值,林家村站在18.5~175,咸阳站在6.4~33.1,华县站在2.8~28.5。

(2)支流水量变化。

1991年以来千河、石头河和漆水河水量减少,千河、石头河和漆水河1991~2013年多年平均非汛期水量占1960~2013年的67.2%、84.4%和75.4%。2001~2013年水量进一步减少,千河、石头河和漆水河2001~2013年多年平均非汛期水量占1960~2013年的62.8%、82.4%和60.4%。

千河、石头河、黑河和漆水河非汛期水量不同年际之间变化较大。2001~2013年非汛期最大水量与最小水量比值,千河、石头河、黑河和漆水河分别为2.5、1.9、2.5和6.0。

支流非汛期各月平均水量之间有较大差别,千河、石头河、黑河和漆水河2001~2013年最大月水量是最小月水量的3.1倍、10.7倍、8.4倍和1.6倍。冯家山水库入库和羊毛湾水库入库11月、12月水量较大,1~4月水量较小,1月水量最小;石头河和金盆水库入库4~6月水量较大,12月至翌年3月水量较小,1月、2月水量最小。

月水量年际之间差别较大,2001~2013年月水量最大值与最小值比值,冯家山在3.2~11.9,石头河在2.9~9.4,黑河在1.9~8.1,漆水河在6.2~16.3。

(3)干流生态流量保证率。

2001 ~2013 年各水文实测非汛期生态流量保证率,林家村水文站断面很低,魏家堡水文站断面略高,咸阳水文站断面较高,临潼水文站断面和华县水文站断面基本满足。

最小生态流量、低限生态流量和适宜生态流量的保证率,林家村水文站断面非汛期平均分别为 17.7%、14.1% 和 10.7%,魏家堡水文站断面分别为 54.7%、39.1% 和 20.0%,咸阳水文站断面分别为 89.4%、80.5% 和 58.7%,临潼水文站断面分别为 100%、99.5% 和 95.8%,满足低限生态流量和适宜生态流量的保证率华县水文站断面分别为 97.6% 和 88.8%。

(4)干支流非汛期水量丰枯遭遇。

水量丰枯程度分为特丰水年、丰水年、平水年、枯水年和特枯水年,干支流非汛期水量丰枯程度遭遇表明,千河、石头河与林家村丰枯程度基本相同,漆水河、黑河与魏家堡丰枯程度基本相同,即干流为枯水年时,支流也是枯水年,干流为特枯水年时,支流也是特枯水年。

支流与干流非汛期水量丰枯程度相同年数百分比分别为:千河与林家村 64.6%,石头河与林家村 50%,黑河与魏家堡 46.3%,漆水河与魏家堡 62.5%;支流与干流非汛期水量丰枯程度相差一级的年数百分比分别为:千河与林家村 33.3%,石头河与林家村 39.5%,黑河与魏家堡 51.2%,漆水河与魏家堡 31.2%;支流与干流非汛期水量丰枯程度相同与丰枯程度相差一级的年数百分数分别为:千河与林家村 97.9%,石头河与林家村 89.5%,黑河与魏家堡 97.5%,漆水河与魏家堡 93.7%。

(5)枯水调度水库筛选。

结合水库功能、兴利库容等,考虑林家村至华县不同河段都有水库参与调度,从 23 座大中型水库中初步筛选 8 座水库参与枯水调度,分别是冯家山水库、石头河水库、金盆水库、羊毛湾水库、林家村枢纽、李家河水库、零河水库和沋河水库。

在保证水库供水任务的前提下,即保证城市、工业用水和灌溉供水,冯家山水库、石头河水库、金盆水库和羊毛湾水库有水量可作为生态调度利用。

沋河水库来水量、蓄水量和供水量调度计算结果表明,沋河可供生态的水量只有几百万立方米,不宜选择作为解决干流生态流量指标保证率供水水库,可以作为水库下游干流断面的紧急调度情况下备用水源。

(6)水库非汛期供水特点。

2001 ~2013 年冯家山水库非汛期城市、工业和灌溉供水量在 4 546 万 ~12 668 万 m^3,平均为 7 334 万 m^3;各月供水量差别较大,最大为 6 月 1 878 万 m^3,最小为 11 月 306 万 m^3。

2001 ~2013 年石头河水库非汛期城市和灌溉供水量在 5 617 万 ~11 744 万 m^3,平均为 4 696 万 m^3;各月供水量差别较大,最大为 6 月 2 055 万 m^3,最小为 11 月 453 万 m^3。

2007 ~2013 年金盆水库主要为城市供水,非汛期供水量差别较小,非汛期城市和灌溉供水量在 14 554 万 ~22 086 万 m^3,平均为 17 250 万 m^3;各月供水量差别略小,最大为 6 月 2 886 万 m^3,最小为 2 月 1 804 万 m^3。

2001 ~2013 年羊毛湾水库供水全部用于灌溉,非汛期供水量在 843 万 ~1 643 万 m^3,

平均为 1 190 万 m^3;各月供水量变化较大,最大为 1 月 385 万 m^3,11 月和 5 月几乎无供水。

(7)水库供水特点及丰枯年供水量。

冯家山水库非汛期灌溉供水量占灌溉、城市、工业总供水量的 68%,城市和工业供水占 32%。千阳站非汛期水量为平水年时,水库非汛期供水量较小,千阳站非汛期水量为枯水年和特枯水年,水库非汛期供水量出现最大值或者较大值。

石头河水库非汛期城市(镇)供水量占城市(镇)和灌溉总供水量的 57%,灌溉供水占 43%。石头河水库非汛期供水量与入库水量丰枯程度关系不大,非汛期供水量最大值发生在枯水年,较大值发生在平水年和特枯水年;非汛期供水量最小值发生在特枯水年,较小值发生在平水年和特枯水年。

金盆水库非汛期主要是城市供水,城市供水占供水量的 89%,灌溉占 11%。金盆入库非汛期水量为平水年和枯水年时,供水量出现最大值和较大值;入库非汛期水量为特枯水年,水库非汛期供水量出现较小值。

羊毛湾水库为灌区供水,入库非汛期水量为平水年和枯水年时,供水量出现最大值和较大值;入库非汛期水量为特枯水年,水库非汛期供水量在平均值上下。

(8)生态流量保证率提高方案计算结果。

①林家村断面。

林家村断面上游非汛期来水情况表明,在没有林家村枢纽调节的情况下,林家村最小生态流量保证率在特枯水年份可以实现 90% 以上,低限生态流量保证率在枯水年和平水年可以实现 90% 以上。

计算结果表明,减少宝鸡峡渠首引水量凑泄林家村站流量,使林家村站流量尽可能满足低限(最小)生态流量,保证率有一定提高,但大部分年份仍不能达到 90% 的保证率。平水年和枯水年低限生态流量保证率从 2.9% 提高到 84.8% 以上,半数年份仍不能满足 90% 的保证率;特枯水年最小生态流量保证率从 27.0% 提高到 64.2% 以上,大部分年份仍不能满足 90% 的保证率。凑泄林家村流量后,宝鸡峡渠首引水量减少大部分年份在 1.6% ~36.2%,一年是 46.8%。

减少宝鸡峡渠首引水量凑泄林家村站流量,会对魏家堡电站的发电生产带来不利影响。

②魏家堡断面。

在现状条件下,林家村断面低限(最小)生态流量得到满足时,魏家堡的低限(最小)生态流量也可以得到满足。在特枯水年份,当林家村断面满足最小生态流量,即流量满足 5.4 m^3/s 时,现状条件下魏家堡流量可以达到 8.4 m^3/s。平水年份和枯水年份若林家村断面满足 8.6 m^3/s 低限生态流量,现状条件下魏家堡低限生态流量 11.6 m^3/s 也可满足。

在保证城市用水、工业用水和农业灌溉用水的前提下,水库剩余水量用作补充渭河干流生态用水。同时把支流水库作为渭河干流上的质点考虑。根据水库近年来 10 月底水库蓄水情况和控制水位,以及水库供水情况,对不同情况组合进行了计算。分别对冯家山水库、石头河水库单库补泄魏家堡断面生态流量,以及冯家山水库与石头河水库联合运用补泄魏家堡断面生态流量进行了列表计算。

冯家山水库单库，水库控制水位 704 m 运用，低限和最小生态流量保证率提高幅度有限，保证率仍远达不到 90%；水库控制水位 694 m 运用，平水年低限生态流量保证率和特枯水年最小生态流量保证率基本达到 90%，枯水年低限生态流量保证率达不到 90%，在 70% 左右。石头河水库单库，平水年时魏家堡断面低限生态流量保证率可以基本达到 90%，枯水年和特枯水年低限生态流量和最小生态流量保证率有一定幅度的提高，但距 90% 有一定差距。

冯家山水库与石头河水库联合调度时，平水年魏家堡生态低限流量保证率可达 90% 以上；冯家山水库控制 704 m 时，魏家堡枯水年低限生态流量保证率和特枯水年最小生态流量保证率提高到 50% 以上，仍不到 90%。冯家山水库控制水位降低，保证率会得到进一步上升。鉴于石头河入渭口距离魏家堡水文站较近，只有几千米，而千河入渭口距离石头河 32 km，即使冯家山与石头河水库联合调度运用时魏家堡断面低限（最小）生态流量保证率达到 90%，千河入渭口至石头河入渭口河段保证率仍达不到 90%。

③咸阳断面。

分别以金盆水库、羊毛湾水库单库补泄咸阳断面生态流量，以及金盆水库与羊毛湾水库联合运用补泄咸阳断面生态流量，进行了列表计算。扣除石头河水库和金盆水库下泄水量影响下，咸阳平水年和枯水年低限生态流量保证率仍在 90% 以上，特枯水年咸阳最小生态流量保证率为 73.1%。金盆水库供水量为最大时无剩余水量供生态调度利用，其他不同组合条件下，咸阳最小生态流量保证率可以达到 90%。

（9）建议。

水库联合调度对提高渭河干流断面生态流量保证率有一定潜力，潜力释放需要采取多种措施，一是管理措施，二是加强相关研究，为生态调度实现提出具体实施措施。管理措施如下：

渭河干支流枯水期水量应统一管理，实施水量分配方案，实行断面流量控制。

改变水库的任务功能，明确增加水库生态调度功能，确定干流关键断面和支流大中型水库生态环境下泄流量。在保证城市、工业用水和农业灌溉用水的前提下，增加水库保证河流的最小生态流量的功能。

严格控制河道外引水发电。调整林家村枢纽等工程的运行调度规则，限制林家村渠首发电引水，停止纯发电引水。枯水期按满足下游河道 5.4 m^3/s 的流量控制下泄，同时妥善解决停止纯发电引水带来的问题。

加强相关研究，如开展林家村枢纽与冯家山水库生态水量交换方式研究、生态补偿研究和水库汛限水位研究，为渭河干流河道生态流量调度实施提供支撑。

渭河干支流丰枯变化剧烈，应新建生态调蓄水库工程。

陕西境内渭河支流上修建的水库较多，水库联控联调是保证渭河生态流量的关键措施，开展进一步研究，实现渭河水系的联通联控联调。

参 考 文 献

[1] 宝鸡峡引渭灌溉工程[J]. 陕西水利水电技术,1996(1):19-21.

[2] 曹如轩,等. 降低潼关高程问题的研究[D]. 西安:西安理工大学,2002.

[3] 程龙渊, 刘栓明,肖俊法,等. 三门峡库区水文泥沙实验研究[M]. 郑州:黄河水利出版社, 1999.

[4] 邓玥. 三门峡水库近期河道冲淤变化及其原因[D]. 北京: 清华大学, 2005.

[5] 丁六逸, 龙毓骞, 缪凤举, 等. 三门峡水库的调度运用[C]//三门峡水库运用经验总结项目组. 黄河三门峡水利枢纽运用研究文集. 郑州:河南人民出版社, 1994.

[6] 范家骅. 水库异重流排沙[C]//异重流问题学术研讨会文集. 郑州:黄河水利出版社, 2006.

[7] 费祥俊,舒安平. 多沙河流水流输沙能力的研究[J]. 水利学报, 1998(11):38-43.

[8] 高亚军,李国斌,陆永军. 刘家峡水库变动回水区河床质泥沙粒径分布[J]. 水利水运工程学报, 2006(1):14-18.

[9] 郭家麟. 刘家峡水库泥沙淤积形态分析[J]. 人民黄河,2011(1):20-21.

[10] 郭庆超,胡春宏,陆琴,等. 三门峡水库不同运用方式对降低潼关高程作用的研究[J]. 泥沙研究, 2003(2):1-9.

[11] 韩其为, 沈锡琪. 水库的锥体淤积及库容淤积过程和壅水排沙关系[J]. 泥沙研究, 1984(2).

[12] 韩其为. 水库淤积[M]. 北京:科学出版社, 2003.

[13] 何国桢,吴知. 提高三门峡水库调水调沙及综合利用效益的探讨[C]//三门峡水利枢纽研究文集. 郑州:河南人民出版社,1994.

[14] 侯素珍,王平. 三门峡库区冲淤演变研究[M]. 郑州:黄河水利出版社, 2006.

[15] 胡一三, 张金良, 钱意颖,等. 三门峡水库运用方式原型试验研究[M]. 郑州:河南科学技术出版社, 2009.

[16] 华东水利学院,成都科学技术大学. 水文预报[M]. 北京:水利电力出版社,1986.

[17] 黄河三门峡水利枢纽志编纂委员会. 黄河三门峡水利枢纽志[M]. 北京:中国大百科全书出版社, 1993.

[18] 黄河水利科学研究院. 2002 年黄河河情咨询报告[M]. 郑州:黄河水利出版社, 2004.

[19] 黄河水利科学研究院. 2003 年黄河河情咨询报告[M]. 郑州:黄河水利出版社, 2005.

[20] 黄永健,房玉喜. 刘家峡水电站目前的泥沙问题及缓解途径[J]. 水利水电技术,1997(7):19-21.

[21] 黄永健,毛继新,黄金池. 李家峡电站运行水位与坝前及洮河淤积的研究[J]. 水利水电技术,1997 (6):2-7.

[22] 贾怀森. 龙羊峡和刘家峡水库联合调度问题探讨[J]. 人民黄河,1997(11):1-4.

[23] 姜乃迁,侯素珍,李文学,等. 来水来沙对潼关高程的影响[J]. 泥沙研究,2001(2):45-48.

[24] 姜乃迁,侯素珍,李文学,等. 来水来沙对潼关高程的影响[C]//三门峡水利枢纽运用四十周年论文集. 郑州:黄河水利出版社,2001.

[25] 焦恩泽. 黄河水库泥沙[M]. 郑州:黄河水利出版社, 2004.

[26] 焦恩泽. 水库调水调沙[M]. 郑州:黄河水利出版社, 2008.

[27] 李春安. 三门峡水利枢纽运用四十周年论文集[M]. 郑州:黄河水利出版社,2001.

[28] 李贵生,胡健成. 刘家峡水电站坝前和洮河库区泥沙淤积现状及应采取的对策[J]. 人民黄河, 2001(7):27-28.

[29] 李景宗. 黄河小浪底水利枢纽规划设计丛书:工程规划[M]. 北京:中国水利水电出版社,郑州:黄河水利出版社,2006.
[30] 李勇, 姚文艺, 等. 2003 年黄河河情咨询报告[M]. 郑州:黄河水利出版社, 2005.
[31] 李勇, 姚文艺, 等. 2004 年黄河河情咨询报告[M]. 郑州:黄河水利出版社, 2006.
[32] 李勇, 姚文艺, 等. 2005 年黄河河情咨询报告[M]. 郑州:黄河水利出版社, 2009.
[33] 李勇, 姚文艺, 等. 2006 年黄河河情咨询报告[M]. 郑州:黄河水利出版社, 2009.
[34] 李勇, 姚文艺, 等. 2007 年黄河河情咨询报告[M]. 郑州:黄河水利出版社, 2010.
[35] 李勇, 姚文艺, 等. 2008 年黄河河情咨询报告[M]. 郑州:黄河水利出版社, 2011.
[36] 梁国亭,王育杰,杨燕,等. 三门峡水库运用对库区冲淤影响的研究[C]//三门峡水利枢纽运用四十周年论文集. 郑州:黄河水利出版社,2001.
[37] 刘华振,刘俊等. 马斯京根法在黄河吴堡—龙门区间洪水演算中的应用[J]. 水电能源科学,2012,30(6):53-55.
[38] 龙毓骞, 张启舜. 三门峡高程的改建和运用[J]. 人民黄河, 1979(3):1-8.
[39] 钱宁, 张仁, 周志德. 河床演变学[M]. 北京:科学出版社, 1987.
[40] 钱宁. 高含沙水流运动[M]. 北京:清华大学出版社,1989.
[41] 钱宁,张仁,周志德,等. 河床演变学[M]. 北京:科学出版社,1989.
[42] 沙玉清. 泥沙运动力学引论[M]. 西安:陕西科学技术出版社,1996.
[43] 陕西省水利科学研究所河渠研究室,清华大学水利工程系泥沙研究室. 水库泥沙[M]. 北京:水利电力出版社, 1979.
[44] 水利部黄河水利委员会. 黄河第二次调水调沙试验[M]. 郑州:黄河水利出版社,2008.
[45] 水利部黄河水利委员会. 黄河第三次调水调沙试验[M]. 郑州:黄河水利出版社,2008.
[46] 宋根培,张仁,谢树南. 三门峡水库调度运用的研究[C]//三门峡水利枢纽研究文集. 郑州:河南人民出版社,1994.
[47] 涂启华, 杨赉斐. 泥沙设计手册[M]. 北京:中国水利水电出版社, 2006.
[48] 王士强,钟佳钰,刘金海. 三门峡水库非汛期运用水位研究[C]//三门峡水利枢纽运用四十周年论文集. 郑州:黄河水利出版社,2001.
[49] 吴保生, 龙毓骞. 黄河水流输沙能力公式的若干修正[J]. 人民黄河, 1993(7).
[50] 吴孝仁. 黄河刘家峡水电站水库泥沙淤积和排沙问题[J]. 西北水力发电,1987(1):18-26.
[51] 吴孝仁. 黄河刘家峡水库泥沙冲淤规律与水库运用方法[J]. 西北水力发电,1986(1):61-75.
[52] 武汉大学. 水文水利计算[M]. 北京:中国水利水电出版社,1992.
[53] 夏开儒,李昭淑. 渭河下游冲积形态的研究[J]. 地理学报,1963,29(3):207-218.
[54] 谢鉴衡. 河床演变及整治[M]. 北京:中国水利水电出版社, 1990.
[55] 徐正凡. 水力学[M]. 北京:高等教育出版社,1987.
[56] 严伏朝,解建仓,汪雅梅,等. 渭河下游小流量演进规律研究[J]. 西安理工大学学报,2010,26(3):265-270.
[57] 严镜海, 许国光. 水利枢纽电站的防沙问题布置的综合分析[C]//河流泥沙国际学术讨论会论文集. 北京:光华出版社, 1980.
[58] 杨庆安, 龙毓骞, 缪凤举. 黄河三门峡水利枢纽运用与研究[M]. 郑州: 河南人民出版社, 1995.
[59] 姚文艺,李勇,张原锋,等. 维持黄河下游排洪输沙基本功能的关键技术研究[M]. 北京:科学出版社,2007.
[60] 于广林,李志敏. 刘家峡水电站泥沙问题的解决措施与运用实践[J]. 水力发电学报,1999(2):45-51.

[61] 翟家瑞,李旭东. 黄河防凌水量调度工作回顾[J]. 人民黄河,2010(4):8-10.

[62] 翟媛.河道洪水流量过程线变化因素分析[J].人民黄河,2007(8):27-28.

[63] 张春林,杨志红.洮河流域泥沙变化规律研究[J].甘肃水利水电技术,2009(7):6-8.

[64] 张翠萍,张原锋,李文学,等. 黄河潼关河段冲淤变化及其对潼关高程的影响[J].人民黄河,2000,22(7):19-20.

[65] 张翠萍,姜乃迁,张原锋,等.潼关河段冲淤演变规律[C]//三门峡水利枢纽运用四十周年论文集.郑州:黄河水利出版社,2001.

[66] 张翠萍,伊晓燕,胡恬,等.三门峡水库造床流量与断面调整分析[J].人民黄河,2009,31(6):42-43,45.

[67] 张翠萍,蔡蓉蓉,张超,等.三门峡水库壅水明流排沙特性分析[J].人民黄河,2013,35(2):19-20,23.

[68] 张翠萍,李文学.对三门峡运用方式和指标的思考[J].水力发电,2004,30(3):55-57,59.

[69] 张启舜, 张振秋. 水库冲淤形态及其过程的计算[J]. 泥沙研究, 1982(1):1-13.

[70] 张启舜,蒋茹琴,张燕菁.提高三门峡水库综合效益问题的研究[C]//三门峡水利枢纽运用研究文集. 郑州:河南人民出版社,1994.

[71] 张荣. 大夏河流域水文与环境特征分析[J].甘肃农业,2009(11):61-62.

[72] 张瑞瑾. 河流泥沙动力学[M].北京:中国水利水电出版社,1989.

[73] 张旭昇,孙继成,等.改进的马斯京根法在渭河洪水演算中的应用[J].人民黄河,2010,32(11):36-38.

[74] 中国水利学会泥沙专业委员会. 泥沙手册[M]. 北京:中国环境科学出版社, 1992.

[75] 周建军,林秉南.对黄河潼关高程问题的认识[J].中国水利,2003(6):48.

[76] 伊晓燕,张超,张翠萍.三门峡水库溯源冲刷对水沙及边界条件的响应[J].人民黄河,2016,38(1):28-30.

[77] 伊晓燕,张超,张翠萍.三门峡水库高滩深槽形成过程及因素分析[J].人民黄河,2013,35(3):16-17,19.